# 1 ESO

I II III

# Matemáticas

M. Á. Ingelmo, Y. Á. Zárate

TEIDE

# Índice

1.º ESO

III


**Unidad 9. Elementos básicos de la geometría en el plano y en el espacio. Simetrías en el plano** 4

Repasa ... 6
Mapa conceptual ... 7
1. Geometría en el plano: Puntos y rectas. Posiciones relativas ... 8
2. Ángulos en el plano ... 10
3. Polígonos ... 12
4. Construcción de triángulos ... 15
5. Elementos notables de un triángulo ... 16
6. Teorema de Pitágoras ... 18
7. Circunferencia y círculo ... 19
8. Simetrías en el plano. Simetrías axiales ... 22
9. Geometría en el espacio. Rectas y planos. Posiciones relativas ... 23
10. Poliedros ... 24
11. Poliedros irregulares: prismas y pirámides ... 26
12. Cuerpos de revolución ... 28
Saber más ... 30
Síntesis ... 31
Ejercicios y problemas ... 32
Prepárate para las pruebas ... 38
Evalúate ... 39
Matemáticas recreativas ... 39

**Unidad 10. Perímetros y áreas de figuras planas** 40

Repasa ... 42
Mapa conceptual ... 43
1. Perímetros de figuras planas ... 44
2. Áreas de figuras planas ... 46
Saber más ... 54
Síntesis ... 55
Ejercicios y problemas ... 56
Prepárate para las pruebas ... 62
Evalúate ... 63
Matemáticas recreativas ... 63
TIC GeoGebra. Bloque III: Geometría ... 64

**Unidad 11. Funciones y gráficas** 70

Repasa ... 72
Mapa conceptual ... 73
1. Ejes coordenados. Coordenadas de un punto ... 74
2. Función. Definición y representaciones de una función ... 76
3. Función lineal. Magnitudes directamente proporcionales ... 78
4. Función afín ... 78
Saber más ... 80
Síntesis ... 81
Ejercicios y problemas ... 82
Prepárate para las pruebas ... 90
Evalúate ... 91
Matemáticas recreativas ... 91
TIC GeoGebra. Bloque IV: Análisis ... 92

**Unidad 12. Estadística y probabilidad** 94

Repasa ... 96
Mapa conceptual ... 97
1. Estadística ... 98
2. Representación gráfica de datos ... 100
3. Tratamiento de datos. Parámetros estadísticos: Medidas de centralización ... 102
4. Probabilidad ... 104
5. Probabilidad teórica. Regla de Laplace ... 106
Saber más ... 109
Síntesis ... 111
Ejercicios y problemas ... 112
Prepárate para las pruebas ... 120
Evalúate ... 121
Matemáticas recreativas ... 121
TIC Excel. Bloque V: Estadística y probabilidad ... 122

**¿Cómo es el libro?** 126


I


Unidad 1. Números naturales y potencias
Unidad 2. Divisibilidad
Unidad 3. Números enteros
Unidad 4. Fracciones


II


Unidad 5. Números decimales
Unidad 6. Proporcionalidad
TIC Wiris
Unidad 7. Lenguaje algebraico
TIC Wiris
Unidad 8. Unidades de medida

# ELEMENTOS BÁSICOS DE LA GEOMETRÍA EN EL PLANO Y EN EL ESPACIO. SIMETRÍAS EN EL PLANO

# UNIDAD 9

Las señales de tráfico tienen una importante variedad de formas y colores. Importante no solo por ser muy numerosa, sino porque estas dos características –la forma y el color– son fundamentales para determinar el significado de la señal que estemos viendo.

Las formas posibles son cuatro:

- Si son circulares, indican prohibición u obligación, dependiendo de sus colores.
- Si son triangulares, indican peligro o necesidad de extremar la precaución.
- Si son rectangulares o cuadradas, nos dan algún tipo de información o indicación.
- Solo hay una señal que no tiene una de las cuatro formas anteriores, que es la de *stop*, que nos indica que debemos realizar una parada obligatoria para ceder el paso. La forma de esta señal es octogonal.

Como vemos, la forma que tenga cada señal de tráfico es el primer indicador de su significado. Después, observando sus colores, podemos determinar aún más el significado de la señal, que quedará totalmente definido viendo qué símbolos están dibujados en ella.

El ejemplo de la señalización de tráfico no es más que un caso en el que la Geometría aparece a nuestro alrededor. Sin embargo, existe otra inmensa multitud de casos en los que diferentes formas y cuerpos geométricos están presentes en nuestro entorno, ya sea de forma artificial, como es el caso de las señales de tráfico, edificaciones, muebles, arte, etc., o de forma natural, como en algunas células, moléculas, minerales...

## INTERPRETA Y RESUELVE

Busca una señal de tráfico circular, una triangular y una cuadrada, diferentes a las de esta página. A continuación, indica cuál es el significado de cada una de ellas y comprueba que son del tipo que corresponde según el texto.

## Uso del compás

El compás se emplea para **trazar circunferencias** o **arcos de circunferencia.** La aguja del compás se clava en lo que será el centro de la circunferencia y abriremos el compás tanto como deseemos que mida el radio.

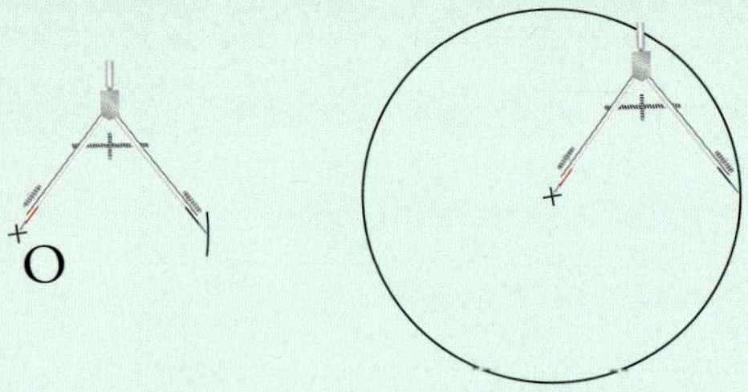


## Uso del transportador de ángulos

Para **medir un ángulo**, colocaremos el punto medio del transportador sobre el vértice del ángulo y observaremos la marca del transportador señalada por el otro lado.

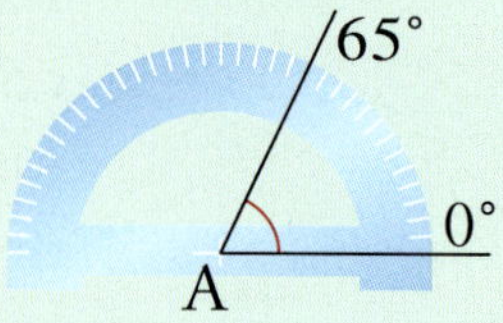


Para **construir un ángulo** de una amplitud prefijada, dibujaremos uno de sus lados, colocaremos el transportador centrado en el vértice y marcaremos la amplitud deseada.

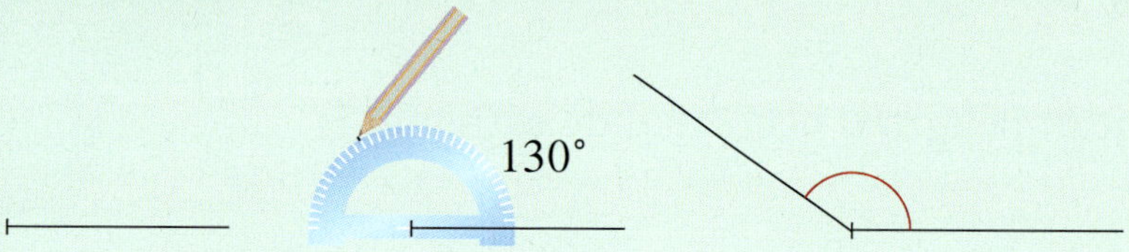


## Uso de escuadra y cartabón

La escuadra y el cartabón, además de instrumentos de medición, son herramientas que nos valen para trazar **rectas paralelas** y **perpendiculares.**

Para trazar rectas paralelas, colocaremos la escuadra y el cartabón en la posición que se indica a continuación y desplazaremos uno de ellos para ir dibujando las rectas.

En caso de las perpendiculares, apoyaremos un lado de la escuadra sobre la recta de la que queramos hallar su perpendicular, y a continuación colocaremos el cartabón formando ángulo recto con la escuadra, pudiendo así trazar la perpendicular buscada.

### EJERCICIOS

**1.** Dibuja una circunferencia de radio 3 cm.

**2.** Construye ángulos con las siguientes amplitudes:

*a)* 60° *b)* 150° *c)* 210°

**3.** Mide los siguientes ángulos:

*a)* 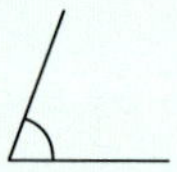 *b)* 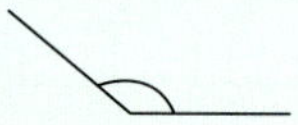 *c)* 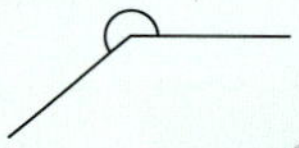

**4.** Traza cinco rectas paralelas.

**5.** Dibuja dos rectas perpendiculares.

# Mapa conceptual

## ELEMENTOS BÁSICOS DE LA GEOMETRÍA EN EL PLANO Y EN EL ESPACIO. SIMETRÍAS EN EL PLANO



- GEOMETRÍA EN EL PLANO
  - Punto, recta, semirrecta, segmento
  - Posiciones relativas en el plano
- ÁNGULOS EN EL PLANO
  - Definición
  - Clasificación
    - Según su amplitud
    - Según la posición relativa de sus lados
- POLÍGONOS
  - Elementos
  - Clasificación
    - Según sus ángulos
    - Según lados y ángulos
    - Según número de lados
  - Clasificación de triángulos
    - Según lados y ángulos
    - Según tipo de ángulos
  - Clasificación de cuadriláteros
  - Construcción de polígonos
    - Triángulos
    - Polígonos regulares
- ELEMENTOS NOTABLES DE UN TRIÁNGULO
  - Mediatrices — *Circuncentro*
  - Bisectrices — *Incentro*
  - Medianas — *Baricentro*
  - Alturas — *Ortocentro*
- TEOREMA DE PITÁGORAS
  - $a^2 = b^2 + c^2$
- CIRCUNFERENCIA Y CÍRCULO
  - Elementos
  - Posiciones relativas
  - Figuras circulares
- SIMETRÍAS EN EL PLANO. SIMETRÍAS AXIALES
- GEOMETRÍA EN EL ESPACIO. RECTAS Y PLANOS. POSICIONES RELATIVAS
- POLIEDROS
  - Elementos
  - Clasificación
    - Según sus ángulos
    - Según caras y concurrencia de aristas en los vértices
  - Poliedros regulares
  - Prismas
  - Pirámides
- CUERPOS DE REVOLUCIÓN
  - Cilindro
  - Cono
  - Esfera

# 1. Geometría en el plano: Puntos y rectas. Posiciones relativas

Cuando se empieza a estudiar una rama de las matemáticas necesitamos primero aprender sus elementos básicos: en aritmética fueron los números y las operaciones, en álgebra se vieron las expresiones algebraicas... Ahora comenzamos con la geometría y debemos aprender las nociones más elementales.

## 1.1. Recta

Una **recta** es una línea que no tiene extremos, es decir, no tiene principio ni fin.

## 1.2. Semirrecta

Una **semirrecta** es una línea limitada por un extremo, es decir, tiene un principio pero carece de fin.

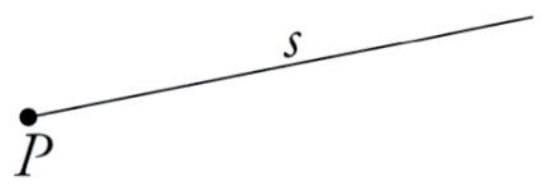


## 1.3. Segmento

Un **segmento** es una parte de una recta, limitada por dos extremos, por lo que tiene tanto principio como fin.

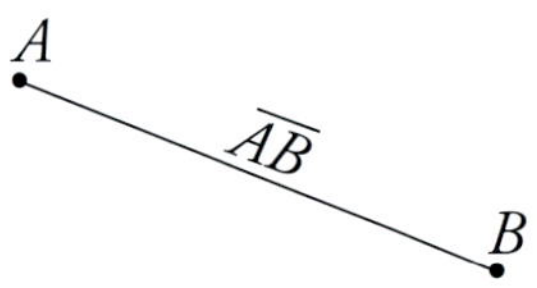


**OBSERVA**

Las rectas y semirrectas se denotan con letras minúsculas: *a*, *b*, *c*...

y los extremos, es decir, los puntos, con letras mayúsculas: *A*, *B*, *C*...

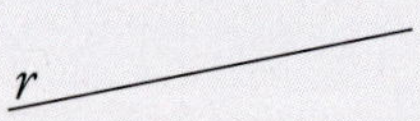


recta *r*

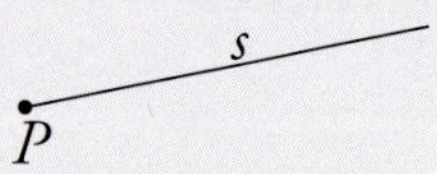


semirrecta *s* con extremo *P*

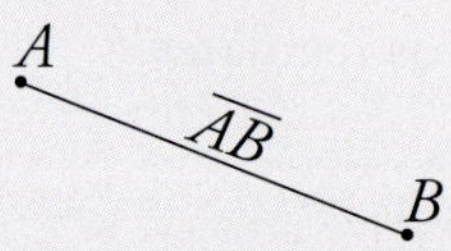


segmento $\overline{AB}$ con extremos *A* y *B*

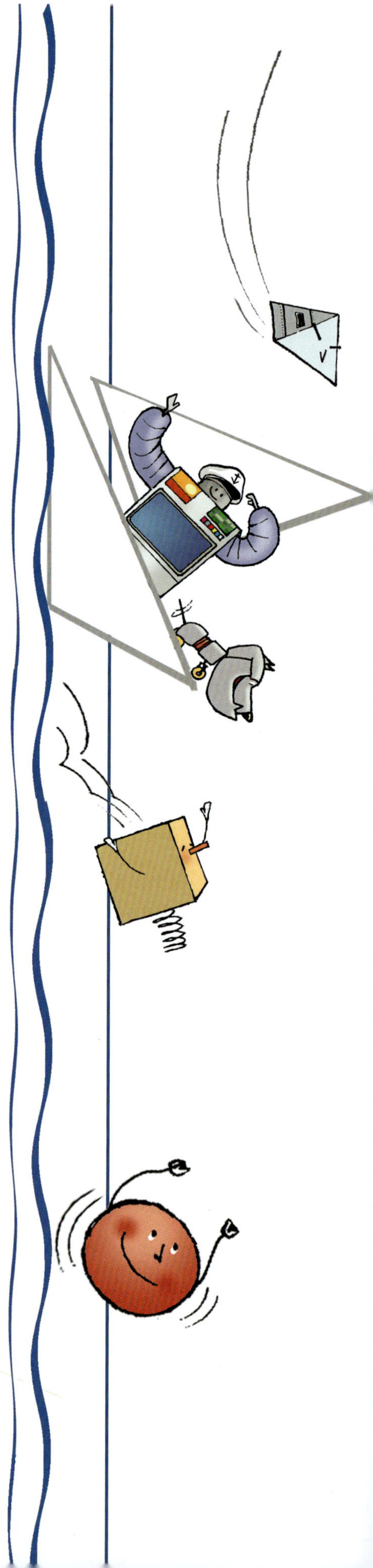

## 1.4. Posiciones relativas de rectas en el plano

Si dibujáramos varias rectas en un papel pueden ocurrir dos cosas:

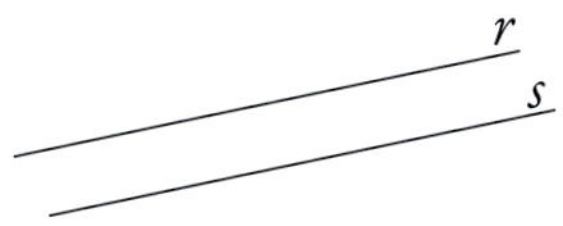


- Que **no se corten nunca**, es decir, que no tengan ningún punto común: en este caso las rectas son **paralelas**.

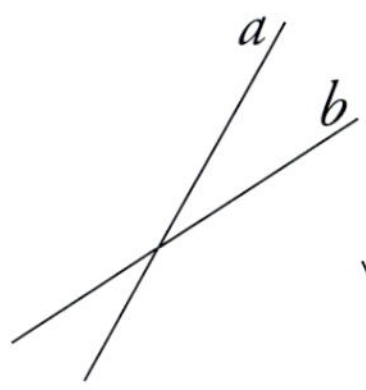


- Que **se corten**, es decir, que tengan algún punto común. Aquí tenemos dos opciones:

  1) Que se corten en un único punto: las rectas son **secantes**.

  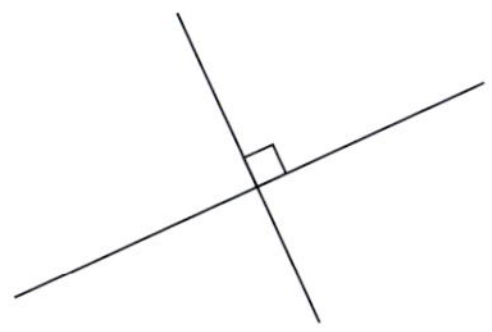

  Si además al cortarse dividen el plano en cuatro partes iguales, se llaman **perpendiculares**.

  2) Que se corten en todos sus puntos, es decir, que esté la una sobre la otra: las rectas son **coincidentes**.

## EJERCICIOS RESUELTOS

1. Traza desde el punto *P* la paralela y la perpendicular a la recta *r*.

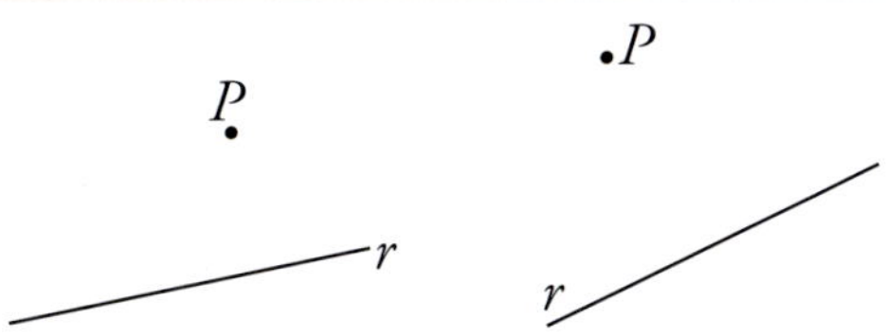


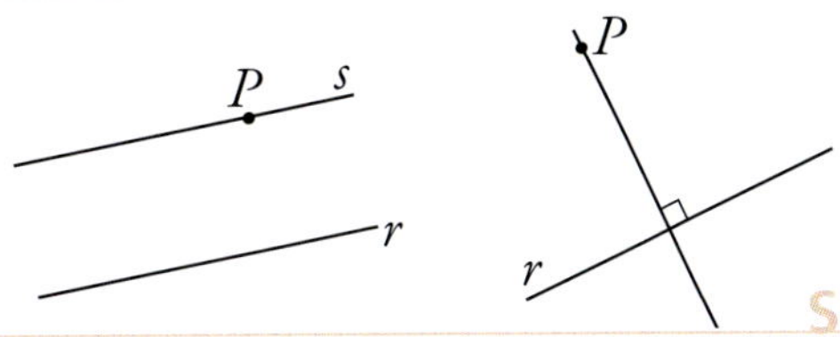


Solución

2. Mide la distancia del punto *P* a la recta *r*.

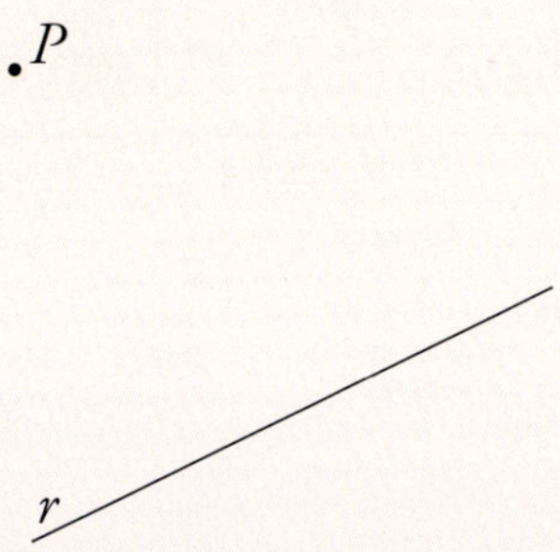


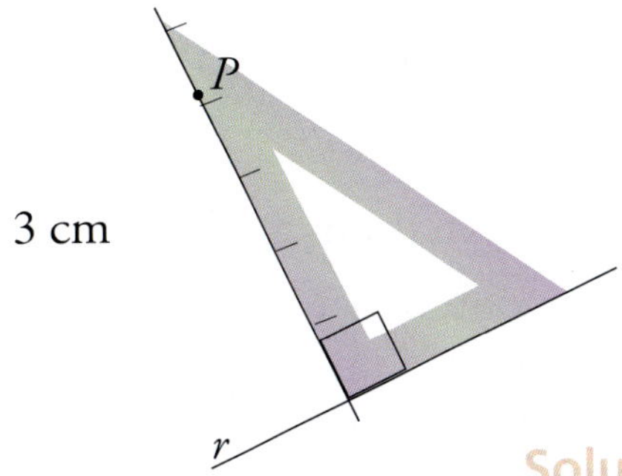


Solución

3. Mide la distancia entre las dos rectas paralelas siguientes:

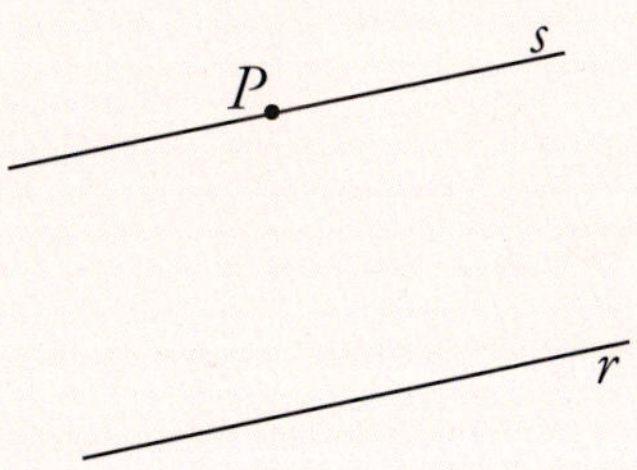


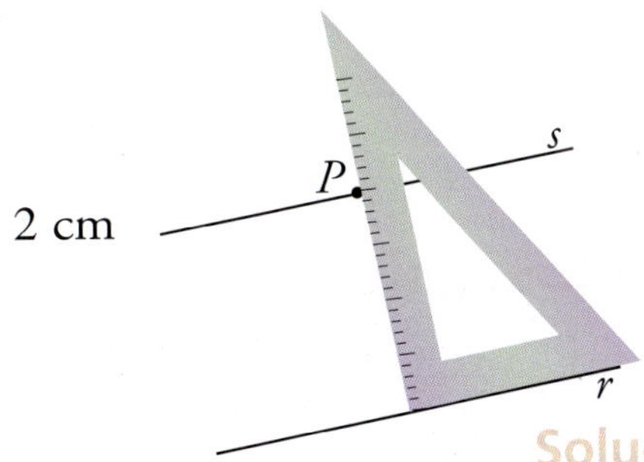


Solución

## EJERCICIOS

1. ●○○ Dadas las siguientes rectas, determina su posición relativa:

*a)*
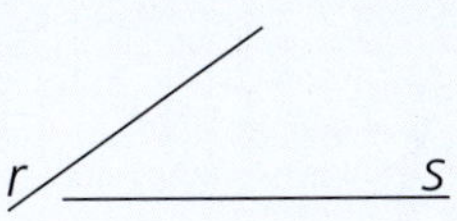


*b)*
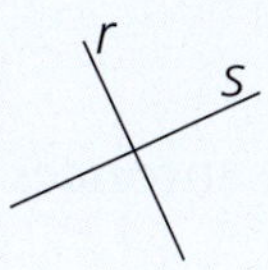


*c)*
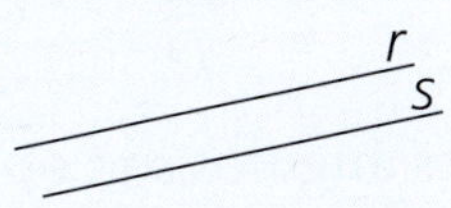

# 2. Ángulos en el plano

Un **ángulo** es la parte del plano comprendida entre dos semirrectas de origen común. Dicho origen recibe el nombre de **vértice** y las semirrectas son los **lados** del ángulo.

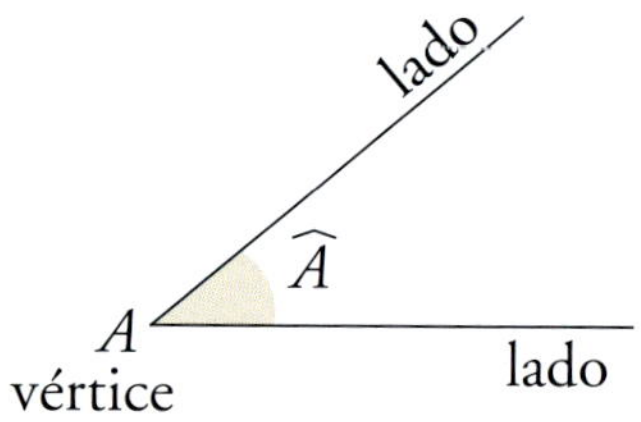


La **amplitud** de un ángulo se mide en grados (°) y sus submúltiplos son minutos (′) y segundos (″), que recordamos que siguen un sistema sexagesimal.

> **OBSERVA**
>
> Los ángulos se denotan con la misma letra que su vértice, pero con el símbolo ^ sobre ella.
>
> En el caso de que el ángulo esté delimitado también por segmentos, se puede denotar de la siguiente manera:
>
> 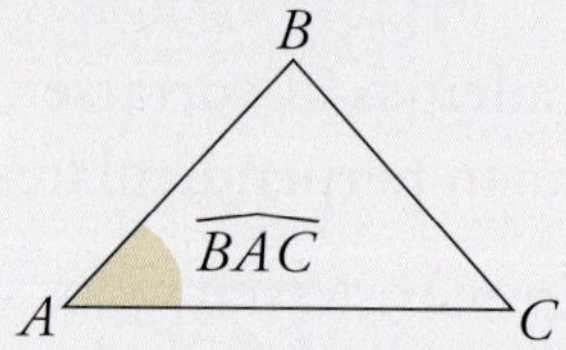
> 

## 2.1. Clasificación de los ángulos según su amplitud

| Ángulo | | | | |
|---|---|---|---|---|
| **Nulo** | **Agudo** | **Recto** | **Obtuso** | **Llano** |
|   | 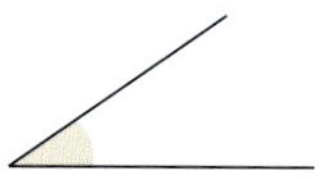 |  | 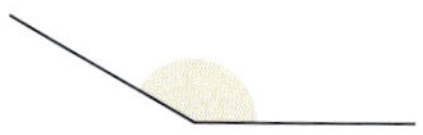 |  |
| Sus lados son coincidentes. | Amplitud menor que un ángulo recto. | Sus lados son perpendiculares. | Amplitud mayor que un ángulo recto. | Sus lados están alineados y no son coincidentes. |

Existe una segunda clasificación de los ángulos:

- **Convexos**: ángulos de amplitud menor que el ángulo llano.

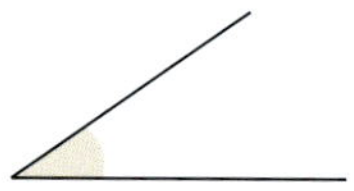

- **Cóncavos**: ángulos de amplitud mayor que un ángulo llano.

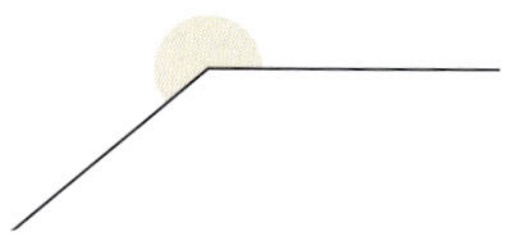

## 2.2. Clasificación de ángulos según su posición relativa

- **Opuestos por el vértice**: son aquellos con vértice común y lados sobre las mismas rectas.

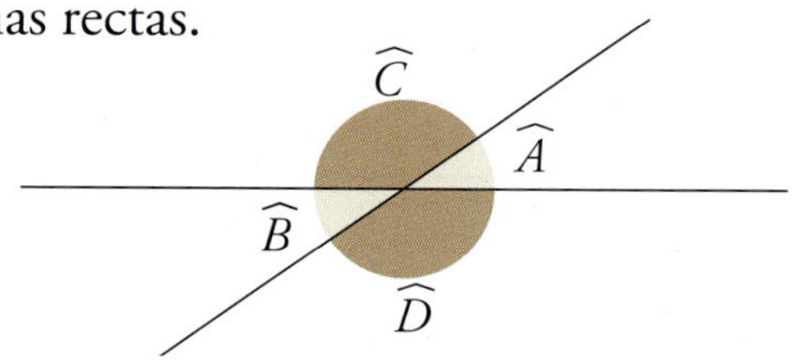


$$\widehat{A} = \widehat{B}$$
$$\widehat{C} = \widehat{D}$$

Se verifica que si dos ángulos son opuestos por el vértice, entonces tienen la misma amplitud.

- **Complementarios:** aquellos cuya suma sea 90°.

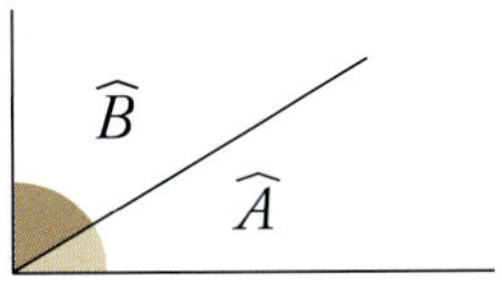


$\widehat{A}$ y $\widehat{B}$ son complementarios.

$\widehat{A}+\widehat{B}=90°$

- **Suplementarios:** aquellos cuya suma sea 180°.

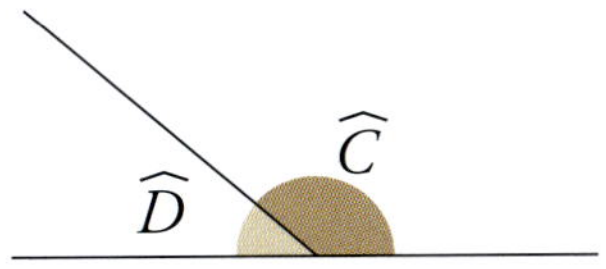


$\widehat{C}$ y $\widehat{D}$ son suplementarios.

$\widehat{C}+\widehat{D}=180°$

- **Alternos internos, alternos externos y correspondientes:** cuando dos rectas *r* y *s* cortan a una tercera, se producen multitud de ángulos. En el dibujo siguiente se detalla cuáles se denominan alternos internos, alternos externos y correspondientes.

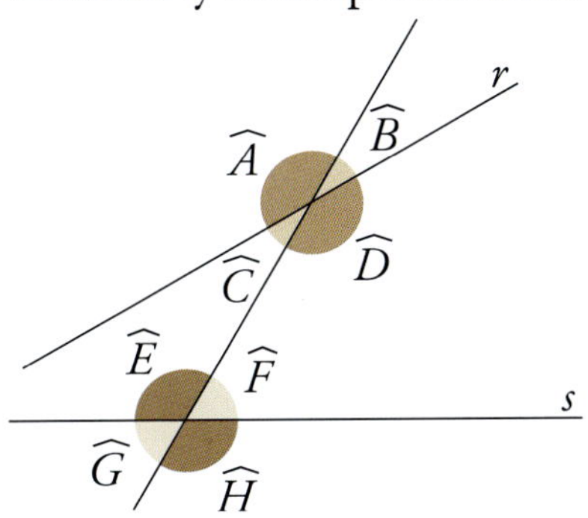


$\widehat{C}$ y $\widehat{F}$, $\widehat{D}$ y $\widehat{E}$ son alternos internos.

$\widehat{A}$ y $\widehat{H}$, $\widehat{B}$ y $\widehat{G}$ son alternos externos.

$\widehat{A}$ y $\widehat{E}$, $\widehat{B}$ y $\widehat{F}$, $\widehat{C}$ y $\widehat{G}$, $\widehat{D}$ y $\widehat{H}$ son correspondientes.

Si además estas dos rectas *r* y *s* son paralelas, los ángulos de las parejas de alternos externos, alternos internos y correspondientes coinciden en amplitud.

**OBSERVA**

Si colocamos de forma consecutiva, es decir, compartiendo el vértice y un lado, dos ángulos complementarios, formarán un ángulo recto. Del mismo modo, si lo hacemos con dos suplementarios, formarán uno llano.

## EJERCICIOS

**2.** ●○○ Clasifica los siguientes ángulos según su amplitud:

*a)*

*b)*

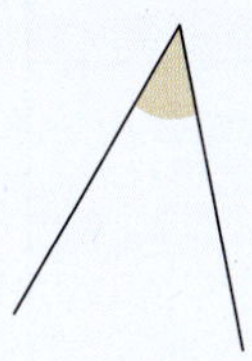

*c)*

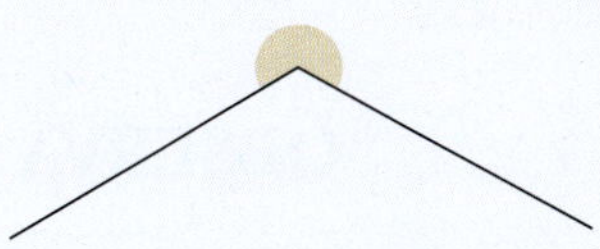

**3.** ●●○ Dibuja y denota de manera adecuada los siguientes elementos:

*a)* Dos rectas secantes.

*b)* Un ángulo obtuso convexo.

*c)* Un segmento perpendicular a una recta.

**4.** ●●○ Clasifica los ángulos según su posición relativa e indica las relaciones que se establecen entre ellos:

*a)*

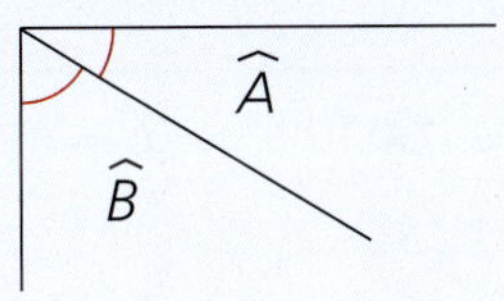


*b)*

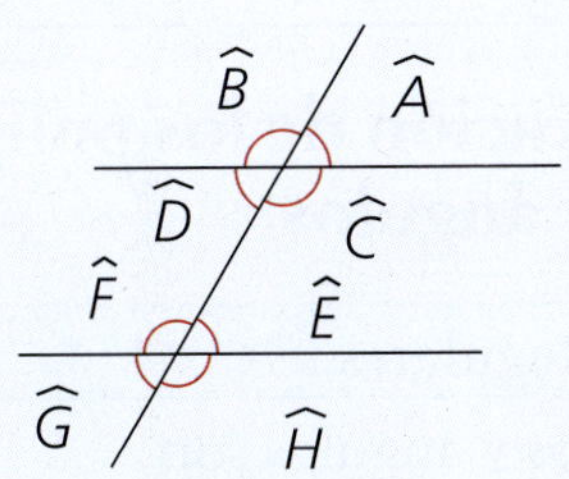

# 3. Polígonos

Un **polígono** es una parte del plano cerrada, limitada por segmentos.

Los elementos de un polígono son:

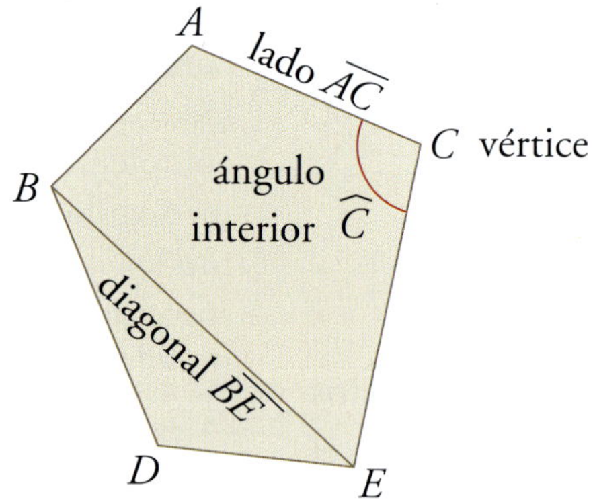


- **Vértices**: cada uno de los puntos de intersección de los segmentos.
- **Lados**: cada uno de los segmentos que lo limitan.
- **Diagonales**: segmentos que unen dos vértices no consecutivos.

  El número de diagonales de un polígono es $\frac{n(n-3)}{2}$, donde $n$ es el número de lados del polígono.
- **Ángulos interiores**: cada uno de los ángulos limitados por los lados del polígono y orientados hacia el interior del polígono.

  Los ángulos interiores de un polígono suman $180 \cdot (n-2)$, donde $n$ es el número de lados del polígono.

  Se nombran a partir de los vértices del polígono, que son también vértices de cada ángulo.

## 3.1. Clasificación de los polígonos según sus ángulos

| Convexos | Cóncavos |
|---|---|
| Todos sus ángulos interiores son menores de 180°. | Tienen algún ángulo interior de más de 180°. |
|   | 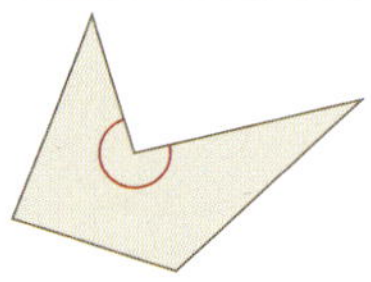 |

## 3.2. Clasificación de los polígonos según el tamaño de sus lados y ángulos

| Regulares | Irregulares |
|---|---|
| Todos sus lados y ángulos son iguales. | Algún lado o algún ángulo difiere del resto. |
|  |  |

**OBSERVA**

Todo polígono se puede descomponer en tantos triángulos como lados tenga menos 2.

Es por esto que si tiene $n$ lados, la suma de sus ángulos interiores es:

$180 \cdot (n-2)$

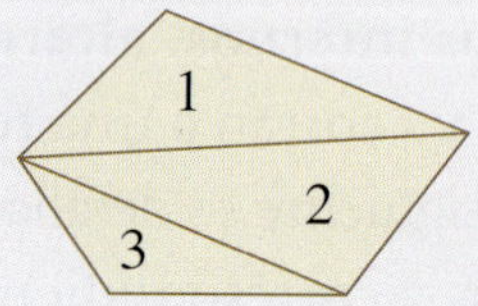


**OBSERVA**

Si colocamos el mismo triángulo repetido tres veces en la posición de la figura, se ve fácilmente que la suma de sus ángulos interiores es 180°.

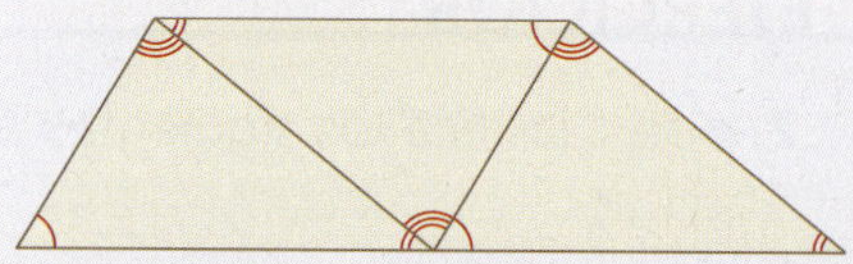

**OBSERVA**

Si un poligono es regular, se llama ángulo central al comprendido entre dos radios consecutivos (los radios unen el centro con los vertices).

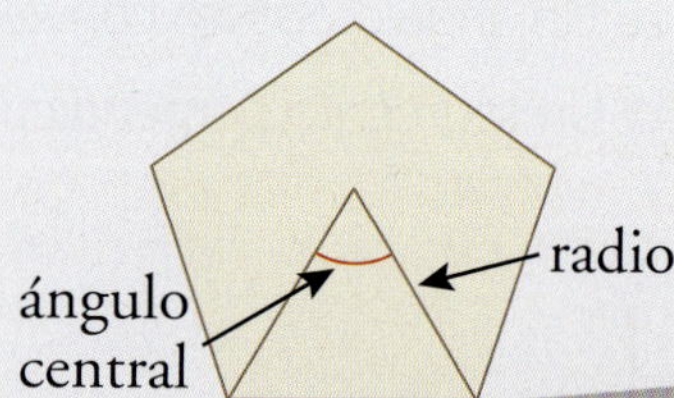

## 3.3. Clasificación de los polígonos según su número de lados

| Polígono | Lados | |
|---|---|---|
| Triángulo | Polígono de 3 lados |  |
| Cuadrilátero | Polígono de 4 lados |  |
| Pentágono | Polígono de 5 lados |  |
| Hexágono | Polígono de 6 lados | 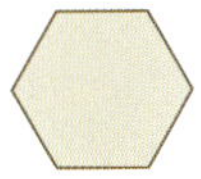 |
| Heptágono | Polígono de 7 lados |  |
| Octógono | Polígono de 8 lados | 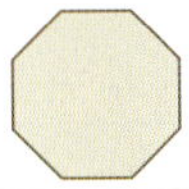 |
| Eneágono | Polígono de 9 lados | 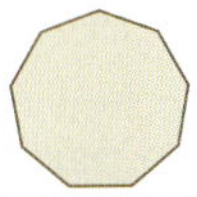 |
| Decágono | Polígono de 10 lados | 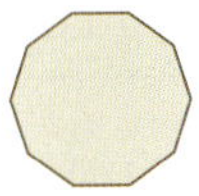 |
| Endecágono | Polígono de 11 lados |  |
| Dodecágono | Polígono de 12 lados |  |
| Polígono 13 lados | ... | ... |

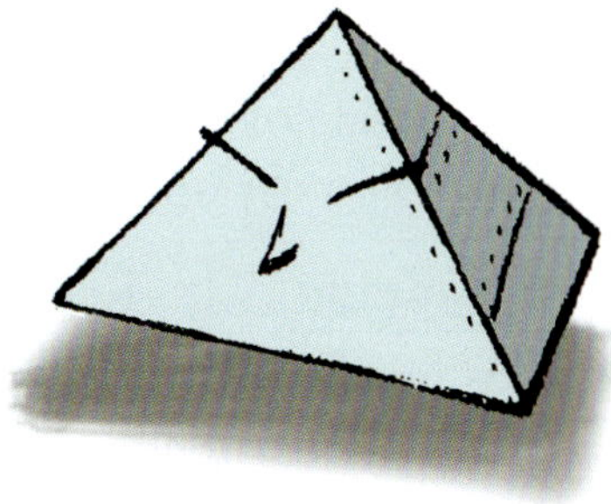

## 3.4. Clasificación de los triángulos atendiendo a sus lados o sus ángulos

| Tamaño de lados y ángulos | | | Tipos de ángulos | | |
|---|---|---|---|---|---|
| Equilátero | Isósceles | Escaleno | Acutángulo | Rectángulo | Obtusángulo |
| Todos iguales | Dos iguales | Todos distintos | Todos agudos | Uno recto | Uno obtuso |
| 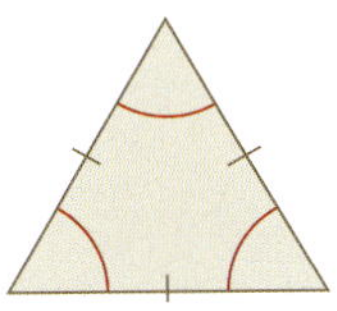 | 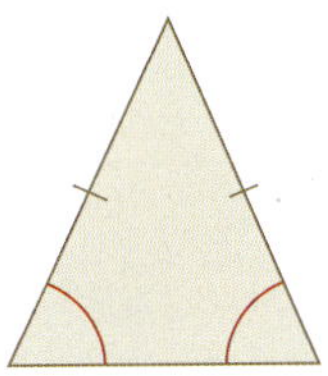 | 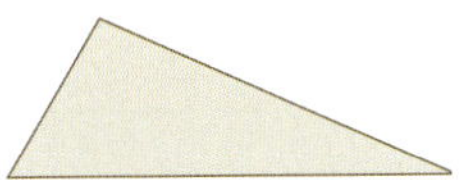 | 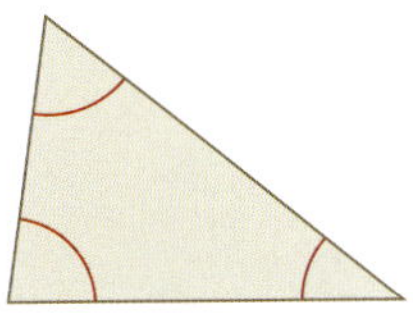 | 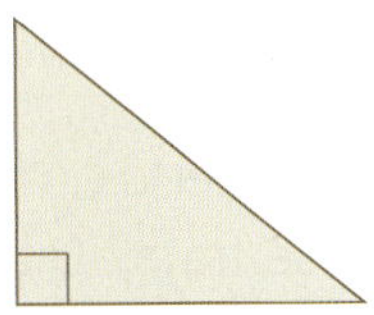 | 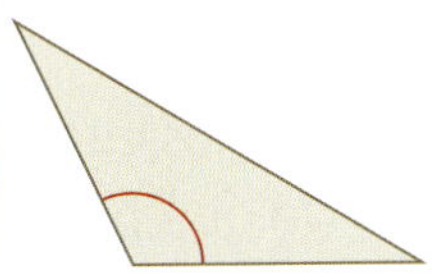 |

## 3.5. Clasificación de los cuadriláteros atendiendo al paralelismo entre sus lados opuestos

| **Paralelogramo** | | | | **No paralelogramo** | |
|---|---|---|---|---|---|
| Lados paralelos dos a dos y ángulos iguales dos a dos. Sus diagonales se cortan en el punto medio. | | | | | |
| **Cuadrado** | **Rectángulo** | **Rombo** | **Romboide** | **Trapecio** | **Trapezoide** |
| Lados iguales y ángulos rectos | Lados iguales dos a dos y ángulos rectos | Lados iguales | Lados iguales dos a dos | Dos lados paralelos | Ningún lado paralelo |
|  |  |  |  | 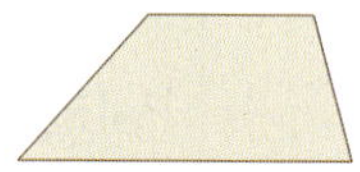 | 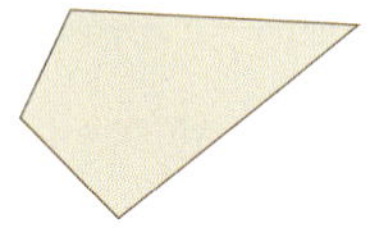 |

### OBSERVA

Los trapecios pueden ser de tres tipos:

| | | |
|---|---|---|
| **Rectángulos** |  | Tienen dos ángulos rectos. |
| **Isósceles** |  | Los lados no paralelos son iguales y los ángulos iguales dos a dos. |
| **Escalenos** | 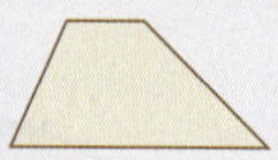 | No es de los tipos anteriores. |

### OBSERVA

El cuadrado es un caso particular de rectángulo y de rombo.

## EJERCICIOS

**5.** ●●○ **CL** Nombra y denota correctamente los elementos del siguiente polígono. ¿Cuántas diagonales tiene? ¿Cuánto suman sus ángulos interiores? Clasifícalo atendiendo a los criterios estudiados.

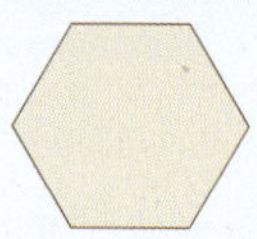

**6.** ●○○ De un triángulo, sabemos que dos de sus ángulos miden 45° y 68°. ¿Cuánto mide el ángulo que falta?

**7.** ●○○ De un cuadrilátero, sabemos que tres de sus ángulos miden 61°, 90° y 98°. ¿Cuánto mide el ángulo que falta?

**8.** ●●○ Los ángulos interiores de cierto polígono suman 1 440°. ¿De qué polígono se trata? Dibújalo.

**9.** ●●○ Calcula la suma de los ángulos interiores de un octógono regular y utiliza este resultado para calcular cuánto mide cada uno de ellos. Calcula también cuánto mide cada uno de sus ángulos centrales.

**10.** ●●○ **CL** Clasifica los siguientes polígonos de la manera más completa y precisa posible:

*a)* 

*b)* 

*c)* 

*d)* 

*e)* 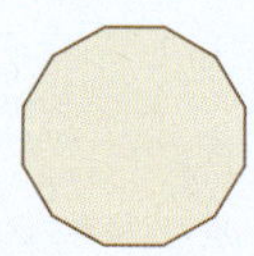

# 4. Construcción de triángulos

## 4.1. Construcción de un triángulo conocidos los tres lados

| | | |
|---|---|---|
| **Tres lados** | Colocamos uno de los tres lados y posteriormente, y con origen en cada uno de sus extremos, hacemos un arco con el compás cuyo radio sea la medida de los otros dos lados. | Unimos el punto de corte de los arcos con los extremos del segmento que existía y obtenemos el triángulo buscado. |
| 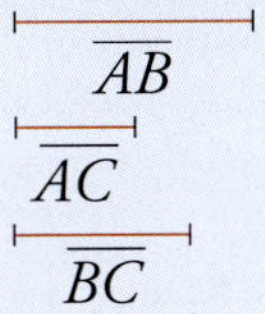  | 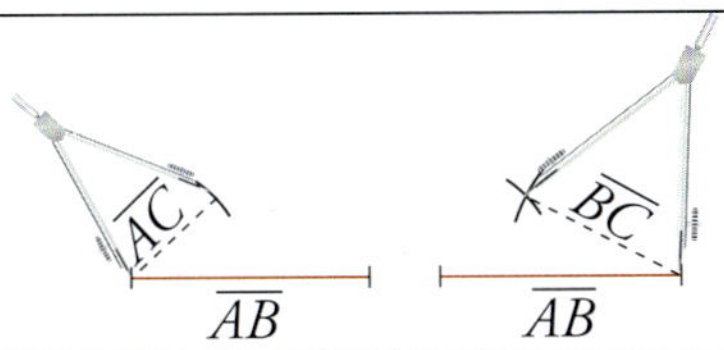  | 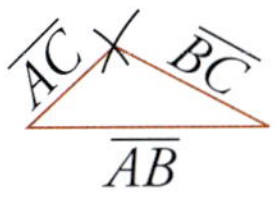  |

## 4.2. Construcción de un triángulo conocidos dos lados y el ángulo comprendido

| | | |
|---|---|---|
| **Dos lados y el ángulo comprendido** | Colocamos uno de los lados y con el transportador de ángulos situamos el ángulo en uno de los extremos del segmento, con vértice en el extremo. Con la regla o el compás trazamos un segmento de la segunda longitud requerida de forma que sea el segundo lado del ángulo dibujado. | Unimos los dos lados del triángulo para obtener el tercer lado buscado. |
| 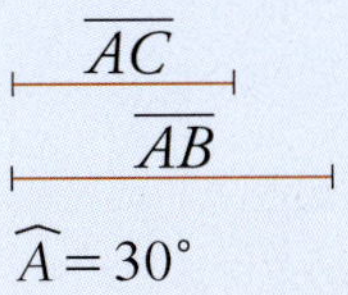  | 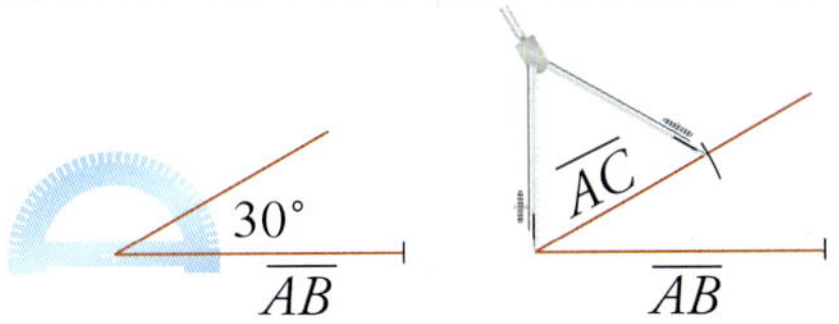  | 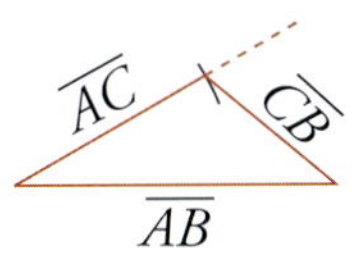  |

## 4.3. Construcción de un triángulo conocidos un lado y dos ángulos

| | | |
|---|---|---|
| **Un lado y dos ángulos** | Dibujamos el lado y los dos ángulos con el transportador en cada uno de los extremos del segmento. Con la regla trazamos semirrectas con origen en los extremos del segmento y que formen los ángulos solicitados. | El triángulo está formado cuando encontremos el punto de corte de las semirrectas. |
| 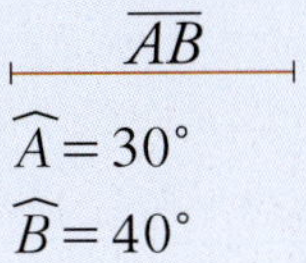  | 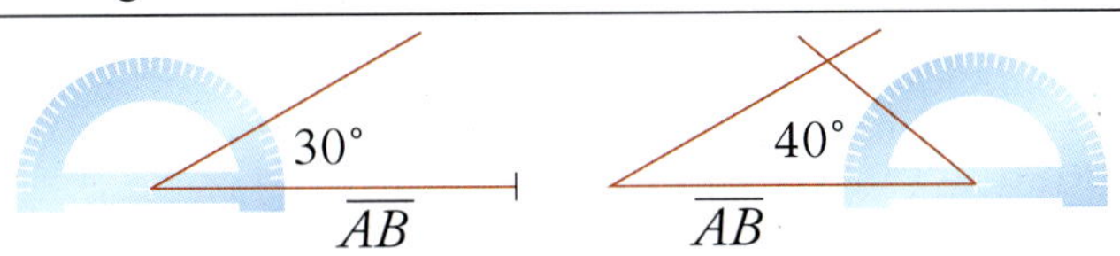  | 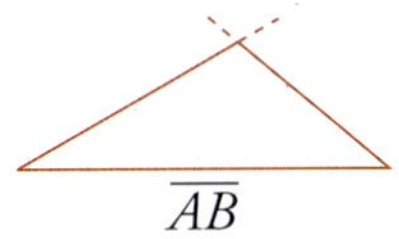  |

## 4.4. Construcción de polígonos regulares conocido su número de lados

| | | | |
|---|---|---|---|
| Dibujamos una circunferencia y dividimos su diámetro *AB* en tantas partes iguales como lados tenga el polígono que queramos representar. | Con radio el diámetro, trazamos arcos desde los extremos del diámetro. Dichos arcos se cortarán en un punto. | Desde dicho punto trazamos una recta que pase por la segunda división del diámetro, que cortará a la circunferencia en otro punto, *C*. El lado del polígono es *AC*. | Ahora simplemente, con radio la medida *AC*, vamos trasladando esa medida a lo largo de la circunferencia, obteniendo los vértices del polígono, y uniéndolos conseguiremos el polígono buscado. |
| 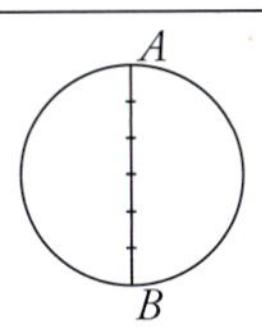  | 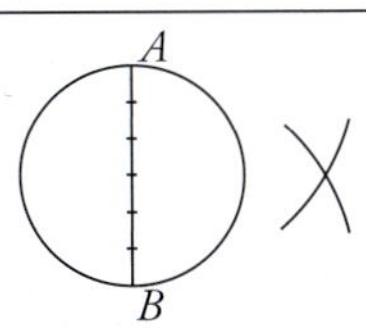  | 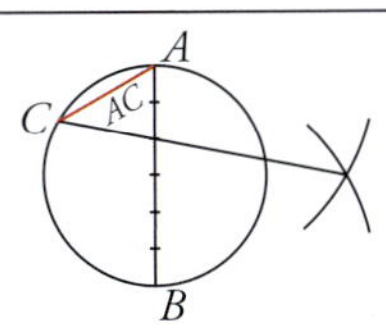  | 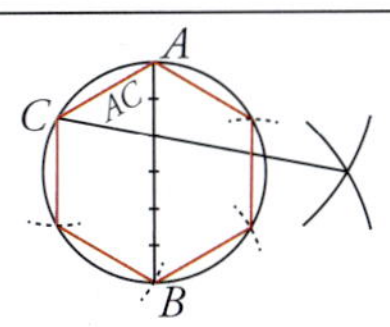  |

Obtenemos así un polígono regular de un número de lados prefijado e inscrito en una circunferencia.

# 5. Elementos notables de un triángulo

## 5.1. Mediatrices

Las **mediatrices** de un triángulo son las mediatrices de cada uno de los tres lados que lo forman.

Las tres mediatrices de un triángulo se cortan en un punto que se llama **circuncentro**, que equidista de los vértices del triángulo y que es el centro de la **circunferencia circunscrita** al triángulo.

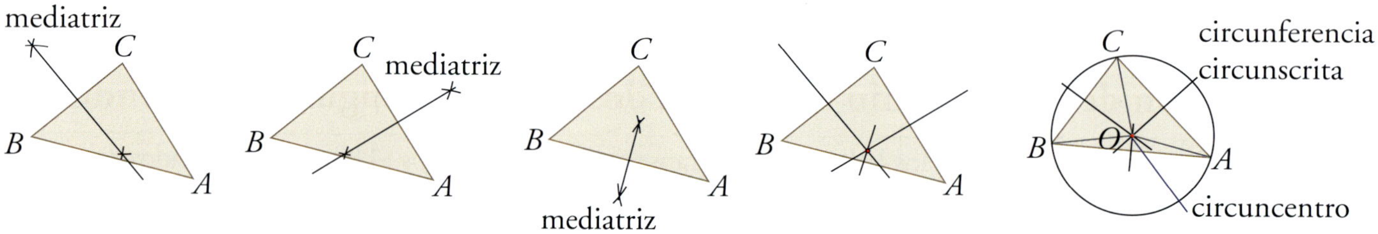


**RECUERDA**

La **mediatriz** de un segmento es la recta perpendicular al mismo que pasa por su punto medio. Todos los puntos de la mediatriz equidistan (es decir, están a la misma distancia) de los extremos del segmento. Con el compás trazamos dos arcos de igual radio con centros en los extremos del segmento y con amplitud suficiente como para que se corten. Con la regla unimos los puntos de corte de los arcos.

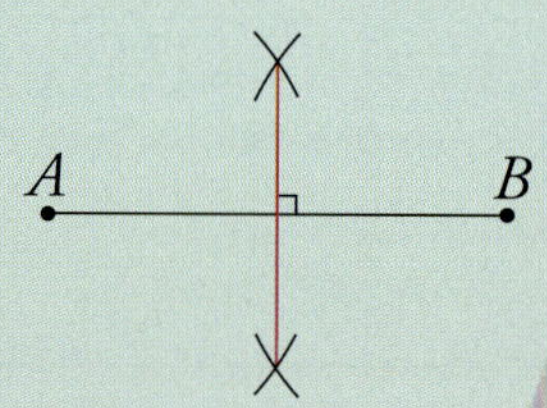


## 5.2. Medianas

Las **medianas** de un triángulo son las rectas que pasan por cada uno de los vértices del triángulo y por el punto medio del lado opuesto correspondiente.

Las tres medianas de un triángulo se cortan en un punto que se llama **baricentro**, que es el **centro de gravedad** del triángulo.

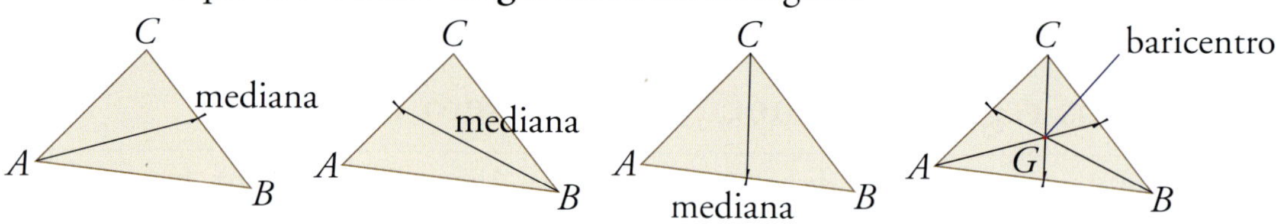


## 5.3. Alturas

Las **alturas** de un triángulo son las rectas que pasan por cada vértice y son perpendiculares al lado opuesto o a su prolongación.

Las tres alturas de un triángulo se cortan en un punto que se llama **ortocentro**.

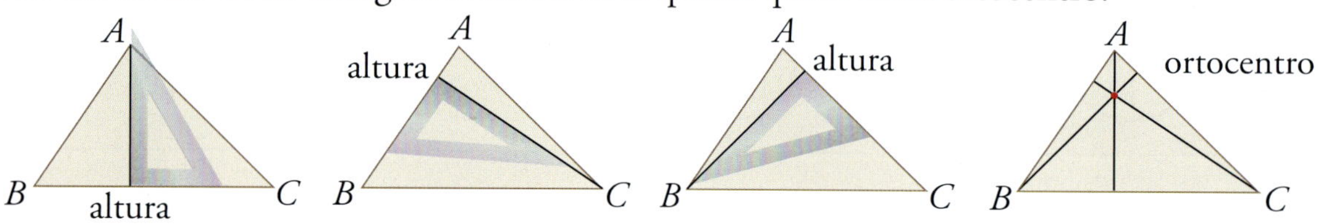

## 5.4. Bisectrices

Las **bisectrices** de un triángulo son las bisectrices de cada uno de los tres ángulos que lo forman.

Las tres bisectrices de un triángulo se cortan en un punto que se llama **incentro**, que equidista de los lados del triángulo y que es el centro dc la **circunferencia inscrita** al triángulo.

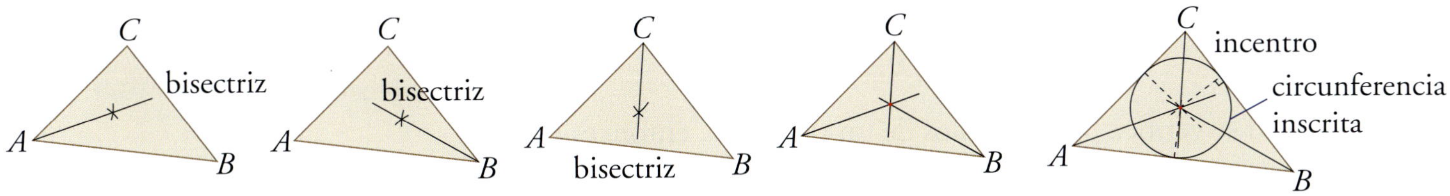


### RECUERDA

La **bisectriz** de un ángulo es la semirrecta que lo divide en dos partes iguales. Todos los puntos de la bisectriz equidistan (es decir, están a la misma distancia) de los lados del ángulo.

Con el compás trazamos un arco con origen en *A* y radio arbitrario. Dicho arco cortará a los lados del ángulo en dos puntos *B* y *C*, respectivamente. A continuación, trazaremos con origen en *B* y *C* dos arcos con el mismo radio que se corten en un punto. Con la regla unimos el punto de corte de los arcos con el vértice del ángulo.

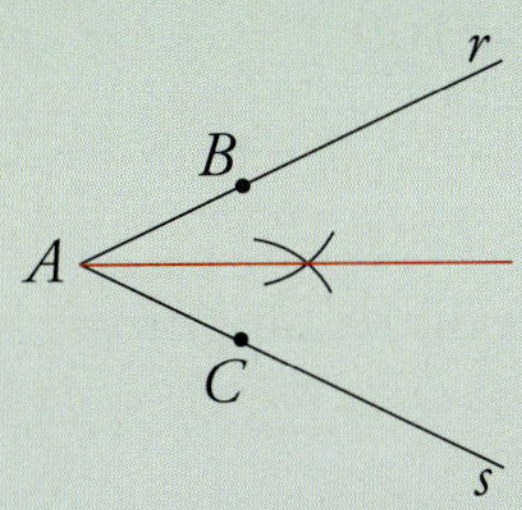


## EJERCICIOS

**11.** ●●○ Construye un triángulo para cada uno de los casos siguientes:

*a)* Lados: 4 cm y 3 cm. Ángulo comprendido: 60°.

*b)* Lado: 5 cm. Ángulos: 100° y 30°.

*c)* Lados: 3 cm, 4 cm y 5 cm.

**12.** ●●○ Construye un pentágono regular.

**13.** ●●○ Traza el ortocentro de un triángulo rectángulo.

**14.** ●●○ **CA** Si trazáramos el circuncentro, el incentro, el baricentro y el ortocentro de un triángulo equilátero, ¿qué relación observarías entre ellos?

**15.** ●●○ **CA** Si dibujáramos en un triángulo rectángulo el circuncentro, el baricentro y el ortocentro, ¿qué relación observarías entre ellos?

**16.** ●●○ **CA** Investiga en Internet qué es la recta de Euler. Dibuja la recta de Euler en un triángulo acutángulo escaleno.

# 6. Teorema de Pitágoras

En un triángulo rectángulo, los lados que forman el ángulo recto reciben el nombre de **catetos** y el lado restante, que es el más largo, es la **hipotenusa**.

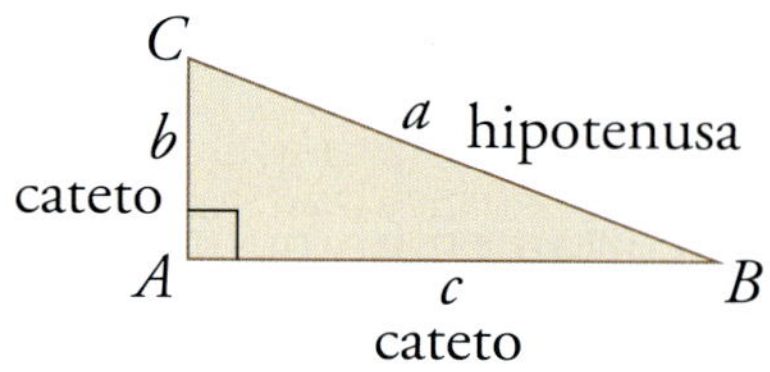


En un triángulo rectángulo se verifica que el cuadrado de la hipotenusa es igual a la suma de los cuadrados de los catetos.

$$a^2 = b^2 + c^2$$

Si esta igualdad se verifica para los lados de un triángulo, entonces podemos afirmar que dicho triángulo es rectángulo.

**CUIDADO**

El teorema de Pitágoras solo se aplica en triángulos rectángulos.

## EJERCICIOS RESUELTOS

**1.** Calcula el lado desconocido en los siguientes triángulos rectángulos:

*a)* Hipotenusa = 5 cm
Cateto = 4 cm

*b)*

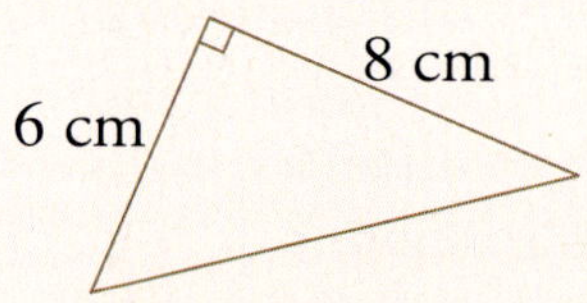


*c)*

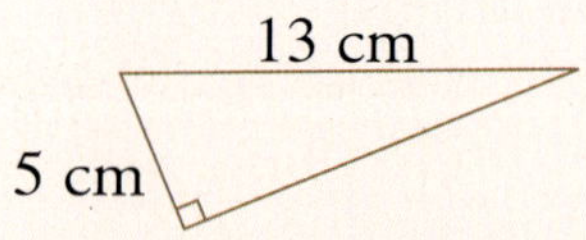


*d)* Catetos de medidas: 16 cm y 12 cm.

Aplicando el teorema de Pitágoras en todos los apartados tenemos:

*a)* $5^2 = 4^2 + \text{cateto}^2$
$25 = 16 + x^2$
$x^2 = 25 - 16 = 9$
$x = 3$ cm

*b)* $\text{hipotenusa}^2 = 6^2 + 8^2$
$x^2 = 36 + 64 = 100$
$x = 10$ cm

*c)* $13^2 = 5^2 + \text{cateto}^2$
$169 = 25 + x^2$
$x^2 = 169 - 25 = 144$
$x = 12$ cm

*d)* $\text{hipotenusa}^2 = 16^2 + 12^2$
$x^2 = 256 + 144 = 400$
$x = 20$ cm

Solución

**2.** Comprueba si los triángulos siguientes son o no rectángulos:

*a)* Lados de 7, 24 y 25 cm, respectivamente.
*b)* Lados de 10, 40 y 42 cm, respectivamente.

Comprobemos si los triángulos de cada apartado verifican el teorema de Pitágoras:

*a)* $25^2 = 7^2 + 24^2$; $625 = 49 + 576$, luego sí es rectángulo porque sus lados verifican el teorema de Pitágoras.

*b)* $42^2 = 40^2 + 10^2$; $1764 \neq 1600 + 100$, luego no es rectángulo porque sus lados no verifican el teorema de Pitágoras.

Solución

## EJERCICIOS

**17.** ●●○ Encuentra los lados desconocidos.

*a)*

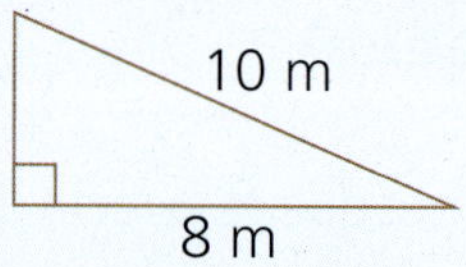


*b)*

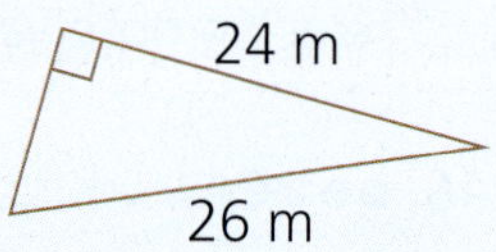


*c)* Catetos: 8 y 15 m.

*d)* Hipotenusa: 41 km. Cateto: 9 km.

**18.** ●●○ ¿Son los siguientes triángulos rectángulos?

*a)* Lados: 9, 15 y 12 cm.
*b)* Lados: 8,5; 4 y 7,5 cm.
*c)* Lados: 10, 12 y 20 m.

# 7. Circunferencia y círculo

## 7.1. Circunferencia. Elementos

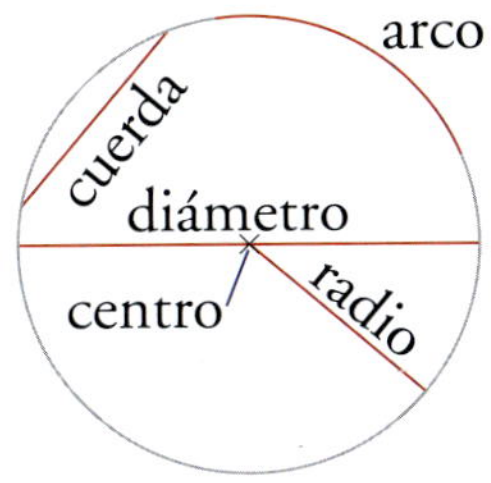


Una **circunferencia** es una curva plana cuyos puntos equidistan de otro punto llamado **centro**.

Los elementos de una circunferencia son:

- **Centro**: punto del cual equidistan todos los puntos situados sobre la circunferencia.
- **Radio**: segmento que une el centro con cualquier punto de la circunferencia.
- **Diámetro**: segmento que une dos puntos de la circunferencia pasando por el centro.
- **Cuerda**: segmento que une dos puntos arbitrarios de la circunferencia.
- **Arco**: parte de la circunferencia comprendida entre dos puntos de la misma.
- **Ángulo central**: ángulo que forman dos radios de la circunferencia.
- **Ángulo inscrito**: ángulo cuyo vértice está sobre la circunferencia y tal que sus lados sean secantes a la misma.

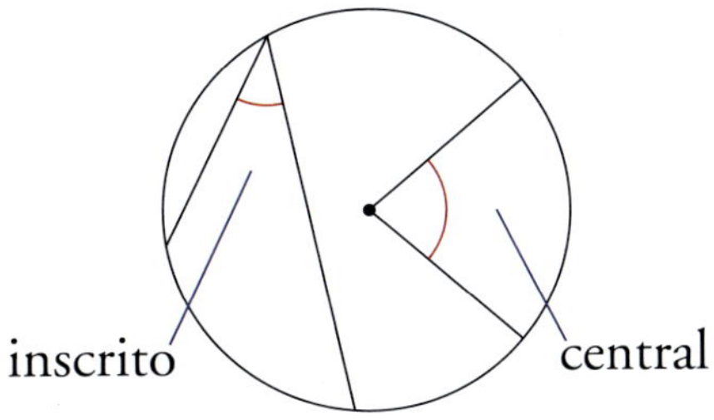


**OBSERVA**

La amplitud de un ángulo inscrito es la mitad de la amplitud del ángulo central que abarca el mismo arco.

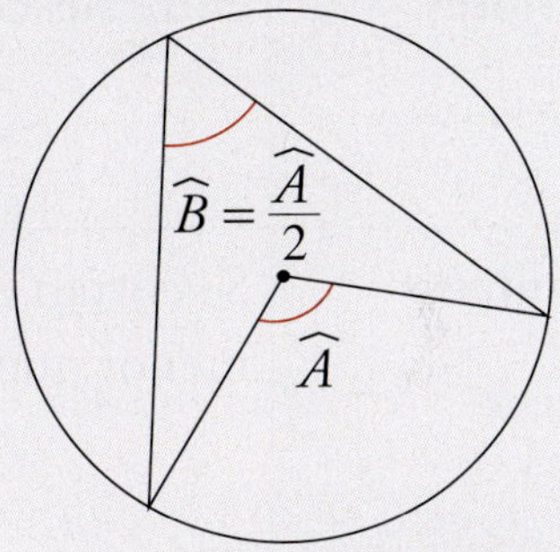


## 7.2. Posiciones relativas entre punto y circunferencia

| | | |
|---|---|---|
| **Exterior** | Si el punto está fuera de la circunferencia, es decir, la distancia del punto al centro es mayor que el radio. | 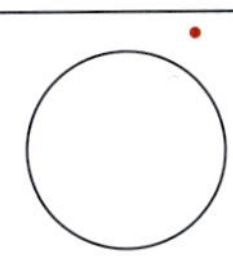 |
| **Interior** | Si el punto está dentro de la circunferencia y, por tanto, la distancia del punto al centro es menor que el radio. | 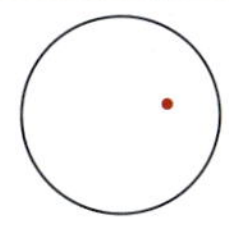 |
| **De la circunferencia** | Si el punto está sobre la circunferencia, es decir, la distancia del punto al centro es igual que el radio. |  |

## 7.3. Posiciones relativas entre recta y circunferencia

| | | |
|---|---|---|
| **Exterior** | Si la recta no corta a la circunferencia. | 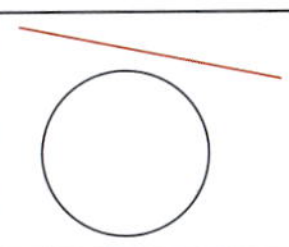 |
| **Secante** | Si la recta corta a la circunferencia en dos puntos. | 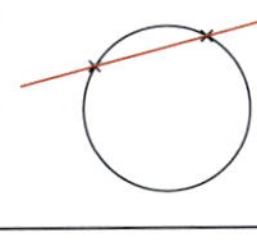 |
| **Tangente** | Si la recta y la circunferencia tienen un único punto en común. | 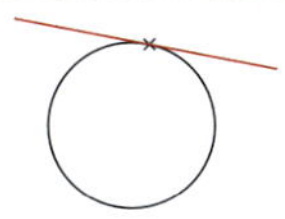 |

## 7.4. Posiciones relativas entre circunferencias

| | | |
|---|---|---|
| **Concéntricas** | Son circunferencias con el mismo centro y distinto radio, por lo que no tienen ningún punto en común. La distancia $d$ entre sus centros es 0. $d = 0$ | 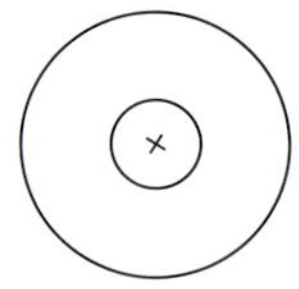 |
| **Interiores** | Tienen distintos centros y no comparten puntos comunes. La distancia entre sus centros es menor que la resta de sus radios. $d < R - r$ | 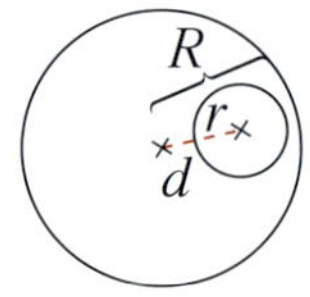  |
| **Tangentes interiores** | Tienen distintos centros y un punto en común. La distancia entre sus centros es igual que la resta de sus radios. $d = R - r$ | 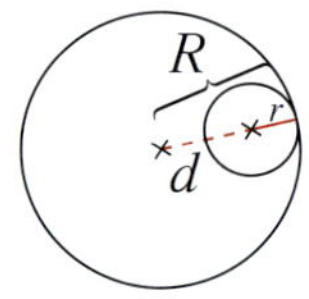  |
| **Secantes** | Se cortan en dos puntos. La distancia entre sus centros es menor que la suma de sus radios y mayor que su resta. $R - r < d < R + r$ | 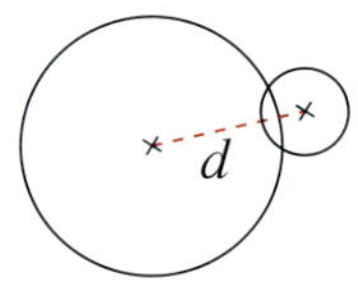  |
| **Tangentes exteriores** | Se cortan en un punto. La distancia entre sus centros es igual que la suma de sus radios. $d = R + r$ | 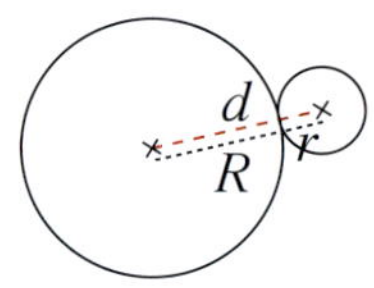  |
| **Exteriores** | Sin puntos en común. La distancia entre sus centros es mayor que la suma de sus radios. $d > R + r$ | 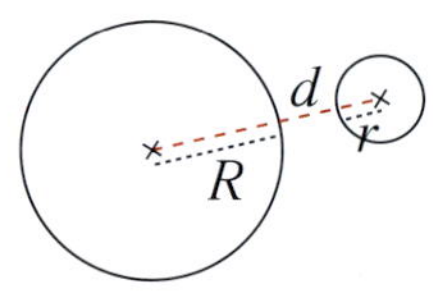  |

## EJERCICIOS

**19.** ●○○ Dibuja las siguientes situaciones:

*a)* Punto exterior a circunferencia.

*b)* Recta tangente a circunferencia.

*c)* Circunferencias tangentes exteriores.

**20.** ●●○ Dados los siguientes datos ($r$, $R$ radios de las circunferencias y $d$ distancia entre sus centros), encuentra la posición relativa de las circunferencias.

*a)* $R = 5$ cm, $r = 3$ cm, $d = 1$ cm.

*b)* $R = 5$ cm, $r = 3$ cm, $d = 10$ cm.

*c)* $R = 5$ cm, $r = 3$ cm, $d = 8$ cm.

*d)* $R = 5$ cm, $r = 3$ cm, $d = 0$ cm.

*e)* $R = 5$ cm, $r = 3$ cm, $d = 3$ cm.

*f)* $R = 5$ cm, $r = 3$ cm, $d = 2$ cm.

## 7.5. Círculos y formas circulares

Un **círculo** es la parte del plano comprendida en el interior de una circunferencia. Comparte los mismos elementos de la circunferencia y podemos destacar algunas partes especiales:

| | | |
|---|---|---|
| **Sector circular** | Parte del círculo comprendida entre dos radios.<br>El ángulo que forman los radios es el ángulo del sector circular.<br>En el caso particular de que sea 180°, es decir, que los radios formen un diámetro, el sector recibe el nombre de semicírculo. | 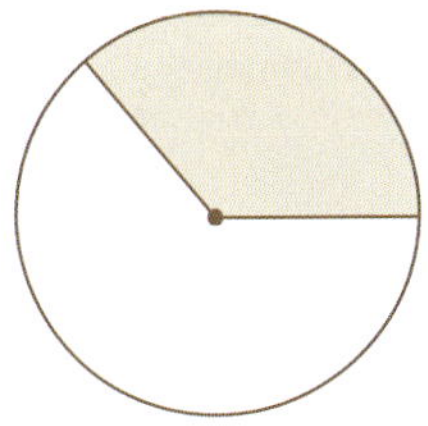 |
| **Corona circular** | Es la parte de círculo comprendida entre dos circunferencias concéntricas. | 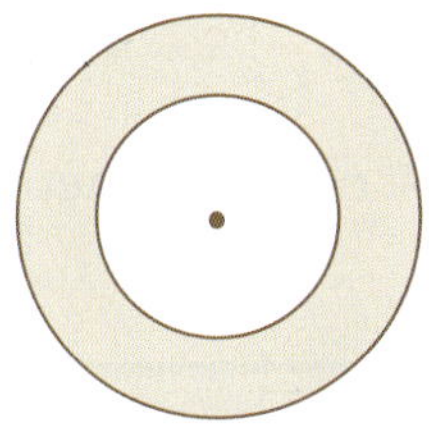 |
| **Segmento circular** | Es la parte de círculo comprendida entre una cuerda y su arco correspondiente. | 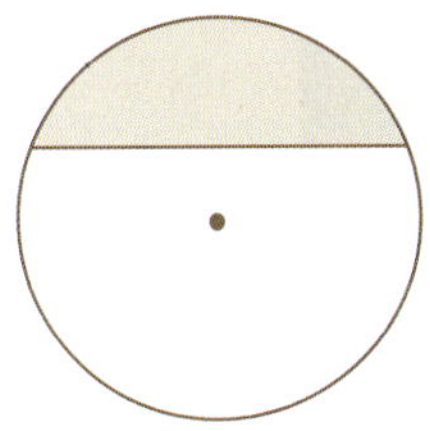 |
| **Trapecio circular** | Es la parte de corona circular comprendida entre dos radios. | 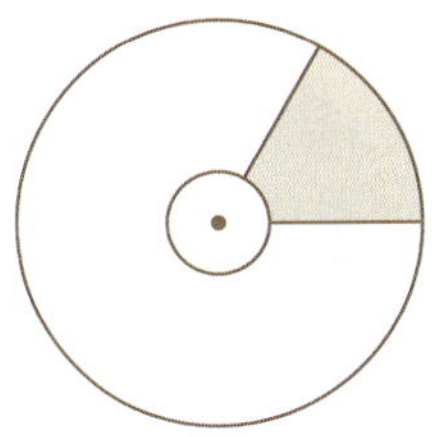 |

### EJERCICIOS

**21.** ●○○ Dibuja, de manera aproximada, las siguientes figuras circulares:

*a)* Trapecio circular de 60°.

*b)* Sector circular de 200°.

*c)* Corona circular.

*d)* Segmento circular.

# 8. Simetrías en el plano. Simetrías axiales

Se dice que existe una **simetría axial** si los puntos de una figura coinciden con los de otra al «doblarse» el plano por una recta, que llamaremos **eje de simetría.**

Del mismo modo, una única figura en el plano es simétrica si existe un eje tal que al doblar la figura por él, las dos partes coinciden.

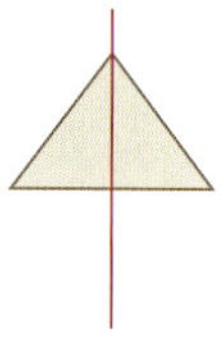

Una figura puede tener varios ejes de simetría. Por ejemplo, observa este cuadrado:

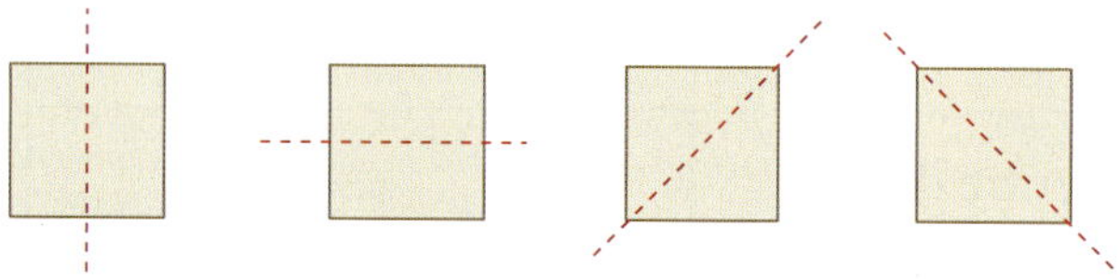

Un cuadrado posee 4 ejes de simetría.

**OBSERVA**

La simetría axial devuelve una figura igual que la que hay al otro lado del eje, de la misma forma que un espejo devuelve tu imagen.

## EJERCICIOS

**22.** ●○○ Descubre simetrías axiales en las siguientes figuras y traza el o los ejes de simetría:

*a)* 

*b)* A

*c)* 

**23.** ●●○ Descubre simetrías axiales en la naturaleza y en construcciones y traza el o los ejes de simetría.

*a)* 

*b)* 

*c)* 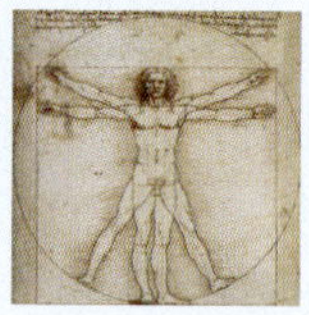

**24.** ●●○ Dibuja, dada la siguiente figura en la cuadrícula, su figura simétrica respecto del eje que se indica:

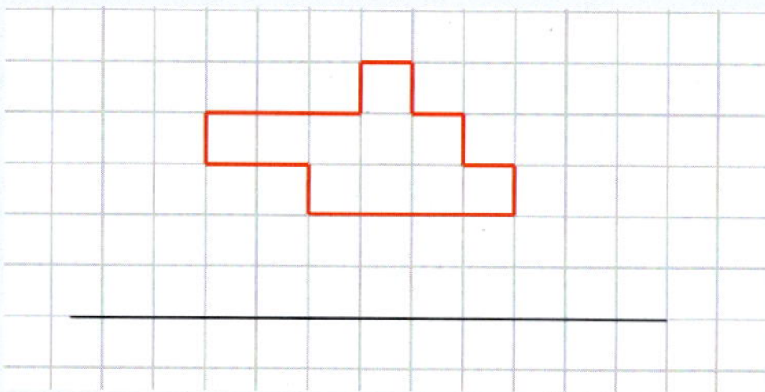

# 9. Geometría en el espacio. Rectas y planos. Posiciones relativas

Cuando nos movemos en el espacio, las rectas y los planos pueden tomar distintas posiciones. A continuación vamos a especificar algunas de ellas.

## 9.1. Posiciones relativas entre planos

| | | |
|---|---|---|
| **Paralelos** | No tienen ningún punto en común. |  |
| **Secantes** | Se cortan en una recta. | 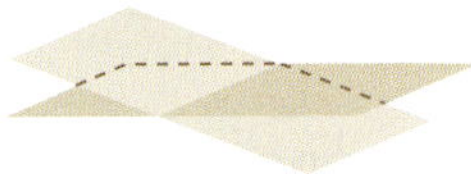 |
| | Si dividen el espacio en cuatro partes iguales, se dice que son **perpendiculares**. | 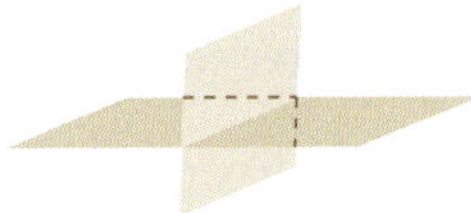 |
| **Coincidentes** | Se cortan en todos sus puntos. |  |

## 9.2. Posiciones relativas entre recta y plano

| | | |
|---|---|---|
| **Paralelos** | No tienen ningún punto en común. |  |
| **Secantes** | Se cortan en un punto. |  |
| **Recta contenida en plano** | Se cortan en todos los puntos de la recta, es decir, la recta forma parte del plano. |  |

## 9.3. Posiciones relativas entre rectas

| | | |
|---|---|---|
| **Paralelos** | No se cortan en ningún punto y además están contenidas en un mismo plano. |  |
| **Secantes** | Se cortan en un solo punto. |  |
| **Coincidentes** | Se cortan en todos sus puntos. |  |
| **Se cruzan** | No se cortan en ningún punto y están en planos distintos. | 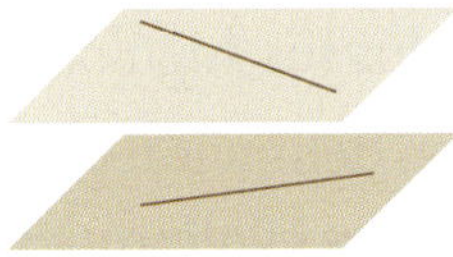 |

## EJERCICIOS

**25.** ●●○ Encuentra en la fotografía las siguientes situaciones:

*a)* Rectas que se cruzan.

*b)* Rectas que se cortan.

*c)* Rectas paralelas.

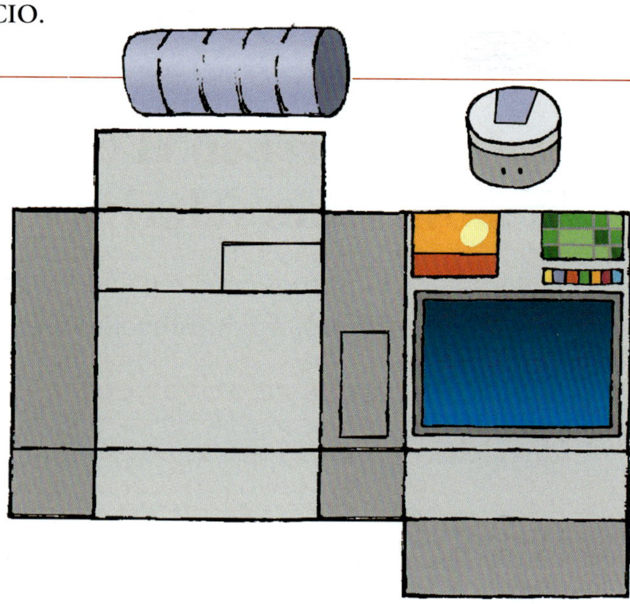

# 10. Poliedros

Un **poliedro** es un cuerpo geométrico limitado por polígonos.

Los elementos de un poliedro son:

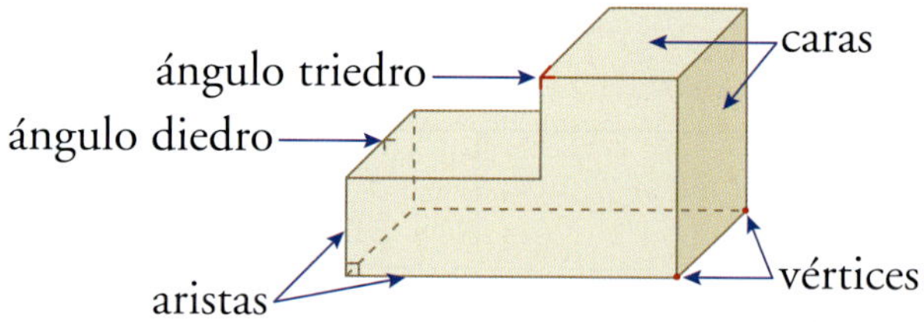


- **Caras**: son los polígonos que limitan en poliedro.
- **Aristas**: cada uno de los segmentos que comparten dos caras.
- **Vértices**: cada uno de los puntos de intersección de tres o más aristas.
- **Ángulos diedros**: cada uno de los ángulos limitados por dos caras del poliedro que tienen una arista común.
- **Ángulos triedros**: cada uno de los ángulos limitados por tres o más caras del poliedro que tienen un vértice común.

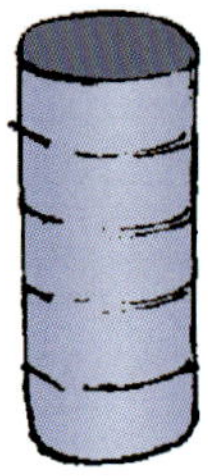

Un **desarrollo plano** de un poliedro es un dibujo sobre el plano formado por las caras del poliedro unidos por aristas, de manera que al plegarlo se pueda obtener el poliedro original.

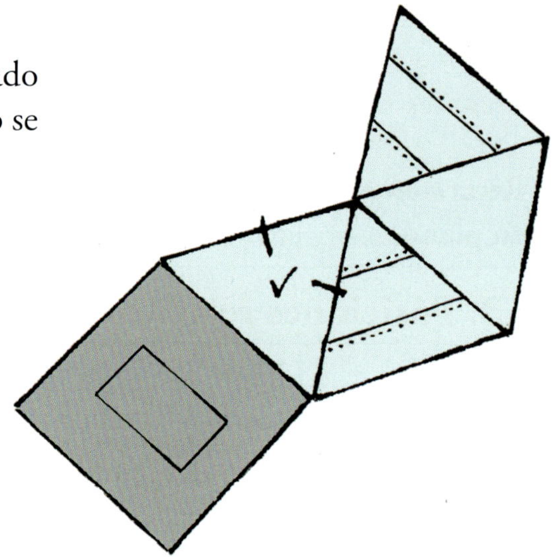

## 10.1. Clasificación de los poliedros según sus ángulos

| | | |
|---|---|---|
| **Convexos** | Todos sus ángulos diedros son convexos, menores de 180°.<br>Esta definición es equivalente a que sea posible unir dos puntos cualesquiera del poliedro por medio de un segmento totalmente incluido en su interior. | 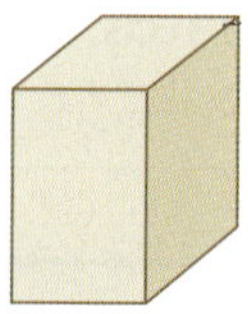 |
| **Cóncavos** | En caso contrario. | 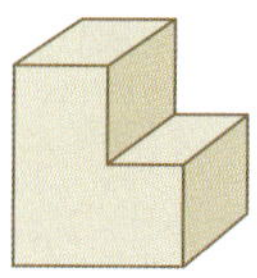 |

## 10.2. Según sus caras y la concurrencia de aristas en los vértices

<table>
<tr><td rowspan="4">Regulares</td><td colspan="5">Todas sus caras son polígonos regulares y en cada vértice concurren el mismo número de aristas.<br>Existen únicamente 5 poliedros regulares.</td></tr>
<tr><td>Tetraedro</td><td>Hexaedro o cubo</td><td>Octaedro</td><td>Dodecaedro</td><td>Icosaedro</td></tr>
<tr><td>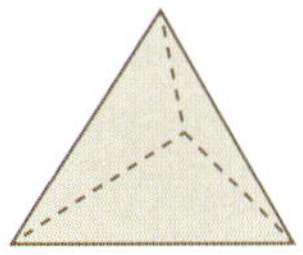</td><td>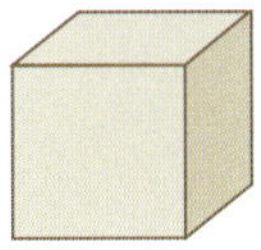</td><td>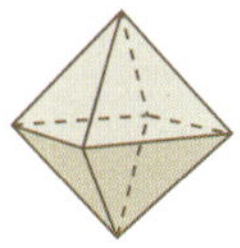</td><td>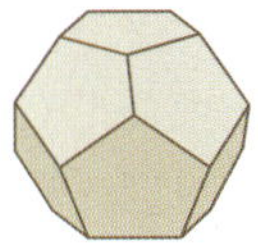</td><td>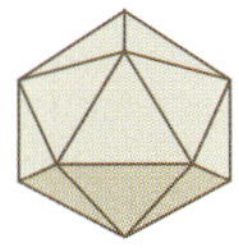</td></tr>
<tr><td>4 triángulos equiláteros</td><td>6 cuadrados</td><td>8 triángulos equiláteros</td><td>12 pentágonos regulares</td><td>20 triángulos equiláteros</td></tr>
<tr><td>Irregulares</td><td>En otro caso.</td><td colspan="4">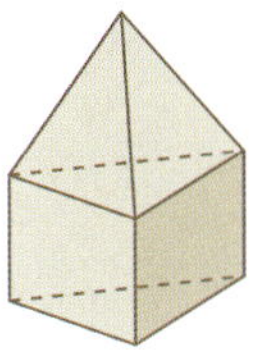 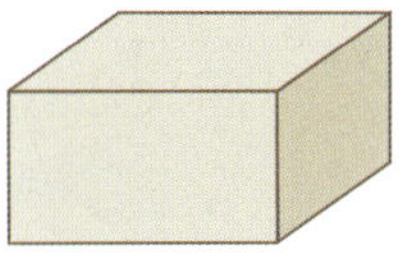</td></tr>
</table>

## EJERCICIOS

**26.** ●●○ **CL** Nombra y denota correctamente los elementos del siguiente poliedro. Clasifícalo atendiendo a los criterios estudiados.

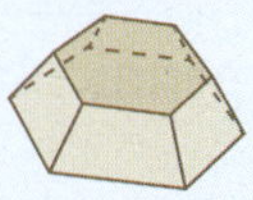

**27.** ●●○ Realiza el desarrollo plano de estos poliedros:

*a)* 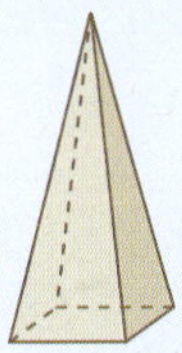 *b)* 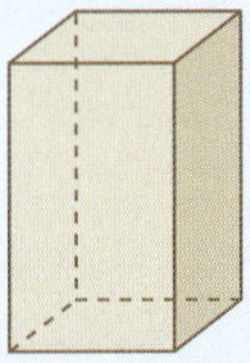 *c)* 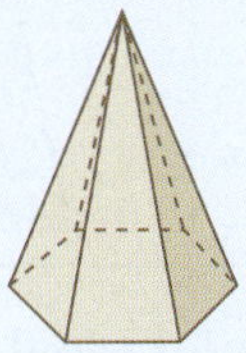

**28.** ●●○ ¿Qué desarrollo corresponde al siguiente poliedro?

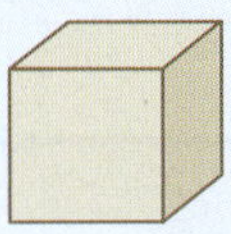

*a)* 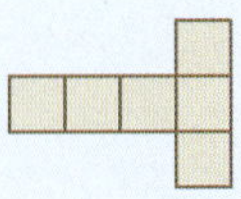 *b)* 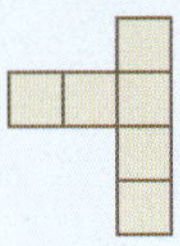 *c)* 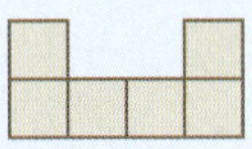

**29.** ●●○ **CL** Clasifica los siguientes poliedros de la manera más completa y precisa posible:

*a)* 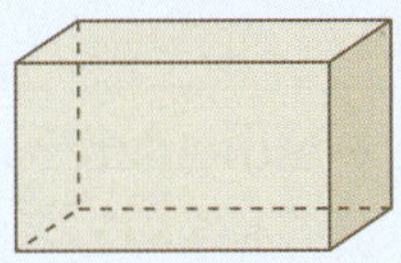

*b)* 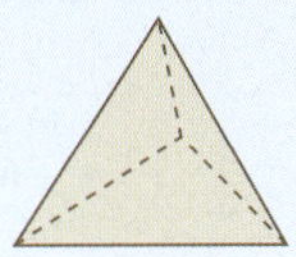

*c)* 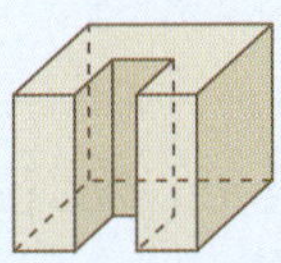

**30.** ●●○ Elabora una tabla con el dibujo de los cinco poliedros regulares y escribe el nombre, número de caras, vértices y aristas de cada uno.

**31.** ●●○ **@ CC** ¿Sabes quién era Platón? Investiga sobre él y los cinco poliedros regulares. ¿Qué representaban para él?

# 11. Poliedros irregulares: prismas y pirámides

## 11.1. Prisma

Un **prisma** es un poliedro con dos caras iguales y paralelas (**bases**) y de forma que el resto de las caras son paralelogramos (**caras laterales**).

La **altura** de un prisma es el segmento perpendicular que une ambas bases.

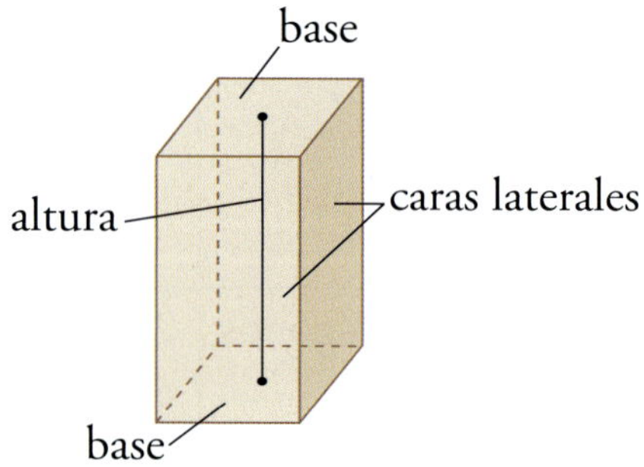


Los prismas se nombran según el polígono que forme su base:

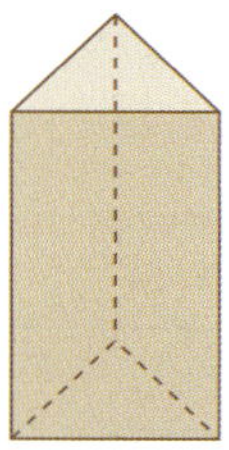
prisma triangular

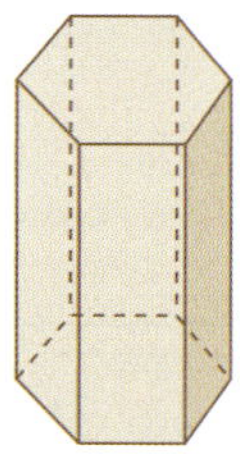
prisma hexagonal

**OBSERVA**

Aunque los prismas sean, en general, poliedros irregulares, se puede decir que un prisma es regular si es recto y sus bases son polígonos regulares.

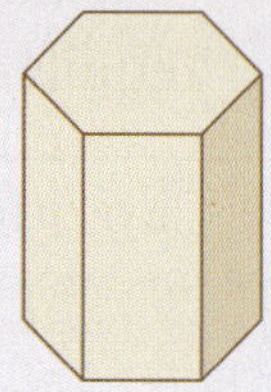

| Prisma | |
|---|---|
| **Recto** | **Oblicuo** |
| Todas las caras laterales son perpendiculares a las bases. | Las caras laterales no son perpendiculares a las bases. |
| 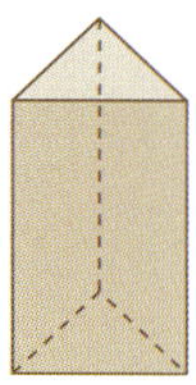 | 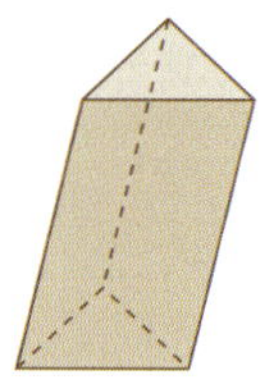 |

Cuando las bases de un prisma también son paralelogramos (al igual que las caras laterales), el prisma se llamará **paralelepípedo**.

En el caso particular de que todas sean rectángulos, se llamará **ortoedro**.

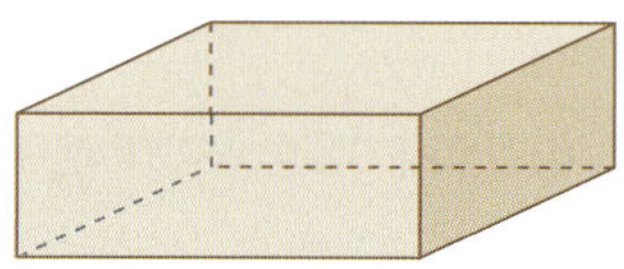

## EJERCICIOS

**32.** ●●○ **CL** Nombra el siguiente prisma y sus elementos y haz una clasificación lo más completa posible:

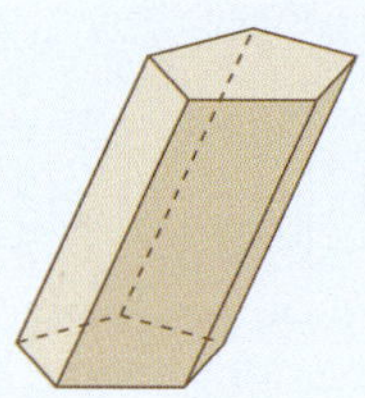

## 11.2. Pirámide

Una **pirámide** es un poliedro con una base (puede ser cualquier tipo de polígono) y triángulos como **caras laterales** que concurren en un único vértice que recibe el nombre de **cúspide**.

La **altura** de la pirámide es el segmento perpendicular a la base que llega a la cúspide.

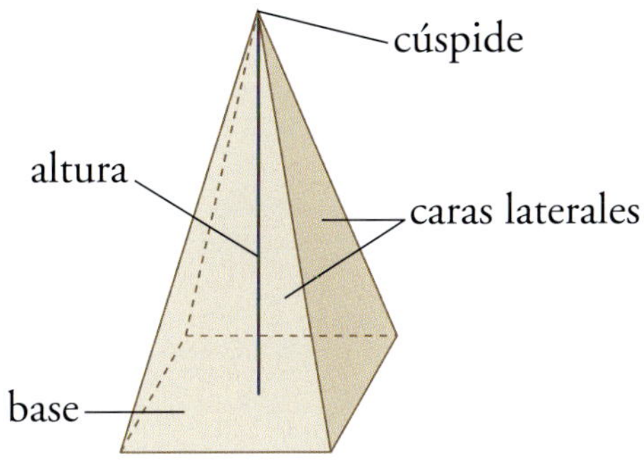


Las pirámides también se nombran según el polígono que forme su base: así tenemos pirámides triangulares, cuadrangulares, pentagonales, hexagonales...

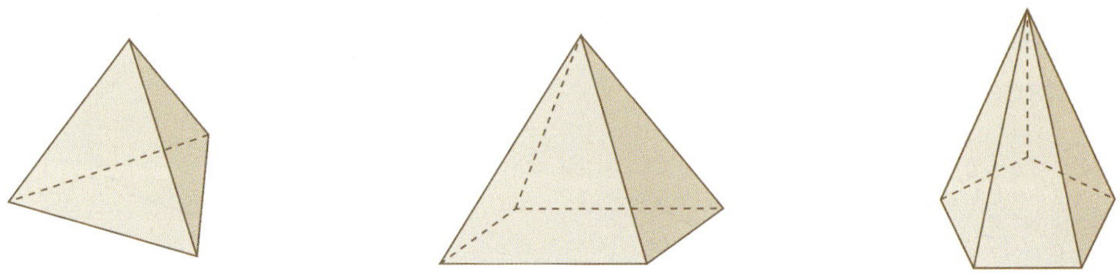

| Pirámide | |
|---|---|
| **Recta** | **Oblicua** |
| La cúspide está situada sobre el centro de la base. | En caso contrario. |
| 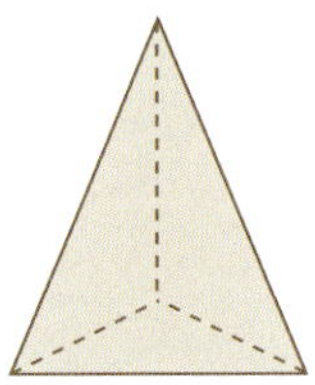 | 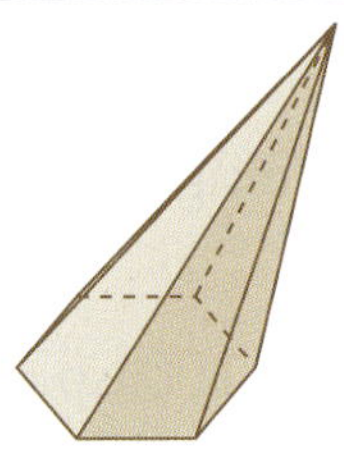 |

### OBSERVA

Aunque las pirámides sean, en general, poliedros irregulares, se puede decir que una pirámide es regular si es recta y su base es un polígono regular.

En este caso, todas sus caras laterales son triángulos isósceles iguales y la altura de dichas caras laterales recibe el nombre de **apotema de la pirámide**.

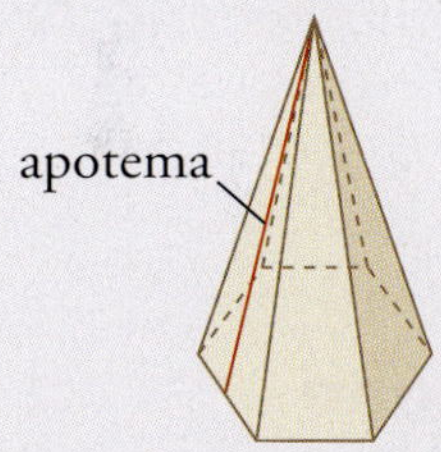


## EXERCICIS

**33.** ●●○ **CL** Nombra la siguiente pirámide y sus elementos y haz una clasificación lo más completa posible:

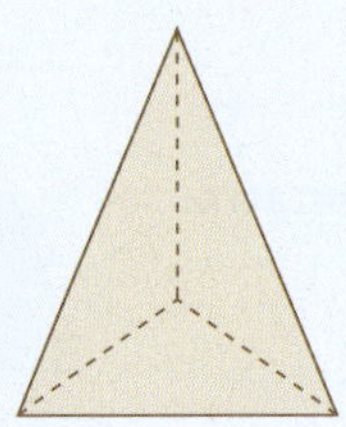

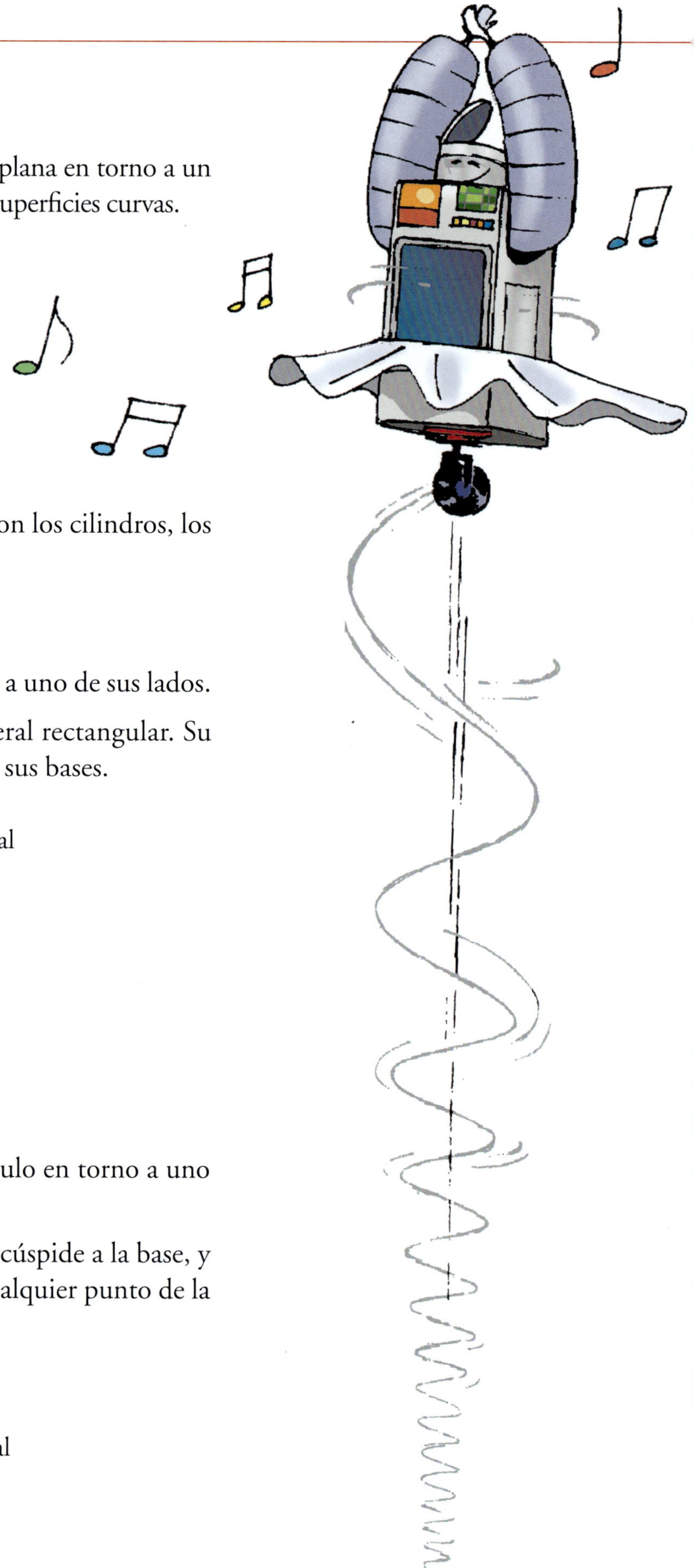

# 12. Cuerpos de revolución

Un **cuerpo de revolución** se obtiene al girar una figura plana en torno a un eje. Es un cuerpo geométrico limitado por una o varias superficies curvas.

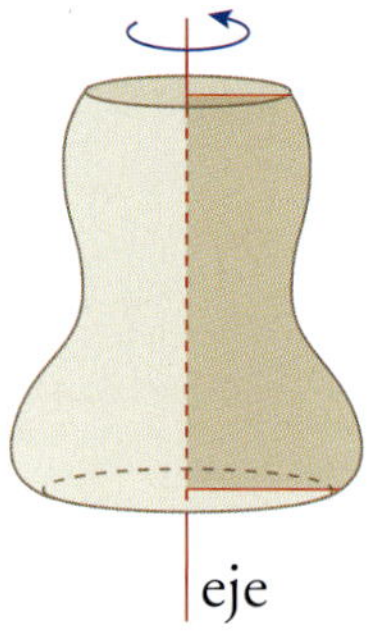


Los ejemplos más habituales de este tipo de cuerpos son los cilindros, los conos y la esfera.

## 12.1. Cilindro

Un **cilindro** se obtiene al girar un rectángulo en torno a uno de sus lados.

Está formado por dos bases circulares y una cara lateral rectangular. Su altura, al igual que en los prismas es la distancia entre sus bases.

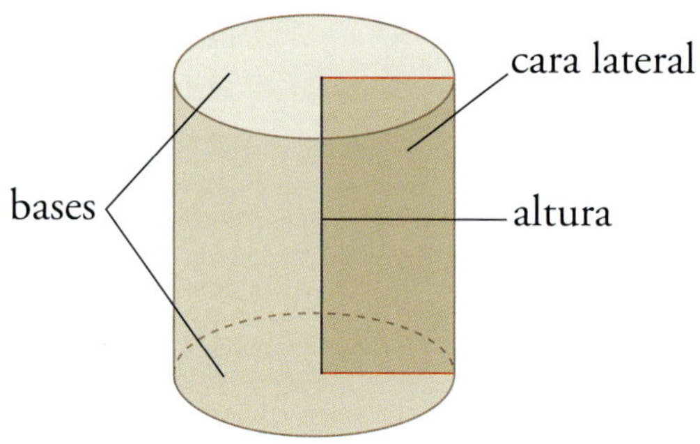


## 12.2. Cono

Un **cono** se genera al hacer girar un triángulo rectángulo en torno a uno de sus catetos.

Su altura es, como en las pirámides, la distancia de la cúspide a la base, y su generatriz, el segmento de extremos la cúspide y cualquier punto de la circunferencia base.

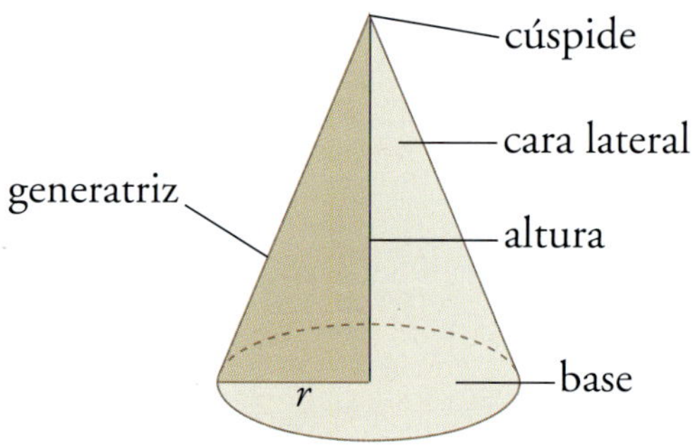

## 12.3. Esfera

La **esfera** se produce al girar un semicírculo sobre su diámetro.

El cuerpo resultante no tiene desarrollo plano y sus elementos más destacables son el centro (del cual equidistan todos los puntos de la superficie esférica) y el radio (la distancia del centro a cualquier punto de la superficie).

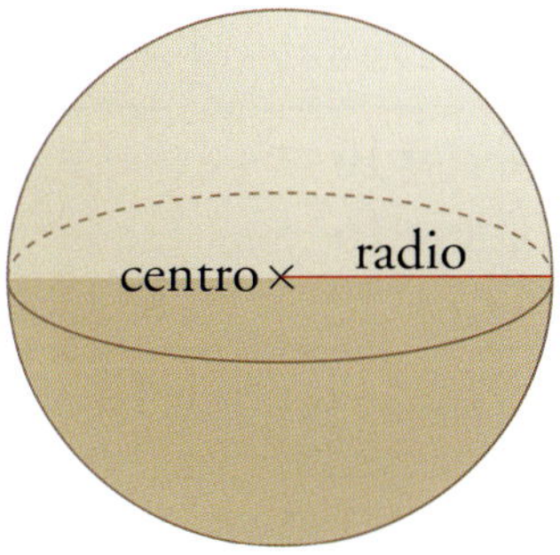


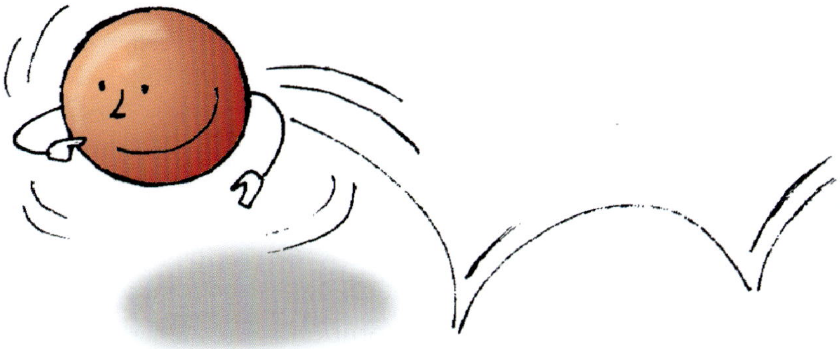

### EJERCICIOS

**34.** ●○○ Localiza entre los siguientes objetos los que sean cuerpos de revolución:

*a)* 

*c)* 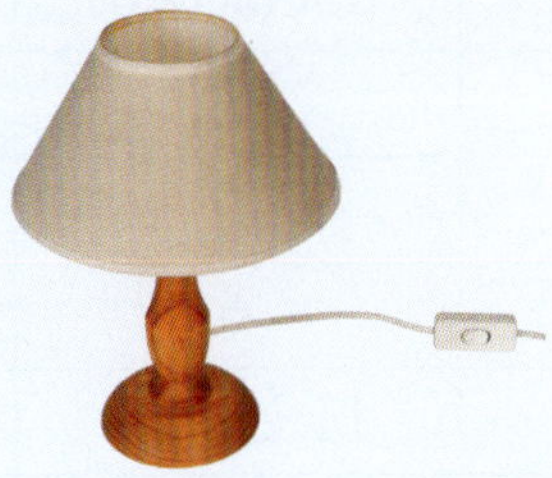

*e)* 

*b)* 

*d)* 

*f)* 

**35.** ●●○ Dibuja la figura plana y el eje alrededor del que hay que girarla para obtener los cuerpos de revolución del ejercicio anterior.

# SABER MÁS

El número de caras, aristas y vértices de un **poliedro simple** (es decir, sin agujeros) no es arbitrario. Existe una relación entre estos tres elementos: es el **teorema de Euler**.

$c$: número de caras
$a$: número de aristas $\qquad c + v = a + 2$
$v$: número de vértices

| | | |
|---|---|---|
| 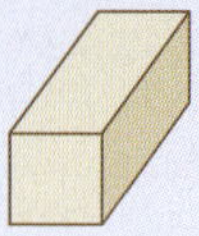 | 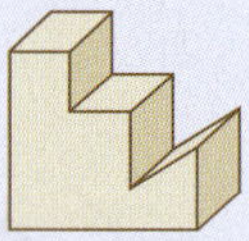 | 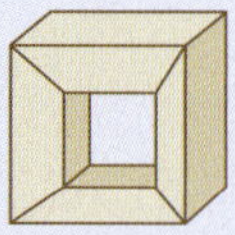 |
| $c = 6$<br>$a = 12$<br>$v = 8$ | $c = 10$<br>$v = 16$<br>$a = 24$ | $c = 16$<br>$v = 16$<br>$a = 32$ |
| Cumple el teorema de Euler. | Cumple el teorema de Euler. | No se verifica el teorema de Euler. |

Existen únicamente **cinco poliedros regulares**, también llamados **sólidos platónicos**. El hecho de que sean solo cinco y sus asombrosas propiedades, llamaron la atención de Platón, que llegó a relacionarlos con los elementos básicos de su teoría: aire, agua, tierra, fuego y un modelo del Universo.

Una de las propiedades más curiosas que podemos destacar de los **poliedros regulares** es su **dualidad**: poliedro dual es el poliedro cuyos vértices se corresponden con el centro de las caras de otro poliedro dado.

| **Poliedro** | Tetraedro | Hexaedro | Octaedro | Dodecaedro | Icosaedro |
|---|---|---|---|---|---|
| **Caras** | 4 | 6 | 8 | 12 | 20 |
| **Aristas** | 6 | 12 | 12 | 30 | 30 |
| **Vértices** | 4 | 8 | 6 | 20 | 12 |
| **Dual** | Tetraedro | Octaedro | Hexaedro | Icosaedro | Dodecaedro |
| **Dibujos** | 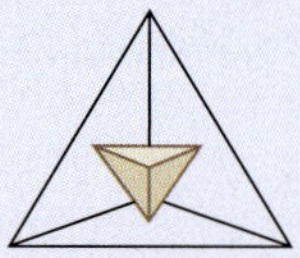 | 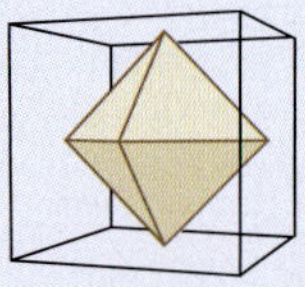 | 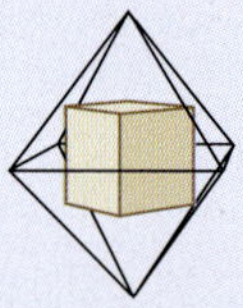 | 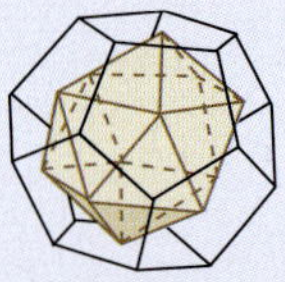 | 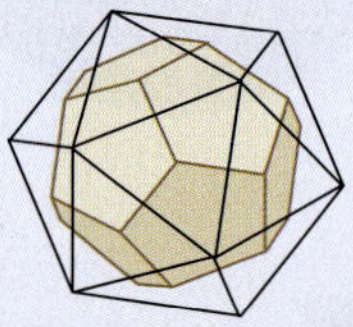 |

## EJERCICIOS

**36.** ●●○ Comprueba el teorema de Euler en los siguientes poliedros:

*a)* 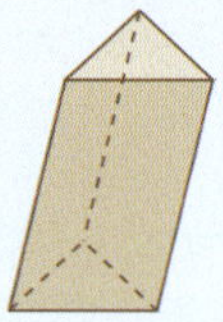
*b)* 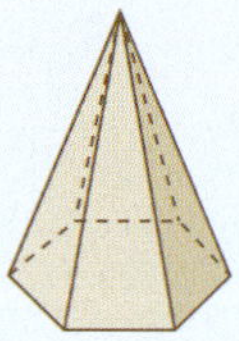
*c)* 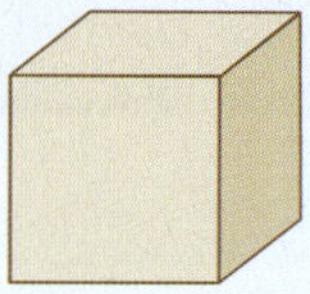
*d)* 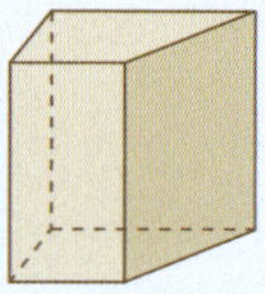

**37.** ●●○ Encuentra el poliedro dual de una pirámide de base cuadrangular.

## Geometría en el plano: Elementos básicos

**Recta**

**Semirrecta**

**Segmento**

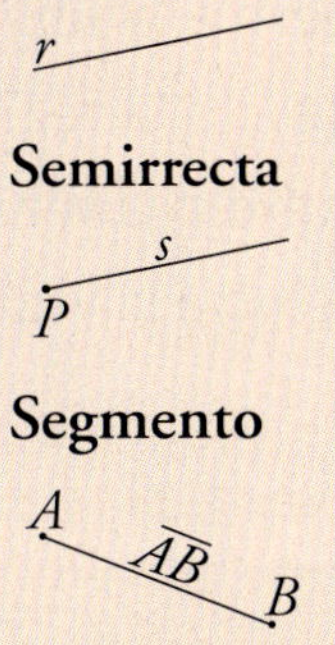


**Ángulo**

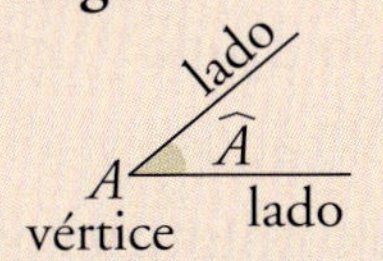


| nulo | recto | convexo | cóncavo | agudo | obtuso | llano |
|---|---|---|---|---|---|---|

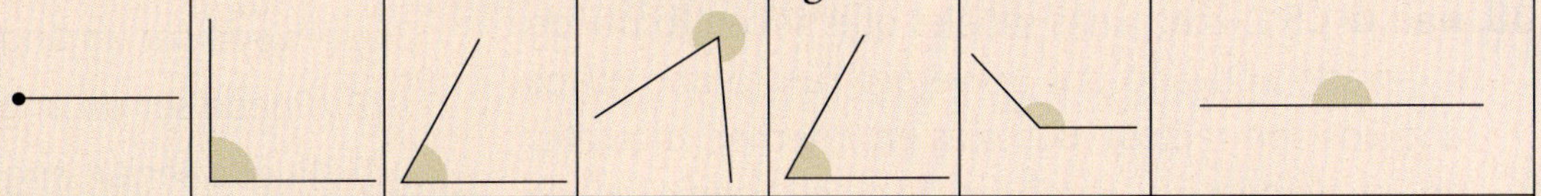

**Polígono**

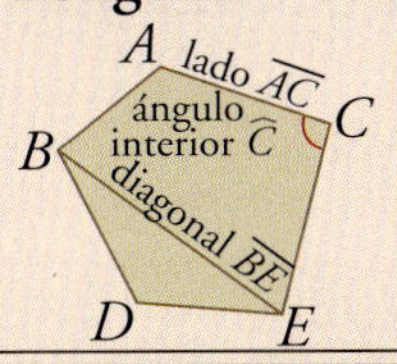


Clasificaciones de polígonos:

| regular | irregular | convexo | cóncavo |
|---|---|---|---|

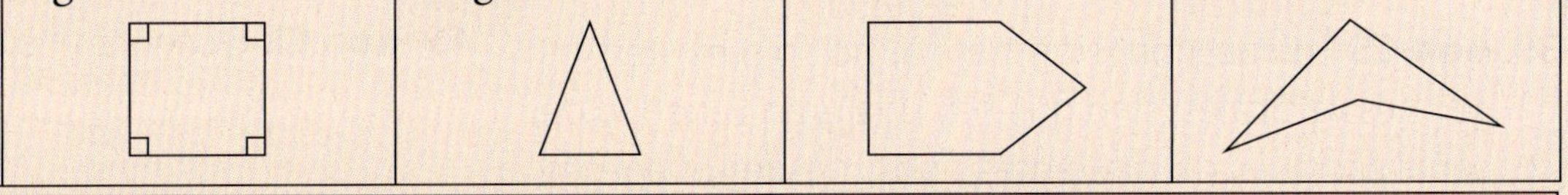

## Clasificación de los triángulos atendiendo a sus lados o sus ángulos

| Tamaño de lados y ángulos | | | Tipos de ángulos | | |
|---|---|---|---|---|---|
| **Equilátero** | **Isósceles** | **Escaleno** | **Acutángulo** | **Rectángulo** | **Obtusángulo** |
| Todos iguales | Dos iguales | Todos distintos | Todos agudos | Uno recto | Uno obtuso |

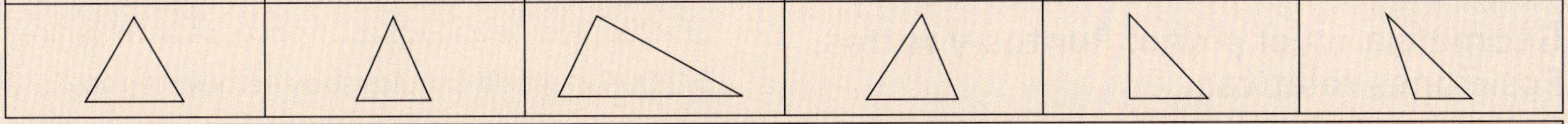

## Clasificación de los cuadriláteros atendiendo al paralelismo entre sus lados opuestos

| **Paralelogramo**: lados paralelos dos a dos y ángulos iguales dos a dos. Sus diagonales se cortan en el punto medio. | | | | **No paralelogramo** | |
|---|---|---|---|---|---|
| **Cuadrado** | **Rectángulo** | **Rombo** | **Romboide** | **Trapecio** | **Trapezoide** |
| Lados iguales y ángulos rectos | Lados iguales dos a dos y ángulos rectos | Lados iguales | Lados iguales dos a dos | Dos lados paralelos | Ningún lado paralelo |

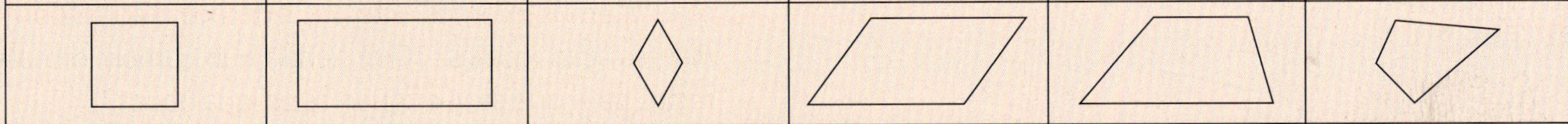

## Elementos notables de los triángulos

| Circuncentro | Incentro | Baricentro | Ortocentro |
|---|---|---|---|

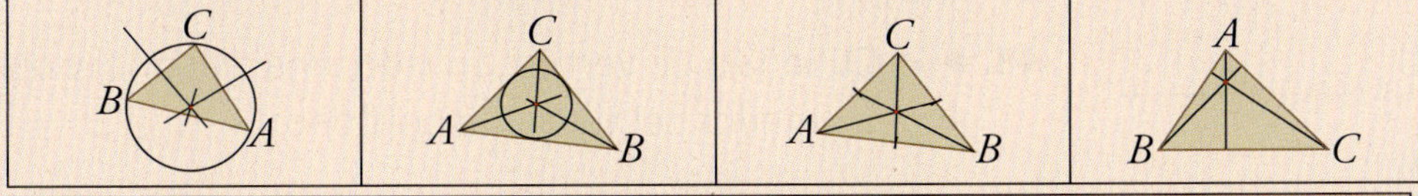


## Teorema de Pitágoras

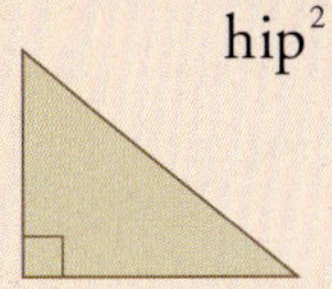

$hip^2 = cat^2 + cat^2$

(solo en triángulos rectángulos)

## Circunferencia y círculo

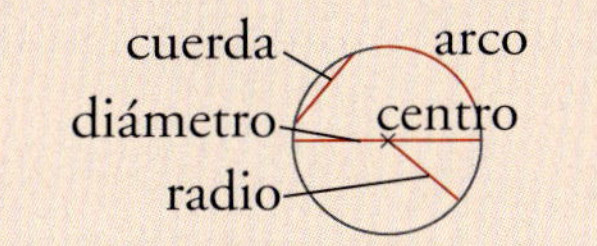


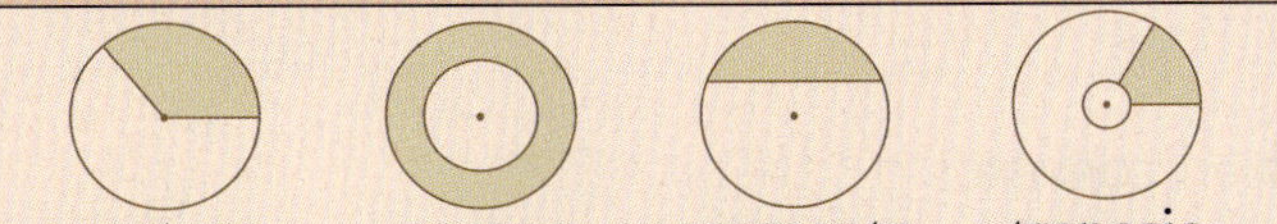


## Simetría axial

Al doblar el plano sobre el eje las figuras se solapan.

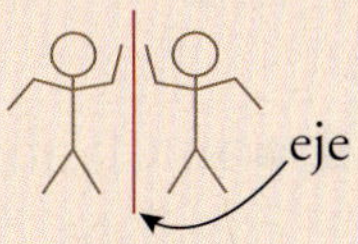


## Geometría en el espacio

**Poliedro**

Cuerpo geométrico limitado por polígonos.

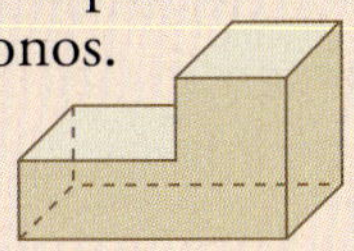

**Clasificaciones**

Convexo:
Cóncavo:
Regular:
Irregular:

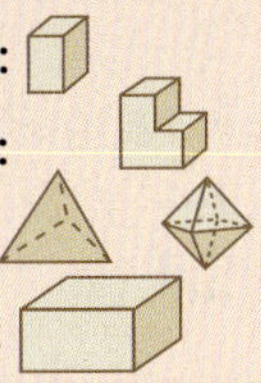

**Poliedros regulares**

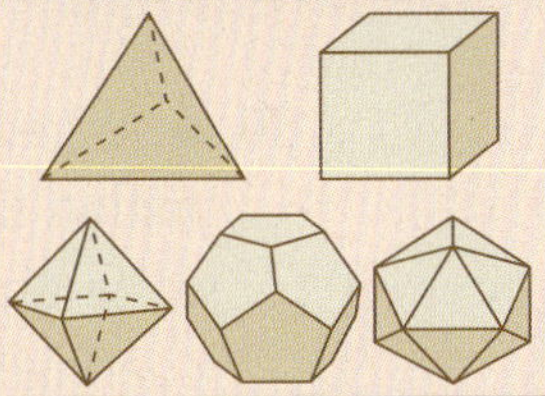

**Prismas y pirámides**

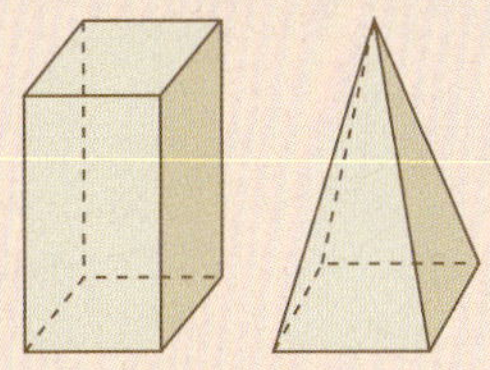

**Cilindro, cono y esfera**

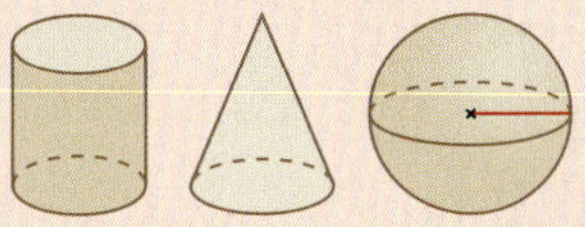

## Ejercicios iniciales

**38.** ●●○ @ **CS** Existen unas señales que tienen forma de cuadrado apoyado por un vértice (un rombo cuyos ángulos son rectos). Búscalas en Internet, dibújalas en tu cuaderno y escribe cuál es el significado de estas señales.

**39.** ●●● **CS** En cuestiones de tráfico, no solo existen las señales verticales, sino que hay una gran variedad de señalizaciones de diferentes tipos, desde un agente de tráfico, un semáforo, las señales pintadas en la calzada, etc. Hay un elemento señalizador muy habitual en las carreteras, cuya forma es un cuerpo de revolución presente en este tema. ¿Cuál es?

## Geometría en el plano: Puntos y rectas. Posiciones relativas

**40.** ●○○ Indica cuál es la posición relativa entre los siguientes pares de rectas en el plano:

*a)* *b)* *c)*

**41.** ●●○ Dibuja una recta paralela a *r* que esté a 2 cm de ella.

**42.** ●○○ Clasifica los siguientes ángulos en nulos, agudos, rectos, obtusos o llanos.

*a)* *b)* *c)* *d)* *e)*

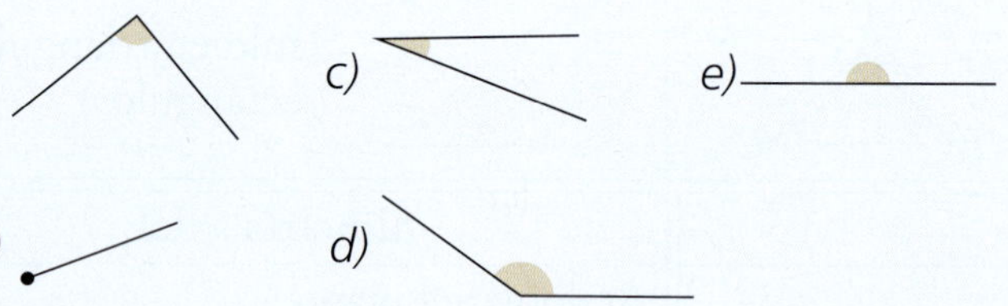

**43.** ●○○ Clasifica los siguientes ángulos en convexos o cóncavos:

*a)* *b)* *c)* *d)*

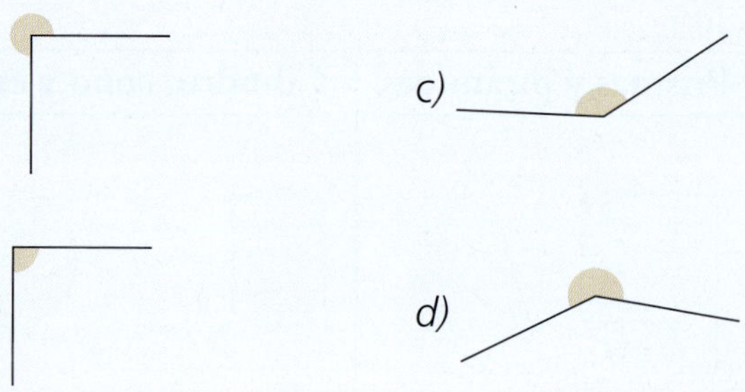

**44.** ●○○ **CL** Contesta razonadamente a las siguientes preguntas:

*a)* ¿Puede ser un ángulo agudo y convexo a la vez?

*b)* ¿Puede ser un ángulo agudo y cóncavo a la vez?

*c)* ¿Puede ser un ángulo obtuso y convexo a la vez?

*d)* ¿Puede ser un ángulo obtuso y cóncavo a la vez?

**45.** ●●○ **CL** Observa el siguiente dibujo:

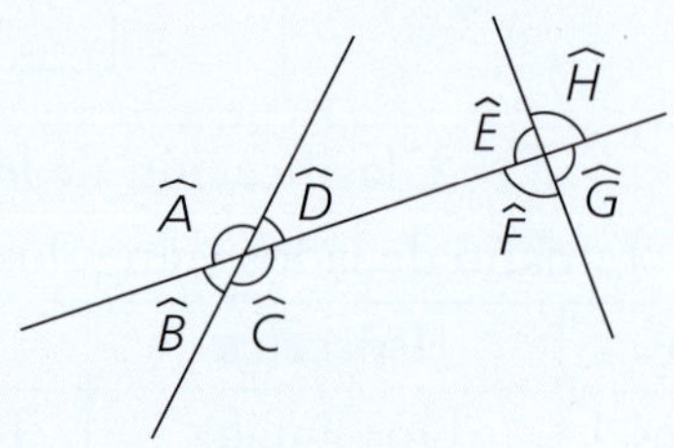

*a)* ¿Qué pares de ángulos están opuestos por el vértice?

*b)* ¿Qué pares de ángulos son alternos internos?

*c)* ¿Qué pares de ángulos son alternos externos?

*d)* ¿Qué pares de ángulos son correspondientes?

**46.** ●●○ ¿Qué pares de ángulos son iguales en el dibujo del ejercicio anterior?

**47.** ●●○ Dibuja tres rectas de modo que los ángulos que sean alternos internos, alternos externos o correspondientes sean iguales. ¿Qué tienen que cumplir dichas rectas para que se verifiquen estas igualdades?

## Polígonos

**48.** ●○○ **CL** Señala un vértice, un lado, una diagonal y un ángulo interior del siguiente polígono:

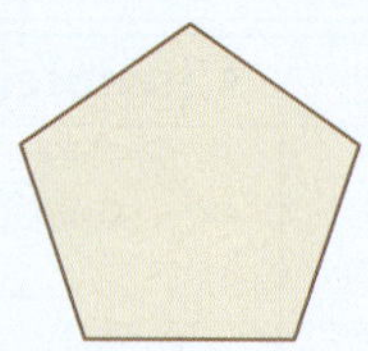

**49.** ●○○ Sabemos que, en un triángulo, $\widehat{B} = 83°$ y $\widehat{C} = 37°$. ¿Cuánto mide $\widehat{A}$?

**50.** ●○○ Tres de los ángulos interiores de cierto cuadrilátero miden 66°, 84° y 92°, respectivamente. Calcula cuál es la amplitud del cuarto ángulo interior de dicho cuadrilátero.

**51.** ●●○ Copia y completa la tabla con las sumas de los ángulos interiores de cada uno de los siguientes polígonos:

| Polígono | Suma de sus ángulos interiores |
|---|---|
| Triángulo | |
| Cuadrilátero | |
| Pentágono | |
| Hexágono | |
| Heptágono | |
| Octógono | |
| Eneágono | |
| Decágono | |
| Endecágono | |
| Dodecágono | |

**52.** ●●○ Calcula cuánto miden los ángulos interiores y los centrales de cada uno de los polígonos del ejercicio anterior, si fueran regulares.

**53.** ●●● De un polígono sabemos que la suma de sus ángulos interiores es 2 340°. ¿Cuántos lados tiene dicho polígono?

**54.** ●●● Encuentra las causas por las que cada una de las siguientes afirmaciones es falsa:

*a)* Si la suma de los ángulos de un polígono es 720°, entonces es un hexágono regular.

*b)* La suma de los ángulos de cierto polígono es 990°.

*c)* Como la suma de los ángulos de un pentágono es 540°, cada uno de ellos mide $540 : 5 = 108°$.

**55.** ●●○ Copia y completa la tabla con el número de diagonales que tiene cada uno de los siguientes polígonos:

| Polígono | N.º de diagonales |
|---|---|
| Triángulo | |
| Cuadrilátero | |
| Pentágono | |
| Hexágono | |
| Heptágono | |
| Octógono | |
| Eneágono | |
| Decágono | |
| Endecágono | |
| Dodecágono | |

**56.** ●○○ Dibuja, a mano alzada, un heptágono y traza todas sus diagonales.

**57.** ●●● Explica por qué estas frases no son ciertas.

*a)* El número de diagonales de un polígono es 31.

*b)* Todas las diagonales de un polígono son iguales.

*c)* Las diagonales de un polígono son segmentos interiores al mismo.

**58.** ●●● ¿Cuántos lados tiene un polígono que tiene 104 diagonales?

**59.** ●○○ **CL** Indica, para cada uno de los siguientes polígonos, su nombre en función del número de lados y ángulos que tiene, si es convexo o cóncavo y si es regular o irregular:

*a)* 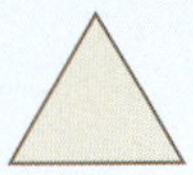

*c)* 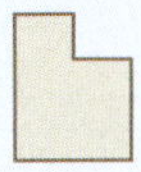

*e)* 

*b)* 

*d)* 

**60.** ●●○ En cada apartado, dibuja un polígono que cumpla las características indicadas.

*a)* Cuadrilátero regular.

*b)* Pentágono irregular convexo.

*c)* Hexágono irregular cuyos lados midan todos la misma longitud.

*d)* Octógono irregular cóncavo.

**61.** ●○○ Indica, para cada uno de los siguientes triángulos, si son equiláteros, isósceles o escalenos, y si son acutángulos, rectángulos u obtusángulos.

*a)* 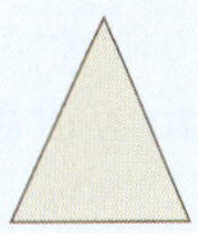

*b)* 

*c)* 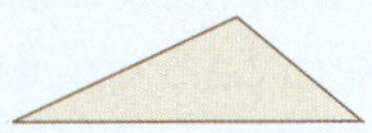

*d)* 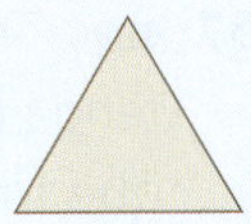

**62.** ●●○ Dibuja, en cada apartado, un triángulo con las siguientes características:

*a)* Isósceles obtusángulo.

*b)* Escaleno acutángulo.

*c)* Escaleno rectángulo.

*d)* Isósceles rectángulo.

**63.** ●●● **CL, CI** Explica por qué es imposible construir los siguientes triángulos:

*a)* Equilátero rectángulo.

*b)* Equilátero obtusángulo.

*c)* Un triángulo con más de un ángulo recto.

*d)* Un triángulo con más de un ángulo obtuso.

**64.** ●○○ Clasifica los siguientes cuadriláteros, indicando primero si son paralelogramos o no, y después si son cuadrados, rectángulos, rombos, romboides, trapecios o trapezoides:

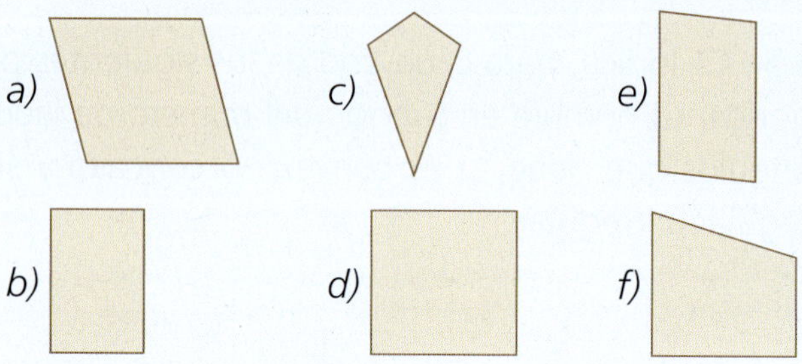


**65.** ●○○ Clasifica los siguientes trapecios en isósceles, rectángulos y escalenos:

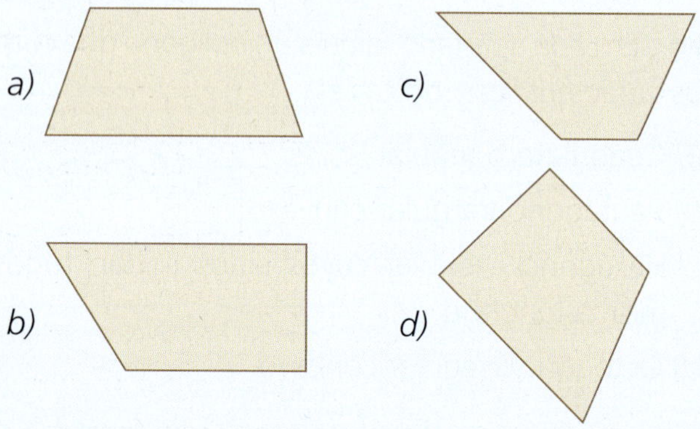


**66.** ●●○ Dibuja con regla y compás un triángulo cuyos lados midan 4, 6 y 7 cm.

**67.** ●●○ Traza con material de dibujo un triángulo que tenga un lado de 5 cm, otro lado de 6 cm, y el ángulo que forman dichos lados de 60°.

**68.** ●●○ Construye un triángulo con regla y compás que tenga un lado de 8 cm y los dos ángulos que forma este lado midan 30° y 45°.

**69.** ●●● Dibuja con regla y compás un triángulo que verifique:

$AC = 5$ cm, $\widehat{A} = 40°$ y $\widehat{B} = 80°$

**70.** ●●○ Construye, utilizando el material de dibujo necesario, un heptágono regular.

**71.** ●●● **CA** Dibuja un dodecágono regular utilizando compás, escuadra y cartabón.

Sobre el dibujo obtenido, y sin utilizar más que una regla, traza un hexágono, un cuadrado y un triángulo.

## Elementos notables de un triángulo

**72.** ●○○ **CL** Copia y completa el siguiente esquema:

| Rectas notables | Definición de la recta notable | Punto de corte | Aplicación del punto notable obtenido |
|---|---|---|---|
| Mediatrices | | | |
| | Semirrecta que divide a cada ángulo en dos partes iguales. | | |
| | | | Centro de gravedad |
| | | Ortocentro | |

**73.** ●●○ Traza, con ayuda de tu material de dibujo, cuatro triángulos iguales de lados 4, 5 y 6 cm.

A continuación, en el primero, traza las mediatrices y marca y nombra el punto de corte.

En el segundo, traza las bisectrices y marca y nombra el punto de corte.

En el tercero, traza las medianas y marca y nombra el punto de corte.

En el cuarto, traza las alturas y marca y nombra el punto de corte.

**74.** ●●● Dibuja las tres alturas del siguiente triángulo. ¿Se cortan? ¿Qué tiene de especial el ortocentro?

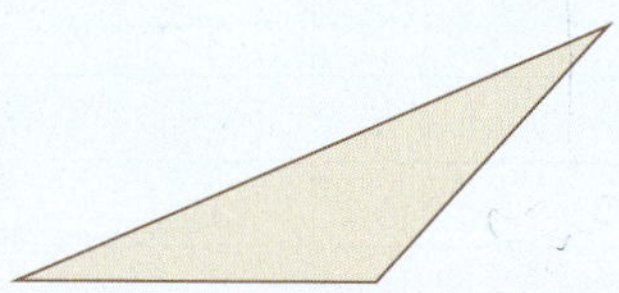

## Teorema de Pitágoras

**75.** ●○○ Halla la longitud de la hipotenusa de un triángulo rectángulo cuyos catetos miden:

*a)* 7 cm, 24 cm
*b)* 8 dm, 15 dm
*c)* 12 m, 35 m
*d)* 18 km, 24 km

**76.** ●○○ Halla la longitud del cateto desconocido de un triángulo rectángulo sabiendo que las medidas de su hipotenusa y del otro cateto, respectivamente, son:

*a)* 15 m, 12 m
*b)* 25 mm, 15 mm
*c)* 29 cm, 20 cm
*d)* 45 dm, 27 dm

**77.** ●●○ Halla la longitud del lado desconocido de los siguientes triángulos:

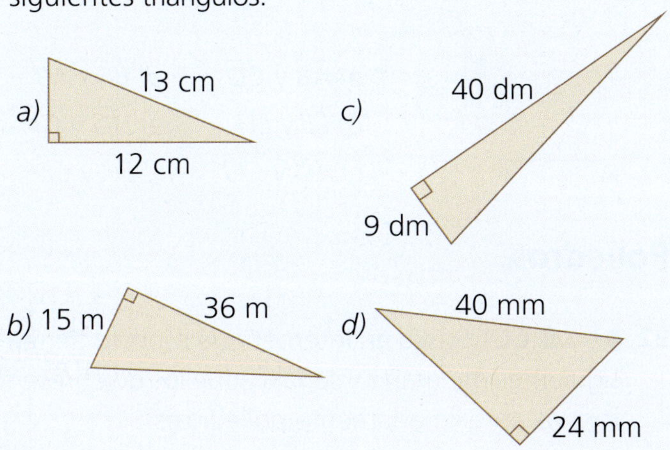


**78.** ●●○ A continuación se dan las medidas de los tres lados de varios triángulos. Indica cuáles de dichos triángulos son rectángulos y cuáles no.

*a)* 14 dam, 48 dam, 50 dam
*b)* 35 dm, 84 dm, 91 dm
*c)* 27 m, 36 m, 43 m
*d)* 28 cm, 45 cm, 53 cm

## Circunferencia y círculo

**79.** ●○○ Dibuja una circunferencia y señala su centro, un radio, un diámetro, una cuerda y un arco.

**80.** ●○○ Dibuja un círculo y, dentro de él, un sector circular, un segmento circular y un trapecio circular, sin que se solapen estas tres figuras.

Aparte, dibuja una corona circular.

**81.** ●●● **CI** Demuestra que si un triángulo está inscrito en una circunferencia y uno de sus lados es un diámetro de la misma, entonces el triángulo es rectángulo. Para ello, observa que el ángulo opuesto al diámetro es un ángulo inscrito en la circunferencia.

**82.** ●○○ Determina la posición relativa entre un punto y una circunferencia de radio 10 cm, sabiendo que la distancia entre el punto y el centro de la circunferencia es:

*a)* 5 cm
*b)* 11 cm
*c)* 10 cm

**83.** ●○○ Las siguientes longitudes son las distancias $d$ entre una recta y una circunferencia, y el radio $r$ de la misma. Indica en cada caso cuál es la posición relativa de dichas rectas y circunferencias.

*a)* $d = 5$ cm, $r = 6$ cm
*b)* $d = 2$ km, $r = 18$ hm
*c)* $d = 1000$ mm, $r = 1$ m

**84.** ●●○ En la siguiente tabla, se dan, en centímetros, el radio $R$ de una circunferencia, el radio $r$ de otra circunferencia, y la distancia $d$ entre los centros de ambas circunferencias. Determina en cada caso cuál es la posición relativa de ambas circunferencias.

| $R$ | $r$ | $d$ | Posición relativa |
|---|---|---|---|
| 15 | 11 | 4 | |
| 22 | 16 | 0 | |
| 42 | 23 | 71 | |
| 17 | 13 | 2 | |
| 34 | 17 | 51 | |
| 29 | 26 | 5 | |

## Simetrías en el plano. Simetrías axiales

**85.** ●●○ Dibuja las figuras simétricas a las dadas respecto a los ejes que se indican.

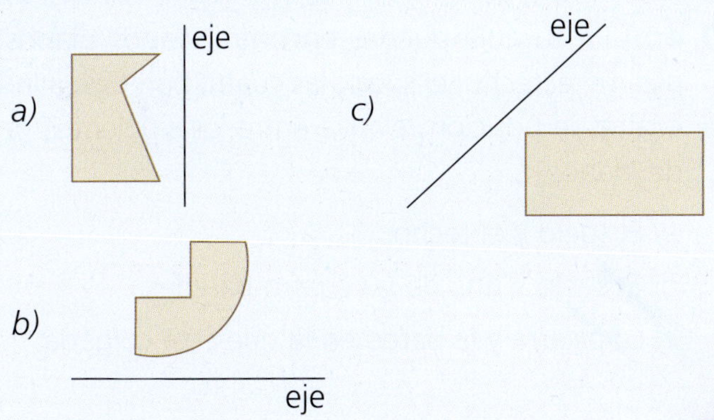

**86.** ●●● Copia las figuras y traza el eje de simetría correspondiente a las siguientes simetrías axiales:

*a)* 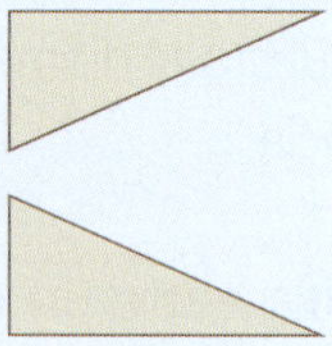

*c)* 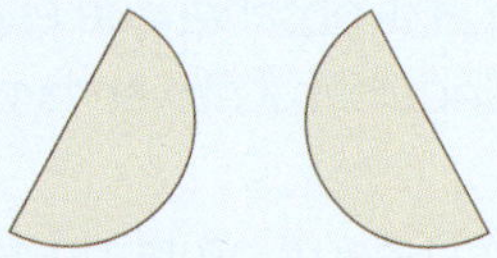

*b)* 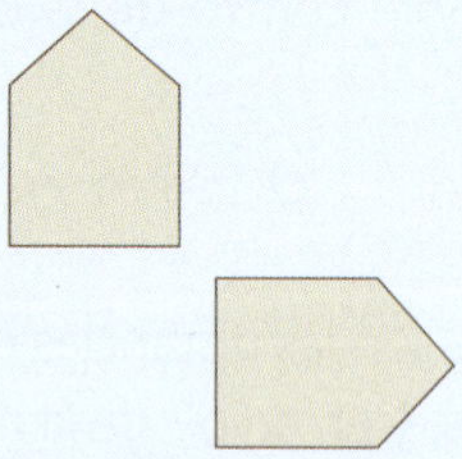

**87.** ●○○ Indica cuáles de las siguientes figuras son simétricas y cuáles no:

*a)* 

*b)* 

*c)* 

**88.** ●●○ Dibuja en tu cuaderno las imágenes y traza los ejes de simetría de las siguientes figuras:

*a)* 

*b)* 

*c)* 

## Geometría en el espacio. Rectas y planos. Posiciones relativas

**89.** ●○○ En tu aula puedes encontrar varios planos: la pizarra, el techo, el suelo, las cuatro paredes... Indica cuál es la posición relativa entre los siguientes pares de planos:

*a)* El suelo y el techo.

*b)* El suelo y una de las cuatro paredes.

*c)* La pizarra y la pared en la que está colgada.

**90.** ●○○ Los siguientes elementos de nuestro entorno nos sirven para visualizar planos y rectas. Indica en cada caso cuál es su posición relativa.

| Plano | Recta | Posición relativa |
|---|---|---|
| Suelo | Farola | |
| Carretera | Línea pintada en ella. | |
| Una pared | Una columna en el centro de la habitación. | |
| Techo | Tubo fluorescente anclado al techo. | |
| Un estante | El lomo de un libro. | |

**91.** ●○○ Observa el siguiente cubo e indica cuál es la posición relativa entre los siguientes pares de rectas:

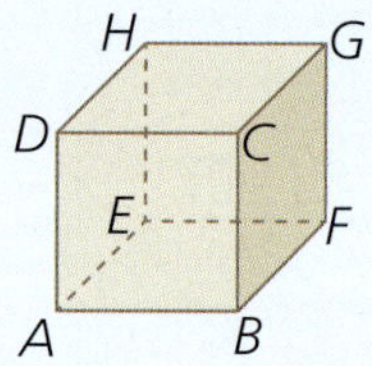


*a)* $\overline{AB}$ y $\overline{CD}$

*b)* $\overline{EF}$ y $\overline{EH}$

*c)* $\overline{AD}$ y $\overline{CG}$

*d)* $\overline{BF}$ y $\overline{AB}$

*e)* $\overline{HG}$ y $\overline{GH}$

*f)* $\overline{EH}$ y $\overline{CD}$

## Poliedros

**92.** ●○○ **@ CCT** Busca en Internet qué aspecto tienen los siguientes minerales y señala aquellos que presenten formas aproximadamente poliédricas:

*a)* Pirita
*b)* Malaquita
*c)* Dolomita
*d)* Cuarzo
*e)* Magnetita
*f)* Barita

**93.** ●●○ ¿Cuáles de las siguientes figuras corresponden al desarrollo plano de un cubo?

*a)* 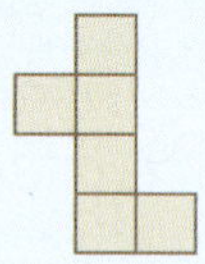

*b)* 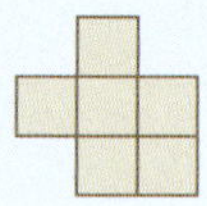

*c)* 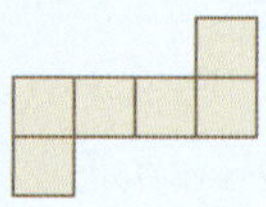

*d)* 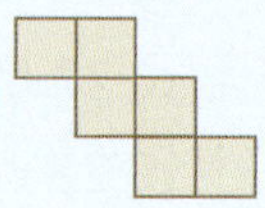

**94.** ●●○ Todas las caras del siguiente poliedro son triángulos equiláteros:

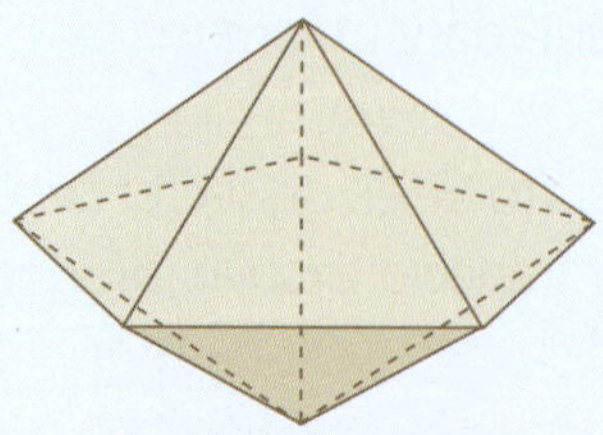

Sin embargo, no es regular. ¿Por qué?

**95.** ●●● **CA** ¿Por qué crees que es imposible construir un poliedro solo con hexágonos?

**96.** ●○○ Señala, entre los siguientes poliedros, los que sean cóncavos:

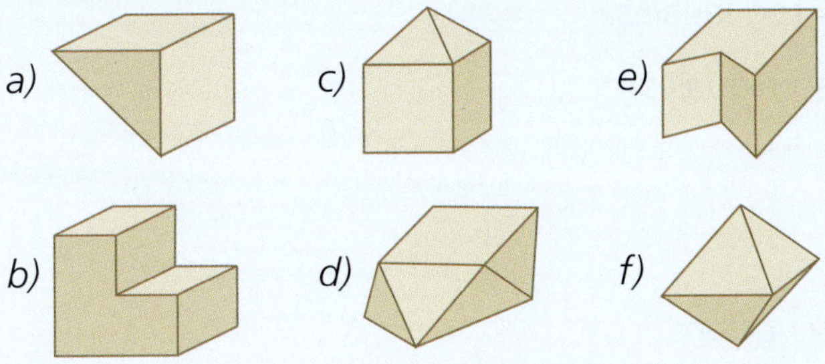


**97.** ●○○ En la siguiente figura se puede ver un prisma y una pirámide. Señala las bases, una cara lateral, una arista, un vértice, la cúspide y la altura.

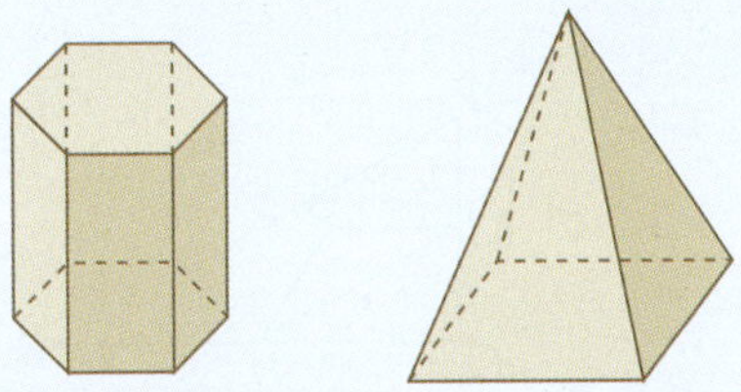

**98.** ●○○ Dibuja el desarrollo plano de:

*a)* Un prisma regular triangular.
*b)* Una pirámide regular cuadrangular.
*c)* Un prisma regular pentagonal.
*d)* Una pirámide regular hexagonal.

**99.** ●●○ **CC** Describe de la forma más completa posible la forma de cada una de las siguientes construcciones:

*a)*

*b)*

*c)*

## Cuerpos de revolución

**100.** ●●○ Dibuja el cuerpo de revolución que se genera al girar cada una de las siguientes figuras alrededor del eje dado:

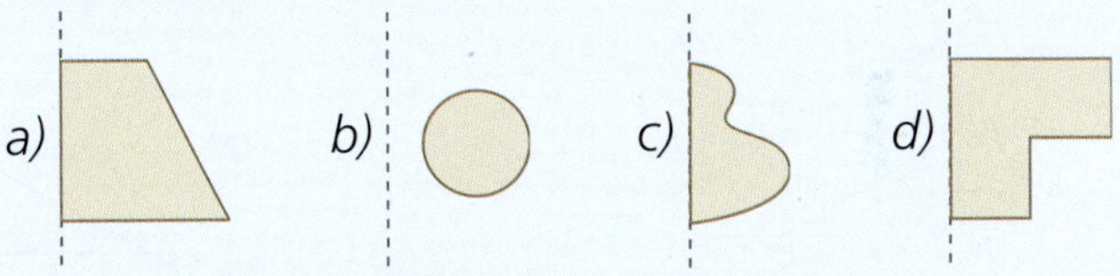


**101.** ●○○ Dibuja un cilindro, un cono y una esfera y señala los elementos principales de cada uno de estos cuerpos de revolución.

Cilindro: bases, cara lateral, altura.
Cono: base, cara lateral, cúspide, generatriz, altura.
Esfera: centro, radio.

## SABER MÁS

**102.** ●●○ Comprueba el teorema de Euler en los siguientes poliedros. ¿Se cumple en todos? Si no es así, explica por qué.

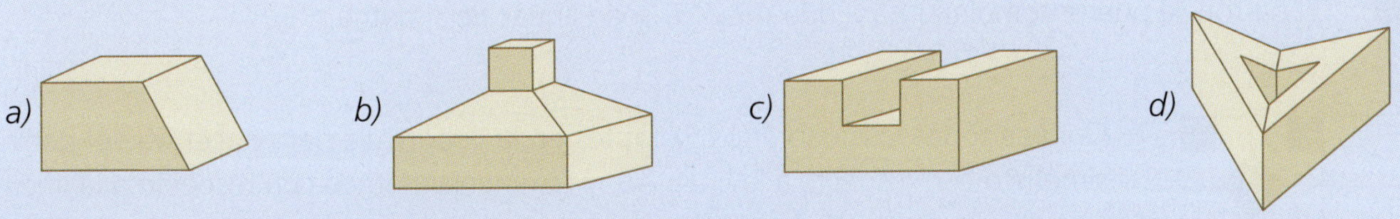


**103.** ●●○ Dibuja el poliedro dual de los siguientes poliedros:

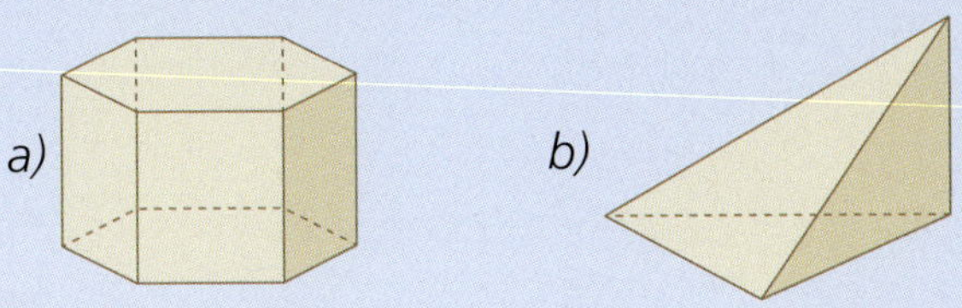

1. En el cuadrado *EFGH*, ¿cuál de estas afirmaciones es falsa?

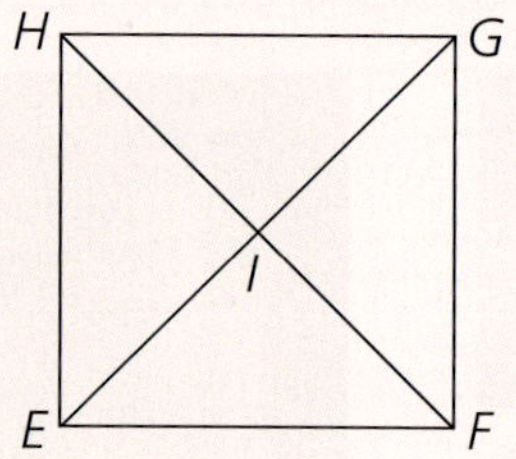


*a)* Los triángulos *EIF* y *EIH* son iguales.

*b)* Los triángulos *GHI* y *GHF* son iguales.

*c)* Los triángulos *EFH* y *EGH* son iguales.

*d)* Los triángulos *EIF* y *GIH* son iguales.

TIMSS

2. **Triángulos**

Rodea con un círculo la figura que se ajusta a la siguiente descripción:

El triángulo *PQR* es un triángulo rectángulo con el ángulo recto en *R*.

El lado *RQ* es menor que el lado *PR*. *M* es el punto medio del lado *PQ* y *N* es el punto medio del lado *QR*. *S* es un punto del interior del triángulo.

El segmento *MN* es mayor que el segmento *MS*.

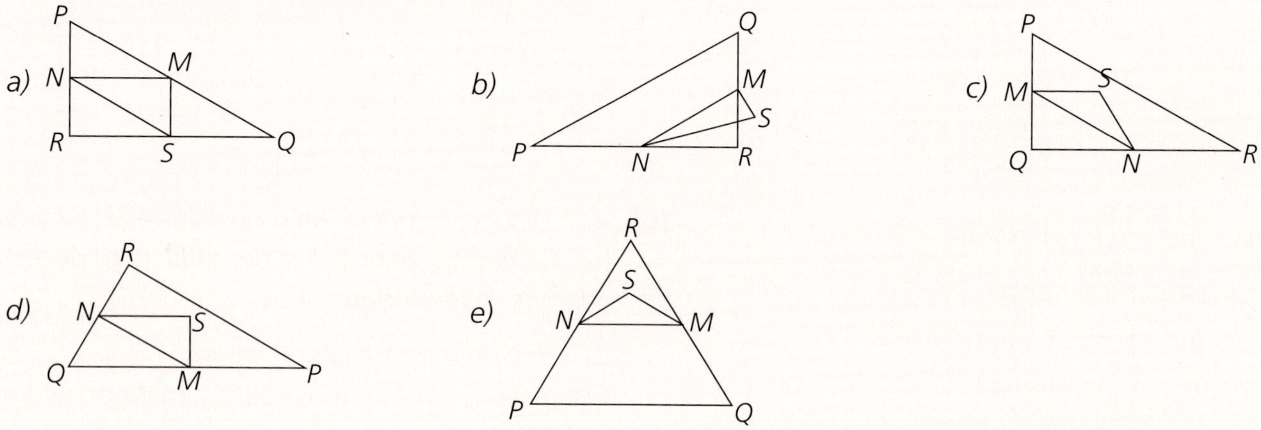


PISA

3. Observa la siguiente figura:

Hay varias formas de ordenar las baldosas del diseño anterior para formar patrones. La siguiente cuadrícula se ha coloreado para mostrar cómo pueden colocarse las baldosas en algunos de los cuadrados. El patrón se puede completar para que *AB* y *CD* sean líneas de simetría.

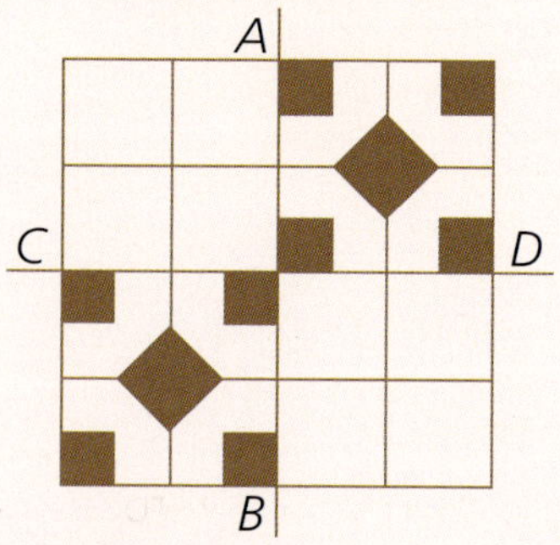


Colorea todos los cuadrados restantes en la cuadrícula para hacer que el patrón sea simétrico con respecto a la línea *AB*, y también simétrico con respecto a la línea *CD*.

TIMSS

# Evalúate

**1.** Dado el siguiente dibujo nombra los ángulos que existen y decide qué relación se establece entre ellos:

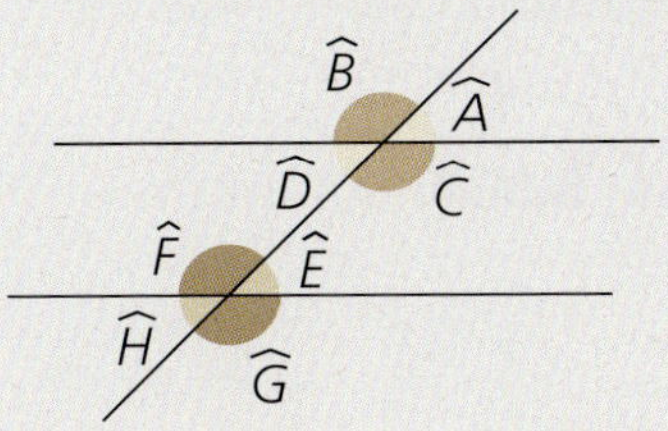


**2.** Nombra y denota correctamente los elementos del siguiente polígono. ¿Cuántas diagonales tiene? ¿Cuánto suman sus ángulos interiores? Clasifícalo atendiendo a los criterios estudiados.

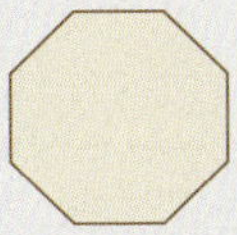

**3.** Dibuja un triángulo del que conocemos dos lados de medidas 8 cm y 5 cm y su ángulo comprendido, que mide 60°.

**4.** Dibuja el circuncentro y la circunferencia circunscrita al siguiente triángulo:

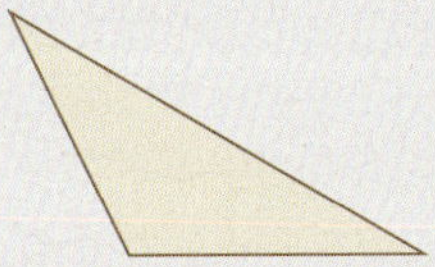

**5.** En un triángulo rectángulo, el lado más largo mide 1,5 m y otro de sus lados mide 1,2 m, ¿cuánto mide el que falta?

**6.** Dibuja circunferencias que se encuentren en las siguientes posiciones relativas:

*a)* Interiores.

*b)* Tangentes interiores.

*c)* Concéntricas.

*d)* Secantes.

**7.** Encuentra la figura simétrica a la que se muestra respecto del eje que se representa.

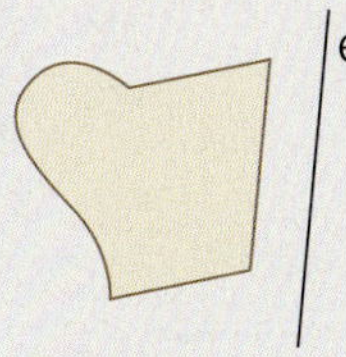


**8.** Nombra y denota correctamente los elementos del siguiente poliedro. Después, clasifícalo atendiendo a los criterios estudiados, dibuja su desarrollo plano y cuenta el número de aristas, vértices y caras que posee.

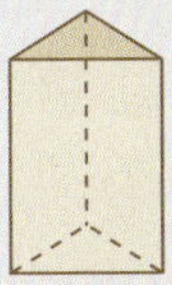

**9.** Describe los poliedros regulares detallando cómo y cuántas son sus caras.

**10.** Dibuja una pirámide oblicua de base rectangular y nombra sus elementos principales.

# Matemáticas recreativas

**1.** Utilizando únicamente seis palillos, hay que formar exactamente cuatro triángulos iguales. ¿Cómo?

**2.** Divide la siguiente figura en dos partes iguales. Es fácil, ¿verdad?

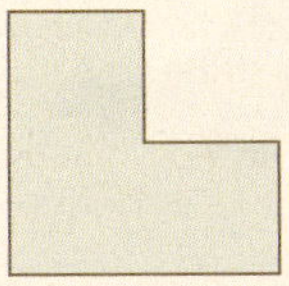

Ahora, divídela en tres partes iguales. Tampoco es demasiado difícil.

Por último, divídela en cuatro partes iguales. Quizá ahora necesites algo más de tiempo…

**3.** ¿Serías capaz de realizar el siguiente dibujo, incluyendo el punto central, en un solo trazo?

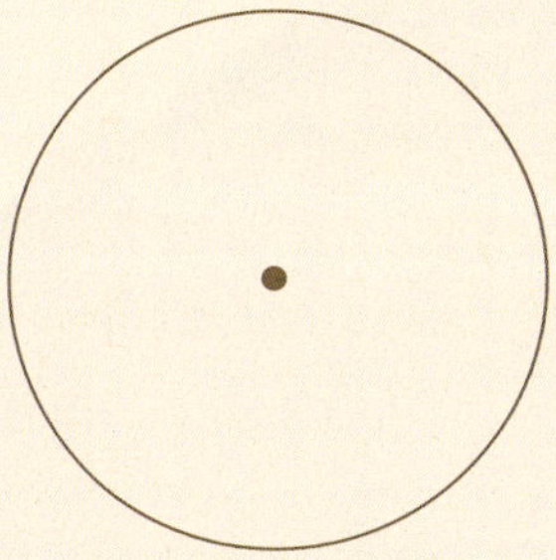

Es decir, hay que dibujar el círculo y su centro en una hoja de papel, sin levantar el bolígrafo de la hoja en ningún momento.

# PERÍMETROS Y ÁREAS DE FIGURAS PLANAS

En el relato de Tolstói *¿Cuánta tierra necesita un hombre?* se cuenta la historia de Pahom, un campesino pobre que anhelaba comprar sus propias tierras. Después de muchos años de trabajo duro y de ahorrar todo lo que podía, oyó hablar de los Bashkirs, un hospitalario pueblo con inmensas extensiones que vendían a muy bajos precios.

Pahom viajó a las lejanas tierras de los Bashkirs y descubrió que la venta era bastante peculiar: podría comprar por 1000 rublos toda la tierra que fuera capaz de rodear a pie en un día, con la condición de que si no llegaba al punto de partida antes de que el sol se pusiera, perdería su dinero y se quedaría sin terreno.

Al amanecer del día siguiente, Pahom salió con una azada para marcar con un pequeño pozo los vértices del terreno elegido. Recorrió 10 kilómetros en línea recta y allí hizo una marca. Giró a la izquierda con intención de que sus futuras tierras formaran un rectángulo. Después de mucho caminar decidió volver a girar a la izquierda, pues el cansancio se empezaba a apoderar de él y aún quedaba mucha distancia por cubrir. Cuando recorrió solo 2 kilómetros se percató de que si seguía en línea recta hasta donde le esperaban los Bashkirs aún tendría que andar 15 kilómetros y que el sol ya estaba bastante bajo.

El miedo se apoderó de él y comenzó a correr. Sudaba y le costaba respirar, pero no podía permitirse parar ahora. El sol se iba a poner. Apenas podía mantenerse en pie, pero por fin vio el gorro de piel de zorro que marcaba el final de su camino en lo alto de la colina. Subió la cuesta a cuya base ya no llegaba el sol y, desplomándose, consiguió tocar el gorro justo en el momento en que el sol se tapaba. Pahom había muerto.

Dejando a un lado el triste final, ¿consiguió Pahom que el terreno tuviera la forma que quería? ¿Era esa forma la mejor posible? ¿Qué forma habrías elegido tú?

## INTERPRETA Y RESUELVE

Revisa el texto de esta página. Pahom finalmente no consiguió que el terreno que rodeó fuera rectangular. ¿Qué forma tenía realmente dicho terreno? Dibújala y calcula la longitud del lado desconocido ayudándote del teorema de Pitágoras.

En el texto original de Tolstói, Pahom preveía recorrer 50 km. ¿Cuántos recorrió finalmente?

## Unidades de longitud

La unidad fundamental de medida de la longitud es el **metro**, que se denota **m**.

·10 →

| Múltiplos | | | | | Submúltiplos | | |
|---|---|---|---|---|---|---|---|
| Miriámetro | Kilómetro | Hectómetro | Decámetro | **Metro** | Decímetro | Centímetro | Milímetro |
| mam | km | hm | dam | **m** | dm | cm | mm |
| 10 000 m | 1 000 m | 100 m | 10 m | | 0,1 m | 0,01 m | 0,001 m |

← :10

## Unidades de superficie y medidas agrarias

La unidad fundamental de medida de la superficie es el **metro cuadrado**, que se denota **m$^2$**.

·100 →

| Múltiplos | | | | Submúltiplos | | |
|---|---|---|---|---|---|---|
| Kilómetro cuadrado | Hectómetro cuadrado | Decámetro cuadrado | **Metro cuadrado** | Decímetro cuadrado | Centímetro cuadrado | Milímetro cuadrado |
| km$^2$ | hm$^2$ | dam$^2$ | **m$^2$** | dm$^2$ | cm$^2$ | mm$^2$ |
| 1000 000 m$^2$ | 10 000 m$^2$ | 100 m$^2$ | | 0,01 m$^2$ | 0,000 1 m$^2$ | 0,000 001 m$^2$ |

← :100

Existen otras unidades de medida que también son de superficie y se usan básicamente para tomar dimensiones de terrenos: son las **medidas agrarias.**

| Medida | Equivale |
|---|---|
| 1 área | 1 dam$^2$ |
| 1 hectárea | 1 hm$^2$ |

### EJERCICIOS

**1.** Realiza los siguientes cambios de unidades:

*a)* 32 589,21 dam$^2$ = □ km$^2$
*b)* 1 268,35 cm = □ dam
*c)* 0,0697 m$^2$ = 6,97 □
*d)* 0,00065 mam = □ mm
*e)* 0,056789 dam$^2$ = □ dm$^2$
*f)* 986 542 m$^2$ = 0,986542 □

**2.** Relaciona las unidades de superficie con las medidas agrarias.

*a)* 0,56 a = □ mm$^2$
*b)* 56 a = □ m$^2$
*c)* 6,2 mam$^2$ = □ ha
*d)* 369,78 km$^2$ = □ ha

# MAPA CONCEPTUAL

- PERÍMETROS DE FIGURAS PLANAS
  - Polígonos
  - Circunferencias
  - Arcos de circunferencias
  - Figuras compuestas
- ÁREAS DE FIGURAS PLANAS
  - Paralelogramos
  - Trapecios
  - Triángulos
  - Polígonos regulares
  - Polígonos arbitrarios
  - Círculos
  - Figuras circulares
  - Figuras compuestas

# 1. Perímetros de figuras planas

Muchas veces necesitamos saber cuánto miden los bordes de un objeto: los de una puerta para colocar su marco, los de una parcela para vallarla... Estamos empleando las matemáticas para resolver un problema de la vida diaria.

El **perímetro** de una figura plana es la **longitud** total de los segmentos o curvas que lo delimitan.

- Perímetro de un **polígono**: es la suma de las longitudes de sus lados.
- Perímetro de una **circunferencia**: $P = 2 \cdot \pi \cdot r$

  donde $P$ denota el perímetro, $r$ la longitud del radio de la circunferencia y $\pi$, que se lee «pi», es un número decimal no periódico con un valor próximo a 3,14.

**OBSERVA**

También podemos emplear la fórmula:

$$P = \pi \cdot d$$

para calcular el perímetro, siendo $d$ la longitud del diámetro de la circunferencia.

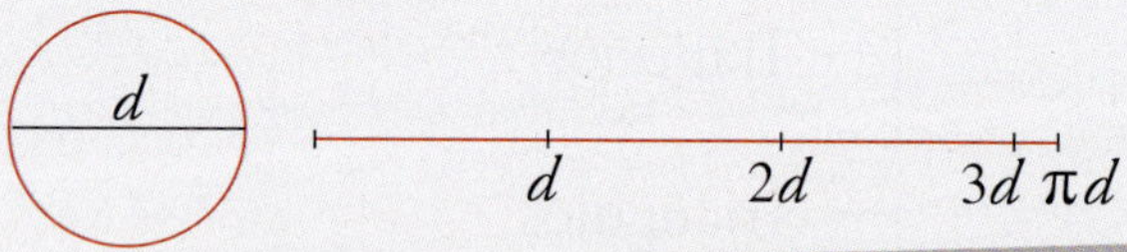


**OBSERVA**

En el caso de polígonos regulares (recuerda que todos sus ángulos tienen la misma amplitud y todos sus lados la misma longitud) el perímetro es:

$$P = n \cdot l$$

donde $n$ es el número de lados del polígono y $l$ la longitud de una cualquiera de sus lados.

- Perímetro de un **arco de circunferencia**: se aplica una regla de tres.

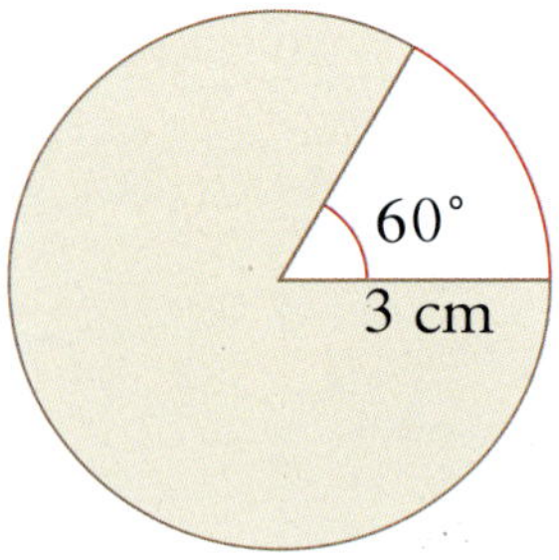


| **Longitud** | $2 \cdot 3{,}14 \cdot 3$ | $x$ |
|---|---|---|
| **Grados** | 360 | 60 |

**RECUERDA**

Una circunferencia completa tiene 360° de amplitud.

$$x = \frac{2 \cdot 3{,}14 \cdot 3 \cdot 60}{360} = 3{,}14 \text{ cm}$$

**OBSERVA**

Para calcular la longitud de un arco de circunferencia también puedes emplear la siguiente fórmula:

$$P = \frac{2 \cdot \pi \cdot r \cdot n}{360}$$

donde $r$ es la longitud del radio de la circunferencia y $n$ el número de grados que abarca el arco.

## EJERCICIOS RESUELTOS

1. Calcula el perímetro de las siguientes figuras:

*a)* Un rombo de 4,5 dm de lado.

*b)* Una circunferencia de 8 cm de diámetro.

*c)* Un arco de circunferencia de 2 mm de radio y 130° de amplitud.

*d)* 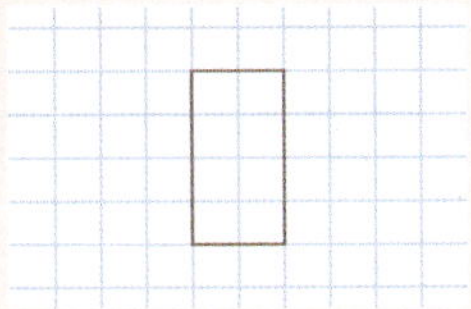

*a)* Es un polígono con 4 lados iguales, luego $P = 4 \cdot 4{,}5 = 18$ dm.

*b)* El radio será 4 cm, luego $L = 2 \cdot \pi \cdot 4 = 25{,}12$ cm.

*c)* $L = \dfrac{2 \cdot \pi \cdot 2 \cdot 130}{360} = 4{,}54$ mm

*d)* $P = 2 + 4 + 4 + 2 = 12$ u

Solución

### USA TU CALCULADORA

Recuerda que π tiene infinitas cifras decimales, que no siguen un patrón de repetición. Si quieres conocer más cifras del número π puedes hacerlo gracias a tu calculadora: pulsa la tecla 

.

## EJERCICIOS

1. ●○○ Calcula el perímetro de las siguientes figuras representadas en una cuadrícula, si el lado de la cuadrícula lo consideramos como la unidad:

*a)* 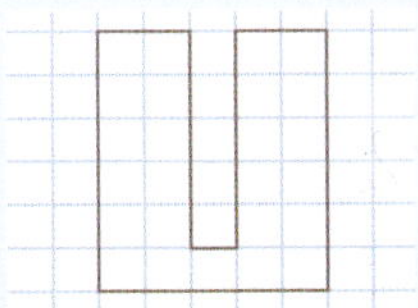

*b)* 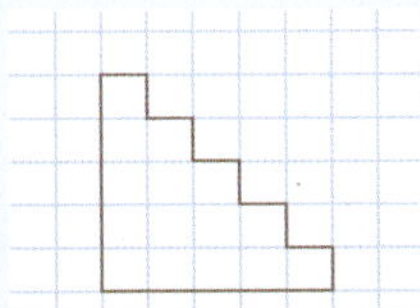

*c)* 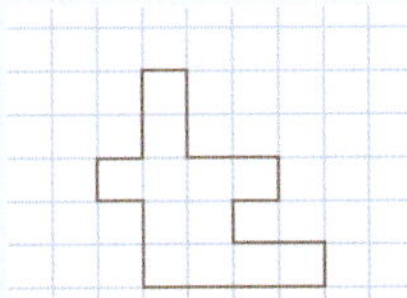

*d)* 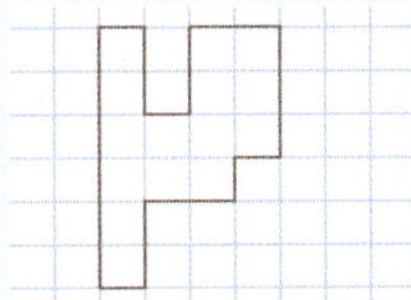

2. ●●○ ¿Cuál es el perímetro de las siguientes figuras?

*a)* Sector circular de 2 cm de radio y 30° de amplitud.

*b)* Un trapecio isósceles de bases 10 cm y 8 cm y lado oblicuo 5 cm.

*c)* Un dodecágono regular de 7,5 mm de lado.

*d)* Una circunferencia de 15 m de diámetro.

3. ●●○ Se desea vallar un terreno rectangular de 25 dam de largo y 125 m de ancho. Si el metro de valla cuesta 12 €, ¿cuánto costará vallar el terreno?

4. ●●○ Si la longitud de una circunferencia es 21,98 cm, ¿cuál es su radio?

5. ●●● ¿Cuál es la amplitud de un arco si conocemos que el radio de su circunferencia es 1,5 mm y la longitud del arco es 1,31 mm?

# 2. Áreas de figuras planas

El **área** de una figura plana es su **superficie**, lo que «ocupa» su interior.

## 2.1. Área de los paralelogramos

El **área** de un paralelogramo se obtiene multiplicando su base por su altura.

$$A = b \cdot h$$

La **base** es cualquiera de los lados del paralelogramo y la **altura** es la distancia entre la base y el lado paralelo a la misma.

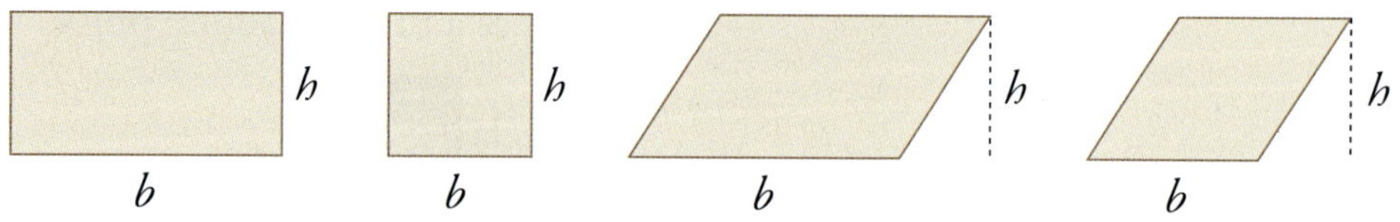


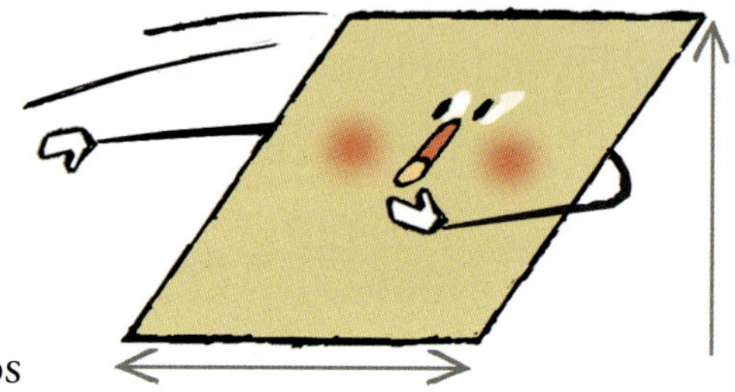

Vamos a comprobar la afirmación $A = b \cdot h$.

- **Rectángulo**

Para calcular el área del rectángulo de la imagen, lo único que debemos hacer es emplear la cuadrícula, y comprobaremos que su área es 15 $u^2$.

No es necesario contar uno a uno los cuadraditos, basta observar que son 3 filas de 5 cuadrados cada una, es decir:

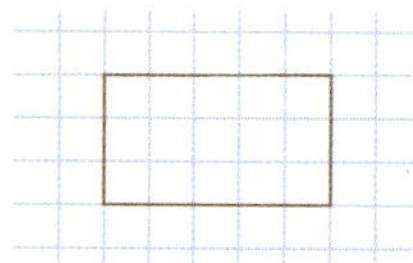

$$A = 3 \cdot 5 = 15$$

- **Cuadrado**

El caso del cuadrado sería igual que el rectángulo.

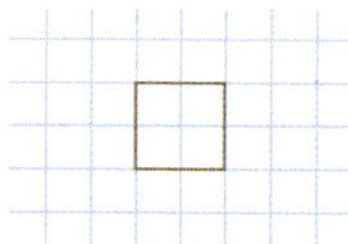

$$A = 2 \cdot 2 = 4$$

- **Romboide**

El triángulo que se forma por dentro del romboide coincide con el que obtenemos por fuera del romboide. Su superficie, por tanto, es la misma que la de un rectángulo de base y altura la del romboide.

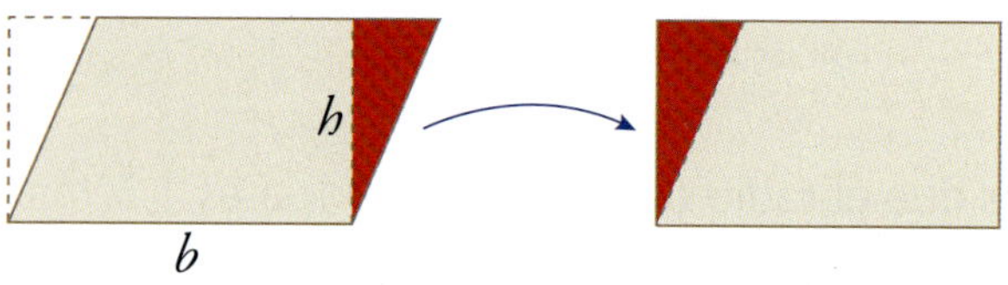


$$A = b \cdot h$$

- **Rombo**

El caso del rombo es igual que el del romboide, al ser un caso particular con sus cuatro lados iguales. Sin embargo, el rombo es especial, y podemos calcular su área de una segunda forma, empleando sus diagonales.

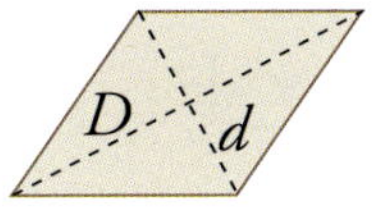


Si $D$ es la longitud de la diagonal mayor y $d$ la de la diagonal menor, el área será:

$$A = \frac{D \cdot d}{2}$$

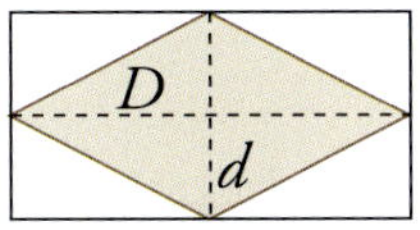


La base de este rectángulo coincide con la diagonal mayor y la altura con la diagonal menor, y además si nos fijamos en los triángulos que se ven dibujados, el rombo ocupa exactamente la mitad del rectángulo completo.

$$A = \frac{A_{\text{rectángulo}}}{2} = \frac{D \cdot d}{2}$$

## EJERCICIOS RESUELTOS

**1.** Calcula el área de los siguientes paralelogramos:

*a)* 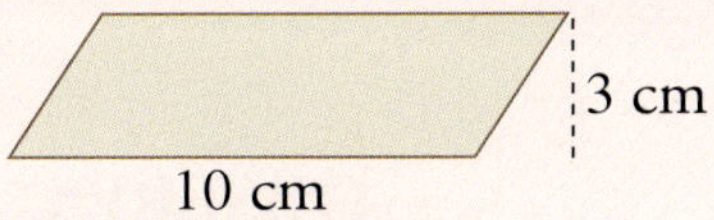


*b)* 

*c)* Rectángulo de lados 23 cm y 4 dm.

*d)* Rombo de diagonales 6,2 m y 3 m.

*a)* $A = 10 \cdot 3 = 30\ \text{cm}^2$

*b)* $A = 8{,}3 \cdot 8{,}3 = 68{,}89\ \text{dam}^2$

*c)* Debemos pasar todas las medidas a la misma unidad para poder operar.

$$A = 23 \cdot 40 = 920\ \text{cm}^2$$

*d)* Aplicamos la fórmula:

$$A = \frac{6{,}2 \cdot 3}{2} = 9{,}3\ \text{m}^2$$

Solución

## EJERCICIOS

**6.** ●○○ **CI** ¿Cuál es el área de las figuras del ejercicio 1 del epígrafe anterior? A la vista de los resultados, ¿se cumple que a igual perímetro de dos figuras, ambas tienen la misma área?

**7.** ●●○ ¿Cuál es la superficie de los cuadriláteros siguientes?

a) 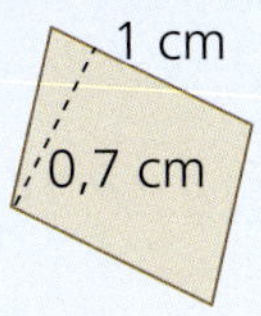


b) 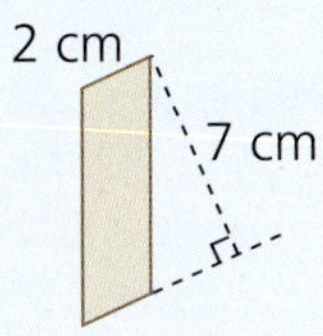


c) Romboide cuyas bases está separadas 5 dam y de longitudes 3 dam.

**8.** ●○○ Si el área de un rombo es 9 cm$^2$ y una de sus diagonales mide 6 cm, ¿cuánto mide la otra?

**9.** ●○○ Se desea empapelar una superficie con cierto tipo de papel decorado que cuesta 5 €/m$^2$. Calcula el dinero que nos gastaremos si la superficie tiene forma de paralelogramo de base 65 dm y altura 23 dm.

**10.** ●○○ Calcula las dimensiones, en metros, de un cuadrado de 64 ha de superficie.

## 2.2. Área de los trapecios

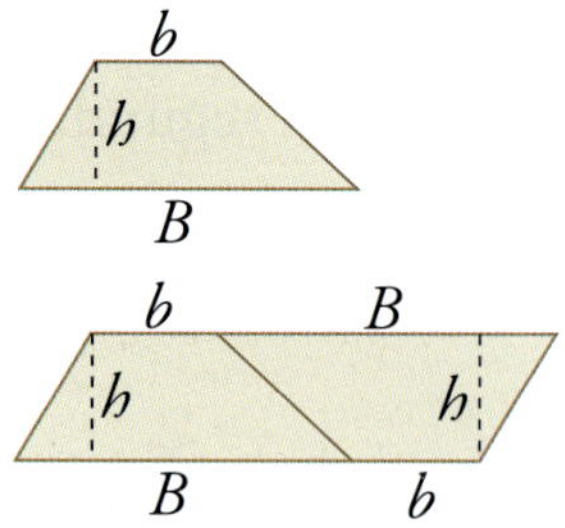


El **área** de un trapecio es $A = \dfrac{(B+b)\cdot h}{2}$ donde $B$ es la longitud de la base mayor, $b$ la longitud de la base menor y $h$ la altura del trapecio (la distancia entre sus bases).

Al unir dos trapecios iguales obtenemos un paralelogramo de base «la suma de las bases» y de altura «la misma que el trapecio inicial».

Por tanto, cada uno de los trapecios tiene la mitad de área que este paralelogramo, es decir:

$$A = \frac{A_{\text{paralelogramo}}}{2} = \frac{(B+b)\cdot h}{2}$$

### EJERCICIOS RESUELTOS

**1.** Calcula el área de los siguientes trapecios:

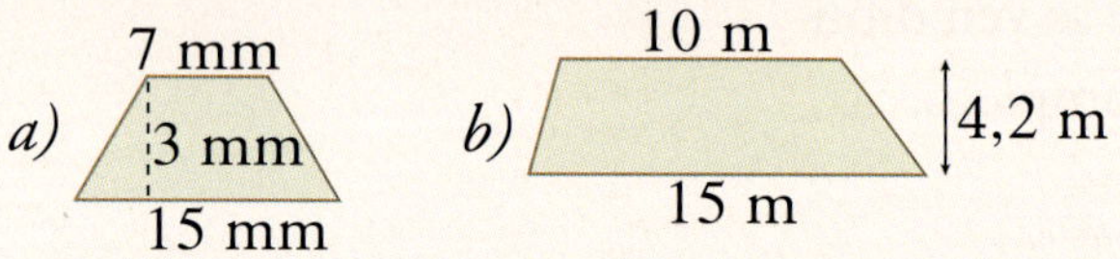


*c)* Trapecio rectángulo de bases 9 y 7 m, respectivamente, altura 6 m y lado oblicuo 6,32 m.

*a)* Se trata de un trapecio isósceles.

$$A = \frac{(15+7)\cdot 3}{2} = 33\ \text{mm}^2$$

*b)* En este trapecio escaleno:

$$A = \frac{(15+10)\cdot 4{,}2}{2} = 52{,}5\ \text{m}^2$$

*c)* El dato del lado oblicuo no es necesario para calcular el área. $A = \dfrac{(9+7)\cdot 6}{2} = 48\ \text{m}^2$

Solución

## 2.3. Área de los triángulos

El **área** de un triángulo es $A = \dfrac{b\cdot h}{2}$ donde $b$ es la longitud de la base (uno cualquiera de sus lados) y $h$ la altura del triángulo respecto de esa base (la perpendicular a la base desde el vértice opuesto).

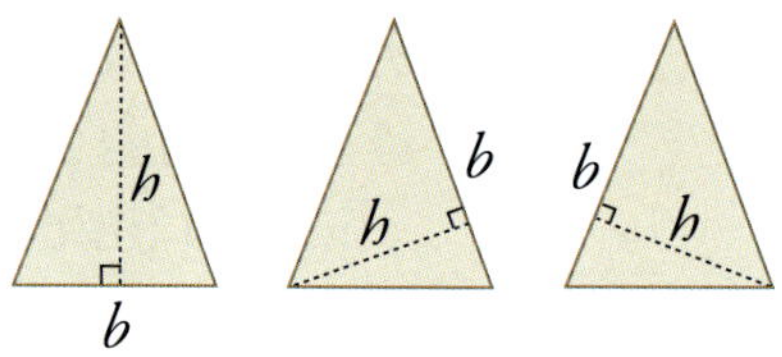


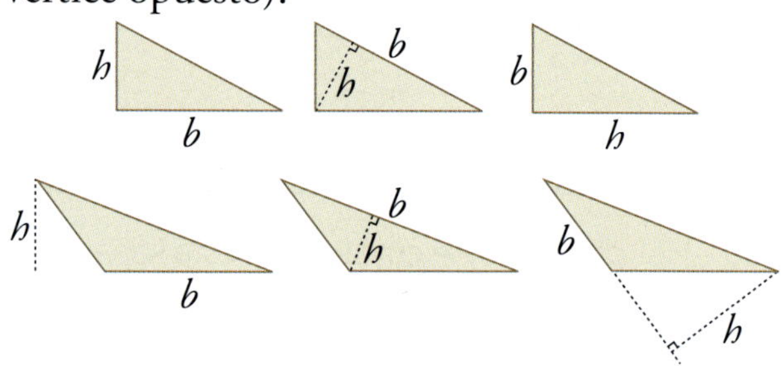


Al unir dos triángulos iguales obtenemos un paralelogramo.

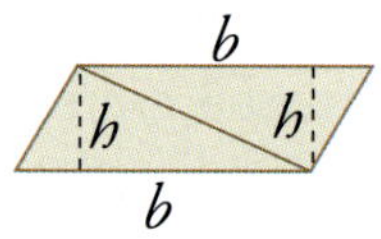


Por tanto, cada uno de los triángulos dibujados tiene la mitad de área que este paralelogramo.

$$A = \frac{A_{\text{paralelogramo}}}{2} = \frac{b\cdot h}{2}$$

**OBSERVA**

En un triángulo rectángulo la base y la altura se pueden considerar los dos catetos.

**OBSERVA**

También podemos calcular el área de un triángulo cualquiera mediante la fórmula de Herón.

$$A = \sqrt{s\cdot(s-a)\cdot(s-b)\cdot(s-c)}$$

$a$, $b$ y $c$ denotan las longitudes de cada uno de los lados y $s$ el semiperímetro del triángulo, es decir:

$$s = \frac{a+b+c}{2}$$

## EJERCICIOS RESUELTOS

1. Calcula el área de los siguientes triángulos:

*a)*

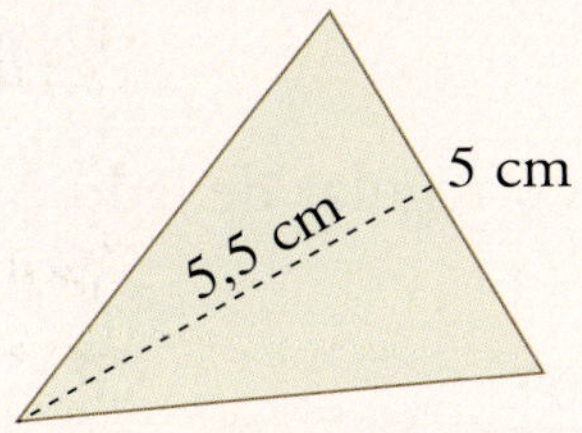


*b)*

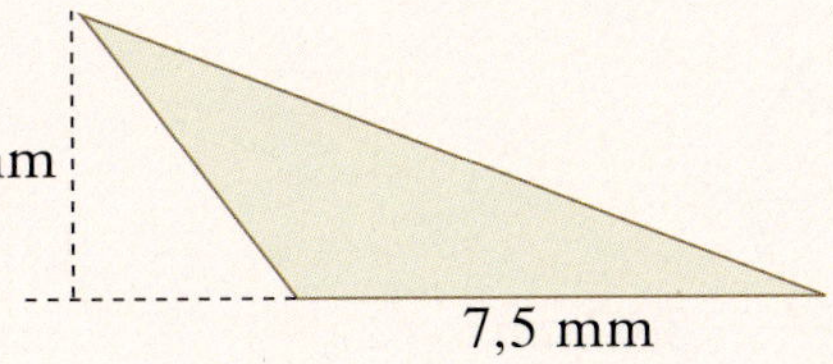


*c)* Triángulo rectángulo de lados 6, 8 y 10 m.

*a)* Aunque la base que nos den sea un lado sobre el que el triángulo no esté apoyado, el cálculo del área se hace igual, dada esa base y su altura correspondiente.

$$A = \frac{5 \cdot 5{,}5}{2} = 13{,}75 \text{ cm}^2$$

*b)* La altura puede ser el segmento trazado hasta la prolongación de la base.

$$A = \frac{7{,}5 \cdot 3{,}4}{2} = 12{,}75 \text{ mm}^2$$

*c)* Como se trata de un triángulo rectángulo, podemos considerar como base y altura sus dos catetos, es decir, 6 y 8 m.

$$A = \frac{6 \cdot 8}{2} = 24 \text{ m}^2$$

Solució

## 2.4. Área de los polígonos regulares

Los polígonos regulares se pueden inscribir en circunferencias y por tanto tiene sentido hablar del centro del polígono como el propio centro de la circunferencia.

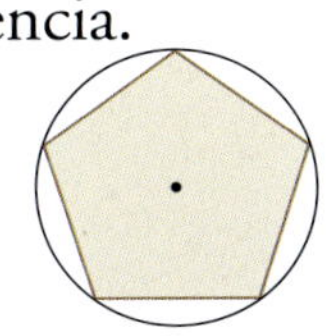

Si trazamos los radios hasta los vértices del polígono, obtenemos tantos triángulos iguales como lados tenga el polígono regular.

Podemos calcular el área de un polígono regular sumando las áreas de todos estos triángulos.

Cada triángulo tiene por área: $A_{\text{triángulo}} = \dfrac{l \cdot ap}{2}$

donde *l* es el lado del polígono y *ap* la apotema del polígono (altura de estos triángulos que va desde el centro del polígono hasta el punto medio del lado).

Como hay tantos triángulos como número de lados, el área del polígono regular será:

$$A = n \cdot \frac{l \cdot ap}{2} = \frac{n \cdot l \cdot ap}{2} = \frac{P \cdot ap}{2}$$

donde *P* es el perímetro del polígono.

## EJERCICIOS RESUELTOS

**1.** Obtén el área del polígono regular de la ilustración.

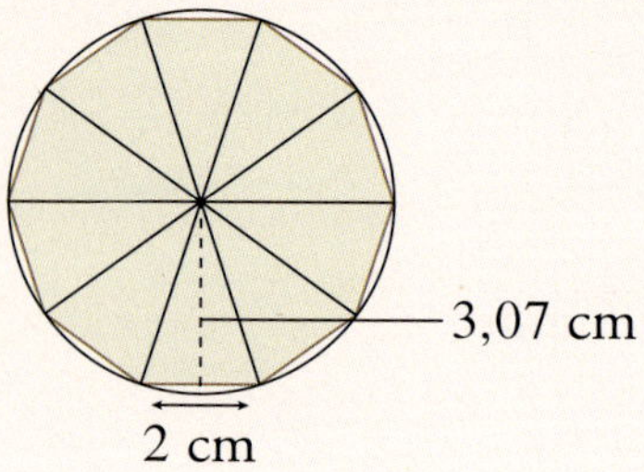


Se trata de un decágono regular de lado 2 cm y apotema 3,07 cm.

$$A = \frac{20 \cdot 3{,}07}{2} = 30{,}7\ \text{cm}^2$$

Solución

## EJERCICIOS

**11.** ●●○ ¿Cuál es la superficie de los cuadriláteros siguientes?

*a)*

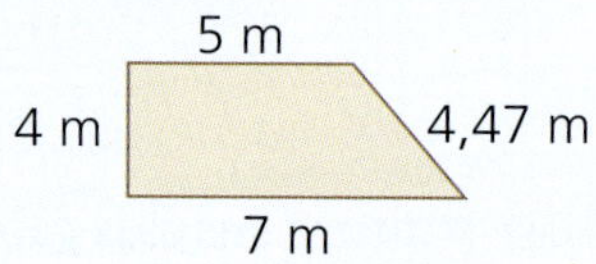


*b)* Trapecio isósceles de perímetro 30 m, base mayor 10 m, lado oblicuo 6 m y altura 5,92 m.

**12.** ●○○ Mide con tu regla las distancias necesarias para calcular el área de los triángulos siguientes:

*a)*

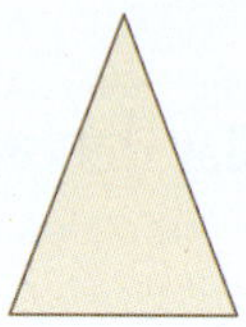

*b)*

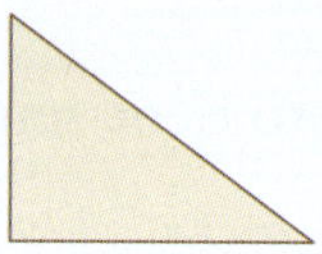

*c)*

**13.** ●○○ Calcula el área de las siguientes figuras:

*a)* Octógono regular de 5 cm de lado y apotema 6,04 cm.

*b)* Triángulo escaleno de lados 6, 7 y 9 cm.

*c)*

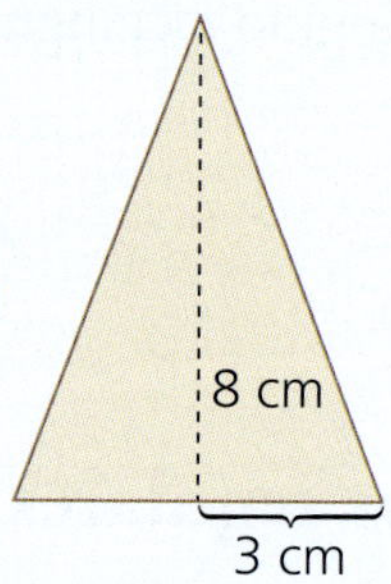


*d)*

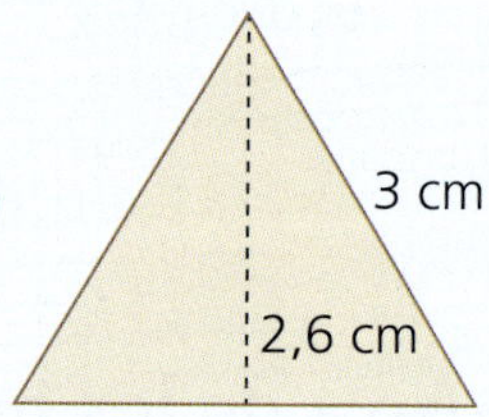


*e)* Triángulo obtusángulo de 2 m de base y 125 cm de altura.

## 2.5. Área de un polígono arbitrario: descomposición en figuras simples

Cuando nos encontramos con un polígono del cual desconocemos la fórmula de su **área**, podemos descomponerlo en figuras más simples con las que sí podamos trabajar.

- **Triangulación**: podemos averiguar el área por la descomposición del polígono en triángulos. Es el mismo proceso que hemos realizado con los polígonos regulares.
- **Descomposición en figuras simples**: podemos averiguar el área por la descomposición del polígono en trapecios, rectángulos, cuadrados...

## EJERCICIOS RESUELTOS

1. Calcula el área del siguiente polígono descomponiéndolo en figuras más simples:

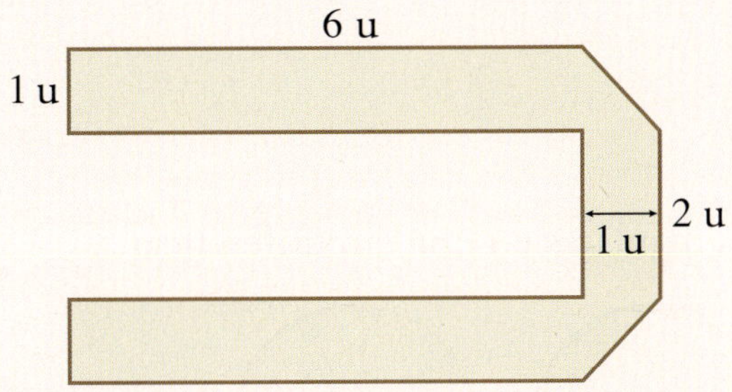


Lo podemos dividir en dos trapecios rectángulos iguales y un rectángulo tal como indica la figura.

$$A = 2 \cdot A_{\text{trapecio}} + A_{\text{rectángulo}} = 2 \cdot \frac{(7+6) \cdot 1}{2} + 2 \cdot 1 = 15 \text{ u}^2$$

Solución

2. Comprueba el área de este trapecio por descomposición y empleando la fórmula:

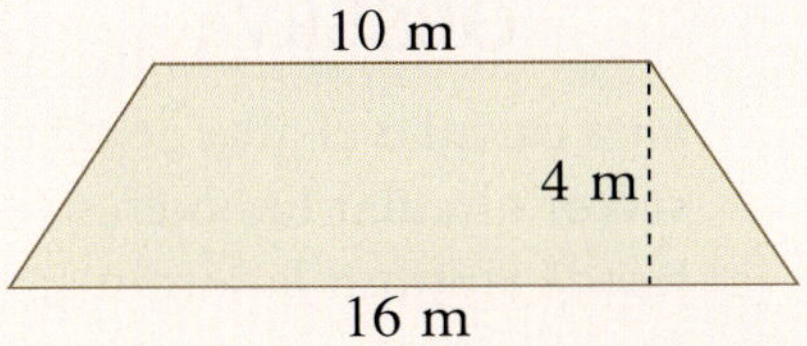


Aplicando la fórmula: $A = \frac{(16+10) \cdot 4}{2} = 52 \text{ m}^2$

Podemos descomponer este trapecio en un rectángulo y dos triángulos rectángulos iguales tal como se indica abajo, y calcular su área por descomposición.

$$A = A_{\text{rectángulo}} + 2 \cdot A_{\text{triángulo}} = 10 \cdot 4 + 2 \cdot \frac{3 \cdot 4}{2} = 52 \text{ m}^2$$

Solución

## EJERCICIOS

**14.** ●●○ Calcula el área del polígono de la ilustración por descomposición en figuras simples.

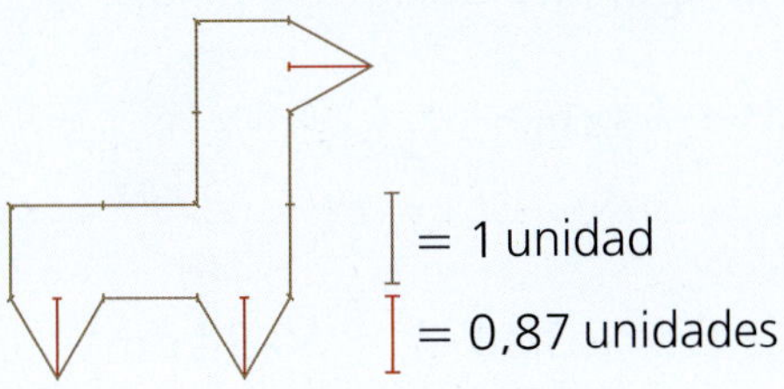

## 2.6. Área del círculo y de figuras circulares

El **área** de un círculo es $A = \pi \cdot r^2$, donde $r$ es la longitud del radio de la circunferencia.

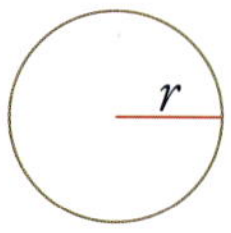


Para comprobarlo, se inscriben polígonos regulares en una circunferencia.

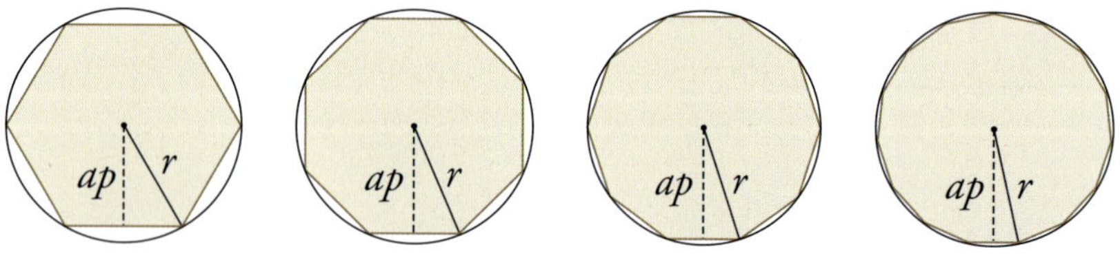


Cuantos más lados tiene el polígono regular que inscribimos, más se aproxima a la misma, de manera que prácticamente el perímetro del polígono es casi la longitud de la circunferencia. Del mismo modo, la apotema del polígono se aproxima cada vez más al radio de la circunferencia. Por tanto:

$$A = \frac{P \cdot ap}{2} \approx \frac{2 \cdot \pi \cdot r \cdot r}{2} \approx \pi \cdot r \cdot r = \pi r^2$$

## 2.7. Área de figuras circulares

Cuando el círculo no está completo podemos calcular las áreas de las distintas figuras circulares por medio de **reglas de tres** o de la **descomposición** en figuras más simples.

### EJERCICIOS RESUELTOS

**1.** Obtén el área del siguiente sector circular:

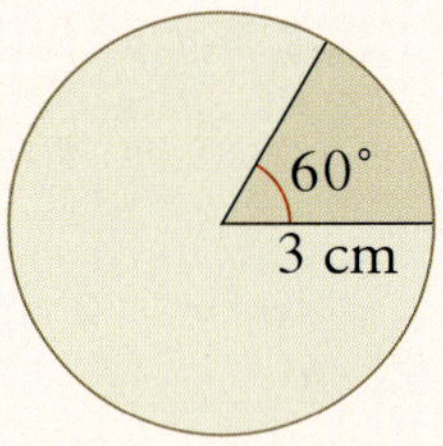


Plantearemos la siguiente regla de tres:

| Área | $3{,}14 \cdot 3^2$ | $x$ |
|---|---|---|
| Grados | 360 | 60 |

Área: $x = \dfrac{3{,}14 \cdot 3^2 \cdot 60}{360} = 4{,}71 \text{ cm}^2$

Solución

**2.** Calcula el área de la siguiente corona circular:

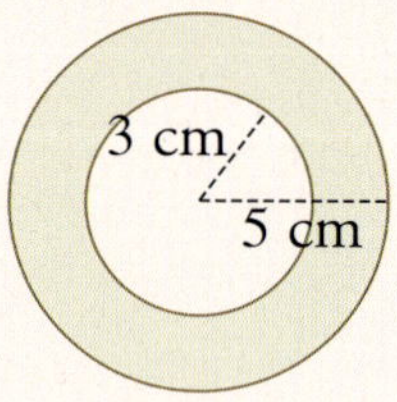


Realizamos la siguiente descomposición:

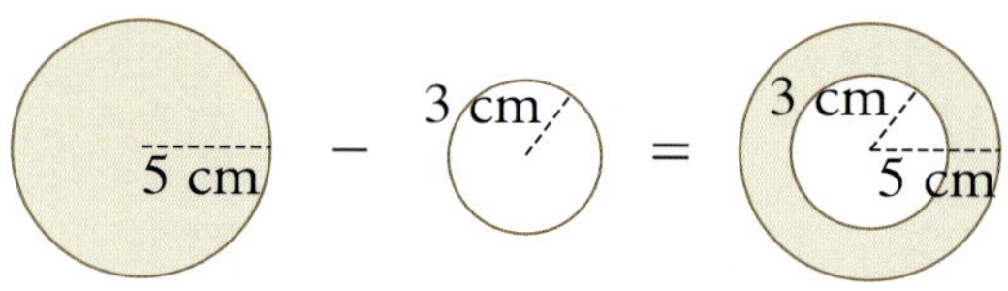


Área: $A = 3{,}14 \cdot 5^2 - 3{,}14 \cdot 3^2 = 50{,}24 \text{ cm}^2$

Solución

**OBSERVA**

Para calcular el área de un **sector circular** también se puede emplear la fórmula:

$$A = \frac{\pi \cdot r^2 \cdot n}{360}$$

donde $r$ es la longitud del radio de la circunferencia y $n$ el número de grados que abarca el sector.

**OBSERVA**

Para calcular el área de una **corona circular** también se puede emplear la fórmula:

$$A = \pi \cdot (R^2 - r^2)$$

donde $R$ y $r$ son las longitudes de los radios de las circunferencias.

## EJERCICIOS RESUELTOS

**3.** Encuentra el área del siguiente trapecio circular:

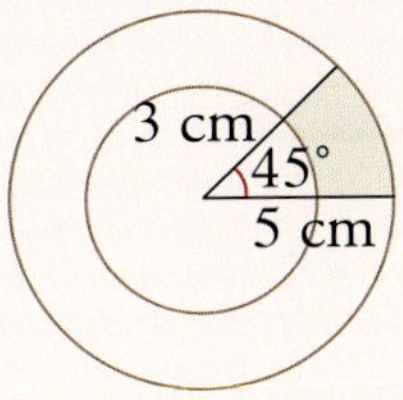


Plantearemos la siguiente regla de tres:

| | | |
|---|---|---|
| **Área corona** | $3{,}14 \cdot 5^2 - 3{,}14 \cdot 3^2$ | $x$ |
| **Grados** | 360 | 45 |

Área: $x = \dfrac{(3{,}14 \cdot 5^2 - 3{,}14 \cdot 3^2) \cdot 45}{360} = 6{,}28 \text{ cm}^2$

Solución

**4.** ¿Cuál es el área del segmento circular siguiente?

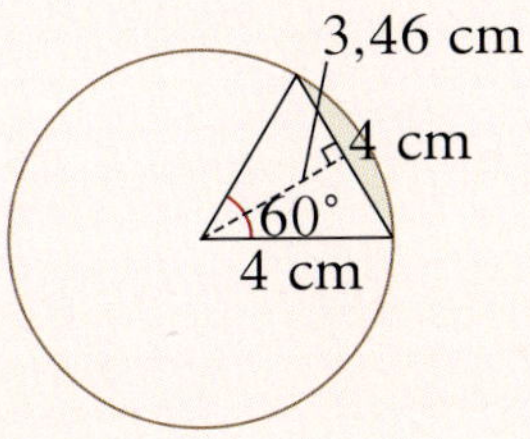


Podemos hacer la siguiente descomposición:

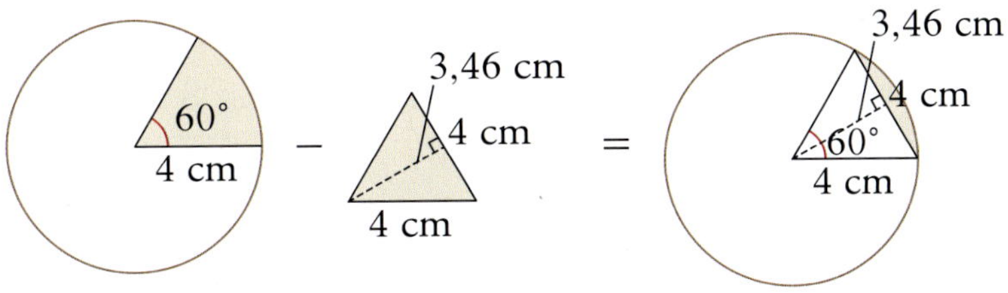


Área: $A = \dfrac{3{,}14 \cdot 4^2 \cdot 60}{360} - \dfrac{4 \cdot 3{,}46}{2} = 1{,}45 \text{ cm}^2$

Solución

### OBSERVA

Para calcular el área de un **trapecio circular** también se puede emplear la fórmula:

$$A = \frac{\pi \cdot (R^2 - r^2) \cdot n}{360}$$

donde $R$ y $r$ son las longitudes de los radios de las circunferencias y $n$ el número de grados que abarca el trapecio.

## EJERCICIOS

**15.** ●●○ Calcula el área de las figuras circulares que se presentan a continuación:

*a)* Sector circular de 2,3 dm de radio y 110°.

*b)* Corona circular comprendida entre dos circunferencias de 20 y 10 m de diámetro.

*c)* Trapecio circular de 250° comprendido entre circunferencias de radios 5 y 1 dm.

*d)* Círculo de 6 dam de diámetro.

*e)* 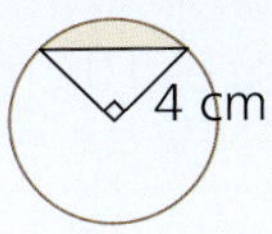


**16.** ●●○ ¿Cuál es el radio de un círculo de área 452,16 cm$^2$?

**17.** ●●○ Queremos hacer un espejo. Si el metro cuadrado cuesta 110 € y tiene forma circular de 40 cm de diámetro, ¿cuánto dinero gastaremos?

**18.** ●●● Un jardín en forma de sector circular tiene una superficie de 0,4274 áreas. El radio del jardín es 7 m. ¿Cuántos grados tiene el sector?

# SABER MÁS

En un prisma y en una pirámide, definimos **área básica** como la suma de las áreas de las bases de una de estas figuras y **área lateral** como la suma de las áreas de sus caras laterales. El **área total** será la suma de su área básica y su área lateral.

## EJERCICIOS RESUELTOS

**1.** Calcula el área total del siguiente prisma:

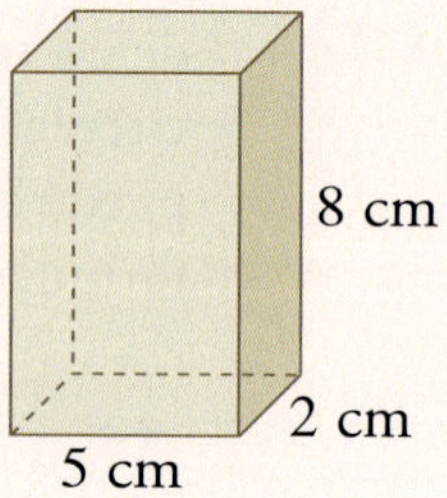


Las bases son dos y son rectángulos iguales de dimensiones $5 \times 2$ cm.

Área básica: $A_b = 2 \cdot A_{\text{rectángulo}} = 2 \cdot 5 \cdot 2 = 20\ \text{cm}^2$

Las caras laterales son cuatro, iguales dos a dos.

Área lateral: $A_l = 2 \cdot A_{\text{rectángulo}1} + 2 \cdot A_{\text{rectángulo}2} = 2 \cdot 5 \cdot 8 + 2 \cdot 2 \cdot 8 = 80 + 32 = 112\ \text{cm}^2$

Área total: $A_t = 20 + 112 = 132\ \text{cm}^2$

Solución

**2.** Obtén el área total de la pirámide de la figura.

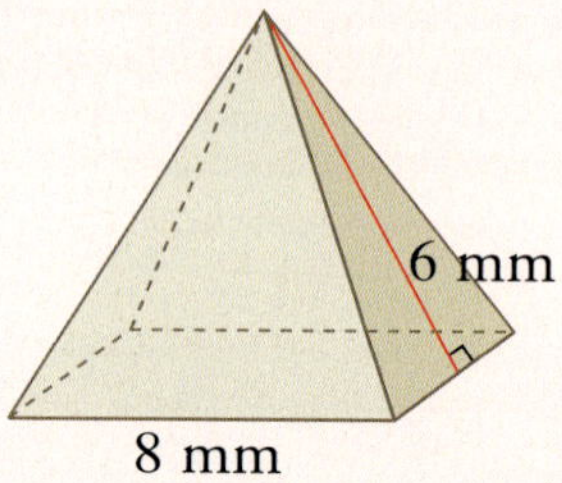


Tiene una única base, que es un cuadrado.

Área básica: $A_b = 8 \cdot 8 = 64\ \text{mm}^2$

Las caras laterales son cuatro triángulos iguales, de base 8 mm y altura 6 mm.

Área lateral: $A_l = 4 \cdot \dfrac{8 \cdot 6}{2} = 96\ \text{mm}^2$

Área total: $A_t = 64 + 96 = 160\ \text{mm}^2$

Solución

## EJERCICIOS

**19.** ●●○ Calcula el área total de los siguientes poliedros:

*a)*

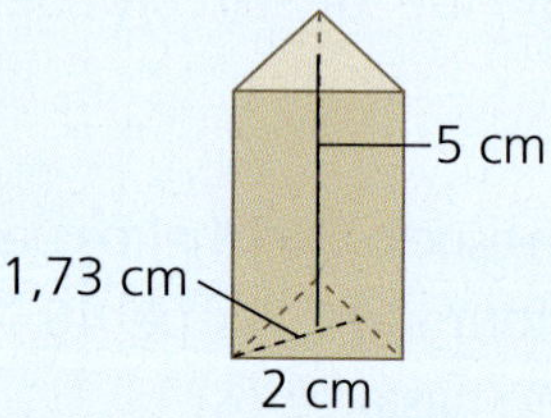


*b)*

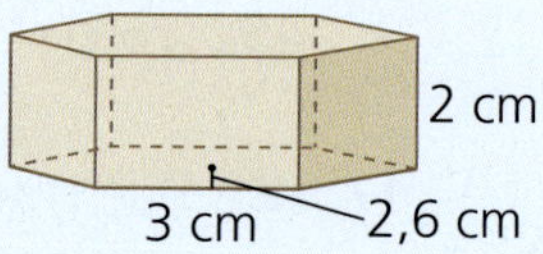


*c)*

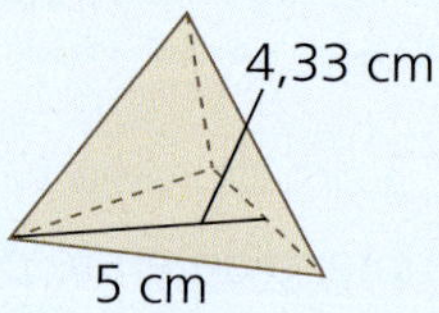


*d)*

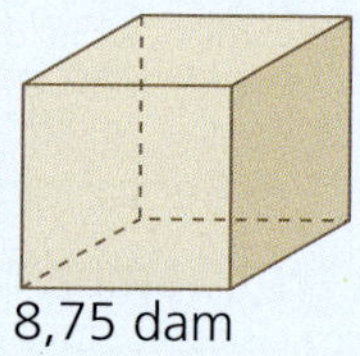


**20.** ●●● Si el área básica de un prisma cuadrangular es 81 m$^2$ y el área total es 133 m$^2$, ¿cuál es el área de cada una de sus caras laterales? ¿Cuál es la altura del prisma?

**21.** ●●● El área básica de una pirámide regular de base pentagonal es 375 cm$^2$ y el lado de su base es 10 cm. ¿Cuál es la longitud de la apotema de la base de la pirámide?

| Perímetro = Longitud | | | | |
|---|---|---|---|---|
| **Polígono regular** | **Polígono irregular** | **Circunferencia** | **Arco** | **Figura arbitraria** |
| $P = n \cdot l$ | $P =$ suma de los segmentos | $L = 2 \cdot \pi \cdot r$ | $L = \frac{2 \cdot \pi \cdot r \cdot n}{360}$ | $P =$ suma longitudes de sus lados (rectos o curvos) |
| 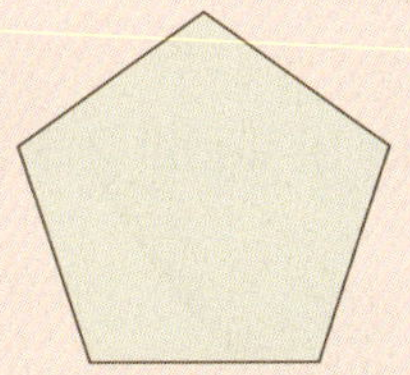  | 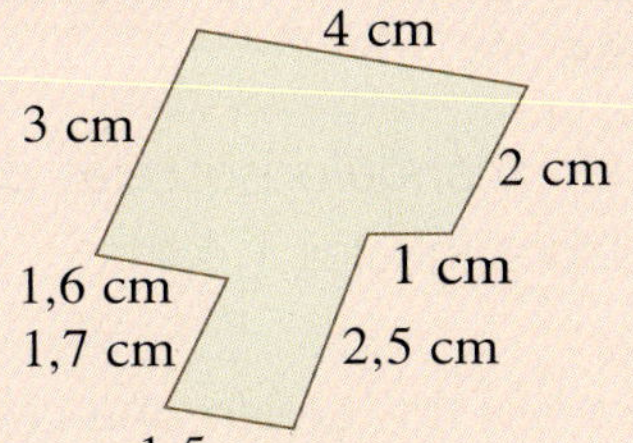  | 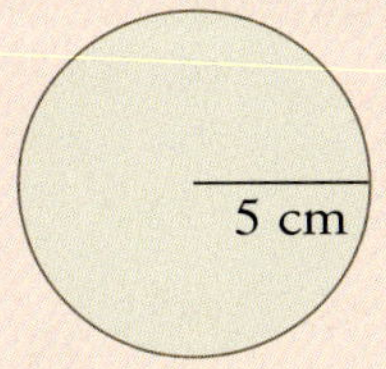  | 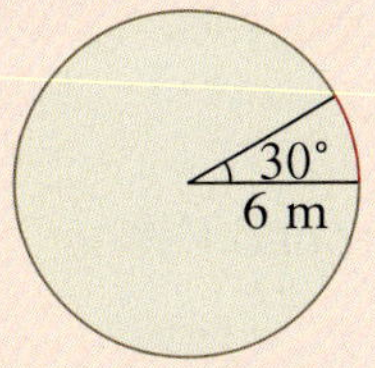  | 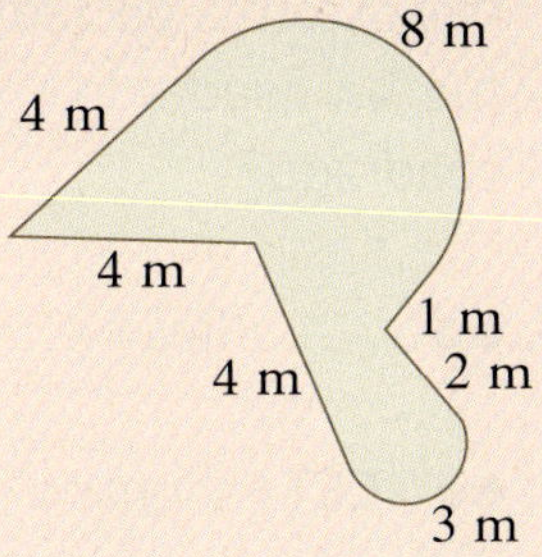  |
| $P = 15$ cm | $P = 4 + 2 + 1 + 2{,}5 + 1{,}5 + 1{,}7 + 1{,}6 + 3 = 17{,}3$ cm | $L = 2 \cdot 3{,}14 \cdot 5 = 31{,}4$ cm | $L = \frac{2 \cdot \pi \cdot 6 \cdot 30}{360} = 3{,}14$ m | $P = 8 + 1 + 2 + 3 + 4 + 4 + 4 = 26$ m |

| Área = Superficie Polígonos | | | | | |
|---|---|---|---|---|---|
| **Triángulo** | **Paralelogramos** | | **Trapecios** | **Polígono regular** | **Figura arbitraria** |
| $A = \frac{b \cdot h}{2}$ | $A = b \cdot h$ | $A = \frac{D \cdot d}{2}$ | $A = \frac{(B + b) \cdot h}{2}$ | $A = \frac{P \cdot ap}{2}$ | Descomposició en figures simples |
| 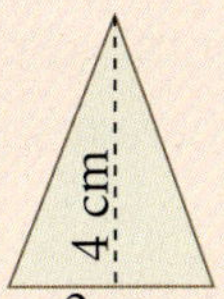  | 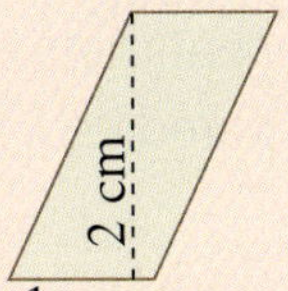  | 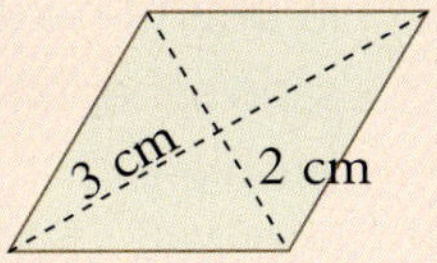  | 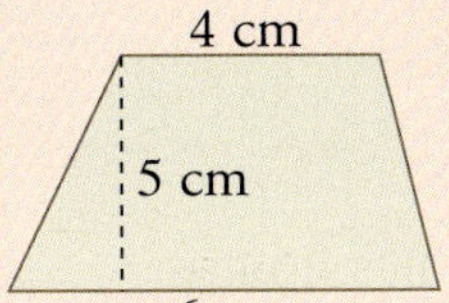  | 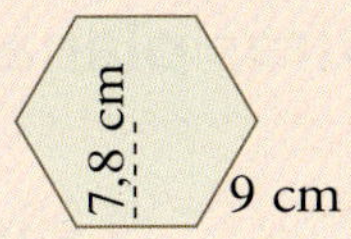  | 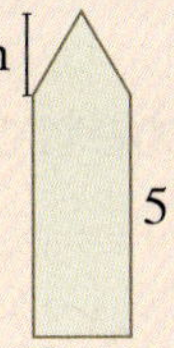  |
| $A = \frac{2 \cdot 4}{2} = 4\ cm^2$ | $A = 1 \cdot 2 = 2\ cm^2$ | $A = \frac{3 \cdot 2}{2} = 3\ cm^2$ | $A = \frac{(6 + 4) \cdot 5}{2} = 25\ cm^2$ | $A = \frac{54 \cdot 7{,}8}{2} = 210{,}6\ cm^2$ | $A = 2 \cdot 5 + \frac{2 \cdot 1{,}73}{2} = 11{,}73\ m^2$ |

| Área = Superficie Figuras circulares | | | | |
|---|---|---|---|---|
| **Círculo** | **Sector** | **Corona** | **Trapecio** | **Segmento** |
| $A = \pi \cdot r^2$ | $A = \frac{\pi \cdot r^2 \cdot n}{360}$ | $A = \pi \cdot (R^2 - r^2)$ | $A = \frac{\pi \cdot (R^2 - r^2) \cdot n}{360}$ | $A = \frac{\pi \cdot r^2 \cdot n}{360} - \frac{b \cdot h}{2}$ |
| 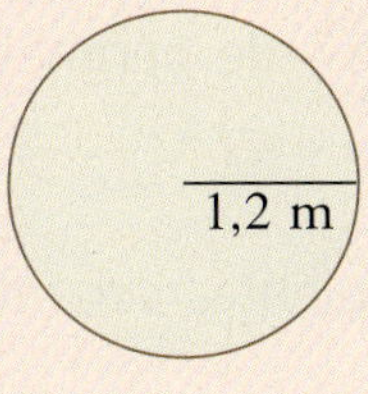  | 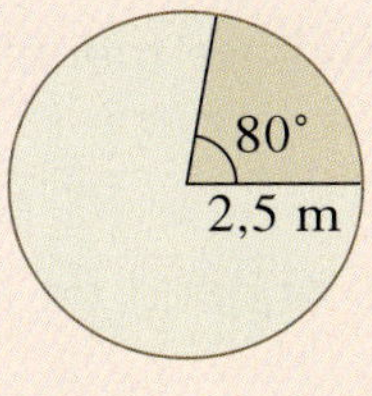  | 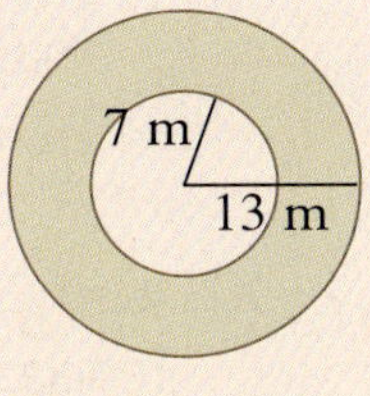  | 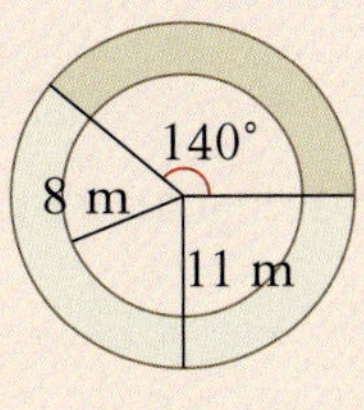  | 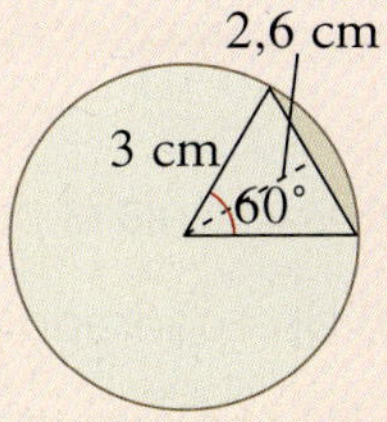  |
| $A = 3{,}14 \cdot 1{,}2^2 = 4{,}5216\ m^2$ | $A = \frac{3{,}14 \cdot 2{,}5^2 \cdot 80}{360} = 4{,}36\ m^2$ | $A = 3{,}14 \cdot (13^2 - 7^2) = 376{,}8\ m^2$ | $A = \frac{3{,}14 \cdot (11^2 - 8^2) \cdot 140}{360} = 69{,}6\ m^2$ | $A = \frac{3{,}14 \cdot 3^2 \cdot 60}{360} - \frac{3 \cdot 2{,}6}{2} = 0{,}81\ cm^2$ |

# Ejercicios y problemas

## Ejercicios iniciales

**22.** ●●○ Antes de dirigirse a la tierra de los Bashkirs, Pahom escuchó a un comerciante que les había comprado 600 hectáreas por este método. Supongamos que la forma del terreno elegido por este comerciante fue un cuadrado. ¿Cuánto mediría el lado de este cuadrado?

**23.** ●●○ ¿Cuántas hectáreas rodeó Pahom?

**24.** ●●○ **CCT** Pahom no eligió la mejor forma para su terreno. La figura con mayor área sin variar el perímetro es el círculo. Supón que el personaje hubiera elegido esta figura y, por tanto, hubiera recorrido una circunferencia del mismo perímetro que la figura del texto. ¿Qué superficie habría abarcado? Exprésala en hectáreas.

**25.** ●●● **CL** ¿Qué importante pega tendría, según las condiciones del texto, que el campesino hubiera elegido una forma circular en lugar de una forma poligonal?

## Perímetros de figuras planas

**26.** ●○○ Calcula el perímetro de las siguientes figuras:

*a)*

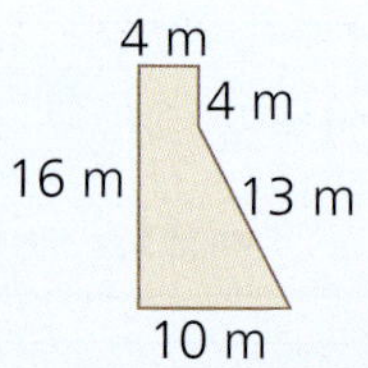


*c)*

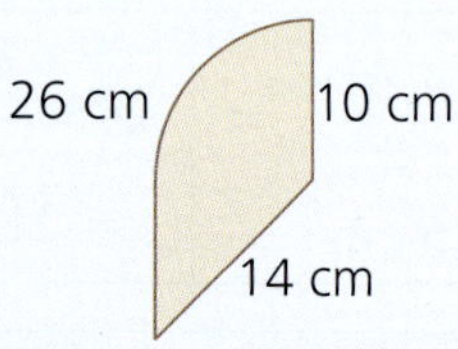


*b)*

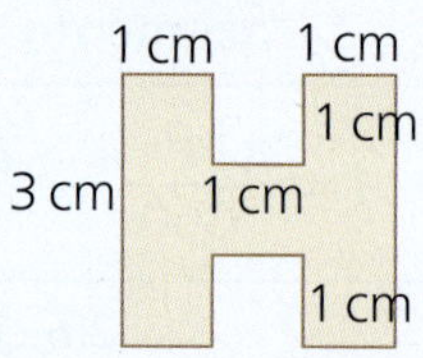


*d)*

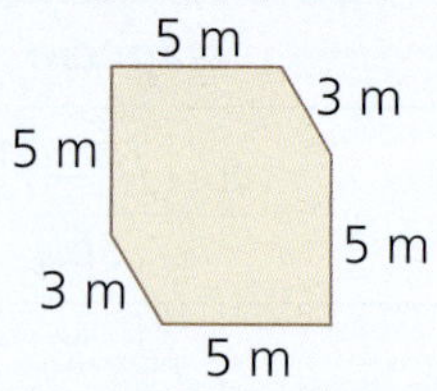


**27.** ●○○ Calcula el perímetro de los siguientes polígonos:

*a)* Un cuadrado de lado 5 dm.

*b)* Un hexágono regular de lado 1,6 m.

*c)* Un rectángulo de base 18 cm y de altura 9 cm.

*d)* Un trapecio isósceles de base mayor 35 mm, base menor 25 mm, y lados oblicuos 13 mm.

**28.** ●○○ Halla el perímetro de los polígonos que se describen a continuación:

*a)* Un triángulo equilátero de lado 49 mm.

*b)* Un rombo de 1,2 dm de lado.

*c)* Un romboide de lado mayor 87 cm y lado menor 46 cm.

*d)* Un triángulo isósceles de lado desigual 2,3 m y lados iguales 3,4 m.

**29.** ●●○ Mis tíos tienen una casa en el campo de forma rectangular, de 14 metros de largo y 10 de ancho.

*a)* Las cuatro paredes exteriores tienen canalón. ¿Cuántos metros de canalón hay en total?

*b)* Rodeándola hay una acera de 1 metro de anchura. ¿Cuántos metros de bordillo hay?

**30.** ●●○ Mi cuarto tiene forma de trapecio isósceles, cuyos lados desiguales miden 3 y 4,25 metros, y los lados iguales, 3,40 metros. ¿Cuánto mide en total la cenefa que tiene en todas las paredes, teniendo en cuenta que la puerta mide 90 centímetros de anchura? ¿Es necesario saber en qué pared está la puerta para resolver el problema?

**31.** ●●○ Calcula la longitud desconocida en cada uno de los casos siguientes:

*a)* Un lado de un triángulo, sabiendo que los otros dos miden 14 y 19 cm, y que el perímetro es 45 cm.

*b)* El lado de un eneágono regular, sabiendo que el perímetro es 46,8 mm.

*c)* El lado corto de un romboide, sabiendo que el largo mide 23 dm y que el perímetro es 68 dm.

*d)* El lado oblicuo de un trapecio isósceles, de base mayor 40 m, base menor 32 m y de perímetro 82 m.

**32.** ●○○ Calcula la longitud de las siguientes circunferencias:

*a)* Radio = 15 cm

*b)* Diámetro = 7 m

**33.** ●●○ Calcula el perímetro del siguiente semicírculo. Ten en cuenta que hay que sumar la longitud de todas las líneas que lo rodean.

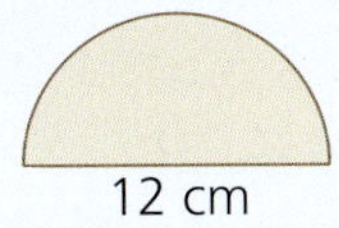


**34.** ●●○ Halla el perímetro de las siguientes figuras:

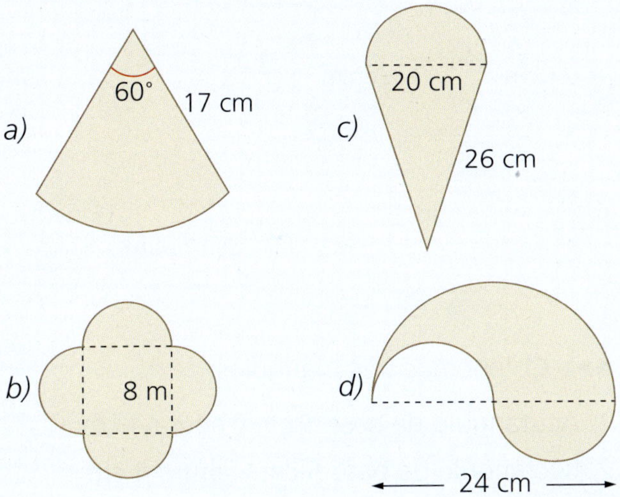


**35.** ●●○ La correa de mi perro mide 2 metros. Si ato la correa completamente tensa alrededor de un árbol de 40 centímetros de diámetro, ¿qué distancia máxima podrá separarse el perro del árbol?

**36.** ●●○ **CC** Los teatros romanos tenían forma de semicírculo. En la parte del centro del mismo se encontraba el escenario, y las gradas se disponían en filas formando semicircunferencias. El teatro romano de Mérida tiene un diámetro de 86 metros. ¿Cuánto medía la última fila de las gradas? Si suponemos que pueden entrar 300 personas en dicha fila, ¿cuántos centímetros de grada le corresponden a cada persona?

**37.** ●●● ¿Cuántos centímetros mide el radio de una circunferencia de 1 metro de longitud?

**38.** ●●○ **CD** La longitud obtenida en el ejercicio anterior es bastante precisa, pero si las unidades en lugar de ser centímetros fueran kilómetros, ya no nos parecería tan exacta. Utiliza todas las cifras del número $\pi$ disponibles en tu calculadora para calcular el radio de una circunferencia de 1 km de longitud con un error menor a 1 mm.

**39.** ●●○ Calcula la longitud de los siguientes arcos de circunferencia:

*a)* Radio = 14 cm, amplitud = 30°

*b)* Radio = 21 dm, amplitud = 60°

*c)* Radio = 42 m, amplitud = 45°

*d)* Radio = 110 mm, amplitud = 135°

**40.** ●●● Calcula el radio de una circunferencia, sabiendo que un arco de 35° mide 3 m.

**41.** ●●● ¿Cuál es la amplitud de un arco de circunferencia de radio 81 mm, si el arco mide 15 cm?

**42.** ●●○ Calcula el perímetro de las siguientes figuras planas, con ayuda del teorema de Pitágoras:

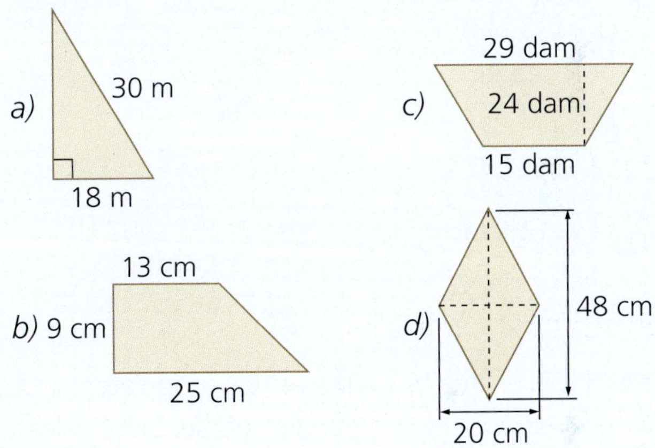


**43.** ●●● Calcula, utilizando el teorema de Pitágoras, el perímetro de estas figuras, donde el lado de cada cuadrado representa una unidad:

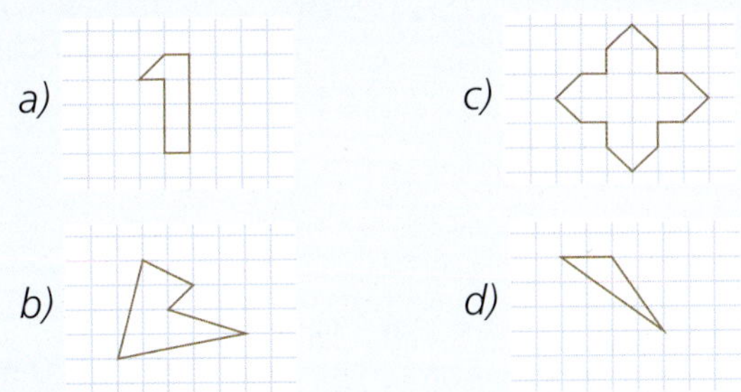


## Áreas de figuras planas

**44.** ●○○ Calcula el área de los siguientes paralelogramos:

*a)* Cuadrado de lado 16 cm.

*b)* Rectángulo de 23 m de largo y 17 de ancho.

*c)* Romboide de 8 dam de base y 55 m de altura.

*d)* Rombo de diagonales 250 mm y 135 mm.

**45.** ●●○ Si un rombo de diagonales 56 cm y 42 cm, y de lado 35 cm, lo consideramos apoyado sobre cualquiera de sus cuatro lados, ¿cuánto mide su altura sobre dicho lado?

**46.** ●●○ **CI** De entre los tres paralelogramos de la figura, ¿cuál es el de mayor área?

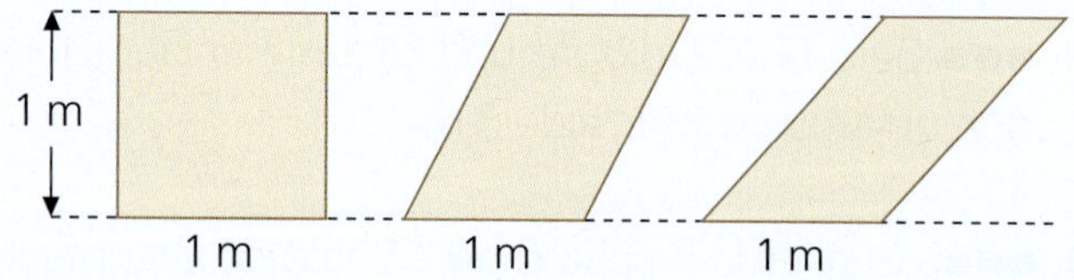


**47.** ●○○ Obtén el área de los siguientes trapecios:

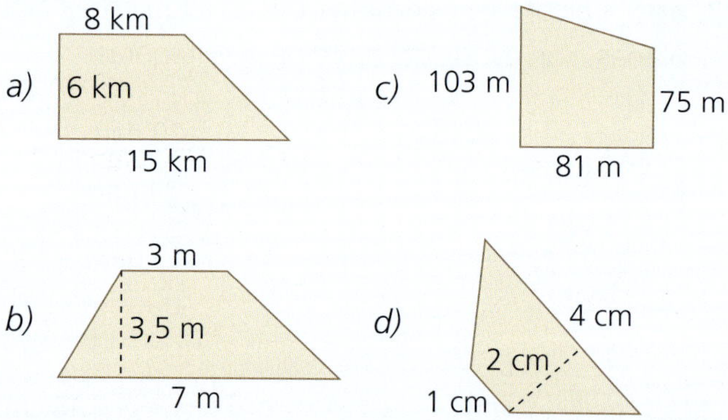


**48.** ●●○ Halla el área de los siguientes cuadriláteros. Observa que algunos datos pueden no ser necesarios para realizar el cálculo.

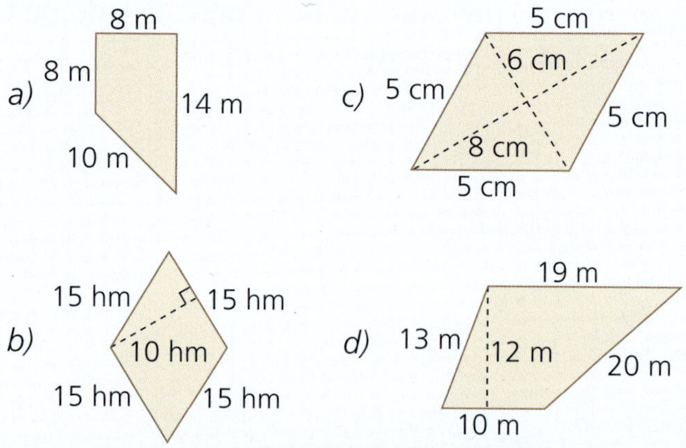


**49.** ●●● Dibuja los siguientes trapecios y calcula sus áreas, ayudándote del teorema de Pitágoras:

*a)* Trapecio rectángulo de base mayor 23 cm, base menor 18 cm y lado oblicuo 13 cm.

*b)* Trapecio isósceles de base mayor 64 mm, base menor 40 mm y lado oblicuo 37 mm.

**50.** ●○○ Halla el área de los triángulos siguientes:

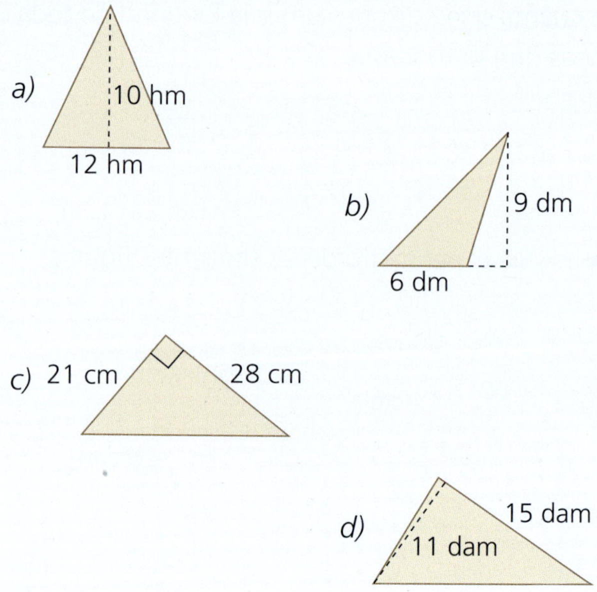


**51.** ●●○ **CI** Tenemos tres triángulos:

*1)* Acutángulo de base 5 cm y altura 4 cm.

*2)* Rectángulo de base 5 cm y altura 4 cm.

*3)* Obtusángulo de base 5 cm y altura 4 cm.

¿Cuál tiene mayor área?

**52.** ●●○ Utiliza la fórmula de Herón para calcular el área de un triángulo de lados 8, 15 y 17 cm.

**53.** ●●● Calcula la longitud de las tres alturas del triángulo del ejercicio anterior.

**54.** ●●● Calcula el área de los siguientes triángulos rectángulos utilizando, si fuera necesario, el teorema de Pitágoras:

*a)* Los catetos miden 32 y 24 mm.

*b)* Un cateto mide 9 cm y la hipotenusa, 41 cm.

**55.** ●●● **CI** Comprueba que si calculamos las áreas de los triángulos del ejercicio anterior mediante la fórmula de Herón, se obtienen los mismos resultados.

**56.** ●○○ Halla el área de los siguientes polígonos regulares:

*a)* Pentágono de lado 3 m y apotema 2 m.

*b)* Hexágono de lado 59 cm y apotema 51 cm.

*c)* Heptágono de lado 1 dm y apotema 104 mm.

*d)* Octógono de lado 5 dam y apotema 6 dam.

**57.** ●●○ Calcula el área de las figuras siguientes, tomando las medidas que sean necesarias con tu regla:

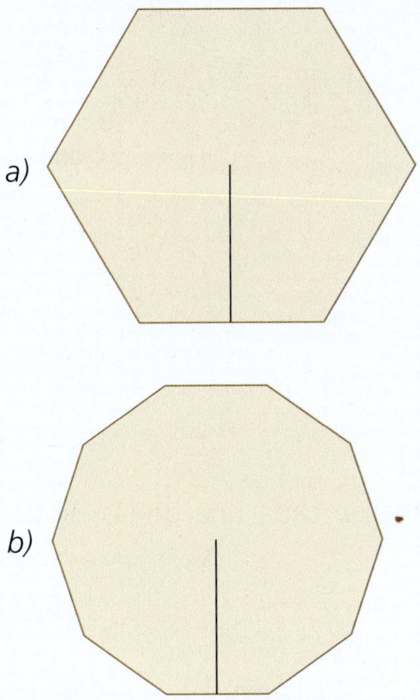


**58.** ●●● Sabemos que un pentágono regular de lado 218 mm tiene un área de 81 750 mm². ¿Cuánto mide su apotema?

**59.** ●●● En un hexágono regular, el radio (distancia desde el centro hasta un vértice) es igual al lado. Utilizando esta propiedad y el teorema de Pitágoras, calcula la apotema y el área de un hexágono regular de lado 22 cm.

**60.** ●●○ Mide con tu regla los segmentos marcados que necesites y utiliza estas mediciones para calcular el área del siguiente trapezoide:

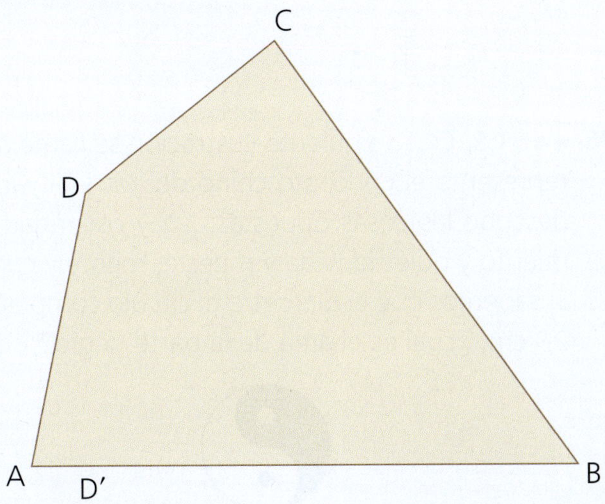


**61.** ●●○ **CA, CI** Divide cada uno de los siguientes polígonos en figuras más simples para poder calcular su área si fuera necesario:

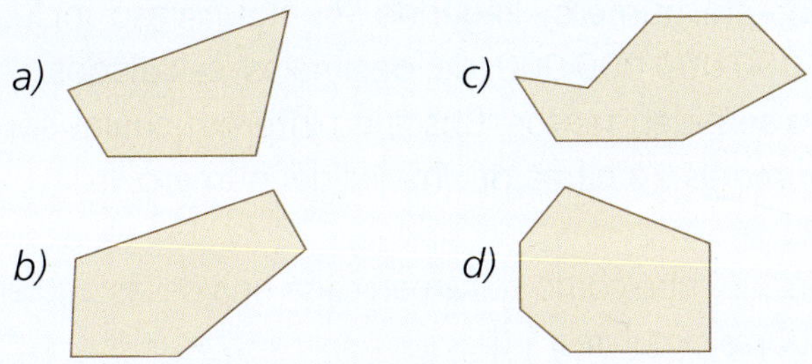


**62.** ●●● Calcula el área de la siguiente figura plana:

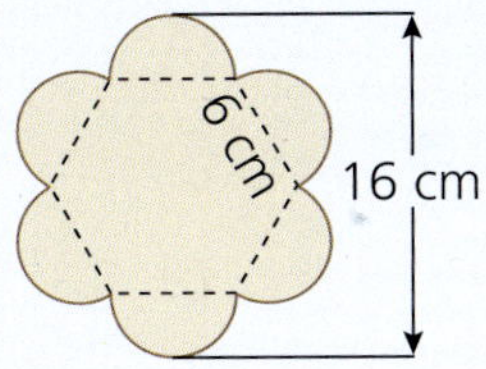


**63.** ●●○ Calcula el área de los siguientes polígonos irregulares:

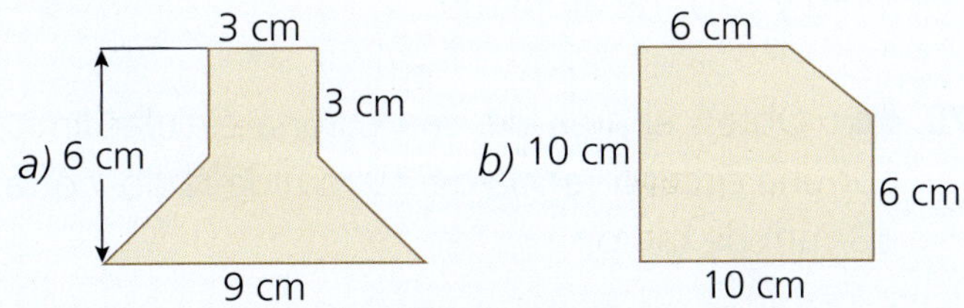


**64.** ●●○ Calcula el área de las siguientes figuras, donde la longitud del lado de cada cuadrado representa una unidad:

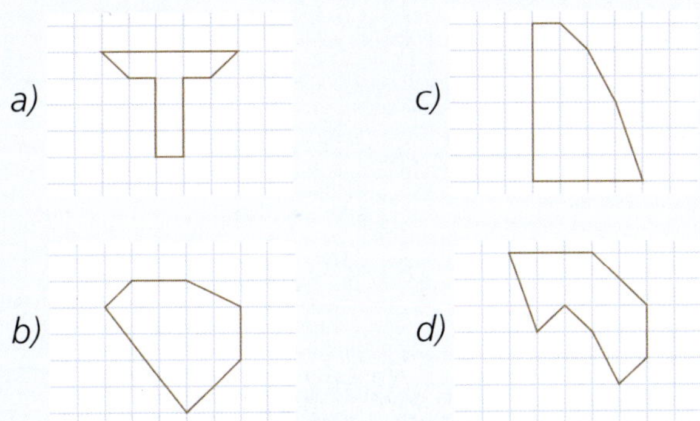


**65.** ●○○ Calcula el área de los siguientes círculos:

*a)* Radio = 3,2 cm

*b)* Diámetro = 24 mm

**66.** ●○○ **CD** Utiliza la tecla adecuada en tu calculadora científica para calcular las áreas del ejercicio anterior utilizando todas las cifras del número $\pi$ de que dispone.

**67.** ●○○ @ El número $\pi$ tiene un número ilimitado de decimales. Existen multitud de programas informáticos que son capaces de calcular muchísimos decimales de este número, llegando en algún caso incluso a 5 000 000 000 000 de decimales calculados. Aquí no se piden tantos. Busca en Internet cuáles son las primeras 20 cifras decimales del número $\pi$.

**68.** ●○○ Escribe cómo se llaman cada una de las siguientes figuras circulares:

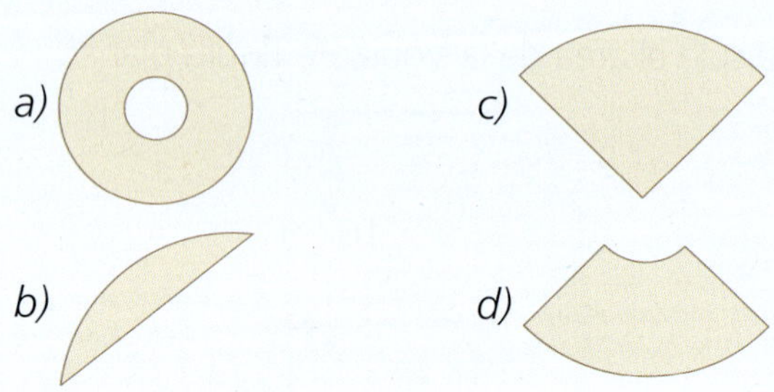


**69.** ●●○ Halla el área de un sector circular de 27 cm de radio y 120° de amplitud.

**70.** ●●○ Obtén el área de una corona circular limitada por una circunferencia de 75 mm de radio y otra de 48 mm de radio.

**71.** ●●○ Calcula el área de un trapecio circular de amplitud 150° y radios 3 m y 7 m.

**72.** ●●○ ¿Cuál es el área del siguiente segmento circular?

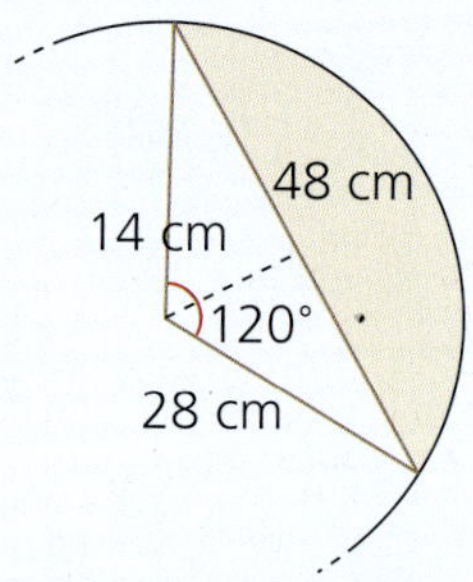


**73.** ●●● Halla el área del siguiente segmento circular. Utiliza el teorema de Pitágoras para calcular las longitudes que necesites.

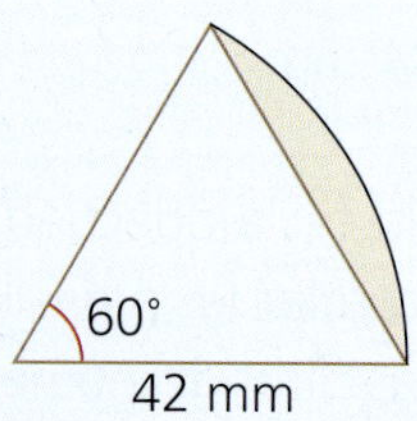


**74.** ●●○ Calcula el área de las figuras circulares siguientes:

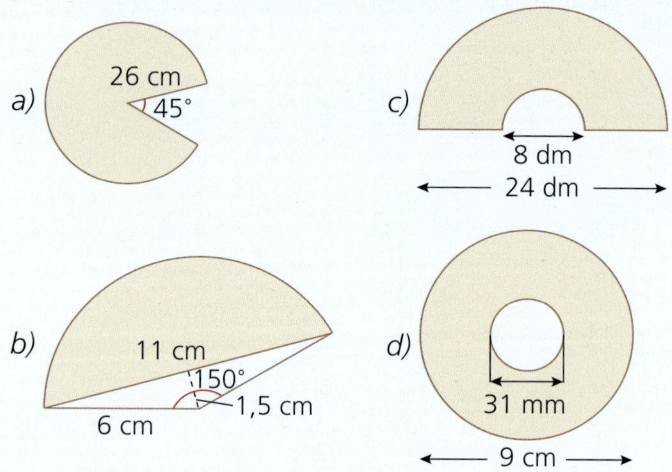


**75.** ●●○ Obtén el área de cada una de las siguientes figuras:

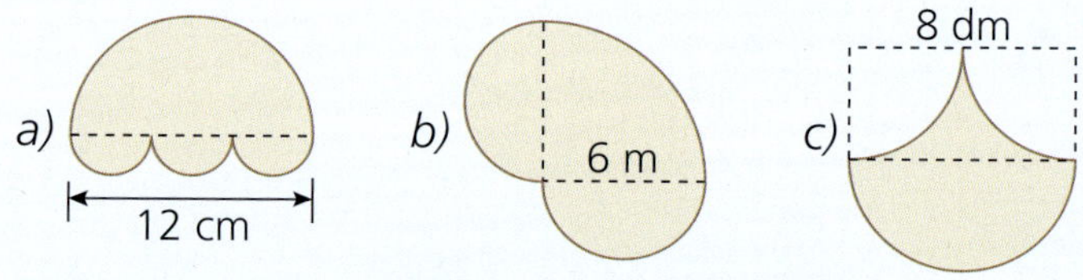


**76.** ●●○ Calcula el área de la parte sombreada de las figuras siguientes, donde el radio de ambos círculos es de 4 centímetros:

**77.** ●●● Calcula el área de la parte sombreada de los siguientes cuadrados de lado 12 centímetros:

**78.** ●●○ **CS, CC** La siguiente ilustración se llama *taijitu*, y representa el concepto chino del *yin* y el *yang*, que describe las cosas opuestas: luz y oscuridad, movimiento y quietud, vida y muerte, mente y cuerpo... Si sabemos que el diámetro el círculo completo mide 20 cm, ¿cuál es el área de la parte negra?

**79.** ●●○ Un terreno con forma rectangular mide 150 metros de ancho por 200 de largo, y tiene un estanque en su interior con una forma circular de 20 metros de diámetro.

*a)* Calcula el área útil del terreno. Exprésala en hectáreas.

*b)* Si se quisiera vallar esta área útil, ¿cuántos metros de valla se necesitarían?

**80.** ●●○ **CC** En la ilustración se puede ver el famoso Arco del Triunfo de París, cuya vista frontal se puede modelizar por un rectángulo con un arco en el medio como en la figura.

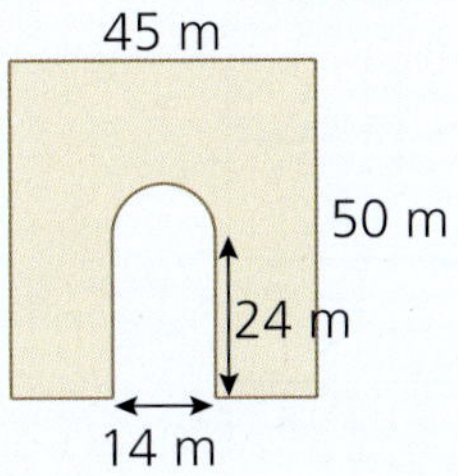

Calcula el área de la fachada de este monumento.

**81.** ●●● Queremos pintar la fachada de nuestra casa con una pintura en cuya etiqueta pone que tiene un rendimiento de 7 metros cuadrados por litro y cuyo precio es de 4,5 euros por litro.

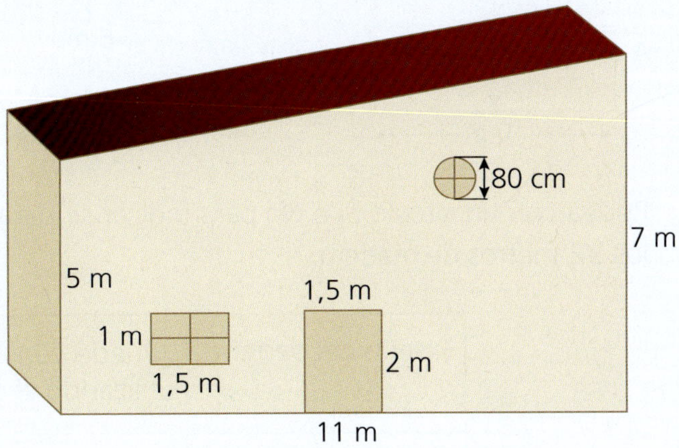


*a)* ¿Cuántos metros cuadrados tiene nuestra fachada?

*b)* ¿Cuántos litros de pintura necesitaremos?

*c)* ¿Cuánto nos costará dicha cantidad de pintura?

## SABER MÁS

**82.** ●●○ Calcula las áreas totales de los siguientes prismas y pirámides:

*a)* Pirámide de base cuadrada de lado de la base 2,8 mm y apotema de la pirámide, 10 mm.

*b)* Pirámide de base un rombo de base 5 m y altura 4 m. Apotema de la pirámide: 6 m.

*c)* Prisma de base rectangular de lados 10 y 20 cm. Altura del prisma: 15 cm.

*d)* Prisma de base un triángulo isósceles de lado desigual 2 cm y lados iguales de longitud 5 cm. Altura de la base sobre el lado desigual: 4,9 cm. Altura del prisma: 5 cm.

**83.** ●●○ **CC** Las pirámides de Egipto tienen forma de pirámide cuadrangular regular. El lado de la base de la pirámide de Guiza es de 230 m, y la apotema de la pirámide es de 186 m. ¿Cuál es su área lateral?

**84.** ●●○ Se desea forrar, incluyendo la tapa, una caja de zapatos de $40 \times 25 \times 20$ cm. ¿Cuántos $dm^2$ de papel necesitaremos?

**85.** ●●● En una empresa desean hacer un regalo a sus trabajadores por las fiestas de Navidad. Para envolverlo deben comprar papel a 30 céntimos de euro el metro cuadrado. Si el regalo va empaquetado en forma de cubo de 8 cm de lado y la empresa tiene 250 empleados, ¿cuánto dinero se gastará la empresa en el papel de regalo?

**1. Carpintero**

Un carpintero tiene 32 metros de madera y quiere construir una pequeña valla alrededor de un parterre en el jardín. Está considerando los siguientes diseños para el parterre:

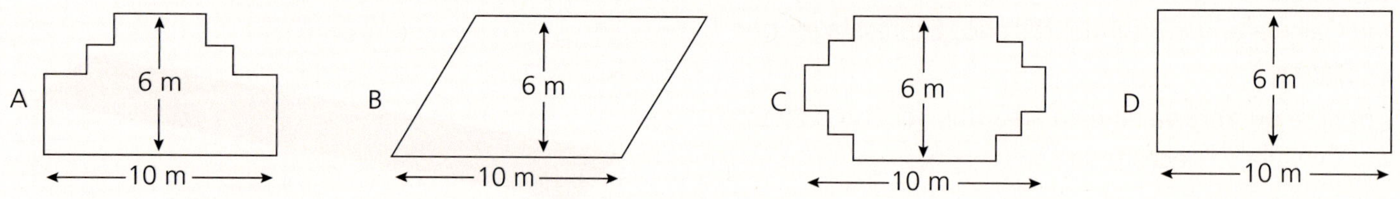


Rodea con un círculo *Sí* o *No* para indicar si, para cada diseño, se puede o no se puede construir el parterre con los 32 metros de madera.

| Diseño del parterre | ¿Puede construirse el parterre con 32 metros de madera utilizando el diseño? |
|---|---|
| Diseño A | Sí / No |
| Diseño B | Sí / No |
| Diseño C | Sí / No |
| Diseño D | Sí / No |

PISA

**2.** En la siguiente figura, *ABCD* es un rectángulo y los círculos *P* y *Q* tienen un radio de 5 cm cada uno. ¿Cuál es el área del rectángulo?

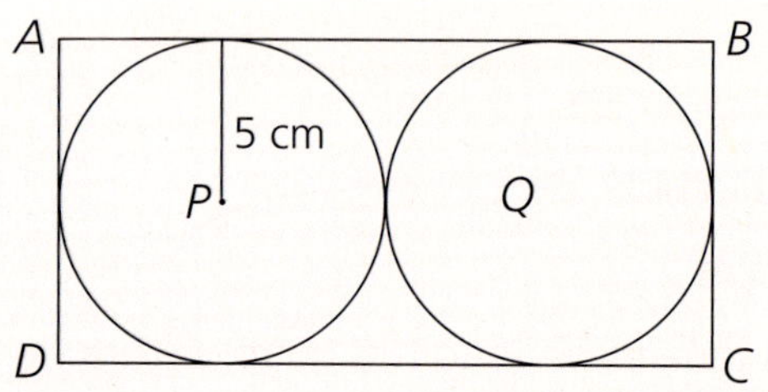


*a)* 50 $cm^2$

*b)* 60 $cm^2$

*c)* 100 $cm^2$

*d)* 200 $cm^2$

TIMSS

**3.** Una piscina rectangular tiene una acera rectangular pavimentada alrededor de ella, como se muestra en la figura.

¿Cuál es el área de la acera pavimentada?

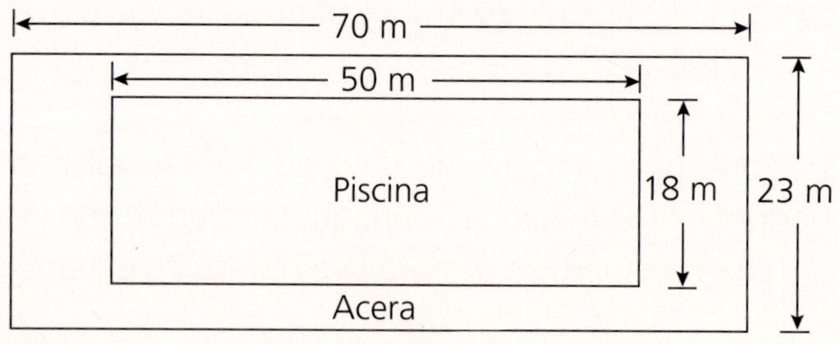


*a)* 100 $m^2$

*b)* 161 $m^2$

*c)* 710 $m^2$

*d)* 1610 $m^2$

TIMMS

# EVALÚATE

**1.** Dibuja en una cuadrícula una figura de 12 unidades de perímetro y 9 unidades cuadradas de área.

**2.** Calcula el perímetro de la siguiente figura, teniendo en cuenta que el lado de cada cuadrícula vale 1 unidad y la diagonal vale 1,41 u:

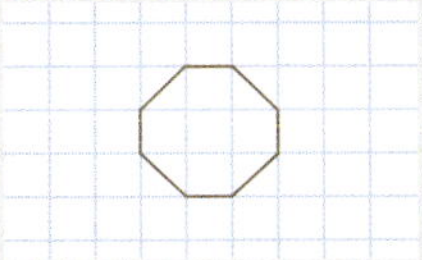

**3.** Obtén el perímetro de:

*a)* Circunferencia de 2,5 cm de radio.

*b)* Arco de circunferencia de 5 m de radio y 3° de amplitud.

**4.** Calcula el área de los siguientes cuadriláteros:

*a)* Romboide de base 3 cm y altura 5 dm.

*b)* Rombo de diagonales 6 y 4 dam, respectivamente.

*c)* Trapecio isósceles de bases 8 y 7 cm y altura 3 cm.

**5.** Calcula el área de los siguientes triángulos:

*a)*

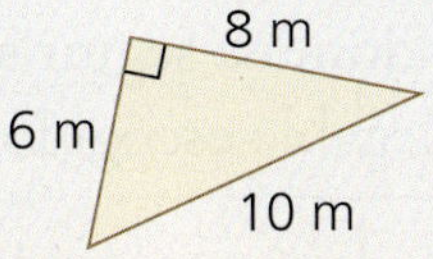


*b)*

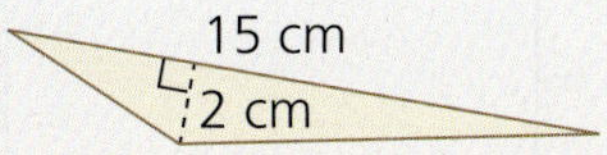


**6.** Calcula el área de un hexágono regular de 5 m de lado y 433 cm de apotema.

**7.** Calcula el área de la siguiente figura compuesta:

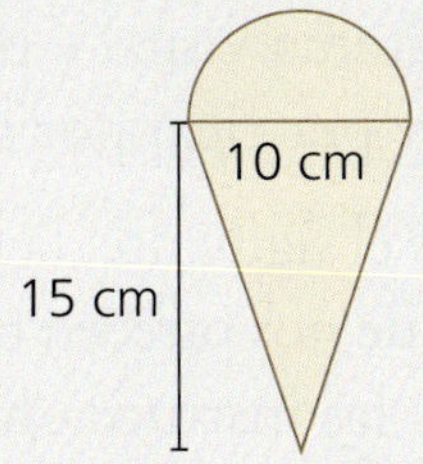


**8.** ¿Cuántos $m^2$ de papel necesitaremos para forrar por ambos lados un círculo de cartulina de 8 dm de diámetro?

**9.** ¿Cuál es el área en metros cuadrados de un sector circular de 3 dam de radio y de 150° de amplitud?

**10.** Calcula el área de las siguientes figuras circulares:

*a)* Corona circular comprendida entre dos circunferencias de 8 m y 7 m de radio, respectivamente.

*b)* Trapecio circular de 200° de amplitud comprendido en una corona de radios 3,6 y 1,2 cm, respectivamente.

# MATEMÁTICAS RECREATIVAS

**1.** Tenemos dos cuerdas de 60 cm de longitud, cada una de ellas con sus extremos atados. Con la primera formamos un triángulo equilátero, y con la segunda, un hexágono regular.

¿Cuál de las dos figuras tiene mayor área? ¿Cuántas veces es mayor una superficie que la otra?

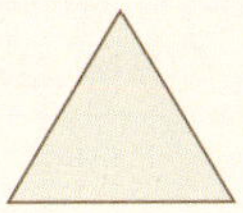

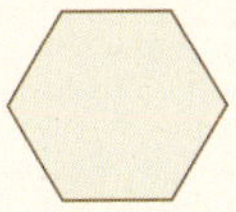

**2.** Divide la siguiente figura en cuatro partes iguales. Para ayudarte a conseguirlo, puedes calcular el área de la figura y dividirla entre 4. Piensa ahora cómo tiene que ser cada una de las cuatro figuras interiores para que tengan el área calculada.

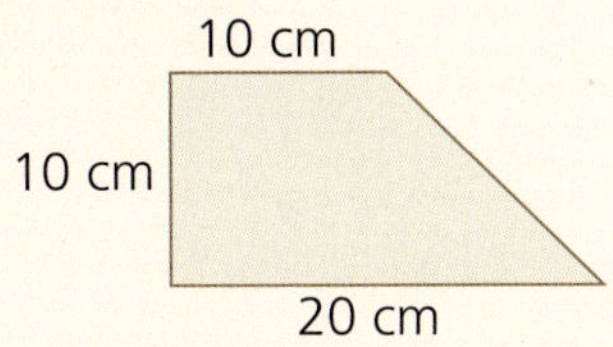


**3.** El rey, como premio, ofreció a dos campesinos sendas cuerdas iguales con las que rodearán el terreno que quiera cada uno dentro de los dominios del monarca. El primero forma una circunferencia con la cuerda, por lo que su terreno será un círculo. El segundo, aprovecha la orilla del río y forma junto a ella un semicírculo, siendo la orilla el diámetro del mismo.

¿Qué campesino logró tener un terreno mayor? ¿Cuántas veces mayor?

# Bloque III: Geometría

## Funcionamiento de GeoGebra

GeoGebra es un programa visual y práctico que nos permite, además de hacer cálculos algebraicos, manejar objetos, desplazarlos y practicar por tanto de una manera más dinámica la geometría.

Su funcionamiento es el siguiente: la barra de herramientas dispone de los elementos geométricos básicos, con menús desplegables que nos ofrecen opciones diversas relacionadas con el botón principal. En la parte derecha de la barra se nos dan las instrucciones necesarias para utilizar cada uno de los botones o desplegables. En la zona gráfica es donde se realizarán las representaciones geométricas.

Introducir valores en el campo de entrada nos permitirá fijar ciertos elementos: longitudes, distancias... para representar de una manera precisa las formas geométricas que deseemos.

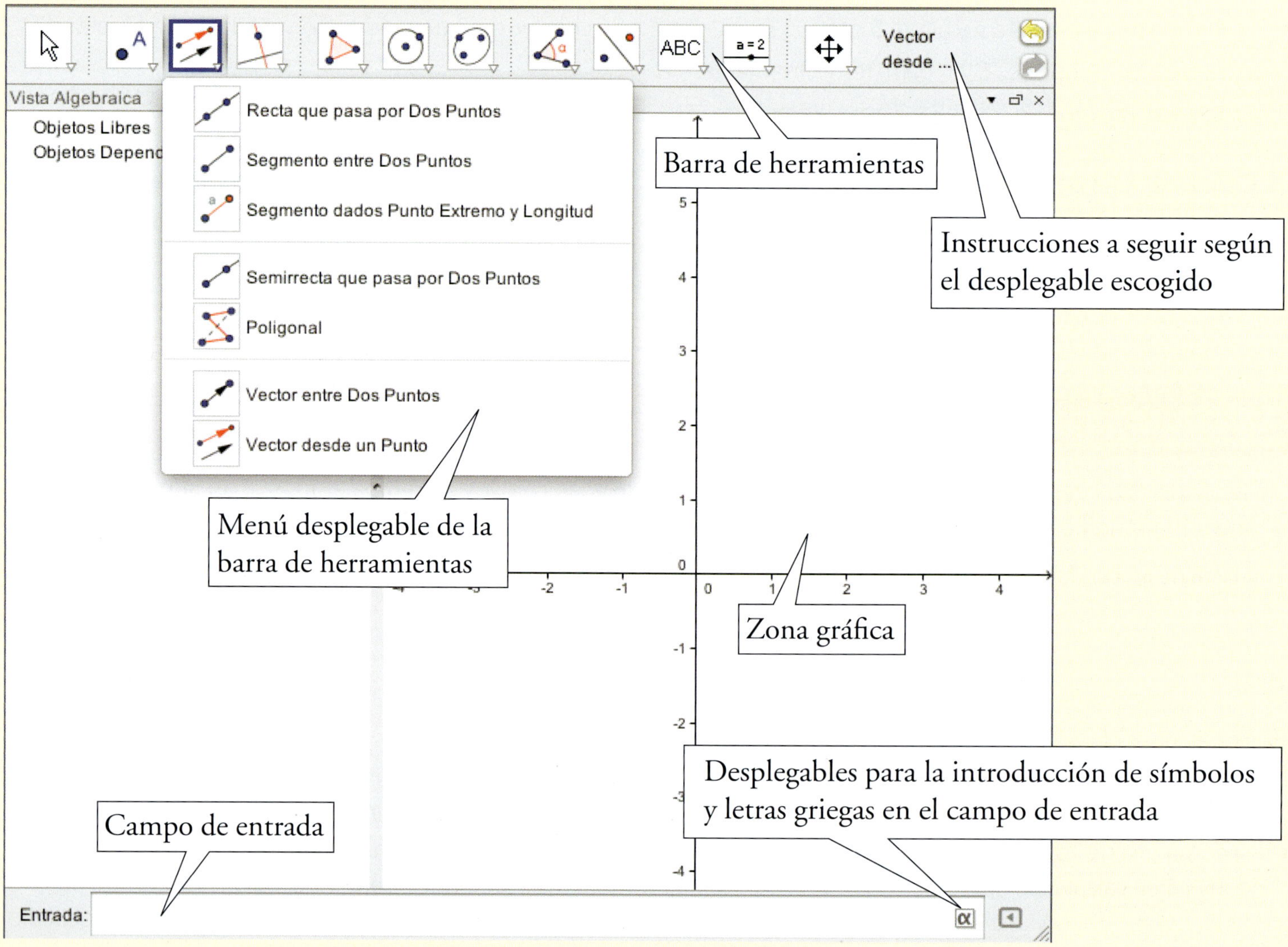

## Menús desplegables

A continuación mostramos cada uno de los menús desplegables de los botones de la barra de herramientas.

- Elige y Mueve
- Rota en torno a un Punto
- Registro en Hoja de Cálculo

---

- Nuevo Punto
- Punto en Objeto
- Adosa / Libera Punto
- Intersección de Dos Objetos
- Punto Medio o Centro
- Número Complejo

---

- Recta Perpendicular
- Recta Paralela
- Mediatriz
- Bisectriz
- Tangentes
- Recta Polar o Diametral
- Ajuste Lineal
- Lugar Geométrico

---

- Deslizador
- Casilla de Control para Mostrar / Ocultar Objetos
- Inserta Botón
- Casilla de Entrada

---

- Polígono
- Polígono Regular
- Polígono Rígido
- Polígono Vectorial

---

- Elipse
- Hipérbola
- Parábola
- Cónica dados Cinco de sus Puntos

---

- Circunferencia dados su Centro y uno de sus Puntos
- Circunferencia dados su Centro y Radio
- Compás
- Circunferencia dados Tres de sus Puntos
- Semicircunferencia dados Dos Puntos
- Arco de Circunferencia con Centro entre Dos Puntos
- Arco de Circunferencia dados Tres de sus Puntos
- Sector Circular con Centro entre Dos Puntos
- Sector Circular dados Tres Puntos de su arco

---

- Desplaza Vista Gráfica
- Zoom de Acercamiento
- Zoom de Alejamiento
- Expone / Oculta Objeto
- Expone / Oculta Rótulo
- Copia Estilo Visual
- Elimina Objeto

---

- Ángulo
- Ángulo dada su Amplitud
- Distancia o Longitud
- Área
- Pendiente
- Crea Lista

---

- Recta que pasa por Dos Puntos
- Segmento entre Dos Puntos
- Segmento dados Punto Extremo y Longitud
- Semirrecta que pasa por Dos Puntos
- Poligonal
- Vector entre Dos Puntos
- Vector desde un Punto

---

- Inserta Texto
- Inserta Imagen
- Lápiz
- Relación entre Dos Objetos
- Cálculo de Probabilidades
- Inspección de Función

---

- Refleja Objeto en Recta
- Refleja Objeto por Punto
- Refleja Objeto en Circunferencia (Inversión)
- Rota Objeto en torno a Punto, el Ángulo indicado
- Traslada Objeto por un Vector
- Homotecia desde un Punto por un Factor de Escala

## EJERCICIOS RESUELTOS

1. Dibuja dos rectas paralelas.

Utilizamos los botones:

– *Recta que pasa por Dos Puntos*

– *Recta paralela*

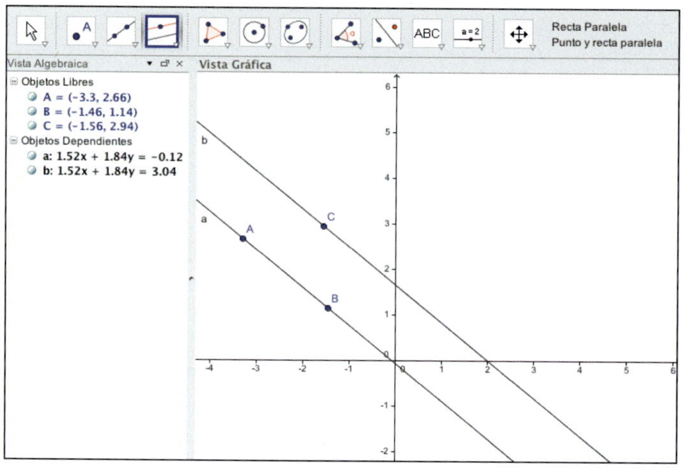


Solución

2. Dibuja un ángulo y averigua su amplitud.

Utilizamos el botón:

– *Ángulo*

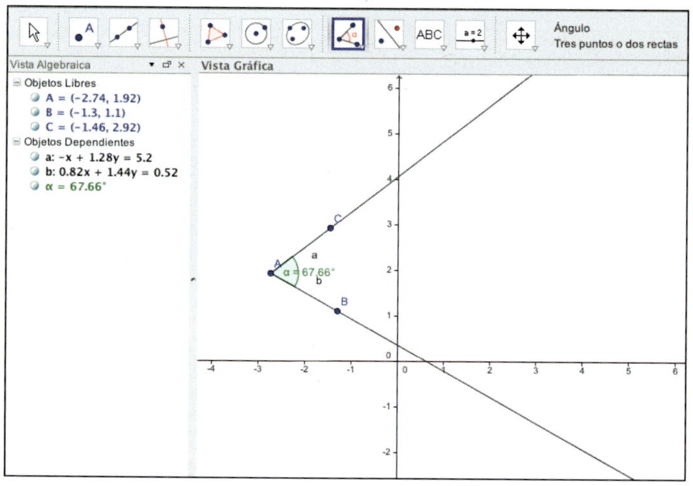


Solución

3. Dibuja un ángulo de 60°.

Utilizamos el botón:

– *Ángulo dada su Amplitud*

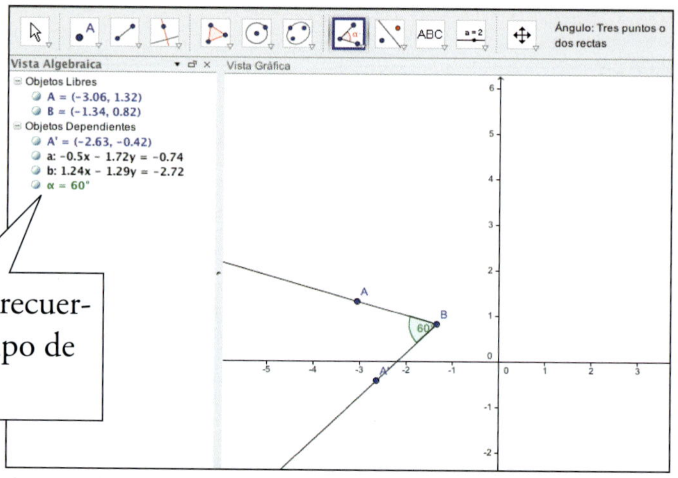


Para prefijar la amplitud recuerda introducirla en el campo de entrada y pulsar *Intro*.

Solución

## EJERCICIOS RESUELTOS

4. Construye un decágono.

Utilizamos el botón:

– *Polígono*

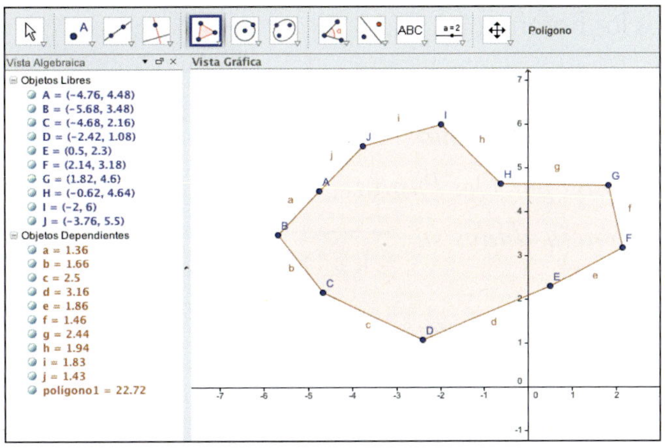


Solución

5. Dibuja dos figuras simétricas.

Utilizamos los botones:

– *Polígono*

– *Recta que pasa por Dos Puntos*

– *Refleja Objeto en Recta*

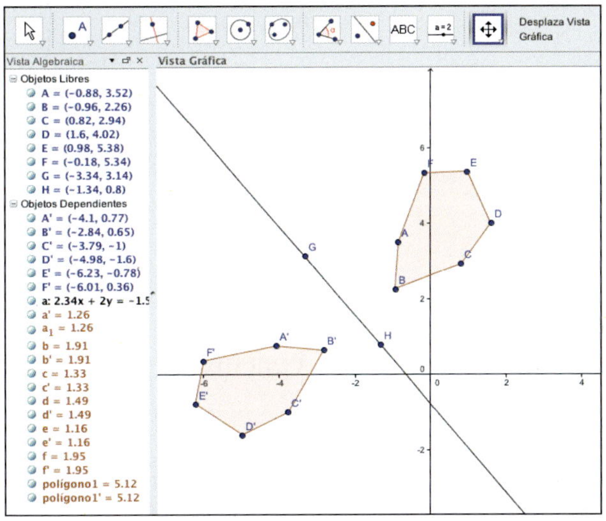


Solución

6. Dibuja un triángulo de lados 2, 3 y 4 cm.

Utilizamos los botones:

– *Segmento dados Punto Extremo y Longitud*

– *Circunferencia dados su Centro y Radio*

– *Intersección de Dos Objetos*

– *Polígono*

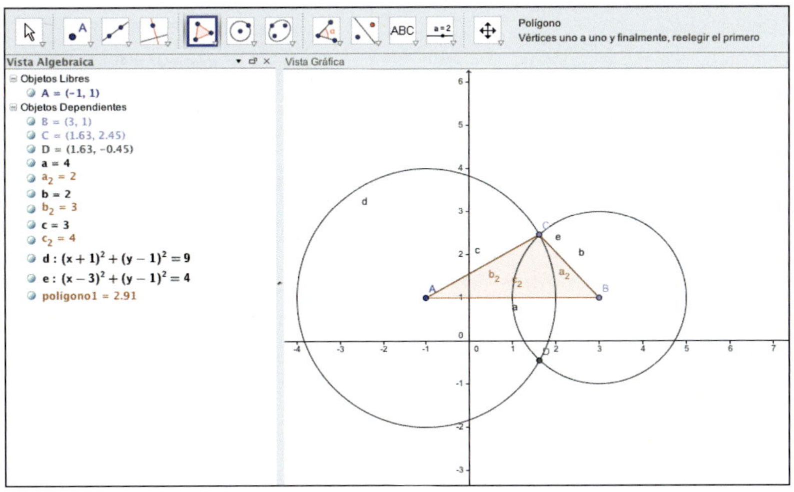


Solución

## EJERCICIOS RESUELTOS

7. Dibuja un triángulo de lados 3 cm, 5 cm y ángulo comprendido 45°.

Utilizamos los botones:

- *Segmento dados Punto Extremo y Longitud*
- *Ángulo dada su Amplitud*
- *Recta que pasa por Dos Puntos*
- *Circunferencia dados su Centro y Radio*
- *Intersección de Dos Objetos*
- *Polígono*

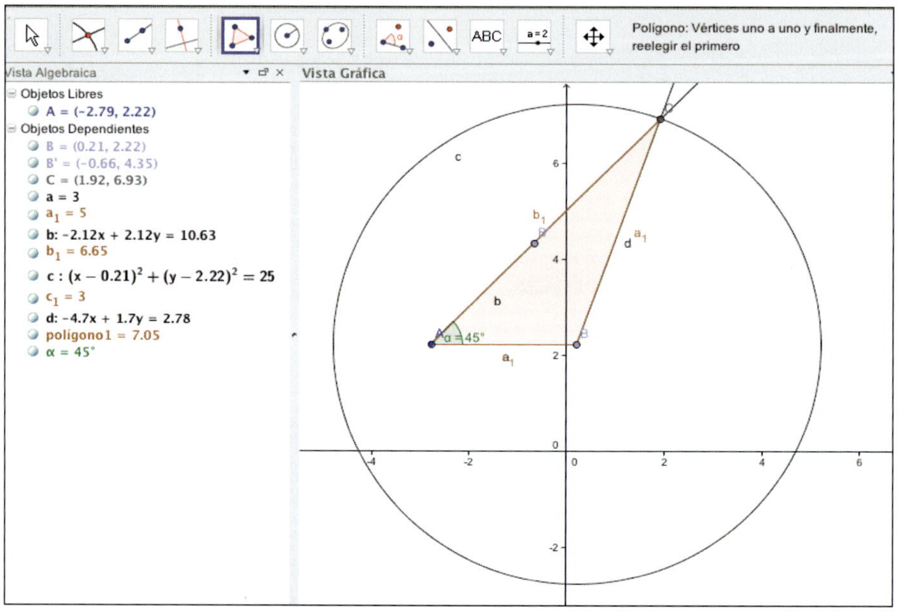


Solución

8. Dibuja un círculo de 2 cm de radio. Calcula su perímetro.

Utilizamos los botones:

- *Circunferencia dados su Centro y Radio*
- *Distancia o Longitud*

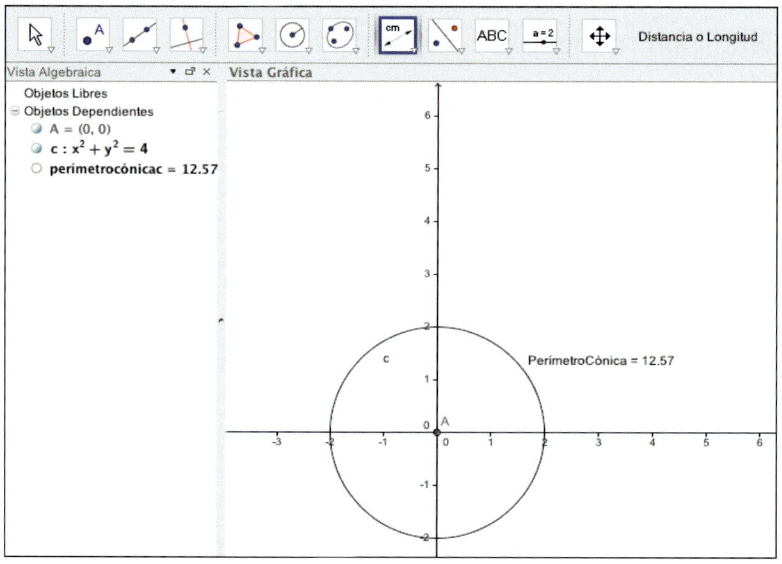


Solución

## EJERCICIOS RESUELTOS

**9.** Dibuja un sector circular de radio 4 cm y 70° de amplitud. Calcula su área.

Utilizamos los botones:

– *Segmento dados Punto Extremo y Longitud*

– *Ángulo dada su Amplitud*

– *Sector Circular dados su Centro y Dos Puntos*

– *Área*

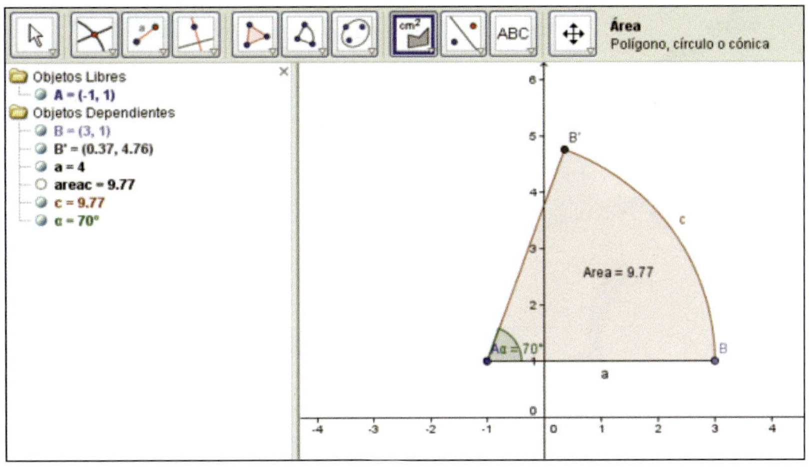


Solución

## EJERCICIOS

**1.** Dibuja dos rectas perpendiculares.

**2.** Dibuja un ángulo cóncavo y obtén su amplitud.

**3.** Representa un ángulo de 120°.

**4.** Traza el simétrico de un cuadrado respecto de un eje vertical.

**5.** Dibuja las tres mediatrices de un triángulo y traza su circunferencia circunscrita.

**6.** Traza las bisectrices de un triángulo y encuentra su circunferencia inscrita.

**7.** Dibuja un arco de circunferencia de 5 cm de radio y 20°. Calcula su longitud.

**8.** Representa un sector circular de 200° y de 3 cm de radio. Obtén su área.

**9.** Construye un pentágono regular.

**10.** Construye un triángulo conocidos un lado de 4 cm y dos ángulos de 40° y de 80°.

**11.** Dibuja un ángulo inscrito y uno central que abarquen el mismo arco y mide sus amplitudes. ¿Qué observas?

# FUNCIONES Y GRÁFICAS

# UNIDAD 11

Una imagen digital, por ejemplo la conseguida con una cámara fotográfica digital o de vídeo, es en realidad una cuadrícula formada por minúsculos puntos de color llamados *píxeles*, distribuidos en filas y columnas.

Por ejemplo, a una cámara de 3 megapíxeles le corresponde una cuadrícula de 2 048 píxeles de anchura y 1 536 de altura. Un sistema informático asigna un valor numérico a cada uno de esos 3 145 728 píxeles, de forma que a cada valor que pueda asignar le corresponda un color diferente.

El sistema no solo tiene que asignar colores, sino que también debe decir dónde debe estar cada uno de ellos. Esta referencia a cada uno de los píxeles se hace especificando la columna y la fila a las que pertenece el píxel al que se quiera hacer referencia; por ejemplo, podemos hablar del píxel (1 571, 369), donde lo que queremos decir es que pertenece a la columna 1 571.ª contada desde la izquierda, y a la fila 369.ª contada desde arriba.

A estos valores se les llama coordenadas, y constituyen una forma de localizar puntos en multitud de sistemas de referencia: pantallas, mapas, planos, casilleros...

Así como las imágenes en 2D están formadas por píxeles, las imágenes en 3D se componen de *vóxeles*, pequeños puntos de color formando cajas tridimensionales, con posibilidad de tener cierto grado de transparencia u opacidad. Estos sistemas en 3 dimensiones se utilizan no solo en cine o en videojuegos, sino también en ingeniería y medicina, para poder visualizar imágenes en 3D como construcciones en el primer caso o los órganos de un cuerpo humano en el segundo.

## INTERPRETA Y RESUELVE

Copia y completa la siguiente tabla, que nos da diferentes resoluciones de pantallas digitales, teniendo en cuenta que 1 megapíxel equivale a 1 millón de píxeles. Redondea a un único decimal para los megapíxeles.

| Píxeles de anchura | Píxeles de altura | Píxeles totales | Megapíxeles |
|---|---|---|---|
| 640 | 480 | | |
| 1 280 | 960 | | |
| 1 600 | 1 200 | | |
| 2 048 | 1 536 | | |
| 3 008 | 1 960 | | |
| 3 088 | 2 056 | | |
| 4 064 | 2 704 | | |

¿Podemos referirnos al píxel (−945, 358)? ¿Y al (627, 0)? ¿Por qué?

# REPASA

## Representación en la recta

Cuando estudiábamos los números enteros, los situábamos en una recta graduada, donde los negativos se colocaban a la izquierda del 0 y los positivos a la derecha.

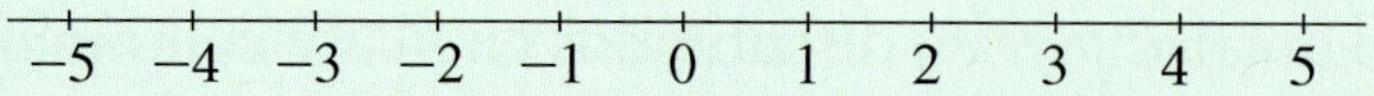


Estas rectas se pueden colocar también en otras orientaciones, como en vertical. En este caso, los positivos se colocarán en la parte superior del 0 y los negativos en la inferior.

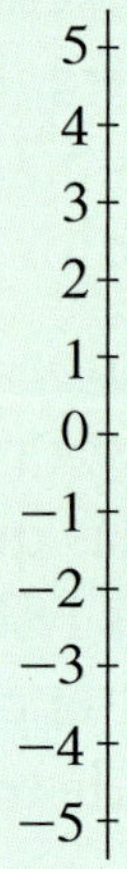


## Cambios de escala en la graduación de la recta

A veces, si los números que queremos representar son muy lejanos al 0, conviene hacer un cambio en la graduación de la recta, de forma que cada marca represente más de 1 unidad.

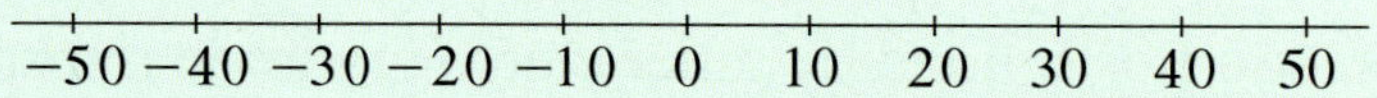


### EJERCICIOS

**1.** Representa en la recta numérica los siguientes números enteros:

−8, 6, −3, 0, −1, +5, +3, 7, −5

**2.** Representa en la recta numérica los siguientes números decimales de manera aproximada:

3,5; 1,25; −5,6; −3,7; 4,25; −1,8; −6,5; 5,8

**3.** Representa en la recta numérica los siguientes números de manera aproximada. Cambia la escala si lo consideras necesario.

*a)* −25, 36, 48, −49     *b)* 125, 365, −254, −75

**4.** Indica qué números están marcados en las siguientes rectas:

*a)*
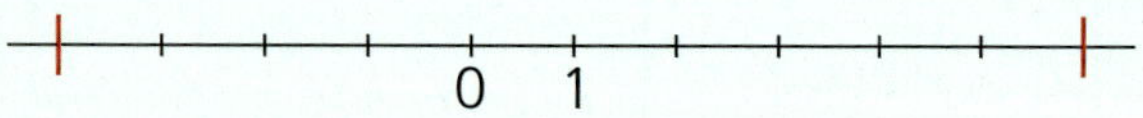


*b)*
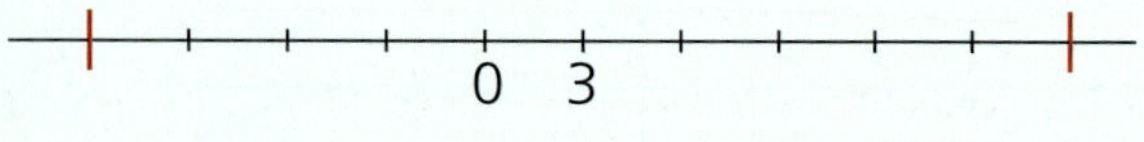


*c)*

# MAPA CONCEPTUAL

- EJES COORDENADOS. COORDENADAS DE UN PUNTO
- FUNCIÓN
  - Definición
  - Representaciones
    - Tablas
    - Gráficas
    - Ecuaciones
- FUNCIÓN LINEAL. MAGNITUDES DIRECTAMENTE PROPORCIONALES
  - $y = mx$
  - Pendiente
- FUNCIÓN AFÍN
  - $y = mx + n$
  - Pendiente
  - Ordenada en el origen

# 1. Ejes coordenados. Coordenadas de un punto

Los barcos, los coches, nosotros cuando andamos... todos ocupamos un lugar dentro de un mapa. Es por tanto necesario saber darle un nombre a esa localización, a ese punto, para poder describir nuestros desplazamientos o para saber cómo llegar a nuestro destino.

## 1.1. Representación de los puntos en el plano

Dividimos el plano con un par de rectas en cuatro partes iguales. Las rectas son los **ejes de coordenadas**, y las cuatro partes que quedan separadas por ellos reciben el nombre de **cuadrantes**.

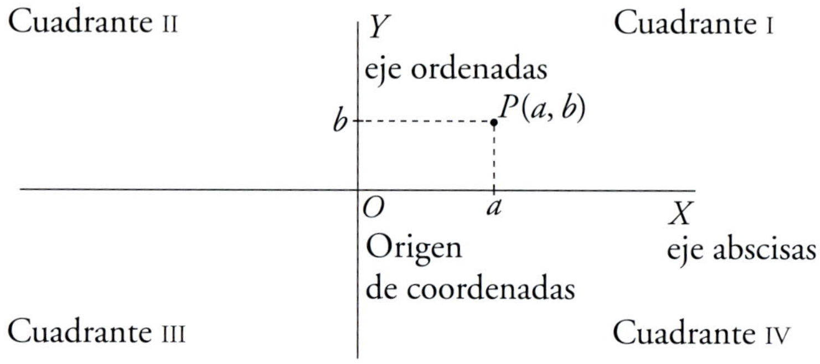


**RECUERDA**

Cuando se dan las coordenadas de un punto, es correcto separar la letra de las coordenadas con o sin un igual.

$A(2, 3)$ $A = (2, 3)$

### EJERCICIOS RESUELTOS

1. Representa los siguientes puntos en los ejes coordenados:
$A(2, 3)$, $B(-1, 5)$, $C(-3, -4)$, $D(2, -5)$, $E(0, 3)$, $F(4, 0)$, $G(0, -2)$, $H(-1, 0)$

Representamos $A$:

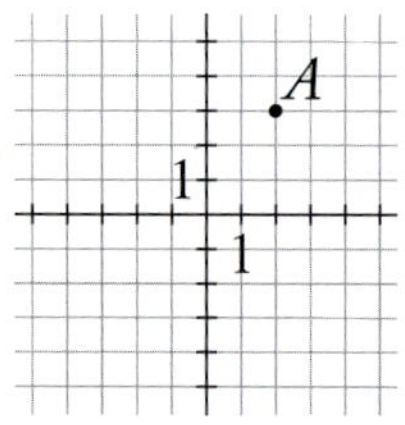


Representamos $B$, $C$ y $D$:

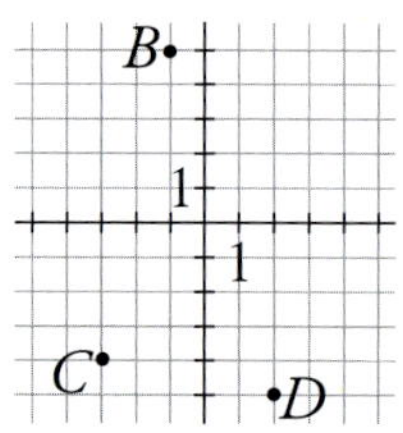


Representamos $E$, $F$, $G$ y $H$:

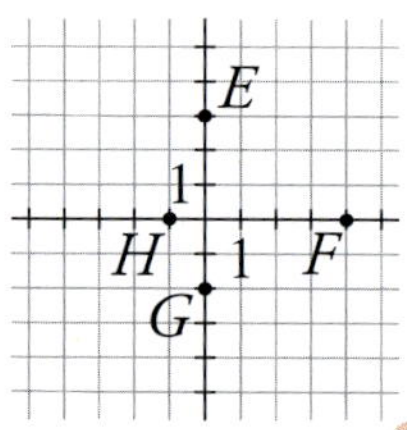


Solución

## 1.2. Graduación de los ejes

El eje $X$ y el eje $Y$ son rectas graduadas independientes.

### EJERCICIOS RESUELTOS

1. Representa los siguientes puntos en ejes coordenados distintos:

*a)* $(35, 2)$

*b)* $(-1, 150)$

*a)* Escogemos una escala de 10 en 10 en el eje horizontal.

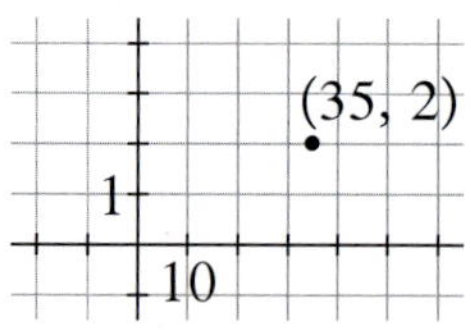


*b)* Tomamos una escala de 50 en 50 en el eje vertical.

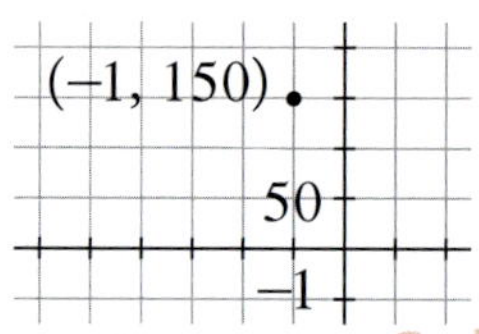


Solución

## 1.3. Puntos simétricos respecto de los ejes

Para trazar el punto simétrico a uno dado respecto a uno de los ejes coordenados, debemos encontrar otro punto que se encuentre a la misma distancia del eje que el punto dado y de manera que si los uniéramos con un segmento, se cortara con el eje de forma perpendicular.

**Simetría respecto eje *X***

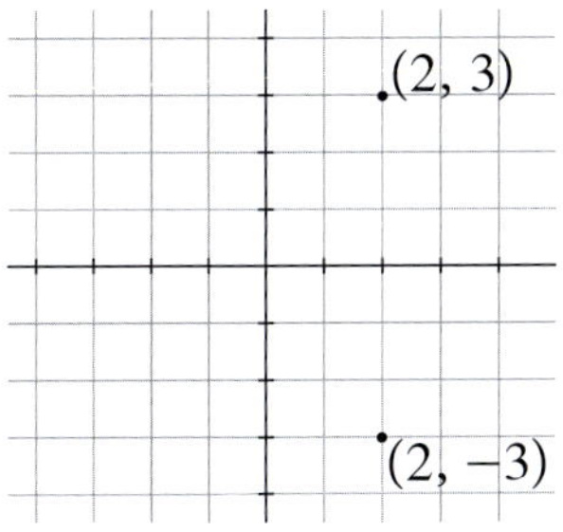


**Simetría respecto eje *Y***

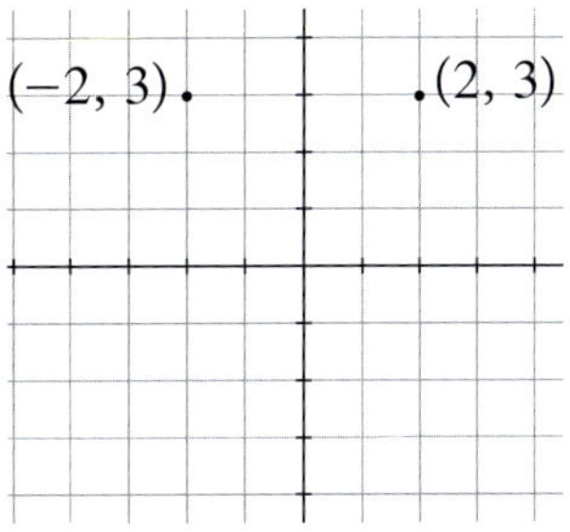


**OBSERVA**

Encontrar el simétrico de un punto respecto al **eje *X*** equivale a conservar su abscisa y cambiar el signo a su ordenada.

**OBSERVA**

Si se quiere encontrar el simétrico de un punto respecto al **eje *Y*** hay que cambiarle el signo a su abscisa, manteniendo la ordenada.

## EJERCICIOS

**1.** ●○○ Completa los cuadrantes con los signos de las coordenadas de los puntos en cada caso.

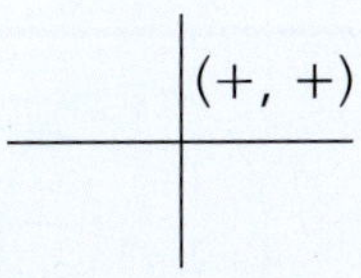


**2.** ●○○ Halla las coordenadas de los siguientes puntos del plano:

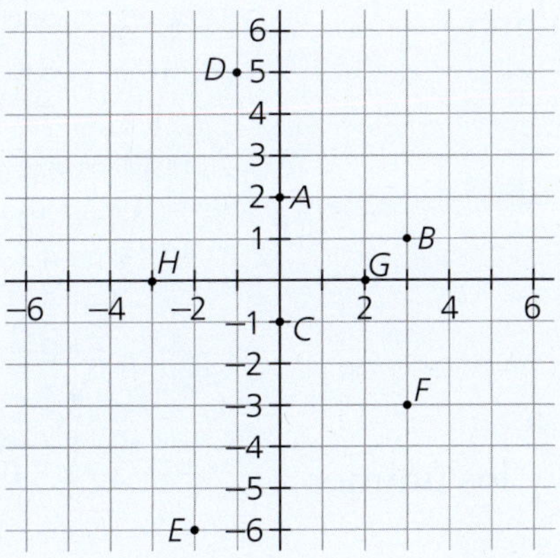


**3.** ●○○ Representa en un sistema de coordenadas los siguientes pares de coordenadas:

$A(-3, 1)$, $B(2, 4)$, $C(-2, -3)$, $D(0, 1)$, $E(0, 0)$, $F(4, -2)$, $G(-5, 0)$, $H(4, 0)$, $I(0, -2)$

**4.** ●○○ Asocia los puntos del ejercicio 3 con su cuadrante o su eje.

**5.** ●●○ Traza unos ejes de coordenadas con los ejes graduados adecuadamente para cada uno de los siguientes casos y representa los puntos correspondientes:

*a)* $(-15, 2)$, $(32, 1)$, $(45, -2)$, $(-50, -1)$
*b)* $(0, -120)$, $(1, 300)$, $(-1, -250)$, $(2, 150)$
*c)* $(150, 50)$, $(100, 25)$, $(200, -10)$, $(-150, -35)$

**6.** ●●○ **CI** Dados los puntos indicados, halla las coordenadas del punto simétrico respecto al eje *X* y respecto del eje *Y*: $(-1, -3)$, $(0, 5)$, $(-1, 0)$, $(-1, 4)$, $(2, -5)$, $(2, 3)$. Hay puntos que permanecen invariantes en cada uno de los casos, ¿cuáles son?

# 2. Función. Definición y representaciones de una función

Una **función** es una relación entre dos magnitudes de manera que a cada valor de la primera le corresponde uno y solo un valor de la segunda.

La primera magnitud se denomina **variable independiente** y se denota con la letra $x$, y la segunda es la **variable dependiente** y se denota con la letra $y$.

Toda función se puede representar de tres formas:

- **Por tablas**: expresamos la relación que existe entre dos magnitudes por medio de una tabla de valores.
- **En forma de gráfica**: determinamos cuál de las dos magnitudes es la variable independiente (será la que tome valores en el eje $X$) y cuál la variable dependiente (que tomará valores en el eje $Y$). Una vez averiguadas las variables, representamos los puntos en el plano y los unimos mediante una línea.
- **En forma de ecuación**: relacionamos $x$ e $y$ por medio de una ecuación y calculamos el valor numérico de la expresión de cada uno de los casos.

$$y = x^2$$

| $x$ | −3 | −1 | 0 | 1 | 2 | 3 | … | … |
|---|---|---|---|---|---|---|---|---|
| $y$ | 9 | 1 | 0 | 1 | 4 | 9 | … | … |

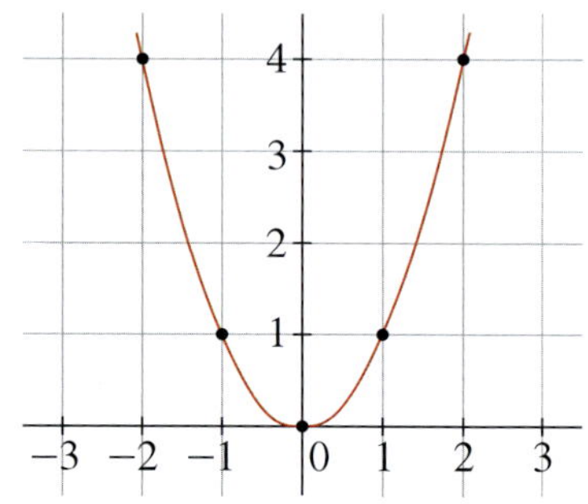


**OBSERVA**

Si relacionamos la altura ($y$) con la edad ($x$) observaremos que aunque la edad empiece desde el 0, la altura podemos considerar que no comenzará por lo general antes de 45 cm.

Para facilitar la representación de los puntos y una escala más adecuada, emplearemos el siguiente símbolo: ⌇.

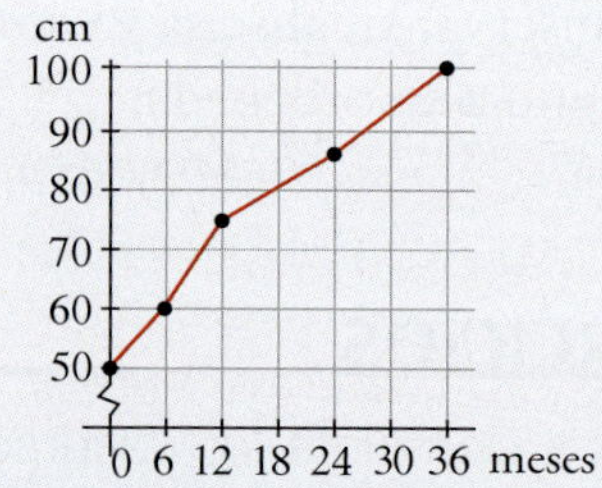


## EJERCICIOS RESUELTOS

**1.** Representa la relación entre un número y su cuadrado.

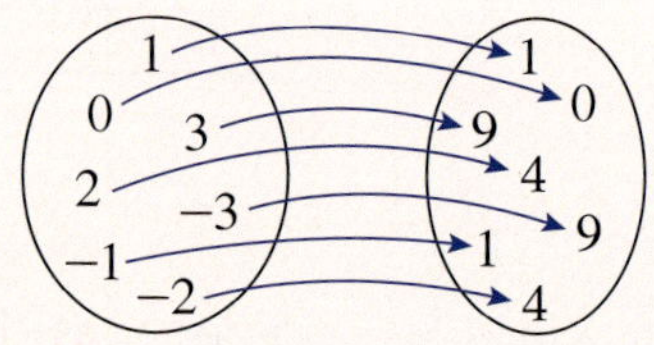


La variable dependiente es el valor al cuadrado y su ecuación es $y = x^2$. A partir de la fórmula anterior obtenemos una tabla de valores.

| $x$ | −3 | −2 | −1 | 0 | 1 | 2 | 3 |
|---|---|---|---|---|---|---|---|
| $y = x^2$ | $(-3)^2$ | $(-2)^2$ | $(-1)^2$ | $0^2$ | $1^2$ | $2^2$ | $3^2$ |

↓

| $x$ | −3 | −2 | −1 | 0 | 1 | 2 | 3 |
|---|---|---|---|---|---|---|---|
| $y$ | 9 | 4 | 1 | 0 | 1 | 4 | 9 |

Dibujamos los valores de la tabla como puntos del plano y los unimos mediante una línea.

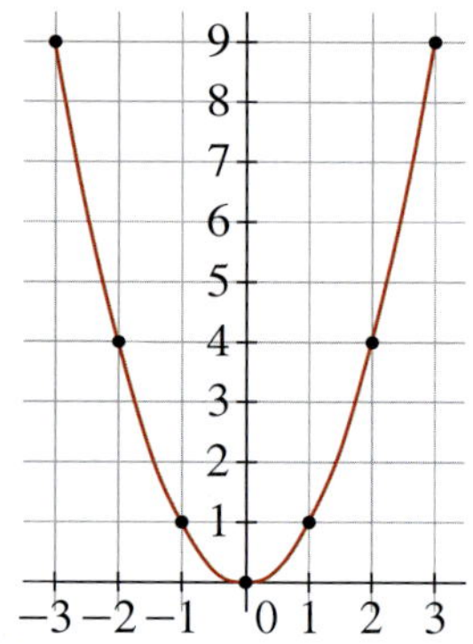


Solución

## EJERCICIOS

**7.** ●●○ Dadas las siguientes gráficas, determina cuáles de ellas corresponden a una función y cuáles no. Razona tu respuesta.

*a)*

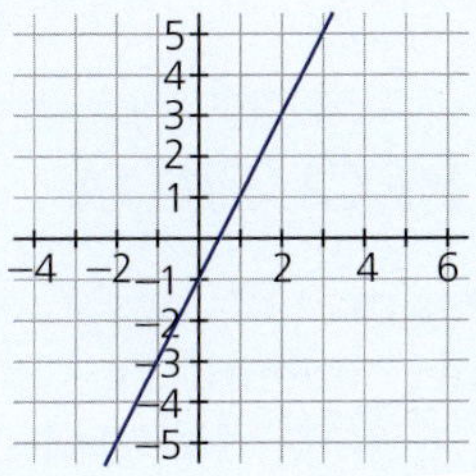

*b)*

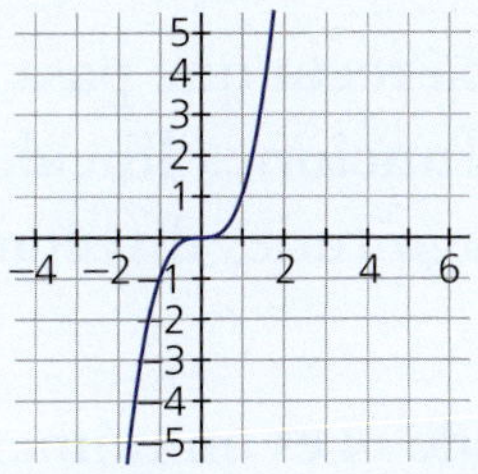

*c)*

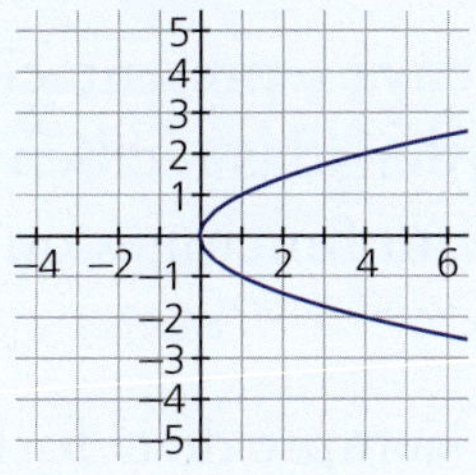

**8.** ●○○ **CI** La tabla muestra las facturas de gas de una vivienda durante un año.

| Mes | Ene-Feb | Mar-Abr | May-Jun | Jul-Ago | Sep-Oct | Nov-Dic |
|---|---|---|---|---|---|---|
| Gasto (€) | 158,3 | 101,2 | 55,2 | 47,5 | 62,5 | 103,5 |

*a)* ¿Depende el gasto del mes? Razona tu respuesta.

*b)* ¿Cuál fue el gasto entre enero y febrero? ¿Y en julio-agosto?

*c)* ¿En qué meses se tuvo el consumo máximo? ¿Y el mínimo?

**9.** ●●○ **CCT** La siguiente gráfica muestra la evolución de la temperatura a lo largo del año de una cierta localidad del mundo.

*a)* ¿Cómo definirías las temperaturas de esta localidad?

*b)* ¿En qué época del año la temperatura es más alta? ¿En qué hemisferio crees que estará situada esta localidad?

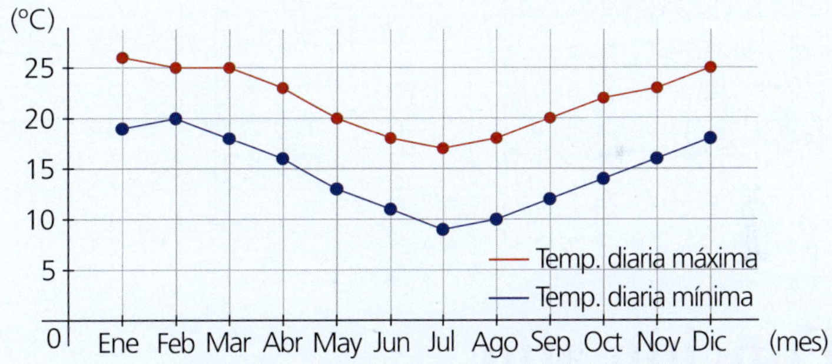


**10.** ●●● A partir de los valores de la tabla escribe la ecuación que relaciona ambas magnitudes:

| $x$ | 0 | 1 | 2 | 3 |
|---|---|---|---|---|
| $y$ | 3 | 5 | 7 | 9 |

**11.** ●●○ Dada la ecuación $y = x^2 - x + 1$ encuentra el valor de $y$ que corresponde a los siguientes valores de $x$:

*a)* $x = 0$

*b)* $x = 2$

*c)* $x = -4$

*d)* $x = -1$

**12.** ●●○ @ **CCT** Encuentra la fórmula que relaciona la temperatura expresada en grados Celsius (ºC) con la expresada en grados Fahrenheit (ºF) y busca información acerca de ambas unidades de medida.

**13.** ●●● **CL** Representa el siguiente texto mediante una gráfica:

*Manuel salió de su casa, como siempre a las 8:00, para ir a su trabajo que está a 30 km de su domicilio. Bajó al garaje, revisó el coche y se puso en marcha, saliendo a las 8:15 del mismo. Un cuarto de hora después, tras haber recorrido ya la mitad del camino, se acordó de que había olvidado su maletín en la habitación y regresó de nuevo para recogerlo, empleando el mismo tiempo en el recorrido y otros 5 minutos en la recogida del maletín. Por fin, volvió a salir de casa y recorrió la distancia que le separa de su trabajo en 25 minutos, algo menos de lo habitual.*

¿A qué hora llegó al trabajo?

# 3. Función lineal. Magnitudes directamente proporcionales

Las funciones cuya representación gráfica es una **recta** que pasa por el origen de coordenadas reciben el nombre de **funciones lineales** y se corresponden con funciones que relacionan magnitudes **directamente proporcionales**.

Su ecuación es siempre de la forma $y = mx$, donde $m$ es un número que recibe el nombre de **pendiente** y es precisamente la razón de proporcionalidad directa entre las magnitudes.

La **pendiente**, además, nos proporciona dos informaciones de la recta:

- Pendiente positiva ⟶ La recta crece.
- Pendiente negativa ⟶ La recta decrece.
- Valor absoluto grande ⟶ La recta es muy inclinada.
- Valor absoluto pequeño ⟶ La recta es poco inclinada.

$y = x$

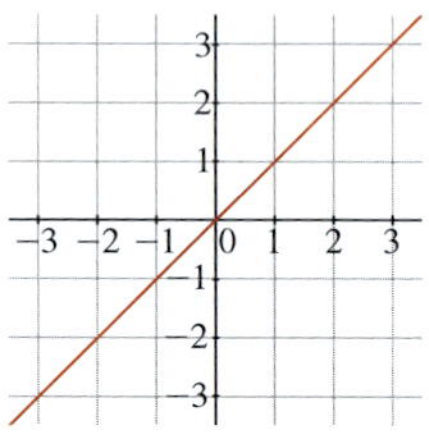


$y = 5x$

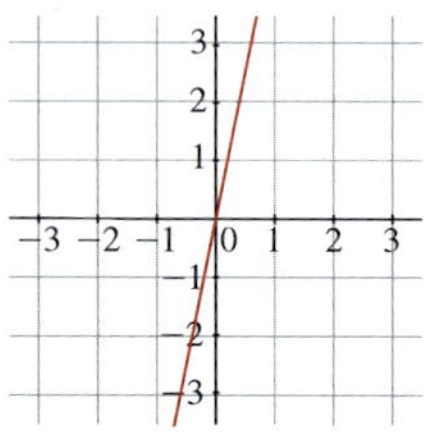


$y = -x$

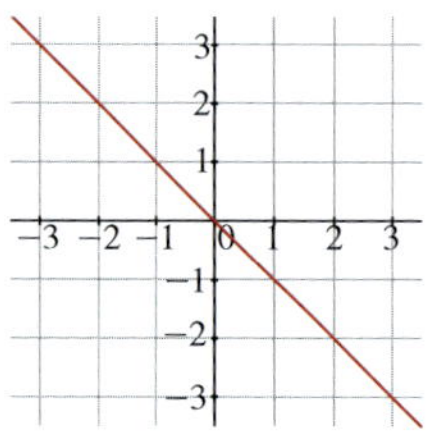


$y = -5x$

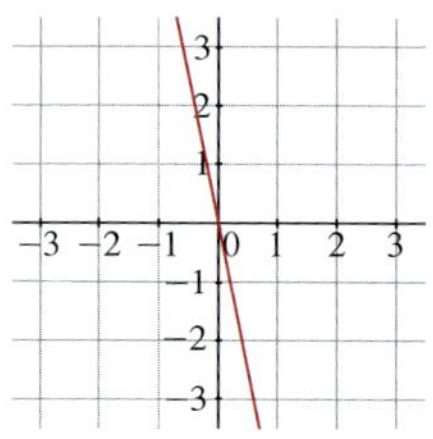


**RECUERDA**

Dos magnitudes son directamente proporcionales si al aumentar o disminuir una de ellas, la otra también lo hace, y además en la misma proporción.

**OBSERVA**

Si la pendiente es 0, la recta no tiene inclinación, es decir, es horizontal.

De hecho, la recta $y = 0$ es el eje de las abscisas.

# 4. Función afín

Las funciones cuya representación gráfica es una recta que no pasa por el origen de coordenadas reciben el nombre de **funciones afines**.

Su ecuación es siempre de la forma $y = mx + n$, donde $m$ es la pendiente y $n$ es un número que recibe el nombre de **ordenada en el origen**.

La ordenada en el origen nos aporta información sobre el punto de corte de la recta con el eje de ordenadas.

$y = x + 2$

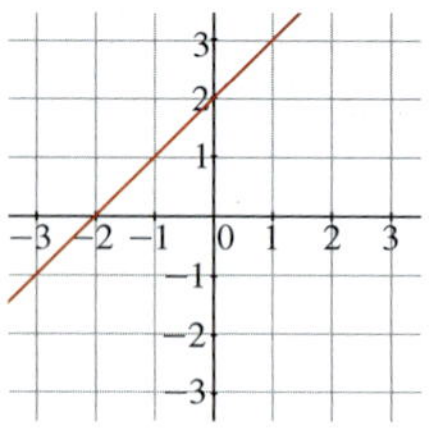


$y = x - 3$

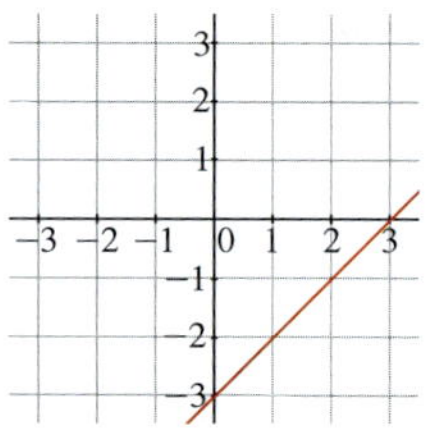


$y = -2x + 5$

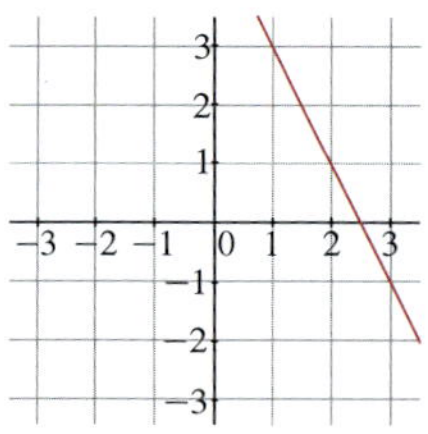


$y = -2x + 3$

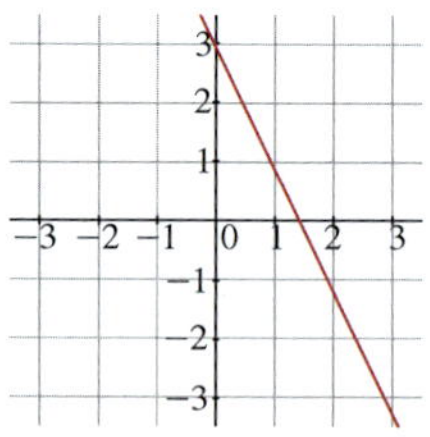


**OBSERVA**

Si la pendiente es 0, las rectas son horizontales y paralelas al eje de abscisas a la distancia que marque la ordenada en el origen. En este caso, se llama **función constante**.

Por ejemplo, $y = 3$ es una recta horizontal 3 unidades por encima del eje $X$.

## EJERCICIOS RESUELTOS

**1.** Representa las siguientes funciones e indica su pendiente y su ordenada en el origen:

*a)* $y = 2x + 1$

*b)* $y = -2x$

*a)* Pendiente: $m = 2$ y la ordenada en el origen $n = 1$. Se trata de una función afín, de gráfica una recta creciente que corta al eje de ordenadas en el punto (0, 1).

Para representar la recta realizaremos una tabla de valores.

| **x** | −2 | −1 | 0 | 1 | 2 |
|---|---|---|---|---|---|
| **y** | −3 | −1 | 1 | 3 | 5 |

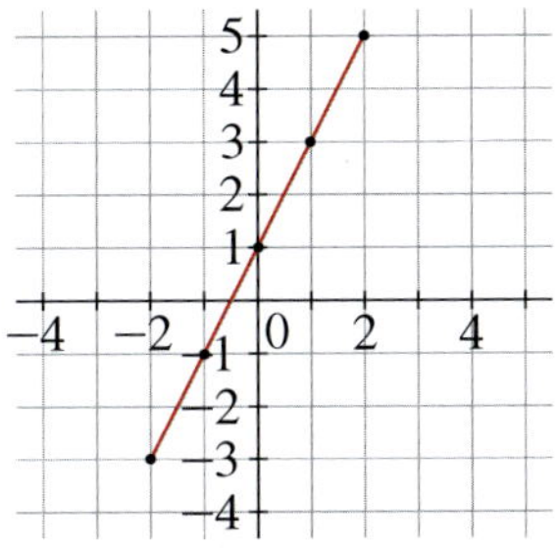

*b)* La pendiente $m = -2$ y la ordenada en el origen $n = 0$. Se trata de una función lineal, de gráfica una recta decreciente que pasa por el origen de coordenadas.

Para representar la recta realizaremos una tabla de valores.

| **x** | −2 | −1 | 0 | 1 | 2 |
|---|---|---|---|---|---|
| **y** | 4 | 2 | 0 | −2 | −4 |

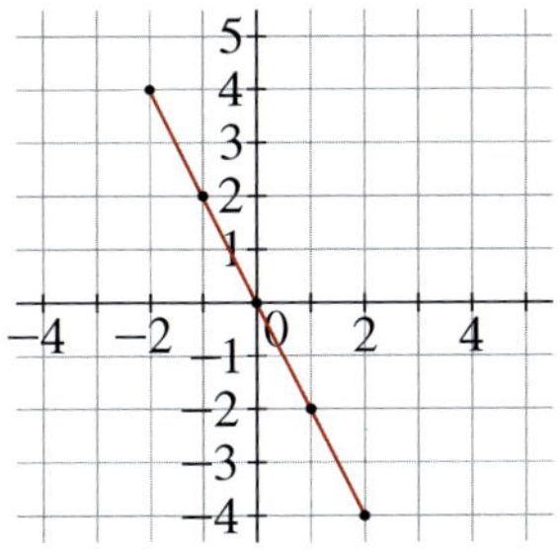

Solución

## EJERCICIOS

**14.** ●○○ Entre las siguientes funciones, escoge las que sean lineales y las que sean afines:

*a)* $y = 3$ *d)* $y = \frac{x}{3} + 1$ *g)* $y = 4x$

*b)* $y = 2x + 7$ *e)* $y = \frac{5}{x} - 4$ *h)* $y = -x$

*c)* $y = x^2 - 5x$ *f)* $y = 3x^3 - 5$

**15.** ●○○ Copia y completa la siguiente tabla de valores sabiendo que corresponde a la función lineal $y = -3x$:

| **x** | −3 | −1 | 0 | 2 | 4 |
|---|---|---|---|---|---|
| **y** | | | | | |

**16.** ●○○ Construye tablas de valores de las magnitudes que se indican en cada caso.

*a)* Número de entradas de cine y precio total. (Dato: cada entrada vale 7 €.)

*b)* Número de dólares y número de euros al cambio. (Dato: cada dólar vale 0,77 €.)

**17.** ●●○ Representa las siguientes funciones lineales:

*a)* $y = 2x$ *b)* $y = -4x$ *c)* $y = 3x$ *d)* $y = -3x$

**18.** ●●○ Encuentra la gráfica de las funciones afines siguientes:

*a)* $y = x + 3$ *c)* $y = -x + 5$ *e)* $y = 6$

*b)* $y = 3x + 1$ *d)* $y = -4x + 2$

**19.** ●●○ La razón de proporcionalidad directa entre dos magnitudes es 3,5.

*a)* Encuentra la función que las relaciona.

*b)* ¿Cuál es su pendiente?

*c)* Realiza la gráfica de dicha función.

**20.** ●●○ Señala la pendiente y la ordenada en el origen de cada una de las siguientes rectas e indica qué significado tienen en cada caso.

*a)* $y = 2x + 5$ *c)* $y = x - 6$

*b)* $y = -3x$ *d)* $y = -3x - 1$

# SABER MÁS

Las **funciones cuadráticas** se corresponden con ecuaciones cuadráticas, en las que la $y$ está elevada a 1 pero la $x$ puede estar elevada al cuadrado.

Las ecuaciones cuadráticas tienen la forma $y = ax^2 + bx + c$ donde $a$, $b$ y $c$ son números. Su representación gráfica tiene forma de **parábola**.

$V$ es el punto más bajo o más alto que todos los demás, dependiendo de si la parábola tiene forma de ∪ o de ∩. Este punto se llama **vértice**.

$y = x^2$

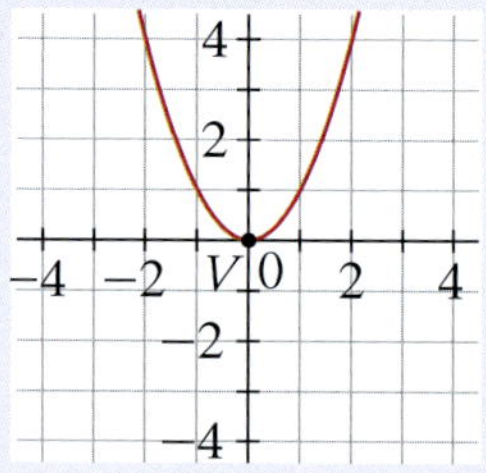


$y = -x^2 + 5x - 6$

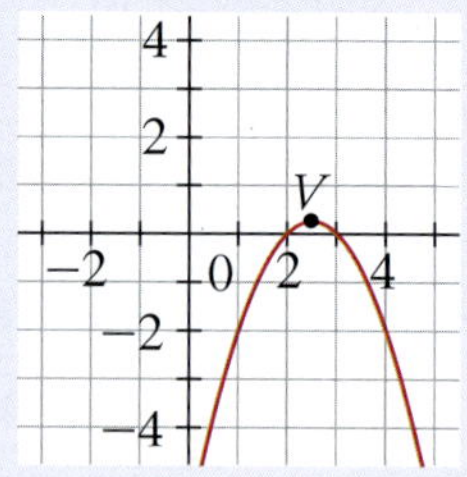


## EJERCICIOS RESUELTOS

**1.** Representa las siguientes parábolas en los ejes coordenados. Señala de manera aproximada el vértice de las mismas.

*a)* $y = x^2 + 2x - 5$ *b)* $y = -3x^2 + 6x$ *c)* $y = 2x^2 - 4x + 2$

Completamos la siguiente tabla de valores y los representamos en los ejes:

*a)*

| **x** | −3 | −2 | −1 | 0 | 1 |
|---|---|---|---|---|---|
| **y** | −2 | −5 | −6 | −5 | −2 |

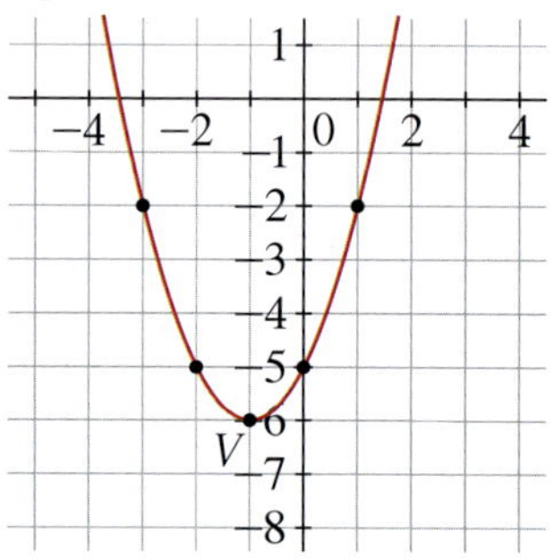


*b)*

| **x** | 0 | 1 | 2 | 3 | 4 |
|---|---|---|---|---|---|
| **y** | 0 | 3 | 0 | −5 | −24 |

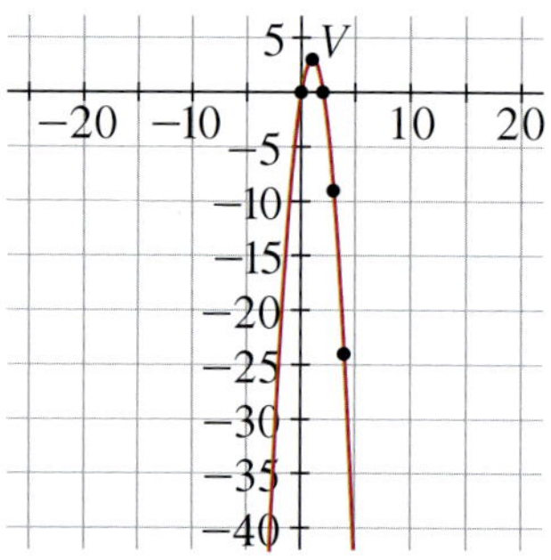


*c)*

| **x** | −1 | 0 | 1 | 2 | 3 |
|---|---|---|---|---|---|
| **y** | 8 | 2 | 0 | 2 | 8 |

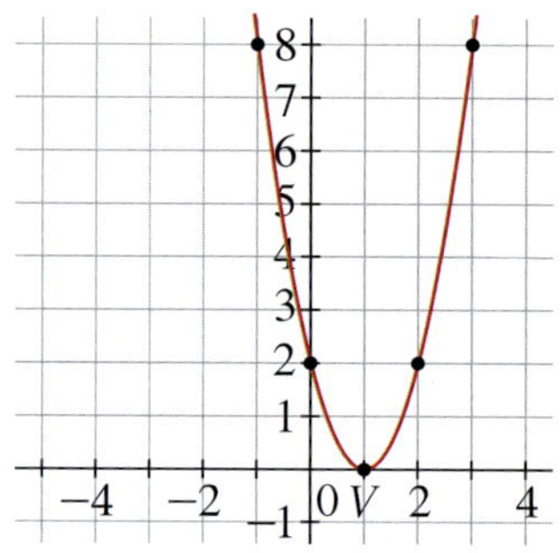


Solución

## EJERCICIOS

**21.** ●○○ Entre las siguientes ecuaciones, selecciona, sin llegar a representarlas, aquellas que tendrían forma de parábola:

*a)* $y = x^3 + x + 1$ *b)* $y = \frac{2}{x^2} + \frac{1}{x} + 3$ *c)* $y = 1 - x^2 - 2x$ *d)* $y = x + 6x^2$

**22.** ●●○ **CD** Representa las siguientes parábolas en los ejes coordenados. Señala de manera aproximada el vértice de las mismas. Emplea tu calculadora para completar las tablas de valores.

*a)* $y = x^2 - 6x + 9$ *b)* $y = -2x^2 - 4x + 3$ *c)* $y = -x^2 + 9$ *d)* $y = 3x^2 + 9x - 7$

**23.** ●●● **CA** Observa todas las parábolas que has representado y deduce, mirando las ecuaciones, cuándo una parábola va a tener forma de ∪ y cuándo forma de ∩.

## El plano. Coordenadas de un punto

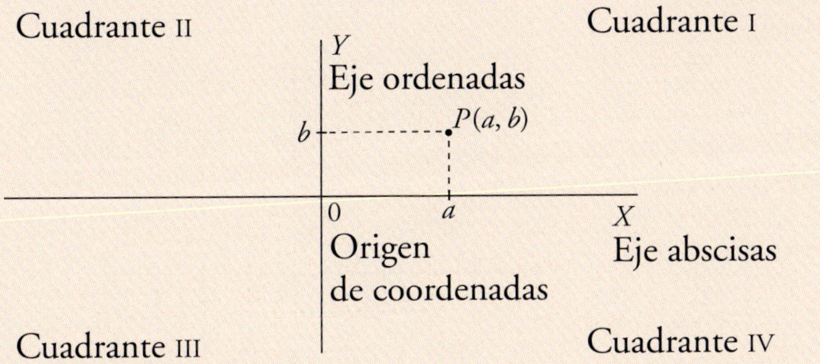


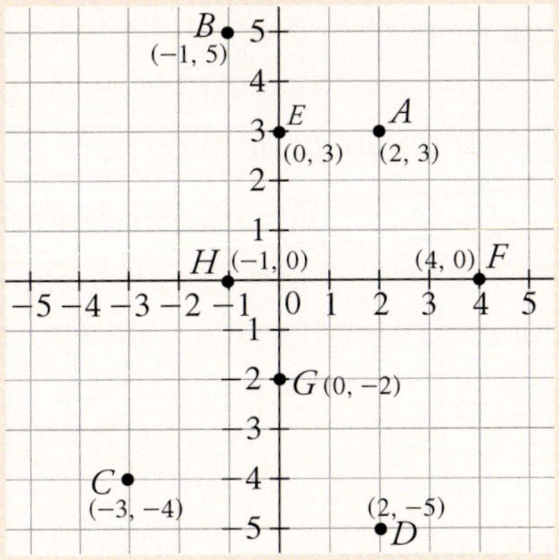


## Función

<table>
<tr><th>Definición</th><th>Elementos</th><th>Tabla de valores</th><th>Gráfica</th><th>Ecuación</th></tr>
<tr><td>Relación entre dos magnitudes de forma que a cada valor de la primera le corresponde solo un valor de la segunda.</td><td>Variable independiente (x) y variable dependiente (y)</td><td><table><tr><th>X</th><th>Y</th></tr><tr><td></td><td></td></tr><tr><td></td><td></td></tr><tr><td></td><td></td></tr><tr><td></td><td></td></tr></table></td><td>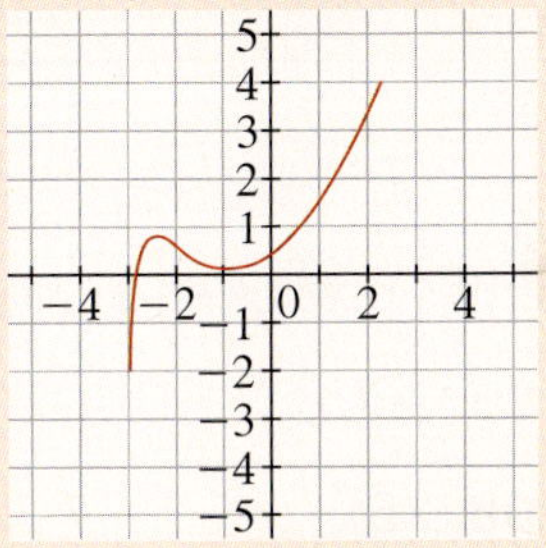</td><td>$y = f(x)$</td></tr>
<tr><td>Por ejemplo, el anterior de un número.</td><td>$x =$ número<br>$y =$ anterior</td><td><table><tr><th>X</th><th>Y</th></tr><tr><td>0</td><td>−1</td></tr><tr><td>1</td><td>0</td></tr><tr><td>−1</td><td>−2</td></tr><tr><td>2</td><td>1</td></tr></table></td><td>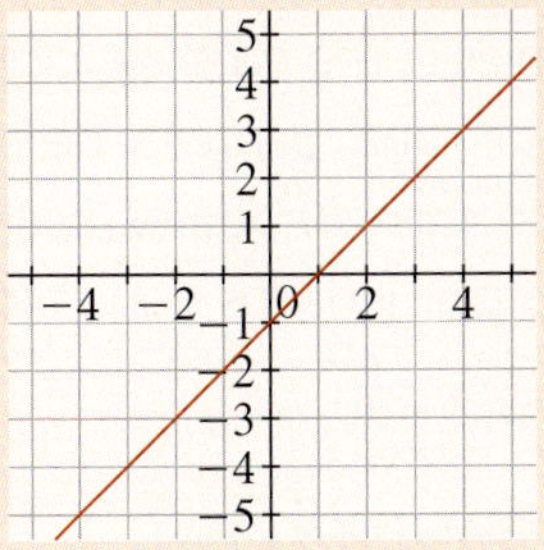</td><td>$y = x - 1$</td></tr>
</table>

| Función lineal | | Función afín | |
|---|---|---|---|
| Recta que pasa por el origen. | Ecuación: $y = mx$ | Recta que no pasa por el origen. | Ecuación: $y = mx + n$ |
| | $m =$ pendiente | | $m =$ pendiente |
| | | | $n =$ ordenada en el origen |

## Ejercicios iniciales

**24.** ●●○ **CCT** Los píxeles se comienzan a contar de izquierda a derecha y de arriba abajo. Las coordenadas matemáticas siguen el mismo orden horizontal (de izquierda a derecha), pero el orden vertical es el contrario, es decir, se cuentan de abajo arriba.

Supón que los siguientes ejes representan una pantalla de 640 × 480 píxeles, pero según el modelo de coordenadas tradicional en matemáticas:

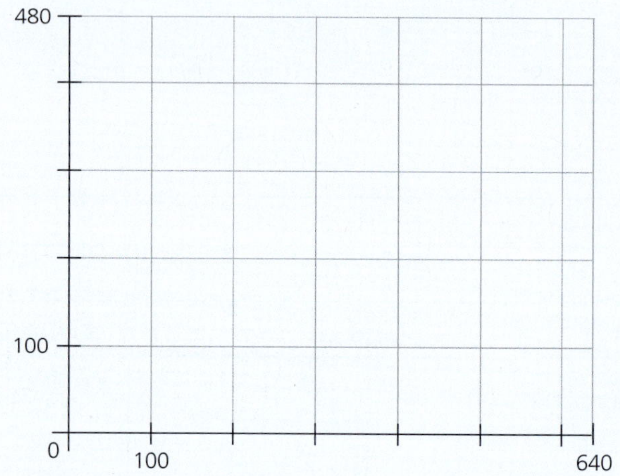


Localiza los siguientes píxeles en dichos ejes:

$A(136, 421)$, $B(289, 360)$,

$C(457, 261)$, $D(308, 25)$,

$E(615, 167)$, $F(50, 453)$

**25.** ●●● Dibuja unos ejes como en el ejercicio anterior, que puedan representar una pantalla de 4 064 × 2 704 píxeles, gradúala como consideres necesario y representa de forma aproximada los siguientes puntos:

$A(2\,451, 2\,409)$, $B(3\,690, 21)$,

$C(381, 743)$, $D(1\,657, 1\,297)$,

$E(4\,000, 276)$, $F(67, 1\,729)$

**26.** ●●○ **CCT** Un vóxel utilizado en una representación tridimensional del cuerpo humano, como una resonancia magnética o una tomografía, suele tener forma de cubo, llegando su arista a medir solo 0,1 milímetros. ¿En cuántos vóxeles se dividirá la altura de una persona de 1,80 metros?

## Ejes coordenados. Coordenadas de un punto

**27.** ●○○ Di cuáles son las coordenadas de los siguientes puntos:

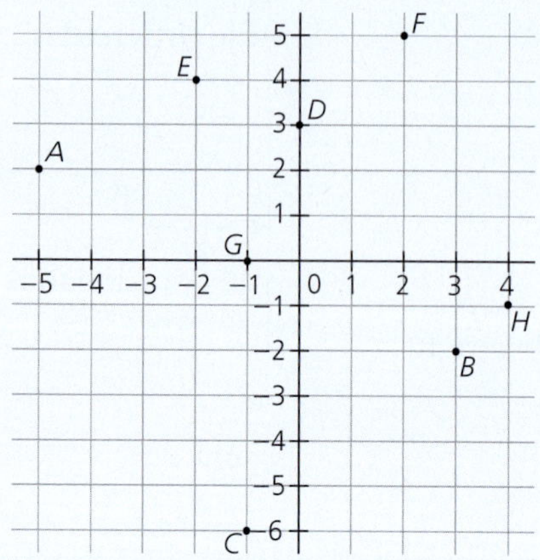


**28.** ●○○ Indica el cuadrante o eje en el que está cada uno de los puntos del ejercicio anterior.

**29.** ●○○ Dibuja en un plano coordenado los siguientes puntos:

$A(2, -1)$, $B(5, 3)$, $C(-4, 3)$, $D(-1, 0)$, $E(2, -4)$, $F(-1, -2)$, $G(0, 3)$, $H(-2, 0)$

**30.** ●○○ Indica en qué cuadrante o eje está cada punto del ejercicio anterior.

**31.** ●●○ Di en qué cuadrante o eje está cada uno de los siguientes puntos, sin necesidad de dibujarlos:

$A(0, -5)$, $B(-6, -2)$, $C(1, 3)$, $D(5, 0)$, $E(-1, 2)$, $F(9, -4)$, $G(-4, 0)$, $H(-3, 7)$

**32.** ●○○ Dibuja en un plano coordenado los siguientes puntos:

*a)* $A$: abscisa $= -3$, ordenada $= -2$

*b)* $B$: abscisa $= 4$, ordenada $= -6$

*c)* $C$: abscisa $= -5$, ordenada $= 1$

*d)* $D$: abscisa $= 1$, ordenada $= 5$

**33.** ●●○ **CI** Dibuja los siguientes puntos en un plano coordenado, eligiendo la escala adecuadamente:

$A(125, -25)$, $B(-175, 50)$, $C(-25, -75)$, $D(100, 150)$

**34.** ●●○ **CI** Dibuja los siguientes puntos en un plano coordenado, utilizando una escala adecuada en cada uno de los ejes:

*A*(−25, −80), *B*(35, 120), *C*(10, −100), *D*(−30, 140)

**35.** ●●○ **CI** Explica por qué no son correctas la siguientes representaciones:

*a)*

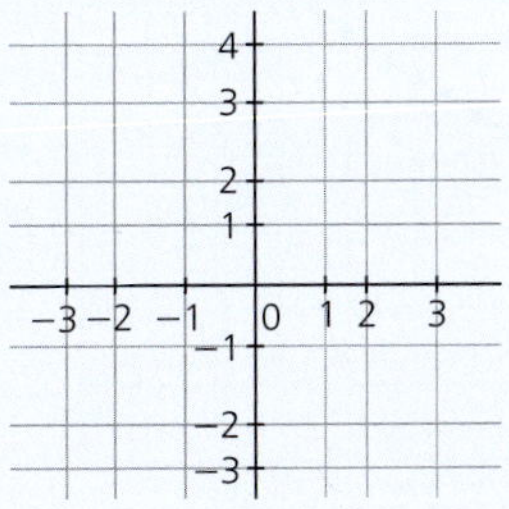

*b)*

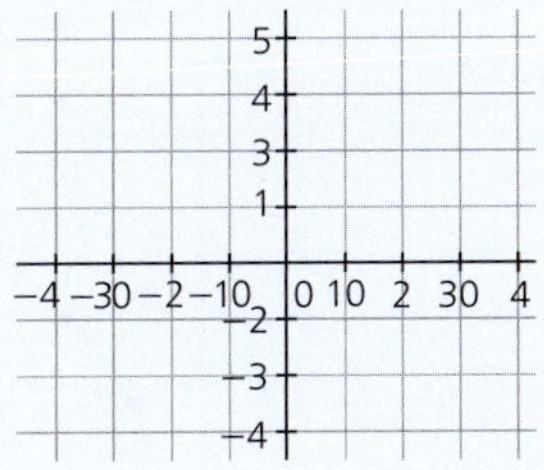

**36.** ●●○ Escribe los puntos simétricos de *A*(−1, 3) y *B*(2, −5) respecto al eje *X*.

**37.** ●●○ ¿Cuáles son los puntos simétricos de *A*(−4, −6) y *B*(1, 6) respecto al eje *Y*?

**38.** ●●○ Dibuja el punto simétrico al punto *P* dado, respecto a *X* y respecto a *Y*. Llámalo *P′* en el primer caso, y *P″* en el segundo.

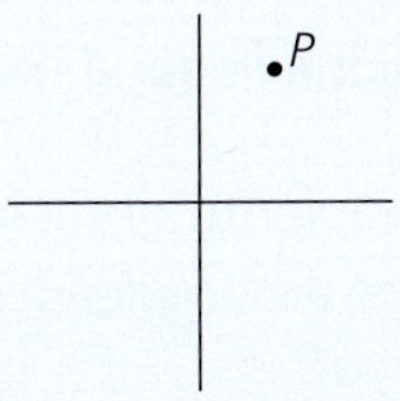


**39.** ●●● ¿Respecto a qué eje coordenado son simétricos los siguientes pares de puntos?

*a)* (8, −1) y (8, 1)

*b)* (4, 3) y (−4, 3)

*c)* (−2, −7) y (−2, 7)

*d)* (−5, 3) y (5, 3)

**40.** ●●● **CA** Contesta a las siguientes preguntas:

*a)* Si llamamos *A′* al simétrico de un punto *A* respecto al eje *X*, y hacemos el simétrico de *A′* respecto a ese mismo eje, ¿qué punto obtenemos?

*b)* Si al punto *B*(*x*, *y*) le aplicamos primero una simetría respecto al eje *X* y luego respecto al *Y*, ¿qué coordenadas tendrá el punto resultante?

## Función. Definición y representaciones de una función

**41.** ●○○ **CA** ¿Cuál o cuáles de las siguientes gráficas corresponden a funciones y cuáles no?

*a)*

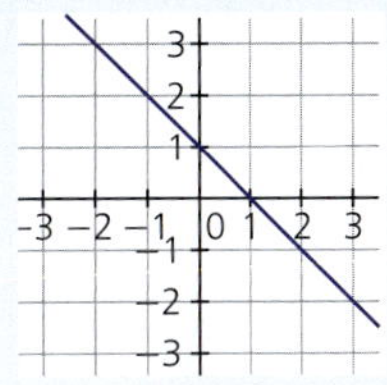

*d)*

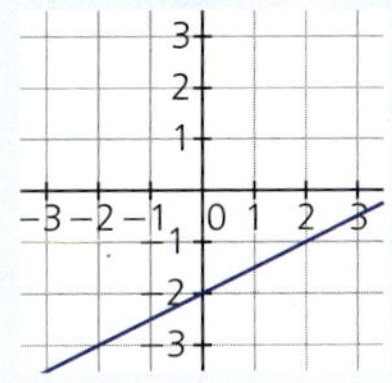

*b)*

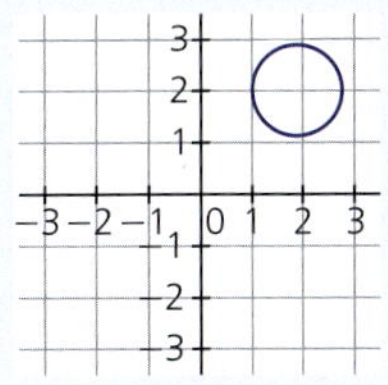

*e)*

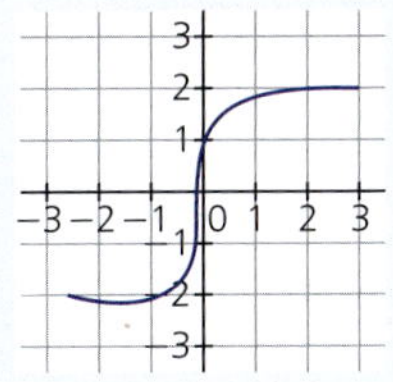

*c)*

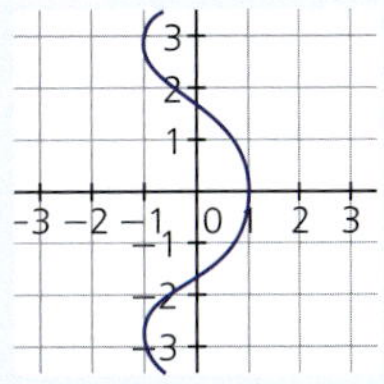

**42.** ●●○ **CL** Indica, en las siguientes parejas de variables, cuál es la variable independiente y cuál es la dependiente:

*a)* Las horas trabajadas y el sueldo cobrado.

*b)* La nota sacada en un examen y las horas diarias de estudio.

*c)* La altura del mercurio en un termómetro y la temperatura.

*d)* El tamaño de una vivienda y su precio.

**43.** ●○○ Representa gráficamente la información dada en la siguiente tabla:

| *X* | −3 | −2 | −1 | 0 | 1 | 2 | 3 |
|---|---|---|---|---|---|---|---|
| *Y* | 4 | 3 | 1 | 1 | 0 | −1 | 1 |

**44.** ●●○ **CCT** La siguiente tabla nos muestra el consumo de gasolina de determinado vehículo en función de la velocidad a la que va:

| Velocidad (km/h) | 20 | 40 | 60 | 80 | 100 | 120 | 140 |
|---|---|---|---|---|---|---|---|
| Consumo (L/100 km) | 9 | 8 | 8,5 | 7,5 | 6,2 | 8 | 10 |

*a)* ¿Cuál es la variable independiente y cuál la dependiente?

*b)* ¿A qué velocidad consume menos el vehículo?

*c)* ¿Podemos decir que a mayor velocidad, mayor consumo?

**45.** ●●○ **CI** Representa gráficamente la información dada en la tabla del ejercicio anterior. Elige la escala más adecuada para cada uno de los ejes de coordenadas.

**46.** ●●○ Escribe cinco puntos pertenecientes a la siguiente gráfica:

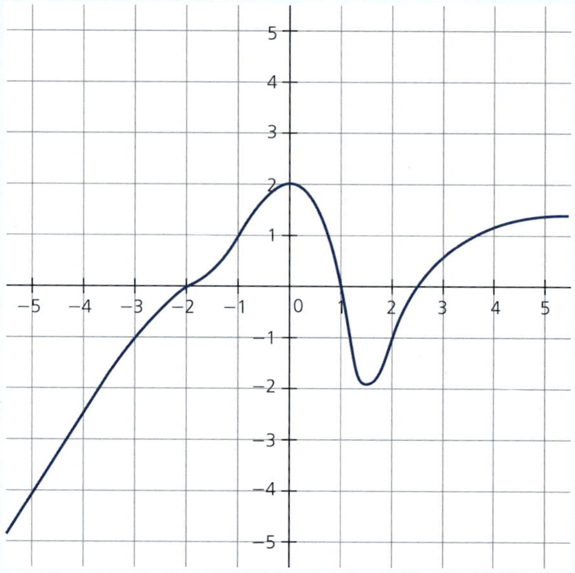

**47.** ●●○ **CL** La siguiente gráfica nos muestra la distancia recorrida por un ciclista en cada momento de una etapa:

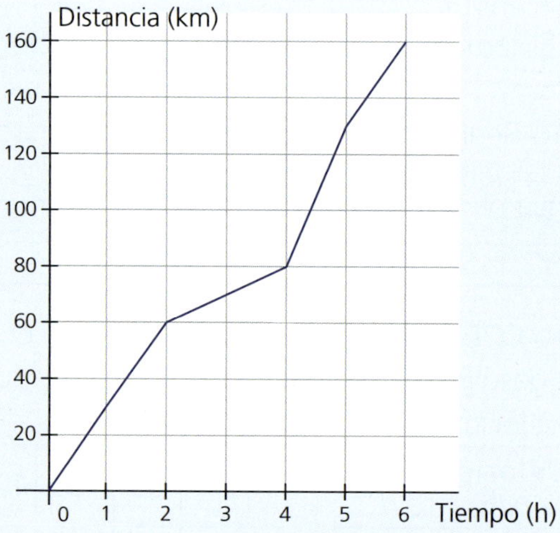


*a)* ¿De cuántos kilómetros consta la prueba?

*b)* ¿Cuánto tiempo tardó el ciclista en completarla?

*c)* ¿En qué momento el ciclista está ascendiendo a un puerto de montaña?

*d)* ¿En qué momento está bajando?

**48.** ●●○ Los padres de Gonzalo tomaron nota de la estatura de su hijo desde su nacimiento hasta que cumplió 12 años, y los datos obtenidos los reflejaron en la siguiente gráfica:

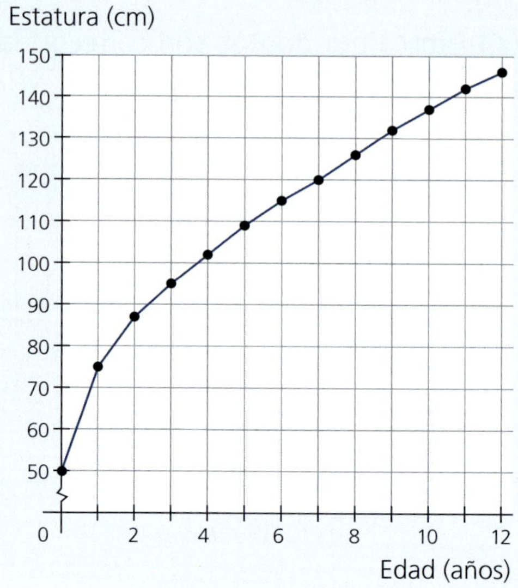


*a)* ¿En qué periodo de tiempo Gonzalo ha crecido más rápidamente?

*b)* ¿En qué periodo de tiempo ha crecido más despacio?

*c)* ¿Crees que la gráfica seguirá subiendo indefinidamente?

*d)* ¿Crees que podría llegar a bajar?

**49.** ●●○ **CL, CS** La siguiente gráfica nos muestra el número de personas desempleadas en cada momento del año:

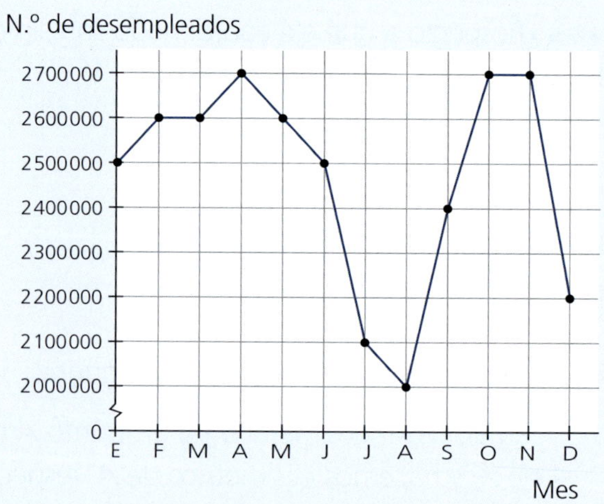


¿En qué momentos del año se reduce claramente el número de desempleados? ¿Cuáles crees que son las causas principales?

**50.** ●●○ La gráfica siguiente nos da la velocidad de un convoy de metro en cada momento:

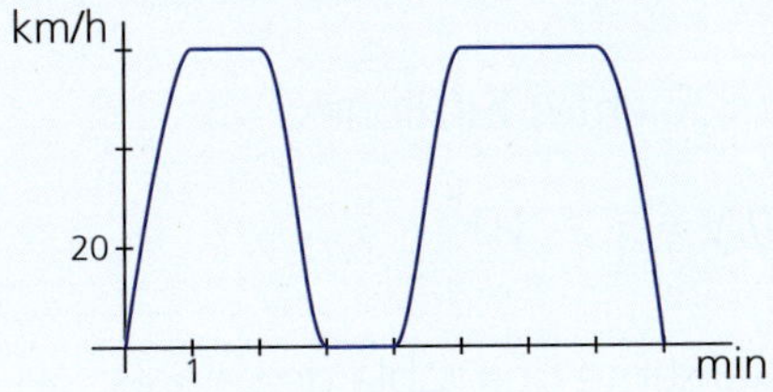


*a)* ¿Cuál es la velocidad máxima que alcanza este convoy?

*b)* ¿Cuántas estaciones de metro están representadas en la gráfica?

*c)* ¿Cuánto tiempo está parado en la segunda estación?

**51.** ●●○ **CL, CCT** El caudal de un río es el volumen de agua que pasa por determinado punto de su recorrido por segundo. La siguiente gráfica nos muestra el caudal de determinado río en $m^3/s$ dependiendo del momento del año en el que estemos.

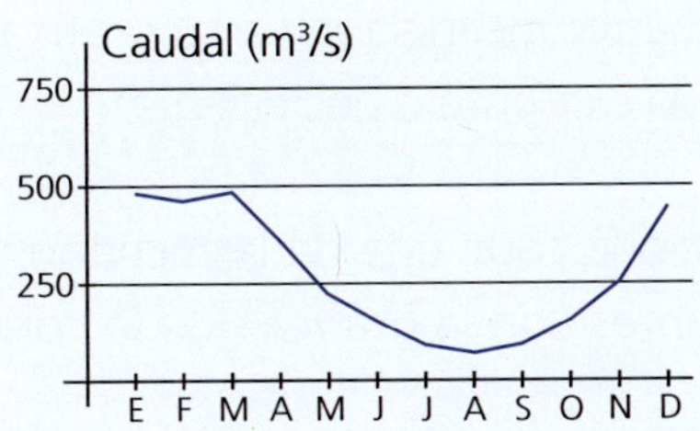


*a)* ¿En qué época del año tiene menor caudal el río y en cuál será mayor? ¿Por qué crees que sucede esto?

*b)* ¿En qué hemisferio crees que estará este río?

**52.** ●●● **CL, CI** En una frutería, el precio de las manzanas viene representado por la siguiente gráfica:

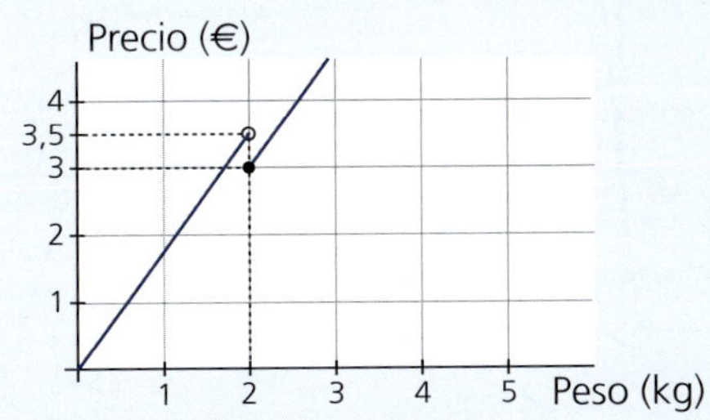


*a)* ¿Cuál es el precio de 1 kg de manzanas?

*b)* ¿Existe algún tipo de oferta?

*c)* ¿Podrían estas dos ramas de la gráfica estar una sobre otra? ¿Qué significado tendría sobre el peso y el precio de las manzanas?

**53.** ●●○ **CL, CI** Lee el siguiente texto:

*Mi compañía de telefonía me cobra 12 céntimos de euro por el establecimiento de llamada y 10 céntimos por cada minuto de conversación, o lo proporcional según los segundos hablados.*

Realiza una gráfica que exprese el coste de una llamada en céntimos de euro en función del tiempo hablado en minutos.

**54.** ●●○ **CL** Dibuja una gráfica que muestre la información contenida en el siguiente texto:

*Al centro donde estudio voy en autobús, pues está a 14 km de mi casa. Pasa a las 8:00 de la mañana por la puerta de mi casa y a las 8:10 hace una parada a 6 km de mi casa. Esta parada dura 5 minutos. Finalmente, llega a mi centro a las 8:25.*

Contesta a las siguientes preguntas, observando la gráfica que has trazado.

*a)* ¿Qué distancia hay desde la parada después de mi casa y el destino?

*b)* ¿Cuándo va más rápido, antes o después de la parada?

**55.** ●●○ **CL, CCT** En determinado punto del mar, la diferencia del nivel del mar entre la pleamar y la bajamar es de 3 metros, y entre una y otra pasan 6 horas. Haz una representación gráfica del nivel del mar, considerando 0 metros el nivel de la bajamar, en función de la hora que es, sabiendo que a las 0:00 había pleamar. Considera un intervalo de 24 horas.

**56.** ●○○ Obtén el valor de la $y$ para cada una de las siguientes $x$ en la función $y = -2x + 3$.

*a)* $x = -1$
*b)* $x = 2$
*c)* $x = 0$
*d)* $x = -3$

**57.** ●○○ Halla, para cada uno de los siguientes valores de $x$, el valor de la $y$ que le corresponde en la función $y = \frac{x}{2} - 1$.

*a)* $x = -2$
*b)* $x = 0$
*c)* $x = 2$
*d)* $x = 3$

**58.** ●●○ Elabora una tabla de valores para las siguientes funciones. Para cada una, da 7 valores.

*a)* $y = 7x + 5$ *b)* $y = -3x - 1$ *c)* $y = -x + 2$ *d)* $y = 1 - x$

**59.** ●●● Haz una tabla de valores (al menos 7 valores) para cada una de las siguientes funciones:

*a)* $y = x^2 - 1$ *b)* $y = 2x - x^2$ *c)* $y = \frac{12}{x}$ *d)* $y = x^3 - 10$

**60.** ●●○ Representa gráficamente las siguientes funciones, creando previamente una tabla de valores:

*a)* $y = -x + 4$ *b)* $y = 2x - 4$ *c)* $y = -4x + 5$ *d)* $y = x + 3$

**61.** ●●● Copia y completa la siguiente tabla de valores para la función $y = x^4 - 8x^2 + 16$ y represéntala gráficamente, cambiando la escala del eje *Y* si es necesario.

| *X* | −3 | −2,5 | −2 | −1,5 | −1 | −0,5 | 0 | 0,5 | 1 | 1,5 | 2 | 2,5 | 3 |
|---|---|---|---|---|---|---|---|---|---|---|---|---|---|
| *Y* | | | | | | | | | | | | | |

## Función lineal. Magnitudes directamente proporcionales

**62.** ●○○ De entre las siguientes ecuaciones de funciones, selecciona las que sean lineales:

*a)* $y = x^2$ *c)* $y = 3x$ *e)* $y = 1 + x$

*b)* $y = 2x - 1$ *d)* $y = -x$ *f)* $y = \frac{1}{x}$

**63.** ●○○ De entre las siguientes gráficas de funciones, selecciona las que sean lineales:

a) 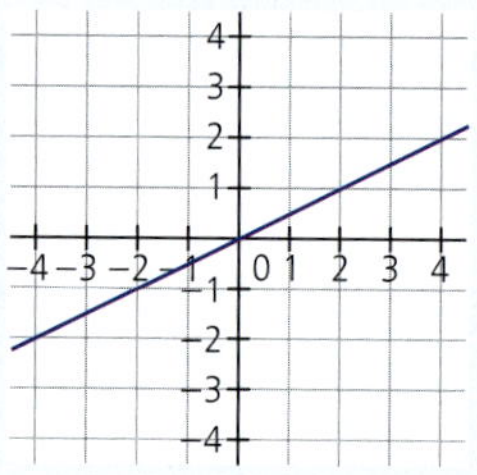

c) 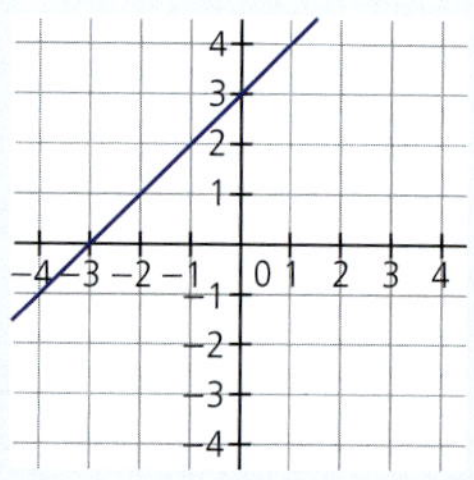

b) 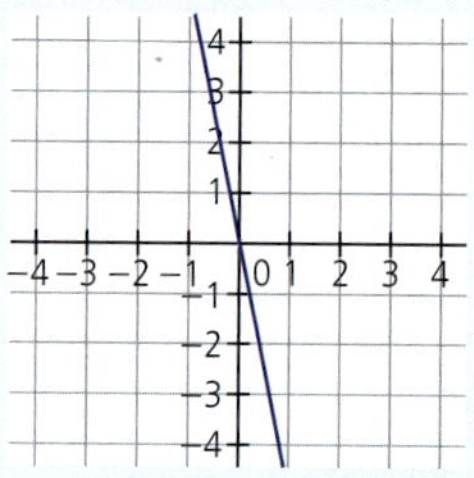

d) 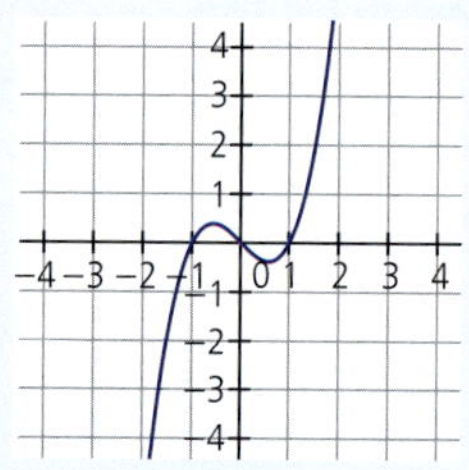

**64.** ●○○ Observa las siguientes funciones lineales, e indica en qué casos su gráfica es una recta creciente y en qué casos es decreciente:

*a)* $y = -x$ *c)* $y = \frac{1}{3}x$

*b)* $y = 3x$ *d)* $y = -2x$

**65.** ●●○ Ordena las funciones del ejercicio anterior de mayor a menor inclinación de su gráfica, sin tener en cuenta si es creciente o decreciente.

**66.** ●●○ Relaciona cada una de las ecuaciones de funciones siguientes con la gráfica que le corresponda:

*a)* $y = -3x$

*b)* $y = 2x$

*c)* $y = -\frac{1}{2}x$

*d)* $y = 10x$

1) 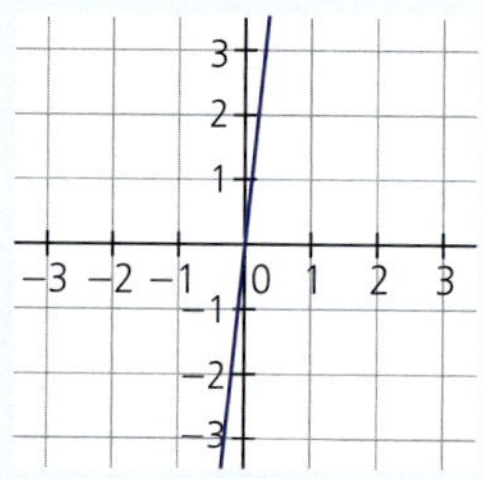

3) 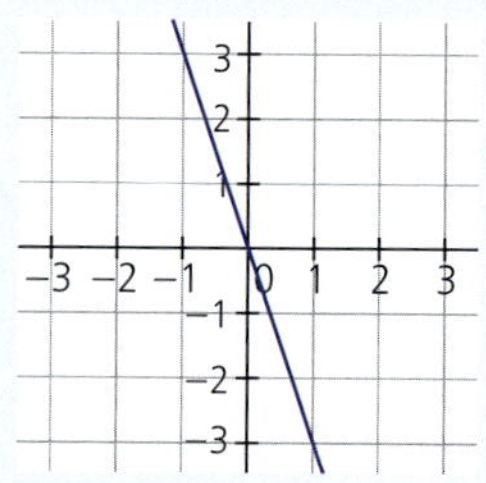

2) 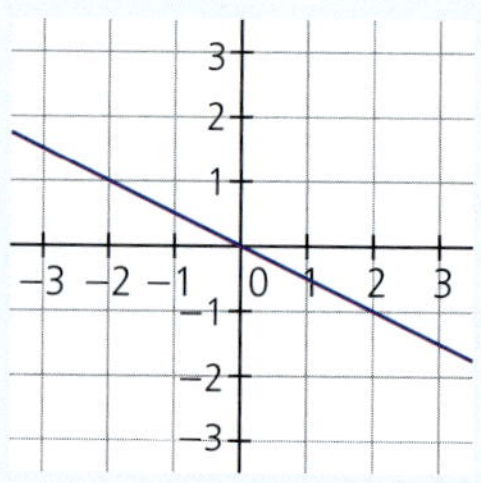

4) 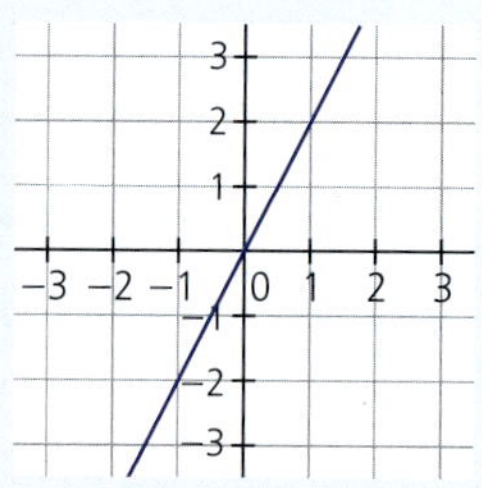

**67.** ●●○ Representa las funciones lineales siguientes, realizando previamente una tabla de valores en cada caso:

*a)* $y = x$ *b)* $y = 3x$ *c)* $y = -x$ *d)* $y = -2x$

**68.** ●●○ **CC** La función que representa la posición de la torre de Pisa tiene por ecuación $y = 14{,}3x$ y su gráfica es la siguiente:

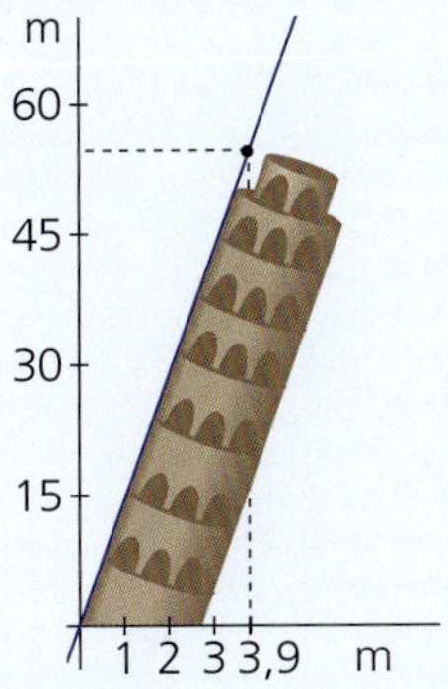


Halla la altura del monumento con los datos del dibujo.

**69.** ●●○ Una moto va a 100 km/h por la autovía.

*a)* ¿La distancia que recorre y el tiempo que emplea en ello son directamente proporcionales?

*b)* Haz una tabla de valores y representa la función que relaciona el tiempo en horas con la distancia recorrida en ese tiempo en kilómetros.

*c)* ¿Qué relación tiene la respuesta a la pregunta del apartado *a* con el aspecto de la gráfica obtenida?

**70.** ●●○ **CI** Si nos dan la ecuación de una función lineal, ¿cuántos puntos como mínimo debe tener una tabla de valores para que podamos representar su gráfica? ¿Por qué?

**71.** ●●● **CL** La pendiente nos da el número de unidades que sube o baja la función (sube si es positiva y baja si es negativa) por cada unidad que se avanza hacia la derecha. Por ejemplo, si la pendiente es $m = 3$, indica que por cada unidad que se avance a la derecha, debemos subir 3 unidades, y si la pendiente es $-2$, deberíamos bajar 2 unidades. ¿Cuántas unidades se debe subir o bajar por cada unidad que se avance a la derecha en cada una de las siguientes funciones?

*a)* $y = 6x$ *c)* $y = \frac{1}{2}x$

*b)* $y = -x$ *d)* $y = -3x$

**72.** ●●● Teniendo en cuenta lo comentado en el ejercicio anterior, halla la ecuación correspondiente a cada una de las funciones cuyas gráficas se muestran a continuación:

*a)*
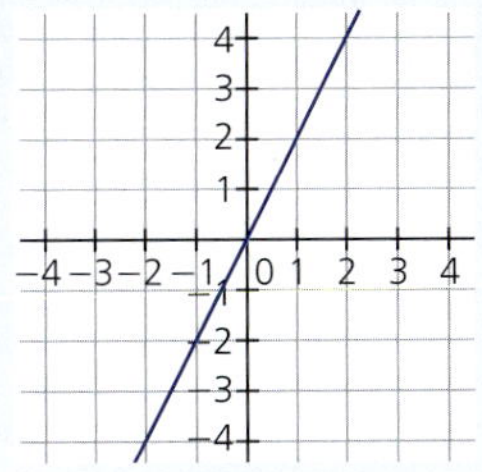

*c)*
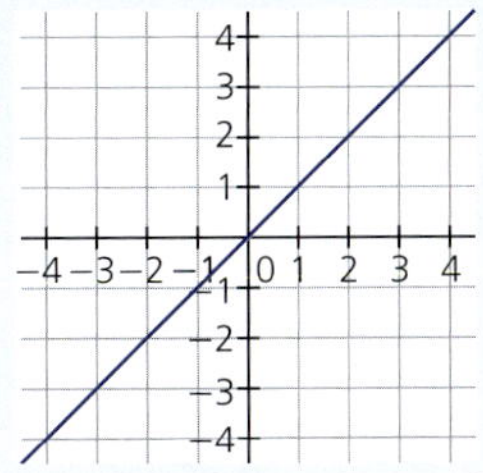

*b)*
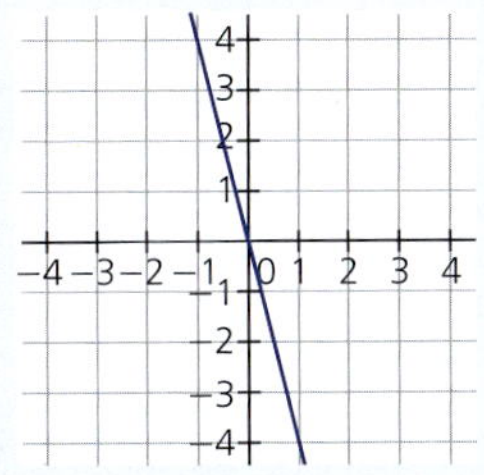

*d)*
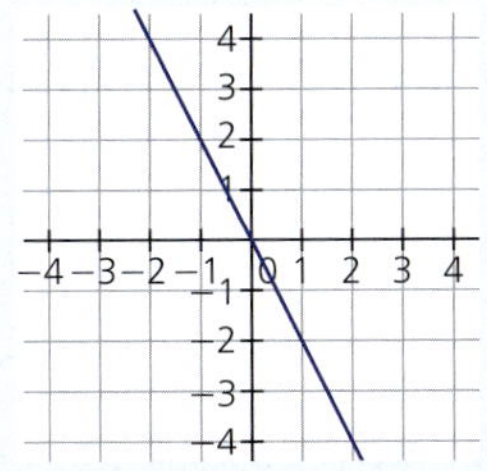

## Función afín

**73.** ●○○ Identifica las funciones afines de entre las siguientes ecuaciones de funciones:

*a)* $y = 2x + 5$ *c)* $y = x^2 - 1$ *e)* $y = 5 - x$

*b)* $y = -x + 6$ *d)* $y = 3x$ *f)* $y = 4x - 2$

**74.** ●○○ De entre las siguientes gráficas, selecciona las que corresponden a funciones afines:

*a)*
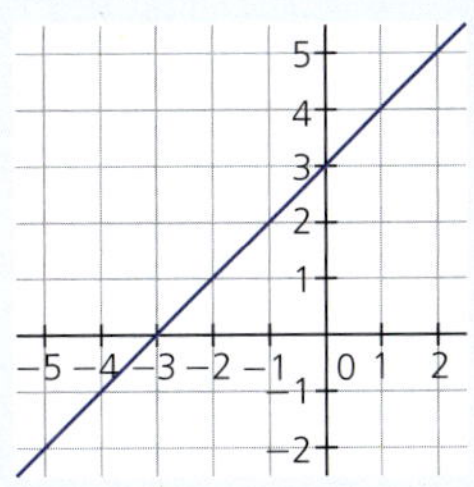

*c)*
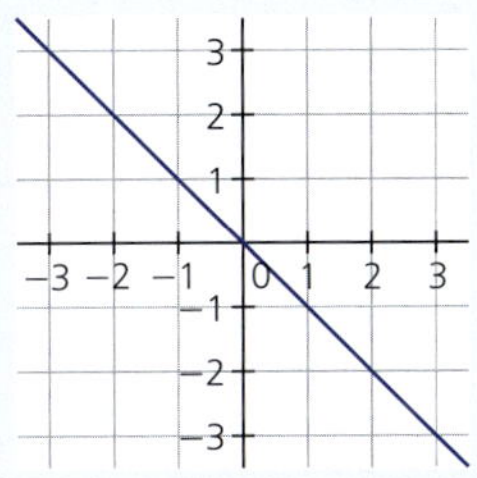

*b)*
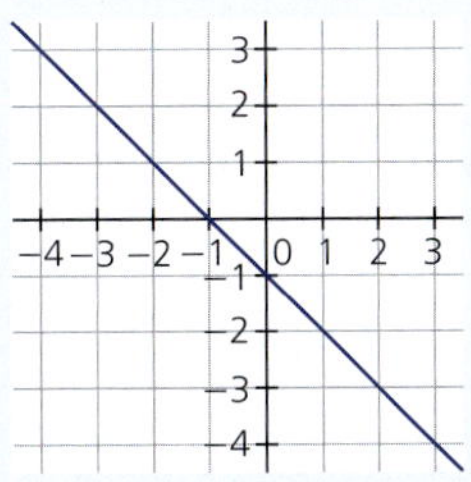

*d)*
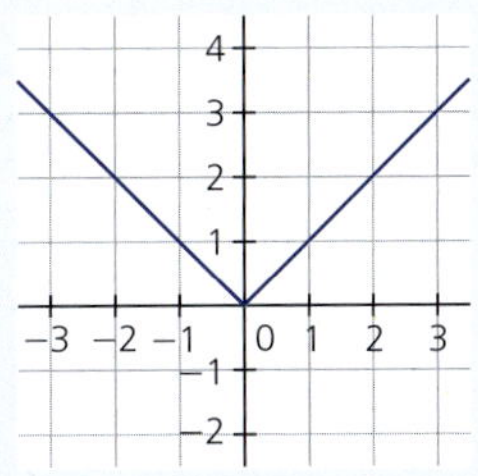

**75.** ●○○ Indica cuál es la pendiente y cuál la ordenada en el origen de las siguientes funciones:

*a)* $y = 3x - 7$ *c)* $y = 5x + 1$

*b)* $y = -2x + 5$ *d)* $y = -3x - 2$

**76.** ●○○ Averigua el valor de la ordenada en el origen de las siguientes funciones:

*a)*

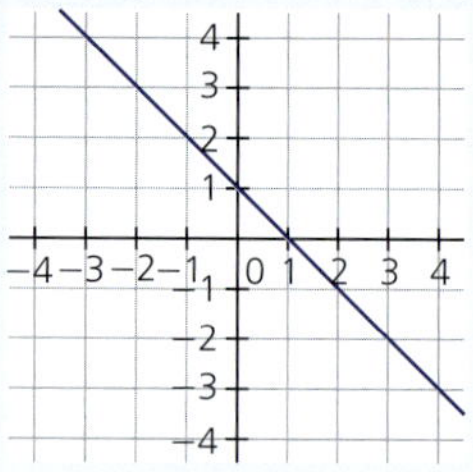

*c)*

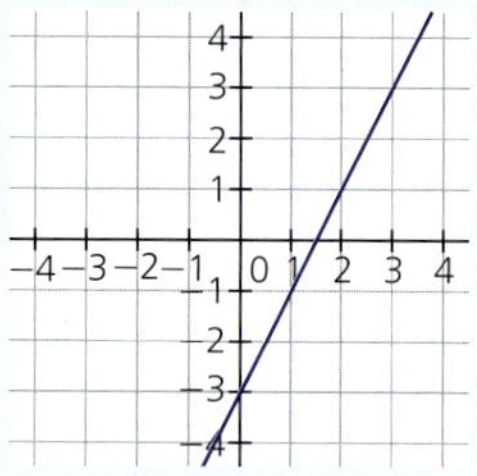

*b)*

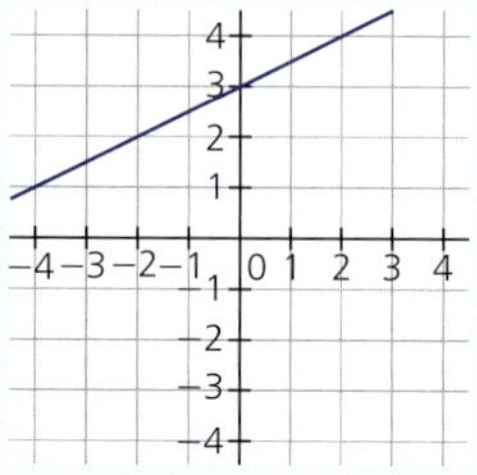

*d)*

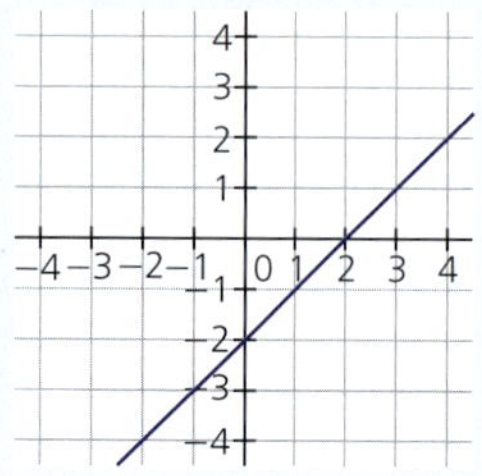

**77.** ●●○ Escribe la ecuación de cada una de las funciones cuyas gráficas son las siguientes:

*a)*

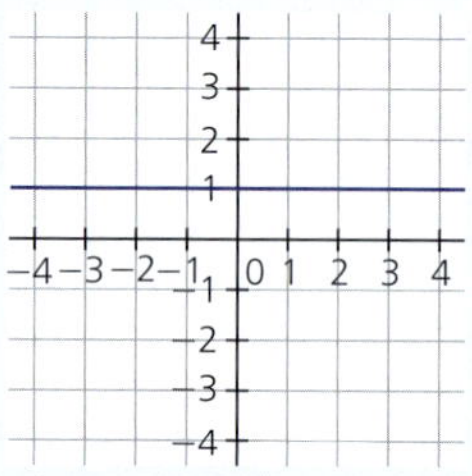

*c)*

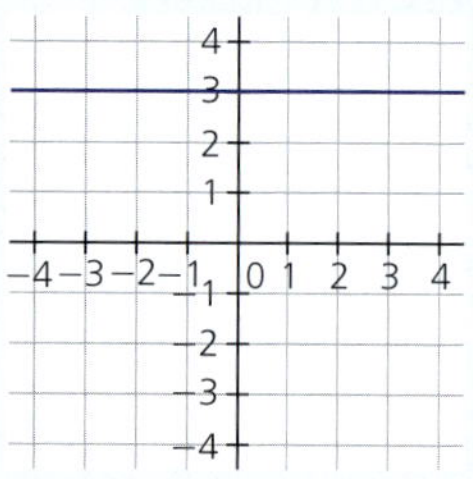

*b)*

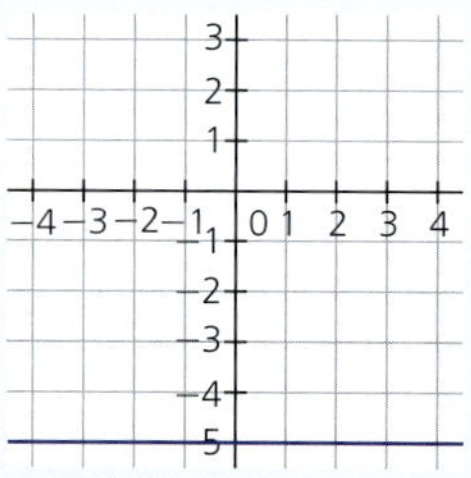

*d)*

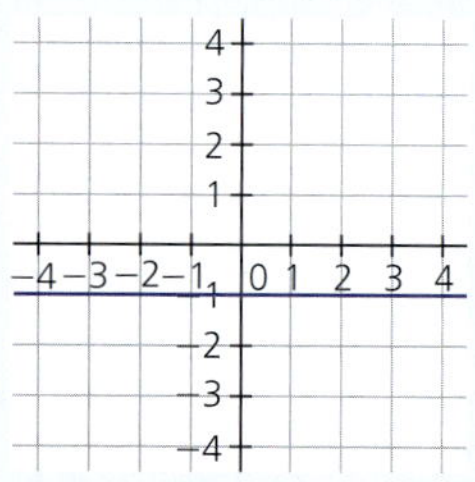

**78.** ●●○ La siguiente gráfica es la de la función lineal $y = 2x$:

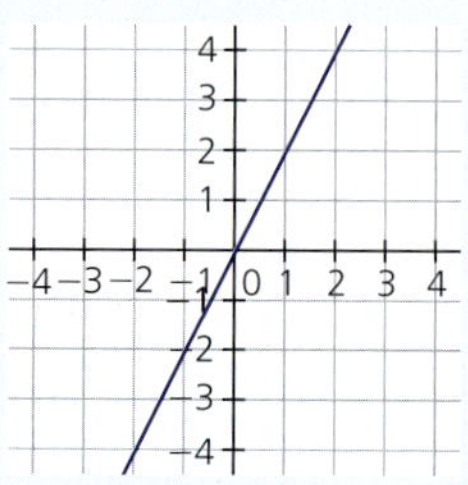

Dibuja, sin hacer tablas de valores, la gráfica de cada una de las siguientes funciones, observando que tienen la misma pendiente que $y = 2x$:

*a)* $y = 2x + 1$

*b)* $y = 2x + 4$

*c)* $y = 2x - 2$

*d)* $y = 2x - 3{,}5$

**79.** ●●○ ¿Qué gráfica le corresponde a cada una de las siguientes funciones? Contesta a la pregunta sin hacer tablas de valores.

*a)* $y = x + 5$

*b)* $y = -x - 3$

*c)* $y = 4x + 1$

*d)* $y = \frac{1}{2}x - 1$

1)

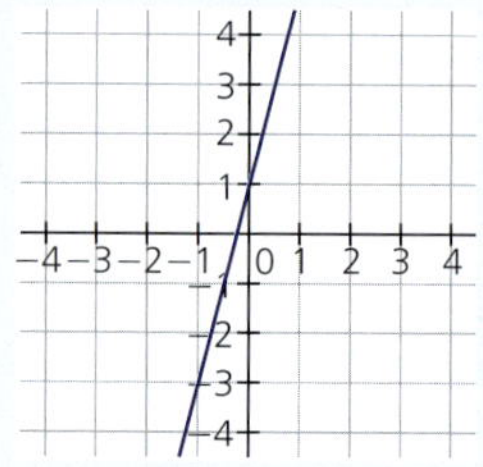

3)

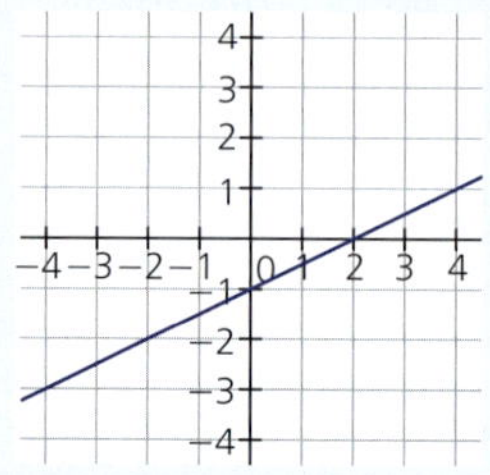

2)

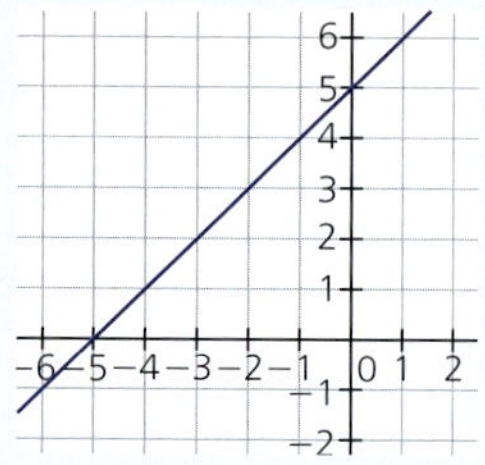

4)

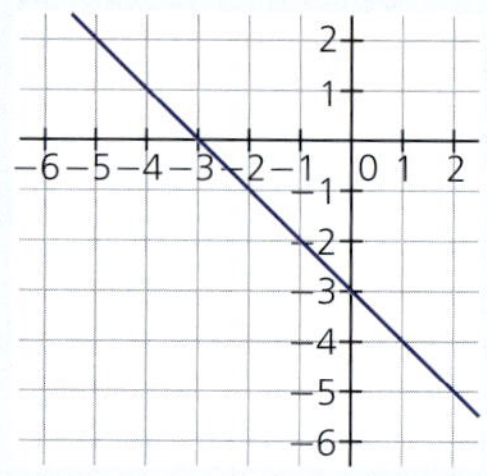

**80.** ●●○ Haz una tabla de valores para cada función siguiente, y representa su gráfica:

*a)* $y = -x + 6$

*b)* $y = 3x + 1$

*c)* $y = 2x - 3$

*d)* $y = -2x + 2$

**81.** ●●○ **CL, CI** Valeria es vendedora de automóviles, y trabaja *a comisión*. Esto significa que cobra un sueldo base independiente del volumen de ventas que realice, al que además hay que añadirle cierta cantidad por cada coche que venda. Copia y completa la tabla de valores siguiente, sabiendo que el sueldo base es de 800 €, y que por cada vehículo vendido gana 120 €.

| N.° de vehículos vendidos | 0 | 1 | 2 | 3 | 4 | 5 | 6 |
|---|---|---|---|---|---|---|---|
| Salario (€) | | | | | | | |

La función correspondiente a esta tabla, ¿es lineal, afín o de otro tipo?

**82.** ●●○ **CCT** Un calefactor aumenta la temperatura de una pequeña habitación medio grado centígrado por minuto. Además, sabemos que la habitación estaba a 18 °C antes de encender el calefactor. Dibuja la función que relaciona la temperatura en grados centígrados con el tiempo transcurrido desde el encendido en minutos, realizando primero una tabla de valores.

**83.** ●●○ Indica cuál es la pendiente y la ordenada en el origen correspondiente a la función del ejercicio anterior. Escribe a continuación la ecuación de dicha función.

**84.** ●●○ Dadas las siguientes gráficas de funciones afines, halla la ecuación de cada una de ellas. Recuerda que la pendiente es el número de unidades que sube (positiva) o baja (negativa) la recta por cada unidad que avanza hacia la derecha.

*a)*
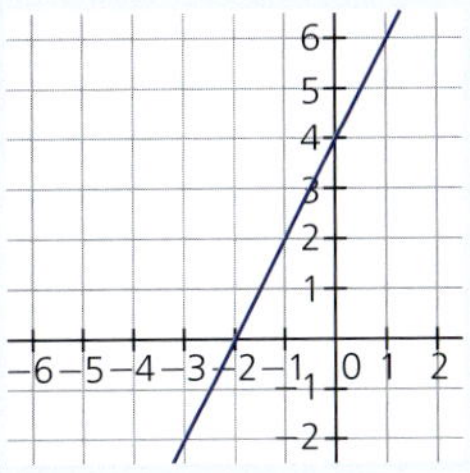


*b)*
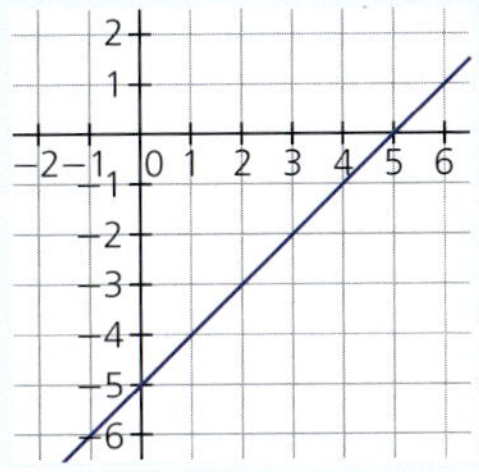


*c)*
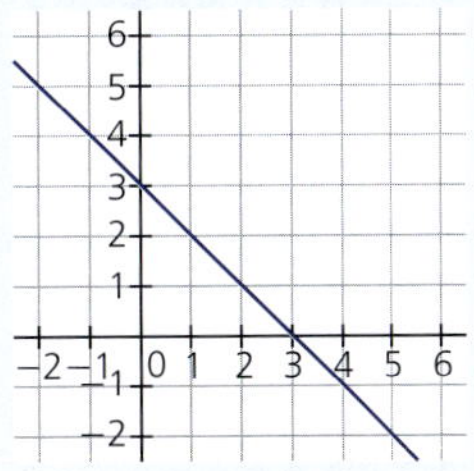


*d)*
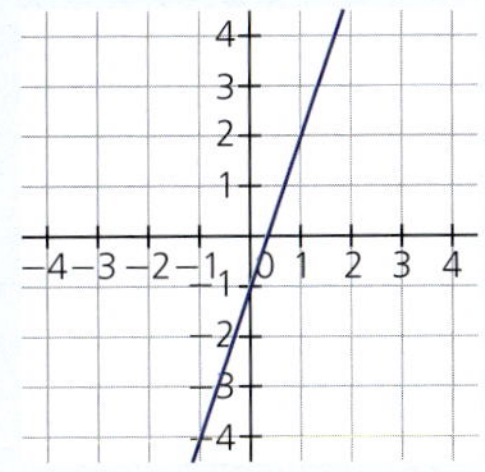


## SABER MÁS

**85.** ●○○ Indica de entre las siguientes ecuaciones de funciones, las que su gráfica tenga forma de parábola, sin necesidad de representarlas:

*a)* $y = x^2 - 3x + 2$ *b)* $y = \dfrac{x^2 - 5x + 1}{x}$ *c)* $y = -x^2 + 6x$ *d)* $y = x^2 + 2x^3 - 3$

**86.** ●●○ **CC** ¿Cuáles de los siguientes arcos presentes en diferentes construcciones arquitectónicas tienen forma aproximada de parábola?

*a)*

*b)*

*c)*

*d)*

*e)*

**87.** ●●○ Señala, en las siguientes gráficas, el vértice de las parábolas e indica el signo del coeficiente de $x^2$ según la posición de las mismas:

*a)*
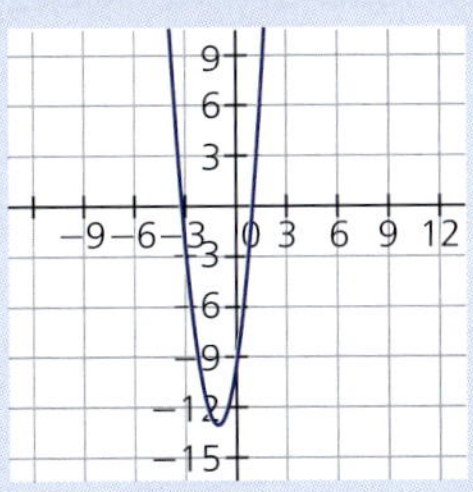


*b)*
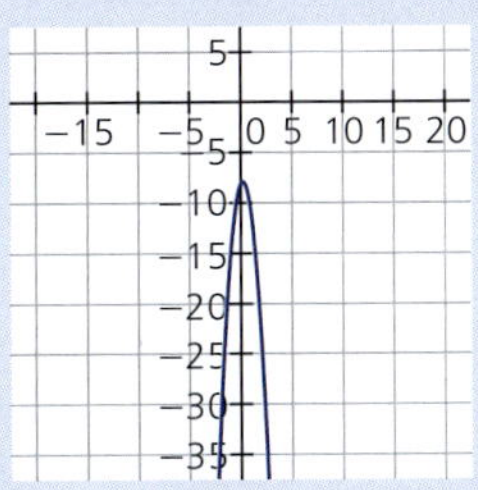


*c)*
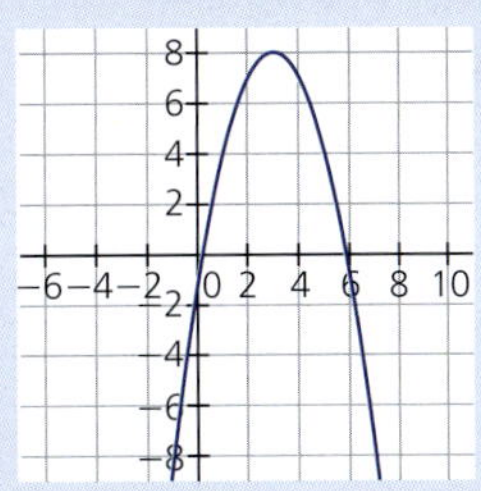


*d)*
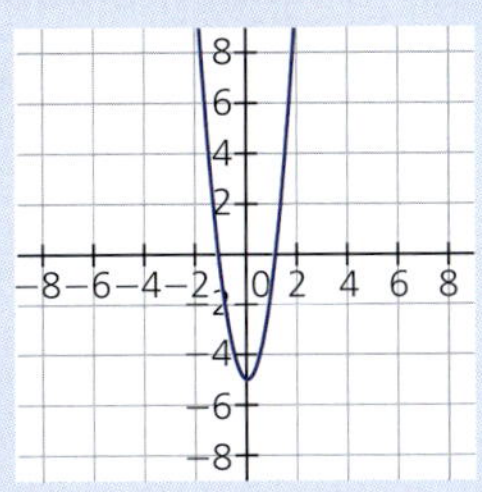


**88.** ●●○ **CD** Representa las siguientes parábolas. Puedes usar la calculadora para completar la tabla de valores.

*a)* $y = x^2 + 9$ *b)* $y = -x^2 - 3$ *c)* $y = x^2 + 2x - 8$ *d)* $y = -6x^2 + 12x - 9$

**1.** Manzanas

Un agricultor planta manzanos en un terreno cuadrado. Con objeto de proteger los manzanos del viento planta coníferas alrededor de la totalidad del huerto.

Aquí ves un esquema de esta situación donde se puede apreciar la colocación de los manzanos y de las coníferas para cualquier número (*n*) de filas de manzanos:

```
xxx  xxxxx  xxxxxxx  xxxxxxxxx
x•x  x• •x  x• • •x  x• • • •x
xxx  x   x  x     x  x       x
     x• •x  x• • •x  x• • • •x
     xxxxx  x     x  x       x
            x• • •x  x• • • •x
            xxxxxxx  x       x
                     x• • • •x
                     xxxxxxxxx
```

x = conífera
• = manzano

Completa la tabla.

| *n* | Número de manzanos | Número de coníferas |
|---|---|---|
| 1 | 1 | 8 |
| 2 | 4 | |
| 3 | | |
| 4 | | |
| 5 | | |

PISA

**2.** Zapatos para niños

La siguiente tabla muestra las tallas de zapato recomendadas en Zedlandia para las diferentes longitudes de pie:

| Desde (en mm) | Hasta (en mm) | Talla de zapato | Desde (en mm) | Hasta (en mm) | Talla de zapato |
|---|---|---|---|---|---|
| 107 | 115 | 18 | 167 | 172 | 27 |
| 116 | 122 | 19 | 173 | 179 | 28 |
| 123 | 128 | 20 | 180 | 186 | 29 |
| 129 | 134 | 21 | 187 | 192 | 30 |
| 135 | 139 | 22 | 193 | 199 | 31 |
| 140 | 146 | 23 | 200 | 206 | 32 |
| 147 | 152 | 24 | 207 | 212 | 33 |
| 153 | 159 | 25 | 213 | 219 | 34 |
| 160 | 166 | 26 | 220 | 226 | 35 |

*a)* El pie de Marina mide 163 mm de longitud. Utiliza la tabla para determinar cuál es la talla de zapatos de Zedlandia que Marina debería probarse.

TIMSS

*b)* ¿Entre qué valores estará la longitud del pie de una persona si utiliza la talla 34?

*c)* ¿La máxima diferencia de longitudes correspondiente a una misma talla de zapatos es siempre la misma?

**3.** En la siguiente figura hay marcados dos puntos *M* y *N*. Juan busca un punto *P* tal que *MNP* sea un triángulo isósceles. ¿Cuál de estos puntos podría ser *P*?

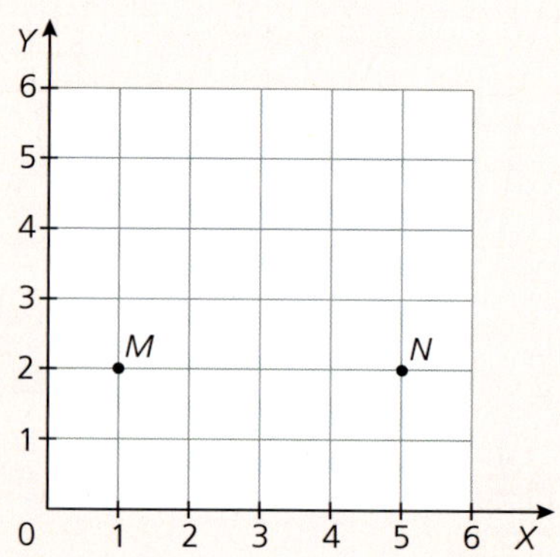


*a)* (3, 5)

*b)* (3, 2)

*c)* (1, 5)

*d)* (5, 1)

TIMSS

# EVALÚATE

**1.** Escribe las coordenadas de los siguientes puntos del plano coordenado:

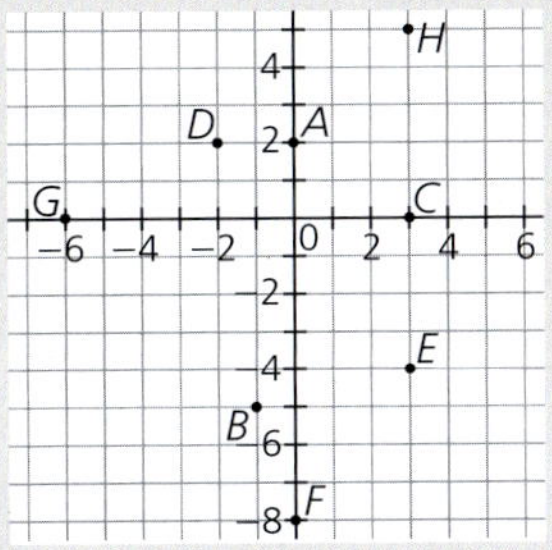


**2.** Dibuja en los ejes de coordenadas los siguientes puntos e indica en qué cuadrante o eje se encuentran:

$A(1, 4)$, $B(-2, -6)$, $C(-5, 8)$, $D(3, -2)$, $E(0, 1)$, $F(-1, 0)$, $G(0, -1)$, $H(1, 0)$

**3.** Selecciona la variable dependiente y la independiente entre estas parejas de magnitudes:

*a)* Peso y cantidad de calorías ingeridas.

*b)* Edad y altura.

**4.** Indica si las siguientes gráficas corresponden o no a funciones:

*a)*

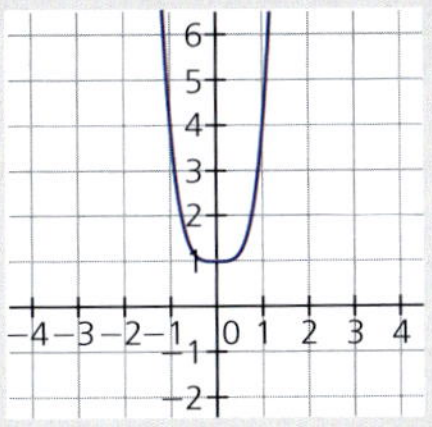

*b)*

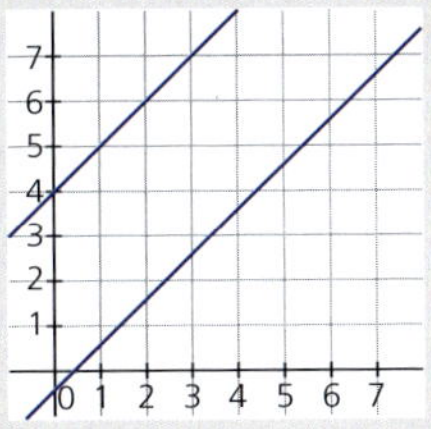

**5.** Señala la pendiente en cada una de las siguientes rectas. Indica también si son crecientes o decrecientes y ordénalas según su inclinación (ordena por separado las crecientes y las decrecientes).

*a)* $y = x + 1$ *b)* $y = -2x + 56$ *c)* $y = -7x$ *d)* $y = 3x$

**6.** La siguiente tabla relaciona el precio de las entradas de teatro con el número de entradas compradas:

| Entradas | 1 | 2 | 3 | 4 | 5 |
|---|---|---|---|---|---|
| € | 12 | 24 | 36 | 48 | 60 |

*a)* ¿Se trata de una relación funcional?

*b)* Encuentra la ecuación que relaciona ambas magnitudes.

*c)* Representa la función en los ejes coordenados (escoge una escala adecuada).

**7.** Dada la siguiente gráfica correspondiente a la cotización en Bolsa de un determinado producto en sus 10 primeros días en Bolsa, responde a las preguntas que se formulan a continuación.

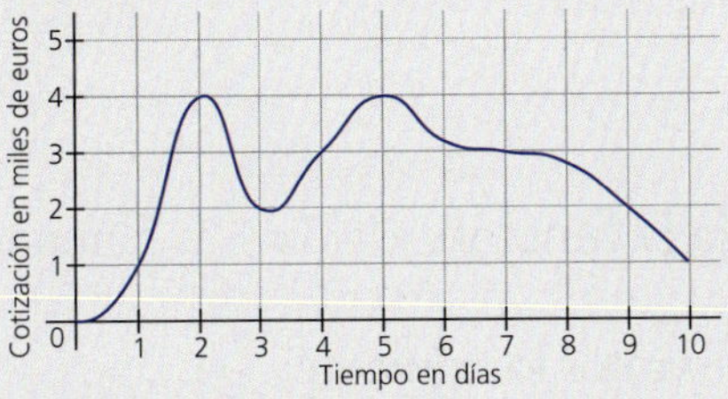


*a)* ¿La gráfica corresponde a una función?

*b)* ¿Cuándo tomó su valor máximo? ¿Qué valor fue?

**8.** Escribe la ecuación de la recta de pendiente $-1$ que corta al eje de ordenadas en el punto $(0, 7)$.

**9.** Representa la función $y = -2x$. Para ello haz previamente una tabla de valores. ¿Es una función lineal o afín? ¿Cuál es la pendiente? ¿Y la ordenada en el origen?

**10.** Representa la función $y = 3x - 1$. Para ello haz previamente una tabla de valores. ¿Es una función lineal o afín? ¿Cuál es la pendiente? ¿Y la ordenada en el origen?

# MATEMÁTICAS RECREATIVAS

**1.** Dibuja los siguientes puntos en un plano coordenado y únelos en orden alfabético, terminando de nuevo en el punto $A$ de comienzo.

$A(-2, -1)$ $E(1, 2)$ $I(1, 4)$

$B(-1, -1)$ $F(1, -1)$ $J(0, 2)$

$C(-1, 2)$ $G(2, -1)$ $K(-1, 4)$

$D(0, 0)$ $H(2, 4)$ $L(-2, 4)$

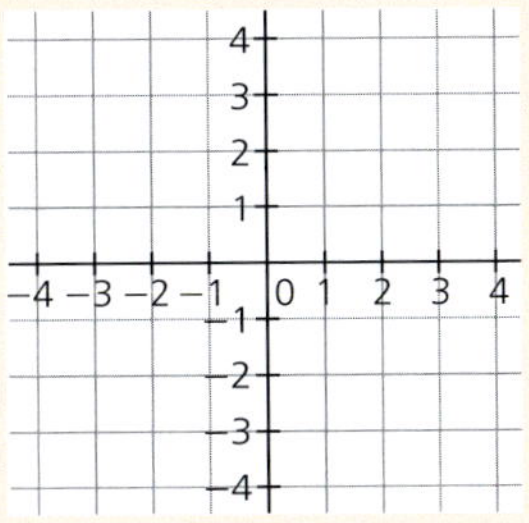

¿Qué letra queda dibujada?

**2.** Une los siguientes puntos con solo 4 líneas rectas sin levantar el bolígrafo y sin pasar dos veces por el mismo punto:

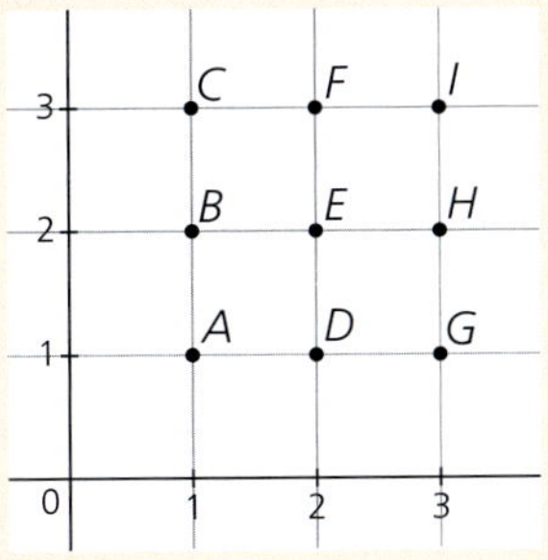

# Bloque IV: Análisis

## EJERCICIOS RESUELTOS

1. Dibuja los siguientes puntos del plano coordenado: (1, 1); (3,8; 4,5); (−2,7; 3,6).

Utilizamos los botones:

– *Nuevo Punto*

– O bien escribimos las coordenadas del punto en el campo de entrada (los decimales se escriben con puntos).

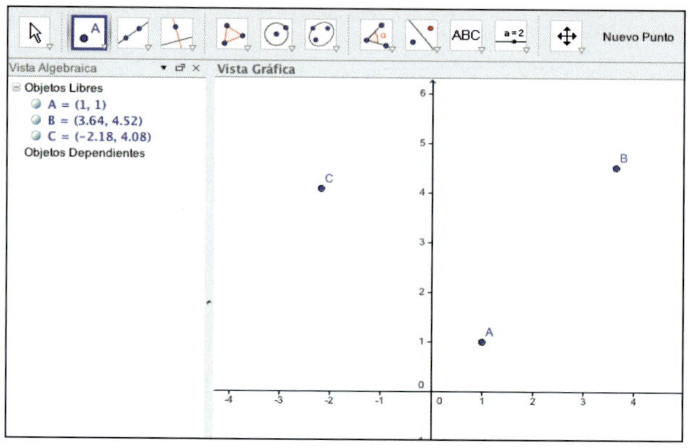


Solución

2. Dibuja la función $y = 3x + 1$. Encuentra el punto de corte de la recta con el eje $Y$.

Realizamos lo siguiente:

– Escribimos la función en el campo de Entrada.

– *Intersección de Dos Objetos*

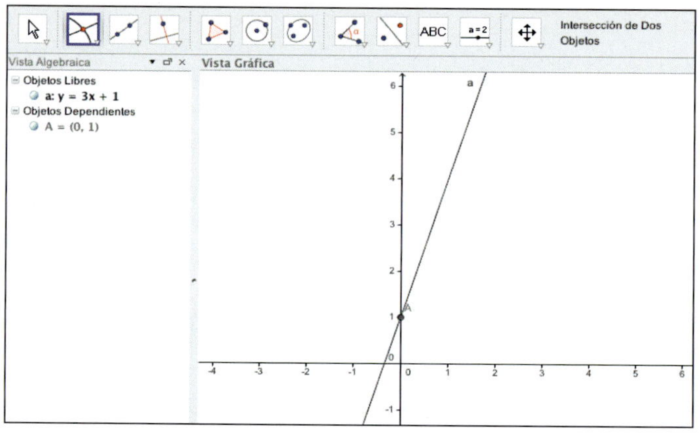


Solución

3. Dibuja la función $y = x^3 + 2x + 1$ y encuentra su corte con el eje de ordenadas.

Realizamos lo siguiente:

– Escribimos la función en el campo de entrada.

– *Intersección de Dos Objetos*

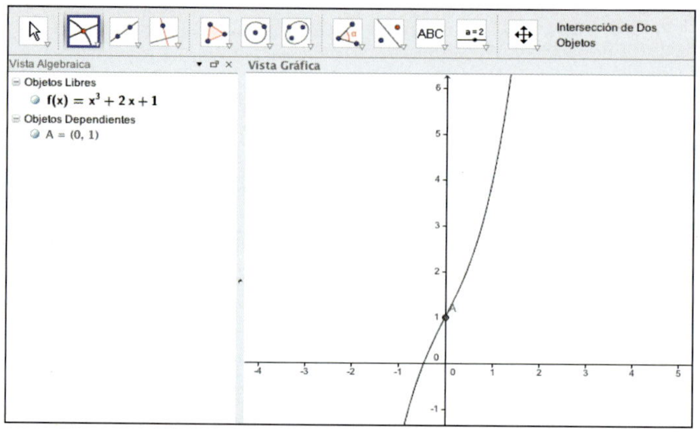


Solución

## EJERCICIOS RESUELTOS

4. Marca los puntos (1, 2), (−1, −2) y (3, 6). ¿Están alineados? En caso afirmativo dibuja la recta.

Utilizamos el botón:

– *Nuevo Punto*

– *Recta que pasa por Dos Puntos*

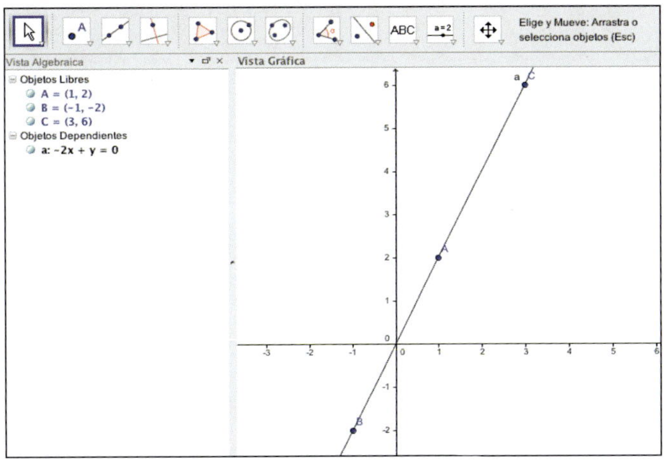


Solución

5. ¿Cuál es la posición relativa de estas dos rectas? Represéntalas para averiguarlo.

$y = 3x + 1 \qquad y = -5 + 3x$

Realizamos lo siguiente:

– Introducimos las rectas en el campo de entrada.

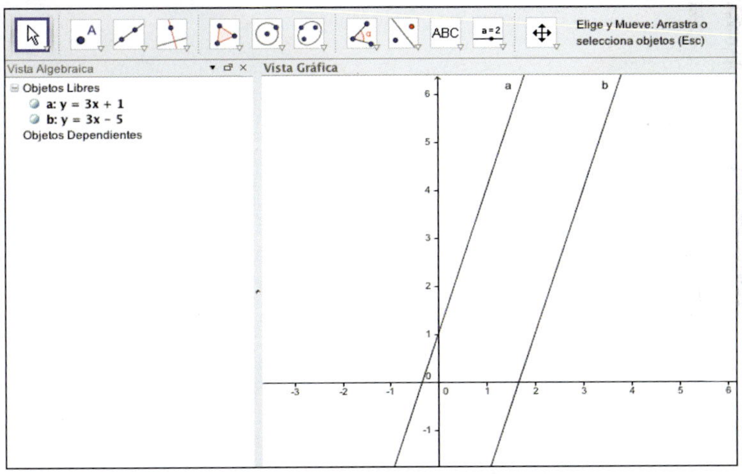


Son paralelas.

Solución

## EJERCICIOS

1. Comprueba si los puntos (1, 5), (0,7; 3,3) y (−1,2; −6) están alineados.

2. Encuentra la posición relativa de las siguientes parejas de rectas. Encuentra su corte si existiera.

*a)* $y = 3x + 5$; $y = -5x + 1$

*b)* $y = -x - 1$; $y = x + 1$

*c)* $y = -2x + 3$; $y = 3 - 2x$

*d)* $y = 5x - 2$; $y = -1 + 2{,}5x$

3. Representa $y = x^5 + 2$ y encuentra los puntos de corte con los ejes de coordenadas.

4. Dibuja la recta $2y = 3x + 1$ y señala cuatro puntos que se encuentren en su gráfica.

# ESTADÍSTICA Y PROBABILIDAD

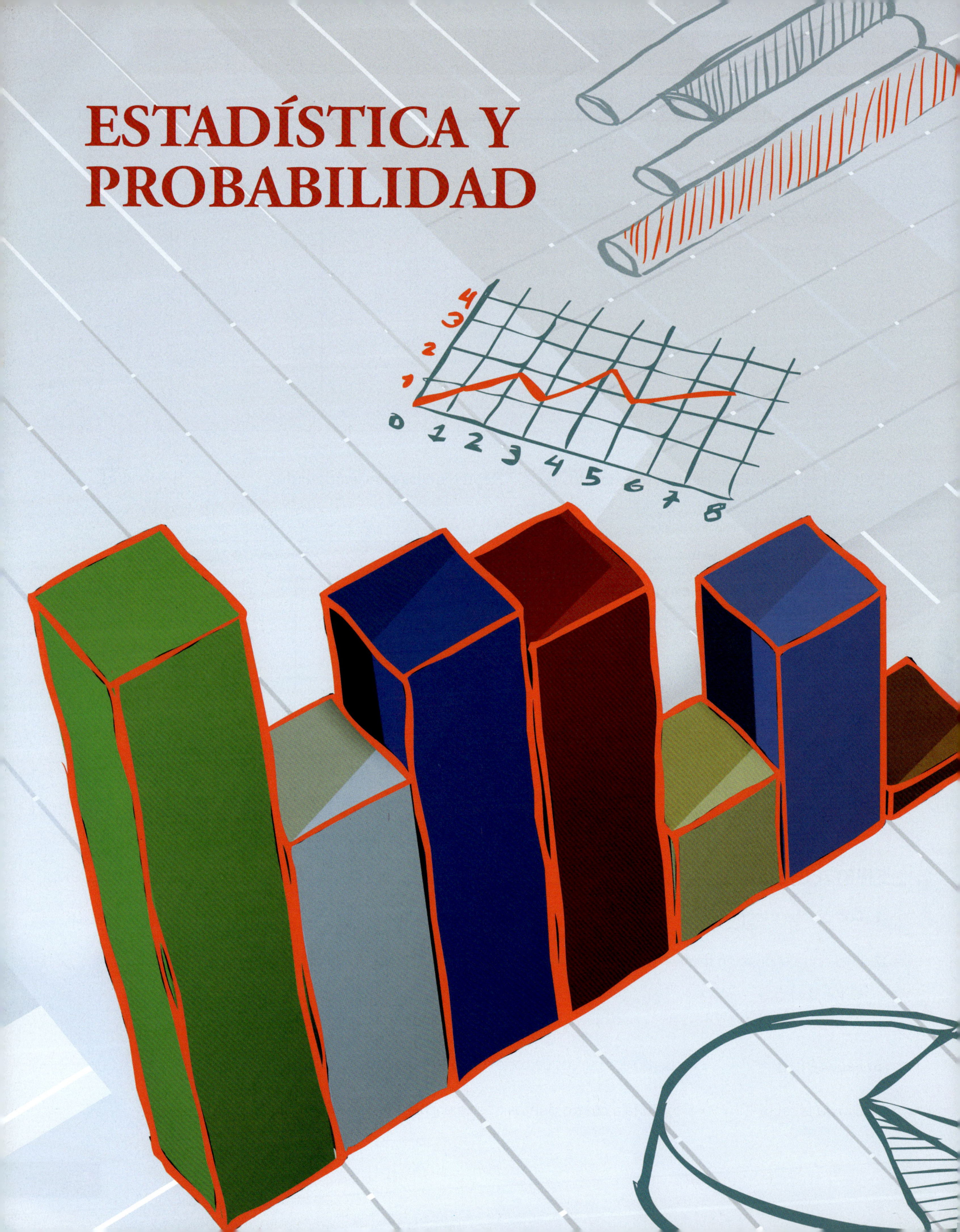

Los accionistas de cierta empresa temen que sus beneficios estén en peligro, pues la competencia ha publicado que las ganancias de dicha empresa están bajando rápidamente, y para demostrarlo, muestra el siguiente gráfico.

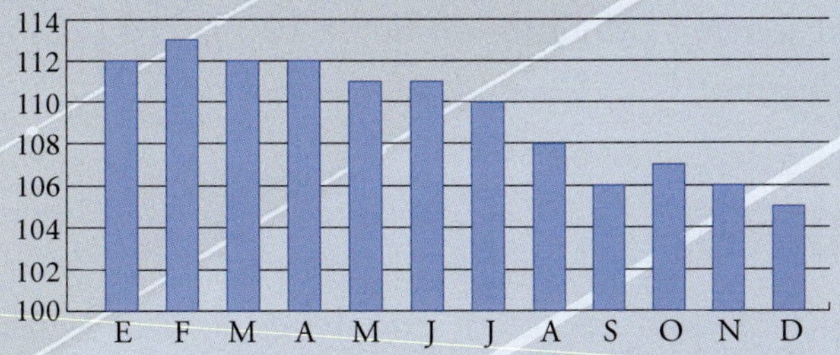


El presidente de la empresa, preocupado por el asunto, reconoce que la empresa ha tenido menos beneficios según avanzaba el año, pero que la situación no es tan dramática como quiere hacer ver la competencia. Para convencer a sus accionistas, les muestra él también un gráfico.

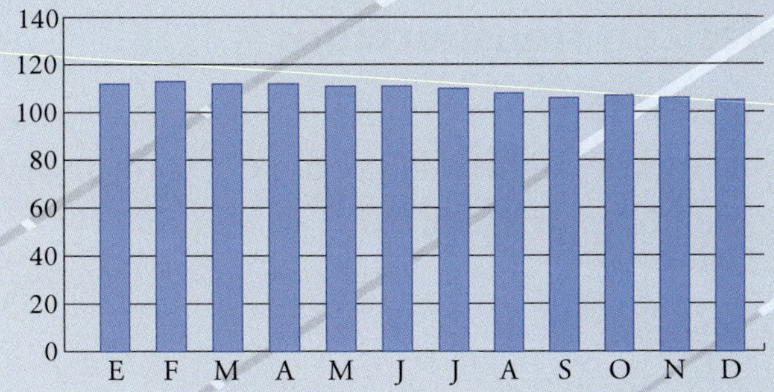


Ambos parecen tener razón, y han apoyado sus argumentos con un gráfico estadístico que muestra la misma realidad, aunque parezcan datos distintos. ¿Cuál de los dos empresarios tiene razón? ¿Dónde está la *trampa*?

Este tipo de situaciones se dan muy frecuentemente en la realidad: en temas económicos, políticos, publicitarios, etc. Seguro que observando detenidamente podrías encontrar algún ejemplo en la prensa, en la televisión o en Internet.

La estadística y la probabilidad son de mucha ayuda en la vida real, y aparecen a menudo en los medios de comunicación, como se ha comentado. Por ello, es muy importante saber interpretar la información que nos proporciona, que es de gran utilidad, y, por otro lado, no dejarnos engañar si alguien hace alguna *trampa*...

## INTERPRETA Y RESUELVE

En el texto de esta página, ¿cuál es el gráfico correctamente realizado? ¿Qué cualidad tiene el otro gráfico para conseguir dar una idea errónea de la realidad?

# REPASA

## Porcentajes, decimales y fracciones

Para pasar **de fracción a decimal** dividimos el numerador entre el denominador, y para obtener la fracción generatriz de un decimal exacto ponemos en el numerador el número sin coma y en el denominador la unidad seguida de tantos ceros como cifras decimales.

El paso de porcentaje a decimal se realiza dividiendo entre 100 la cifra del porcentaje y el paso inverso, multiplicando por 100 el número decimal.

## Reglas de tres simples directas

Para resolver reglas de tres simples directas recuerda que debes colocar los datos en una tabla y despejar la incógnita, tal como sigue:

| | | |
|---|---|---|
| **Harina (g)** | 100 | 320 |
| **Pan (g)** | 150 | $x$ |

$$x = \frac{150 \cdot 320}{100} = 480 \text{ g de pan}$$

## Representación de ángulos con transportador

Para representar ángulos consecutivos con transportador, tendremos especial cuidado en que, una vez representado uno de ellos y para representar el siguiente, la base del transportador se sitúe siempre sobre el lado común a los dos ángulos que queremos representar.

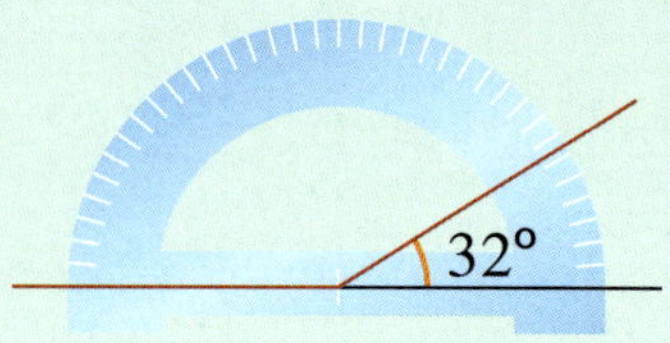


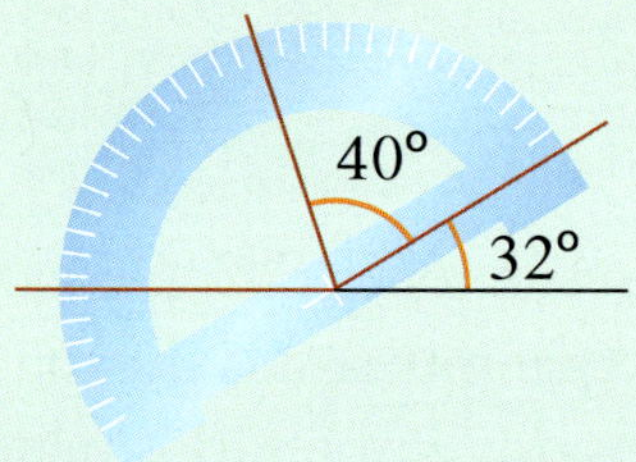


### EJERCICIOS

**1.** Completa la siguiente tabla que relaciona los porcentajes con los números decimales y las fracciones:

| Fracción | Decimal | Porcentaje |
|---|---|---|
| $\frac{3}{5}$ | | |
| | 0,562 | |
| | | 32,5 |
| | | 165 |
| | 1,24 | |
| $\frac{7}{4}$ | | |

**2.** Queremos repartir una pizza entre 5 personas. ¿De cuántos grados será cada sector?

**3.** Representa ángulos de 120° y 80° de forma consecutiva utilizando un transportador de ángulos.

- ESTADÍSTICA
  - Conceptos básicos
    - Población
    - Muestra
    - Variables estadísticas
      - Cuantitativas
      - Cualitativas
  - Organización de datos. Tablas de frecuencias
- REPRESENTACIÓN GRÁFICA DE DATOS
  - Diagrama de barras
  - Diagrama de sectores
- TRATAMIENTO DE DATOS. PARÁMETROS ESTADÍSTICOS. MEDIDAS DE CENTRALIZACIÓN Y DISPERSIÓN
  - Moda
  - Media
  - Mediana
  - Rango
- PROBABILIDAD
  - Experimentos aleatorios
    - Tipos de sucesos
      - Espacio muestral
      - Suceso seguro
      - Suceso imposible
      - Suceso contrario
    - Operaciones con sucesos
      - Unión
      - Intersección
  - Probabilidad teórica
    - Regla de Laplace
    - Recuentos de casos. Diagramas de árbol
  - Probabilidad experimental

# 1. Estadística

Cuando en las elecciones se hacen sondeos para prever los resultados de las votaciones, no se pregunta a toda la población, pero sí se generalizan los resultados que se obtienen a toda la región donde se realiza la votación.

## 1.1. Conceptos básicos

La **estadística** es la rama de las matemáticas que nos permite:

- Hacer estudios a cierto grupo de personas o elementos, que reciben el nombre de **muestra**, de manera que esos resultados se puedan extender a un grupo mucho más grande, llamado **población**.
- Organizar y resumir la información que se extrae de esos estudios para que se puedan interpretar fácilmente.

Las características que se quieren conocer reciben el nombre de **variable estadística** y puede ser de dos tipos:

- **Cualitativa**: si describe una propiedad no numérica.
- **Cuantitativa**: si la característica que se estudia se puede medir, es numérica.

### CUIDADO

La muestra no se puede coger de cualquier manera, debe ser representativa de la población para que los resultados que se obtengan se puedan generalizar a la misma.

Por ejemplo, en una encuesta sobre el tipo de películas de cine que se van a ver, no podemos limitarnos a preguntar a niños menores de 7 años, porque el resultado no podría ser generalizable a la población completa.

## 1.2. Organización de datos. Tablas de frecuencias

Los datos recogidos se suelen organizar en tablas de frecuencias que nos permiten averiguar el número de veces que se repite cada dato, **frecuencia absoluta** ($f$), y la proporción que representa ese dato respecto al conjunto completo, **frecuencia relativa** ($h$).

La frecuencia relativa es el cociente de cada frecuencia absoluta entre el número total de datos ($n$), $h = \frac{f}{n}$ Es también habitual expresar las frecuencias relativas en forma de porcentaje.

### EJERCICIOS RESUELTOS

1. Se ha realizado una encuesta sobre el género de películas preferido y se han obtenido los siguientes resultados:

| | |
|---|---|
| Comedia | ///// /// |
| Acción | ///// ///// / |
| Animación | ///// //// |
| Terror | //// |
| Suspense | ///// ///// |
| Ciencia ficción | ///// ///// /// |

Realiza una tabla de frecuencias para organizar los datos recogidos.

### OBSERVA

La suma de las frecuencias relativas debe ser 1, o en caso de haber hecho redondeos en los decimales, aproximarse mucho a 1.

## EJERCICIOS RESUELTOS

| Dato | *f* | *h* | % |
|---|---|---|---|
| Comedia | 8 | 0,145 | 14,5 |
| Acción | 11 | 0,2 | 20 |
| Animación | 9 | 0,164 | 16,4 |
| Terror | 4 | 0,073 | 7,3 |
| Suspense | 10 | 0,182 | 18,2 |
| Ciencia ficción | 13 | 0,236 | 23,6 |
| | $n = 55$ | suma = 1 | suma = 100 |

Solución

## EJERCICIOS

**1.** ●○○ **CL** Determina cuál es la población y cuál es la muestra en cada una de las opciones. Además, averigua la variable estadística y clasifícala.

*a)* Se quiere hacer un estudio sobre el tiempo medio que llevan desempleados los parados en España. Para ello se ha hecho una encuesta a 100 parados de cada comunidad autónoma.

*b)* Se ha preguntado telefónicamente por el número de tarjetas de crédito que existen en cada hogar de tu provincia. Se han realizado 1 500 llamadas.

*c)* Se quiere saber la intención de voto unos días antes de unas elecciones generales. Se ha hecho una encuesta a 6 000 personas al azar residentes en España y mayores de edad.

*d)* Una empresa de alquiler de coches busca el modelo de vehículo más apropiado para su negocio. Por ello, pregunta en 50 talleres de reparación a uno de sus clientes por el coche que alquilaría. La empresa está localizada en una pequeña ciudad catalana.

**2.** ●○○ Decide si las siguientes muestras son o no representativas. Razona tu respuesta.

*a)* Preguntar sobre los estudios posteriores que se van a realizar a 100 chicas de un instituto.

*b)* Preguntar sobre el uso o no de transporte público en una parada de bus urbano.

*c)* Escoger a 5 personas para decidir la intención de voto en unas elecciones generales.

*d)* Hacer una encuesta sobre hábitos de lectura en España a 300 personas mayores de 55 años.

**3.** ●○○ Organiza los siguientes datos en una tabla de frecuencias:

0 2 5 3 1 4 3 2 1 0
4 3 4 2 5 3 1 1 0 2
5 4 3 2 0 0 2 5 3 3

**4.** ●●○ Agrupa los datos y realiza una tabla de frecuencias.

*A C D F*
*C C D B*
*A F E D*
*A B C E*
*E D F A*

**5.** ●●● **CA, CI** Copia y completa la siguiente tabla de frecuencias:

| Dato | *f* | *h* | % |
|---|---|---|---|
| Rojo | 120 | 0,24 | |
| Verde | | | 7 |
| Azul | | 0,12 | |
| Amarillo | | | |
| Violeta | | | 15 |
| | $n = 500$ | | |

# 2. Representación gráfica de datos

Si queremos extraer información de una manera rápida y visual, tenemos que organizar los datos de forma gráfica. Existen multitud de gráficos diferentes para representarlos, pero nos vamos a centrar en dos: los **diagramas de barras** y los **diagramas de sectores**.

## 2.1. Diagramas de barras

Consiste en un gráfico en el que se presentan las frecuencias absolutas en forma de barra sobre el dato correspondiente. De esta manera y de un rápido vistazo podemos ver qué dato es el más repetido, por ejemplo.

## 2.2. Diagrama de sectores

Este gráfico consiste en un círculo dividido en sectores, tanto más grandes cuanto mayor sea la frecuencia absoluta de cada uno de los datos.

**OBSERVA**

Se puede dibujar una línea formada por segmentos que unan las partes más altas de las barras de un diagrama. Esta línea recibe el nombre de *polígono de frecuencias*.

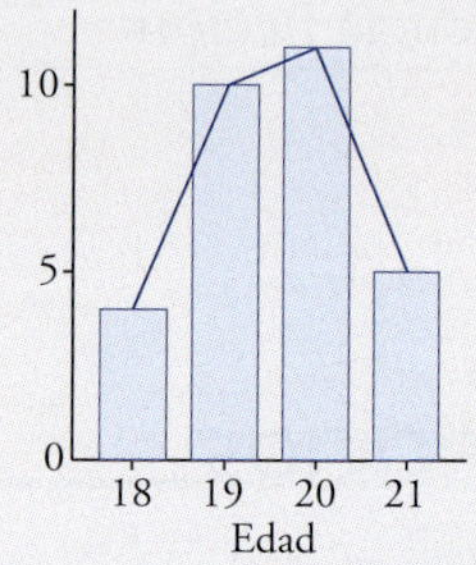


**OBSERVA**

Las barras deben ser del mismo grosor y deben estar separadas unas de otras. Si las encuentras juntas se trata de otro tipo de gráfico que se llama **histograma**.

**OBSERVA**

En los diagramas de barras, lo más habitual es colocar los datos en el eje *X*. Este eje no tiene por qué estar graduado, aunque es recomendable que si los datos son numéricos estén colocados en orden creciente para evitar errores en las interpretaciones. El eje *Y* debe estar graduado, pues debe medir las frecuencias absolutas: dependiendo del tipo de valores en el que nos estemos moviendo graduaremos este eje de una manera u otra.

## EJERCICIOS RESUELTOS

1. Realiza el diagrama de barras con su polígono de frecuencias del siguiente grupo de datos:

| Dato | $f$ |
|---|---|
| Rojo | 7 |
| Azul | 9 |
| Verde | 2 |
| Amarillo | 10 |
| Naranja | 8 |

El diagrama de barras sería el siguiente:

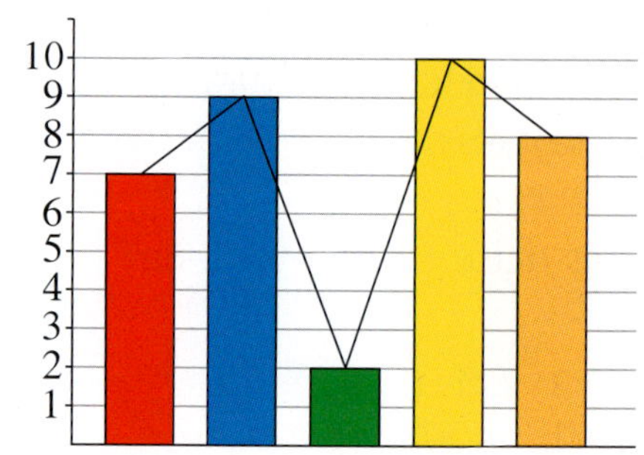


Solución

## EJERCICIOS RESUELTOS

2. Realiza el diagrama de sectores de los datos anteriores.

Para realizar el diagrama de sectores, necesitamos averiguar los grados de cada uno de los sectores. Para ello, como en total hay $7+9+2+10+8=36$ datos, podemos deducir que si existiera un dato de frecuencia absoluta 1, le corresponderían $360:36=10°$.

| Dato | $f$ | ° |
|---|---|---|
| Rojo | 7 | $7\cdot10=70$ |
| Azul | 9 | $9\cdot10=90$ |
| Verde | 2 | $2\cdot10=20$ |
| Amarillo | 10 | $10\cdot10=100$ |
| Naranja | 8 | $8\cdot10=80$ |

La representación en sectores quedaría:

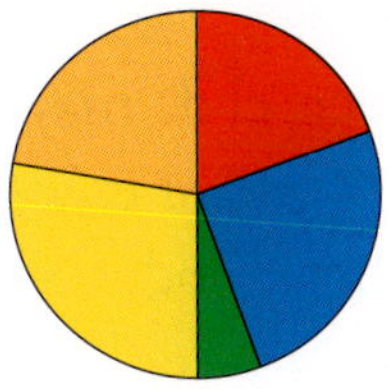

Solución

## EJERCICIOS

6. ●○○ Dada la siguiente tabla de frecuencias, realiza el diagrama de barras, y el diagrama de sectores correspondiente:

| Dato | $f$ |
|---|---|
| Mesa | 3 |
| Silla | 2 |
| Armario | 8 |
| Sillón | 2 |
| Butaca | 5 |
| Taburete | 1 |

7. ●○○ Dada la siguiente tabla de frecuencias, realiza el diagrama de barras, el poligono de frecuencias y el de sectores correspondiente:

| Dato | $f$ |
|---|---|
| 55 | 15 |
| 58 | 23 |
| 62 | 20 |
| 65 | 5 |
| 70 | 37 |

8. ●●○ Dado el siguiente diagrama de barras, obtén la tabla de frecuencias y el diagrama de sectores correspondiente:

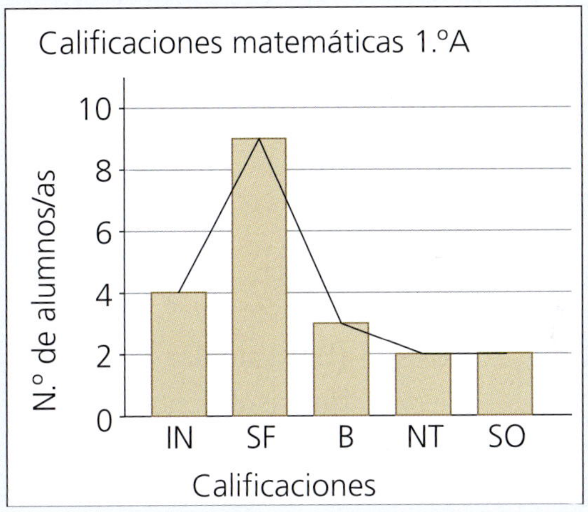


9. ●●● A partir del diagrama de sectores que presentamos a continuación, elabora el de barras y la tabla de frecuencias asociada a dicho conjunto de datos, en las siguientes dos situaciones:

*a)* Si el estudio se ha hecho sobre un total de 5 000 personas.

*b)* Si aquellas que han respondido juguetes son 875 personas.

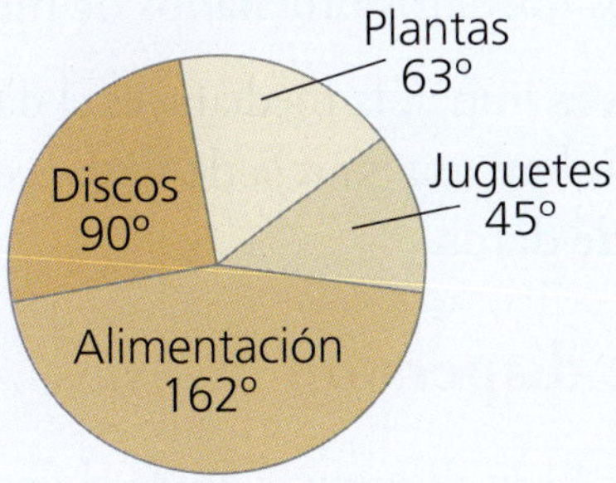

# 3. Tratamiento de datos. Parámetros estadísticos: Medidas de centralización y dispersión

Los **parámetros estadísticos** nos permiten estudiar y comparar los resultados para extraer conclusiones que podemos extender a toda la población.

**OBSERVA**

La moda se puede calcular tanto de variables cuantitativas como cualitativas.

## 3.1. Medidas de centralización

- **Moda** (*Mo*): Es el **dato que más aparece**, el de mayor frecuencia absoluta. Siempre existe y no tiene por qué ser único: si existen varios datos con la misma frecuencia absoluta y esta es la mayor, todos ellos serían la moda.

- **Media** ($\bar{x}$): Es el **promedio** de todos los datos. Su nombre más formal es **media aritmética**. Se obtiene dividiendo la suma de todos los datos recogidos entre el número total de datos.

**USA LA CALCULADORA**

La calculadora científica nos permite introducir datos en la memoria de la calculadora y calcular medidas de centralización. Debes usar su modo estadístico SD o STAT.

**EJERCICIOS RESUELTOS**

1. Calcula la media y la moda de los siguientes datos:

5 8 6 7 10 2 9 8 7 5 1 0

Media: $\frac{5+8+6+7+10+2+9+8+7+5+1+0}{12} = 5{,}67$

La moda son los datos 5, 7 y 8, que aparecen 2 veces cada uno, mientras que el resto aparece únicamente una vez.

Solución

2. Obtén la media y la moda.

| Dato | $f$ |
|---|---|
| 5 | 6 |
| 6 | 5 |
| 7 | 9 |
| 8 | 10 |
| 9 | 2 |
| 10 | 5 |

Para calcular la media necesitamos saber el número total de datos (37 en total, que se obtienen de sumar las frecuencias absolutas) y también debemos aprovechar las frecuencias absolutas para no desplegar los 37 datos en el numerador y agruparlos de la siguiente manera:

$$\bar{x} = \frac{5\cdot 6+6\cdot 5+7\cdot 9+8\cdot 10+9\cdot 2+10\cdot 5}{37} = \frac{30+30+67+80+18+50}{37} = 7{,}32$$

$Mo = 8$, pues es el dato que aparece más veces.

Solución

- **Mediana** (*Me*): Es el valor que se sitúa en la **posición central**, una vez que hemos colocado todos los datos ordenados de menor a mayor.

Si el número de datos es impar, la mediana es el dato central, y si el número de datos es par, como hay una pareja de datos centrales, la mediana es la media de esa pareja de datos.

**OBSERVA**

La media y la mediana se pueden calcular solo de variables cuantitativas.

## 3.2. Medidas de dispersión

- **Rango o recorrido:** Es la diferencia entre el dato mayor y el menor. Se denota con *R*.

## EJERCICIOS RESUELTOS

**1.** ¿Cuál es la mediana de los siguientes datos?

*a)* 8, 9, 5, 1, 0, 4, 7, 6, 5, 2, 6 *b)* 1, 0, 5, 9, 8, 7, 10, 6, 5, 3

*a)* Lo primero que debemos hacer para calcular la mediana es ordenar los datos de forma creciente.

0 1 2 4 5 5 6 6 7 8 9

Como hay un número impar de datos, la mediana será el dato central. Para ello podemos ir eliminando datos de los extremos por parejas, hasta localizar el que ocupe el centro.

Paso 1: ~~0~~ 1 2 4 5 5 6 6 7 8 ~~9~~
Paso 2: ~~0~~ ~~1~~ 2 4 5 5 6 6 7 ~~8~~ ~~9~~
Paso 3: ~~0~~ ~~1~~ ~~2~~ 4 5 5 6 6 ~~7~~ ~~8~~ ~~9~~
Paso 4: ~~0~~ ~~1~~ ~~2~~ ~~4~~ 5 5 6 ~~6~~ ~~7~~ ~~8~~ ~~9~~
Paso 5: ~~0~~ ~~1~~ ~~2~~ ~~4~~ ~~5~~ 5 ~~6~~ ~~6~~ ~~7~~ ~~8~~ ~~9~~

$Me = 5$

*b)* Ordenamos los datos de menor a mayor:

0 1 3 5 5 6 7 8 9 10

En este caso tenemos un número par de datos, así que la mediana será la media entre los dos datos que ocupan las posiciones centrales. Procediendo como antes:

Paso 1: ~~0~~ 1 3 5 5 6 7 8 9 ~~10~~
Paso 2: ~~0~~ ~~1~~ 3 5 5 6 7 8 ~~9~~ ~~10~~
Paso 3: ~~0~~ ~~1~~ ~~3~~ 5 5 6 7 ~~8~~ ~~9~~ ~~10~~
Paso 4: ~~0~~ ~~1~~ ~~3~~ ~~5~~ 5 6 ~~7~~ ~~8~~ ~~9~~ ~~10~~

$$Me = \frac{5+6}{2} = 5{,}5$$

Solución

## EJERCICIOS

**10.** ●○○ Encuentra todas las medidas de centralización y de dispersión que has estudiado de estas series de datos.

*a)* 25, 32, 28, 5, 17, 25, 40, 35, 17, 20, 13, 28

*b)* 1, 5, 8, 7, 6, 5, 0, 9, 5, 6, 4

**11.** ●●○ Obtén la media, moda y mediana (en el caso de que sea posible) de los siguientes datos agrupados en tabla de frecuencias:

*a)*

| Dato | *f* |
|---|---|
| 1 | 10 |
| 2 | 5 |
| 3 | 2 |
| 4 | 4 |
| 5 | 10 |

*b)*

| Dato | *f* |
|---|---|
| Baloncesto | 7 |
| Fútbol | 8 |
| Patinaje | 9 |
| Béisbol | 5 |
| Atletismo | 2 |

**12.** ●●● **CD** Realiza la tabla de frecuencias, los diagramas de barras y sectores, el polígono de frecuencias, y calcula las medidas de centralización de los siguientes datos. Comprueba el resultado con tu calculadora en modo estadístico.

| Dato | *f* |
|---|---|
| 105 | 1 |
| 200 | 3 |
| 220 | 2 |
| 350 | 8 |
| 400 | 6 |

**13.** ●●● **CA** Encuentra el dato que falta en cada caso si conocemos las medidas de centralización que se indican (en algún caso puede haber varias soluciones).

*a)* $Mo = A$ y $E$

| Dato | *f* |
|---|---|
| *A* | 7 |
| *B* | |
| *C* | 2 |
| *D* | 4 |
| *E* | |

*b)* $\bar{x} = 2{,}4$

| Dato | *f* |
|---|---|
| 0 | |
| 1 | 3 |
| 2 | 5 |
| 3 | 9 |
| 4 | 8 |

*c)* $Me = 1{,}5$

| Dato | *f* |
|---|---|
| 0 | 5 |
| 1 | |
| 2 | |
| 3 | 1 |
| 4 | 4 |

# 4. Probabilidad

## 4.1. Experimentos aleatorios. Tipos de sucesos

La **probabilidad** es la parte de las matemáticas que permite medir la incertidumbre, la inseguridad de un suceso y proporcionarnos información acerca de la posibilidad de que ocurra o no.

En esta unidad nos vamos a centrar en los **experimentos aleatorios**, que son los que estudia la probabilidad: no conocemos qué va a ocurrir, no podemos predecirlo. El azar decide el resultado. Por ejemplo, «lanzar un dado». En otro tipo de experimento recibe el nombre de **determinista** y no depende de la suerte. Por ejemplo, calcular el área de un cuadrado conocido el lado.

**OBSERVA**

Los sucesos se suelen denotar con letras mayúsculas o palabras o frases completas.

Definimos **espacio muestral**, y se denota con la letra *E*, como el conjunto de todos los resultados posibles en un experimento aleatorio. Cada uno de estos posibles resultados recibe el nombre de **caso** o **suceso elemental**. Por ejemplo, «sacar 2» cuando se tira un dado es un suceso elemental.

Si el resultado agrupa varios casos a la vez, recibe el nombre de **suceso compuesto** o, simplemente, **suceso**. Por ejemplo, «sacar par» al tirar un dado es un suceso, pero no es un suceso elemental, porque abarca «sacar 2, 4 o 6».

**OBSERVA**

Cuando descomponemos un suceso en cada uno de los casos que lo componen, estos se suelen colocar entre llaves.

Por ejemplo, el suceso «sacar impar al tirar un dado» = $\{1, 3, 5\}$.

Otros tipos de sucesos:

- **Suceso seguro**: aquel que ocurre con total seguridad. Coincide con el espacio muestral, *E*.
- **Suceso imposible**: aquel que, con total seguridad, no ocurrirá. Se denota con el símbolo $\varnothing$.
- **Suceso contrario** (a otro): aquel que ocurre cuando no ocurre el segundo. Si $S$ es un suceso, su contrario se denota $\overline{S}$.

### EJERCICIOS RESUELTOS

**1.** Dados los siguientes experimentos aleatorios, determina el espacio muestral, un suceso elemental, uno compuesto y uno imposible:

*a)* Lanzar un dado en forma de tetraedro con sus caras numeradas del 1 al 4 y mirar la cara que queda oculta.

*b)* Tirar un dardo a una diana como la de la ilustración y observar en qué color queda colocado.

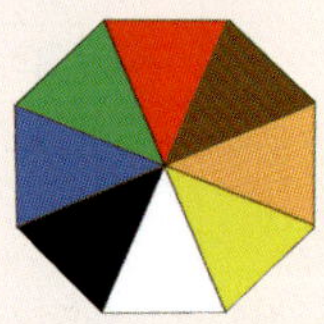

*a)* $E = \{1, 2, 3, 4\}$; Suceso elemental = $\{2\}$; Suceso compuesto = $\{1, 3\}$; Suceso imposible = $\{6\}$

*b)* $E$ = {rojo, verde, azul, negro, blanco, amarillo, naranja, marrón}; Suceso elemental = {verde}; Suceso compuesto = {rojo, negro}; Suceso imposible = {violeta}

Solución

## 4.2. Operaciones con sucesos

- **Unión** de $A$ y $B$, $A \cup B$, es un nuevo suceso formado por todos los casos de $A$ y $B$ (eliminando los repetidos si los hubiera, para que solo aparezcan una vez). Se verifica cuando ocurre $A$ o $B$.
- **Intersección** de $A$ y $B$, $A \cap B$, es un nuevo suceso formado únicamente por los sucesos elementales comunes a $A$ y a $B$. Se verifica cuando ocurren $A$ y $B$ a la vez.

### EJERCICIOS RESUELTOS

1. Calcula en cada caso la operación que se indica según los sucesos dados, y detalla los casos que conforman el resultado de dicha operación.

*a)* Sacar impar o 4 al tirar un dado cúbico.
*b)* Sacar par y múltiplo de tres al tirar un dado cúbico.
*c)* Sacar par y negro al jugar a la ruleta.
*d)* Sacar múltiplo de 5 o rojo al jugar a la ruleta.

*a)* $\{1, 3, 5\} \cup \{4\} = \{1, 3, 4, 5\}$

*b)* $\{2, 4, 6\} \cap \{3, 6\} = \{6\}$

*c)* $\{0, 2, 4, 6, 8, 10, ..., 32, 34, 36\} \cap \{2, 4, 6, 8, 10, 11, 13, 15, 17, 20, 22, 24, 26, 28, 29, 31, 33, 35\} =$
$= \{2, 4, 6, 8, 10, 20, 22, 24, 26, 28\}$

*d)* $\{0, 5, 10, 15, 20, 25, 30, 35\} \cup \{1, 3, 5, 7, 9, 12, 14, 16, 18, 19, 21, 23, 25, 27, 30, 32, 34, 36\} =$
$= \{0, 1, 3, 5, 7, 9, 10, 12, 14, 15, 16, 18, 19, 20, 21, 23, 25, 27, 30, 32, 34, 35, 36\}$

Solución

### EJERCICIOS

**14.** ●○○ Escribe cada uno de los casos de los siguientes sucesos:

*a)* Sacar una figura en una baraja española.
*b)* Sacar un as en una baraja francesa.
*c)* Sacar un número primo escogiendo valores dentro de un billete de lotería primitiva.
*d)* Sacar dos números pares al lanzar dos dados cúbicos.

**15.** ●○○ Escribe un suceso seguro y uno imposible en cada uno de los siguientes experimentos:

*a)* Escoger uno de los valores de la quiniela.
*b)* Llamar al azar a un timbre de un edificio de 5 plantas (bajo, 1.ª, 2.ª, 3.ª y ático).
*c)* Mirar el número de un billete de Lotería de Navidad.
*d)* Escoger una letra al azar de tu nombre.

**16.** ●●○ En el lanzamiento de un dado octaédrico con sus caras numeradas consideramos los siguientes sucesos:

$A$ = «salir impar»
$B$ = «salir múltiplo de 3»
$C$ = «salir un número menor que 6»

*a)* Escribe los sucesos elementales que conforman $A$, $B$ y $C$.
*b)* Calcula $A \cup B$, $A \cap C$, $B \cup C$ y $\overline{B}$.

**17.** ●●● @ Investiga sobre las leyes de De Morgan en Internet. Calcula $\overline{A \cap B}$ y $\overline{B \cup C}$ siendo $A$, $B$ y $C$ los sucesos del ejercicio anterior.

**18.** ●●○ @ Investiga sobre los diagramas de Venn en Internet. Dibuja por medio de diagramas de Venn:

*a)* $A \cup B$  *b)* $A \cap B$  *c)* $\overline{A}$

# 5. Probabilidad teórica. Regla de Laplace

La probabilidad de un suceso mide la posibilidad de que ocurra. La probabilidad es un número entre 0 y 1, donde 0 indica que el suceso es imposible y 1 que el suceso es seguro. Se denota con $p$, de forma que la probabilidad del suceso $A$ se escribe $p(A)$.

Si en el experimento que estamos realizando todos los casos son **equiprobables**, es decir, tienen la misma probabilidad, podemos calcular la probabilidad de un suceso aplicando la regla de Laplace:

$$\textbf{Probabilidad de un suceso} = \frac{\textbf{Número de casos favorables}}{\textbf{Número de casos posibles}}$$

donde el número de casos favorables se refiere a la cantidad de casos del suceso del que queremos saber su probabilidad y el número de casos posibles es el número de casos del espacio muestral.

**RECUERDA**

Es muy habitual expresar la probabilidad en porcentajes. Para pasar de la forma decimal al porcentaje debemos multiplicar por 100 al decimal, y para obtener el decimal a partir del porcentaje, debemos dividirlo entre 100.

## 5.1. Recuento de casos. Diagrama de árbol

A veces los experimentos aleatorios son complejos y es complicado contar el número de casos posibles o favorables. Nos podemos ayudar en estos casos de diagramas de árbol.

### EJERCICIOS RESUELTOS

**1.** Calcula la probabilidad de cada uno de los siguientes sucesos al tirar un dado:

*a)* «Sacar un 6»

*b)* «Sacar un 3»

*c)* «Sacar un número par»

*d)* «Sacar un número menor que 5»

El espacio muestral del experimento «tirar un dado» está formado por $E = \{1, 2, 3, 4, 5, 6\}$, por lo que son 6 los casos posibles.

*a)* El suceso «sacar un 6» = $\{6\}$, por tanto, consta de 1 único caso favorable.

$p(\text{sacar un } 6) = \frac{1}{6}$

*b)* «Sacar un 3» = $\{3\}$, luego: $p(\text{sacar un } 3) = \frac{1}{6}$

*c)* En este caso, «sacar un número par» = $\{2, 4, 6\}$ que suman 3 casos favorables.

$p(\text{sacar par}) = \frac{3}{6} = \frac{1}{2}$

*d)* «Sacar un número menor que 5» = $\{1, 2, 3, 4\}$

$p(\text{sacar un número menor que } 5) = \frac{4}{6} = \frac{2}{3}$

Solución

## EJERCICIOS RESUELTOS

**2.** Realiza un diagrama de árbol para el experimento «tirar un dado y una moneda» y calcula las siguientes probabilidades:

*a)* «Salir par y cara» *b)* «Salir cruz» *c)* «Salir 3» *d)* «Salir un número menor que 3 o cruz»

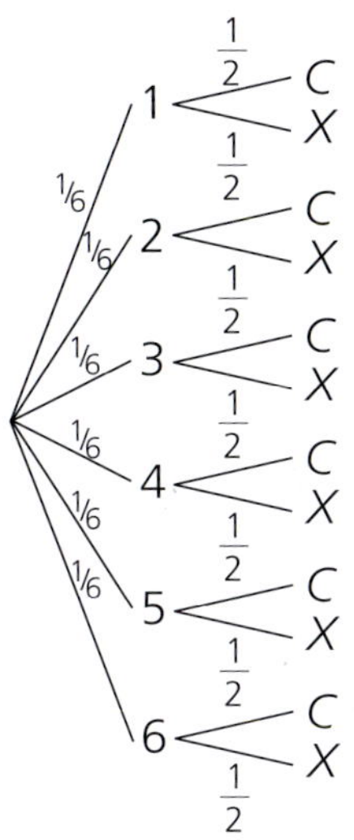


Como se puede observar, el experimento consta de 12 casos posibles, pues es el número de ramas totales que encontramos al final de nuestro árbol.

*a)* «Salir par y cara» $= \{(2, C), (4, C), (6, C)\}$. Por tanto, son 3 casos favorables.

$p(\text{par y cara}) = \frac{3}{12} = \frac{1}{4}$

*b)* «Salir cruz» $= \{(1, X), (2, X), (3, X), (4, X), (5, X), (6, X)\}$

$p(\text{cruz}) = \frac{6}{12} = \frac{1}{2}$

*c)* «Salir 3» $= \{(3, C), (3, X)\}$, luego: $p(\text{salir 3}) = \frac{2}{12} = \frac{1}{6}$

*d)* «Salir un número menor que 3 o cruz» $= \{(1, C), (2, C), (1, X), (2, X), (3, X), (4, X), (5, X), (6, X)\}$

$p(\text{salir un número menor que 3 o cruz}) = \frac{8}{12} = \frac{2}{3}$

Solución

## 5.2. Probabilidad experimental

La probabilidad experimental calcula la probabilidad de un suceso en base a un experimento aleatorio. Se calcula obteniendo la **frecuencia relativa**.

Si hacemos pocas repeticiones del experimento, es posible que la probabilidad experimental difiera algo de la teórica. Sin embargo, a medida que el número de pruebas aumente, las dos probabilidades serán cada vez más parecidas.

## EJERCICIOS RESUELTOS

**1.** Se ha realizado un experimento y se han obtenido los siguientes resultados:

| Resultados | Frecuencia absoluta |
|---|---|
| *A* | 523 |
| *B* | 126 |
| *C* | 215 |

¿Cuál sería el valor de la probabilidad experimental para cada uno de los resultados?

Vamos a completar la tabla con las frecuencias relativas:

| Resultados | Frecuencia absoluta | Frecuencia relativa |
|---|---|---|
| *A* | 523 | 0,605 |
| *B* | 126 | 0,146 |
| *C* | 215 | 0,249 |
| | $n = 864$ | |

La probabilidad experimental se aproxima por la frecuencia relativa.

$p(A) = 0{,}605$ $p(B) = 0{,}146$ $p(C) = 0{,}249$

Solución

## EJERCICIOS

**19.** ●○○ Para completar las quinielas existen dados especiales:

Estos dados cúbicos tienen 3 caras con unos, 2 caras con equis y 1 cara con dos.

*a)* Calcula la probabilidad de sacar 1.

*b)* Calcula la probabilidad de no sacar *X*.

*c)* Calcula la probabilidad de sacar 1 o *X*.

*d)* Calcula la probabilidad de no sacar ni 2 ni *X*.

**20.** ●●○ Observa la siguiente caja:

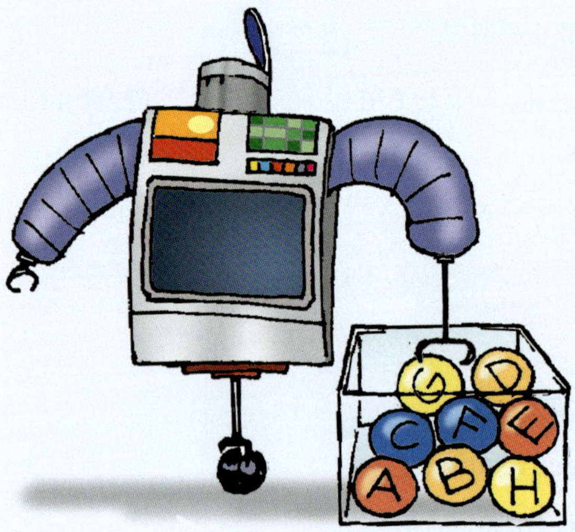


Sacamos una bola y observamos la letra que hay en ella.

*a)* ¿Cuál es la probabilidad de sacar una vocal?

*b)* ¿Cuál es la probabilidad de sacar una letra de nuestro alfabeto?

*c)* ¿Cuál es la probabilidad de sacar *Z*?

**21.** ●●○ Realiza un diagrama de árbol para el experimento formado por tirar tres monedas simultáneamente.

*a)* ¿Cuántos casos tiene el espacio muestral?

*b)* Calcula la probabilidad de que salgan:

*b1)* 3 caras.

*b2)* Menos de 2 cruces.

*b3)* Exactamente 2 caras.

**22.** ●●● **CL, CA, CI** A veces, agrupar los datos que sabemos en tablas nos facilita el cálculo de las probabilidades. Son lo que se llaman tablas de contingencia.

Observa este enunciado:

De los 30 alumnos de una clase, hay 12 chicos, de los cuales 2 llevan gafas. También sabemos que entre las chicas, 15 no llevan gafas.

| | Chicos | Chicas | Total |
|---|---|---|---|
| Gafas | 2 | | |
| No gafas | | 15 | |
| Total | 12 | | 30 |

*a)* Copia y completa la tabla de contingencia.

*b)* ¿Cuál es la probabilidad de seleccionar una chica sin gafas?

*c)* ¿Y la de escoger un chico con gafas?

*d)* ¿Y la probabilidad de que la persona escogida no tenga gafas?

*e)* Si sabemos que hemos escogido una chica, calcula la probabilidad de que lleve gafas.

**23.** ●●○ Se ha hecho un experimento para estudiar el número de casos en los que una tostada con mantequilla cae por el lado de la mantequilla, obteniéndose estos resultados.

| Dato | Frecuencia |
|---|---|
| Cae sobre el lado de la mantequilla. | 7 |
| Cae sobre el lado sin untar. | 2 |

*a)* Completa la tabla con las frecuencias relativas.

*b)* Calcula la probabilidad experimental de este experimento. ¿Te parece que se aproximará a la probabilidad teórica? Razona tu respuesta

Hemos realizado dos gráficos estadísticos en esta unidad: diagramas de barras y diagramas de sectores.

Sin embargo, existen otras muchas formas de representación de los datos. Aquí vamos a tratar los *pictogramas*, los *cartogramas* y las *pirámides de población*.

## Pictogramas

Son un tipo de gráfico estadístico, que en lugar de emplear barras, utiliza figuras de distinto tamaño de forma proporcional a las frecuencias absolutas.

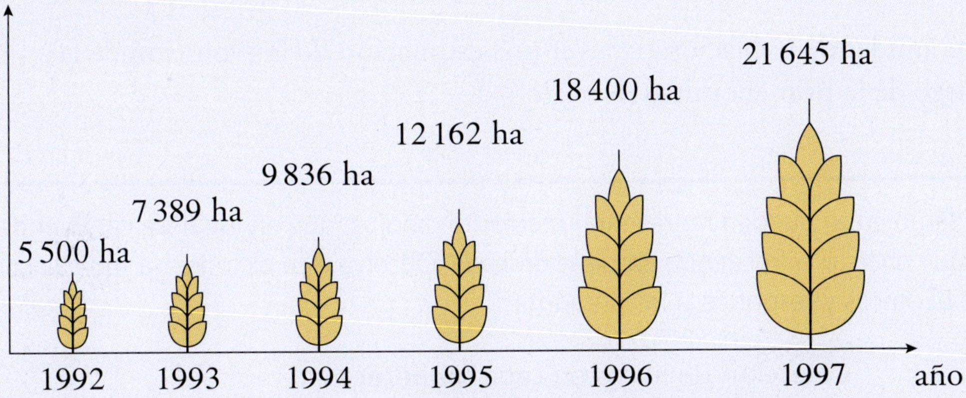


Este pictograma representa la cantidad de hectáreas sembradas de trigo en cierto país a lo largo de cinco años.

## Cartogramas

Son mapas o diagramas que muestran la información mediante variaciones en la intensidad de colores, o utilizando colores distintos en las diferentes áreas representadas.

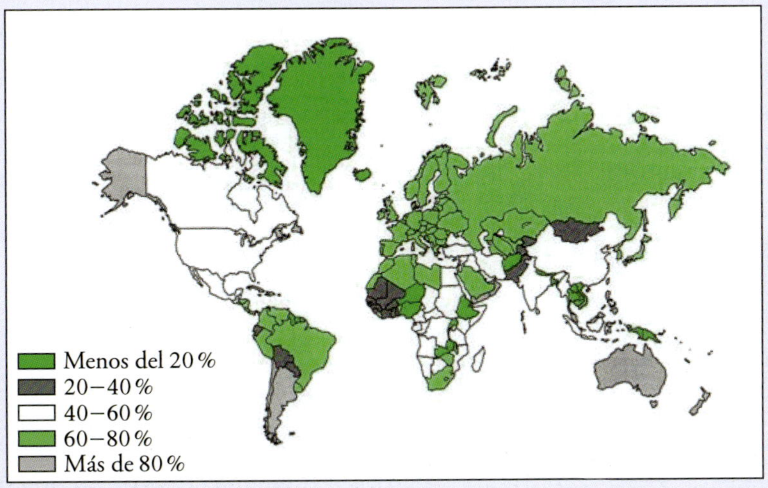


En este cartograma se representa, mediante distintos colores, la urbanización del mundo atendiendo a su industrialización.

## Pirámides de población

Es un diagrama de barras (aunque en este caso las barras se suelen presentar en horizontal) en el que la longitud de cada barra es proporcional a la cantidad de población por cada sexo y edad.

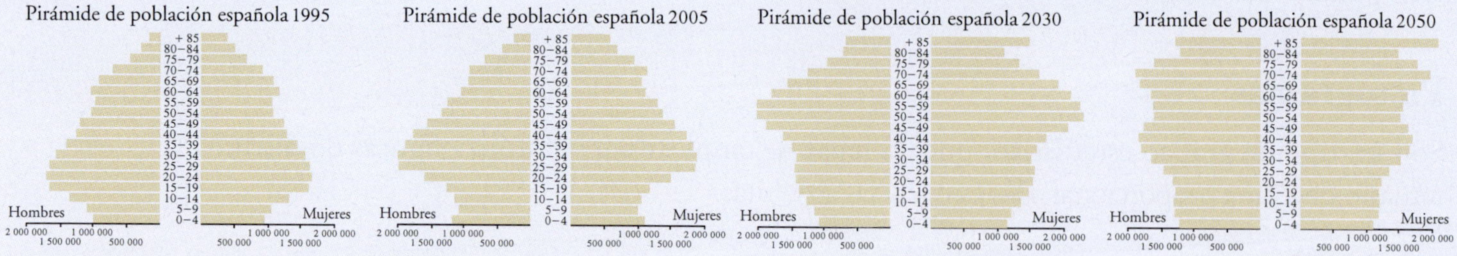


Aquí mostramos cuatro pirámides de población para ver una estimación de la evolución de la población española a lo largo de la primera mitad del siglo XXI.

### EJERCICIOS

**24.** ●●○ Los pictogramas también se pueden representar mediante dibujos, que en lugar de cambiar de tamaño, se repiten hasta conseguir abarcar la frecuencia absoluta deseada. Observa este pictograma sobre la colección de libros que poseen 4 bibliotecas y responde a las preguntas:

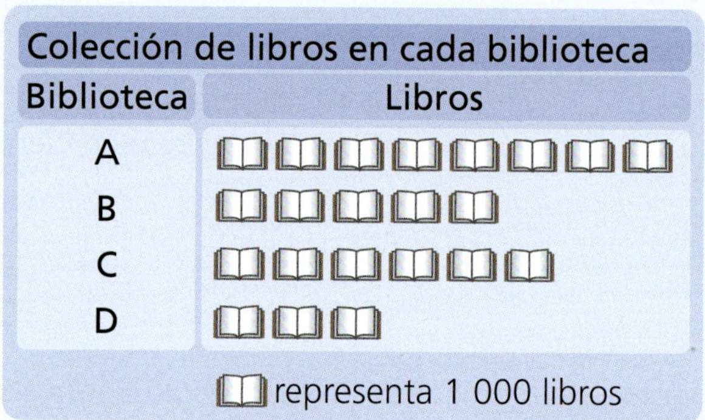


*a)* ¿Qué biblioteca tiene más y cuál tiene menos libros?

*b)* ¿Cuántos ejemplares tiene la biblioteca *C*?

**25.** ●●○ **CD** Este cartograma muestra la concentración de poblaciones autoras de blogs, mediante la intensificación del color verde. Obsérvalo y responde:

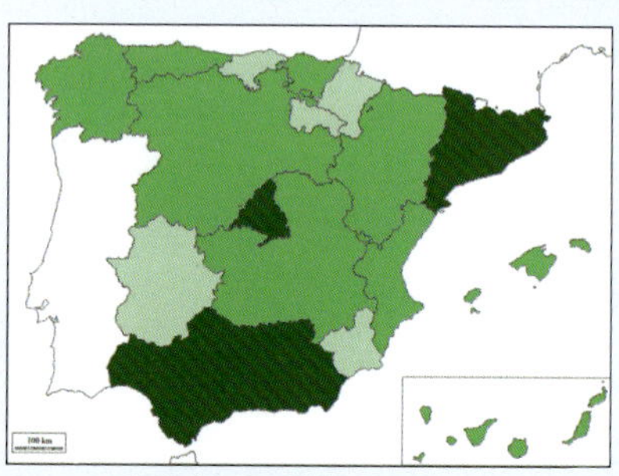

*a)* ¿En qué comunidades autónomas, aproximadamente, hay más concentración de blogueros?

*b)* ¿En qué zonas hay menos?

**26.** ●●○ **CS** Esta pirámide de población corresponde a un país poco desarrollado:

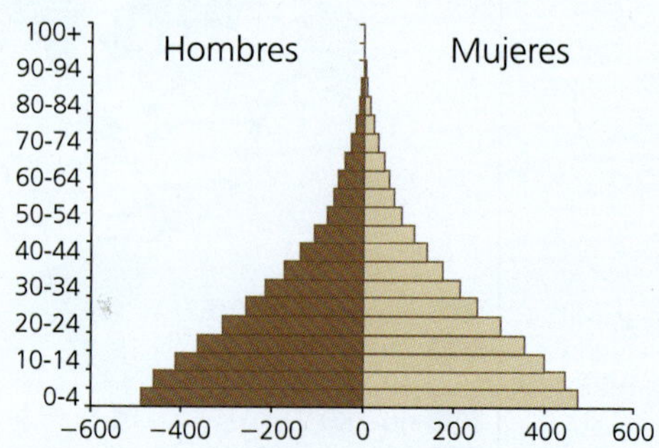


*a)* ¿Por qué crees que es de un país con esta característica?

*b)* ¿Qué forma aproximada tendría la de un país muy desarrollado y con mucha riqueza?

| Estadística | | | |
|---|---|---|---|
| **Conceptos** | **Organización de datos: Tablas de frecuencias** | **Representación de datos: Gráficos estadísticos** | **Estudio de datos: Parámetros de centralización** |
| **Población:** conjunto de individuos sobre el que se quiere extraer información. | **Frecuencia absoluta:** número de veces que aparece cada dato. | **Diagrama de barras:** una barra por cada dato, de altura proporcional a su frecuencia absoluta. | **Moda:** dato que más aparece. |
| **Muestra:** selección de la población a la que se realiza un estudio para extraer la información. Debe ser representativa. | **Frecuencia relativa:** cociente de la frecuencia absoluta y el número total de datos. Se expresa en decimal o porcentaje. | **Diagrama de sectores:** un sector por cada dato, de amplitud proporcional a su frecuencia absoluta. | **Media** (solo de variables cuantitativas): promedio de los datos. |
| **Variable estadística:** objeto de estudio (cualitativa: no se puede medir, o cuantitativa: se le puede asignar cantidades). | | | **Mediana** (solo de variables cuantitativas):<br>– Si el número de datos es impar: valor en la posición central de los datos.<br>– Si el número de datos es par: media de los dos valores en la posición central de los datos |
| | | | **Rango o recorrido:** Diferencia entre el dato mayor y el menor. |

| Probabilidad | | |
|---|---|---|
| **Espacio muestral:** todas las posibilidades que pueden ocurrir al realizar un experimento aleatorio. | **Probabilidad teórica:** valor entre 0 y 1 que mide la posibilidad de que un suceso ocurra. | **Probabilidad experimental** |
| **Suceso elemental o caso:** cada uno de los elementos del espacio muestral.<br>**Suceso compuesto o suceso:** suceso que agrupa varios sucesos elementales. | **Regla de Laplace:**<br>$p = \frac{\text{casos favorables}}{\text{casos posibles}}$<br>(solo para experimentos con todos los casos equiprobables) | La frecuencia relativa de un suceso en un experimento aleatorio se acerca a su probabilidad teórica.<br>La aproximación es más fiable cuantas más pruebas del experimento de hacen. |
| **Suceso seguro**<br>**Suceso imposible**<br>**Suceso contrario** | | |
| **Operaciones:**<br>Unión: $A \cup B =$ ocurre $A$ o $B$ o ambos.<br>Intersección: $A \cap B =$ ocurre $A$ y $B$ a la vez. | | |

## Ejercicios iniciales

**27.** ●●○ ¿Podría representarse la evolución mensual de la empresa del texto inicial con un diagrama de sectores? ¿Por qué?

**28.** ●●○ **CS, CI** Los dos siguientes diagramas de barras están correctamente representados, pero su trazado tiene una intencionalidad clara. ¿Cuál sería el propósito de la persona que ha realizado cada uno de los gráficos al dibujarlos de esta manera?

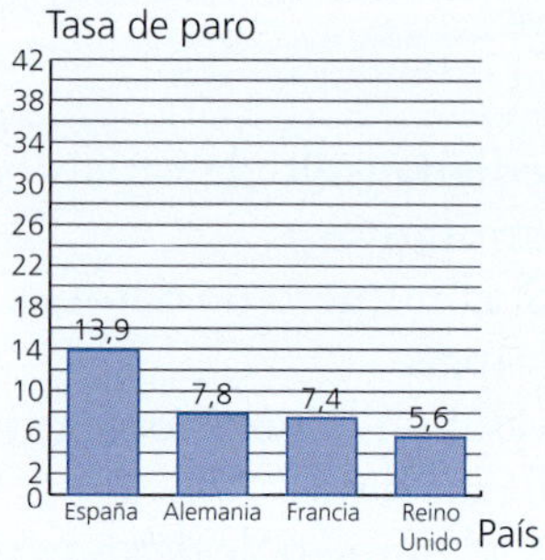


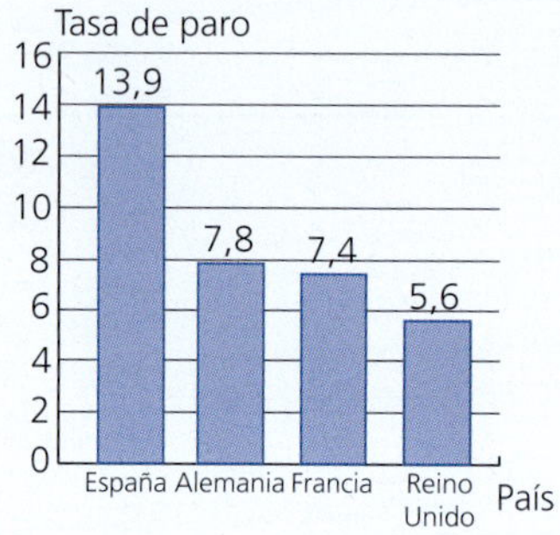


## Estadística

**29.** ●○○ **CL** Indica cuál es la población, la muestra y la variable estadística en cada uno de los siguientes ejemplos:

*a)* Se quiere hacer un estudio sobre el dinero que gasta cada familia en mi localidad durante las rebajas, y para ello se selecciona a un grupo de 250 familias al azar.

*b)* Para saber si las notas de las Pruebas de Acceso a la Universidad han mejorado o no en cierta comunidad autónoma, se selecciona a 500 de los estudiantes que se han examinado.

*c)* Una fábrica de bombillas quiere estimar la duración en horas de sus bombillas. Este estudio se hace a 1 000 bombillas de la fábrica.

**30.** ●●○ **CL** Las siguientes muestras relativas al ejercicio anterior no están bien elegidas, pues no son representativas. Explica por qué en cada caso.

*a)* Las 250 familias elegidas para ver cuál es el gasto en rebajas son todas del mismo barrio.

*b)* Los 500 estudiantes examinados de PAU cumplen o han cumplido la mayoría de edad en dicho año.

*c)* Las bombillas elegidas son las primeras que se fabricaron.

**31.** ●○○ **CL** Di si las siguientes variables estadísticas son cuantitativas o cualitativas:

*a)* Las horas de exposición al sol de los bañistas de una playa.

*b)* El tipo de música que le gusta a cada persona de una fiesta.

*c)* Las calorías diarias que ingiere cada persona de cierta población.

*d)* El color de los muebles expuestos en una tienda de muebles.

**32.** ●○○ **CL** Di cómo son las variables en un estudio sobre los folios que utilizan los estudiantes de un centro educativo.

*a)* El número de folios que gasta un estudiante en un mes.

*b)* La marca de los folios que utiliza cada estudiante.

*c)* Los gramos por metro cuadrado del papel del que están hechos los folios que utiliza cada estudiante.

**33.** ●●○ **CL** Las siguientes variables estadísticas son todas numéricas, sin embargo, algunas son cualitativas. Indica cuáles son cuantitativas y cuáles cualitativas. ¿Por qué, a pesar de ser numéricas, no son cuantitativas?

*a)* El número de teléfono de las personas de mi edificio.

*b)* Los códigos postales de los clientes de un centro comercial.

*c)* El número de páginas de los libros de una biblioteca.

*d)* Los metros cúbicos de agua consumidos en cada casa de una localidad.

**34.** ●○○ Haz un recuento del número de veces que aparece cada uno de los colores en la lista siguiente:

| | | | | |
|---|---|---|---|---|
| verde | rojo | azul | azul | verde |
| blanco | verde | azul | blanco | azul |
| rojo | verde | azul | blanco | verde |
| blanco | rojo | verde | verde | blanco |

¿Qué nombre recibe cada uno de los números que has obtenido?

**35.** ●●○ Realiza una tabla de frecuencias (absoluta, relativa y porcentajes) con los siguientes datos:

5 3 4 1 3 2 5 3 1 3 5 5 1 2
4 5 3 1 2 3 1 2 2 3 5 4 2 1
5 3 4 1 1 2 4 3 5 1 3 1

**36.** ●●● Completa la siguiente tabla de frecuencias:

| Datos | $f$ | $h$ | % |
|---|---|---|---|
| $A$ | 30 | | |
| $B$ | | | 6 |
| $C$ | | 0,1 | |
| $D$ | 55 | | |
| $E$ | | 0,04 | |
| $F$ | | | 18 |
| $G$ | | | |
| | $n = 250$ | Suma = | Suma = |

## Representación gráfica de datos

**37.** ●●○ **CC** Los museos más visitados del mundo son los siguientes.

| Museo | Ciudad | N.º de visitantes al año |
|---|---|---|
| Museo del Louvre | París (Francia) | 8 300 000 |
| British Museum | Londres (Reino Unido) | 5 500 000 |
| Tate Museum | Londres (Reino Unido) | 5 100 000 |
| Metropolitan Museum | Nueva York (EE. UU.) | 4 300 000 |
| Museos Vaticanos | Ciudad del Vaticano | 4 300 000 |
| National Gallery | Londres (Reino Unido) | 4 100 000 |
| Château de Versailles | Versailles (Francia) | 3 400 000 |
| Museo del Prado | Madrid (España) | 3 400 000 |
| Museo d'Orsay | París (Francia) | 3 100 000 |
| Museo Nacional de Tokio | Tokio (Japón) | 3 100 000 |

Realiza un diagrama de barras con estos datos.

**38.** ●○○ Dada la siguiente tabla de frecuencias absolutas, realiza el diagrama de barras correspondiente con su polígono de frecuencias:

| Datos | $f$ |
|---|---|
| 1 | 10 |
| 2 | 15 |
| 3 | 17 |
| 4 | 12 |
| 5 | 11 |

**39.** ●●○ Copia y completa la siguiente tabla de frecuencias con los grados correspondientes a cada dato para realizar el diagrama de sectores, y después dibújalo:

| Datos | $f$ | ° |
|---|---|---|
| $a$ | 15 | |
| $b$ | 18 | |
| $c$ | 32 | |
| $d$ | 26 | |
| $e$ | 19 | |
| $f$ | 10 | |

**40.** ●●○ En un grupo de 1.º de ESO, los alumnos tienen las siguientes edades:

12 12 12 13 12 13 12 14
12 13 14 13 12 12 12 13
12 12 12 12 13 14 12 12

*a)* Agrupa los datos en una tabla de frecuencias completa, incluyendo los grados del diagrama de sectores.

*b)* Realiza el diagrama de barras.

*c)* Realiza el diagrama de sectores.

**41.** ●●○ En la etiqueta de un paquete de bizcochos pone:

**Ingredientes**: huevos (38 %)
azúcar (40 %)
harina (20 %)
aromas (2 %)

Dibuja un diagrama de sectores para indicar la proporción de cada ingrediente. ¿Por qué en este caso es más apropiado un diagrama de sectores que uno de barras?

**42.** ●●● **CCT, CA** A Íñigo le han hecho un análisis de sangre, que ha mostrado las siguientes cantidades por milímetro cúbico:

| Célula sanguínea o derivado celular | Cantidad por $mm^3$ |
|---|---|
| Glóbulos rojos | 5100000 |
| Glóbulos blancos | 10000 |
| Plaquetas | 350000 |

¿Qué es más apropiado para representarlo, un diagrama de barras o uno de sectores? ¿Por qué?

**43.** ●●○ Dado el siguiente diagrama de barras, realiza la correspondiente tabla de frecuencias:

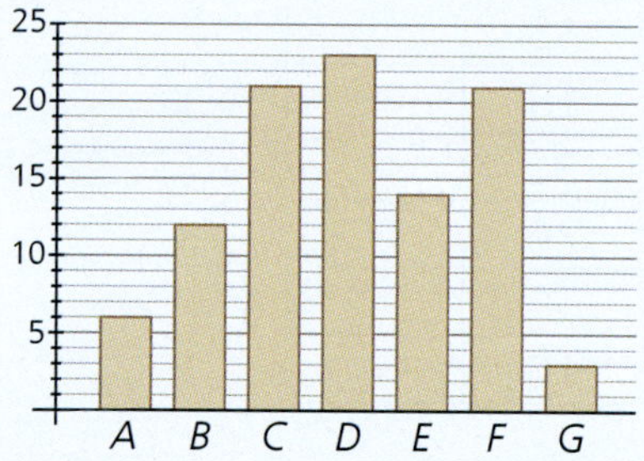


**44.** ●●● Realiza la tabla de frecuencias correspondiente al siguiente diagrama de sectores, sabiendo que el total de alumnos es 750:

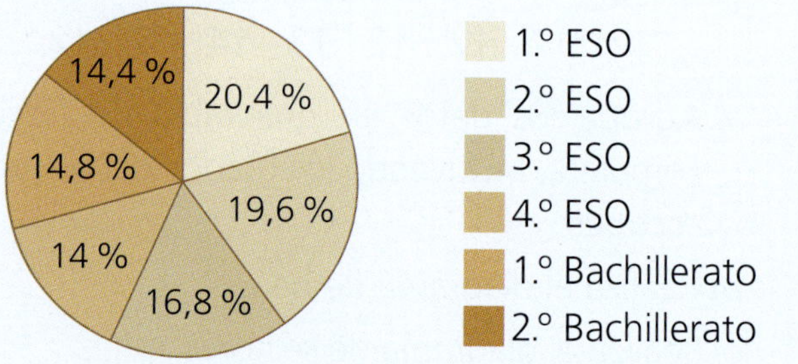


**45.** ●●● Copia y completa la siguiente tabla de frecuencias correspondiente al diagrama de sectores dado:

| Datos | *f* |
|---|---|
| Primero | 85 |
| Segundo | |
| Tercero | |
| Cuarto | |
| Quinto | |
| | *n* = |

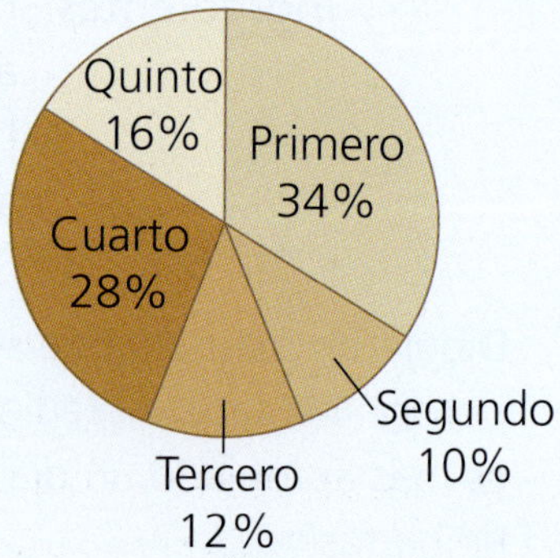


**46.** ●●○ ¿Cuál de los siguientes diagramas de barras corresponde al diagrama de sectores dado?

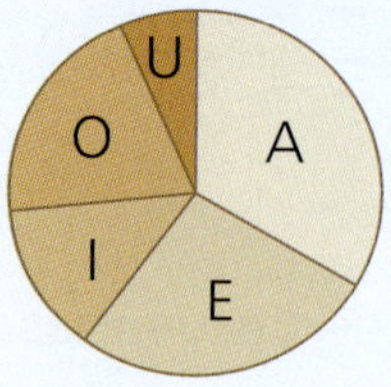


N.º de veces que aparece cada vocal en un texto

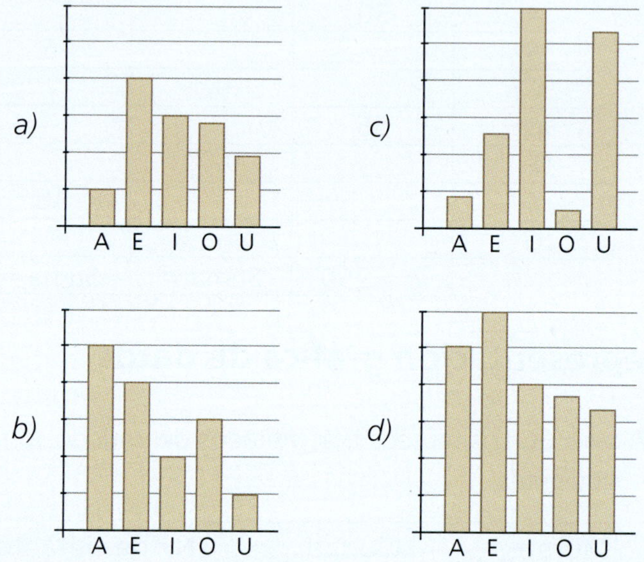


**47.** ●●○ ¿Cuál de los siguientes diagramas de sectores corresponde al diagrama de barras dado?

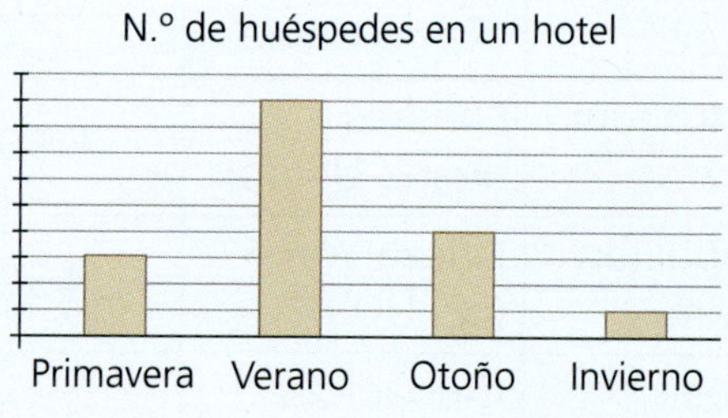


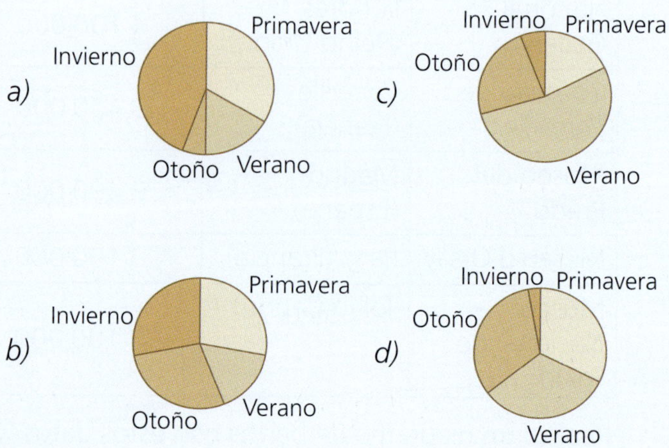

**48.** ●●● **CS** En época de elecciones, seguro que has observado diagramas similares a los de sectores, pero con forma semicircular en lugar de circular.

*a)* ¿Qué diferencia habrá en las operaciones para calcular la amplitud en grados correspondiente a cada dato, con respecto a un diagrama de sectores ordinario?

*b)* Realiza un diagrama semicircular de sectores con los siguientes datos:

| Partido político | N.° de escaños |
|---|---|
| LFC | 175 |
| JSPA | 105 |
| TRE | 55 |
| SAVT | 15 |

## Tratamiento de datos. Parámetros estadísticos: Medidas de centralización y dispersión

**49.** ●○○ Indica cuál es la moda en cada caso. Recuerda que la moda puede no ser única.

*a)* 1, 1, 2, 1, 3, 5, 1, 2, 3, 5, 4, 1, 2, 4, 3, 1, 5, 1, 2, 3, 2, 1, 2, 5, 4, 3, 1, 4

*b)* *d, a, c, a, d, b, d, a, d, c, d, d, c, a, b, d, a, c, a, b, c, a, d, a, a, b, d*

*c)*

| Dato | Blanco | Amarillo | Naranja | Rojo | Verde | Azul | Marrón | Morado | Negro |
|---|---|---|---|---|---|---|---|---|---|
| *f* | 11 | 16 | 25 | 14 | 24 | 19 | 25 | 18 | 22 |

**50.** ●○○ Calcula la media de los siguientes valores:

*a)* 3, 5, 6, 4, 8, 7, 6, 4, 7, 10, 1, 6, 8, 5, 5, 3, 8, 9, 4, 5, 6, 7, 5, 7, 9

*b)* 254, 361, 871, 351, 429, 108, 369, 743, 459, 210, 587

**51.** ●●○ Calcula la media y el rango de los datos de cada una de las siguientes tablas de frecuencias:

*a)*

| Dato | *f* |
|---|---|
| 1 | 74 |
| 2 | 26 |
| 3 | 115 |
| 4 | 106 |
| 5 | 129 |
| | $n = 450$ |

*b)*

| Dato | *f* |
|---|---|
| 10 | 1 152 |
| 15 | 3 641 |
| 20 | 4 012 |
| 25 | 1 195 |
| | $n = 10\,000$ |

**52.** ●●○ **CA** Indica en cuál de los siguientes casos se podría calcular la media y en cuál no, y por qué.

*a)* La nota de los exámenes de Matemáticas de mis compañeros de clase.

*b)* El precio de la entrada de cada cine de la ciudad.

*c)* La enfermedad de las personas ingresadas en cierto hospital.

*d)* La marca de televisor de los vecinos de un bloque de viviendas.

**53.** ●○○ Calcula la mediana en los siguientes casos:

*a)* 5, 7, 5, 6, 4, 2, 7, 1, 5, 4, 8, 6, 3, 2, 7

*b)* 2, 4, 7, 1, 13, 11, 1, 21, 5, 1, 11, 8, 21, 13, 2, 17, 11, 6, 20, 23, 10

**54.** ●○○ Obtén la mediana y el rango de los siguientes conjuntos de datos:

*a)* 3, 5, 6, 1, 6, 4, 2, 3, 2, 6

*b)* 24, 29, 22, 26, 28, 27, 21, 25, 23, 27, 21, 25, 23, 25

**55.** ●●● **CA** Obtén la mediana de los datos expresados en estas tablas de frecuencias:

| Datos | *f* |
|---|---|
| 12 | 25 |
| 13 | 38 |
| 14 | 42 |
| 15 | 58 |
| 16 | 62 |
| | $n = 225$ |

| Datos | *f* |
|---|---|
| 1 | 247 |
| 2 | 351 |
| 3 | 402 |
| 4 | 347 |
| 5 | 373 |
| 6 | 280 |
| | $n = 2000$ |

**56.** ●●○ **CA** Si tenemos un conjunto de datos, los cuales son todos números naturales, ¿pueden ser la moda, la media o la mediana números decimales? ¿Por qué?

**57.** ●●○ **CA** Copia y completa la tabla indicando con SÍ o NO de qué conjuntos de datos se puede calcular la moda, media y mediana, respectivamente, sin necesidad de realizar estos cálculos.

| Datos | ¿Es posible calcular la moda? | ¿Es posible calcular la media? | ¿Es posible calcular la mediana? |
|---|---|---|---|
| 0, 0, 1, 2, 2, 3, 4, 5 | | | |
| *A*, *B*, *B*, *C*, *D*, *D*, *D*, *D* | | | |
| 1142, 248, 32, 574, 2361, 235, 140, 786 | | | |
| Enero, marzo, marzo, abril, septiembre, octubre, diciembre, diciembre | | | |

**58.** ●●● **CD** Investiga en el manual de instrucciones de tu calculadora científica cómo se utiliza el modo estadístico: cómo se borran los datos existentes anteriormente, cómo se introducen datos, y cómo se calcula la media.

Utiliza esta función de tu calculadora para calcular la media de: 5, 3, 2, 3, 8, 6, 1, 5, 3, 2, 4, 7, 1, 8, 6.

**59.** ●●● @ **CA** En esta unidad hemos aprendido a calcular la media aritmética. Investiga en Internet cómo se calcula la media armónica y calcúlala del siguiente conjunto de números: 1, 3, 4, 6, 8.

## Probabilidad

**60.** ●○○ **CL** Indica cuáles de los siguientes experimentos son deterministas y cuáles son aleatorios:

*a)* Abrir un grifo y mirar si sale agua.

*b)* Elegir una ficha de dominó y observar cuál es, estando todas boca abajo.

*c)* Tirar un vaso de cristal contra el suelo y observar si se rompe o no.

*d)* Pulsar una tecla de un piano, sin mirar, y escuchar qué nota suena.

**61.** ●○○ Escribe el espacio muestral de los experimentos aleatorios del ejercicio anterior.

**62.** ●○○ Escribe el espacio muestral asociado a cada uno de los siguientes experimentos aleatorios:

*a)* Lanzar un dado cúbico.

*b)* Elegir una letra del alfabeto al azar.

*c)* Poner el dedo en un lugar aleatorio de un mapamundi y ver qué continente sale, repitiendo el experimento si el dedo apunta al mar.

*d)* Pulsar una de las teclas numéricas de una calculadora, al azar.

**63.** ●○○ En cada uno de los apartados, se da un experimento aleatorio y un suceso de dicho experimento. Indica si se trata de un suceso seguro, imposible o no es ninguno de estos dos tipos de sucesos.

*a)* Experimento = «lanzar un dado»
Suceso = «sacar un 7»

*b)* Experimento = «sacar una carta de una baraja española»
Suceso = «sacar un 13»

*c)* Experimento = «sortear el número de la lotería»
Suceso = «sacar un número menor que 100 000»

*d)* Experimento = «lanzar tres monedas»
Suceso = «salir al menos dos caras»

**64.** ●○○ En una urna hay diez bolas numeradas del 1 al 10. Dados los siguientes sucesos relativos al experimento aleatorio «sacar una bola de la urna», escribe todos los sucesos elementales que lo componen y también su suceso contrario.

*a)* $A$ = «salir par»

*b)* $B$ = «salir primo»

*c)* $C$ = «salir menor que 5»

*d)* $D$ = «no salir múltiplo de 3»

**65.** ●●○ Dados los sucesos $A = \{1, 2, 5\}$, $B = \{2, 4, 6\}$ y $C = \{1, 3\}$ relativos al experimento «lanzar un dado», realiza las siguientes operaciones con sucesos:

*a)* $A \cup B$ *c)* $B \cup C$ *e)* $A \cap C$

*b)* $A \cup C$ *d)* $A \cap B$ *f)* $B \cap C$

**66.** ●●● Realiza las siguientes operaciones con los sucesos $A = \{2, 3\}$, $B = \{1, 3, 5\}$ y $C = \{2, 3, 4\}$ relativos al experimento «lanzar un dado»:

*a)* $A \cup B \cup C$
*b)* $B \cap (A \cup C)$
*c)* $A \cap B \cap C$
*d)* $B \cup (C \cap A)$

**67.** ●●● Realiza las siguientes operaciones con los sucesos $A = \{3, 4, 5\}$ y $B = \{1, 3, 4, 6\}$ del experimento «lanzar un dado»:

*a)* $A \cup \overline{B}$
*b)* $\overline{A} \cap \overline{B}$
*c)* $\overline{A \cap B}$
*d)* $\overline{\overline{A} \cup B}$

**68.** ●●○ Considerando el experimento «lanzar un dado cúbico», calcula la probabilidad de que ocurran los siguientes sucesos:

*a)* $A =$ «salir impar»
*b)* $B =$ «salir múltiplo de 4»
*c)* $C =$ «salir menor que 4»
*d)* $D =$ «no salir mayor que 2»

**69.** ●●○ Obtén la probabilidad de que ocurra cada uno de los siguientes sucesos del experimento «sacar una carta de una baraja española»:

*a)* $A =$ «salir un basto»
*b)* $B =$ «salir un caballo o un rey»
*c)* $C =$ «salir menor que 5»
*d)* $D =$ «no salir figura»

**70.** ●●○ Halla la probabilidad de cada suceso siguiente, si el experimento aleatorio es «sacar una bola de la siguiente urna»:

*a)* $A =$ «salir blanca»
*b)* $B =$ «salir roja»
*c)* $C =$ «no salir negra»
*d)* $D =$ «salir blanca o negra»

**71.** ●●○ Realiza un diagrama de árbol para representar el lanzamiento de dos monedas y después calcula la probabilidad de los siguientes sucesos:

*a)* $A =$ «salir dos caras»
*b)* $B =$ «salir una cara y una cruz»
*c)* $C =$ «salir dos cruces»

**72.** ●●● Haz un diagrama de árbol para representar el lanzamiento de 3 monedas y calcula la probabilidad de:

*a)* $A =$ «salir tres caras»
*b)* $B =$ «salir dos caras y una cruz»
*c)* $C =$ «salir una cruz y dos caras»
*d)* $D =$ «salir tres cruces»

**73.** ●●● Observa la siguiente urna:

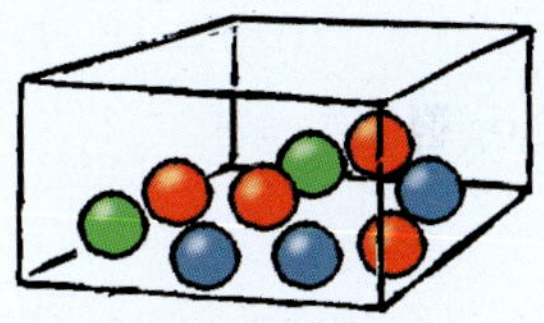

*a)* Realiza el diagrama de árbol del experimento «sacar una bola de la urna, observar su color y, volviendo a introducirla en la urna, sacar otra bola».

*b)* Realiza el diagrama de árbol del experimento «sacar una bola de la urna, observar su color y, sin introducirla en la urna, sacar otra bola».

**74.** ●●● Calcula la probabilidad de sacar dos bolas azules en cada uno de los dos casos distintos del ejercicio anterior.

**75.** ●●○ Flora lanza una moneda al aire 100 veces, y cuenta el número de veces que sale cara y cuántas veces sale cruz. Guadalupe hace lo mismo, pero lanzando la moneda 200 veces. Los recuentos que han obtenido son los siguientes:

| Flora | $f$ |
|---|---|
| Cara | 54 |
| Cruz | 46 |
| | $n = 100$ |

| Guadalupe | $f$ |
|---|---|
| Cara | 99 |
| Cruz | 101 |
| | $n = 200$ |

¿Cuál es la probabilidad experimental del suceso «salir cara» para Flora y cuál para Guadalupe? ¿Cuál se aproxima más a la probabilidad teórica?

**76.** ●●● Mientras Flora y Guadalupe (véase el ejercicio anterior) tiraban sus monedas, Yolanda ha estado contando cuántas caras y cuántas cruces salían entre sus dos compañeras, contando, por tanto, 300 lanzamientos. ¿Cuál es la probabilidad experimental obtenida por Yolanda del suceso «salir cara»?

**77.** ●●○ **CL** En un texto escrito en castellano que tiene 10 000 letras, se han contado cuántas veces aparece cada una de las letras. Estas cantidades se han expresado en la siguiente tabla:

| Letra | A | B | C | D | E | F | G | H | I | J | K | L | M | N |
|---|---|---|---|---|---|---|---|---|---|---|---|---|---|---|
| N.º veces | 1 225 | 172 | 443 | 591 | 1 384 | 82 | 106 | 84 | 609 | 53 | 0 | 561 | 315 | 657 |

| Letra | Ñ | O | P | Q | R | S | T | U | V | W | X | Y | Z |
|---|---|---|---|---|---|---|---|---|---|---|---|---|---|
| N.º veces | 6 | 844 | 236 | 117 | 627 | 825 | 449 | 420 | 97 | 0 | 13 | 48 | 36 |

Calcula la probabilidad de que, si marcamos una letra al azar de entre todo este texto, sea:

*a)* Una G. *b)* Una vocal. *c)* Una consonante. *d)* Una U que no vaya precedida de una Q.

**78.** ●●● **CI** Para un dado trucado, se ha calculado la probabilidad de que salga cada uno de los números, pero la probabilidad de que salga un 4 se ha borrado. ¿Cuál es dicha probabilidad?

| Número que sale en el dado | 1 | 2 | 3 | 4 | 5 | 6 |
|---|---|---|---|---|---|---|
| Probabilidad | 0,285 | 0,023 | 0,165 | | 0,158 | 0,304 |

## SABER MÁS

**79.** ●●○ **CS** Este pictograma representa la recogida de envases de vidrio para reciclar en cierta población en una semana:

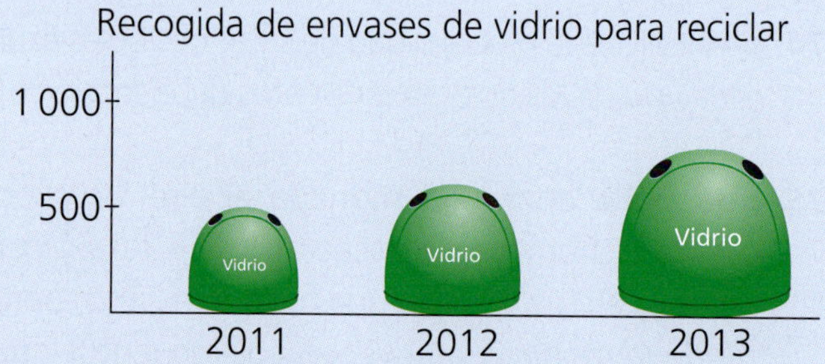


*a)* ¿Qué puedes observar? ¿Qué ha ocurrido con el paso de los años?

*b)* ¿Qué cantidad de vidrio se ha recogido aproximadamente en 2011? ¿Y en 2012 y 2013?

**80.** ●●○ En el siguiente cartograma se muestra mediante colores diferentes la densidad de población en la Unión Europea.

*a)* ¿Qué países están más densamente poblados? ¿Por qué?

*b)* ¿Cuáles están menos poblados? Razona tu respuesta.

*c)* ¿Qué densidad aproximada de población presenta la Península Ibérica?

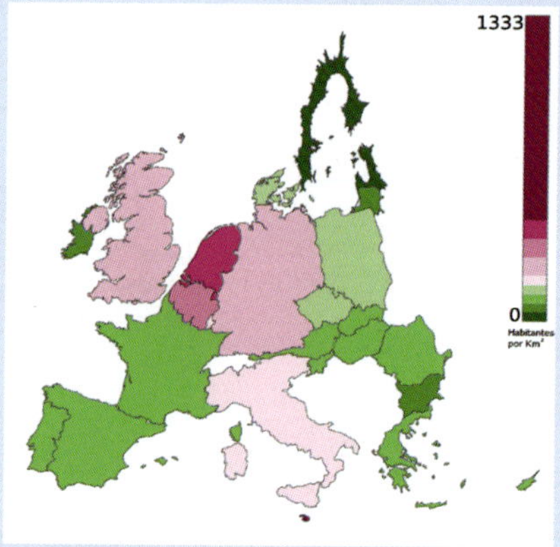

## SABER MÁS

**81.** ●●○ **CS** A continuación te presentamos dos pirámides de población: la izquierda referente a la población mundial en 1998 y la de la derecha a la población mundial en 2050.

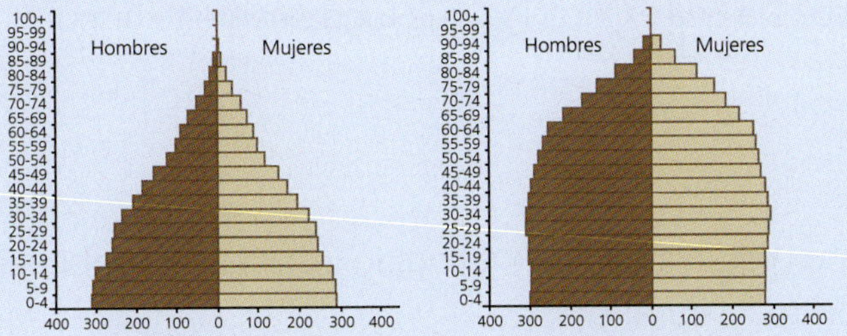


*a)* Describe brevemente las características de la población en estos dos periodos de tiempo.

*b)* ¿Qué conclusiones extraes?

**82.** ●●○ **CS** Esta pirámide de población,

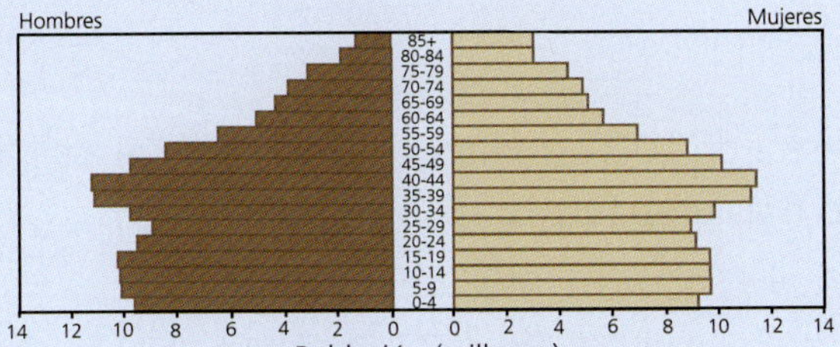


*a)* ¿Corresponde a un país desarrollado o poco desarrollado? Razona tu respuesta.

*b)* ¿Cuántas mujeres entre 35 y 39 años hay aproximadamente?

**83.** ●●○ Dibuja un pictograma que exprese el número de goles que ha metido cierto equipo de balonmano en cada partido jugado.

| Partido | N.º goles |
|---|---|
| 1 | 25 |
| 2 | 19 |
| 3 | 26 |
| 4 | 21 |
| 5 | 24 |
| 6 | 22 |

**84.** ●●○ Colorea un mapa de España para formar un cartograma que exprese el porcentaje de personas que han leído por placer más de 12 libros en el último año, en cada comunidad autónoma.

| Comunidad autónoma | % de personas |
|---|---|
| Andalucía | 8 |
| Aragón | 11 |
| Asturias | 8 |
| Baleares | 8 |
| Canarias | 6 |
| Cantabria | 14 |
| Castilla y León | 11 |
| Castilla-La Mancha | 6 |
| Cataluña | 9 |
| Comunidad Valenciana | 8 |
| Extremadura | 6 |
| Galicia | 10 |
| Madrid | 15 |
| Murcia | 7 |
| Navarra | 8 |
| País Vasco | 11 |
| La Rioja | 8 |

**85.** ●●○ **CS** Realiza la pirámide de población correspondiente a la siguiente tabla:

| Edad | Hombres | Mujeres |
|---|---|---|
| 0-9 | 900 000 | 800 000 |
| 10-19 | 1 000 000 | 1 000 000 |
| 20-29 | 1 100 000 | 1 000 000 |
| 30-39 | 1 100 000 | 1 200 000 |
| 40-49 | 1 000 000 | 1 100 000 |
| 50-59 | 900 000 | 1 000 000 |
| 60-69 | 800 000 | 900 000 |
| 70-79 | 600 000 | 700 000 |
| 80+ | 300 000 | 500 000 |

**1. Robos**

Un presentador de TV mostró este gráfico y dijo:

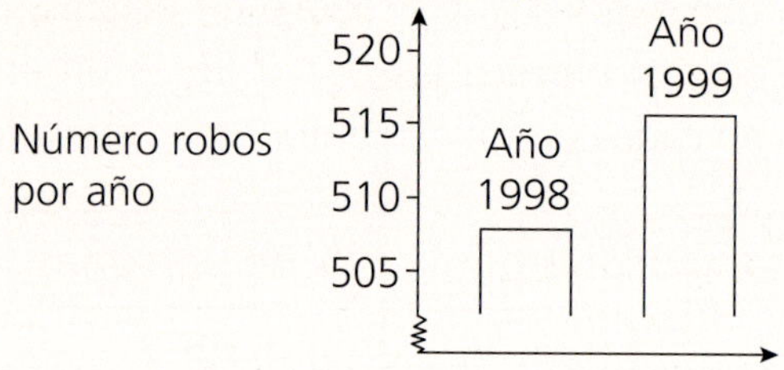


«El gráfico muestra que hay un enorme aumento del número de robos comparando 1998 con 1999».

¿Consideras que la afirmación del presentador es una interpretación razonable del gráfico? Da una explicación que fundamente tu respuesta.

PISA

**2. Basura**

Para hacer un trabajo en casa sobre el medio ambiente, unos estudiantes han recogido información sobre el tiempo de descomposición de varios tipos de basura que la gente desecha:

| Tipos de basura | Tiempos de descomposición |
|---|---|
| Piel de plátano | 1–3 años |
| Piel de naranja | 1–3 años |
| Cajas de cartón | 0,5 años |
| Chicles | 20–25 años |
| Periódicos | Unos pocos días |
| Vasos de plástico | Más de 100 años |

Un estudiante piensa en cómo representar los resultados mediante un diagrama de barras.

Da una razón de por qué no resulta adecuado un diagrama de barras para representar estos datos.

PISA

**3.** En una escuela había 1 200 estudiantes (niños y niñas). Una muestra de 100 estudiantes fue elegida al azar y en ella había 45 niños. ¿Cuál de las siguientes alternativas es el número más probable de niños en la escuela?

*A)* 450 *B)* 500 *C)* 540 *D)* 600

TIMSS

**4. Junio en Peñachica**

En el siguiente gráfico se recogen las temperaturas medias registradas en Peñachica durante el mes de junio durante 10 años.

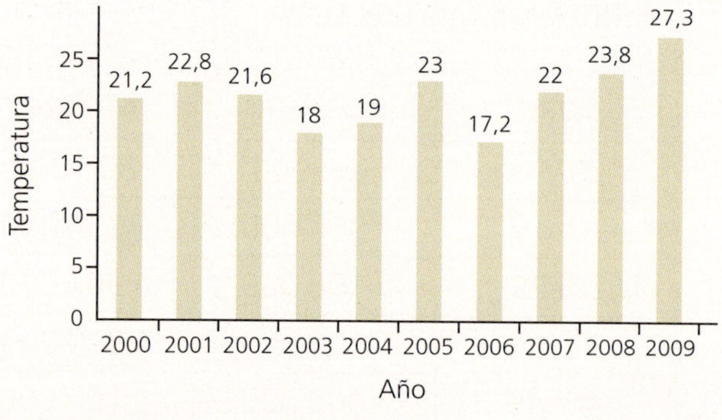


*a)* Considerando los datos del gráfico, ¿cuál ha sido la temperatura media más baja durante el mes de junio en Peñachica?

*A)* 17,2 °C *B)* 18 °C *C)* 19 °C *D)* 23 °C

*b)* ¿Cuál es la media de todas las temperaturas representadas en el gráfico? Redondea el resultado a una cifra decimal.

*A)* 19,0 °C *B)* 21,6 °C *C)* 22,3 °C *D)* 23,0 °C

*c)* Imagina que continúa la tendencia de las temperaturas de los últimos cuatro años, ¿qué puedes decir sobre la previsión de temperatura media para junio del año 2010 en Peñachica?

*A)* Será de menos de 22 °C.

*B)* Estará entre 22 °C y 23,8 °C.

*C)* Estará entre 23,8 °C y 27,3 °C.

*D)* Será de más de 27,3 °C.

EGD

# EVALÚATE

**1.** Se quiere hacer un estudio sobre los hábitos alimentarios de los españoles (en concreto, la cantidad de fruta y verdura que se consume semanalmente), para lo que se hacen 5 000 llamadas telefónicas a personas elegidas al azar de todo el país.

Señala la población, la muestra y clasifica la variable estadística que se emplea en el ejemplo anterior.

**2.** Hemos preguntado a alumnos de 1.° ESO sobre el número de horas semanales de estudio. Hemos obtenido los siguientes valores:

6 7 2 5 6 8 10 3 4 8 9 7
8 9 4 9 8 7 9 10 5 6 8 8

Agrupa los datos en una tabla de frecuencias completa.

**3.** Completa la siguiente tabla de frecuencias:

| Dato | *f* | *h* | % |
|---|---|---|---|
| Naranja | | | 15 |
| Manzana | | | |
| Pera | | 0,35 | |
| Plátano | 8 | | 10 |
| | $n =$ | | |

**4.** Realiza un diagrama de barras para el ejercicio 2.

**5.** Completa un diagrama de sectores para el ejercicio 3.

**6.** Calcula los parámetros de centralización del ejercicio 2.

**7.** Obtén los parámetros de centralización del ejercicio 3 (si es posible).

**8.** En el lanzamiento de un dado icosaédrico numerado, señalamos los siguientes sucesos:

$A =$ «salir menos de 15»
$B =$ «salir par»
$C =$ «salir múltiplo de 3»

Enumera los casos de los siguientes sucesos:

*a)* $A$, $B$ y $C$ *b)* $\overline{A}$ *c)* $A \cup B$ *d)* $A \cap C$

**9.** Calcula las probabilidades de cada uno de los sucesos averiguados en el ejercicio anterior.

**10.** Se ha realizado el siguiente experimento: hemos extraído una bola de una urna tapada, hemos mirado y anotado su color, y a continuación la hemos vuelto a guardar en la urna. Hemos repetido este experimento en 20 ocasiones y los resultados han sido:

| Color | Número de veces |
|---|---|
| Negro | 2 |
| Blanco | 13 |
| Rojo | 5 |

¿Puedes calcular de forma experimental la probabilidad de extraer una bola de cada uno de los colores de la tabla?

# MATEMÁTICAS RECREATIVAS

**1.** Un alumno, al que no le gustaba estudiar, justificaba así a su profesor que él no tenía tiempo para ir a clase:

*El año tiene 365 días, de los cuales hay 52 sábados y 52 domingos, y aproximadamente 95 días de vacaciones en total. Cada día, dedico a las comidas 3 horas, que en total son $365 \cdot 3 = 1\,095$ horas, que son casi 45 días. Duermo 8 horas diarias, que representan $365 \cdot 8 = 2\,920$ horas, que son 121 días.*

*En total, son $52 + 52 + 95 + 45 + 121 = 365$ días. ¡No tengo ni un minuto libre para ir a clase!*

Puedes comprobar que las operaciones están correctamente realizadas. Entonces, ¿dónde está el error?

**2.** Un sultán deseaba ampliar la proporción de mujeres sobre hombres en sus dominios, con el fin de poder tener un harén más numeroso. Para ello, prohibió tener más descendencia a las mujeres que dieran a luz a un varón, mientras que no habría restricción si nacía una niña.

¿Conseguiría el sultán su propósito?

**3.** Un empleado le dice al dueño de la pequeña empresa en la que trabaja:

*Cuando usted me contrató, no me dijo la verdad, ya que me aseguró que el sueldo medio de su empresa es de 1 600 €, y sin embargo yo cobro solo 900 €, al igual que el resto de sus 10 empleados.*

El dueño de la empresa no le engañó. Simplemente, el empleado no tuvo en cuenta el sueldo del dueño. ¿Cuál es el sueldo del dueño para que junto con sus 10 empleados el sueldo medio sea, en efecto, 1 600 €?

# Bloque V: Estadística y probabilidad

## Funcionamiento de Excel

Excel es una hoja de cálculo de gran uso tanto a nivel doméstico como en pequeñas empresas o negocios. Permite la organización sencilla de multitud de datos y el estudio y representación de los mismos mediante herramientas estadísticas de diversa índole.

Su estructura, al ser parte del paquete Microsoft Office, es muy similar a la de otros programas ampliamente conocidos como Word o Access. Dispone de una ventana cuadriculada para la introducción de datos de manera organizada y su fácil búsqueda, y también tiene distintas cintas de opciones organizadas por fichas. Muchas de las herramientas de estas cintas son de formato de texto y resultarán familiares al ser idénticos a los de Word, por ejemplo.

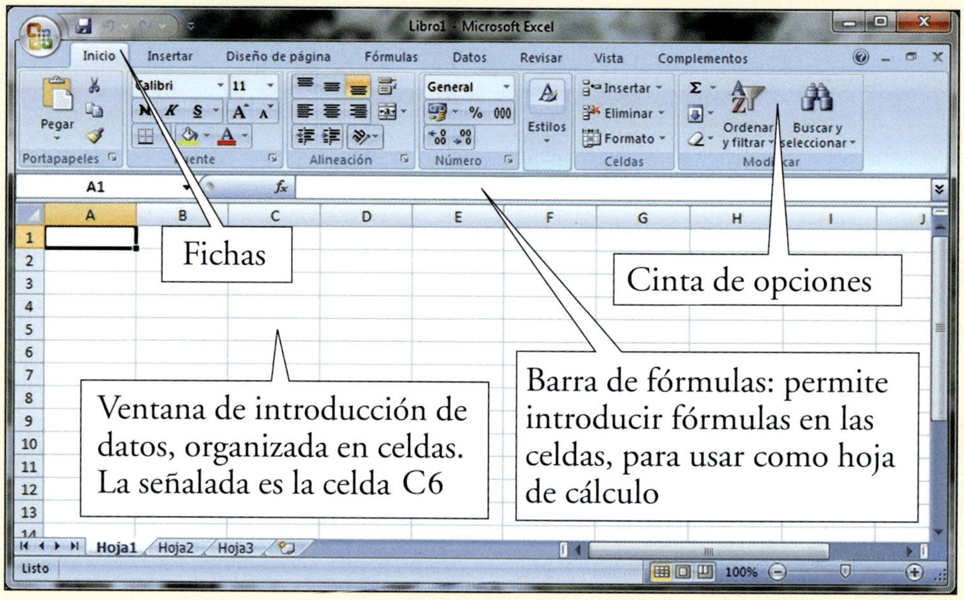


## Herramientas

**Funciones**: La ficha *Fórmulas* nos permitirá insertar diferentes funciones, como la suma de los datos o la media aritmética, o incluso generar números aleatorios. Para ello deberemos colocarnos en la celda que deseemos, pulsar la opción que queramos y seleccionar mediante el ratón el conjunto de datos (rango de datos) que queramos sumar o calcular su media. En el caso de querer generar números aleatorios no hay que seleccionar ningún rango de celdas.

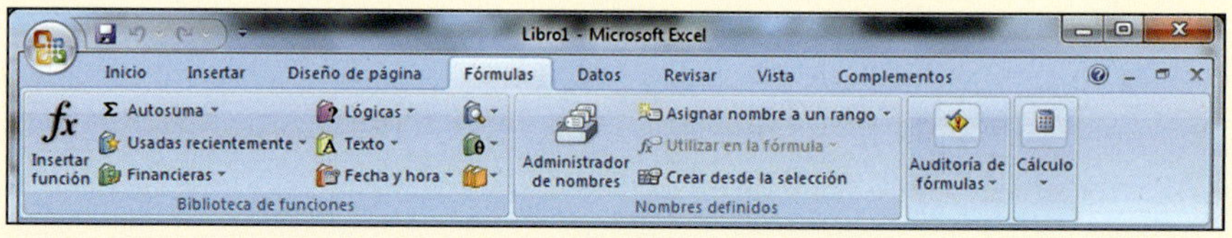


**Gráficos estadísticos**: En la ficha *Insertar* podemos encontrar el grupo de herramientas *Gráficos*. Seleccionamos el rango de datos que queremos representar y a continuación pulsamos sobre el tipo de gráfico deseado.

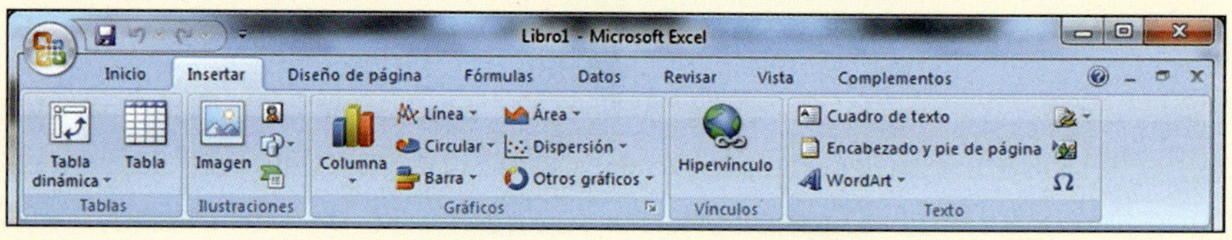

Podremos modificar el gráfico utilizando las herramientas de las fichas *Diseño*, *Presentación* y *Formato* que aparecen al seleccionar el gráfico.

Por ejemplo, vamos a representar los datos de la siguiente tabla en un diagrama de barras.

| $x_i$ | *a* | *b* | *c* | *d* | *e* |
|---|---|---|---|---|---|
| $f_i$ | 10 | 15 | 7 | 12 | 6 |

Escribimos los datos en la cuadrícula y los seleccionamos. En la ficha *Insertar*, pulsamos en la herramienta *Columna*, eligiendo, en este caso, las *Columnas agrupadas*.

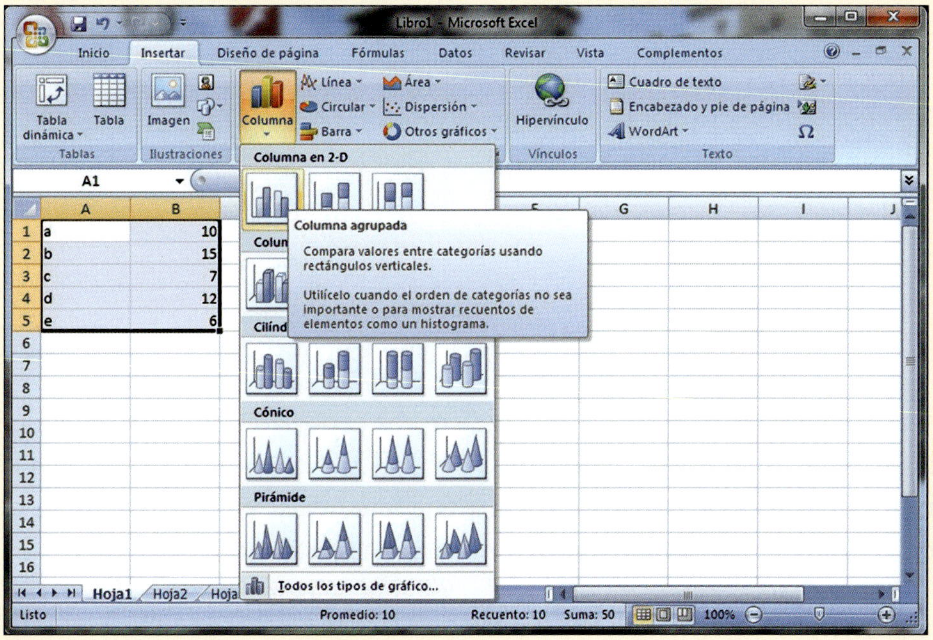


Se genera un gráfico como el siguiente:

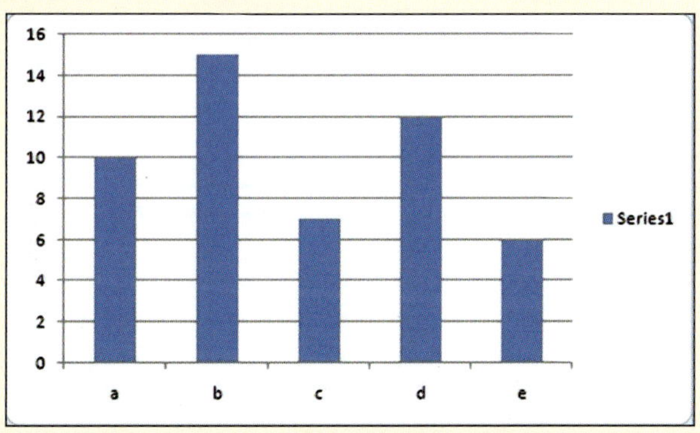


Por último, una vez que hemos obtenido el gráfico, podemos editar la leyenda, el título del gráfico, el formato, el tipo de gráfico, etc. usando las fichas *Diseño*, *Presentación* y *Formato*.

Excel no dibuja histogramas, pero podemos hacer representación similares, utilizando la herramientoa *Cambiar entre filas y columnas* de la ficha *Diseño* sobre el digrama de barras obtenido:

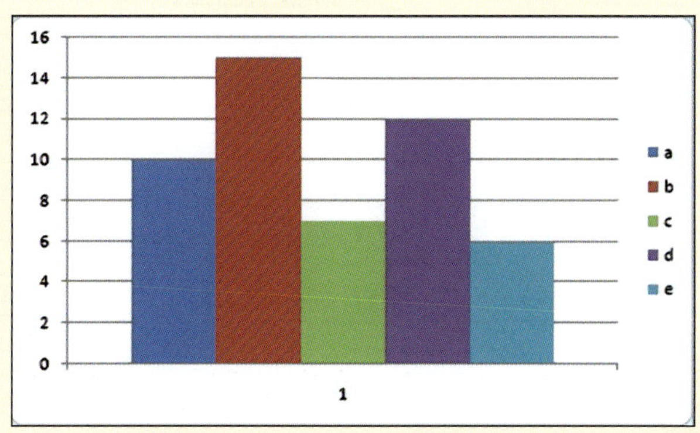

## EJERCICIOS RESUELTOS

1. Calcula la media, el número total de datos, y representa en diagramas de barras y de sectores los siguientes datos:

0 0 0 0 0 0 0 0 0
1 1 1 1 1 1 1 1 2
2 2 2 2 2 3 3 3 3
3 4 4 4 4 4 4 4 5
5 5 5 5 5 5 5 5 5

Primero debemos organizar los datos en dos columnas, una para cada dato y otra para las frecuencias absolutas. La función SUMA nos permite sumar las frecuencias absolutas y obtener así el número total de datos recogidos.

B9 =SUMA(B2:B7)

| | A | B | C |
|---|---|---|---|
| 1 | Dato | Frecuencia absoluta | |
| 2 | 0 | 9 | |
| 3 | 1 | 8 | |
| 4 | 2 | 6 | |
| 5 | 3 | 5 | |
| 6 | 4 | 7 | |
| 7 | 5 | 10 | |
| 8 | | | |
| 9 | Total = | 45 | |

Para calcular la media, como es un conjunto de datos expresados en una tabla de frecuencias, no se puede utilizar directamente la función PROMEDIO. Tenemos que crear una columna con las multiplicaciones de los datos por sus respectivas frecuencias, y dividir la suma de esta columna entre el número total de datos, tal como se indica en la ilustración.

C7 =A7*B7

| | A | B | C |
|---|---|---|---|
| 1 | Dato | Frecuencia absoluta | Multiplicaciones |
| 2 | 0 | 9 | 0 |
| 3 | 1 | 8 | 8 |
| 4 | 2 | 6 | 12 |
| 5 | 3 | 5 | 15 |
| 6 | 4 | 7 | 28 |
| 7 | 5 | 10 | 50 |
| 8 | | | |
| 9 | Total = | 45 | |

→

C9 =SUMA(C2:C7)

| | A | B | C |
|---|---|---|---|
| 1 | Dato | Frecuencia absoluta | Multiplicaciones |
| 2 | 0 | 9 | 0 |
| 3 | 1 | 8 | 8 |
| 4 | 2 | 6 | 12 |
| 5 | 3 | 5 | 15 |
| 6 | 4 | 7 | 28 |
| 7 | 5 | 10 | 50 |
| 8 | | | |
| 9 | Total = | 45 | 113 |

→

B11 =C9/B9

| | A | B | C |
|---|---|---|---|
| 1 | Dato | Frecuencia absoluta | Multiplicaciones |
| 2 | 0 | 9 | 0 |
| 3 | 1 | 8 | 8 |
| 4 | 2 | 6 | 12 |
| 5 | 3 | 5 | 15 |
| 6 | 4 | 7 | 28 |
| 7 | 5 | 10 | 50 |
| 8 | | | |
| 9 | Total = | 45 | 113 |
| 10 | | | |
| 11 | Media = | 2,51111111 | |

Finalmente, realizaremos los diagramas de barras y de sectores que nos pedía el enunciado.

| | A | B | C |
|---|---|---|---|
| 1 | Dato | Frecuencia absoluta | Multiplicaciones |
| 2 | 0 | 9 | 0 |
| 3 | 1 | 8 | 8 |
| 4 | 2 | 6 | 12 |
| 5 | 3 | 5 | 15 |
| 6 | 4 | 7 | 28 |
| 7 | 5 | 10 | 50 |
| 8 | | | |
| 9 | Total = | 45 | 113 |
| 10 | | | |
| 11 | Media = | 2,51111111 | |

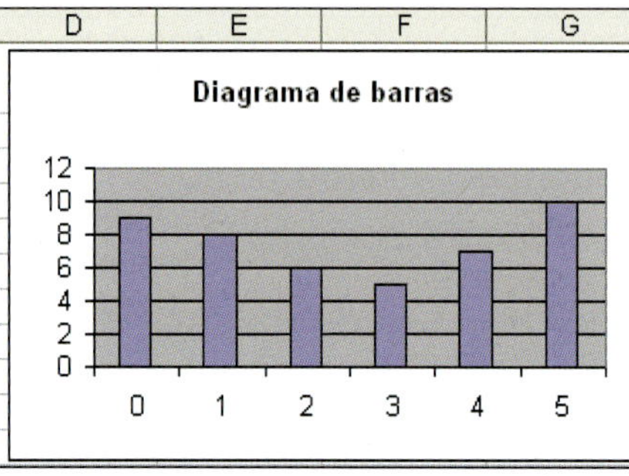


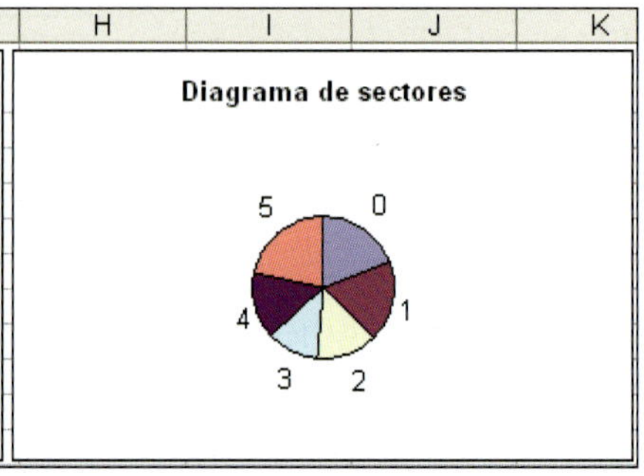


Solución

## EJERCICIOS RESUELTOS

2. Se ha realizado una encuesta acerca del refresco favorito de los alumnos de un IES. Los resultados son los siguientes:

| Dato | Frecuencia absoluta |
|---|---|
| Cola | 35 |
| Limón | 26 |
| Naranja | 24 |
| Zumos | 20 |

Realiza los diagramas de barras y sectores y calcula el número total de datos y la media, si es posible.

| | A | B |
|---|---|---|
| 1 | Dato | Frecuencia absoluta |
| 2 | Cola | 35 |
| 3 | Limón | 26 |
| 4 | Naranja | 24 |
| 5 | Zumos | 20 |
| 6 | | |
| 7 | Total = | 105 |
| 8 | | |
| 9 | | |

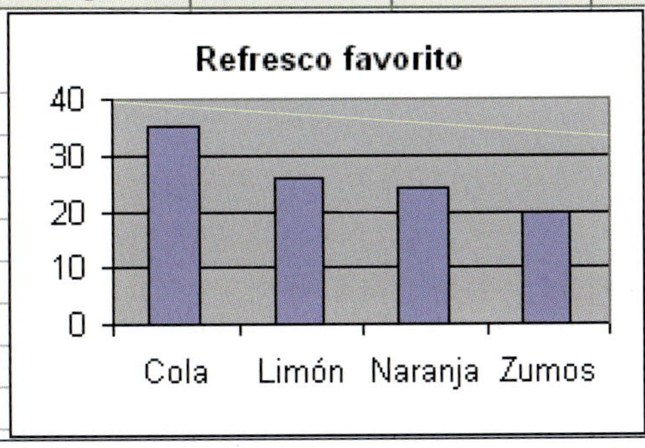


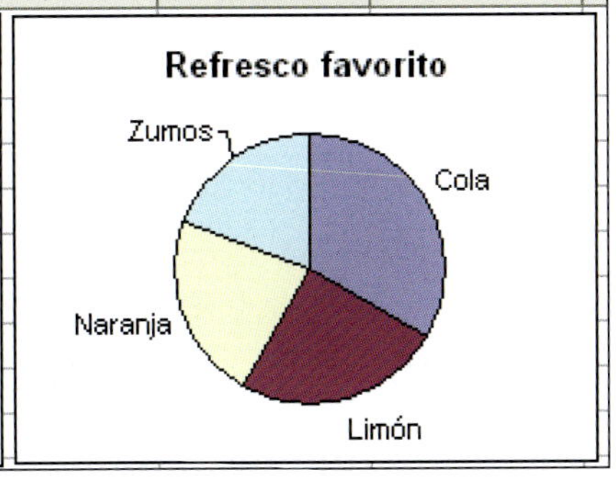


La media no puede calcularse por ser una variable cualitativa.

Solución

## EJERCICIOS

1. José observa la marca de los coches que están aparcados en su calle:

   Renault, Mercedes, Volkswagen, Ford, Volkswagen, Ford, Ford, Fiat, Mercedes, Volkswagen, Ford, Renault, Fiat, Renault, Renault, Mercedes, Ford, Volkswagen, Renault.

   Realiza una tabla de frecuencias, calcula el total de datos y dibuja un diagrama de barras y de sectores con dichos datos.

2. Los alumnos de mi clase han estado resfriados en el último año las siguientes veces cada uno:

   1, 2, 0, 3, 2, 0, 1, 2, 0, 3, 2, 0, 1, 1, 1, 0, 2, 3, 1, 0, 2, 3, 1, 0

   Realiza una tabla de frecuencias, calcula el total de datos y su media y dibuja un diagrama de barras y de sectores con estos datos.

# ¿Cómo es el libro?

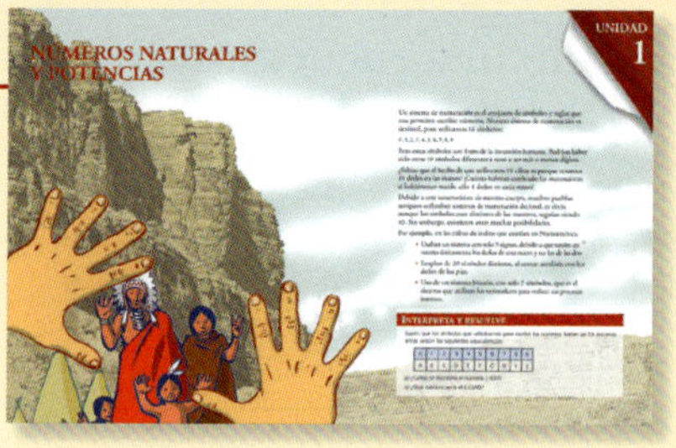

## INTRODUCCIÓN

Pequeño texto que presenta la unidad, bien aportando datos reales, textos literarios o curiosidades.

En los ejercicios finales de la unidad existe un epígrafe con varios problemas relacionados con la introducción.

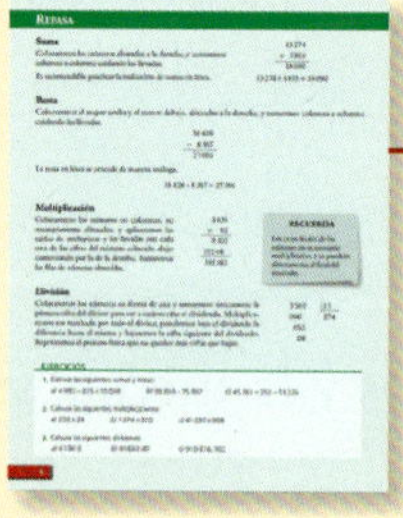

## REPASA

Breve esquema con los conocimientos previos elementales para afrontar la unidad. Tiene un formato directo y conciso con ejercicios para comprobar la soltura en estos contenidos.

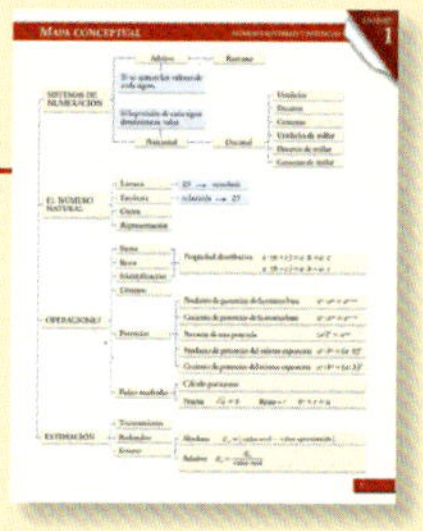

## MAPA CONCEPTUAL

Mapa de los conceptos principales de la unidad.

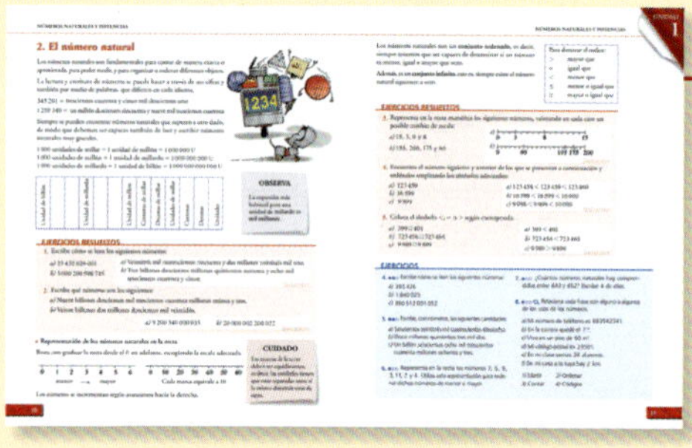

## DOBLE PÁGINA DE TEORÍA

Epígrafes divididos en dobles páginas, de forma que la información relativa al mismo contenido queda a la vista, sin necesidad de buscar en páginas siguientes.

## EJERCICIOS DE EPÍGRAFE

Para ayudar a comprender la teoría y ponerla en práctica.

## MÁRGENES

Distintas anotaciones en márgenes para recordar conceptos y observar detalles o evitar errores habituales. También se promueve el uso de la calculadora científica mediante indicaciones básicas sobre el uso de las funciones o teclas relacionadas con el epígrafe correspondiente.

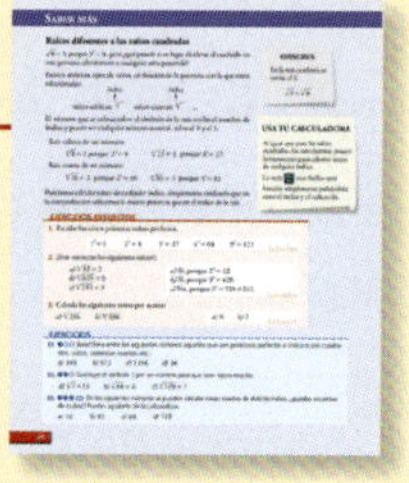

## SABER MÁS

Para grupos o alumnos que hayan adquirido los contenidos de la unidad con soltura y quieran ampliar conocimientos relacionados con el tema. Teoría y ejercicios con un nivel de dificultad algo superior al del resto de la unidad.

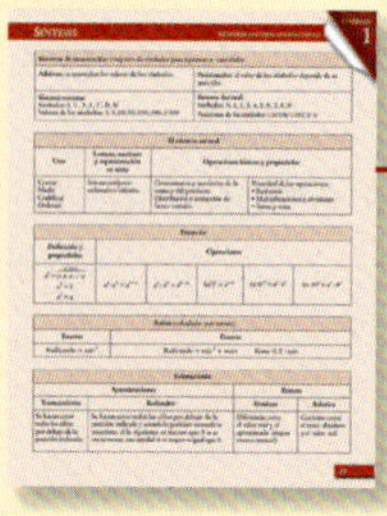

## SÍNTESIS

Cuadro resumen o esquema con los contenidos y procedimientos básicos de la unidad, para repasar y fijar ideas una vez acabado el tema.

## EJERCICIOS Y PROBLEMAS

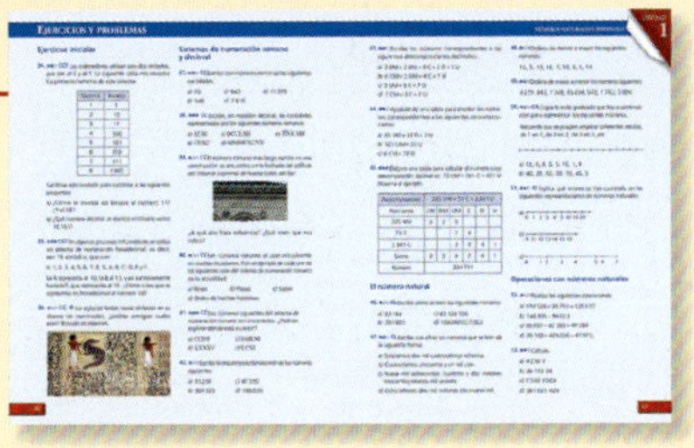

Extensa batería de ejercicios y problemas (en total unos 100 ejercicios en cada unidad), clasificados por epígrafes, niveles de dificultad (nivel bajo: ●○○ ; nivel medio: ●●○ ; nivel alto: ●●● ) y sirven para adquirir competencias.

**CL** Comunicación lingüística
**CCT** Competencia matemática (se trabaja a lo largo de todos los ejercicios), y competencias básicas en ciencias y tecnología.
**CD** Competencia digital
**CA** Aprender a aprender
**CS** Competencias sociales y cívicas
**CI** Sentido de iniciativa y espíritu emprendedor
**CC** Conciencia y expresiones culturales

Pueden incluso necesitar de Internet para su resolución (indicado con @).

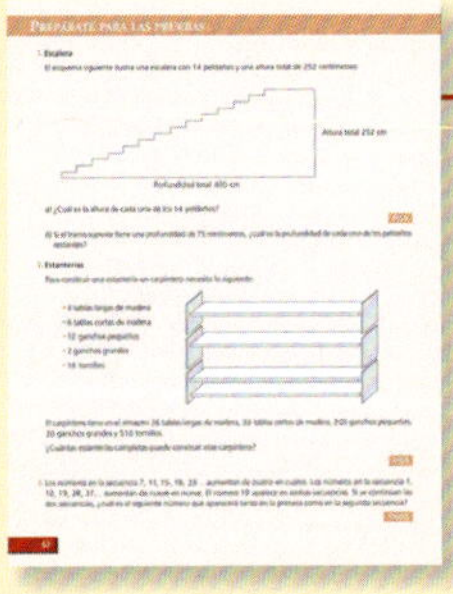

## PREPÁRATE PARA LAS PRUEBAS

Ejercicios y problemas de competencias básicas para las pruebas externas de nivel:

- **PISA** (Programa para la Evaluación Internacional de Estudiantes / Programme for International Student Assessment) de la OCDE (Organización para la Cooperación y Desarrollo Económico)
- **TIMSS** (Estudio Internacional de Matemáticas y Ciencias / Trends in International Mathematics and Science Study) de la IEA (International Association for the Evaluation of Educational Achievement)
- **EGD** (Evaluación General de Diagnóstico) del Instituto Nacional de Evaluación Educativa

## EVALÚATE

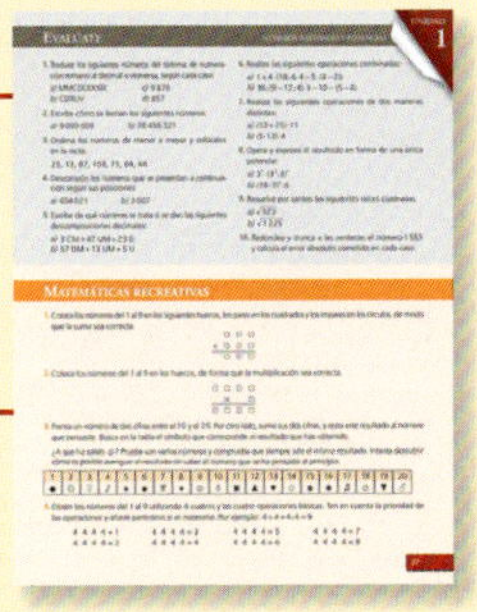

Diez ejercicios o problemas con soluciones al final del libro para que puedas evaluarte y decidir tu nivel de conocimientos.

## MATEMÁTICAS RECREATIVAS

Problemas lúdicos y curiosidades relacionadas con la unidad correspondiente. Para ver el lado divertido de las matemáticas sin olvidar los contenidos del tema.

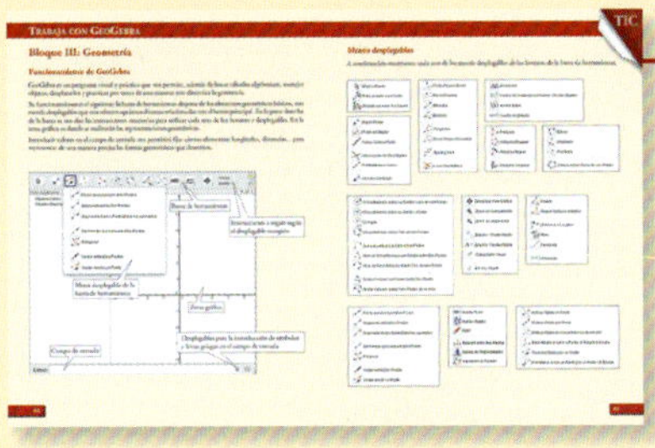

## TIC

Páginas para aplicar los contenidos de cada bloque a las nuevas tecnologías, en particular, al uso del ordenador. Pequeña presentación de los programas a utilizar en cada bloque e indicaciones de los comandos que se emplearán. Se aclararán todos estos conceptos con ejercicios resueltos paso a paso y se propone una pequeña batería de ejercicios para practicar los contenidos de todo el bloque con el ordenador, lo que puede valer de repaso una vez finalizado cada bloque de contenidos.

# 1 ESO

I II III

# Matemáticas

M. Á. Ingelmo, Y. Á. Zárate

TEIDE

# Índice

1.º ESO

## II


**Unidad 5. Números decimales** 4

Repasa ... 6
Mapa conceptual ... 7
1. Números decimales. Ordenación y representación ... 8
2. Tipos de decimales. Decimales y fracciones ... 12
3. Aproximación de números decimales ... 14
4. Operaciones ... 16
Saber más ... 20
Síntesis ... 21
Ejercicios y problemas ... 22
Prepárate para las pruebas ... 28
Evalúate ... 29
Matemáticas recreativas ... 29

**Unidad 6. Proporcionalidad** 30

Repasa ... 32
Mapa conceptual ... 33
1. Razón y proporción ... 34
2. Magnitudes directa e inversamente proporcionales ... 36
3. Reglas de tres simples ... 38
4. Porcentajes ... 40
Saber más ... 44
Síntesis ... 45
Ejercicios y problemas ... 46
Prepárate para las pruebas ... 51
Evalúate ... 52
Matemáticas recreativas ... 52
TIC Wiris. Bloque I: Aritmética ... 53

**Unidad 7. Lenguaje algebraico** 56

Repasa ... 58
Mapa conceptual ... 59
1. Expresiones algebraicas. Traducción al lenguaje algebraico ... 60
2. Monomios. Elementos y operaciones ... 62
3. Polinomios. Elementos y operaciones ... 64
4. Ecuaciones. Elementos ... 66
5. Resolución de ecuaciones de primer grado ... 68
Saber más ... 72
Síntesis ... 73
Ejercicios y problemas ... 74
Prepárate para las pruebas ... 79
Evalúate ... 80
Matemáticas recreativas ... 80
TIC Wiris. Bloque II: Álgebra ... 81

**Unidad 8. Unidades de medida** 84

Repasa ... 86
Mapa conceptual ... 87
1. Magnitudes y medidas ... 88
2. Sistema métrico decimal: longitud, masa y capacidad ... 88
3. Superficie. Volumen ... 90
4. Sistema sexagesimal ... 93
5. Unidades monetarias ... 94
6. Forma compleja e incompleja ... 95
7. Operaciones ... 96
Saber más ... 100
Síntesis ... 101
Ejercicios y problemas ... 102
Prepárate para las pruebas ... 107
Evalúate ... 108
Matemáticas recreativas ... 108


## I


**Unidad 1.** Números naturales y potencias
**Unidad 2.** Divisibilidad
**Unidad 3.** Números enteros
**Unidad 4.** Fracciones


## III


**Unidad 9.** Elementos básicos de la geometría en el plano y en el espacio. Simetrías en el plano
**Unidad 10.** Perímetros y áreas de figuras planas
TIC GeoGebra
**Unidad 11.** Funciones y gráficas
TIC GeoGebra
**Unidad 12.** Estadística y probabilidad
TIC Excel
¿Cómo es el libro?

# NÚMEROS DECIMALES

# UNIDAD 5

¿Serías capaz de imaginar un mundo sin números decimales? En él, solo existirían los números enteros. Todas las personas medirían, o bien 1 metro, o bien 2 metros. Todos los productos costarían un número entero de euros, por lo que una lata de refresco valdría lo mismo que un chicle, es decir, 1 euro. Y así ocurriría con un sinfín de ejemplos en los que nos sería imposible situarnos sin la presencia de los números decimales.

Es más, la cantidad de decimales que necesitamos en cada ocasión es variable, aun cuando se trate de magnitudes expresadas en la misma unidad de medida. Por ejemplo, si queremos medir a una persona en metros, utilizaremos, sin duda, 2 decimales, pero si quisiéramos medir, también en metros, una bacteria de tamaño medio, necesitaríamos entre 6 y 7 decimales. Si medimos los segundos que tarda un atleta en recorrer los 100 metros lisos, usaríamos 2 decimales, mientras que si medimos los que tarda un bólido de Fórmula 1 en dar una vuelta al circuito, usaríamos 3.

Como ves, los números decimales nos rodean por todas partes. Sería imposible imaginar un mundo sin ellos, o en el que usáramos siempre la misma cantidad de cifras decimales. Echa un vistazo a tu alrededor, y observarás que están siempre cerca de ti.

## INTERPRETA Y RESUELVE

Indica el número de decimales apropiado en cada uno de los siguientes casos:

*a)* La medida de un guisante en metros.
*b)* El precio de un producto en euros.
*c)* La velocidad de un atleta en kilómetros por hora.

## Sistemas decimales posicionales

Nuestro sistema de numeración es posicional y decimal, es decir, cada símbolo toma distinto valor atendiendo a la posición que ocupe dentro del número y, además, 10 unidades de un mismo orden forman 1 unidad de un orden superior, o lo que es lo mismo, de una posición más a la izquierda. Además, es fundamental la existencia del 0 para rellenar posiciones vacías.

1 D = 10 U          1 CM = 100 UM

Nuestro sistema de numeración, al ser decimal, necesita 10 símbolos:

0 1 2 3 4 5 6 7 8 9

## Operaciones con números naturales

Dentro de las operaciones con números naturales debemos recordar que las sumas y restas, además de hacerlas en columnas pueden y deberían realizarse ya en línea. Hay que prestar especial atención a las llevadas en todas las operaciones.

$$235 + 476 = 711$$

Para comprobar la corrección de una división, se multiplica el cociente por el divisor y se le suma el resto. Este resultado debe ser igual al dividendo si todas las operaciones están realizadas correctamente.

## Fracciones y valor numérico

Como iniciación a los decimales, observemos que el valor numérico de una fracción es, en general, un número decimal que se obtiene dividiendo el numerador entre el denominador.

$$\frac{1}{2} = 1:2 = 0{,}5$$

**RECUERDA**

El **valor numérico** de una fracción es el cociente de sus términos.

$$\frac{1}{2} = 1:2 = 0{,}5$$

### EJERCICIOS

**1.** Completa.

*a)* 3 UM = □ D
*b)* 5 CM 2 UM 3 C = □ C
*c)* 11 DM 3 D = □ U
*d)* 7 UM 2 C 8 U = □ U
*e)* 8 DM 7 UM = □ C

**2.** ¿Qué posición ocupa la cifra 3 en los siguientes números?

*a)* 302 548  *b)* 20 036  *c)* 3 001  *d)* 2 632

**3.** Realiza las siguientes operaciones con números naturales:

*a)* $35\,245 + 99\,875$  *b)* $65\,798 - 5\,423$  *c)* $125 \cdot 987$  *d)* $103\,986 : 654$

**4.** Calcula el valor numérico correspondiente a cada fracción.

*a)* $\frac{4}{7}$  *b)* $\frac{95}{9}$  *c)* $\frac{37}{10}$  *d)* $\frac{157}{3}$

# MAPA CONCEPTUAL

- NÚMEROS DECIMALES. ORDENACIÓN Y REPRESENTACIÓN
  - Números decimales
    - Parte entera
    - Parte decimal
      - Décimas
      - Centésimas
      - Milésimas
  - Ordenación
  - Representación
- TIPOS DE NÚMEROS DECIMALES
  - Exactos
  - No exactos
    - Periódicos
      - Puros
      - Mixtos
    - No periódicos
- DECIMALES Y FRACIONES
  - Fracción ⟶ Decimal
  - Decimal exacto ⟶ Fracción
  - Descomposición de un número decimal en fracciones
- APROXIMACIÓN DE NÚMEROS DECIMALES
  - Truncamiento
  - Redondeo
  - Errores
    - Absoluto $E_a = |\text{valor real} - \text{valor aproximado}|$
    - Relativo $E_r = \dfrac{E_a}{\text{valor real}}$
- OPERACIONES
  - Suma
  - Resta
  - Multiplicación
  - División

# 1. Números decimales. Ordenación y representación

## 1.1. Lectura y escritura. Valor posicional

Al igual que las fracciones, los números decimales nos permiten trabajar con partes de un todo, pues como ya hemos visto, no todo de lo que hablamos está en unidades enteras: distancias entre ciudades, precios, pesos...

Un número decimal posee dos partes:

parte entera parte decimal
4,53

- La parte entera es la situada a la izquierda de la coma, que representa el número de unidades completas que tomamos.
- La parte decimal se sitúa a la derecha de la coma, es menor que la unidad e indica la parte más pequeña que una unidad que se considera.

Nuestro sistema numérico es **posicional** y **decimal**, lo que significa que cada orden es 10 veces superior al inmediatamente inferior. Esto, que ya era conocido en los números naturales, se puede extender a la parte decimal.

De esta forma tenemos los siguientes órdenes de unidades:

| Unidades | Décimas | Centésimas | Milésimas |
|---|---|---|---|
| U | d | c | m |

1 unidad = 10 décimas = 100 centésimas = 1000 milésimas

1 milésima = 0,1 centésimas = 0,01 décimas = 0,001 unidades

De igual modo que hacíamos entonces, podemos hablar de la **descomposición** de un número.

$$32{,}056 = 3\,D + 2\,U + 5\,c + 6\,m = 3 \cdot 10 + 2 + 5 \cdot 0{,}01 + 6 \cdot 0{,}001$$

**USA TU CALCULADORA**

Algunas calculadoras representan los decimales con punto y otras con coma.

0.03 0,03

## EJERCICIOS RESUELTOS

**1.** Asocia cada expresión con un número decimal.

*a)* 32 D + 15 d + 1 m

*b)* 102 c + 13 m

*c)* 47 U + 52 d + 23 m

*d)* 123 c + 45 m

*a)*

| C | D | U | d | c | m | |
|---|---|---|---|---|---|---|
| 3 | 2 | 1 | 5 | | 1 | 321,501 |

*b)*

| C | D | U | d | c | m | |
|---|---|---|---|---|---|---|
| | | 1 | 0 | 2 + 1 | 3 | 1,033 |

*c)*

| C | D | U | d | c | m | |
|---|---|---|---|---|---|---|
| | 4 | 7 + 5 | 2 | 2 | 3 | |
| | 4 + 1 | 2 | 2 | 2 | 3 | 52,223 |

*d)*

| C | D | U | d | c | m | |
|---|---|---|---|---|---|---|
| | | 1 | 2 | 3 + 4 | 5 | 1,275 |

Solución

## EJERCICIOS

**1.** ●○○ Señala la parte entera y la decimal e indica el orden de unidades de cada una de las cifras de los siguientes números decimales:

*a)* 23,025

*b)* 0,053

*c)* 105,909

*d)* 32,356

**2.** ●●○ Escribe los siguientes números decimales:

*a)* 37 milésimas

*b)* 5 unidades 3 centésimas

*c)* 23 centésimas 45 milésimas

*d)* 2 décimas 524 milésimas

**3.** ●●○ Escribe con palabras dos maneras distintas de leer los siguientes números:

*a)* 23,521

*b)* 4,902

*c)* 0,024

*d)* 1,1

**4.** ●○○ Descompón los siguientes decimales en sumas teniendo en cuenta los valores posicionales de cada cifra:

*a)* 302,055

*b)* 0,214

*c)* 65,88

*d)* 3,007

**5.** ●●○ Pasa a décimas los siguientes números:

*a)* Cuatro unidades veinticinco milésimas.

*b)* Doscientas milésimas.

*c)* Treinta y cuatro centésimas tres milésimas.

*d)* Cuatro mil novecientas centésimas.

**6.** ●●○ **@ CL** Busca en Internet otros órdenes inferiores a la milésima. Indica cómo se llaman las siguientes unidades:

*a)* 0,1 milésimas

*b)* 0,01 milésimas

*c)* 0,001 milésima

## 1.2. Comparación y ordenación

Nos comparamos habitualmente con otros compañeros para averiguar quién es el más alto y nos decimos nuestras tallas.

Lo que hacemos es una **comparación** de números decimales para resolver este pequeño problema.

Para comparar decimales, y así poder **ordenarlos** debemos seguir estos pasos:

- Completaremos con ceros los números decimales para que tengan la misma cantidad de decimales.
- Eliminaremos la coma y ordenaremos los números resultantes como si de números enteros se tratara.

De este modo:

$56{,}345 > 56{,}342161$ porque $56\,345\,000 > 56\,342\,161$

$-472{,}1 > -472{,}12$ porque $-47\,210 > -47\,212$

**CUIDADO**

Al añadir ceros al final de un número decimal su valor no varía, pues comparando posición a posición todas sus cifras son iguales.

$$4{,}95 = 4{,}95000$$

**OBSERVA**

El orden no depende por tanto del número de cifras decimales, sino de la comparación una por una comenzando por las de orden superior,

$$2{,}4 > 2{,}39654$$

a pesar de que el primer número tenga solo un decimal y el segundo tenga cinco.

### EJERCICIOS RESUELTOS

1. Coloca > o < según corresponda.

*a)* 25,66 □ 25,7

*b)* −3,7 □ −3,67

*c)* 4,17 □ 4,152

*a)* < porque $2\,566 < 2\,570$

*b)* < porque $-370 < -367$

*c)* > porque $4\,170 > 4\,152$

Solución

2. Intercala 5 números decimales entre los siguientes:

*a)* 3,6 y 3,7

*b)* −0,125 y 0,125

*c)* 2,45 y 2,451

*a)* $3{,}6 < 3{,}61 < 3{,}65 < 3{,}66 < 3{,}668 < 3{,}67 < 3{,}7$

*b)* $-0{,}125 < -0{,}1 < 0 < 0{,}05 < 0{,}1 < 0{,}11 < 0{,}125$

*c)* $2{,}45 < 2{,}4501 < 2{,}4505 < 2{,}4506 < 2{,}4508 < 2{,}45089 < 2{,}451$

Solución

## 1.3. Representación en la recta numérica

Para representar números decimales en la recta numérica, observaremos su parte entera y colocaremos el número decimal en la unidad siguiente, dividiéndola en las partes necesarias para su mejor representación.

3,56 estará situado entre el 3 y el 4:

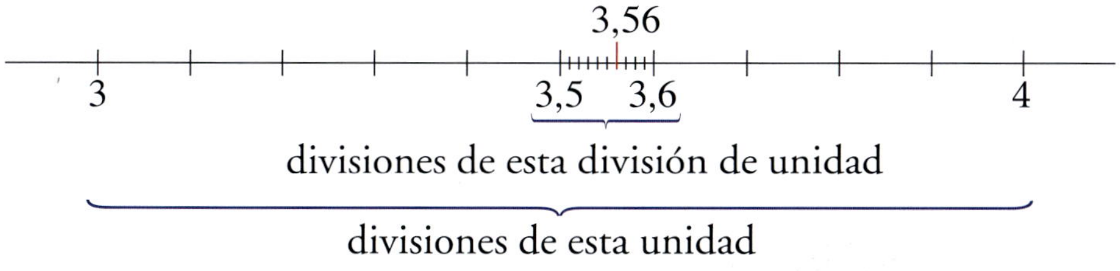


### EJERCICIOS RESUELTOS

1. Representa en la recta numérica los siguientes decimales de manera aproximada:

*a)* 2,58

*b)* −6,8

*c)* 13,21

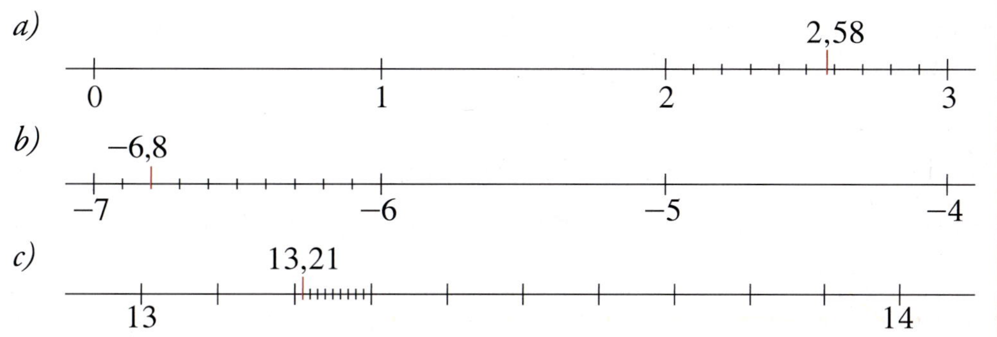


Solución

### EJERCICIOS

**7.** ●●○ Ordena de menor a mayor los siguientes decimales:

*a)* 5,2  5,17  −5,3  −5,25  −5  5,01  5,1

*b)* 3,14  3,16  3,1654  3,145
3,201  3,1502  3,1415

**8.** ●●○ Representa en la recta numérica los números:

*a)* 1,2  2,6  3,1  2,75  3,3

*b)* −3,7  −1,8  −0,95  −2,15  −3,1

**9.** ●●○ Indica a qué números corresponden las marcas realizadas en esta recta:

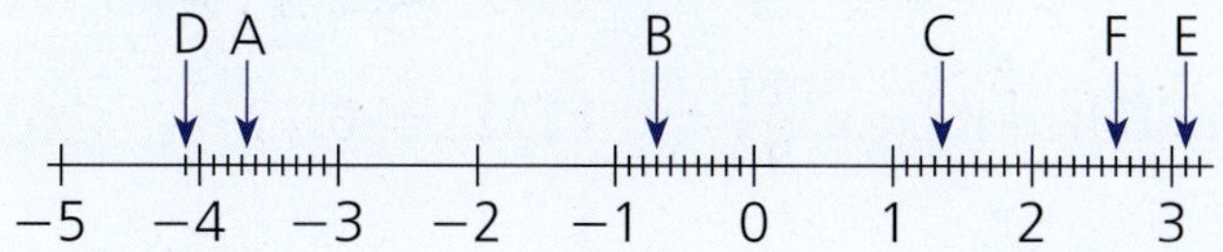

# 2. Tipos de decimales. Decimales y fracciones

Los decimales se pueden clasificar según su número de cifras y según la repetición de las mismas.

<table>
<tr><td rowspan="5">Números decimales</td><td colspan="3">Exactos (número finito de cifras)</td><td>3,86</td></tr>
<tr><td rowspan="4">No exactos (número infinito de cifras que se denota con "…")</td><td rowspan="2">Periódicos (se repite un grupo de cifras que recibe el nombre de periodo y se denota con un arco)</td><td>Puros (el periodo comienza justo tras la coma)</td><td>0,1313131313... = $0,\widehat{13}$</td></tr>
<tr><td>Mixtos (existen cifras intermedias entre la coma y el periodo, que reciben el nombre de anteperiodo)</td><td>3,86666... = $3,8\widehat{6}$</td></tr>
<tr><td colspan="2" rowspan="2">No periódicos (tiene infinitas cifras que no se repiten de manera periódica)</td><td rowspan="2">0,1234567891011...</td></tr>
<tr></tr>
</table>

## EJERCICIOS RESUELTOS

1. Escribe números decimales que verifiquen (si es posible) las siguientes condiciones:

*a)* Periódico puro con 3 cifras en periodo.

*b)* Periódico mixto con 2 cifras de anteperiodo y 4 de periodo.

*c)* No periódico.

*d)* Exacto con una cifra de periodo.

*e)* Exacto sin periodo.

*a)* $2,\widehat{125}$

*b)* $0,12\widehat{4875}$

*c)* 1,0100100010000100000 1...

*d)* Los exactos no tienen periodo.

*e)* 3,4

Solución

## 2.1. Paso de fracción a decimal

Las fracciones y los números decimales están muy relacionados: ambos representan partes de un todo.

El valor numérico de una fracción es un número decimal equivalente a ella que resulta de dividir su numerador entre su denominador.

- Decimales exactos: $\frac{10}{2} = 5$ o $\frac{3}{2} = 1,5$
- Periódicos puros: $\frac{1}{3} = 0,3333... = 0,\widehat{3}$ o $\frac{25}{99} = 0,252525... = 0,\widehat{25}$
- Periódico mixto: $\frac{11}{90} = 0,1222... = 0,1\widehat{2}$

**OBSERVA**

Los decimales que obtenemos al hallar el valor numérico de una fracción van a ser siempre exactos o periódicos.

## 2.2. Paso de decimal exacto a fracción

Para pasar de un decimal exacto a una fracción que llamaremos fracción generatriz, debemos encontrar dos términos (numerador y denominador) que divididos entre sí den el número decimal en cuestión.

Estos términos son el número decimal sin la coma y la unidad seguida de tantos ceros como número de cifras decimales tenga nuestro número.

$$68{,}7=\frac{687}{10} \qquad 0{,}2349=\frac{2\,349}{10\,000}$$

**RECUERDA**

Es recomendable escribir las fracciones siempre simplificadas.

$$15{,}85=\frac{1\,585}{100}=\frac{317}{20}$$

## 2.3. Descomposición de un número decimal en fracciones

Ahora que sabemos la relación entre fracciones y números decimales, podemos decir que todo número decimal se puede descomponer como suma de fracciones de denominador la unidad seguida de ceros.

$$34{,}567=\frac{34}{1}+\frac{5}{10}+\frac{6}{100}+\frac{7}{1000}$$

$$2{,}04507=\frac{2}{1}+\frac{4}{100}+\frac{5}{1000}+\frac{7}{100\,000}$$

**OBSERVA**

Solo estamos mostrando el paso de decimal exacto a fracción.

## EJERCICIOS

**10.** ●○○ Clasifica los decimales que se presentan a continuación:

*a)* 3,4444

*b)* 3,444...

*c)* 3,45445444544445...

*d)* 3,454545...

*e)* 3,47454545...

**11.** ●○○ Pasa a decimal las siguientes fracciones y señala de qué tipo son, indicando su periodo en caso de existir:

*a)* $\frac{3}{8}$ *b)* $\frac{7}{30}$ *c)* $\frac{5}{11}$ *d)* $\frac{17}{90}$

**12.** ●○○ Obtén la fracción generatriz de los siguientes decimales exactos:

*a)* 1,25 *b)* 3,8 *c)* −1,7 *d)* 0,326

**13.** ●○○ Escribe la descomposición en fracciones de los siguientes números decimales:

*a)* −45,208 *c)* −105,2304

*b)* 2 001,0003 *d)* 23,015

**14.** ●●○ En los siguientes decimales existen incorrecciones. Corrígelas.

*a)* $3{,}464646... = 3{,}\widehat{464}$

*b)* $25{,}10100100010000... = 25{,}\widehat{10}$

*c)* $6{,}33 = 6{,}\widehat{3}$

**15.** ●●● @ Investiga sobre los números decimales no periódicos en Internet. Puedes inventarte algunos, pero ¿conoces algunos con nombre propio?

**16.** ●●● **CA, CI** Observa los siguientes ejemplos y extrae una regla para deducir, sin realizar la división, cuándo el decimal asociado a una fracción es exacto o periódico.

*Nota*: observa la descomposición en factores del denominador.

Son exactos: $\frac{17}{5}=3{,}4$; $\frac{7}{10}=0{,}7$; $\frac{5}{2}=2{,}5$

Son periódicos puros:

$\frac{1}{3}=0{,}\widehat{3}$; $\frac{232}{99}=2{,}\widehat{34}$; $\frac{1}{7}=0{,}\widehat{142857}$

Son periódicos mixtos:

$\frac{181}{90}=2{,}0\widehat{1}$; $\frac{1\,037}{330}=3{,}1\widehat{42}$; $\frac{1}{6}=0{,}1\widehat{6}$

# 3. Aproximación de números decimales

## 3.1. Aproximaciones: truncamiento y redondeo

A veces es conveniente aproximar los números decimales para trabajar con ellos, bien por comodidad de cálculo, bien porque no es necesaria gran precisión.

Si queremos pagar entre tres amigos una factura en un restaurante que asciende a 53,99, lo que probablemente haremos sea dividir 54 : 3 e ignorar el importe decimal. Estamos aproximando la factura.

- **Truncamiento**

Se obtiene eliminando todas las cifras de decimales de órdenes inferiores al orden que estamos truncando (es siempre por defecto).

5,6239

5,6~~239~~ ⟶ truncado a las décimas ⟶ 5,6

5,623~~9~~ ⟶ truncado a las milésimas ⟶ 5,623

- **Redondeo**

Se aproxima por un número que en algunos casos será inferior (defecto) y en otro superior al original (exceso).

Para redondear un número a cierto orden hay que seguir dos pasos:

1) Eliminar todas las cifras de orden inferior al deseado.

2) Nos fijaremos en la cifra del orden considerado:

- si la siguiente era 0, 1, 2, 3 o 4, se dejará como estaba (en este caso la aproximación es por defecto)

5,6239

5,6~~239~~ ⟶ redondeado a las décimas ⟶ 5,6

- si era 5, 6, 7, 8 o 9, se incrementará en 1 unidad de dicho orden (en este caso la aproximación es por exceso).

5,6239

5,62**39** ⟶ redondeado a las milésimas ⟶ 5,624

Como puedes observar, redondear es más exacto que truncar, pues al aproximar además de por defecto, también por exceso, se acerca más al número original.

### CUIDADO

Presta atención cuando al redondear la cifra del orden considerado sea un 9, porque, si la aproximación se realiza por exceso, se debe cambiar también la cifra del orden superior al afectado.

Al redondear 3,97 a las décimas, obtendremos 4.

### USA TU CALCULADORA

Cuando en la calculadora obtenemos decimales periódicos como resultado de operaciones, es habitual que redondeen la última cifra.

Si en pantalla aparece 1,6666666667 se trata del decimal periódico $1,\widehat{6}$ y la calculadora lo ha redondeado a la última cifra visible.

### USA TU CALCULADORA

La calculadora científica permite prefijar el número de decimales con los que quieres realizar tus operaciones.

Para hacerlo debes usar el modo **FIX**.

## 3.2. Errores: absoluto y relativo

Cuando aproximamos números, ganamos comodidad al tener que recordar menos cifras, pero perdemos exactitud. Esa pérdida de exactitud se puede medir, y recibe el nombre de **error**.

**Error absoluto** es el valor absoluto de la diferencia entre el número original y el aproximado. Por ejemplo, el error absoluto cometido al aproximar 1,3 por 1 es:

$$E_a = |1{,}3 - 1| = 0{,}3$$

**Error relativo** es el cociente entre el error absoluto y el valor original, y cuanto más pequeño es, mejor es la aproximación.

$$E_r = \frac{E_a}{\text{valor original}}$$

**RECUERDA**

El error absoluto no valora realmente la precisión de la aproximación. Para ello empleamos el error relativo.

### EJERCICIOS RESUELTOS

1. El depósito de nuestro coche tiene una capacidad de 55 litros. Si el litro de gasolina sin plomo está a 1,163 €, contesta a las siguientes preguntas empleando tu calculadora:

   *a)* ¿Cuánto nos costará llenar el depósito? Observa que debes redondear el resultado a las centésimas para poder trabajar con euros.

   *b)* ¿Cuál es el error absoluto cometido en dicha aproximación?

   *c)* ¿Cuál es el error relativo?

   *a)* $55 \cdot 1{,}163 = 63{,}965$ €, es decir, 63,97 € redondeando a las centésimas.

   *b)* $E_a = |63{,}965 - 63{,}97| = 0{,}005$

   *c)* $E_r = 0{,}005 : 63{,}965 = 0{,}0000782$

   Solución

### EJERCICIOS

**17.** ●○○ Aproxima por truncamiento a las décimas los siguientes decimales, e indica el error absoluto y el relativo de cada aproximación. ¿Se han realizado por exceso o por defecto?

*a)* 1,586 *b)* 23,84 *c)* 0,998 *d)* 5,356

**18.** ●●○ **CA, CI** Realiza el ejercicio anterior, pero redondeando los números a las décimas. ¿Obtienes en general mejores o peores resultados en los errores? ¿Por qué?

**19.** ●●● **CL, CS** Se estima que la población española asciende a unos 47 millones de habitantes. ¿Cuál es el error absoluto máximo cometido con esta aproximación? Este valor recibe el nombre de cota del error absoluto.

**20.** ●●○ Estima cotas de los errores absolutos cometidos en las siguientes aproximaciones:

*a)* El atleta ha corrido 1 000 metros en 2,93 minutos.

*b)* El hombre más alto del mundo mide unos 2,7 metros.

*c)* Un nepalí era considerado el hombre más bajo del mundo con una altura de unos 0,5 metros.

*d)* El hombre más obeso del mundo pesaba unos 560 kilogramos.

**21.** ●●● El error relativo también se puede acotar. En el ejercicio 19 una cota del error relativo sería 0,011 porque $0{,}5 : 47 = 0{,}0106 < 0{,}011$. Con esta información, calcula cotas de los errores relativos cometidos en el ejercicio 20.

# 4. Operaciones

## 4.1. Suma y resta

Para **sumar o restar números decimales** debemos:

1) Colocar los números en columna alineados por la coma.
2) Añadir tantos ceros en la parte decimal como sean necesarios para que ambos números tengan el mismo número de cifras decimales.
3) Operar como una suma o resta de números enteros, respetando la situación de la coma (alineada con las otras) en el resultado.

**RECUERDA**

Es conveniente que una vez que cojas soltura en la suma y resta en columnas con decimales, intentes realizar estas operaciones en fila, tal como lo hacías con los números enteros.

### EJERCICIOS RESUELTOS

**1.** Calcula la siguiente suma: 56,21 + 997,9

$$\begin{array}{r} 56,21 \\ +\ 997,90 \\ \hline 1054,11 \end{array}$$

Solución

**2.** Resuelve la siguiente resta: 123,8 − 91,12

$$\begin{array}{r} 123,80 \\ -\ 91,12 \\ \hline 32,68 \end{array}$$

Solución

**3.** Averigua el resultado de la siguiente suma: 62,54 + 875,2 − 2,549

$$\begin{array}{r} 62,54 \\ +875,20 \\ \hline 937,74 \end{array} \qquad \begin{array}{r} 937,740 \\ -\ 2,549 \\ \hline 935,191 \end{array}$$

Solución

## 4.2. Multiplicación

Para **multiplicar números decimales** debemos:

1) Multiplicar los números como si fueran enteros.
2) Contar cuántas cifras decimales hay en total en los dos factores y poner la coma de manera que el resultado tenga exactamente ese número de cifras decimales.

### EJERCICIOS RESUELTOS

**1.** Calcula la siguiente multiplicación: 65,98 · 23,4

$$\begin{array}{r} 65,98 \\ \times\ 23,4 \\ \hline 26392 \\ 19794\phantom{0} \\ 13196\phantom{00} \\ \hline 1543,932 \end{array}$$

El resultado es 1543,932 porque debe tener 3 cifras decimales.

Solución

**Multiplicar un número decimal por 10, 100, 1 000...**

Equivale a desplazar su coma tantos lugares a la derecha como ceros tenga el 10, 100, 1 000...

$21,56 \cdot 10 = 215,6$ $\quad$ $3,1 \cdot 1\,000 = 3100$

**Multiplicar un número decimal por 0,1; 0,01; 0,001...**

Equivale a desplazar su coma tantos lugares a la izquierda como cifras decimales tenga el 0,1; 0,01; 0,001...

$125,62 \cdot 0,1 = 12,562$ $\quad$ $8,75 \cdot 0,001 = 0,00875$

## EJERCICIOS

**22.** ●○○ Calcula las siguientes sumas y restas:

*a)* $231,56 + 99,987$
*b)* $587,12 - 98,929$
*c)* $1\,056,001 - 65,0135$
*d)* $0,2354 - 0,0015$

**23.** ●●○ Realiza las siguientes operaciones:

*a)* $-56,2 + 98,37$
*b)* $-124,58 - 567,8$
*c)* $1,98 - 35,987$
*d)* $25,456 + (-67,8)$

**24.** ●○○ Realiza las siguientes multiplicaciones:

*a)* $23,0001 \cdot 9,8$ $\quad$ *c)* $6,7 \cdot 4,008$
*b)* $-4,58 \cdot 7,305$ $\quad$ *d)* $-6,98 \cdot (-89,75)$

**25.** ●○○ Opera sin necesidad de realizar las multiplicaciones.

*a)* $23,1 \cdot 100$ $\quad$ *e)* $9,8765 \cdot 100$
*b)* $56,24 \cdot 0,001$ $\quad$ *f)* $5647,12 \cdot 0,01$
*c)* $0,56 \cdot 0,0001$ $\quad$ *g)* $578 \cdot 100$
*d)* $0,6 \cdot 1000$ $\quad$ *h)* $9876 \cdot 0,0001$

**26.** ●●○ **CI** Calcula el número que falta en cada caso.

*a)* $-2,57 + \square = -5,69$
*b)* $6,25 - \square = 87,5$
*c)* $45,23 + \square = 102,567$
*d)* $\square - 5,24 = 6,1$
*e)* $\square + 0,7 = 0,5$
*f)* $\square + 5,4 = -3,8$
*g)* $\square - 6,54 = 2,14$

**27.** ●○○ He ido al mercado para comprar lo que llevo en mi lista:

He observado los precios y creo que me llegará con 30 euros, ¿es cierto? ¿Cuánto me sobrará o me faltará?

**28.** ●○○ Hemos estado comparando las estaturas y pesos de un bebé recién nacido con un adolescente y hemos observado que, el adolescente mide 2,91 veces más y pesa 15,5 veces más. Si el bebé nació con 50,5 cm y pesó 3,400 kg, ¿cuánto mide y pesa el adolescente?

## 4.3. División

Para **dividir un número decimal entre uno entero** debemos:

1) Realizar la división de la manera habitual.
2) Bajar la primera cifra decimal, poner la coma en el cociente y seguir realizando la división.
3) Si deseamos sacar más decimales, bajar ceros al acabar el dividendo y continuar la división.

### EJERCICIOS RESUELTOS

**1.** Calcula la siguiente división: 223,55 : 85

```
223,55|85
 53 5  2,63
  2 55
    00
```

Solución

Para **dividir un número entero entre uno decimal** debemos:

1) Multiplicar dividendo y divisor por la unidad seguida de tantos ceros como decimales haya en el divisor.
2) Realizar la división resultante de números enteros.
3) Si deseamos sacar decimales porque la división no es exacta, bajar ceros al acabar el dividendo y colocar en ese momento una coma en el cociente y continuar la división de la manera tradicional.

### EJERCICIOS RESUELTOS

**2.** Calcula la siguiente división: 9 805 : 3,7

Es equivalente a realizar la división 98 050 : 37.

```
98050|37
240    2650
 185
  000
```

Solución

Para **dividir dos números decimales** debemos:

1) Multiplicar dividendo y divisor por la unidad seguida de tantos ceros como decimales haya en el divisor.
2) Se obtiene una de las dos divisiones explicadas anteriormente, con lo que se debe proceder como en las divisiones de decimal entre entero o las de entero entre decimal.

**OBSERVA**

Al multiplicar dividendo y divisor por un mismo número obtenemos otra división equivalente a la anterior, es decir, con el mismo cociente.

## EJERCICIOS RESUELTOS

**3.** Calcula la siguiente división y extrae un decimal en el cociente: 5,47 : 0,23

Es equivalente a 547 : 23.

| | |
|---|---|
| 547 | 23 |
| 87 | 23,7 |
| 180 | |
| 19 | |

Solución

**4.** Resuelve la siguiente división: 34,59 : 1,2

Es equivalente a 345,9 : 12.

| | |
|---|---|
| 345,9 | 12 |
| 105 | 28,8 |
| 09 9 | |
| 03 | |

Solución

**5.** Calcula la siguiente división con un decimal en el cociente: 987,7 : 8,45

Realizaremos 98 770 : 845.

| | |
|---|---|
| 98770 | 845 |
| 1427 | 116,8 |
| 5820 | |
| 7500 | |
| 740 | |

Solución

**Dividir un número decimal por 10, 100, 1 000…**

Equivale a desplazar su coma tantos lugares a la izquierda como ceros tenga el 10, 100, 1 000…

21,56 : 10 = 2,156 3,1 : 1 000 = 0,0031

**Dividir un número decimal por 0,1; 0,01; 0,001…**

Equivale a desplazar su coma tantos lugares a la derecha como cifras decimales tenga el 0,1; 0,01; 0,001…

125,62 : 0,1 = 1 256,2 8,75 : 0,001 = 8 750

**OBSERVA**

Multiplicar por 10 es lo mismo que dividir entre 0,1.

Multiplicar por 0,1 equivale a dividir entre 10.

## EJERCICIOS

**29.** ●●○ Opera.

*a)* 65 : 3,2
*b)* 8,97 : 0,51
*c)* 123,5 : 21
*d)* 0,05 : 0,0003
*e)* 88,97 : 2,64
*f)* 1 248 : 6,4

**30.** ●○○ Realiza las siguientes operaciones sin hacer la división:

*a)* 23,1 : 100
*b)* 56,24 : 0,001
*c)* 0,56 : 0,0001
*d)* 0,6 : 1 000
*e)* 9,8765 : 100
*f)* 5 647,12 : 0,01
*g)* 578 : 100
*h)* 9 876 : 0,0001

**31.** ●●○ Obtén el término que falta en cada caso.

*a)* −3,47 · □ = −20,4383
*b)* □ : 0,58 = −6,92
*c)* □ · 2,56 = −16,7424
*d)* 92,8047 : □ = 17,61

**32.** ●●● **CI** Ya has comprobado que se pueden obtener divisiones equivalentes a otras, es decir, que conservan el cociente. Ahora bien, ¿cómo queda transformado el resto dependiendo de los factores que afecten a dividendo y divisor?

## Fracción generatriz de un periódico puro

El numerador se obtiene restando al número completo, sin coma ni periodo, la parte entera del número decimal, y el denominador está compuesto por tantos nueves como cifras tenga el periodo.

$$23,\widehat{51}=\frac{2\,351-23}{99}=\frac{2\,328}{99}=\frac{776}{33} \qquad 12,\widehat{9}=\frac{129-12}{9}=\frac{117}{9}=13$$

**OBSERVA**

Un periódico puro de periodo 9 es un número entero.

$$12,\widehat{9}=13$$
$$-7,\widehat{9}=-8$$

## Fracción generatriz de un periódico mixto

El numerador se obtiene restando al número completo, sin coma ni periodo, el número compuesto por la parte entera y el anteperiodo, también sin coma, y el denominador está compuesto por tantos nueves como cifras tenga el periodo y ceros como cifras tenga el anteperiodo.

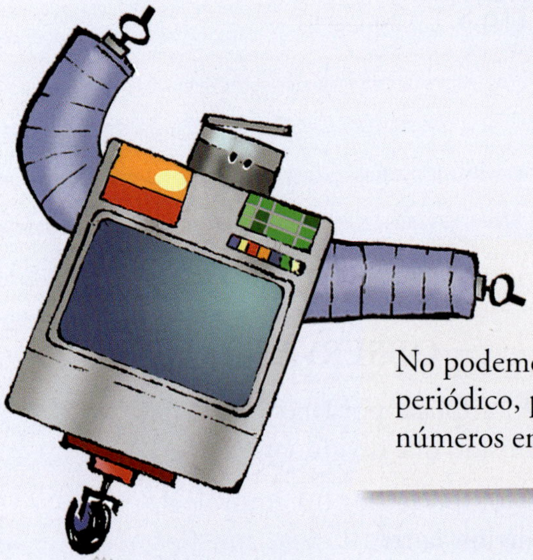

$$5,1\widehat{5}=\frac{515-51}{90}=\frac{464}{90}=\frac{232}{45}$$

**OBSERVA**

No podemos obtener la fracción generatriz de un número no periódico, porque estos números no resultan de la división de dos números enteros.

### EJERCICIOS

**33.** ●●○ Obtén la fracción generatriz de los siguientes decimales periódicos. Simplifica el resultado cuando sea posible.

*a)* $3,\widehat{45}$ *b)* $13,\widehat{2}$ *c)* $4,3\widehat{8}$ *d)* $87,1\widehat{26}$ *e)* $5,12\widehat{4}$ *f)* $2,11\widehat{54}$

**34.** ●●○ Realiza las siguientes operaciones:

*a)* $3,\widehat{4}\cdot 2,0\widehat{1}$ *b)* $4,\widehat{32}-2,9\widehat{86}$ *c)* $2,75:0,3\widehat{2}$ *d)* $7,82+6,\widehat{25}+9,2\widehat{3}$

**35.** ●●● **CA** ¿Por qué no podemos obtener un decimal no periódico de una fracción?

**36.** ●●● Expresa, si es posible, un decimal exacto como suma de dos periódicos.

| Los números decimales | | | |
|---|---|---|---|
| **Necesidad** | **Valor posicional de las cifras** | **Ordenación y representación en la recta** | |
| Representar partes de un todo. | 1 U = 10 d = 100 c = = 1000 m | Se comparan completando con ceros para que tengan los mismos decimales y comparando los números resultantes sin coma. | Se representan dividiendo la unidad siguiente a la parte entera en partes iguales para fijar la parte decimal. |

<table>
<tr><td rowspan="4">Tipos de decimales</td><td colspan="3">Exactos (número finito de cifras)</td></tr>
<tr><td rowspan="3">No exactos (número infinito de cifras que se denota con "...").</td><td rowspan="2">Periódicos (se repite un grupo de cifras que recibe el nombre de periodo y se denota con un arco).</td><td>Puros (el periodo comienza justo tras la coma).</td></tr>
<tr><td>Mixtos (existen cifras intermedias entre la coma y el periodo, que reciben el nombre de anteperiodo).</td></tr>
<tr><td colspan="2">No periódicos (no se repiten grupos de cifras).</td></tr>
</table>

| Paso de fracción a decimal | Paso de decimal exacto a fracción |
|---|---|
| Cociente del numerador entre el denominador | $\dfrac{\text{Número sin coma}}{\text{Unidad seguida de tantos ceros como decimales}}$ |
| $\frac{3}{4} = 3:4 = 0{,}75$ | $0{,}75 = \frac{75}{100} = \frac{3}{4}$ |

| Estimaciones | | | |
|---|---|---|---|
| **Aproximaciones** | | **Errores** | |
| **Truncamiento** | **Redondeo** | **Absoluto** | **Relativo** |
| Se hacen ceros todas las cifras por debajo de la posición indicada. | Se hacen ceros todas las cifras por debajo de la posición indicada y además la posición marcada se mantiene si la siguiente es menor que 5 o se incrementa una unidad si es mayor o igual que 5. | Valor absoluto de la diferencia entre el valor real y el aproximado. | Cociente entre el error absoluto y el valor real. |

<table>
<tr><th colspan="7">Operaciones combinadas. Jerarquía de las operaciones</th></tr>
<tr><th>Suma</th><th>Resta</th><th colspan="2">Multiplicación</th><th colspan="2">División</th></tr>
<tr><td>Alineados en columnas por la coma.</td><td>Alineados en columnas por la coma.</td><td>El resultado debe tener tantos decimales como ambos factores juntos.</td><td>· 10<br>· 100<br>· 1 000...<br>mover la coma a la derecha tantos lugares como ceros.</td><td>Eliminar la coma del divisor multiplicando dividendo y divisor por 10, 100, 1 000...</td><td>: 10<br>: 100<br>: 1 000...<br>mover la coma a la izquierda tantos lugares como ceros.</td></tr>
<tr><td></td><td></td><td></td><td>· 0,1<br>· 0,01<br>· 0,001...<br>mover la coma a la izquierda tantos lugares como decimales.</td><td>Cuando se baje el primer decimal del dividendo se debe poner la coma en el cociente.</td><td>: 0,1<br>: 0,01<br>: 0,001...<br>mover la coma a la derecha tantos lugares como decimales.</td></tr>
</table>

## Ejercicios iniciales

**37.** ●○○ Relaciona cada imagen con el tiempo que le corresponda.

*a)* 58,392 s

*b)* 0,0015 s

*c)* 9,79 s

**38.** ●●○ Indica en qué unidades habría que expresar las siguientes medidas para no tener que usar decimales:

*a)* El peso de un insecto.

*b)* La estatura de una persona.

*c)* El precio de una bolsa de palomitas.

## Números decimales. Ordenación y representación

**39.** ●○○ **@ CS** Investiga en Internet en qué países se utiliza la coma y en cuáles el punto para comenzar la parte decimal. En los países donde se utiliza el punto para indicar el comienzo de los decimales, ¿qué signo se utiliza para separar las cifras en grupos de mil?

**40.** ●○○ Rellena la siguiente tabla indicando el valor posicional de cada cifra en los siguientes números decimales:

*a)* 1235,21

*b)* 32,005

*c)* 0,026

*d)* 98,907

| UM | C | D | U | d | c | m |
|---|---|---|---|---|---|---|
| | | | | | | |
| | | | | | | |
| | | | | | | |
| | | | | | | |

**41.** ●○○ Copia y rellena la siguiente tabla con los números que se detallan a continuación y escribe el número decimal que se trata en cada caso:

*a)* 1235,21 d

*b)* 32,005 C

*c)* 0,026 D

*d)* 98,9 c

| UM | C | D | U | d | c | m |
|---|---|---|---|---|---|---|
| | | | | | | |
| | | | | | | |
| | | | | | | |
| | | | | | | |

**42.** ●○○ Escribe cuáles son los siguientes números decimales:

*a)* 23 D 56 m

*b)* 2,4 c 7 m

*c)* 12 005 d

*d)* 375 d 24 m

**43.** ●○○ Los tiempos de varios atletas al concluir la prueba de los 100 metros lisos han sido los siguientes: 9,89; 9,887; 9,757; 9,9; 9,799; 9,8. Ordénalos de menor a mayor.

**44.** ●○○ Indica qué números decimales están representados en la recta.

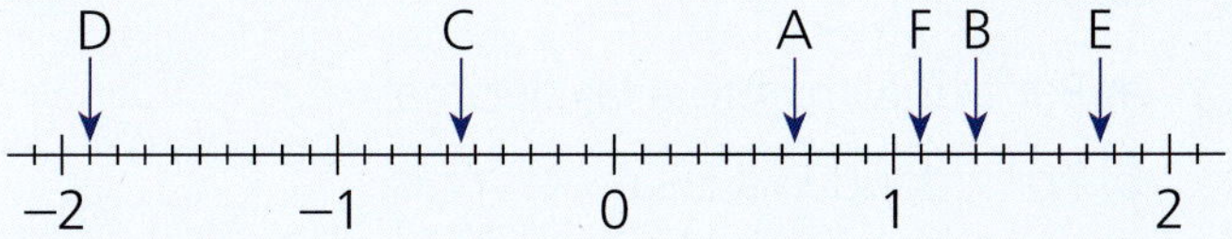


**45.** ●●○ Intercala cinco números entre las parejas que se presentan a continuación:

*a)* 1,1 y 1,15

*b)* 0,25 y 0,26

*c)* −3,27 y −3,271

*d)* −5,002 y −5,00201

**46.** ●●○ Representa los siguientes números. Es posible que en cada apartado tengas que utilizar escalas diferentes.

*a)* 49,35

*b)* −3,71

*c)* 2,58

*d)* −13,5

**47.** ●●○ Ordena de mayor a menor los siguientes números decimales:

5,874 5,93 5,926

5,4 5,945 5,6921

**48.** ●●● Ordena de menor a mayor los siguientes números decimales:

2,45 $2,\widehat{4}$ 2,4 2,4545

$2,\widehat{45}$ $2,4\widehat{5}$ 2,5

## Tipos decimales. Decimales y fracciones

**49.** ●○○ Indica el tipo de decimal y coloca el periodo si existe:

*a)* 33,03132333435363…

*b)* 56,02020202…

*c)* 35,3636

*d)* 6,57777…

**50.** ●○○ Escribe, en cada apartado, un número decimal que cumpla las características enunciadas.

*a)* Es un decimal periódico puro, con 3 cifras distintas en el periodo.

*b)* Es un decimal exacto con 4 cifras en total.

*c)* Es un decimal periódico mixto con 1 sola cifra en el periodo y 2 en el anteperiodo.

*d)* Es un decimal no exacto que solo contiene la cifra 1 y la cifra 2.

**51.** ●○○ Pasa de fracción a decimal e indica de qué tipo de decimal se trata, señalando en los casos posibles, el periodo y el anteperiodo.

*a)* $\frac{4}{25}$ *c)* $\frac{4}{45}$

*b)* $\frac{4}{9}$ *d)* $\frac{4}{21}$

**52.** ●○○ Obtén la fracción generatriz de los siguientes decimales exactos y simplifica la fracción resultante:

*a)* 0,35 *c)* 7,812

*b)* 3,6 *d)* −0,008

**53.** ●●○ **CD** Opera, pasando previamente a fracción. Comprueba el resultado empleando tu calculadora.

*a)* $0,54 \cdot 3,2 + 9,8$

*b)* $9,25 : 3,7$

*c)* $89,123 - 50,3$

*d)* $3 - 2,5 \cdot 0,25$

**54.** ●●○ **CD** Opera, pasando previamente a decimal. Comprueba el resultado empleando tu calculadora.

*a)* $\frac{2}{5} + \frac{3}{100} : \frac{1}{10}$

*b)* $\frac{1}{4} \cdot \frac{3}{10} - \frac{5}{8}$

*c)* $\frac{21}{10} + \frac{7}{10} : \frac{7}{50}$

*d)* $\frac{1}{8} : \frac{1}{10} + \frac{9}{8} \cdot \frac{3}{5}$

**55.** ●●● **CA** ¿Cuántos decimales tendrá como máximo en el periodo el decimal asociado a una fracción de denominador 7? Razona la respuesta.

**56.** ●●● Los siguientes números periódicos son erróneos. Indica en cada caso cuál es el error cometido.

*a)* $72,\widehat{3}5$

*b)* $8,3\widehat{66}$

*c)* $\widehat{5,1}$

*d)* $391,\widehat{5}0\widehat{8}$

## Aproximación de números decimales

**57.** ●○○ Copia y completa la siguiente tabla:

| | | Truncamiento | Redondeo |
|---|---|---|---|
| 23,4812 | A las décimas | | |
| | A las centésimas | | |
| | A las milésimas | | |
| 451,69384 | A las décimas | | |
| | A las centésimas | | |
| | A las milésimas | | |
| 0,95971 | A las décimas | | |
| | A las centésimas | | |
| | A las milésimas | | |

**58.** ●○○ Redondea los siguientes decimales a las centésimas. Indica si la aproximación se ha realizado por exceso o por defecto.

*a)* 0,0654

*b)* 21,508

*c)* 33,995

*d)* 4,7625

**59.** ●○○ **CD** Trunca a 4 decimales y calcula, empleando tu calculadora, el error absoluto y relativo cometido en cada aproximación.

*a)* 1,23456

*b)* 9,87654

*c)* 0,00214

*d)* 33,65712

**60.** ●●○ Realiza las siguientes aproximaciones del número 8,0258 y calcula los errores absoluto y relativo en cada caso.

*a)* Por truncamiento a las décimas.

*b)* Por redondeo a las centésimas.

*c)* Por truncamiento a las milésimas.

**61.** ●●○ **CA** ¿Qué método de aproximación tiene un error relativo menor, el truncamiento o el redondeo? Compruébalo aproximando el número 0,518 por truncamiento y por redondeo a las centésimas y calculando el error relativo en cada caso.

**62.** ●●○ **@ CCT** Un átomo es tan pequeño, que, en la mayoría de las ocasiones, podemos considerar que no tiene medida, o lo que es lo mismo, aproximamos su medida por 0 metros. Busca en Internet cuánto mide realmente el diámetro de un átomo de hidrógeno.

**63.** ●●● Sabemos que la aproximación estimada del número de días al año que llueve en Vitoria es 200.

*a)* ¿Podrías decir entre qué valores sería adecuado que estuviera el valor real?

*b)* ¿Cuál es el error absoluto máximo cometido con esta estimación?

*c)* ¿Y el mayor error relativo cometido?

**64.** ●●● **CD** En las calculadoras científicas existe un modo, normalmente llamado FIX, que limita el número de decimales a utilizar, expresando todos los resultados con ese número de decimales y redondeando cuando sea necesario. Utiliza el modo FIX de tu calculadora para limitar los decimales a dos posiciones. Comprueba que redondea los resultados a las centésimas introduciendo los siguientes números y pulsando la tecla [=] después de cada uno de ellos.

*a)* 1,256

*b)* 13,581

**65.** ●●● Queremos hallar cierto número del que sabemos que tiene una sola cifra entera y cuatro decimales, siendo el último un 8. Además, sabemos que la aproximación por redondeo de dicho número a las décimas, centésimas y milésimas es 7,5. Halla dicho número.

## Operaciones

**66.** ●○○ Realiza las siguientes sumas, restas y multiplicaciones con números decimales:

*a)* $48{,}35+26{,}391$

*b)* $50{,}91-42{,}639$

*c)* $58{,}2\cdot 3{,}6$

*d)* $451{,}36+25{,}8-41{,}361$

*e)* $2{,}6\cdot 6{,}21$

*f)* $25-12{,}512$

**67.** ●●○ Completa.

*a)* $13{,}6+\square=15{,}81$

*b)* $17{,}29-\square=4{,}8$

*c)* $\square+62{,}125=309{,}92$

*d)* $\square-71{,}12=3{,}514$

**68.** ●○○ Realiza las siguientes multiplicaciones mentalmente:

*a)* $17{,}358\cdot 10$

*b)* $0{,}03691\cdot 1\,000$

*c)* $9{,}325\cdot 100$

*d)* $14{,}3\cdot 10\,000$

**69.** ●○○ Multiplica mentalmente.

*a)* $723{,}21\cdot 0{,}1$

*b)* $0{,}41\cdot 0{,}01$

*c)* $1\,236{,}1\cdot 0{,}001$

*d)* $48\cdot 0{,}0001$

**70.** ●●○ Completa los siguientes recuadros:

*a)* $25{,}36\cdot\square=2{,}536$

*b)* $48{,}591\cdot\square=4\,859{,}1$

*c)* $\square\cdot 131{,}6=0{,}01316$

*d)* $\square\cdot 0{,}1258=12{,}58$

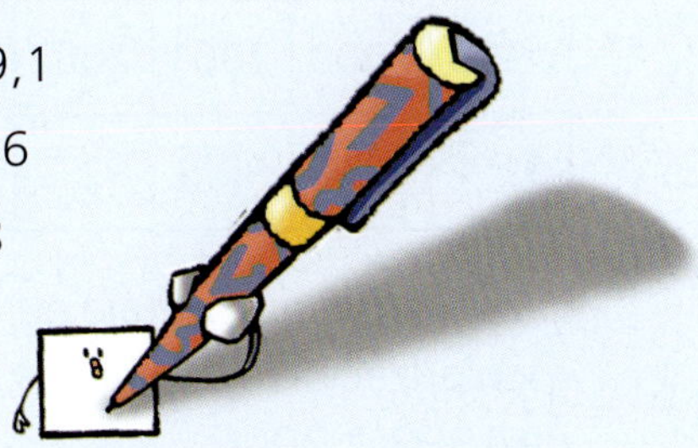

**71.** ●●● **CA** Calcula mentalmente, observando previamente que el dividendo y el divisor solo varían en la posición de la coma.

*a)* $4{,}256:42{,}56$

*b)* $390{,}1:3{,}901$

*c)* $0{,}056:0{,}000056$

*d)* $14{,}8:0{,}0148$

**72.** ●○○ Efectúa las siguientes divisiones con números decimales, expresando el resultado con dos cifras decimales:

*a)* $8\,536:13$

*b)* $412{,}5:7$

*c)* $0{,}3694:6$

*d)* $4{,}156:1{,}2$

**73.** ●●○ Calcula las siguientes divisiones de números decimales y redondea el resultado a las centésimas:

*a)* $15:11$

*b)* $19{,}25:9$

*c)* $0{,}192:0{,}28$

*d)* $91{,}2:0{,}127$

**74.** ●○○ Efectúa mentalmente las siguientes divisiones:

*a)* $0{,}326:10$

*b)* $47{,}26:1\,000$

*c)* $39\,871{,}1:100$

*d)* $630:1\,000\,000$

**75.** ●○○ Realiza las divisiones siguientes mentalmente:

*a)* $82{,}26:0{,}1$

*b)* $41{,}652:0{,}01$

*c)* $912{,}25:0{,}001$

*d)* $52:0{,}0001$

**76.** ●●○ Completa los siguientes recuadros:

*a)* $152{,}8:\square=0{,}1528$

*b)* $84{,}26:\square=8\,426$

*c)* $194:\square=1{,}94$

*d)* $0{,}362:\square=3\,620$

**77.** ●●○ Completa con los números adecuados para que se cumplan las igualdades.

*a)* $\square \cdot 4,8 = 15,36$

*b)* $5,61 \cdot \square = 9,537$

*c)* $\square : 7,2 = 0,05$

*d)* $3,58 : \square = 2,2375$

**78.** ●●○ Encuentra los errores (si los hay) en las siguientes operaciones de números decimales:

*a)* $3,45 \cdot 2,87 = 990,15$

*b)* $55,4 : 0,01 = 0,554$

*c)* $48,375 : 12,5 = 38,7$

*d)* $0,01 \cdot 0,01 = 0,0001$

*e)* $1\,000 - 956,98 = 43,2$

*f)* $123,25 + 325,6 = 1\,558,1$

**79.** ●●● **CI** Busca dos números decimales distintos para cada una de las situaciones siguientes:

*a)* Su suma es un número entero.

*b)* Su resta es un número entero.

*c)* Su producto es un número entero.

*d)* Su cociente es un número entero.

**80.** ●●○ Realiza las siguientes operaciones con números decimales teniendo en cuenta la prioridad de los paréntesis:

*a)* $(12,36 + 4,28) \cdot 7,1$

*b)* $1,53 - (0,58 + 0,073)$

*c)* $6,9 : (1,2 : 0,4)$

*d)* $(12,7 + 31,26) \cdot (8,3 - 5,1)$

**81.** ●●○ Efectúa las siguientes operaciones combinadas con números decimales:

*a)* $1,35 + 2,8 \cdot 3,6$

*b)* $72,8 + 2 \cdot (36,4 - 15)$

*c)* $3,41 \cdot 1,3 + 2,4 \cdot 3,7$

*d)* $(15,3 \cdot 0,01 + 4,8 : 100) \cdot (1 - 0,2)$

**82.** ●●○ Calcula las siguientes potencias de números decimales:

*a)* $5,8^2$ *c)* $1,2^3$

*b)* $0,3^5$ *d)* $0,02^4$

**83.** ●●● Calcula las siguientes operaciones combinadas con números decimales:

*a)* $3,1 + 1,8^3 : 0,02$

*b)* $(1,3 + 3,12)^2$

*c)* $6,28 + 2 \cdot 4,2^2$

*d)* $(1,5^3 - 1,5^2) : 0,5^2$

**84.** ●●● **CI** Realiza las siguientes operaciones y observa los resultados. ¿Qué podemos deducir?

*a)* Primero divide 4,86 entre 2.
Después multiplica 4,86 por 0,5.

*b)* Primero divide 5,48 entre 4.
Después multiplica 5,48 por 0,25.

**85.** ●○○ **CD** Realiza mentalmente las siguientes raíces cuadradas. Comprueba los resultados con la calculadora.

*a)* $\sqrt{0,01}$

*b)* $\sqrt{0,0001}$

*c)* $\sqrt{0,000001}$

*d)* $\sqrt{0,00000001}$

**86.** ●●● **CD** Calcula mentalmente las siguientes raíces cuadradas de números decimales. Usa tu calculadora para comprobar los resultados obtenidos.

*a)* $\sqrt{0,36}$

*b)* $\sqrt{0,0144}$

*c)* $\sqrt{1,21}$

*d)* $\sqrt{0,000081}$

**87.** ●○○ **CS** La tasa de escolarización (porcentaje de personas escolarizadas en edad de estarlo) en España entre 1999 y 2006 se refleja en la siguiente tabla.

| 1999 | 2000 | 2001 | 2002 | 2003 | 2004 | 2005 | 2006 |
|---|---|---|---|---|---|---|---|
| 91,4 | 92,4 | 92,5 | 92,7 | 93,2 | 94,5 | 95,8 | 96,5 |

Calcula qué porcentaje aumentó cada año la tasa de escolarización, y qué porcentaje aumentó en total de 1999 a 2006.

**88.** ●●○ **CI** Copia y completa el siguiente ticket de la compra:

| Artículo | N.º de unidades | Precio por unidad | Precio |
|---|---|---|---|
| Leche | 12 | 0,78 € | |
| Mantequilla | 2 | 1,25 € | |
| Aceite | 3 | 2,75 € | |
| Tomate frito | 5 | 0,35 € | |
| Paquete pasta | 1 | 0,85 € | |
| | | TOTAL | |

**89.** ●●○ La casa de mis abuelos tiene dos plantas, la baja y la primera, y una buhardilla. La planta baja mide 3,65 metros de altura, y la primera planta, 3,15. Sabiendo que la altura total de la casa es de 9,75 metros, ¿cuál es la altura máxima de la buhardilla?

**90.** ●●○ Calcula cuánto mide cada uno de los dos trozos en los que hemos partido una vara de 3,75 metros, sabiendo que un trozo mide el doble que el otro.

**91.** ●●○ **@ CCT** El televisor de mi salón es de 32 pulgadas. Esa es la medida de la diagonal de la pantalla. Calcula cuál es dicha medida en centímetros, buscando previamente en Internet cuántos centímetros son 1 pulgada.

**92.** ●●● Gustavo tiene 20,85 € y quiere comprar 5 sobres de cromos de su equipo de fútbol favorito. Cada sobre de cromos vale 1,75 €. ¿Cuántos sobres de cromos más podría comprar aún?

**93.** ●●● **CI** El proveedor de refrescos de la cafetería de mi calle ha llevado 20 cajas de 30 botellas de refrescos de 0,2 litros cada una, y 12 paquetes de 24 latas de 0,33 litros cada una.

*a)* ¿Cuántos litros de refresco ha llevado en total?

*b)* Sabiendo que cuesta a 0,53 euros el litro, ¿cuánto ha cobrado el proveedor al encargado de la cafetería? Recuerda que el dinero se expresa con 2 decimales como mucho.

**94.** ●●● **CC** Las dimensiones de *La Gioconda* de Leonardo da Vinci son: 0,53 metros de ancho y 0,77 metros de alto, y el *Guernica* de Picasso mide 7,8 metros de ancho y 3,5 de alto.

Calcula cuántas veces es más ancho el cuadro del *Guernica* que *La Gioconda* y cuántas veces es más alto.

## SABER MÁS

**95.** ●●○ Encuentra la fracción generatriz de los siguientes números decimales:

*a)* 2,5555...    *c)* 7,81222...

*b)* 3,212121...    *d)* 0,3545454...

**96.** ●●● Opera, pasando previamente a fracción, los siguientes números decimales:

*a)* $0,\widehat{25}:3,\widehat{1}$    *c)* $3,6\widehat{5}+0,1\widehat{5}$

*b)* $7,\widehat{8}-5,\widehat{91}$    *d)* $0,\widehat{5}+0,\widehat{4}$

**97.** ●●● *a)* Redondea a las centésimas cada sumando y opera:

$2,\widehat{75}+3,\widehat{6}$

*b)* Realiza la misma operación del apartado anterior obteniendo la fracción generatriz y después redondea el resultado a las centésimas.

*c)* Compara resultados. ¿Qué aproximación es mejor?

**1.** Crecer

Desde 1980 la estatura media de las chicas de 20 años ha aumentado 2,3 cm, hasta alcanzar los 170,6 cm. ¿Cuál era la estatura media de las chicas de 20 años en 1980?

PISA

**2.** Estefanía fue a comprar los libros de la siguiente lista a una librería, y una vez allí, anotó al lado de cada título, el precio de venta.

| Título | Precio (€) |
|---|---|
| *Los crímenes de Oxford* | 13,55 |
| *El teorema del loro* | 15,25 |
| *El diablo de los números* | 12,30 |
| *La soledad de los números primos* | 16,95 |
| *El hombre que calculaba* | 12,65 |

*a)* ¿Cuánto cuestan los cinco libros en total?

*b)* Cuando Estefanía fue a pagar, se dio cuenta de que no podía llevarse los cinco libros, pues solo llevaba 55,05 euros. ¿Pudo comprar cuatro de estos libros con dicha cantidad de dinero? En caso afirmativo, ¿cuáles puede comprar?

*c)* Mientras que está en la librería, Estefanía ve un libro que le llama la atención: *El asesinato del profesor de matemáticas*, cuyo precio es de 10,95 euros. ¿Cuánto dinero le faltaría si además de estos cinco libros quisiera comprar este sexto libro?

**3.** Una acera se embaldosa con baldosas cuadradas de diferentes tamaños según el siguiente esquema:

*a)* ¿Cuánto mide el lado de cada uno de los cuatro tipos de cuadrados? Escribe estas cantidades ordenadas de mayor a menor.

*b)* ¿Cuánto mide la base y la altura del tramo de acera rectangular representado en la imagen?

# Evalúate

**1.** Indica de qué número decimal se trata en cada caso.

*a)* 32 D + 5 m *c)* 42 m

*b)* 5 c + 1 m + 3 U *d)* 3,6 c

**2.** Ordena de menor a mayor los siguientes números:

*a)* 3 2,99 3,012 3,0012

*b)* −8,95 −8,59 −8,99 −9 −8,9874

**3.** Representa en la recta numérica los siguientes decimales: 3,5 2,8 0,15 −2,65 −1,4

**4.** Pasa a decimal y clasifica el tipo de número resultante.

*a)* $\frac{5}{9}$ *b)* $\frac{14}{25}$ *c)* $\frac{2}{45}$ *d)* $\frac{343}{7}$

**5.** Pasa a fracción y simplifica el resultado.

*a)* 3,55 *b)* 8,125 *c)* 9,2

**6.** En mi examen he sacado un 5,7, pero el profesor me lo ha redondeado a las unidades. ¿Cuál ha sido la aproximación? ¿Cuál es el error absoluto y relativo que ha cometido?

**7.** Calcula las siguientes sumas y restas de números decimales:

*a)* 56,0125 + 987,529

*b)* 54,127 − 48,98

*c)* 125,8 + 9,006 − 103,65

**8.** Opera y trunca el resultado a las milésimas.

*a)* 3,52 · 9,087 *c)* 5,268 : 9

*b)* 357 : 8,2 *d)* 23,005 : 15,24

**9.** Resuelve sin realizar operaciones.

*a)* 3,25 · 0,001

*b)* 0,0026 · 100

*c)* 3,005 : 0,0001

*d)* 47,235 : 1000

**10.** En un examen tipo test dan 0,3 puntos por cada acierto y quitan 0,1 por cada fallo. Sabiendo que he acertado 32 preguntas y me he equivocado en 4, ¿qué puntuación he obtenido? ¿Cuál sería la puntuación máxima si he contestado a todas las preguntas?

# Matemáticas recreativas

**1.** El siguiente poema trata sobre el número π, y es precisamente una regla nemotécnica para recordar las primeras 64 cifras del mismo.

Par o cero e impar
colocados en cadena están.
Del radio circular compañero.
Alguien descubrió
que no era racional
este número PI,
avanza, pues, sin fin.
Infinita red de dígitos variables
donde trasciende
su perfecta cualidad real.
Y maravilló siempre
a tantos geómetras
que dedicaron esfuerzos
con métodos miles y algoritmos
hasta calcular
la fantástica seriación decimal.
¡Para comprobar cómo
esta serie ilimitada es!

Intenta averiguar en qué consiste esta regla nemotécnica, que relaciona el texto con las primeras cifras del número π.

**2.** Averigua el recorrido que hay que hacer para salir del siguiente laberinto sabiendo que la suma de todas las casillas por las que se pasa es 1:

| | | | |
|---|---|---|---|
| → 0,1 | 0,085 | 0,015 | 0,3 |
| 0,05 | 0,2 | 0,15 | 0,05 |
| 0,03 | 0,9 | 0,009 | 0,03 |
| 0,022 | 0,05 | 1,01 | 0,261 → |

# PROPORCIONALIDAD

# UNIDAD 6

Cuando Gulliver llegó a Liliput como consecuencia de un naufragio, observó que sus habitantes apenas medían 15 centímetros de altura. Todo en esa ciudad era 12 veces menor que los objetos que eran normales para Gulliver. Promete no hacer daño a los liliputienses y se gana su confianza robando la flota de Blefuscu, la ciudad rival de Liliput. ¿Cuánto medirían esos barcos? ¿Tendría Gulliver dificultades para llevárselos?

Después de marchar de Liliput, el barco de Gulliver atraviesa una serie de tormentas y la tripulación se ve forzada a buscar ayuda en Brobdingnag, donde le abandonan. Los habitantes de este lugar miden 12 veces más que un ser humano, la misma proporción que el resto de sus pertenencias. Allí, le construyen una casa a su medida, la cual transportan de un lugar a otro sin ninguna dificultad. La pequeña casa es atrapada por un águila, que la suelta en el mar, donde Gulliver es rescatado y llevado de nuevo a Inglaterra.

Si Gulliver parecía un gigante en Liliput, ¿cómo habrían visto los liliputienses a los habitantes de Brobdingnag?

La proporcionalidad nos da respuesta a todas estas preguntas sobre Gulliver y sus viajes. Las medidas de todos los objetos del mundo real y los de Liliput son proporcionales, y lo mismo ocurre entre el mundo real y Brobdingnag. Podemos entonces deducir que Liliput y Brobdingnag guardan también una relación de proporcionalidad entre ellas.

## INTERPRETA Y RESUELVE

Si un liliputiense medía unos 15 centímetros, y Gulliver era 12 veces más alto, ¿cuánto mediría Gulliver aproximadamente?

¿Crees posible que Gulliver se llevara de una sola vez los 50 barcos que formaban la flota de Blesfucu como narra la novela? Estima la medida de un barco de tamaño real, averigua cuánto mediría uno en la escala de Liliput y Blesfucu, y considera que el número total es de 50 navíos.

# REPASA

## Operaciones elementales con fracciones

Suma y resta:

$$\frac{2}{3}+\frac{7}{6}-\frac{1}{9}=\frac{12}{18}+\frac{21}{18}-\frac{2}{18}=\frac{31}{18}$$

Multiplicación:

$$\frac{2}{5}\cdot\frac{3}{7}=\frac{6}{35}$$

División:

$$\frac{9}{5}:\frac{7}{11}=\frac{99}{35}$$

## Obtención de fracciones equivalentes

Simplificación:

$$\frac{28}{16}=\frac{14}{8}=\frac{7}{4}$$

Amplificación:

$$\frac{3}{8}=\frac{6}{16}=\frac{30}{80}$$

## Operaciones con números decimales

Suma:

$$\begin{array}{r} 56{,}21 \\ +\ 997{,}90 \\ \hline 1054{,}11 \end{array}$$

Resta:

$$\begin{array}{r} 123{,}80 \\ -\ 91{,}12 \\ \hline 32{,}68 \end{array}$$

Multiplicación:

$$\begin{array}{r} 65{,}98 \\ \times\ 23{,}4 \\ \hline 26392 \\ 19794\phantom{0} \\ 13196\phantom{00} \\ \hline 1543{,}932 \end{array}$$

División:

$$\begin{array}{l|l} 223{,}55 & 85 \\ \cline{2-2} \phantom{2}53\ 5 & 2{,}63 \\ \phantom{22}2\ 55 & \\ \phantom{223{,}}00 & \end{array}$$

**RECUERDA**

Las fracciones equivalentes tienen un mismo valor numérico.

$$\frac{1}{3}=1:3=0{,}33...$$

$$\frac{2}{6}=2:6=0{,}33...$$

Los productos cruzados coinciden.

$$\frac{1}{3}=\frac{2}{6}$$

$$1\cdot 6=2\cdot 3$$

## EJERCICIOS

**1.** Realiza las siguientes operaciones con fracciones:

*a)* $\frac{2}{7}-\frac{1}{5}+\frac{8}{3}$ *b)* $2+\frac{1}{3}-\frac{5}{6}$ *c)* $\frac{8}{9}-\frac{1}{9}:\frac{5}{18}$ *d)* $\frac{2}{7}-5\cdot\frac{3}{5}+\frac{1}{6}$

**2.** Obtén tres fracciones equivalentes por amplificación y tres por simplificación de $\frac{72}{40}$.

**3.** Opera extrayendo 3 decimales en las divisiones.

*a)* $61{,}58+987{,}5-54{,}26$ *b)* $369{,}5\cdot 1{,}2$ *c)* $98:3{,}2$ *d)* $14{,}5:12$ *e)* $23{,}69:5{,}8$

# MAPA CONCEPTUAL

- RAZÓN Y PROPORCIÓN
  - Razón entre dos números $\frac{a}{b}$
  - Proporción entre cuatro números $\frac{a}{b} = \frac{c}{d}$
- MAGNITUDES PROPORCIONALES
  - Directamente — Constante de proporcionalidad directa
  - Inversamente — Constante de proporcionalidad inversa
- REGLAS DE TRES SIMPLES
  - Reducción a la unidad
  - Completar tabla de magnitudes proporcionales
    - Directa
    - Inversa
- PORCENTAJES
  - Cálculo de porcentajes
  - Problemas
    - Cálculo de un número del que se conoce un determinado porcentaje
    - Cálculo del valor del porcentaje
    - Cálculo del valor final en un aumento porcentual
    - Cálculo del valor final en una disminución porcentual
    - Cálculo del valor inicial en un aumento porcentual
    - Cálculo del valor inicial en una disminución porcentual

# 1. Razón y proporción

Es posible que alguna vez hayas oído expresiones como:

«En este bizcocho, la harina y el azúcar están en proporción 2 a 1», «la proporción de venta de coches de segunda mano ha subido este trimestre», «esta merluza se vende a razón de 6 euros el kilogramo»...

Son frases que contienen términos matemáticos, totalmente integrados ya en nuestro lenguaje.

Ahora veremos su significado más riguroso, su origen matemático.

## 1.1. Razón

Definimos **razón** entre dos números como su cociente.

antecedente → 6 ; consecuente → 3

La razón entre 6 y 3 es $\frac{6}{3} = 2$

## 1.2. Proporción

Se dice que cuatro números forman una **proporción** si la razón entre los dos primeros es igual a la razón entre los dos últimos.

5, 10, 6 y 12 forman una proporción porque la razón entre 5 y 10 es $\frac{5}{10} = \frac{1}{2}$ y entre 6 y 12 es $\frac{6}{12} = \frac{1}{2}$, por tanto, $\frac{5}{10} = \frac{6}{12}$.

Los extremos son el 5 y el 12 y los medios el 10 y el 6. Esta proporción se podría leer «5 es a 10 como 6 es a 12».

$$\frac{5}{10} = \frac{6}{12}$$

extremo (5), medio (6), medio (10), extremo (12)

Si cuatro números forman una proporción, definiremos **constante de proporcionalidad** o **razón de proporcionalidad** al resultado del cálculo de cualquiera de sus dos razones.

Así, la constante de proporcionalidad de 5, 10, 6 y 12 es:

$$\frac{5}{10} = 5:10 = 0,5$$

Obtendremos la misma constante si consideramos 6 y 12.

**OBSERVA**

La razón de dos números la podemos representar como una fracción o como el valor numérico de la misma.

Si cuatro números forman una proporción, siempre se verificará la **igualdad de productos cruzados**, es decir, que el producto de los medios es igual al producto de los extremos.

Es decir, como 5, 10, 6 y 12 forman una proporción:

$$\frac{5}{10}=\frac{6}{12} \qquad \text{tendremos que} \qquad 5\cdot 12=6\cdot 10$$

Esta propiedad nos permite calcular cualquier término desconocido dentro de una proporción.

## EJERCICIOS RESUELTOS

**1.** Calcula el término que falta en las siguientes proporciones:

*a)* $\square, 15, 3$ y $2$

*b)* $\dfrac{81}{\square}=\dfrac{3}{4}$

*a)* $\dfrac{\square}{15}=\dfrac{3}{2}\rightarrow 2\cdot\square=3\cdot 15\rightarrow\square=\dfrac{3\cdot 15}{2}=22{,}5$

*b)* $\dfrac{81}{\square}=\dfrac{3}{4}\rightarrow 4\cdot 81=3\cdot\square\rightarrow\square=\dfrac{4\cdot 81}{3}=108$

Solución

## EJERCICIOS

**1.** ●○○ **CL, CS** Calcula la razón en cada caso.

*a)* La fibra óptica llegará a 2 de cada 3 hogares británicos en 2015.

*b)* 1 de cada 4 personas padece alguna enfermedad mental a lo largo de su vida.

*c)* En Bolivia, 7 de cada 10 mujeres son víctimas de violencia doméstica.

**2.** ●●○ En 1.° A, 4 de cada 7 alumnos ha sacado notable en Matemáticas y en 1.° B lo han sacado 3 de cada 5. ¿En cuál de los dos la razón de alumnos con notable es mayor? Si los dos grupos tienen el mismo número de alumnos, ¿en cuál hay más alumnos con notable?

**3.** ●○○ ¿Forman los siguientes números proporción? En caso afirmativo, ¿cuál es su constante de proporcionalidad?

*a)* 1, 2, 3 y 4

*b)* $\dfrac{8}{5}\overset{?}{=}\dfrac{20}{12{,}5}$

*c)* $\dfrac{3}{7}\overset{?}{=}\dfrac{1{,}5}{3{,}5}$

*d)* $\dfrac{9}{4}\overset{?}{=}\dfrac{4}{9}$

**4.** ●●○ Calcula el término desconocido en las siguientes proporciones:

*a)* $\dfrac{9}{16}=\dfrac{\square}{50}$

*b)* $\dfrac{\square}{3}=\dfrac{7}{4}$

*c)* $\dfrac{10}{\square}=\dfrac{25}{1000}$

*d)* $\dfrac{8}{5}=\dfrac{20}{\square}$

**5.** ●●○ **@ CC** El *número áureo* o *divina proporción* no es solo un número, sino que establece también una proporción entre segmentos de rectas. Busca en Internet qué es exactamente este número y dónde lo podemos encontrar en la naturaleza, en el arte…

**6.** ●●○ **@ CC** Existe otra proporción con nombre, la *proporción cordobesa*, denominada así por encontrarse en la geometría de la Mezquita de Córdoba. Busca más información en Internet acerca de este valor.

# 2. Magnitudes directa e inversamente proporcionales

## 2.1. Directamente proporcional

Dos magnitudes son **directamente proporcionales** si al multiplicar la primera por un factor, la segunda queda multiplicada por ese mismo factor.

Por ejemplo, el número de entradas de cine que compramos y el precio total de las mismas son magnitudes directamente proporcionales.

| Número entradas | 1 | 2 | 3 | 4 | 5 |
|---|---|---|---|---|---|
| Precio (€) | 7 | 14 | 21 | 28 | 35 |

Si compramos el doble de entradas, nos cobrarán el doble de dinero, si compramos tres veces más, el triple de dinero, y así sucesivamente.

$$\frac{1}{7}=\frac{2}{14}=\frac{3}{21}=\frac{4}{28}=\frac{5}{35}$$

Si dos magnitudes son directamente proporcionales el cociente de cada pareja de valores es constante y recibe el nombre de **constante de proporcionalidad directa**.

**OBSERVA**

Existen dos valores posibles (uno inverso del otro) para la **constante de proporcionalidad** directa, en función del orden que escojamos para realizar el cociente. Ambos son válidos, pero debemos escoger cuál tomar según queramos pasar de la primera a la segunda magnitud o viceversa.

## 2.2. Inversamente proporcional

Dos magnitudes son **inversamente proporcionales** si al dividir la primera por un factor, la segunda queda multiplicada por ese mismo factor.

Por ejemplo, la velocidad de un vehículo y el tiempo que tarda en recorrer una cierta distancia son magnitudes inversamente proporcionales.

| Velocidad (km/h) | 120 | 60 | 40 | 30 | 12 |
|---|---|---|---|---|---|
| Tiempo (h) | 1 | 2 | 3 | 4 | 10 |

Si reducimos la velocidad a la mitad, tardaremos el doble de tiempo en llegar y si la reducimos a la tercera parte, tardaremos el triple, etc.

$$120\cdot 1=60\cdot 2=40\cdot 3=30\cdot 4=12\cdot 10$$

Si dos magnitudes son inversamente proporcionales el producto de cada pareja de valores es constante y recibe el nombre de **constante de proporcionalidad inversa**.

**OBSERVA**

Solo existe una única posibilidad de constante de proporcionalidad inversa.

## EJERCICIOS RESUELTOS

1. Comprueba si las siguientes magnitudes son directa o inversamente proporcionales o ninguna de ambas cosas. Calcula la constante de proporcionalidad cuando sea posible.

*a)*

| | | | | | |
|---|---|---|---|---|---|
| Magnitud 1 | 2 | 3 | 5 | 7 | 8 |
| Magnitud 2 | 3 | 4,5 | 7,5 | 10,5 | 12 |

*b)*

| | | | | | |
|---|---|---|---|---|---|
| Magnitud 1 | 12 | 15 | 16 | 18 | 20 |
| Magnitud 2 | 6 | 7,5 | 8 | 9 | 10,5 |

*c)*

| | | | | | |
|---|---|---|---|---|---|
| Magnitud 1 | 1 | 2 | 3 | 4 | 5 |
| Magnitud 2 | 6 | 3 | 2 | 1,5 | 1,2 |

*a)* Son directamente proporcionales porque cuando una aumenta, la otra también y además $\frac{3}{2}=\frac{4,5}{3}=\frac{7,5}{5}=\frac{10,5}{7}=\frac{12}{8}$. La constante de proporcionalidad directa es $3:2=1,5$.

Así: $2\cdot 1,5=3$ $3\cdot 1,5=4,5$ $5\cdot 1,5=7,5$ $7\cdot 1,5=10,5$ $8\cdot 1,5=12$

*b)* No son ni directa ni inversamente proporcionales, porque ni todos los productos coinciden, ni tampoco todos los cocientes, pues difiere el último.

*c)* Son inversamente proporcionales porque cuando una aumenta la otra disminuye y además: $1\cdot 6=2\cdot 3=3\cdot 2=4\cdot 1,5=5\cdot 1,2$. La constante de proporcionalidad inversa es 6.

Solución

## EJERCICIOS

**7.** ●○○ Escribe dos magnitudes directamente proporcionales y otras dos inversamente proporcionales.

**8.** ●●○ Detecta la existencia o inexistencia de proporcionalidad directa o inversa en las siguientes parejas de magnitudes:

*a)*

| | | | | | |
|---|---|---|---|---|---|
| Magnitud 1 | 1 | 2 | 3 | 4 | 5 |
| Magnitud 2 | 11 | 12 | 13 | 14 | 15 |

*b)*

| | | | | | |
|---|---|---|---|---|---|
| Magnitud 1 | 2 | 3 | 4 | 5 | 1 |
| Magnitud 2 | 2,25 | 1,5 | 1,125 | 0,9 | 4,5 |

*c)*

| | | | | | |
|---|---|---|---|---|---|
| Magnitud 1 | 25 | 7 | 9 | 1 | 2,5 |
| Magnitud 2 | 10 | 3,5 | 4,5 | 0,4 | 1 |

*d)*

| | | | | | |
|---|---|---|---|---|---|
| Magnitud 1 | 9 | 21,6 | 12,6 | 5,4 | 3,6 |
| Magnitud 2 | 5 | 12 | 7 | 3 | 2 |

**9.** ●●○ Copia y completa las siguientes tablas de magnitudes:

*a)* Directamente proporcionales:

| | | | | | | |
|---|---|---|---|---|---|---|
| *x* | 120 | | 60 | | 36 | |
| *y* | 30 | 40 | | 120 | | 1 |

*b)* Inversamente proporcionales:

| | | | | | | |
|---|---|---|---|---|---|---|
| *x* | 3 | | 6 | 4 | | |
| *y* | | 9 | 12 | | 1 | 36 |

**10.** ●●● **CA, CI** La constante de proporcionalidad directa puede ser tomada como cociente de la primera magnitud entre la segunda o viceversa. Copia y completa las siguientes tablas empleando la constante de proporcionalidad directa y teniendo en cuenta cuál de ellas se debe emplear:

*a)*

| | | |
|---|---|---|
| Magnitud 1 | 8 | 10 |
| Magnitud 2 | 5 | |

*b)*

| | | |
|---|---|---|
| Magnitud 1 | 3 | |
| Magnitud 2 | 10 | 5 |

**11.** ●●● **CA, CI** Copia y completa las siguientes tablas, donde se indican los datos que se deben emplear:

*a)* Constante de proporcionalidad directa de la primera entre la segunda = 3.

| | | |
|---|---|---|
| Magnitud 1 | *x* | 12 |
| Magnitud 2 | 9 | *y* |

*b)* Constante de proporcionalidad directa de la segunda entre la primera = 2.

| | | |
|---|---|---|
| Magnitud 1 | *x* | 15 |
| Magnitud 2 | 8 | *y* |

*c)* Constante de proporcionalidad inversa = 10.

| | | |
|---|---|---|
| Magnitud 1 | *x* | 5 |
| Magnitud 2 | 4 | *y* |

# 3. Reglas de tres simples

En los supermercados puedes ver carteles como este:

¿Cómo han calculado el precio de cada litro?

El precio y los litros son magnitudes directamente proporcionales.

Cuando este ejercicio lo realizamos con un contexto, es decir, para resolver un problema, recibe el nombre de **regla de tres**. Si solo intervienen dos magnitudes es una **regla de tres simple**.

Las reglas de tres pueden ser:

- **Directas** ⟶ magnitudes directamente proporcionales
- **Inversas** ⟶ magnitudes inversamente proporcionales

**OBSERVA**

Si intervienen más de dos magnitudes en los problemas se trata de una regla de tres compuesta.

**CUIDADO**

Antes de resolver una regla de tres debes decidir si es directa o inversa, pues el procedimiento cambia de una a otra.

## EJERCICIOS RESUELTOS

1. Resuelve el siguiente problema por dos procedimientos distintos.

Un ganadero dispone de 520 kg de pienso para alimentar a sus 80 vacas. Si tuviera 100 vacas, ¿cuántos kg de pienso necesitaría para alimentarlas durante el mismo tiempo?

Se trata de magnitudes directamente proporcionales, es decir, es una regla de tres directa.

- Procedimiento A: por reducción a la unidad.

  Si tuviera solo 1 vaca necesitaría $520 : 80 = 6{,}5$ kg de pienso.

  Como tiene 100 vacas, necesitará $6{,}5 \cdot 100 = 650$ kg.

- Procedimiento B: calculando un término desconocido en una tabla de magnitudes directamente proporcionales.

| Kg pienso | 520 | |
|---|---|---|
| N.º vacas | 80 | 100 |

Necesitaría: $\frac{520}{80} = \frac{\square}{100} \rightarrow 100 \cdot 520 = 80 \cdot \square \rightarrow \square = \frac{520 \cdot 100}{80} = 650$ kg

Solución

## EJERCICIOS RESUELTOS

2. Resuelve el siguiente problema por dos procedimientos distintos.

Un ganadero tiene alimento para abastecer a sus 80 vacas durante 15 días. Si compra 20 vacas más, ¿para cuánto tiempo tendrá ahora pienso?

Se trata de magnitudes inversamente proporcionales, es decir, es una regla de tres inversa.

- Procedimiento A: por reducción a la unidad.

  Si tuviera una sola vaca tendría alimento para $80 \cdot 15 = 1200$ días.

  Pero como tiene 100 vacas tendrá alimento para $1200 : 100 = 12$ días.

- Procedimiento B: calculando un término desconocido en una tabla de magnitudes inversamente proporcionales.

| | | |
|---|---|---|
| Días | 15 | |
| N.º vacas | 80 | $80 + 20 = 100$ |

$$15 \cdot 80 = 100 \cdot \square \rightarrow \square = \frac{15 \cdot 80}{100} = 12 \text{ días}$$

Solución

## EJERCICIOS

**12.** ●○○ **CCT** Un grifo que vierte 15 litros por minuto tarda 13 minutos en llenar una bañera.

*a)* Las magnitudes que intervienen, ¿son directa o inversamente proporcionales?

*b)* ¿Cuánto tardará en llenar la misma bañera si vierte 10 litros por minuto?

**13.** ●○○ **CCT** Un coche que circula a 110 km/h recorre en cierto intervalo de tiempo 500 km.

*a)* Las magnitudes que intervienen, ¿son directa o inversamente proporcionales?

*b)* Si circulara a 100 km/h, ¿cuántos kilómetros recorrería en ese mismo intervalo de tiempo?

**14.** ●○○ Para almacenar cierta cantidad de aceite, empleamos 24 garrafas de 5 litros cada una. Si queremos guardar solo 20 garrafas, ¿de qué capacidad deberán ser?

**15.** ●○○ Un grupo de 7 amigos ha recaudado dinero suficiente para pasar unas vacaciones de 14 días. Si se borran del viaje 3 amigos, ¿para cuántos días les dará el dinero recaudado?

**16.** ●○○ Para elaborar una sangría se necesitan 5 partes de vino por cada 2 partes de licores. Si queremos elaborar una sangría con 7 litros de vino, ¿cuántos litros de licor necesitaremos? ¿Cuántos litros de sangría obtendremos?

**17.** ●●● Si yo trabajo 3 horas y mi compañero trabaja 4 horas, ¿cuánto debemos cobrar cada uno si nos han pagado 490 € entre los dos?

# 4. Porcentajes

Los porcentajes se emplean frecuentemente en nuestro entorno: pagamos el IVA en cada producto que compramos; las noticias incluyen, por ejemplo, porcentajes para dar una comparativa del número de accidentes de tráfico de este año con el anterior; las encuestas muestran sus resultados mediante porcentajes de población...

| TOTAL BRUTO | IVA | | | | TOTAL |
|---|---|---|---|---|---|
| | BASE | % | IMPORTE | RE | |
| | | | | | |

### USA TU CALCULADORA

Probablemente tu calculadora disponga de una tecla %.

Para emplearla debes introducir primero la cantidad y luego multiplicarla por las cifras correspondientes al porcentaje seguidas del símbolo correspondiente.

Un **porcentaje** no es nada más que un tipo especial de fracción en el que siempre dividimos nuestro todo en 100 partes iguales, es decir, el denominador es siempre 100.

$\frac{25}{100}$ se puede representar como 25 %. Se lee «25 por ciento».

Existe por tanto una relación entre porcentaje, fracción y decimal, de manera que se puede pasar de uno a otro y se puede trabajar con ellos de forma indistinta.

## EJERCICIOS RESUELTOS

1. Completa la siguiente tabla:

| Porcentaje | Fracción | Decimal |
|---|---|---|
| 24 | | |
| | $\frac{2}{5}$ | |
| | | 0,81 |
| | $\frac{3}{2}$ | |
| | | 1,3 |
| 60,5 | | |

El paso de porcentaje a fracción se realiza poniendo un denominador 100 y simplificando la fracción correspondiente.

Porcentaje 24 $\rightarrow \frac{24}{100} = \frac{6}{25}$

Para pasar de fracción a decimal calculamos su valor numérico $\rightarrow \frac{24}{100} = \frac{6}{25} = 0{,}24$

Recíprocamente, el paso de decimal a fracción ya es conocido desde la unidad anterior, y para obtener el porcentaje asociado a una fracción solo debemos obtener una fracción equivalente a la dada y de denominador 100, mediante los procesos de simplificación o amplificación o bien buscando el término desconocido en una proporción.

| Porcentaje | Fracción | Decimal |
|---|---|---|
| 24 | $\frac{24}{100}=\frac{6}{25}$ | 0,24 |
| 40 | $\frac{40}{100}=\frac{2}{5}$ | 0,4 |
| 81 | $\frac{81}{100}$ | 0,81 |
| 150 | $\frac{150}{100}=\frac{3}{2}$ | 1,5 |
| 130 | $\frac{130}{100}=\frac{13}{10}$ | 1,3 |
| 60,5 | $\frac{60,5}{100}=\frac{605}{1000}=\frac{121}{200}$ | 0,605 |

Solución

**OBSERVA**

Para pasar de decimal directamente a porcentaje basta con multiplicar por 100 y para hacerlo al revés, basta con dividir entre 100.

$24\% = 0,24$ porque

$0,24 \cdot 100 = 24$

$24 : 100 = 0,24$

## 4.1. Cálculo de porcentajes

Para calcular un cierto porcentaje de una cantidad aplicaremos las definiciones de porcentaje como fracción o decimal y multiplicaremos la cantidad por la fracción o decimal correspondiente.

Para calcular el 35% de 450, podemos hacer:

$$\frac{35}{100} \cdot 450 = \frac{35 \cdot 450}{100} = 157,5 \quad \text{o bien} \quad 0,35 \cdot 450 = 157,5$$

**OBSERVA**

Emplea la definición de porcentaje como fracción para calcular porcentajes sencillos mentalmente:

Por ejemplo, como 50 % es $\frac{50}{100}=\frac{1}{2}$, para calcularlo tendremos que dividir nuestra cantidad únicamente por 2.

### EJERCICIOS

**18.** ●●○ Copia y completa la siguiente tabla de equivalencias entre porcentajes, fracciones y decimales:

| Porcentaje | Fracción | Decimal |
|---|---|---|
| 145 | | |
| | $\frac{7}{15}$ | |
| | | 3,7 |
| | $\frac{6}{5}$ | |
| 33,5 | | |

**19.** ●●○ Calcula mentalmente los siguientes porcentajes:

*a)* 10 % de 652,3

*b)* 25 % de 2 000

*c)* 50 % de 958

**20.** ●●○ Calcula empleando la notación fraccionaria de porcentaje.

*a)* 30 % de 70

*b)* 65 % de 500

*c)* 95 % de 60

*d)* 80 % de 25

**21.** ●●○ **CD** Calcula los siguientes porcentajes utilizando su definición decimal y comprueba el resultado con tu calculadora:

*a)* 26 % de 654

*b)* 13,5% de 314

*c)* 0,56 % de 33

*d)* 125 % de 2

**22.** ●●● **CI** Copia y completa.

*a)* □ % de 350 = 28

*b)* 15 % de □ = 60

*c)* □ % de 128 = 57,6

*d)* 95 % de □ = 617,5

## 4.2. Problemas de porcentajes

A continuación se muestran algunos de los problemas típicos en los que intervienen porcentajes. Se plantean siempre empleando reglas de tres, pues los problemas de porcentajes son problemas de proporcionalidad directa.

### Cálculo de un número del que se conoce un determinado porcentaje

EJERCICIOS RESUELTOS

1. Se sabe que 136 alumnos de 1.º ESO han aprobado todas las materias, lo cual representa el 85 % de todos los alumnos de este curso. ¿Cuántos alumnos cursan 1.º ESO?

| Porcentaje | 85 | 100 |
|---|---|---|
| Alumnos | 136 | |

$$\frac{85}{136}=\frac{100}{\square}\rightarrow 85\cdot\square=136\cdot 100\rightarrow\square=\frac{136\cdot 100}{85}=160 \text{ alumnos}$$

Solución

### Cálculo del valor del porcentaje

EJERCICIOS RESUELTOS

2. En un adolescente de 60 kg, unos 42 kg son agua. ¿Qué porcentaje de agua tiene el cuerpo de este adolescente?

| Porcentaje | | 100 |
|---|---|---|
| Peso (kg) | 42 | 60 |

$$\frac{\square}{42}=\frac{100}{60}\rightarrow 60\cdot\square=42\cdot 100\rightarrow\square=\frac{42\cdot 100}{60}=70\ \% \text{ es agua.}$$

Solución

### Cálculo del valor final en un aumento porcentual

EJERCICIOS RESUELTOS

3. Cada año los precios suben, de media, lo que marca el IPC (índice de precios al consumo). Si un coche este año cuesta 15 350 €, ¿cuánto costará el año que viene, si el IPC ha sido del 2 %? ¿Cuánto ha subido?

| Porcentaje | 100 | 102 |
|---|---|---|
| Precio (€) | 15 350 | |

$$\frac{100}{15350}=\frac{102}{\square}\rightarrow 100\cdot\square=102\cdot 15350\rightarrow\square=\frac{102\cdot 15350}{100}=15657\ €$$

Ha subido $15657-15350=307$ €.

Solución

### Cálculo del valor final en una disminución porcentual

EJERCICIOS RESUELTOS

4. En las rebajas de enero, una falda lleva en la etiqueta un descuento del 30 %. Si en diciembre la encontré por 28 €, ¿cuánto costará en las rebajas?

| Porcentaje | 100 | 70 |
|---|---|---|
| Precio (€) | 28 | |

$$\frac{100}{28}=\frac{70}{\square}\rightarrow 100\cdot\square=70\cdot 28\rightarrow\square=\frac{70\cdot 28}{100}=19{,}60\ € \text{ costará rebajada.}$$

Solución

### Cálculo del valor inicial en un aumento porcentual

## EJERCICIOS RESUELTOS

**5.** Suponemos que el IVA en algunos productos es de un 21%. Hemos comprado una revista por 1,20 € en el quiosco. ¿Cuánto costaba antes de añadirle el IVA?

| Porcentaje | 100 | 121 |
|---|---|---|
| Precio (€) | | 1,20 |

$$\frac{100}{\square} = \frac{121}{1{,}20} \rightarrow 1{,}20 \cdot 100 = 121 \cdot \square \rightarrow \square = \frac{1{,}20 \cdot 100}{121} = 0{,}99\ €$$

Solución

### Cálculo del valor inicial en una disminución porcentual

## EJERCICIOS RESUELTOS

**6.** Debido a la crisis, los precios de los automóviles han bajado un 5 %. He aprovechado la ocasión y me he comprado un coche por 12 250 €, ¿cuánto costaba antes de esta bajada de precios?

| Porcentaje | 100 | 95 |
|---|---|---|
| Precio (€) | | 12250 |

$$\frac{100}{\square} = \frac{95}{12\,250} \rightarrow 12250 \cdot 100 = 95 \cdot \square \rightarrow \square = \frac{12250 \cdot 100}{95} = 12\,894{,}74\ €$$

Solución

## EJERCICIOS

**23.** ●●○ En un examen tipo test he contestado correctamente al 65 % de las preguntas y he fallado 7. ¿Cuántas preguntas tenía el examen si no he dejado ninguna en blanco?

**24.** ●●○ En mi comunidad de vecinos, 36 tienen perro. Si en total mi urbanización tiene 90 viviendas, ¿qué porcentaje de nosotros tiene esta mascota?

**25.** ●●○ He ingresado mi dinero en un fondo que me proporciona un 5 % de intereses al finalizar el año. Si he metido 3 500 €, ¿cuántos intereses me darán? ¿Cuánto dinero tendré al acabar este año?

**26.** ●●○ Un jersey costaba antes de las rebajas 50 €. Después, se quedó en 35 €. Calcula el porcentaje de descuento aplicado.

**27.** ●●○ **CL** Mi sueldo ha subido este año y he pasado de cobrar 1 250 € a recibir 1 286 € cada mes. ¿Cuál ha sido el porcentaje de subida? Si el IPC ha sido este año de un 2 %, ¿ha sido inferior o superior al IPC?

**28.** ●●○ Debido a la crisis, los sueldos de los funcionarios públicos se han rebajado un 5 %. Si un trabajador de la Administración del Estado cobraba 1 850 €, ¿cuánto cobrará después de la rebaja de salarios?

**29.** ●●● **CI** Durante las rebajas, se debe poner el precio final tras el descuento, el original y el porcentaje de rebaja realizado. Completa la siguiente etiqueta en la que falta el precio original de la prenda.

**30.** ●●○ **CI** Cada vez que compramos un producto, podemos observar que en el ticket de compra aparece desglosado el precio base sin IVA, el porcentaje de este impuesto y su correspondiente valor, y por último el importe total, IVA incluido. En este ticket se ha borrado el precio base del producto. ¿Puedes calcularlo?

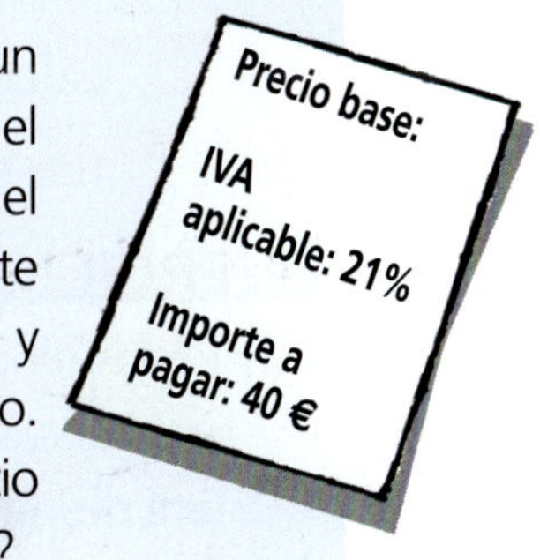


**31.** ●●○ **CA, CI** ¿Qué es más barato: una oferta «llévate 3 y paga 2» u otra de «2 × 1»? Razona tu respuesta.

## Repartos proporcionales

Los **repartos proporcionales** son un tipo particular de **regla de tres** y, por tanto, también pueden ser directos o inversos, en función del tipo de magnitudes. En este epígrafe vamos a plantear **repartos directos.**

### EJERCICIOS RESUELTOS

1. A lo largo de un mes este es el recuento de horas que hemos trabajado dos amigos y yo: Mario, 50 horas; África, 125, y yo, 80 horas. Si nuestra empresa ha asignado por nuestra labor un pago de 2000 €, ¿cuánto dinero debe recibir cada uno?

Total trabajado: $50 + 125 + 80 = 255$ h

Veamos cómo calcular el sueldo que le corresponde a Mario:

| Trabajo (h) | 255 | 50 |
|---|---|---|
| Sueldo (€) | 2000 | |

$$\frac{255}{2000} = \frac{50}{\square} \rightarrow 255 \cdot \square = 50 \cdot 2000 \rightarrow \square = \frac{50 \cdot 2000}{255} = 392{,}16 \text{ €}$$

De la misma manera podemos obtener el sueldo correspondiente a África y el mío:

África: $\frac{255}{2000} = \frac{125}{\square} \rightarrow 255 \cdot \square = 125 \cdot 2000 \rightarrow \square = \frac{125 \cdot 2000}{255} = 980{,}39 \text{ €}$

Yo: $\frac{255}{2000} = \frac{80}{\square} \rightarrow 255 \cdot \square = 80 \cdot 2000 \rightarrow \square = \frac{80 \cdot 2000}{255} = 627{,}45 \text{ €}$

Solución

## Porcentajes encadenados

Hemos resuelto los problemas de porcentajes mediante el empleo de reglas de 3, pero también se pueden resolver empleando decimales.

Para averiguar un aumento del 15 % sobre un precio de 60 €:

calculamos $\frac{115 \cdot 60}{100}$, es decir, 115 % de 60 o equivalentemente $1{,}15 \cdot 60$
(observa que es multiplicar el precio por $1 + 0{,}15$).

Para calcular un descuento del 15 % sobre un precio de 60 €:

calculamos $\frac{85 \cdot 60}{100}$, es decir, 85 % de 60 o equivalentemente $0{,}85 \cdot 60$
(en este caso, multiplicamos el precio por $1 - 0{,}15$).

### EJERCICIOS RESUELTOS

2. En las rebajas de enero se hicieron unos descuentos del 15 %. En febrero, en las liquidaciones de los últimos artículos, se volvieron a rebajar otro 20 % más. Si una prenda costaba antes de las rebajas 40 €, ¿cuánto costará después de la última liquidación?

El descuento del 15 % equivale a multiplicar por $1 - 0{,}15 = 0{,}85$ y el del 20 % a multiplicar por $1 - 0{,}20 = 0{,}80$.

Costará finalmente: $40 \cdot 0{,}85 \cdot 0{,}8 = 27{,}20$ €

Solución

## EJERCICIOS

**32.** ●●○ Se quieren repartir 50 caramelos entre 3 niños de forma directamente proporcional al número de notables que han sacado en las notas de Navidad, siendo respectivamente 5, 3 y 2 notables. ¿Cuántos caramelos tocan a cada uno?

**33.** ●●● Jesús, el abuelo de Sara, ha repartido la paga a sus tres nietos de forma directamente proporcional a sus edades. El mayor, de 12 años, ha recibido 50 €. Sara es la pequeña, con 9 años, y luego está el mediano, de 11 años. ¿Cuánto dinero han recibido Sara y el nieto mediano? ¿Cuánto dinero ha repartido Jesús en total?

**34.** ●●○ **CI** ¿Es lo mismo primero añadir el IVA y luego aplicar un descuento, que primero realizar el descuento y después subir el IVA? Razona tu respuesta.

**35.** ●●○ **CA** Calcula el valor y el porcentaje final de variación en la siguiente serie de porcentajes encadenados. ¿Coincide con la suma o resta de los porcentajes?

*a)* Un producto de 100 € sube un 20 % y baja un 20 %.

*b)* Un producto de 100 € sube un 20 %, baja un 10 % y baja otro 10 %.

**36.** ●●● **CI** La Bolsa experimenta muchos cambios a lo largo de un día. Hoy, las acciones de cierta empresa se han iniciado con 2 570 puntos. Según pasaban las horas, han aumentado un 1,5 %, luego han bajado un 1 % y finalmente se han recuperado y han subido un 2 %. ¿Qué valor han tenido las acciones al finalizar el día? ¿Cuál ha sido el porcentaje de variación final experimentado?

# SÍNTESIS

| Razón | Proporción | | Constante de proporcionalidad |
|---|---|---|---|
| Cociente entre dos números | Igualdad entre las razones de dos parejas de números | Igualdad del producto de extremos y de medios | Valor de cualquiera de las razones en una proporción |
| La razón de 6 y 3 es 2. | $\frac{6}{3} = \frac{8}{4}$ porque ambos tienen razón 2. | $\frac{6}{3} = \frac{8}{4}$ porque $6 \cdot 4 = 8 \cdot 3$ | La constante de proporcionalidad de 6, 3, 8 y 4 es 2. |

| Magnitudes directamente proporcionales | | | Magnitudes inversamente proporcionales | | |
|---|---|---|---|---|---|
| Las razones entre parejas son iguales. | Cuando una aumenta, la otra también lo hace en la misma proporción. | Resuelven reglas de tres simples directas. | Los productos de parejas son iguales. | Cuando una aumenta, la otra disminuye en la misma proporción. | Resuelven reglas de tres simples inversas. |

| Porcentajes | | | | |
|---|---|---|---|---|
| Cálculo | Equivalencia entre fracción, decimal y porcentaje | Obtención de un porcentaje conocidos la parte y el todo | Aumentos porcentuales | Descuentos porcentuales |
| 40 % de 60 = $= \frac{40 \cdot 60}{100} = 24$ | $\frac{2}{5} = 0{,}4 = 40\,\%$ | 5 de 8 equivale a un $\frac{5}{8} = 0{,}625 = 62{,}5\,\%$ | Al incrementar un 10% a 80 obtenemos 88. | Al disminuir un 10% a 80 obtenemos 72. |

## Ejercicios iniciales

**37.** ●●○ **CC** Los habitantes de Brobdingnag eran 12 veces mayores que Gulliver. ¿Cuántas veces eran más grandes que los liliputienses? ¿Cuánto mediría un ciudadano de Brobdingnag?

**38.** ●●● **CC, CI** ¿Crees que la proporción entre pesos es la misma que entre estaturas? Si esto fuera cierto, ¿cuánto pesaría un liliputiense suponiendo que Gulliver pesara 75 kg? ¿Te parece razonable el resultado?

## Razón y proporción

**39.** ●○○ Halla la razón entre:

*a)* 15 y 5

*b)* 12 y 18

*c)* 36 y 24

*d)* 50 y 65

**40.** ●●○ Copia y completa la siguiente tabla:

| Antecedente | Consecuente | Razón |
|---|---|---|
| 20 | 15 | |
| 30 | | $\frac{5}{2}$ |
| | 30 | $\frac{4}{5}$ |
| 16 | 28 | |
| 16 | | $\frac{1}{3}$ |
| | 52 | $\frac{8}{13}$ |

**41.** ●●○ En cada apartado, escribe tres pares de números cuya razón sea la dada.

*a)* 2

*b)* $\frac{2}{3}$

*c)* $\frac{5}{2}$

*d)* 1,5

**42.** ●○○ Averigua si los siguientes grupos de cuatro números forman o no una proporción:

*a)* 14, 32, 21 y 48

*b)* 10, 25, 6 y 15

*c)* 18, 4, 27 y 8

*d)* 16, 20, 28 y 35

**43.** ●●○ Halla el término que falta en los siguientes conjuntos de cuatro números, sabiendo que forman una proporción:

*a)* □, 32, 9 y 24

*b)* 15, □, 25 y 60

*c)* 28, 49, □ y 35

*d)* 22, 26, 121 y □

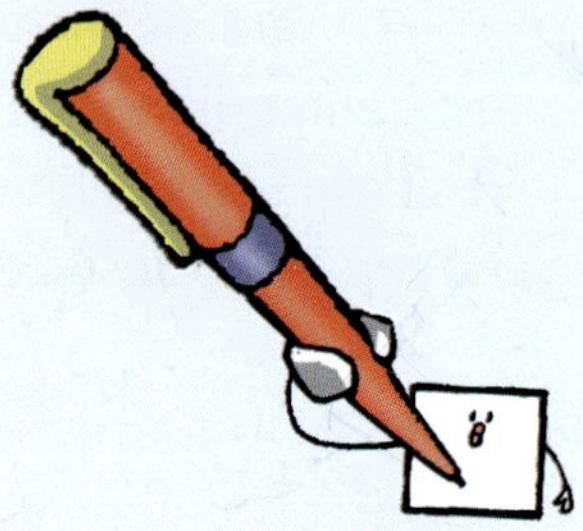

**44.** ●●○ Copia y completa.

*a)* $\frac{\square}{25} = \frac{6}{15}$

*b)* $\frac{6}{\square} = \frac{18}{21}$

*c)* $\frac{12}{9} = \frac{\square}{6}$

*d)* $\frac{48}{9} = \frac{32}{\square}$

**45.** ●●○ Calcula los términos que faltan en las siguientes proporciones, sabiendo que la constante de proporcionalidad en ambas es 0,75:

*a)* □, 36, 15 y □

*b)* 21, □, □ y 56

**46.** ●●○ **CA** En cada apartado, escribe cuatro números que formen proporción de constante de proporcionalidad del número dado.

*a)* 3

*b)* $\frac{2}{7}$

*c)* $\frac{1}{2}$

*d)* 0,8

**47.** ●●● **CL** Copia y completa los huecos, sabiendo que los términos desconocidos en cada apartado son iguales. A este término se le llama *medio proporcional*.

*a)* $\frac{4}{\square} = \frac{\square}{9}$

*b)* $\frac{\square}{16} = \frac{4}{\square}$

*c)* $\frac{\square}{36} = \frac{4}{\square}$

*d)* $\frac{2}{\square} = \frac{\square}{50}$

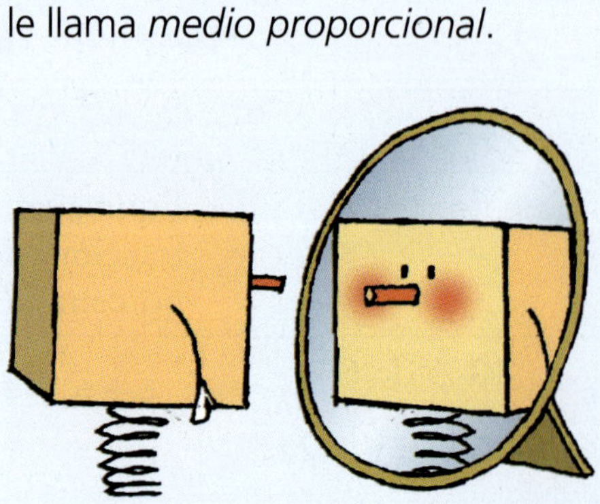

**48.** ●●● **CL** El *tercero proporcional* es uno de los extremos de una proporción que tiene los dos medios iguales. Halla el tercero proporcional en cada uno de los casos siguientes:

*a)* $\frac{9}{15} = \frac{15}{\square}$

*b)* $\frac{4}{20} = \frac{20}{\square}$

**49.** ●●○ **@ CL** Averigua en Internet qué es el *cuarto proporcional* y pon un ejemplo.

## Magnitudes directa e inversamente proporcionales

**50.** ●○○ **CL** Indica cuáles de los siguientes pares de magnitudes son directamente proporcionales, cuáles son inversamente proporcionales, y cuáles no guardan una relación de proporcionalidad:

*a)* La edad de un trabajador y el sueldo que cobra.

*b)* El peso de tomates que compro y el precio que me cobran.

*c)* El número de páginas de un libro y su precio.

*d)* El tiempo diario que dedican los operarios a pintar mi casa, y el número de días que tardarán en acabar el trabajo.

*e)* El número de canicas iguales que tengo, y el peso total de las mismas.

*f)* El número de personas entre las que se reparte cierta cantidad de dinero, y los euros que les corresponden a cada uno.

**51.** ●●○ **CCT** Copia y completa la tabla siguiente sobre el movimiento de un vehículo, indicando previamente si se trata de magnitudes directamente o inversamente proporcionales. ¿Qué sentido físico tiene la constante de proporcionalidad?

| Tiempo (h) | 1 | 2 | 3 | 4 | 5 |
|---|---|---|---|---|---|
| Distancia (km) | 75 | | | | |

**52.** ●●○ **CCT** Indica si las dos magnitudes siguientes son directa o inversamente proporcionales y completa la tabla. Explica el sentido físico de la constante de proporcionalidad.

| Tiempo (h) | 1 | 2 | 3 | 4 | 0,5 |
|---|---|---|---|---|---|
| Velocidad (km/h) | 108 | | | | |

**53.** ●○○ Averigua si las magnitudes representadas en las siguientes tablas son directamente proporcionales o no. En caso afirmativo, calcula la constante de proporcionalidad directa.

*a)*

| *X* | 20 | 14 | 36 | 8 | 16 |
|---|---|---|---|---|---|
| *Y* | 30 | 21 | 54 | 12 | 24 |

*b)*

| *X* | 15 | 25 | 5 | 35 | 65 |
|---|---|---|---|---|---|
| *Y* | 9 | 15 | 3 | 21 | 39 |

**54.** ●○○ Averigua si las magnitudes representadas en las siguientes tablas son inversamente proporcionales o no. En caso afirmativo, calcula la constante de proporcionalidad inversa.

*a)*

| *X* | 12 | 30 | 4 | 25 | 1 |
|---|---|---|---|---|---|
| *Y* | 5 | 2 | 15 | 3 | 60 |

*b)*

| *X* | 6 | 2 | 54 | 9 | 18 |
|---|---|---|---|---|---|
| *Y* | 9 | 27 | 1 | 6 | 3 |

**55.** ●●○ Copia y completa la siguiente tabla, sabiendo que *X* e *Y* son magnitudes directamente proporcionales. Indica cuál es, en este caso, la constante de proporcionalidad directa.

| *X* | 4 | | 8 | | 24 |
|---|---|---|---|---|---|
| *Y* | 18 | 27 | | 63 | |

56. ●●○ Copia y completa la siguiente tabla, sabiendo que $X$ e $Y$ son magnitudes inversamente proporcionales. Indica cuál es, en este caso, la constante de proporcionalidad inversa.

| $X$ | 16 | | 6 | 24 | |
|---|---|---|---|---|---|
| $Y$ | | 12 | 8 | | 3 |

## Reglas de tres simples

57. ●○○ 15 metros de tela cuestan 30 euros. ¿Cuánto costarán 7 metros de la misma tela? Indica si se trata de una relación de proporcionalidad directa o inversa.

58. ●●○ Una fuente da 208 litros de agua en 8 minutos. ¿Cuántos litros de agua dará en un cuarto de hora? ¿Las dos magnitudes, son directa o inversamente proporcionales?

59. ●●○ Si un ciclomotor realiza un viaje de tres horas y media a 50 km/h, ¿cuánto tardará en realizar el mismo viaje a 35 km/h? Resuelve el problema con una regla de tres. ¿Es directa o inversa?

60. ●●○ 5 personas tardan 18 horas en realizar un trabajo. ¿Cuánto tardarán 3 personas en hacer el mismo trabajo? Primero, averigua si son directa o inversamente proporcionales.

61. ●●○ Para hacer 200 metros de carretera se gastan 24 000 euros. ¿Cuánto costarán 75 metros de la misma carretera? ¿El dinero gastado es directa o inversamente proporcional a la longitud de la carretera?

62. ●●○ **CI** En un folleto publicitario de una tienda de fotos, se anuncian los siguientes precios:

| N.º de fotos | 10 | 25 | 50 | 100 |
|---|---|---|---|---|
| Precio | 3,50 € | 8 € | 15 € | 25 € |

¿El precio de las fotos es directamente proporcional al número de copias? ¿Cuál es el precio de cada foto en cada uno de los casos de la tabla?

63. ●●○ En mi clase vamos a ir de excursión el próximo fin de semana. Nuestro profesor nos ha dicho que si vamos 30 personas, tendremos que pagar 12 € por persona, y si llenáramos las 50 plazas del autobús, pagaríamos 7,20 € cada uno.

*a)* ¿El precio por persona es proporcional al número de personas? ¿Directamente o inversamente?

*b)* ¿Qué sentido tiene la constante de proporcionalidad?

64. ●○○ **CCT, CS** Como efecto del calentamiento global, el nivel del mar está subiendo, inundando zonas costeras poco elevadas. Se prevé que a final de siglo hayan aumentado las temperaturas medias hasta 4,5 °C. ¿Cuántos metros subirá el nivel del mar si sabemos que la subida estimada es de 1,3 metros por grado centígrado que aumente la temperatura?

65. ●●● **@ CC** Busca en Internet el año de construcción y el ángulo de inclinación de la torre de Pisa. Suponiendo que la velocidad a la que se ha ido inclinando sea constante, ¿en qué año tendrá una inclinación de 1° más?

## Porcentajes

66. ●○○ Copia y completa la tabla siguiente:

| Porcentaje | Fracción | Decimal |
|---|---|---|
| 35% | | |
| | $\frac{7}{25}$ | |
| | | 0,72 |
| 45% | | |
| | $\frac{3}{4}$ | |
| | | 0,96 |

67. ●○○ Calcula.

*a)* 36% de 250 *c)* 25% de 12

*b)* 49% de 360 *d)* 46% de 1 536

**68.** ●●○ Copia y completa.

*a)* 27 % de 450 = □

*b)* □ % de 75 = 30

*c)* 20 % de □ = 56

**69.** ●●○ Un tonel está lleno con 224 litros, lo que supone el 64 % de su capacidad máxima. ¿Cuántos litros faltan para que se llene el tonel?

**70.** ●●○ **CS** ¿Qué porcentaje de comunidades autónomas de España no tiene costa?

**71.** ●●○ Una botella de 1,5 litros se llena con 0,3 litros de agua y el resto de zumo. Halla el porcentaje de la botella que representa el zumo.

**72.** ●●○ **CCT** La siguiente tabla muestra el porcentaje de la masa de la Tierra que representan algunos de los elementos químicos más habituales:

| Elemento químico | % |
|---|---|
| Hierro | 34,6 |
| Oxígeno | 29,54 |
| Silicio | 15,2 |
| Magnesio | 12,7 |
| Níquel | 2,4 |
| Azufre | 1,9 |
| Titanio | 0,05 |

Peso de la Tierra:

5 973 600 000 000 000 000 000 000 kg.

Usando este dato, calcula la masa de cada uno de los elementos anteriores que la componen.

**73.** ●●○ **CCT** La Tierra pesa 81 veces más que la Luna. Sin utilizar el dato de la masa de la Tierra, calcula el porcentaje que representa la masa de la Luna respecto a la de la Tierra.

**74.** ●○○ Calcula los siguientes aumentos y descuentos:

*a)* Aumento del 10 % de 2 500.

*b)* Aumento del 25 % de 480.

*c)* Descuento del 15 % de 690.

*d)* Descuento del 35 % de 1 850.

**75.** ●●○ **CI** El encargado de una tienda de ropa está preparando las etiquetas de los diferentes productos para las próximas rebajas. Completa las etiquetas sabiendo que el establecimiento ofrece descuentos del 20 % en todos sus productos.

**76.** ●●○ **CI** El IVA que se aplica a cada artículo depende del tipo de producto que sea. Suponiendo que las medicinas tienen un 4 %, los alimentos y productos de primera necesidad, un 10 %, y la mayoría del resto, un 21 %, calcula el precio final de los siguientes artículos, de los que se da su precio sin IVA:

*a)* Un jarabe: 1,25 €

*b)* Un menú del día: 10,50 €

*c)* Una bicicleta: 110 €

**77.** ●●● Copia y completa.

*a)* Un descuento del 6 % de 95 es □.

*b)* Un descuento del 21% de □ es 59,25.

*c)* Un aumento del 12 % de 362 es □.

*d)* Un aumento del 24 % de □ es 310.

**78.** ●●● Jesús ha crecido este año un 4 % de su estatura de hace un año, y ahora mide 1,56 metros. ¿Cuánto medía el año pasado?

**79.** ●●● **CS** Esta mañana he oído en las noticias que el número de accidentes de tráfico en mi región ha bajado este mes un 35 %, situándose en 91. Calcula cuántos accidentes hubo el mes pasado.

**80.** ●●● **CI** En clase han mandado hacer el 30 % del 40 % de 2 500, pero Soraya se ha equivocado y ha calculado el 40 % del 30 % de 2 500. Sin embargo, su profesora, al corregírselo, le pone la máxima puntuación del ejercicio. ¿Por qué?

**81.** ●●● **CL** En un supermercado te dan a elegir entre dos ofertas: 3×2 o segunda unidad al 50 % de descuento. ¿Cuál de las dos ofertas es más ventajosa para el cliente?

**82.** ●●● **CI** En una empresa hay tres accionistas mayoritarios. El primero tiene el 40 % de las acciones, el segundo, el 35 %, y el tercero, el 20 %. Las ganancias que obtuvo el primer accionista el año pasado fueron de 58 000 €.

*a)* ¿Cuánto ganaron el segundo y tercer accionista?

*b)* ¿La ganancia total de la empresa coincide con la suma de las ganancias de estos tres accionistas? ¿Por qué?

**83.** ●●● En la siguiente tabla faltan algunas casillas por rellenar. Cópialas y complétalas:

| | Mujeres | Hombres | Total |
|---|---|---|---|
| Mayores de edad | | 30 % | |
| Menores de edad | 20 % | | 35 % |
| Total | 55 % | | |

## SABER MÁS

**84.** ●●○ Queremos repartir 50 en partes directamente proporcionales a 24, 60 y 16. ¿Cuánto corresponde a cada uno?

**85.** ●●○ Esta tarde mi hermano ha leído el doble que yo, y mi primo el triple que mi hermano. Si nos hemos repartido el libro entero, que tiene 72 páginas, ¿cuántas hemos leído cada uno?

**86.** ●●● Calcula el total repartido sabiendo que se ha hecho de forma proporcional a 2, 5 y 7 y que al valor central le han correspondido 90 unidades.

**87.** ●●● **CD** En cierto bosque la cantidad de madera aumenta un 10 % cada año. Si este año hay 5 toneladas de madera, ¿cuánta madera habrá dentro de 5 años? ¿Cuánta madera hubo hace 2 años? Utiliza tu calculadora para resolver el ejercicio.

**88.** ●●● **CD** En un depósito la cantidad de agua almacenada se va perdiendo por una fisura a razón del 0,2 % diario, de manera que cada día que pasa se escapa un 0,2 % de lo restante del día anterior. ¿Qué porcentaje de agua se habrá desperdiciado en 30 días? Si el depósito estaba al 100 % de su capacidad recomendada, ¿qué porcentaje de agua contiene ahora? Utiliza tu calculadora para resolver el ejercicio.

**89.** ●●● **CCT** A lo largo del embarazo, el cuerpo de una osa polar experimenta varios cambios en su peso: para acumular grasa antes de dar a luz puede ganar hasta un 95 % de su peso, que luego va perdiendo poco a poco a medida que amamanta a sus crías, llegando a reducir su masa hasta en un 55 %. Si inicialmente una osa polar pesaba 200 kg, ¿cuánto pesará después del periodo de lactancia?

# PREPÁRATE PARA LAS PRUEBAS

**1.** En una excursión escolar hay 1 profesor por cada 12 alumnos.

*a)* Si fuesen 108 alumnos en la excursión, ¿cuántos profesores habría?

*A)* 7 *B)* 8 *C)* 9 *D)* 10

TIMMS

*b)* ¿Cuál sería la cantidad mínima y máxima de alumnos que podrían ir de excursión si van 11 profesores?

**2.** Alicia puede correr 4 vueltas alrededor de la pista en el mismo tiempo que Carolina puede correr 3 vueltas.

*a)* Cuando Carolina haya corrido 12 vueltas, ¿cuántas vueltas habrá corrido Alicia?

*A)* 9 *B)* 11 *C)* 13 *D)* 16

TIMSS

*b)* ¿Cuántas vueltas habrá corrido Carolina cuando Alicia haya corrido 12 vueltas?

*A)* 9 *B)* 11 *C)* 13 *D)* 16

**3.** Una máquina usa 2,4 litros de gasolina por cada 30 horas en funcionamiento.

*a)* ¿Cuántos litros de gasolina usará la máquina en 100 horas de funcionamiento?

*A)* 7,2 *B)* 8,0 *C)* 84 *D)* 9,6

TIMSS

*b)* ¿Cuántas horas ha estado funcionando si ha consumido un total de 6,4 litros de gasolina?

*A)* 7,2 *B)* 192 *C)* 80 *D)* 0,9

**4. Rebajas**

¡Han llegado las rebajas! Fernando y Miguel visitan un centro comercial y observan la publicidad del escaparate de una tienda de ropa.

¿Qué significa esta publicidad?

*a)* Que pagas menos de un 50 % del precio de cada artículo.

*b)* Que en algunos artículos te descuentan el 50 % y en otros menos.

*c)* Que todos los artículos de las rebajas cuestan menos de 50 euros.

*d)* Que te descuentan 50 euros por la compra de cada producto de las rebajas.

EGD

# EVALÚATE

1. Asocia cada pareja de números con su razón:

*a)* 9 y 3 — *I)* 0,625
*b)* 3 y 9 — *II)* 3
*c)* 8 y 5 — *III)* 1,6
*d)* 10 y 16 — *IV)* 0,33...

2. ¿Forman los siguientes números proporción?

*a)* 3; 4; 5 y 6 *b)* 2; 5; 5 y 12,5

3. Calcula el término que falta en cada proporción:

*a)* $\frac{2}{9} = \frac{\square}{166{,}5}$ *b)* $\frac{\square}{8} = \frac{15}{12}$

4. Determina si la siguiente pareja de magnitudes es directa o inversamente proporcional:

| | | | | |
|---|---|---|---|---|
| Magnitud *A* | 6 | 10 | 2 | 8 |
| Magnitud *B* | 1,8 | 3 | 0,6 | 2,4 |

5. Calcula los términos desconocidos en la siguiente pareja de magnitudes inversamente proporcionales:

| | | | | |
|---|---|---|---|---|
| Magnitud *C* | 3 | 7 | | 14 |
| Magnitud *D* | | 6 | 2 | |

6. El 55 % de las familias que tienen hijos en España tiene un único hijo. Si en cierta localidad existen 3 900 familias con hijos, ¿cuántas familias tienen varios niños?

7. Mi ordenador tiene una conexión a Internet de 10 megas y cierta página web tarda en abrirse 2 segundos. Si tuviera una conexión de 12 megas, ¿cuánto tiempo tardaría en abrirse esa misma web?

8. Calcula los siguientes porcentajes:

*a)* 56 % de 124

*b)* 102% de 300

9. En mi casa nos bebemos 2 bricks de 1 litro de leche cada día. Si ahora compramos botellas de 1,5 litros, ¿cuántos días tardaremos en acabarnos 4 botellas?

10. Calcula el porcentaje de incremento aplicado sobre 160 si el resultado es 180.

# MATEMÁTICAS RECREATIVAS

1. El jefe le dice a uno de sus empleados: «Este mes no puedo pagarte todo tu sueldo, por lo que tengo que bajártelo el 50 %, pero no te preocupes, porque, como el mes siguiente te lo subiré el 60 %, al final, aumentará tu sueldo en un 10 %». Sin embargo, el empleado no se quedó conforme. ¿Por qué?

2. Sabemos que el reloj de la torre tarda 5 segundos en dar 6 campanadas. ¿Cuántos segundos tardará en dar 12 campanadas? Piénsalo bien, la respuesta correcta no es 10 segundos.

3. Enrique da a Luisa su coche para que lo venda a cambio de una comisión. A su vez, Luisa se lo da a Úrsula para que sea ella quien lo venda por otra comisión. Úrsula lo vende y se queda con el 10 % del precio al que lo ha vendido, entregando el resto del dinero a Luisa. Esta se queda con el 5 % de la cantidad que ha recibido y entrega los 19 665 euros restantes a Enrique. ¿Por cuánto dinero se vendió el coche?

# Bloque I: Aritmética

## Funcionamiento de Wiris

Wiris es un sencillo programa que nos permite realizar cálculos de dificultad variable y de ámbitos diversos de la materia.

Su funcionamiento es muy simple: basta con introducir el comando deseado y pulsar [=] para evaluar la orden y obtener el resultado. Los comandos aparecerán en color negro.

## Operaciones

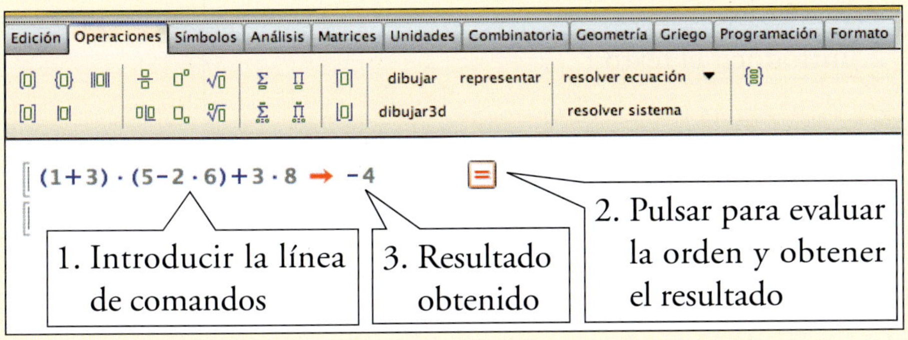


**Operaciones aritméticas básicas**: suma (+), resta (–), multiplicación (·), división (/).

**Números decimales**: la coma decimal se denota con un punto (.) y no con coma.

**Números fraccionarios**: en la pestaña *Operaciones*, se puede escoger el símbolo $\frac{\square}{\square}$ e introducir el numerador y el denominador de una fracción. En caso de necesitar paréntesis grandes que abarquen toda la fracción se emplearán los que aparecen en *Operaciones* $(\square)$.

**Potencias y raíces**: en el menú *Operaciones* existe el símbolo $\square^{\square}$, que permite introducir la base y el exponente de una potencia, y los símbolos $\sqrt{\square}$ y $\sqrt[\square]{\square}$ que nos facilitan el cálculo de raíces cuadradas o de cualquier otro índice.

## EJERCICIOS RESUELTOS

**1.** Resuelve las siguientes operaciones con números enteros, decimales y fraccionarios:

*a)* $-3+2\cdot(5-7+8:4)$

*b)* $3{,}27:5{,}84+3{,}6$

*c)* $3^2-5^3\cdot 2^4+6{,}21$

*d)* $\frac{3}{2}+\frac{8}{9}\cdot\frac{7}{2}+3$

*e)* $-5\cdot\left(\frac{3}{2}-\frac{5}{6}+2\right)$

*f)* $\left(\frac{4}{3}-6\right)^2:\frac{6}{7}$

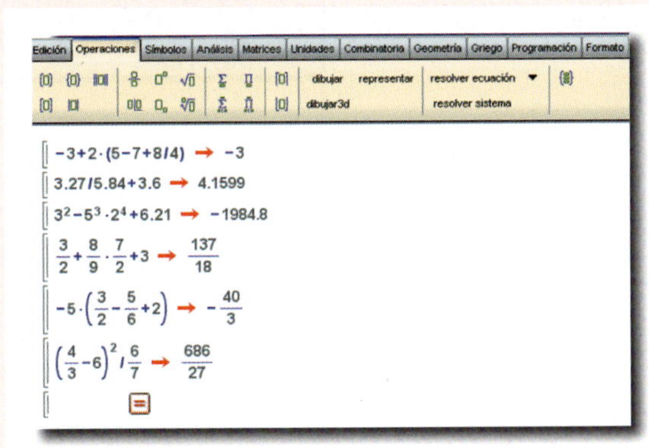


Solución

## Introducción de texto

Para editar texto no evaluable y no comandos (aparecerá en rojo) se debe escoger el menú *Edición* y pulsar el botón [Abc]. Para indicar que dejamos de editar texto, pulsaremos [=].

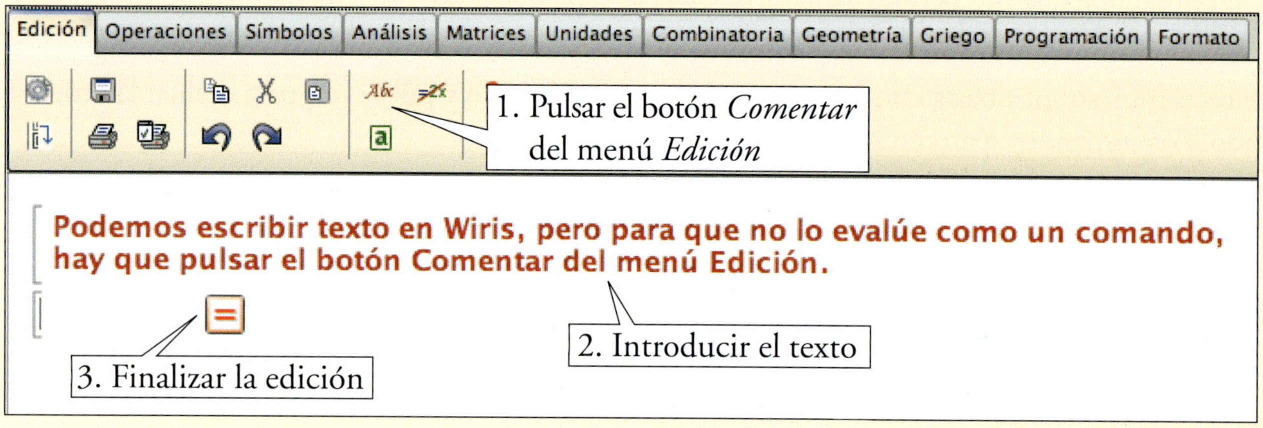


## Comandos

**factorizar(*número*)**: calcula la descomposición factorial en números primos del número dado.
**divisores(*número*)**: calcula los divisores del número dado.
**mcd(*número1*, *número2*...)**: calcula el máximo común divisor de los números indicados.
**mcm(*número1*, *número2*...)**: calcula el mínimo común múltiplo de los números indicados.
**racional(*número decimal exacto*)**: calcula la fracción irreducible correspondiente a un decimal exacto.
**precisión(*número*)**: fija el número de cifras significativas (por defecto 5).

### EJERCICIOS RESUELTOS

**2.** Encuentra la descomposición en factores primos de 35 y 72 y calcula su mínimo común múltiplo.

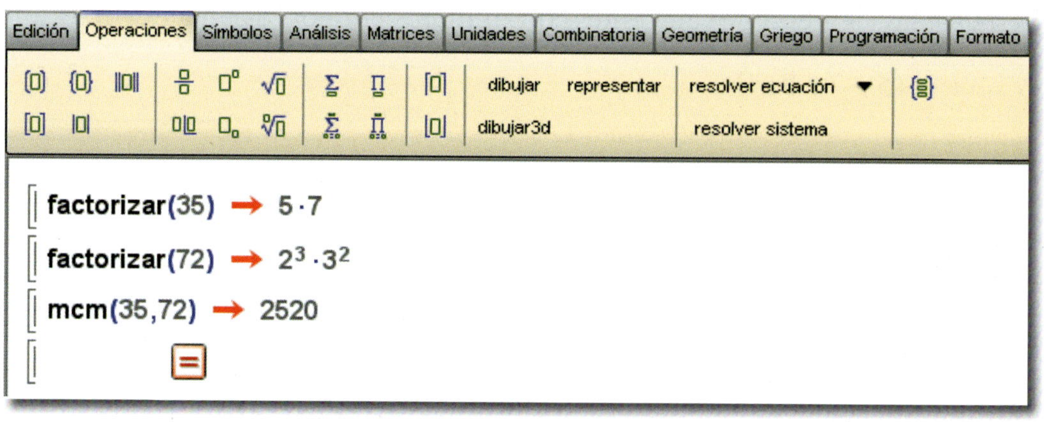


Solución

## EJERCICIOS RESUELTOS

**3.** Calcula los divisores de 36 y 64 y su máximo común divisor.

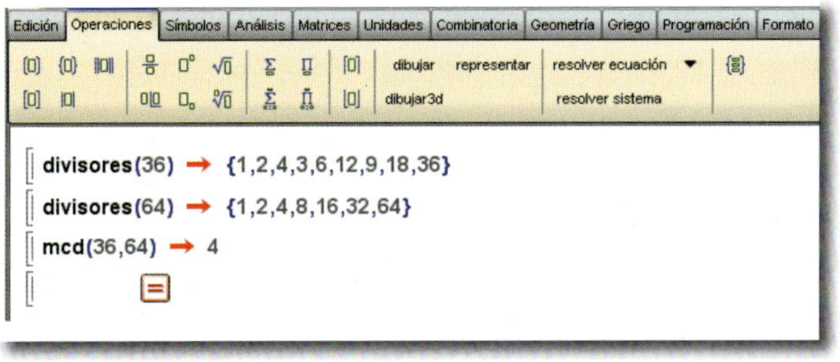


Solución

**4.** Obtén la fracción generatriz de los siguientes números decimales:

*a)* $0,395$

*b)* $12,34556$

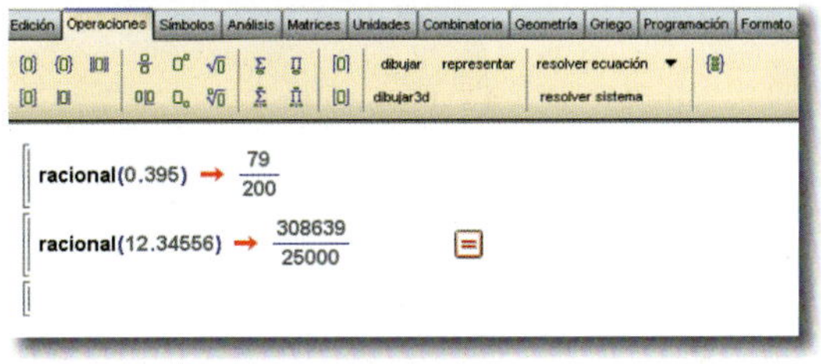


Solución

**5.** Calcula las siguientes raíces con 10 cifras significativas:

*a)* $\sqrt{325}$

*b)* $\sqrt{36,95}$

*c)* $\sqrt[3]{69,2}$

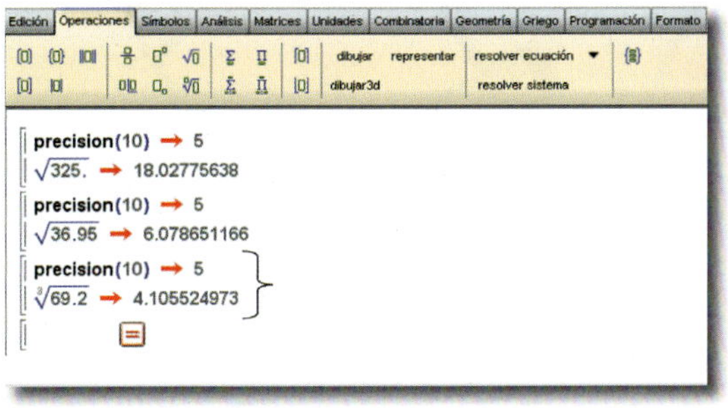


Solución

## EJERCICIOS

**1.** Realiza las siguientes operaciones:

*a)* $3+\frac{1}{2}-\left(\frac{3}{4}:2\right)^3\cdot 9$

*b)* $(3-(-5+2:2)\cdot 3)^3\cdot 7-56$

*c)* $\frac{3}{4}:\left(\frac{-5}{9}:6\right)^2-\frac{6}{7}+1$

**2.** Obtén el máximo común divisor y el mínimo común múltiplo de los siguientes números:

*a)* 68, 216, 182

*b)* 39, 65

*c)* 489, 1 025, 3 658

**3.** Descompón en factores y encuentra los divisores de:

*a)* 10 296 *b)* 138 600

**4.** ¿De qué fracción provienen los siguientes números decimales?:

*a)* 31,258 *b)* 0,00245 *c)* 698,25

**5.** Resuelve las raíces siguientes con 8 cifras significativas en el resultado:

*a)* $\sqrt{6\,987}$ *c)* $\sqrt[3]{657\,142}$

*b)* $\sqrt{87,26}$ *d)* $\sqrt[4]{54\,798}$

# LENGUAJE ALGEBRAICO

Cuando escribimos un mensaje de texto en el móvil, cuando chateamos o cuando utilizamos algún programa de mensajería instantánea, normalmente no lo escribimos igual que un texto formal, sino que usamos abreviaturas, omitimos letras, usamos caracteres especiales, etc. Por ejemplo, si quisiéramos escribir el texto:

*En un mensaje de móvil, no se suelen escribir todas las letras.*

y no fuéramos muy expertos en la escritura abreviada en estos sistemas, podríamos poner:

*En 1 mensaj d movl no se sueln scribir tods las letrs*

Pero los más acostumbrados a este lenguaje, escribirían:

*N 1 sms no s sueln skrib tods ltrs*

El álgebra es algo similar. Se trata de abreviar textos de contenido matemático mediante un lenguaje de símbolos, que, si lo maneja alguien habituado a ellos, hace que sea más fácil y cómodo entenderlo y trabajar con ellos. Por ejemplo, si queremos decir:

*El área de un triángulo es la mitad del producto de la longitud de la base y la longitud de la altura*

En lenguaje algebraico pondríamos:

$$A_{ABC} = \frac{bh}{2}$$

Como ves, ya has utilizado el lenguaje algebraico en anteriores ocasiones. Ahora, aprenderás a emplearlo en más situaciones y comprenderás cuántas cosas se pueden hacer en matemáticas si usamos el lenguaje correcto: el álgebra.

## INTERPRETA Y RESUELVE

En el desarrollo histórico del álgebra, podemos encontrar tres periodos en función de cómo se escribían las operaciones: el álgebra retórica (hasta el siglo III), el álgebra sincopada o lacónica (desde el siglo III hasta el XVI), y el álgebra simbólica (desde el siglo XVI hasta la actualidad). Busca en Internet cuál es la característica principal de cada periodo.

## Operaciones combinadas

Jerarquía de las operaciones:

- El interior de los paréntesis y corchetes.
- Las potencias y las raíces.
- Continuaremos con las multiplicaciones y divisiones (de izquierda a derecha si hubiera varias seguidas).
- Finalmente, las sumas y restas.

## Encontrar números desconocidos en operaciones sencillas

Debes también acordarte de las propiedades que nos permiten calcular números desconocidos en igualdades. Por ejemplo:

Si $\square + 6 = 8$, entonces $\square = 8 - 6 = 2$

Si $\square \cdot 4 = 12$, tendremos que $\square = 12 : 4 = 3$

De igual modo, $\square : 8 = 2$, implica que $\square = 8 \cdot 2 = 16$, y así sucesivamente.

## Manejo de fórmulas conocidas

Las fórmulas nos permiten calcular magnitudes de manera rápida.

Para calcular el área de un rectángulo emplearemos la fórmula $A = b \cdot h$, donde $b$ denota la longitud de la base y $h$ la longitud de la altura.

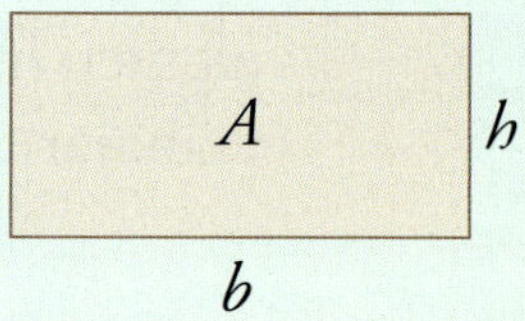


Así, si queremos calcular el área de un rectángulo de base 5 cm y altura 3 cm, haremos $A = 5 \cdot 3 = 15$ cm$^2$.

### EJERCICIOS

**1.** Realiza las siguientes operaciones combinadas:

*a)* $6 \cdot (-2 + 3 \cdot 4)^2 - 5 + 3 \cdot 2$ *b)* $1 - \frac{2}{3} : \frac{1}{5} - \frac{2}{9} \cdot \left(3 + \frac{5}{6}\right)$ *c)* $3^2 \cdot 2 - 1 + 15 : (2^3 - \sqrt{9})$

**2.** Emplea las fórmulas para calcular resultados.

*a)* $A = a \cdot b \cdot c$, si los datos son $a = -2$, $b = 5$, $c = -1$

*b)* $T = 5 \cdot h - 8$, si el dato es $h = 2$

*c)* $H = \frac{2 \cdot h}{5} + 1 - h$, si $h = 10$

**3.** Encuentra el número que falta.

*a)* $\square - 8 = -3$ *c)* $\square + 2 = -3$ *e)* $5 \cdot \square = -10$ *g)* $\square \cdot 8 = -32$ *i)* $65 : \square = -13$

*b)* $-5 - \square = 6$ *d)* $-8 + \square = 5$ *f)* $-2 \cdot \square = -6$ *h)* $\square : 6 = -5$

# MAPA CONCEPTUAL

- EXPRESIONES ALGEBRAICAS. TRADUCCIÓN AL LENGUAJE ALGEBRAICO
- MONOMIOS
  - Definición
  - Elementos
  - Operaciones
    - Suma
    - Resta
    - Multiplicación
    - División
- POLINOMIOS
  - Definición
  - Elementos
  - Operaciones
    - Suma
    - Resta
    - Multiplicación por números
- ECUACIONES. ELEMENTOS
  - Igualdad, identidad y ecuación
  - Elementos
- RESOLUCIÓN DE ECUACIONES DE PRIMER GRADO
  - Ecuaciones equivalentes
  - Resolución de ecuaciones
  - Resolución de problemas

# 1. Expresiones algebraicas. Traducción al lenguaje algebraico

Una **expresión algebraica** es una combinación de números, letras y operaciones. El **lenguaje algebraico** tiene como «palabras» expresiones algebraicas y permite escribir en matemáticas expresiones que en nuestro lenguaje habitual resultarían más largas o complejas. Además, es universal, es el mismo en cualquier país del mundo.

**Traducción al lenguaje algebraico** de algunos enunciados:

| Enunciado | Expresión algebraica |
|---|---|
| La suma de dos números | $x+y$ |
| El doble de un número | $2 \cdot a$ |
| El producto de dos números consecutivos | $b \cdot (b+1)$ |
| La tercera parte de un número | $\frac{z}{3}$ |

Cada elemento se suele representar por sus «letras preferidas»:

– cantidades desconocidas: $x$, $y$ y $z$ o inicial de su palabra

– funciones (que verás más adelante): $f$, $g$ y $h$

– puntos del plano: letras mayúsculas $A$, $B$, $C$...

### CUIDADO

Si existen dos letras juntas o un número junto a una letra entenderemos que se están multiplicando.

Escribiremos:

$2x$ en lugar de $2 \cdot x$

$xy$ en lugar de $x \cdot y$

Igualmente pasa en el caso de los paréntesis:

$2 \cdot (x+y) = 2(x+y)$

$a \cdot (2+z) = a(2+z)$

### ATENCIÓN

La traducción al lenguaje algebraico es una herramienta fundamental para resolver problemas en matemáticas.

## EJERCICIOS RESUELTOS

1. Traduce al lenguaje algebraico los siguientes enunciados, indicando qué representa cada letra que utilices:

*a)* Yo tengo 1 año más que María.

*b)* Hoy ha subido la temperatura 3 grados respecto a ayer.

*c)* El área de un hexágono regular es la mitad del producto de su perímetro y su apotema.

*d)* La suma de dos números pares consecutivos.

*e)* El siguiente del anterior de un número.

*a)* Sea $m$ la edad de María. Entonces yo tengo $m+1$ años.

*b)* Si $t$ es la temperatura de ayer, hoy hay $t+3$ grados.

*c)* Llamemos $P$ al perímetro, $a$ a su apotema y $A$ al área, entonces $A = \frac{P \cdot a}{2}$.

*d)* Si llamamos $2x$ al primer número par, la expresión será $2x+2x+2$.

*e)* Sea $x$ el número desconocido, entonces el enunciado es $1+x-1$.

Solución

Llamamos **valor numérico** de una expresión algebraica al número que resulta de operar tras sustituir sus letras por ciertos valores.

El valor numérico de $3xy$ cuando $x = 2$ e $y = 1$ es:

$$3 \cdot 2 \cdot 1 = 6$$

Una expresión algebraica tiene valores numéricos distintos pues dependen de los valores que tomen sus letras.

**USA TU CALCULADORA**

Podemos comprobar los valores numéricos introduciendo las operaciones que resultan de cambiar las letras por los números correspondientes.

## EJERCICIOS RESUELTOS

**2.** La siguiente expresión algebraica, $b \cdot h$, donde $b$ denota la longitud de la base de un rectángulo y $h$ la de su altura, calcula el área de un rectángulo. Obtén las áreas de los rectángulos de dimensiones siguientes:

*a)* Base 3 cm y altura 6 cm.

*b)* Altura 5 dm y base 4 dm.

*c)* Base y altura iguales de longitud 3 m.

**Solución**

*a)* El valor numérico de $b \cdot h$ para $b = 3$, $h = 6$ es 18 ($cm^2$).

*b)* El valor numérico de $b \cdot h$ para $b = 4$, $h = 5$ es 20 ($dm^2$).

*c)* El valor numérico de $b \cdot h$ para $b = 3$, $h = 3$ es 9 ($m^2$).

## EJERCICIOS

**1.** ●●○ **CL** Expresa en lenguaje algebraico los siguientes enunciados:

*a)* La suma de tres números pares consecutivos.

*b)* Un número impar.

*c)* El cuadrado de la suma de dos números.

*d)* La suma de los cuadrados de dos números.

*e)* El anterior de un número.

**2.** ●●○ **CL** Escribe las siguientes igualdades empleando expresiones algebraicas.

*a)* La suma de tres números consecutivos es 12.

*b)* El doble del cuadrado de un número es 18.

*c)* La mitad de la edad que tenía hace tres años coincide con tu edad dentro de dos años.

*d)* Este número es cinco unidades mayor que este otro.

**3.** ●●○ A continuación te damos algunas expresiones algebraicas. Inventa un enunciado que pueda interpretarse de esa manera.

*a)* $\frac{a \cdot b}{2}$

*b)* $\sqrt{x}$

*c)* $2x + 2y$

*d)* $4x$

**4.** ●○○ Calcula el valor numérico para las expresiones y valores que se indican:

*a)* $3x + 8$ para $x = -1$

*b)* $5x^2y - xy$ para $x = -2$, $y = 5$

*c)* $2 - a^3bc$ para $a = 7$, $b = 2$, $c = 0$

*d)* $3y(h - w)$ para $y = 3$, $h = -1$, $w = -2$

**5.** ●●○ Obtén el valor de la letra $a$ para que el valor numérico de la expresión $3ax^2 + 5xz$ sea 36 si tomamos $x = 4$, $z = -3$.

# 2. Monomios. Elementos y operaciones

Para aprender un lenguaje es necesario conocer sus palabras.

Lo mismo tenemos que hacer con el lenguaje algebraico. Para ello, vamos a estudiar ahora las expresiones algebraicas más elementales, es decir, las palabras más sencillas: los **monomios**.

**OBSERVA**

El monomio $x$ tiene 1 como coeficiente.

## 2.1. Definición y elementos de un monomio

Un **monomio** es una expresión algebraica formada por un producto de números y letras (por tanto, también son válidas las potencias), sin contener otro tipo de operaciones.

$5x^2za$

coeficiente (5) — parte literal de variables $x$, $z$, $a$ ($x^2za$)

Grado $= 2+1+1=4$ suma de exponentes de la parte literal

**CUIDADO**

Los monomios que no tienen parte literal tienen grado 0 y son números.

32

### EJERCICIOS RESUELTOS

1. Decide si las siguientes expresiones algebraicas son o no monomios, y en caso afirmativo, señala su coeficiente, su parte literal y su grado.

*a)* $3x^2$

*b)* $x-3$

*c)* $-5x^2y^4z$

*d)* $\dfrac{-xy}{2}$

*e)* $-2{,}5$

*f)* $abcd$

| | Expresión | Monomio (Sí/No) | Coeficiente | Parte literal | Grado |
|---|---|---|---|---|---|
| *a)* | $3x^2$ | Sí | 3 | $x^2$ | 2 |
| *b)* | $x-3$ | No | | | |
| *c)* | $-5x^2y^4z$ | Sí | $-5$ | $x^2y^4z$ | 7 |
| *d)* | $\dfrac{-xy}{2}$ | Sí | $\dfrac{-1}{2}$ | $xy$ | 2 |
| *e)* | $-2{,}5$ | Sí | $-2{,}5$ | | 0 |
| *f)* | $abcd$ | Sí | 1 | $abcd$ | 4 |

Solución

Dos monomios se dicen **semejantes** si tienen la misma parte literal.

$3xz$ y $-5xz$ son monomios **semejantes**.

$3x^2z$ y $3xz^2$ **no son semejantes**, pues difieren en los exponentes.

**OBSERVA**

Los monomios $ab$ y $ba$ son semejantes. Esto es debido a la propiedad conmutativa del producto.

## 2.2. Operaciones con monomios

- **Suma y resta**

Para sumar o restar dos monomios, que deben ser semejantes, sumaremos o restaremos sus coeficientes y dejaremos la misma parte literal.

$$3x + 2y + x - 5y = 4x - 3y$$

- **Producto**

Para multiplicar dos monomios, multiplicaremos sus coeficientes y aplicaremos las propiedades de las potencias en la parte literal.

$$2xyz \cdot 3x^2y = 6x^3y^2z$$

- **Cociente**

Para dividir dos monomios, dividiremos sus coeficientes y aplicaremos las propiedades de las potencias en la parte literal.

$$25x^3y^2 : (-5xy^2) = -5x^2$$

**CUIDADO**

$x + y$

No se pueden sumar.

**RECUERDA**

$x^3 \cdot x^2 = x^5$

Se deja la base y se suman exponentes.

$x^7 : x^2 = x^5$

Se deja la base y se restan los exponentes.

### EJERCICIOS RESUELTOS

**1.** Realiza las siguientes operaciones con monomios:

*a)* $3x + 5x - 10x + x$
*b)* $4xy - 5yx + y^2x - xy$
*c)* $3x^2z^3 \cdot (-5x^3yz)$
*d)* $4ha^3b^4 : (-2ha^2b^2)$

**Solución**

*a)* $-x$
*b)* $-2xy + y^2x$
*c)* $-15x^5yz^4$
*d)* $-2ab^2$

### EJERCICIOS

**6.** ●○○ Halla monomios que verifiquen las siguientes características:

*a)* Sean de grado 5, con tres variables y de coeficiente 3.
*b)* De grado 0.
*c)* De tercer grado, con dos variables y de coeficiente 1.
*d)* Con una variable, de grado 1 y con coeficiente 3.

**7.** ●○○ Señala el coeficiente, la parte literal y el grado de los siguientes monomios:

*a)* $-24x^2y^3$  *b)* $\frac{xyz}{3}$  *c)* $35$  *d)* $x^2$

**8.** ●○○ Une los monomios semejantes.

| | | | |
|---|---|---|---|
| $3x^2y^3$ | $2xyz^2$ | $-2xy^2z$ | |
| $\frac{2xzy^2}{3}$ | $\frac{x^2z}{2}$ | $-y^2x^3$ | |
| $-3xyz^2$ | $-7y^3x^2$ | $x^3y^2$ | $x^2y$ |

**9.** ●●○ Realiza las siguientes operaciones con monomios:

*a)* $35x - 53x + 27y - 20x + 21y$
*b)* $-54xy^2z : 3xzy^2$
*c)* $9k^2s + 3sk - 5ks - 6ks^2 + k^2s$
*d)* $3x - z + x + 5z - 4z$
*e)* $-4f^2gh^7 : (4fgh^6)$
*f)* $l^2kj \cdot 7lhj$

**10.** ●●● Encuentra el monomio que falta en las siguientes operaciones:

*a)* $-3x^2 + \square + 5y - \square = 8x^2 + y$
*b)* $\square \cdot (-5x^2y^3z) = 15x^4y^3zh$
*c)* $-36a^2b^3h : \square = 2$
*d)* $\square - 5ab + 8ba - 7ab = 0$
*e)* $(25d^2gh : 5dgh) \cdot \square = -40adb$

# 3. Polinomios. Elementos y operaciones

## 3.1. Definición y elementos de un polinomio

Un **polinomio** es una expresión algebraica formada por sumas o restas de monomios (no semejantes).

$$\underbrace{3x}+\underbrace{5y}$$

polinomio formado por 2 monomios

Cada uno de los monomios de un polinomio recibe el nombre de **término** y las diferentes letras que lo componen, **variables**.

$$\underbrace{3x^2}+\underbrace{5y}-\underbrace{2x^2y}$$

polinomio con 3 términos
tiene 2 variables: $x$ e $y$

Si un polinomio tiene un término de grado 0, este se llamaría **término independiente**.

$$a^3+abc\underbrace{-2}_{\text{término independiente}}$$

Finalmente, definimos **grado** de un polinomio como el mayor grado entre todos los monomios que lo forman.

$$\overbrace{5x^3y^2}^{3+2=5}-\overbrace{3xy^3}^{1+3=4}+\overbrace{6x^2}^{2}+\overbrace{xy^5}^{1+5=6}$$

polinomio de grado 6

## EJERCICIOS RESUELTOS

1. Completa la siguiente tabla:

| Polinomio | Variables | Término independiente | Número de términos | Grado |
|---|---|---|---|---|
| | 3 | No tiene | 2 | 5 |
| $3x^2-5xyz+2$ | | | | |
| | 2 | $-3$ | 5 | 4 |
| $-8x^2yz+3x-y^5$ | | | | |

Existen varias soluciones. Una de ellas podría ser la siguiente:

| Polinomio | Variables | Término independiente | Número de términos | Grado |
|---|---|---|---|---|
| $x^2yz^2+xy$ | 3 | No tiene | 2 | 5 |
| $3x^2-5xyz+2$ | 3 | 2 | 3 | 3 |
| $5x^2-y^4+xy-x^3-3$ | 2 | $-3$ | 5 | 4 |
| $-8x^2yz+3x-y^5$ | 3 | No tiene | 3 | 5 |

Solución

## 3.2. Operaciones con polinomios

- **Suma**

Para sumar polinomios, sumaremos los monomios semejantes que podamos encontrar.

$$(3x + 2y - 6z) + (x - y + 2z) = 3x + 2y - 6z + x - y + 2z$$

$$\underbrace{3x + x}_{4x} \qquad \underbrace{2y - y}_{+y} \qquad \underbrace{-6z + 2z}_{-4z}$$

Así, el resultado de la suma es: $(3x + 2y - 6z) + (x - y + 2z) = 4x + y - 4z$

- **Resta**

Para restar polinomios, restaremos los monomios semejantes que podamos encontrar.

$$(3x + 2y - 6z) - (x - y + 2z) =$$

Primero cambiaremos el signo del segundo polinomio:

$$(3x + 2y - 6z)\underbrace{- (x - y + 2z)}_{-x + y - 2z} = 3x + 2y - 6z - x + y - 2z$$

Luego, operaremos los monomios semejantes:

$$\underbrace{3x - x}_{2x} \qquad \underbrace{+2y + y}_{+3y} \qquad \underbrace{-6y - 2z}_{-8z}$$

Así, el resultado de la resta es: $(3x + 2y - 6z) - (x - y + 2z) = 2x + 3y - 8z$

- **Multiplicación por números**

Para multiplicar un polinomio por un número, multiplicaremos cada uno de sus términos por dicho número.

$$-5 \cdot (3x + 2y - 6z) =$$

$-15x$

$-10y$

$+30z$

El resultado de la multiplicación es: $-5 \cdot (3x + 2y - 6z) = -15x - 10y + 30z$

> **CUIDADO**
>
> Al restar polinomios debemos cambiar el signo a cada uno de los términos del segundo polinomio (el sustraendo).

### EJERCICIOS RESUELTOS

1. Realiza las siguientes operaciones con polinomios:

*a)* $6 \cdot (3x^2 + 5x - 2) + 3x^2 - 4$

*b)* $28xy^2 + 5xy - 3 - (25xy^2 + 6 - xy)$

Solución

*a)* $18x^2 + 30x - 12 + 3x^2 - 4 = 21x^2 + 30x - 16$

*b)* $28xy^2 + 5xy - 3 - 25xy^2 - 6 + xy = 3xy^2 + 6xy - 9$

# 4. Ecuaciones. Elementos

## 4.1. Igualdad, identidad, ecuación

Una **igualdad** es una equivalencia entre dos cantidades o expresiones separadas por un signo igual.

- **Igualdad numérica**: está formada únicamente por números.

$$3 = 2 + 1$$

- **Igualdad algebraica**: contiene variables.

$$x + 2x = 3x \qquad\qquad x + 3 = 5$$

Las igualdades algebraicas pueden ser a su vez identidades o ecuaciones.

- **Identidad**: si es cierta siempre, independientemente del valor de sus variables.

$$x + 2x = 3x$$

- **Ecuación**: si solo es cierta para algunos valores de las variables.

$$x + 3 = 5$$

## 4.2. Elementos de una ecuación

Cada una de las partes de una ecuación separadas por el signo = recibe el nombre de **miembro de la ecuación**. Los sumandos de cada miembro se llamarán **términos** y las distintas letras son las **incógnitas** de la ecuación.

Al igual que en los polinomios, el **grado de una ecuación** es el mayor grado de sus términos.

Es de **tercer** grado.

$$4xy + z^3 - 5 = 2z + 8$$

Tiene **tres** incógnitas: $x$, $y$, $z$.

En esta unidad vamos a resolver ecuaciones de primer grado con una incógnita, es decir, ecuaciones del tipo:

$$3x + 8 = 9x - 27$$

Resolver una ecuación significa encontrar su **solución**, esto es, encontrar el valor o valores de las incógnitas que hacen cierta la igualdad.

## EJERCICIOS RESUELTOS

**1.** Clasifica las siguientes igualdades:

*a)* $3 + 5 \cdot 2 = 3 + 10$

*b)* $6y - 2x + 3y + 3 - 1 = 9y - 2x + 2$

*c)* $x + y = 2y - 6$

**Solución**

*a)* Igualdad numérica.

*b)* Igualdad algebraica, identidad.

*c)* Igualdad algebraica, ecuación.

**2.** Comprueba si los siguientes números son soluciones de las ecuaciones que se proponen:

*a)* $x^3 - 2x = x^2$ Solución $x = 2$

*b)* $x^2 - 5x + 6 = 0$ Soluciones $x = 2$; $x = 3$

*c)* $x^3 - 1 = 0$ Solución $x = -1$

**Solución**

*a)* Sí, porque $2^3 - 2 \cdot 2 = 2^2$.

*b)* Sí, porque $2^2 - 5 \cdot 2 + 6 = 0$ y también $3^2 - 5 \cdot 3 + 6 = 0$.

*c)* No, porque $(-1)^3 - 1 \neq 0$.

## EJERCICIOS

**11.** ●○○ Determina el número de variables, de términos, el grado y el término independiente de los siguientes polinomios:

*a)* $5xy^2 + 7xz^3 - 2$

*b)* $3x^3 - 8x^2 - 5x + 48$

*c)* $a + b + c + d$

*d)* $32^2$

**12.** ●○○ Escribe polinomios que verifiquen las siguientes características:

*a)* Sin término independiente, con 2 variables.

*b)* De cuatro términos y segundo grado.

*c)* De cuatro variables, tercer grado, 6 términos y con término independiente $-1$.

*d)* De dos variables y cuarto grado, con un solo término.

**13.** ●●○ Realiza las siguientes operaciones con polinomios:

*a)* $(2x + 3x^2 - 8x + 7) - (3x^3 - 8x^2 - 5x + 48)$

*b)* $3 \cdot (5xy^2 + 7xz^3 - 2)$

*c)* $-2 \cdot (6z^2 + zx - 35) + (6xz - 5x^2 + 9z^2 - 3)$

*d)* $3x^5 + 5x - 6 - 5 \cdot (-2x^4 - 3x^3 + 2x^2 - x + 1)$

**14.** ●○○ Escribe ecuaciones que verifiquen las características que se proponen.

*a)* De primer grado con una incógnita.

*b)* De primer grado con tres incógnitas.

*c)* De segundo grado con una incógnita.

*d)* De tercer grado con cuatro incógnitas.

**15.** ●○○ Clasifica las siguientes ecuaciones según su grado y número de incógnitas:

*a)* $x^2y - 36xz = x^2 + 5$

*b)* $\dfrac{x}{3} + \dfrac{3x^2}{5} = 16y$

*c)* $8z^2yx + t^3dr = 0$

*d)* $a^3bcd = 32$

**16.** ●●○ Comprueba si los siguientes valores son o no solución de las ecuaciones indicadas:

*a)* $2x^2 + 3x = 5x - 6$ $x = 2$

*b)* $3x + 5y = 16$ $x = 2,\ y = 2$

*c)* $\dfrac{2x}{5} - 3x = 5 - x$ $x = 10$

*d)* $\dfrac{y}{x} = 3x$ $x = 2,\ y = 12$

**17.** ●●● Escribe una ecuación que tenga como solución o soluciones las que se indican:

*a)* $x = 1$

*b)* $x = -2,\ x = 2$

*c)* $x = 1,\ y = 0$

*d)* $x = 1,\ x = 3$

# 5. Resolución de ecuaciones de primer grado

## 5.1. Ecuaciones equivalentes

Dos **ecuaciones** son **equivalentes** si tienen las mismas soluciones. Existen dos procedimientos para obtener ecuaciones equivalentes:

1) Sumar o restar a ambos miembros de la ecuación un mismo número.

$$2x+5=3x-8 \text{ es equivalente a } 2x+5+1=3x-8+1$$

2) Multiplicar o dividir por un mismo número (distinto de cero) ambos miembros de la ecuación.

$$2x=5 \quad \text{es equivalente a} \quad 2x\cdot 3=5\cdot 3 \quad 6x=15$$

## 5.2. Resolución de ecuaciones

Vamos a dar una serie de pasos que conviene seguir para resolver ecuaciones de **primer grado**.

### EJERCICIOS RESUELTOS

**1. Ecuaciones sencillas:** $3x+5-x=-5x+20-1$

Agrupamos los términos con incógnitas en un miembro y los términos únicamente numéricos en el otro (estamos obteniendo una ecuación equivalente a través de la suma y la resta).

$$3x-x+5x=20-1-5$$

Operamos en ambos miembros para obtener un único término en cada uno.

$$7x=14$$

Despejamos la incógnita (es decir, la dejamos sola) dividiendo ambos miembros por su coeficiente y obtenemos la solución de la ecuación.

$$x=\frac{14}{7} \longrightarrow x=2$$

Comprobamos la solución sustituyendo el valor de la $x$ en la ecuación original y observando si se verifica la igualdad.

$$3\cdot 2+5-2=-5\cdot 2+20-1 \longrightarrow 9=9$$

Solución

**2. Ecuaciones con paréntesis:** $2(x+3)-8=6x-3(x+3)$

Quitamos los paréntesis aplicando la propiedad distributiva:

$$2x+6-8=6x-3x-9$$

Obtendremos una ecuación sencilla que resolveremos como en el apartado anterior:

$$2x-6x+3x=-6+8-9$$
$$-x=-7$$
$$x=7$$

Comprobamos la solución.

Solución

## EJERCICIOS RESUELTOS

**3. Ecuaciones con denominadores:** $\frac{x}{2} + \frac{2x+1}{4} = 3 - \frac{x}{6}$

Transformamos los términos de ambos miembros, reduciéndolos a común denominador:

$$\frac{6x}{12} + \frac{6x+3}{12} = \frac{36}{12} - \frac{2x}{12}$$

Ahora podemos buscar otra ecuación equivalente y sin denominadores, multiplicando ambos miembros por dicho denominador común:

$$6x + 6x + 3 = 36 - 2x$$

Obtendremos una ecuación sencilla que resolveremos como en el primer apartado:

$$6x + 6x + 2x = 36 - 3$$
$$14x = 33$$
$$x = \frac{33}{14}$$

Comprobamos la solución.

Solución

**CUIDADO**

Al hacer denominador común, el factor que debe multiplicar al numerador lo debe hacer a cada uno de los sumandos que allí aparezcan.

**USA TU CALCULADORA**

Siempre puedes emplear tu calculadora y la tecla de fracción para verificar la solución a la que has llegado en una ecuación.

## EJERCICIOS

**18.** ●○○ Indica las ecuaciones que sean equivalentes.

*a)* $2x - 5 = 3x + 2$
*b)* $3 = 1 - 4x$
*c)* $-x + 3 = 1 - 5x$
*d)* $2x + 3 = x + 7$
*e)* $3 + 2x - 1 = x + 6$
*f)* $2x - 4 = 3x + 3$
*g)* $2x - 8 + x = x - 5 - 7x$
*h)* $3x = -6x + 3$

**19.** ●○○ Resuelve las siguientes ecuaciones sencillas. Comprueba las soluciones.

*a)* $5 - 3x + 2 + 6x = -x + 7 - 5x$
*b)* $8x - 30 + 2x = x - 3$
*c)* $x - 15 = 5x - 8 + 3x$
*d)* $2x - 2 + 3x - 5 = -18 + 6x + 9 + x$

**20.** ●●○ Encuentra la solución de las siguientes ecuaciones con paréntesis. Verifica las soluciones.

*a)* $2(x + 3) - 3x - 4 = 6(5 + x)$
*b)* $10 - 4(6 + 2x) = 3(x + 6) + 5(2 - x)$
*c)* $-7x + 2(x + 6) - 3x - 8 = -5x - 5$
*d)* $4x - 2 = 3 + 2x - 6(x + 4)$

**CUIDADO**

Si tenemos un signo – delante de una fracción, deberemos cambiar el signo a cada uno de los sumandos del numerador.

**21.** ●●○ Resuelve las ecuaciones con denominadores.

*a)* $\frac{x-3}{2} = -4$
*b)* $\frac{3x-9}{-2} = x - 5$
*c)* $\frac{1}{2}x + \frac{2}{3}x + \frac{1}{4}x = 24$
*d)* $x + 2x + \frac{x}{2} + 2 = 30$

**22.** ●●● Resuelve.

*a)* $\frac{3x-7}{12} - \frac{2x-3}{6} = -\frac{x-1}{8}$
*b)* $\frac{2x+3}{4} + 2x = \frac{9x-5}{8} + \frac{143}{6}$
*c)* $10x - \frac{95-10x}{2} - \frac{10x-55}{2} = 0$
*d)* $\frac{5x+2}{3} - x - \frac{3x-1}{2} - \frac{3x+19}{2} = 5 - \frac{x+1}{6}$

## 5.3. Resolución de problemas

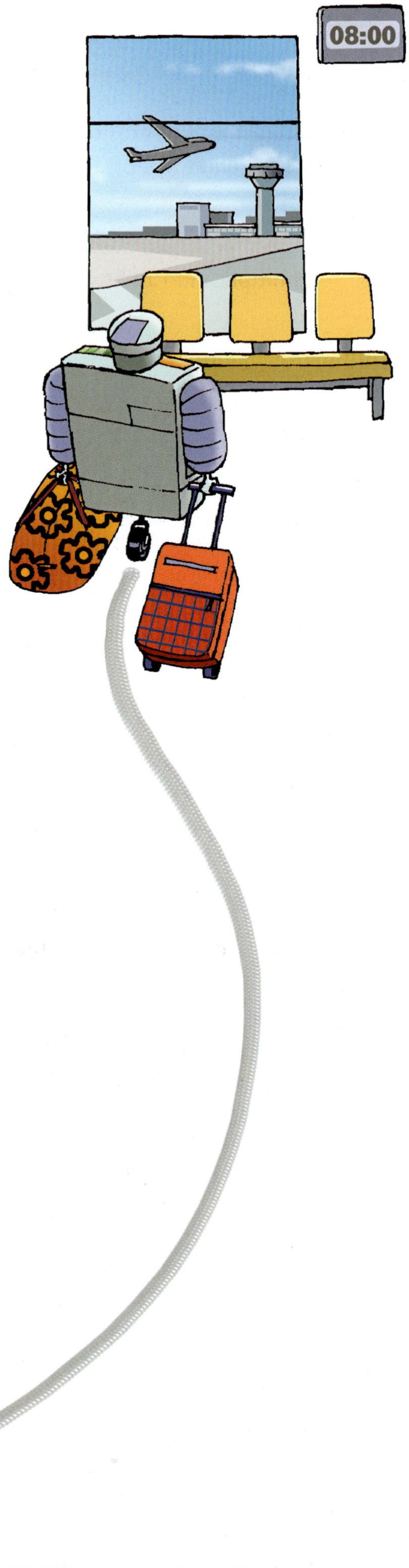


A la hora de resolver un problema debemos seguir algunas pautas:

1) **Discriminar los datos relevantes** de los que no lo son.

   *Un avión Boeing 747 despega del aeropuerto a las 8:00 y llega a las 12:00 a su destino. ¿Qué intervalo de tiempo ha pasado en el aire?*

   Aquí hay varios datos numéricos: Boeing 747, 8:00 y 12:00. Sin embargo, solo son relevantes las horas. El tipo de avión no se debe emplear para nada.

2) **Plantear una ecuación**, especificando qué representa la incógnita.

   *Hoy mi madre tiene el triple de edad que yo, pero dentro de 10 años solo tendrá el doble. ¿Qué edad tengo?*

   Aparecen varias incógnitas: mi edad, la edad de mi madre, mi edad dentro de 10 años y la de mi madre dentro de 10 años. Debemos escoger una incógnita para llamarla $x$.

   Será de gran ayuda escoger como incógnita $x$ lo que pide el problema (en este caso, $x =$ *mi edad hoy*) o también aquella incógnita de la que dependan las demás (en este caso también mi edad, pues la de mi madre viene dada en función de la mía: es el triple de la mía, o el doble dentro de 10 años).

   Así: $x =$ *mi edad hoy*

   A partir de esta incógnita, escribimos el resto, es decir:

   $3x =$ *edad de mi madre hoy*

   $x + 10 =$ *mi edad dentro de 10 años*

   $3x + 10 =$ *edad de mi madre dentro de 10 años*

   Planteamos la ecuación, es decir, traducimos el enunciado al lenguaje algebraico:

$$\underbrace{3x + 10}_{\text{edad de mi madre dentro de 10 años}} \underbrace{=}_{\text{es igual}} \underbrace{2(x + 10)}_{\text{el doble de mi edad dentro de 10 años}}$$

3) **Resolver la ecuación.**

4) **Resolver el problema**, es decir, contestar a las cuestiones que se pregunten, que no tienen por qué ser todas el resultado de la ecuación, pero sí obtenerse de una manera sencilla gracias a ella.

## EJERCICIOS RESUELTOS

**1. Problemas de números:**

Si a un número le sumo el doble de su siguiente obtengo el número original incrementado en 40 unidades. ¿De qué número se trata?

Sea $x =$ número desconocido. Su siguiente es $x + 1$.

Entonces: $x + 2(x + 1) = x + 40$

$x + 2x + 2 = x + 40$

$2x = 38$

$x = 19$ El número buscado es el 19.

Solución

**2. Problemas de edades:**

Las edades de mi hermano y mía suman 20. Si yo tengo 4 años más que mi hermano, ¿cuántos años tengo yo? ¿Y mi hermano?

Si $x =$ edad mía, entonces mi hermano tiene $20 - x$ años.

Por tanto, $x = 20 - x + 4$

$2x = 24$

$x = 12$ Yo tengo 12 años y mi hermano tiene $20 - 12 = 8$ años.

Solución

**3. Problemas de dinero:**

Un bocadillo vale 1 € más que un refresco. Si en total he comprado 3 refrescos y 5 bocadillos y me han cobrado 11,40 €, ¿cuánto vale cada producto?

Llamamos $x =$ precio lata de refresco. En este caso, $x + 1$ = precio bocadillo.

Así: $3x + 5(x + 1) = 11{,}4$

$3x + 5x + 5 = 11{,}4$

$8x = 6{,}4$

$x = \frac{6{,}4}{8}$ $x = 0{,}8$ La lata de refresco vale 0,80 €.

El bocadillo vale 1 euro más que el refresco, por tanto: $0{,}8 + 1 = 1{,}80$ €

Solución

## EJERCICIOS

**23.** ●○○ Entre Manuel y Darío tienen 9 juegos de ordenador. Si Manuel tiene el doble que Darío, ¿cuántos tiene cada uno?

**24.** ●○○ La mitad de un número más su doble suman 105. ¿De qué número se trata?

**25.** ●●○ Un número par más el siguiente par suman 74. ¿De qué números estamos hablando?

**26.** ●●○ Si Beatriz le da a Cristina 2 cromos, Cristina tiene el doble que Beatriz. Si entre las dos tienen 39 cromos, ¿cuántos tiene cada una?

**27.** ●●● Yolanda nació cuando su madre tenía 24 años. ¿Cuántos años tiene hoy Yolanda si actualmente sus edades suman 86?

**28.** ●●● Si tuviera 3 € más, podría comprarme 2 pizzas, pero si me gasto todo lo que llevo salvo 2 € me da para comprarme 1 pizza. ¿Cuánto dinero tengo? ¿Cuánto vale una pizza?

## Ecuaciones con paréntesis y denominadores simultáneamente

Resolvamos la siguiente ecuación:

$$4-\frac{2x}{3}+\frac{2(3x-5)}{5}=3-\frac{5(x+1)}{6}$$

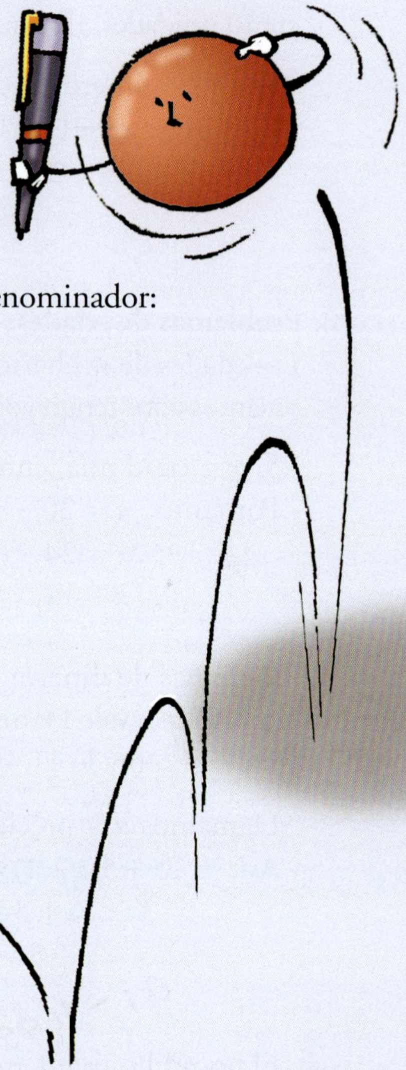

1) Realizamos los paréntesis, recordando aplicar la propiedad distributiva:

$$4-\frac{2x}{3}+\frac{6x-10}{5}=3-\frac{5x+5}{6}$$

2) Transformamos los términos de ambos miembros, reduciéndolos a común denominador:

$$\frac{120}{30}-\frac{20x}{30}+\frac{36x-60}{30}=\frac{90}{30}-\frac{25x+25}{30}$$

3) Obtenemos y resolvemos una ecuación equivalente sin denominadores:

$$120-20x+36x-60=90-25x-25$$

$$-20x+36x+25x=-120+60+90-25$$

$$41x=5$$

$$x=\frac{5}{41}$$

4) Comprobamos la solución.

### EJERCICIOS

**29.** ●●● Resuelve las siguientes ecuaciones:

a) $\frac{5-x}{2}-\frac{x+3}{6}=\frac{9-x}{4}-\frac{2(3x-1)}{16}$

b) $\frac{2x-3}{18}-\frac{2(1-2x)}{27}=\frac{5}{3}-\frac{2x-1}{6}$

c) $\frac{3x-11}{20}-\frac{5x+1}{14}=-\frac{5x+6}{21}+\frac{3(x+7)}{30}$

d) $(2x-1)-\frac{3x-1}{3}-\frac{5}{3}=x+\frac{x+2}{6}-3$

**30.** ●●○ Halla un número sabiendo que la diferencia de los $\frac{5}{6}$ de dicho número y los $\frac{3}{4}$ del número siguiente es 6.

**31.** ●●● Este trimestre he hecho tres exámenes de matemáticas. La nota del segundo examen es 1 punto más que la del primero, y la del tercero es el doble de la diferencia de la nota del primero menos 2 puntos. Calcula cuál es la nota de cada examen, sabiendo que la nota media de los tres es igual a la nota del segundo examen.

| Expresiones algebraicas | | | |
|---|---|---|---|
| Monomios | | Polinomios | |
| Elementos | Operaciones | Elementos | Operaciones |
| Coeficiente ↑ $5x^2y$ Parte literal<br>Grado = 3 | $3x^2+5x^2=8x^2$<br>~~$3x+5y$~~ no se puede hacer<br>$3xy\cdot 5x^2=15x^3y$<br>$25x^3y^2:(5xy^2)=5x^2$ | Término independiente ↑ $5x^2y+8x+1$ Términos<br>Grado = 3 | $3x+5y+2x-y=5x+4y$<br>$4\cdot(-x+2y)=-4x+8y$ |

| Igualdades | | |
|---|---|---|
| Numéricas | Algebraicas | |
| | Identidades | Ecuaciones |
| $2+7=9$ | Válidas para cualquier valor de las variables | Válidas para algunos valores de las variables (soluciones) |

| Ecuaciones de primer grado en una variable | | | | | |
|---|---|---|---|---|---|
| Ecuaciones equivalentes | | Ecuaciones sencillas | Ecuaciones con paréntesis | Ecuaciones con denominadores | Problemas de enunciado |
| Sumando o restando un mismo valor en ambos términos. | Multiplicando o dividiendo por un mismo valor no nulo en ambos términos. | $x+2=6$<br>$x=6-2$<br>$x=4$<br><br>$3x=6$<br>$x=\frac{6}{3}=2$ | $2(x+4)=5$<br>$2x+8=5$<br>$2x=5-8$<br>$2x=-3$<br>$x=\frac{-3}{2}$ | $\frac{x}{2}+1=\frac{2x}{3}-5$<br>$\frac{3x}{6}+\frac{6}{6}=\frac{4x}{6}-\frac{30}{6}$<br>$3x+6=4x-30$<br>$3x-4x=-6-30$<br>$-x=-36$<br>$x=36$ | Plantear y resolver una ecuación y emplearla para contestar las cuestiones del problema. |

## Ejercicios iniciales

**32.** ●○○ **CC** En los orígenes de la simbología que utilizamos en el álgebra actual, los matemáticos escribían *p* para la suma, *m* para la resta y *la cossa* para la incógnita (actualmente $x$ o cualquier otra letra). Escribe usando los símbolos de los antiguos matemáticos, las siguientes expresiones:

*a)* $x+5$ *b)* $2-3x$

## Expresiones algebraicas. Traducción al lenguaje algebraico

**33.** ●○○ **CL** Si $x$ representa un número e $y$ otro, escribe la expresión algebraica correspondiente a:

*a)* La suma de dos números.
*b)* La diferencia de dos números.
*c)* El producto de dos números.
*d)* El cociente de dos números.
*e)* El cuadrado de un número.
*f)* El cubo de un número.
*g)* La raíz cuadrada de un número.

**34.** ●●○ **CL** Sabiendo que $n$ es la edad actual de Olga, escribe la expresión algebraica correspondiente a:

*a)* La edad de Olga hace 5 años.
*b)* La edad de Olga dentro de 2 años.
*c)* El año de nacimiento de Olga.

**35.** ●●○ **CL** Escribe la expresión correspondiente a cada una de estas medidas geométricas:

*a)* El perímetro de un cuadrado de lado $l$.
*b)* El área de un cuadrado de lado $l$.
*c)* El perímetro de un rectángulo de base $a$ y de altura $b$.
*d)* El área de un rectángulo de base $a$ y de altura $b$.

**36.** ●●○ **CL** Traduce al lenguaje algebraico los siguientes enunciados sobre números:

*a)* El número siguiente a $x$.
*b)* Un número par.
*c)* Un número impar.
*d)* El número anterior a $n$.
*e)* El triple de un número.
*f)* La mitad de un número.

**37.** ●●● **CL** Escribe una expresión algebraica para cada enunciado siguiente:

*a)* El cuadrado del triple de un número.
*b)* El triple del cuadrado de un número.
*c)* La suma de la mitad de un número y el doble de otro.
*d)* La raíz cuadrada de la diferencia de dos números.
*e)* El producto del doble de un número y su cuadrado.
*f)* El cociente entre un número y su cubo.

**38.** ●○○ Halla el valor numérico de:

*a)* $2x+3y$ para $x=2,\ y=-3$
*b)* $6x^2+2x$ para $x=-1$
*c)* $3a-\frac{b}{2}$ para $a=4,\ b=6$
*d)* $-2mn$ para $m=2,\ n=-3$

**39.** ●●○ Halla el valor numérico de:

| | $x=2$ | $x=-3$ | $x=5$ |
|---|---|---|---|
| $5x-x^2$ | | | |
| $1-3x$ | | | |
| $(2x)^2$ | | | |

**40.** ●○○ Halla cuánto debe valer $x$ para que los valores numéricos de todas las expresiones siguientes sean los números dados:

*a)* El valor numérico de $3x-9$ es 0.
*b)* El valor numérico de $x^2$ es 64.
*c)* El valor numérico de $1-x$ es $-8$.
*d)* El valor numérico de $10-2x$ es 4.

## Monomios. Elementos y operaciones

**41.** ●○○ Indica cuáles de las siguientes expresiones algebraicas son monomios:

*a)* $3x^2y$ *c)* $m^7$ *e)* $-7$ *g)* $\sqrt{9k^3}$

*b)* $-2a+5b$ *d)* $\frac{z^2t^5}{2}$ *f)* $\frac{1}{2x}$ *h)* $-6a^5b^3c$

**42.** ●○○ Copia y completa la siguiente tabla indicando las diferentes partes de los monomios dados:

| Monomio | Coeficiente | Parte literal | Grado |
|---|---|---|---|
| $-3x^2y^3$ | | | |
| $-9a^5$ | | | |
| $xy^3z^2$ | | | |
| $-2$ | | | |

**43.** ●●○ Indica cuáles de los siguientes monomios son semejantes entre sí:

*a)* $4x^3$ *c)* $x^2y$ *e)* $-x^3$
*b)* $-2xy^3$ *d)* $y^3x$ *f)* $8xy^3$

**44.** ●●○ Realiza las siguientes sumas y restas de monomios cuando sea posible:

*a)* $2a^2-3a^2+5a^2$ *c)* $2x-8x+6x-3x$
*b)* $-6x^2y^3+x^2y^3-3x^3y^2$ *d)* $4m+5n^2-2n^2+2m$

**45.** ●●○ Halla el monomio que falta en cada suma o resta.

*a)* $2x^2+\square=x^2$
*b)* $\square-4a^2b=5a^2b$
*c)* $3x+\square-5x^2+3x-x^2=-6x^2+7x$
*d)* $2z-\square=8z$

**46.** ●●○ Calcula los siguientes productos de monomios:

*a)* $2x^3\cdot 5x$ *c)* $5x^2yz^3\cdot(-xy^2z)$
*b)* $-3ab^2\cdot 2a^2$ *d)* $-2p^2\cdot(-5p^4)\cdot p$

**47.** ●●○ Averigua el monomio necesario para obtener los resultados dados en cada multiplicación.

*a)* $6x^2\cdot\square=12x^3y$ *c)* $-xy^3\cdot\square=8x^2y^4$
*b)* $\square\cdot 3pq^2=-12pq^3$ *d)* $\square\cdot 2c^2=-4c^5d$

**48.** ●●○ Efectúa las siguientes divisiones de monomios cuando sea posible:

*a)* $(15x^2y):(-3xy)$ *c)* $(20ab^3c):(5ab^2)$
*b)* $(2x^3):(-x^2)$ *d)* $(-x^2y):(2y)$

**49.** ●●● En las siguientes divisiones de monomios falta un término. Hállalo en cada caso.

*a)* $\square:(2x^2)=-xy$ *c)* $\square:(3xy)=-2xy^2$
*b)* $(6x^2yz^3):\square=3x^2$ *d)* $(-9x^4y^2z):\square=-x^2yz$

**50.** ●●● **CA** Contesta a las siguientes preguntas:

*a)* ¿El grado de la suma de monomios es igual a la suma de los grados de dichos monomios? Justifica tu respuesta con un ejemplo.

*b)* ¿Qué relación hay entre el grado de dos monomios y el grado de su producto?

## Polinomios. Elementos y operaciones

**51.** ●○○ Copia y completa la siguiente tabla sobre los elementos de los polinomios.

| Polinomio | Variables | Término independiente | N.º de términos | Grado |
|---|---|---|---|---|
| $5x^2+3x-2$ | | | | |
| $6a^2b-3ab^2+a-b^2$ | | | | |
| $2xy^3+y^2-2x+1$ | | | | |
| $5x^3-x+8$ | | | | |

**52.** ●●○ Escribe un polinomio con las siguientes características:

- Tiene grado 3.
- Tiene 3 términos.
- Tiene 3 variables.
- Su término independiente es 3.

**53.** ●●● Escribe un polinomio con las siguientes características:

- Tiene grado 4.
- Tiene 5 términos.
- Tiene 2 variables.
- Todos los términos tienen el mismo grado.

**54.** ●●● **CA** ¿Qué relación existe entre el término independiente de un polinomio de variable $x$ y el valor numérico de dicho polinomio para $x=0$?

**55.** ●●○ Realiza la suma y la resta de los polinomios $2x^2-3x+5$ y $-x^2+6x-2$.

**56.** ●●○ Efectúa las siguientes sumas y restas de polinomios:

*a)* $(3x^2+2x-4)+(-x^2+6x-7)$
*b)* $(2x^3-2xy+6x-3)-(x^2+2xy-x+y)$
*c)* $(5x^3+3x-7)+(2x^3+3x^2-x+2)$
*d)* $(x+y-5)-(2x+3y-1)$

**57.** ●●○ Halla el resultado de las siguientes sumas y restas:

*a)* $(-2x^2+3x-4)-(3x^2+x-2)+(-x^2-2x+5)$
*b)* $(3x^3+2x-5)+(-x^2+6x-1)-$
$-(2x^3+3x^2-x+2)-(2x-5)$
*c)* $(6x^2+6x-1)+(6x^2-5x+8)-(5x^2+1)$
*d)* $(-2x^2+x-3)-(x^2+2x+1)+(3x-5)-$
$-(x^2-4x-9)$

**58.** ●●○ Calcula las siguientes multiplicaciones de polinomios por números:

*a)* $2(3x^3 + 5x - 2)$
*b)* $-3(6x^3 - 2x + 3)$
*c)* $5(-2xy + x^2 - 2x^3 + 3x - 5)$
*d)* $-4(3x^5 - 4x^4 + 6x^2 + 3x - 1)$

**59.** ●●● Realiza las siguientes operaciones, teniendo en cuenta la jerarquía de las mismas:

*a)* $3(2x^3 + 2x^2 - x + 6) + 2(2x^3 - 3x^2 + 2x - 5)$
*b)* $-2(x^3 + 2x^2 - x + 3) + 4(3x^2 - 5x + 6)$
*c)* $5(2x - 6) - 3(-x + 5)$
*d)* $-(2a^2b + ab - 3b^2) + 4(-a^2b + 3ab^2 + 2b^2)$

## Ecuaciones. Elementos

**60.** ●○○ **CL** Clasifica las siguientes igualdades como igualdad numérica, identidad o ecuación:

*a)* $2 + 3 = 6 - 1$
*b)* $3x - 2x = x$
*c)* $3x - 6 = 2x + 3$
*d)* $-x + 2 = 3$
*e)* $8 + 2 \cdot 3 = 14$
*f)* $2(x + 1) = 2x + 2$

**61.** ●○○ Copia y completa la siguiente tabla:

| Ecuación | Miembros | Términos | Incógnitas | Grado |
|---|---|---|---|---|
| $2x + 3 = 5x - 6$ | | | | |
| $x^2 + 3x = 2x - 6$ | | | | |
| $2x + y = y^2$ | | | | |

**62.** ●○○ Comprueba, sin resolverlas, si $x = 2$ es solución de alguna de las siguientes ecuaciones:

*a)* $2x - 3 + 4x = 5 - x + 3$
*b)* $-8x + 5x - 3 = 2 - 3x + x$
*c)* $4x - 8 + 2 = 7x - 9 + 2x - 3$
*d)* $4 - 5x + x - 6 = 12 - x - 18$

**63.** ●●○ ¿Alguna de las ecuaciones siguientes tiene como solución $x = -1$? Halla la respuesta sin resolver las ecuaciones.

*a)* $3x - 2 + x - 7 = 6x + 8 - x$
*b)* $2x - 3 + 4x = x - 8$
*c)* $9 - 3x + 5 + 2x = -4x + 14 + 3x$
*d)* $x - 5 = 7x - 2 - 9x - 6$

**64.** ●●● Comprueba si las soluciones dadas para cada ecuación son correctas o no sin resolver las ecuaciones.

*a)* $8x + 3 + 4x = 5x + 6 \qquad x = \frac{3}{7}$
*b)* $-4x + 2 + 3x = 7x - 2 + x \qquad x = \frac{4}{9}$

**65.** ●●● Copia y completa con SÍ o NO en función de si los números dados son solución o no de las siguientes ecuaciones, sin resolverlas:

| | $x = 1$ | $x = 0$ | $x = -1$ |
|---|---|---|---|
| $2x + 6 = x + 7$ | | | |
| $x^2 + x = 0$ | | | |
| $3^x = x + 1$ | | | |

## Resolución de ecuaciones de primer grado

**66.** ●○○ Indica cuáles de estos pares de ecuaciones son equivalentes, sin resolverlas previamente:

*a)* $2x - 5 = 3x + 1 \qquad 2x = 3x + 6$
*b)* $-x + 5 = 2x - 1 \qquad 2x - 10 = -4x + 2$
*c)* $1 - 6x = 3x + 10 \qquad 1 = 9x + 10$
*d)* $-4x + 2 = 10x - 6 \qquad -2x + 1 = 5x - 3$

**67.** ●○○ Obtén dos ecuaciones equivalentes a cada una de las ecuaciones dadas, una mediante sumas y otra mediante multiplicaciones.

*a)* $2x - 3 = 4x + 9$
*b)* $2 - x = 5x + 14$
*c)* $-3x + 2 - x = 6$
*d)* $-1 + 2x = 3x + 4$

**68.** ●●○ Copia y completa los recuadros para que todos los pares de ecuaciones siguientes sean equivalentes:

*a)* $3x - 1 = 2x + 6 \qquad \square = 2x$
*b)* $2x - 3 = 8x + 9 \qquad -3 = \square$
*c)* $5 - x = 6x + 19 \qquad -x = \square$
*d)* $3x + 10 = 2x - 7 \qquad \square = 10x - 35$

**69.** ●○○ Resuelve las siguientes ecuaciones:

*a)* $2x + 3 + x - 5 = -x + 8 + 3x$
*b)* $1 - x + 6x - 2 = 4x - 8 + 1$
*c)* $-3x + 2 = 7x - 1 - 11x$
*d)* $6x - 4 + 3x - 2x = 3x + 1 - x - 2 + 4x$

**70.** ●●○ Resuelve paso a paso las siguientes ecuaciones:

*a)* $2x+3-4x+1=3x+5+5x-11$

*b)* $6x-1+6-2x=7x-x+1$

*c)* $4x-7+x=1-x-14$

*d)* $9-6x+x-2=-4x+3-2x+1$

**71.** ●●○ Halla la solución de cada una de las ecuaciones siguientes:

*a)* $6x+2-3x+5=x+25+11x$

*b)* $9x-6+3x=1-5x+3+x-10$

*c)* $12-x+3=-8x+5-3x$

*d)* $-4+x+2x-7=3x+2-x-11$

**72.** ●●● Resuelve las siguientes ecuaciones con paréntesis:

*a)* $2-(x+3)=2(2x-1)+1$

*b)* $3(1-x)+x=6x+2(3x-2)-7$

*c)* $4+5(2-x)=7-(6-2x)-3$

*d)* $2x-5+3x=2(x-1)-(2x+8)$

**73.** ●●● Halla la solución de las siguientes ecuaciones:

*a)* $1-(2x-5)=2x-6(x+1)$

*b)* $12x-3+x=-3(x+5)+1$

*c)* $9(-x+2)+3(x-2)=0$

*d)* $-(3-2x)+4(1-x)=2x$

**74.** ●●● Resuelve las siguientes ecuaciones con denominadores:

*a)* $\dfrac{2x}{3}+\dfrac{x-5}{2}=\dfrac{1}{6}$

*b)* $\dfrac{3-x}{2}-\dfrac{x}{5}=6-\dfrac{x}{4}$

*c)* $\dfrac{4x}{3}-\dfrac{1-x}{5}=\dfrac{2x}{3}-2$

*d)* $1-\dfrac{x-4}{9}=\dfrac{2x-1}{2}-\dfrac{2-x}{3}$

## Resolución de problemas

**75.** ●○○ La suma de un número más su doble más su triple es 72. ¿Cuál es dicho número?

**76.** ●○○ Una parcela rectangular mide 200 metros de ancho. ¿Cuánto mide de largo si sabemos que la valla que rodea toda la finca mide 1 000 metros?

**77.** ●○○ Si al triple de un número le restamos 6, obtenemos el doble de dicho número más 2 unidades. Halla esta cantidad.

**78.** ●○○ En mi bolsillo tengo el doble de monedas de 2 euros que de monedas de 1 euro, y además tengo 6 monedas de 50 céntimos. ¿Cuántas monedas de cada clase tengo si en total tengo 18 euros?

**79.** ●●○ La suma de un número más su mitad más su tercera parte es 33. ¿Cuál es dicho número?

**80.** ●●○ Halla el divisor de la siguiente división:

```
458 |x
 ⋱   38
  2
```

**81.** ●●○ Sabemos que la medida en centímetros de los lados de un triángulo son tres números consecutivos, y que la suma de todos ellos es 24. Calcula cuánto mide cada lado del triángulo.

**82.** ●●○ **CCT** Los elefantes tienen el periodo de gestación más largo de entre todos los mamíferos. La tercera parte de la suma del número de meses que dura el embarazo de una elefanta más 5 meses es igual al número de meses que dura un embarazo normal de una mujer. Plantea y resuelve una ecuación para determinar el periodo de gestación de los elefantes.

**83.** ●●○ Javier tiene 6 años más que su hermana y 30 años menos que su madre. Todos juntos suman 54 años. ¿Cuántos años tiene cada uno de ellos?

**84.** ●●○ **@ CC** Si a la dieciseisava parte del año de fallecimiento de Miguel de Cervantes se le suman 6 unidades, se obtiene la quinceava parte del año de publicación de la primera parte del *Quijote*. Sabiendo que el autor murió 11 años después de la aparición de la novela, averigua el año en que murió Cervantes y el año en que se publicó el *Quijote*. Después, con ayuda de Internet, comprueba dichas fechas.

**85.** ●●● La diferencia de un número y la mitad de su siguiente es 21. Averigua dicho número.

**86.** ●●● La diferencia de un número y la mitad del anterior, es igual a la diferencia del mismo número y la tercera parte del siguiente. Calcula dicho número.

**87.** ●●● En un rectángulo, la base es 5 centímetros mayor que la mitad de la altura. Sabemos que su perímetro (suma de todos los lados) es de 34 centímetros. ¿Cuánto miden sus lados?

**88.** ●●● Tatiana tiene 12 años y su padre, 42.

*a)* ¿Dentro de cuántos años la edad del padre será el triple que la de su hija?

*b)* ¿Y el doble?

**89.** ●●● El precio de una barra de pan grande es 15 céntimos menor que el doble del precio de una barra pequeña de pan. Calcula el precio de la barra grande y de la pequeña, sabiendo que por 3 barras pequeñas y 2 grandes me han cobrado 2 euros y 85 céntimos.

**90.** ●●● Un padre tiene 38 años y su hijo tiene 10. ¿Cuántos años han de pasar para que el padre tenga el triple de años que el hijo?

**91.** ●●● Un pintor ha tardado 25 días en realizar cierta obra. Si hubiera trabajado dos horas más diarias habría tardado 5 días menos. ¿Cuántas horas ha trabajado diariamente?

**92.** ●●● Calcula dos números consecutivos de manera que la mitad del más pequeño más el mayor, exceda en 13 unidades a la suma de la quinta parte del menor y la onceava del mayor.

**93.** ●●● En el primer examen de matemáticas he sacado un 6,5 y en el segundo un 6,3. ¿Qué nota tengo que sacar en el tercer examen para que la media de los tres me dé un 7? ¿Y si el tercer examen vale el doble que los demás?

**94.** ●●● **@ CS** Los seis países fundadores de la Unión Europea son Alemania, Bélgica, Francia, Italia, Luxemburgo y Países Bajos, aunque muchos países se han ido incorporando al conjunto posteriormente. Averigua cuántos países formaron la Unión Europea a partir del 1 de enero de 2007, sabiendo que los $\frac{2}{7}$ del número de países de esta ampliación que no fueron fundadores es igual al número de fundadores. Después, con ayuda de Internet, comprueba dichas cantidades.

## SABER MÁS

**95.** ●●● Resuelve las siguientes ecuaciones de primer grado:

*a)* $2x-6+\frac{1}{6}\left[2x-1-3\left(\frac{5x}{3}-1\right)\right]=\frac{-17}{3}$

*b)* $\frac{x-\frac{1}{2}}{3}-\frac{x-\frac{2}{3}}{4}=\frac{3-\frac{x}{2}}{12}+\frac{2-x}{6}$

*c)* $\frac{5-(x+2)\cdot 3}{3}=\frac{x}{2}$

**96.** ●●○ Encuentra la solución.

*a)* $\frac{1}{2}\left(\frac{2x+5}{3}-\frac{x+3}{2}\right)=\frac{1}{4}+\frac{2x-1}{3}-\frac{2x+3}{5}$

*b)* $\frac{x-3}{2}-\frac{x-8}{12}=-\frac{x-5}{4}-\frac{x}{3}$

*c)* $\frac{3x+12}{4}-\left(\frac{x-1}{4}+\frac{2x-3}{3}-\frac{x-1}{2}\right)=-\frac{x-3}{2}$

**97.** ●●○ Calcula un número sabiendo que la suma del triple de la mitad del número anterior más el doble de la tercera parte del número siguiente es 205.

**98.** ●●○ Eilyn tiene 28 años menos que su madre. Sabemos que los $\frac{2}{3}$ de la edad de Eilyn es igual a la quinta parte de la edad de su madre. Calcula la edad de las dos.

1. Si $L = 4$ cuando $K = 6$ y $M = 24$, ¿cuál de las siguientes opciones es verdadera?

*a)* $L = \frac{M}{K}$ *b)* $L = \frac{K}{M}$ *c)* $L = KM$ *d)* $K + M$ *e)* $M - K$

TIMSS

2. ¿Cuál de estas expresiones es igual a $2x - 3y + 7x + 5y$?

*a)* $5x + 2y$ *b)* $5x + 8y$ *c)* $9x + 2y$ *d)* $9x + 8y$

TIMSS

3. **El mejor coche**

Una revista de coches utiliza un sistema de puntuaciones para evaluar los nuevos coches y concede el premio de Mejor Coche del Año al coche con la puntuación total más alta. Se están evaluando cinco coches nuevos. Sus puntuaciones se muestran en la tabla.

| Coche | Seguridad (S) | Ahorro de combustible (C) | Diseño exterior (D) | Habitáculo interior (H) |
|---|---|---|---|---|
| *Ca* | 3 | 1 | 2 | 3 |
| *M2* | 2 | 2 | 2 | 2 |
| *Sp* | 3 | 1 | 3 | 2 |
| *N1* | 1 | 3 | 3 | 3 |
| *XK* | 3 | 2 | 3 | 2 |

Las puntuaciones se interpretan de la siguiente manera:

3 puntos = Excelente 2 puntos = Bueno 1 punto = Aceptable

*a)* Para calcular la puntuación total de un coche, la revista utiliza la siguiente regla, que da una suma ponderada de las puntuaciones individuales:

Puntuación total = $3 \cdot S + C + D + H$

Calcula la puntuación total del coche *Ca*.

PISA

*b)* El fabricante del coche *Ca* pensó que la regla para obtener la puntuación total no era justa.

Escribe una regla para calcular la puntuación total de modo que el coche *Ca* sea el ganador.

Tu regla debe incluir las cuatro variables y debes escribir la regla rellenando con números positivos los cuatro espacios de la ecuación siguiente.

Puntuación total = ……… S + ……… C + ……… D + ……… H

PISA

*c)* Otra revista, utiliza el mismo sistema de puntos, con diferente regla para obtener la puntuación total:

- La puntuación del diseño exterior se valora el doble que la del habitáculo interior.
- La puntuación del ahorro de combustible se valora el triple que la del diseño del habitáculo interior.
- La puntuación de seguridad se valora el doble que la del diseño exterior.

Escribe cuál será la regla que nos dé la suma ponderada en función de las puntuaciones individuales.

Puntuación total = ……… S + ……… C + ……… D + ……… H

# Evalúate

1. Escribe en lenguaje algebraico los siguientes enunciados:

   *a)* La mitad de un número más su cuádruple.

   *b)* Es cinco años más joven que yo.

   *c)* El triple del cuadrado de un número.

2. Señala el coeficiente, la parte literal, el grado y el valor numérico para $x = 1$, $y = 0$, $z = -2$ de los siguientes monomios:

   *a)* $3x^2z$

   *b)* $-xyz$

   *c)* $\frac{2x^3z^2}{7}$

3. Opera.

   *a)* $3a + 5a - 9a$

   *b)* $5g^2hi \cdot (-3gi^3)$

   *c)* $5xy - 6x^2 + 3yx - 2x + x^2$

4. Señala el grado y el término independiente de los siguientes polinomios:

   *a)* $6x^4 - 5x^5 + 3x - 2x^2 - 3$

   *b)* $4x^2y^2 - 5x^4 + 6x^3yz + xy^2$

5. Realiza las siguientes operaciones con polinomios:

   *a)* $6 \cdot (3x^5 - 6x^2 + x - 2)$

   *b)* $(-6x^2 + x - 8) - (5x^2 - 3x + 2)$

6. Señala si las siguientes igualdades son identidades o ecuaciones:

   *a)* $3x + 5y - 2x = 8y + x - 2y$

   *b)* $3x + 8 = y + 5 + x - y + 2 + 2x + 1$

7. Comprueba si $x = -1$ es solución de la ecuación $(2x - 3)^2 + 3x - 8 = -7x + 7$.

8. Resuelve las siguientes ecuaciones:

   *a)* $6x + 8 - 2x = -4 + x$

   *b)* $2(-3x + 5) - (5x + 8) = 3x$

9. Resuelve la siguiente ecuación con denominadores: $\frac{2x-3}{4} + \frac{x}{3} - 1 = \frac{1}{2} - \frac{2x-1}{6}$

10. El doble de un número más el triple de su mitad excede al triple del original en 21 unidades. ¿De qué número se trata?

# Matemáticas recreativas

1. En una botella hay 1 litro de agua, y en otra, 1 litro de leche. Se pasa una cucharada de la primera botella a la segunda y se mueve hasta homogeneizar bien la mezcla. Ahora se pasa una cucharada de la segunda botella a la primera. ¿Hay más leche en la primera botella o más agua en la segunda?

2. A una fiesta asistieron 20 personas. Todas las chicas bailaron con algunos chicos: la primera bailó con 7 chicos, la segunda, con 8; la tercera, con 9, y así hasta la última, que bailó con todos los chicos. ¿Cuántas chicas y cuántos chicos había en la fiesta?

3. Berta fue con su motocicleta a ver a su tío Gustavo. A la ida fue a 60 km/h, mientras que a la vuelta fue a 40 km/h. ¿Cuál es la velocidad media de ambos trayectos?

   *Nota*: la velocidad media buscada no es 50 km/h.

# Bloque II: Álgebra

## Funcionamiento de Wiris

Se debe introducir el comando deseado y pulsar [=] para evaluar la orden y obtener el resultado. Los comandos aparecerán en color negro.

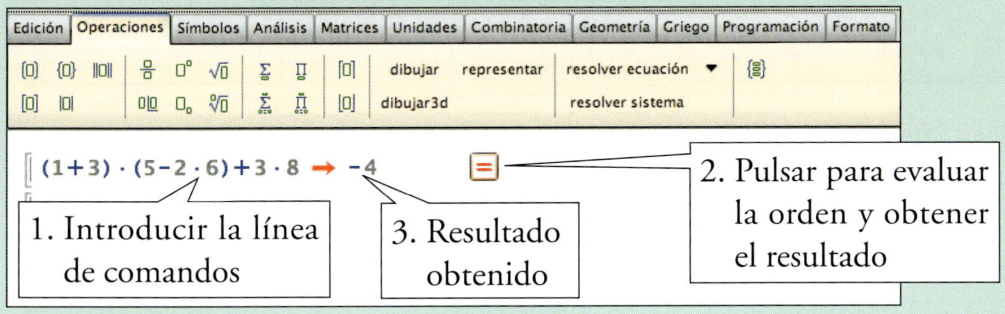


## Operaciones

**Operaciones aritméticas básicas**: suma (+), resta (−), multiplicación (·), división (/).

**Números decimales**: la coma decimal se denota con un punto (.) y no con coma.

**Números fraccionarios**: en la pestaña *Operaciones*, se puede escoger el símbolo $\frac{\square}{\square}$ e introducir el numerador y el denominador de una fracción. En caso de necesitar paréntesis grandes que abarquen toda la fracción se emplearán los que aparecen en *Operaciones* $(\square)$.

**Potencias**: en el menú *Operaciones* existe el símbolo $\square^{\square}$, que permite introducir la base y el exponente de una potencia.

## EJERCICIOS RESUELTOS

**1.** Resuelve las siguientes operaciones con expresiones algebraicas:

*a)* $2xy \cdot 5x^2y^3$

*b)* $6 \cdot (5x^2 - 6xz + 3)$

*c)* $x^5y - 2x^2y^4 + 3 \cdot (yx^5 + 9y^4x^2)$

*d)* $(6x^3 - 5x^2 + 1) - (-3x^3 + x - 9)$

*e)* $\frac{x^3}{2} - \left(\frac{5x^3}{4} + 6x\right)$

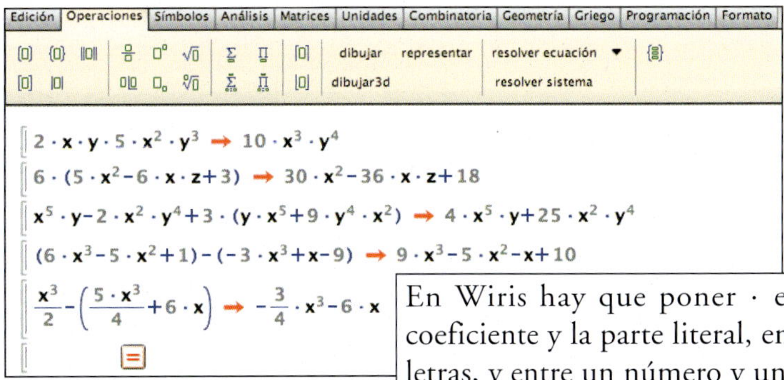


En Wiris hay que poner · entre el coeficiente y la parte literal, entre dos letras, y entre un número y un paréntesis aunque al escribirlas a mano se omita.

Solución

## Introducción de texto

Para editar texto no evaluable y no comandos (aparecerá en rojo) se debe escoger el menú *Edición* y pulsar el botón *Abc*. Para indicar que dejamos de editar texto, pulsaremos [=].

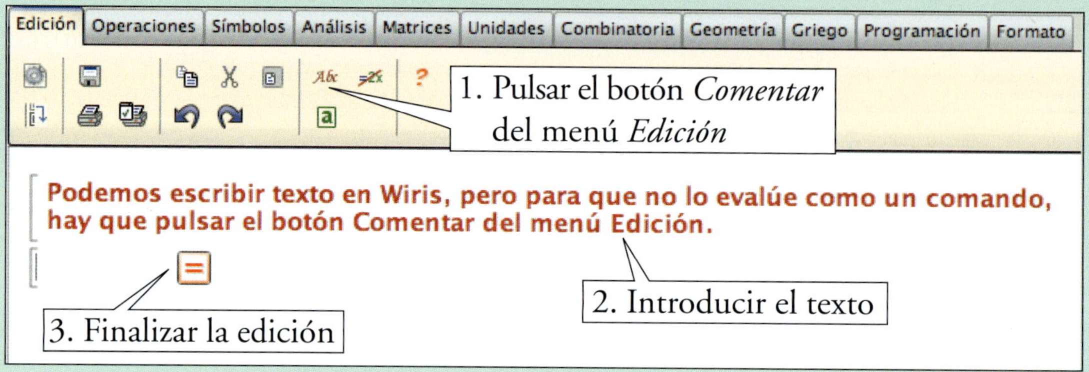


## Comandos

**sustituir**(***expresión algebraica, variable, valor***): calcula el valor numérico de una expresión algebraica para los valores que se desee.

**resolver**(***ecuación***): resuelve la ecuación indicando entre llaves las soluciones.

### EJERCICIOS RESUELTOS

**2.** Calcula el valor numérico de las siguientes expresiones algebraicas:

*a)* $3x^2 + x + 1$ para $x = -3$

*b)* $\frac{x^2}{5} + 6x^2 - 9$ para $x = 5$

*c)* $-5x^3 \cdot 3x^2 + 5x - 8$ con $x = -2$

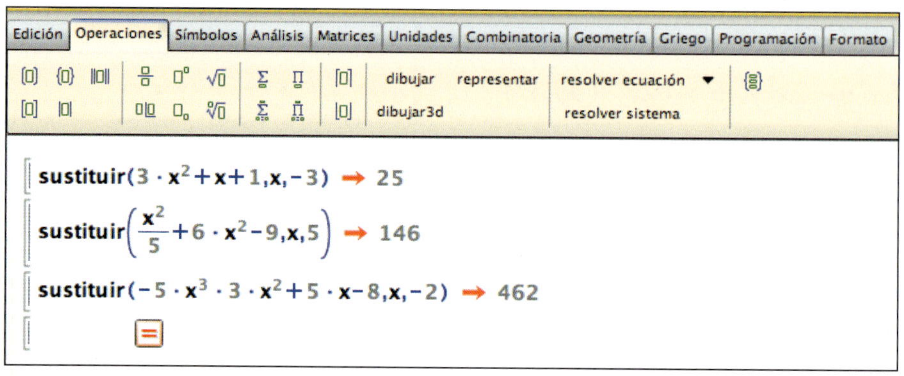


Solución

## EJERCICIOS RESUELTOS

**3.** Resuelve las siguientes ecuaciones:

*a)* $2x + 3(x - 9) = -5x + 6$

*b)* $\frac{x}{4} - \frac{2(x+5)}{3} + 9x = 5 - \frac{x}{3}$

*c)* $2x - 2 = -(x + 6) + 5(x - 4)$

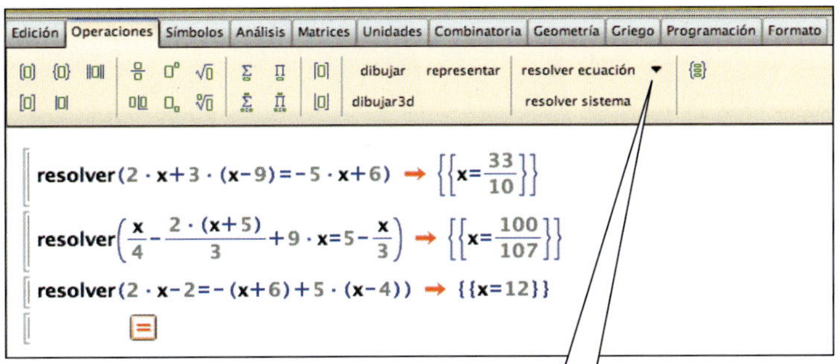


Podemos escribir el comando *resolver* directamente en la ventana o pulsar el botón correspondiente.

Solución

**4.** Resuelve el siguiente problema planteando una ecuación de primer grado:

Una entrada de circo infantil vale 5 euros menos que la de adulto. Además, sabemos que 2 entradas de adultos y 3 infantiles nos han costado 110 euros. ¿Cuánto vale cada una?

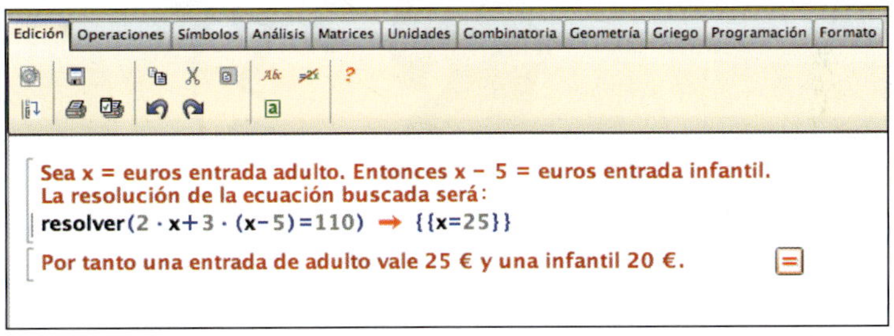


Solución

## EJERCICIOS

**1.** Realiza las siguientes operaciones:

*a)* $6 \cdot (3x^5 - 6x^2 + x - 2)$ *b)* $(-6x^2 + x - 8) - (5x^2 - 3x + 2)$ *c)* $4x^2y^2 - 5x^4 + 6x^3yz + xy^2 - y^2x^2 + x^4 - 6x^3zy$

**2.** Calcula el valor numérico de las siguientes expresiones algebraicas:

*a)* $\frac{x}{4} - \frac{6(2x+5)}{3} - 9x + 2$ para $x = -5$

*b)* $9x^3 - 8x^2 + 6x - 3$ para $x = -1$

*c)* $6 - x^3 + \frac{x}{2} - 6x^2$ con $x = 2$

**3.** Resuelve las siguientes ecuaciones:

*a)* $\frac{2x-3}{4} + \frac{x}{3} - 1 = \frac{1}{2} - \frac{2x-1}{6}$ *b)* $6x + 8 - 2x = -4 + x$ *c)* $2(-3x + 5) - (5x + 8) = 3x$

**4.** Comprueba si los siguientes valores son soluciones de las ecuaciones:

*a)* $x^3 - 2x = x^2$ Solución $x = 2$

*b)* $x^2 - 5x + 6 = 0$ Soluciones $x = 2;\ x = 3$

*c)* $x^3 + 1 = 0$ Solución $x = -1$

**5.** Sabemos que la suma de las edades de tres hermanos es 38. Si el mediano tiene un año más que el pequeño y tres menos que el mayor, ¿cuántos años tiene cada uno?

# UNIDADES DE MEDIDA

UNIDAD
# 8

Fíjate en el siguiente parte meteorológico:

*Mañana, debido a la borrasca que se acerca por el norte, las temperaturas bajarán 5 ºC de media, dejando precipitaciones en toda la península. En la vertiente cantábrica serán en forma de nieve en cotas superiores a los 600 metros sobre el nivel del mar, pudiendo esas nieves alcanzar los 10 o 15 centímetros de espesor. Más al sur, se producirán lluvias intensas, siendo posible registrar hasta 30 litros por metro cuadrado en algunos puntos del país.*

*En cuanto al mar, no es recomendable salir a faenar en el Cantábrico, debido a los vientos de 75 kilómetros por hora y el gran oleaje, con olas que podrán llegar a los 6 o 7 metros a partir de 10 millas de la costa.*

Como ves, todos los números que aparecen en el texto van acompañados de una unidad de medida. A partir de ahora aprenderás a manejarlas, a buscar las más apropiadas a cada magnitud y descubrirás que muchos elementos cercanos pueden emplearse como instrumento de medición.

## INTERPRETA Y RESUELVE

Localiza en el texto de esta página todas las unidades de medida que aparezcan e indica la magnitud que miden.

En el texto también aparece una unidad de longitud que apenas se usa en nuestro país: la milla.

Busca en Internet la equivalencia de cada una de estas unidades de longitud a la unidad que se pide.

- *a)* 1 milla en kilómetros
- *b)* 1 milla náutica en metros
- *c)* 1 pie en centímetros
- *d)* 1 pulgada en centímetros

## Operaciones con números decimales

Suma:

$$\begin{array}{r} 56,21 \\ +\ 997,90 \\ \hline 1054,11 \end{array}$$

Resta:

$$\begin{array}{r} 123,80 \\ -\ 91,12 \\ \hline 32,68 \end{array}$$

Multiplicación:

$$\begin{array}{r} 65,98 \\ \times\ 23,4 \\ \hline 26392 \\ 19794\phantom{0} \\ 13196\phantom{00} \\ \hline 1543,932 \end{array}$$

Multiplicar por 10, 100, 1 000... mueve la coma hacia la derecha.

$$3,5 \cdot 100 = 350$$

Multiplicar por 0,1; 0,01; 0,001... mueve la coma hacia la izquierda.

$$3,5 \cdot 0,01 = 0,035$$

División:

$$\begin{array}{l|l} 223,55 & 85 \\ \hline \phantom{0}53\ 5 & 2,63 \\ \phantom{00}2\ 55 & \\ \phantom{0000}00 & \end{array}$$

Dividir por 10, 100, 1 000... mueve la coma hacia la izquierda.

$$3,5 : 1000 = 0,0035$$

Dividir por 0,1; 0,01; 0,001... mueve la coma hacia la derecha.

$$3,5 : 0,001 = 3\,500$$

## Regla de tres simple y directa

En una granja compran 520 sacos de heno por 80 €. Si en la siguiente compra, disponen de 100 €, ¿cuántos sacos podrían comprar?

| | | |
|---|---|---|
| Sacos de heno | 520 | $x$ |
| € | 80 | 100 |

$$\frac{520}{80} = \frac{x}{100} \rightarrow 100 \cdot 520 = 80 \cdot x \rightarrow x = \frac{520 \cdot 100}{80} = 650$$

Podrían comprar 650 sacos.

### EJERCICIOS

**1.** Opera extrayendo 3 decimales en las divisiones.

*a)* $1,58 + 524,7 - 54,26$ *b)* $69,81 \cdot 3,5$ *c)* $108 : 4,6$ *d)* $36,8 : 18$ *e)* $652,8 : 8,9$

**2.** Calcula.

*a)* $0,0025 \cdot 100$
*b)* $0,0369 \cdot 0,001$
*c)* $3\,285 \cdot 10$
*d)* $978\,453 : 1\,000$
*e)* $6\,542,89 : 100$
*f)* $99,54 : 0,001$

**3.** Con 75 € me compro exactamente 5 CD. ¿Cuántos CD me compraré con 100 €? ¿Me sobrará dinero?

# MAPA CONCEPTUAL



- MAGNITUDES Y MEDIDA
- SISTEMA MÉTRICO DECIMAL
  - Longitud
  - Masa
  - Capacidad
- SUPERFICIE Y VOLUMEN
  - Superficies
  - Medidas agrarias
  - Volumen
  - Relación entre capacidad, volumen y masa
- SISTEMA SEXAGESIMAL
  - Ángulos
  - Tiempo
- UNIDADES MONETARIAS
- FORMA
  - Compleja
  - Incompleja
- OPERACIONES
  - Suma
  - Resta
  - Multiplicación por un número
  - División entre un número

# 1. Magnitudes y medidas

Una **magnitud** es cualquier cualidad que se pueda medir, es decir, especificar su tamaño mediante un número.

**OBSERVA**

Si queremos medir la longitud de una mesa (**magnitud**), podríamos utilizar la mano y ver cuántos palmos caben en ella (**unidad de medida**). Pero obtenemos un valor que depende de la persona. Por eso, es muy aconsejable emplear **unidades de medida internacionales**.

# 2. Sistema métrico decimal: longitud, masa y capacidad

El sistema métrico decimal es un sistema de medidas internacional, empleado en general por los países no anglosajones. El paso de una unidad de medida a otra mayor (**múltiplo**) o menor (**submúltiplo**), se hace por medio de potencias de base 10.

## 2.1. Unidades de longitud

La unidad fundamental de medida de la **longitud** es el **metro**.

·10 →

| Múltiplos | | | | | Submúltiplos | | |
|---|---|---|---|---|---|---|---|
| Miriámetro | Kilómetro | Hectómetro | Decámetro | **Metro** | Decímetro | Centímetro | Milímetro |
| mam | km | hm | dam | **m** | dm | cm | mm |
| 10 000 m | 1 000 m | 100 m | 10 m | | 0,1 m | 0,01 m | 0,001 m |

← :10

## 2.2. Unidades de masa

La unidad fundamental de medida de la **masa** es el **gramo**.

·10 →

| Múltiplos | | | | | | | Submúltiplos | | |
|---|---|---|---|---|---|---|---|---|---|
| Tonelada | Quintal | Miriagramo | Kilogramo | Hectogramo | Decagramo | **Gramo** | Decigramo | Centigramo | Miligramo |
| t | q | mag | kg | hg | dag | **g** | dg | cg | mg |
| 1 000 000 g | 100 000 g | 10 000 g | 1 000 g | 100 g | 10 g | | 0,1 g | 0,01 g | 0,001 g |

← :10

## 2.3. Unidades de capacidad

La unidad fundamental de medida de la **capacidad** es el **litro**.

·10 →

| Múltiplos | | | | | Submúltiplos | | |
|---|---|---|---|---|---|---|---|
| Mirialitro | Kilolitro | Hectolitro | Decalitro | **Litro** | Decilitro | Centilitro | Mililitro |
| maL | kL | hL | daL | **L** | dL | cL | mL |
| 10 000 L | 1 000 L | 100 L | 10 L | | 0,1 L | 0,01 L | 0,001 L |

← :10

## USA TU CALCULADORA

A veces, al operar con números muy grandes, que no cabrían en pantalla, en la calculadora científica aparece un número decimal y a continuación un exponente (o una potencia en base 10 con un exponente). Es la notación científica.

1,3e17 o 1,3e+17 o $1{,}3 \times 10^{17}$

Para escribir el número completo se debe mover la coma del número decimal tantos lugares a la derecha como el exponente, si este es positivo, o tantos lugares a la izquierda, si este es negativo.

## EJERCICIOS RESUELTOS

**1.** Observa los cambios de unidades que se indican y completa los huecos correspondientes:

| | Solución |
|---|---|
| *a)* 1268,35 cm = □ dam | *a)* 1,26835 |
| *b)* 0,02548 hg = □ mg | *b)* 2 548 |
| *c)* 654,32 L = 0,65432 □ | *c)* kL |
| *d)* 0,09873 kg = 98 730 □ | *d)* mg |
| *e)* 3 258,021 cL = 0,03258021 □ | *e)* kL |
| *f)* 0,00065 mam = □ mm | *f)* 6 500 |

### RECUERDA

Para multiplicar un número decimal por 10, 100... se mueve la coma a la derecha tantos lugares como ceros tenga la unidad.

Para dividirlo por 10, 100... se mueve la coma esos mismos lugares hacia la izquierda.

## EJERCICIOS

**1.** ●○○ **CCT** Escribe cuatro magnitudes y dos unidades de medida que se te ocurran para cada una de ellas (no tienen por qué ser internacionales).

**2.** ●○○ **@ CL** Eres capaz de saber cuánto es un metro y cuánto es un kilogramo, pero, ¿por qué son exactamente así y no más grandes o más pequeños? Busca en Internet cómo se define metro y kilogramo.

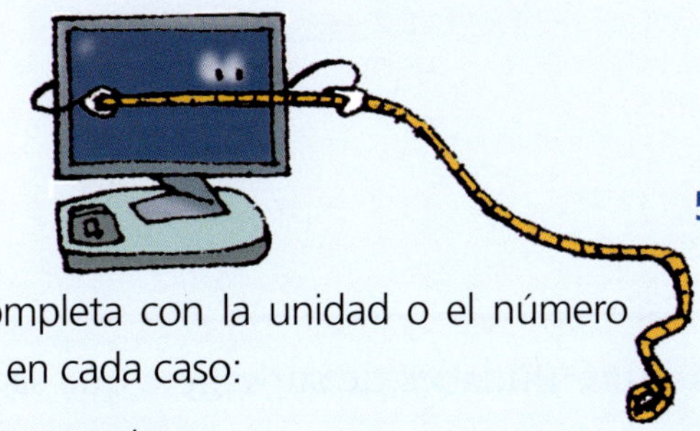

**3.** ●●○ Copia y completa con la unidad o el número correspondiente en cada caso:

*a)* 0,000023 km = □ dm
*b)* 4,2156 mag = □ cg
*c)* 3 254,9836 L = □ maL
*d)* 0,05698 hg = 569,8 □
*e)* 3 698 524 mL = 0,3698524 □
*f)* 0,0000005 mam = 5 □

**4.** ●○○ **CA, CI** A continuación te señalamos varios objetos y una unidad de medida para evaluar su longitud, su masa o su capacidad. Valora si la unidad de medida que se indica es la adecuada según su tamaño o si consideras que se debería emplear otra distinta. En tal caso, indica cuál te parece más apropiada.

*a)* Capacidad de una bañera (centilitro).
*b)* Distancia entre las orillas del río Tajo (decámetro).
*c)* Masa de un camión sin carga (kilogramo).
*d)* Capacidad de un estuche (centilitro).

**5.** ●●○ Ordena las siguientes cantidades de menor a mayor:

*a)* 6,574 dam; 0,07 km; 6 000 mm
*b)* 999,9 hL; 10 000 L; 0,012 maL
*c)* 456 g; 0,045 kg; 45 896,8 cg

**6.** ●●○ **@ CA** Investiga en Internet unidades de medida más pequeñas que el milímetro y otras más grandes que el miriámetro y explica qué objetos o distancias podrías medir en esas unidades.

# 3. Superficie. Volumen

## 3.1. Unidades de superficie y medidas agrarias

La unidad fundamental de medida de la **superficie** es el **metro cuadrado**.

**OBSERVA**

Un metro cuadrado es la superficie que abarca un cuadrado de arista 1 metro.

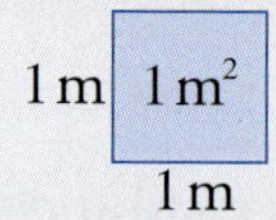


·100 →

| Múltiplos | | | | Submúltiplos | | |
|---|---|---|---|---|---|---|
| Kilómetro cuadrado | Hectómetro cuadrado | Decámetro cuadrado | **Metro cuadrado** | Decímetro cuadrado | Centímetro cuadrado | Milímetro cuadrado |
| $km^2$ | $hm^2$ | $dam^2$ | $\mathbf{m^2}$ | $dm^2$ | $cm^2$ | $mm^2$ |
| $1\,000\,000\ m^2$ | $10\,000\ m^2$ | $100\ m^2$ | | $0{,}01\ m^2$ | $0{,}0001\ m^2$ | $0{,}000\,001\ m^2$ |

← :100

Sin embargo, existen otras unidades de medida de superficie, las **áreas** o **hectáreas** que se usan básicamente para tomar dimensiones de terrenos: son las **medidas agrarias**.

| | |
|---|---|
| 1 área | 1 $dam^2$ |
| 1 hectárea | 1 $hm^2$ |

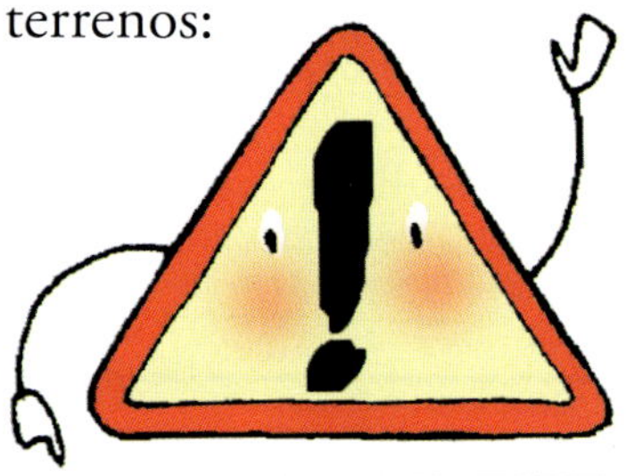

**CUIDADO**

Las medidas agrarias son decimales, es decir, una hectárea son 100 áreas.

Un miembro de un retén antiincendios lucha contra el fuego en Ourense. / NACHO GÓMEZ

**El fuego devora 200 hectáreas en un paraje protegido de A Coruña**

## EJERCICIOS RESUELTOS

1. Copia y completa las equivalencias entre las distintas unidades de superficie que se indican:

*a)* $32\,589{,}21\ dam^2 = \square\ km^2$

*b)* $56\ a = \square\ m^2$

*c)* $0{,}0697\ m^2 = 6{,}97\,\square$

*d)* $369{,}78\ km^2 = \square$ ha

*a)* 3,258921

*b)* $56\ a = 56\ dam^2 = 5\,600\ m^2$

*c)* $dm^2$

*d)* $369{,}78\ km^2 = 36\,978\ hm^2 = 36\,978$ ha

Solución

## 3.2. Unidades de volumen

La unidad fundamental de medida de **volumen** es el **metro cúbico**.

$\cdot 1000$ →

| Múltiplos | | | | Submúltiplos | | |
|---|---|---|---|---|---|---|
| Kilómetro cúbico | Hectómetro cúbico | Decámetro cúbico | **Metro cúbico** | Decímetro cúbico | Centímetro cúbico | Milímetro cúbico |
| $km^3$ | $hm^3$ | $dam^3$ | $\mathbf{m^3}$ | $dm^3$ | $cm^3$ | $mm^3$ |
| 1 000 000 000 $m^3$ | 1 000 000 $m^3$ | 1 000 $m^3$ | | 0,001 $m^3$ | 0,000 001 $m^3$ | 0,000 000 001 $m^3$ |

← $:1000$

**OBSERVA**

Un metro cúbico es el volumen contenido en un cubo de lado 1 metro.

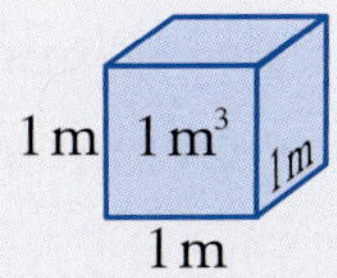


**EJERCICIOS RESUELTOS**

1. Copia y completa las equivalencias entre las distintas unidades de volumen que se indican:

*a)* $0{,}04526\ dam^3 = \square\ dm^3$
*b)* $32\,589{,}8\ m^3 = \square\ hm^3$
*c)* $0{,}0089\ km^3 = 8\,900\ \square$
*d)* $325\,895{,}58\ mm^3 = 0{,}00032589558\ \square$

*a)* 45 260
*b)* 0,0325898
*c)* $dam^3$
*d)* $m^3$

Solución

## 3.3. Relación entre las unidades de medida de capacidad, volumen y masa

Podemos hacer un experimento y observar que en un cubo de 1 decímetro de lado, cabe exactamente 1 litro de agua.

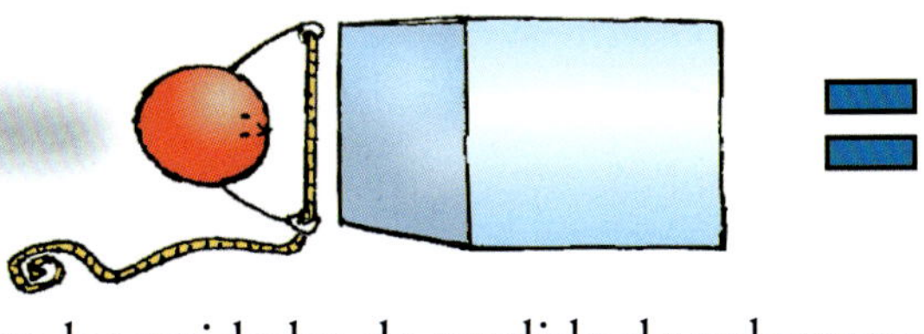

Tenemos así una relación entre las unidades de medida de volumen y las de capacidad:

$$1\ L = 1\ dm^3$$

Ahora bien, la masa de un objeto depende de su densidad. Es decir, no pesa lo mismo un cubo de 1 dm de lado lleno de agua que lleno de arena.

El agua destilada tiene una curiosa propiedad: la masa del agua contenida en un cubo de 1 dm de lado (es decir, 1 L) es exactamente 1 kg.

$$1\ \text{L} = 1\ \text{dm}^3 = 1\ \text{kg (de agua destilada)}$$

Esta relación establecida entre la masa y el volumen recibe el nombre de **densidad**: el agua destilada tiene una densidad de 1 kg/dm$^3$ pues 1 dm$^3$ de agua destilada tiene una masa de 1 kg.

Por ejemplo, la densidad del aceite es de 0,8 g/cm$^3$, lo cual significará que 1 cm$^3$ de aceite tiene una masa de 0,8 g.

## EJERCICIOS RESUELTOS

**1.** Copia y completa las equivalencias entre las distintas unidades de capacidad, volumen y masa (de agua destilada).

*a)* 56 L = □ mm$^3$ = □ dg

*b)* 0,0548 km$^3$ = □ kL = □ t

*c)* 555 hg = □ dam$^3$ = □ hL

*d)* 0,098761 hm$^3$ = □ daL = □ hg

*a)* 56 L = 56 dm$^3$ = 56 000 000 mm$^3$ = 560 000 dg

*b)* 0,0548 km$^3$ = 54 800 000 000 dm$^3$ = 54 800 000 000 L = 54 800 000 kL = 54 800 000 t

*c)* 555 hg = 55,5 kg = 55,5 L = 55,5 dm$^3$ = 0,0000555 dam$^3$ = 0,555 hL

*d)* 0,098761 hm$^3$ = 98 761 000 dm$^3$ = 98 761 000 L = 9 876 100 daL = 987 610 000 hg

Solución

## EJERCICIOS

**7.** ●●● @ CA Encuentra en Internet las densidades de las siguientes sustancias y busca una equivalencia entre su volumen, su capacidad (en caso de ser líquidos) y su masa.

*a)* Mercurio *b)* Plomo *c)* Corcho

**8.** ●●○ Copia y completa con la unidad o el número correspondiente en cada caso.

*a)* 0,056789 dam$^2$ = □ dm$^2$

*b)* 0,56 a = □ mm$^2$

*c)* 986 542 m$^2$ = 0,986542 □

*d)* 6,2 mam$^2$ = □ ha

**9.** ●●○ Encuentra las equivalencias.

*a)* 45,26 dm$^3$ = □ dam$^3$

*b)* 0,5832 hm$^3$ = □ m$^3$

*c)* 9,235 hm$^3$ = 9 235 000 □

*d)* 9,58 mm$^3$ = 0,00000958 □

**10.** ●●○ Busca la relación entre las siguientes unidades de capacidad, volumen y masa de agua destilada:

*a)* □ L = 65 892 cm$^3$ = □ cg

*b)* □ hm$^3$ = 0,98652 kL = □ q

*c)* 3 dag = □ m$^3$ = □ daL

*d)* 965,61 hm$^3$ = □ hL = □ g

# 4. Sistema sexagesimal

Al igual que un sistema decimal es aquel en el que el paso de una unidad a otra se hace por medio de potencias de 10, un sistema sexagesimal es aquel en el que ese paso se hace a través de potencias de 60.

El sistema sexagesimal se usa en la medida del tiempo y para medir la amplitud de los ángulos.

Unidad de **amplitud de ángulo**: grado (°)

$\cdot 60$ →

| | Submúltiplos | |
|---|---|---|
| Grado | Minuto | Segundo |
| ° | ′ | ″ |
| | 1 : 60° | 1 : 3 600° |

← $: 60$

Unidad de **medida del tiempo**: hora (h)

$\cdot 60$ →

| | Submúltiplos | |
|---|---|---|
| Hora | Minuto | Segundo |
| h | min | s |
| | 1 : 60 h | 1 : 3 600 h |

← $: 60$

**RECUERDA**

Un **ángulo recto** mide 90°.

Un **ángulo agudo** es menor que 90°.

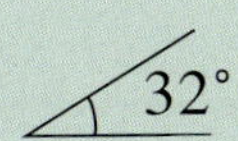


Un **ángulo llano** mide 180°.

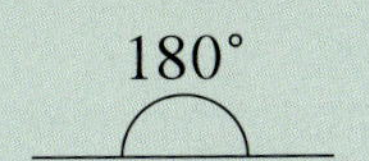


Un **ángulo obtuso** es mayor que 90°.

**CUIDADO**

Los múltiplos de la hora (como día, semana, mes, año...) no siguen un sistema sexagesimal. De hecho, son agrupaciones variables.

## EJERCICIOS RESUELTOS

1. Realiza las siguientes equivalencias en el sistema sexagesimal:

*a)* 2,3 semanas = □ h

*b)* 1 920″ = □′

*c)* 0,0025° = □″

*d)* 3,2 min = □ s

*a)* $2{,}3 \cdot 7 \cdot 24 = 386{,}4$ h

*b)* $1\,920 : 60 = 32'$

*c)* $0{,}0025 \cdot 3\,600 = 9''$

*d)* $3{,}2 \cdot 60 = 192$ s

Solución

# 5. Unidades monetarias

El día 1 de enero de 2002 algunos países de la Unión Europea adoptaron una **moneda** común: el **euro** (€). Desde entonces tenemos monedas de 1, 2, 5, 10, 20 y 50 céntimos de euro, 1 y 2 euros, y los billetes de 5, 10, 20, 50, 100, 200 y 500 euros.

Sin embargo, no todos los países manejan euros. Algunos tienen otra **divisa**, es decir, otra **moneda**.

## EJERCICIOS RESUELTOS

**1.** ¿Cuántos dólares equivalen a 50 €? ¿Cuántos euros equivalen a 50 $?

El valor de una divisa respecto de otra varía y, si se quiere obtener una conversión fiable, se debe consultar el cambio oficial del día.

$$1\,€ = 1{,}3377\ \$$$

Para hacer conversiones de una moneda a otra emplearemos una regla de 3, pues se trata de magnitudes directamente proporcionales.

¿Cuántos dólares equivalen a 50 €?

| | | |
|---|---|---|
| € | 1 | 50 |
| $ | 1,3377 | |

$$\frac{1}{1{,}3377} = \frac{50}{\square} \rightarrow \square = 50 \cdot 1{,}3377 = 66{,}885\ \$$$

¿Cuántos euros equivalen a 50 $?

| | | |
|---|---|---|
| € | 1 | |
| $ | 1,3377 | 50 |

$$\frac{1}{1{,}3377} = \frac{\square}{50} \rightarrow 1{,}3377 \cdot \square = 50 \rightarrow \square = 37{,}378\ €$$

Solución

## EJERCICIOS

**11.** ●○○ @ **CL** Busca en Internet (si los desconoces) los valores de las siguientes unidades de tiempo:

*a)* Lustro
*b)* Década
*c)* Semestre
*d)* Trienio
*e)* Octavario
*f)* Decalustro
*g)* Pentamestre

**12.** ●●○ Copia y completa con la unidad o el número correspondiente en cada caso.

*a)* 2,3 h = □ min = □ s
*b)* 180″ = □° = □′
*c)* 2,25° = □′ = □″
*d)* 0,09 min = □ s = □ h
*e)* 3 600 s = □ h = □ min

**13.** ●●○ Clasifica los siguientes ángulos en rectos, llanos, agudos u obtusos:

*a)* 324 000″
*b)* 10 800′
*c)* 3 780′
*d)* 432 000″

**14.** ●●○ A continuación te damos los cambios oficiales de varias divisas en un día concreto:

1 € = 1,3399 dólares estadounidenses
1 € = 0,8494 libras esterlinas
1 € = 110,5923 yenes japoneses

Realiza las siguientes equivalencias:

*a)* 5 € = □ libras esterlinas
*b)* 5 dólares estadounidenses = □ €
*c)* 500 yenes = □ €
*d)* 1 250 dólares = □ yenes
*e)* 250 000 yenes = □ libras

**15.** ●●○ @ **CS** Vamos a hacer un viaje con escalas en Texas, Kobe y Oxford. Investiga las divisas de los países correspondientes a dichas ciudades, y con los cambios del ejercicio anterior calcula en qué se transformarán 2 € en cada uno de dichos países.

# 6. Forma compleja e incompleja

- Medidas en forma **incompleja**: se utiliza una **única unidad de medida.**

  35 dm
  4,65 hg
  ...

- Medidas en forma **compleja**: se utiliza **más de una unidad**.

  3 m 5 dm 3 cm 2 mm

Para que una cantidad esté correctamente escrita en forma compleja, cada uno de los valores que corresponden a cada unidad no debe pasarse a la unidad siguiente o a la anterior.

~~35 m 2 dm~~ → 3 dam 5 m 2 dm    ~~2,7 L 3 mL~~ → 2 L 7 dL 3 mL

Empleamos tablas para comprobar si la escritura es o no correcta.

| dam | m | dm | cm | mm |
|---|---|---|---|---|
| 3 | 5 | 2 | | |

| daL | L | dL | cL | mL |
|---|---|---|---|---|
| | 2 | 7 | | 3 |

**OBSERVA**

Al expresar un número en forma compleja pueden omitirse las unidades que corresponden a ceros.

3 km 0 hm 0 dam 2 m =
= 3 km 2 m

**RECUERDA**

En el sistema sexagesimal, el paso de una unidad a otra se hace por potencias de 60.

**USA TU CALCULADORA**

La tecla °’’’ permite introducir unidades sexagesimales en forma compleja.

Para ello introduce primero los grados (u horas) y pulsa °’’’, a continuación los minutos y pulsa °’’’ y finalmente los segundos seguidos de °’’’. El número que aparece en pantalla es la forma incompleja de esa cantidad en grados (u horas).

De igual modo, puedes introducir una cantidad en forma incompleja (en grados u horas) y pulsar SHIFT + °’’’ para obtener su forma compleja.

**RECUERDA**

Las unidades de superficie siguen un sistema centesimal, es decir, cada unidad de medida puede llegar hasta el 99.

Ocurre algo parecido con las unidades de volumen, que pueden llegar hasta el 999.

## EJERCICIOS RESUELTOS

**1.** Transforma a forma compleja las siguientes expresiones:

*a)* 32,658 L
*b)* 3,25 min
*c)* 235,65747 $dam^2$
*d)* 65 798,2013 $hm^3$

Solución

*a)* 3 daL 2 L 6 dL 5 cL 8 mL
*b)* 3 min 0,25 min = 3 min 15 s
*c)* 2 $hm^2$ 35 $dam^2$ 65 $m^2$ 74 $dm^2$ 70 $cm^2$
*d)* 65 $km^3$ 798 $hm^3$ 201 $dam^3$ 300 $m^3$

**2.** Transforma a forma incompleja las siguientes expresiones:

*a)* 3 dag 5 dg 3 cg = □ cg
*b)* $6° 3'' = □' = □''$
*c)* 3 $hm^2$ 62 $m^2$ 2 $cm^2$ = □ $cm^2$
*d)* 5 $km^3$ 236 $dam^3$ 25 $m^3$ = □ $dm^3$

Solución

*a)* 3 dag 5 dg 3 cg = 3 053 cg
*b)* $6° 3'' = 360 + 0,05' = 360,05' = 21\,603''$
*c)* 3 $hm^2$ 62 $m^2$ 2 $cm^2$ = 300 620 002 $cm^2$
*d)* 5 $km^3$ 236 $dam^3$ 25 $m^3$ = 5 000 236 025 000 $dm^3$

# 7. Operaciones

Las operaciones con unidades de medida se pueden realizar en forma compleja o incompleja.

## 7.1. Sumas y restas

- Para sumar o restar dos cantidades expresadas en forma **incompleja**: pasaremos ambas cantidades a la misma unidad y operaremos los números resultantes.

$$3\,567\ \text{hm}^2 + 1{,}12\ \text{km}^2 = 3\,567\ \text{hm}^2 + 112\ \text{hm}^2 = 3\,679\ \text{hm}^2$$

$$1{,}12\ \text{km}^2 = 112\ \text{hm}^2$$

- Para sumar o restar dos cantidades expresadas en forma **compleja**: operaremos por separado cada unidad y finalmente observaremos si la expresión resultante en forma compleja es correcta o debemos transformarla.

## EJERCICIOS RESUELTOS

**1.** Realiza la siguiente resta: 3 h 45 min 31 s − 2 h 40 min 50 s

Colocamos en columna y alineadas cada una de las unidades:

$$\begin{array}{rrrr} & 3\ \text{h} & 45\ \text{min} & 31\ \text{s} \\ - & 2\ \text{h} & 40\ \text{min} & 50\ \text{s} \\ \hline \end{array}$$

31 − 50 segundos?

No podríamos operar por separado las cantidades correspondientes a los segundos, pues 31 es menor que 50. Por tanto, debemos transformar una unidad superior, en este caso 1 minuto, en la unidad que necesitamos operar, es decir, segundos, y así podremos restar ambas cantidades.

1 minuto = 60 s

45 − 1 = 44 → 31 + 60 = 91

$$\begin{array}{rrrr} & 3\ \text{h} & 44\ \text{min} & 91\ \text{s} \\ - & 2\ \text{h} & 40\ \text{min} & 50\ \text{s} \\ \hline & 1\ \text{h} & 4\ \text{min} & 41\ \text{s} \end{array}$$

Solución

## EJERCICIOS

**16.** ●●○ ¿Son correctas estas formas complejas? Si no lo son, corrígelas.

*a)* 23 m 5 mm

*b)* 23 $m^2$ 5 $mm^2$

*c)* 62° 61 min

*d)* 0,23 km 6 m

**17.** ●●○ Transforma a forma compleja.

*a)* 65,0252 $km^3$

*b)* 0,00025 $dam^2$

*c)* 98 750,23 dL

*d)* 0,0254 t

**18.** ●●○ Escribe en forma compleja.

*a)* 2,5479 h

*b)* 0,02′

*c)* 6 257 982,64858 $m^3$

*d)* 9 645,56 dg

**19.** ●●○ Transforma a forma incompleja en las unidades que se indican.

*a)* 5 maL 3 hL 3 daL 3 mL = □ cL

*b)* 26° 35′ = □″ = □° = □′

*c)* 31 $mam^2$ 2 $km^2$ 25 $dam^2$ = □ $hm^2$ = □ a

*d)* 503 $m^3$ 236 $dm^3$ 25 $mm^3$ = □ $cm^3$

**20.** ●●○ Escribe en forma incompleja en las unidades que se indican.

*a)* 5 t 3 q 3 kg 8 dag = □ g

*b)* 58 min 3 s = □ s = □ h = □ min

*c)* 5 ha 23 a = □ ha = □ $dam^2$

*d)* 2 $hm^3$ 3 $m^3$ 258 $cm^3$ = □ $dm^3$

**21.** ●●○ Ordena las siguientes medidas de menor a mayor:

*a)* 3,5 km, 43 hm y 4 400 m

*b)* 3 h 40 min y 150 min 58 s

*c)* 5 ha, 5 $km^2$ 2 $hm^2$ y 50 $hm^2$ 20 $dam^2$

*d)* 1° 32′ 6″ y 91′ 59″

**22.** ●●○ Realiza los siguientes cálculos en forma compleja, expresando el resultado en la misma forma:

*a)* 33′ 15″ + 37′ 33″ =

*b)* 13° 41′ + 33° 38′ =

*c)* 32 $dam^2$ 5 $m^2$ − 98 $m^2$ 3 $dm^2$

*d)* 4 kL 5 hL 3 L − 9 hL 2 daL 5 L

**23.** ●●○ Realiza los siguientes cálculos en forma compleja, expresando el resultado en la misma forma:

*a)* 65 h 23 min 6 s − 54 h 45 min 30 s

*b)* 5 q 6 kg 7 dag + 8 t 6 q 3 kg 3 dag

*c)* 352 $km^3$ 56 $dam^3$ 3 $m^3$ − 65 $hm^3$ 3 $dam^3$ 562 $m^3$

*d)* 180° − 65° 35′ 48″

**24.** ●●○ Realiza los siguientes cálculos en forma incompleja y expresa el resultado en la unidad que se indica.

*a)* 314 dL − 600 cL = □ L

*b)* 35 km + 65 dam + 53 m = □ m

*c)* 3,258 h + 128,32 min = □ min

*d)* 65,256 $m^2$ − 0,0032 $hm^2$ = □ $dam^2$

## 7.2. Multiplicación

- Para multiplicar una cantidad en forma **incompleja** por un número: operaremos ambos valores y obtendremos un resultado expresado en la misma unidad inicial.

$$(654{,}78\ \text{hm}^3)\cdot 5 = 3273{,}9\ \text{hm}^3$$

- Para multiplicar una cantidad en forma **compleja** por un número: operaremos por separado los valores de cada unidad y obtendremos un resultado expresado en forma compleja, que deberemos revisar por si no está escrito correctamente.

### EJERCICIOS RESUELTOS

**1.** Realicemos la siguiente operación: (5 km 8 hm 4 dam 5 m) · 3

| | | | | |
|---|---|---|---|---|
| | 5 km | 8 hm | 4 dam | 5 m |
| × | | | | 3 |
| | 15 km | 24 hm | 12 dam | 15 m |
| | 15 km | 24 hm | 13 dam | 5 m |
| | 15 km | 25 hm | 3 dam | |
| | 17 km | 5 hm | | |
| 1 mam | 7 km | | | |

Resultado final: 1 mam 7 km 5 hm 3 dam 5 m

Solución

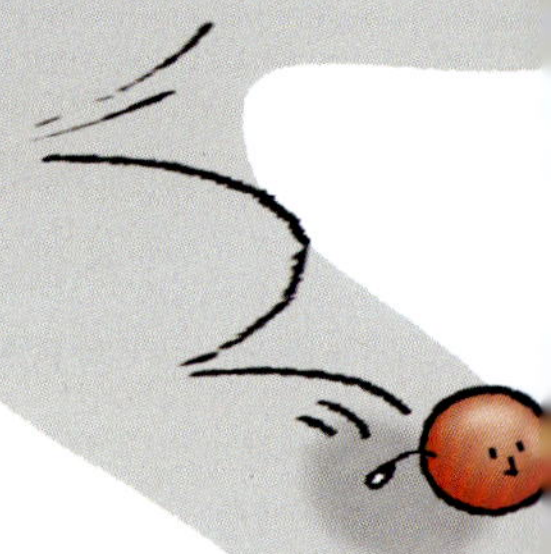

## 7.3. División

- Para dividir una cantidad en forma **incompleja** por un número: operaremos ambos valores y obtendremos un resultado expresado en la misma unidad inicial.

$$9\,852{,}24\ \text{dL} : 4 = 2\,463{,}06\ \text{dL}$$

- Para dividir una cantidad en forma **compleja** por un número: operaremos por separado los valores de cada unidad, acumulando los restos de cada división para la siguiente unidad.

### EJERCICIOS RESUELTOS

**1.** Realicemos la siguiente división: (5 m 4 dm) : 2

5 m |2
1 m   2 m
↓
10 dm + 4 dm = 14 dm |2
0 dm   7 dm

Resultado: cociente: 2 m 7 dm
resto: 0 dm

Solución

**OBSERVA**

En las divisiones continuaremos dividiendo hasta encontrar resto cero o llegar a la unidad de medida más pequeña estudiada.

## USA TU CALCULADORA

Puedes operar en forma sexagesimal empleando las operaciones habituales y la tecla °’’’ para introducir las cantidades y pasar los resultados de forma compleja a incompleja o viceversa.

## RECUERDA

Al igual que comentamos en la suma y resta, presta especial atención a las unidades de superficie, volumen, tiempo y amplitud de ángulo, por no seguir sistemas decimales.

## EJERCICIOS

**25.** ●●○ Efectúa los siguientes productos en forma compleja. Expresa el resultado en la misma forma.

*a)* $(3^\circ 25' 32'') \cdot 5$

*b)* (5 hm 3 dam 4 m 8 cm) · 4

*c)* $(25\ dam^2\ 17\ m^2\ 65\ cm^2) \cdot 9$

*d)* $(128\ m^3\ 326\ dm^3\ 987\ mm^3) \cdot 3$

**26.** ●●○ Efectúa los siguientes productos en forma incompleja, expresando en resultado en la unidad indicada (con una precisión de dos decimales).

*a)* 1 587,89 daL · 13 = □ kL

*b)* 9 568,65 s · 5 = □ h

*c)* $9\,868{,}75\ mm^2 \cdot 35 = \square\ dm^2$

*d)* $0{,}98762\ m^3 \cdot 12 = \square\ dam^3$

**27.** ●●○ Realiza las siguientes divisiones en forma compleja y expresa el resultado en forma compleja:

*a)* $(13^\circ 45' 2'') : 7$

*b)* (8 hL 7 daL 5 dL 8 cL) : 5

*c)* $(83\ hm^2\ 95\ dam^2\ 5\ m^2) : 5$

*d)* $(988\ hm^3\ 318\ dam^3\ 7\ m^3) : 12$

**28.** ●●○ Realiza las siguientes divisiones en forma incompleja, dando la solución en la unidad indicada (con una precisión de dos decimales).

*a)* 987,512 t : 23 = □ kg

*b)* $1\,258{,}65^\circ : 13 = \square'$

*c)* $6\,528{,}05\ m^2 : 55 = \square\ dm^2$

*d)* $984\,351\ hm^3 : 12 = \square\ dam^3$

**29.** ●●○ **CD** Calcula el suplementario del ángulo $36^\circ 15' 3''$. (Recuerda que dos ángulos son suplementarios si suman 180°.) Comprueba el resultado con tu calculadora.

**30.** ●●○ **CD** He comprobado que yo empleo el doble de tiempo en recorrer 1 km que Fernando. Si él tarda 3 min 46 s, ¿cuánto tardo yo? Verifica tu respuesta empleando la notación sexagesimal de tu calculadora.

**31.** ●●○ Se desea repartir a partes iguales un saco de grano entre los cuatro establos que se tienen en una granja. Si el saco pesa 55 kg, ¿cuánto debemos llevar a cada establo? Expresa el resultado en forma compleja.

**32.** ●●● Han expropiado la tercera parte de un terreno para la construcción de una autovía. Si el terreno completo constaba de 5 ha, ¿cuántos decámetros cuadrados quedan sin expropiar?

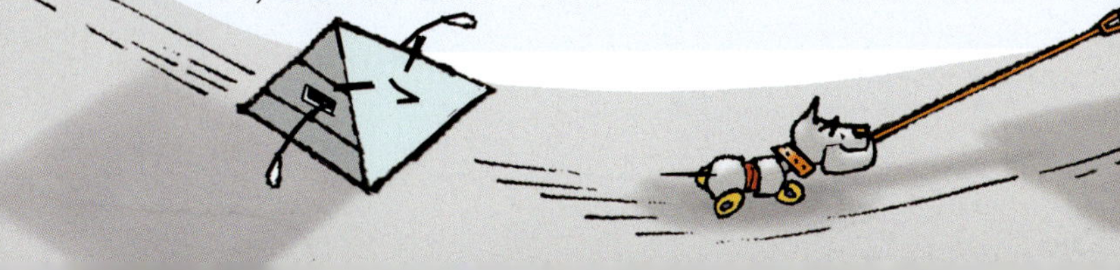

## Sistema Internacional de Medidas

**Sistema Internacional de Medidas** es el nombre que recibe el sistema de unidades que se usa en la mayoría de los países.

Una de sus principales características es que sus unidades miden magnitudes físicas fundamentales (longitud, tiempo, temperatura, intensidad luminosa…). Así, se denominan **unidades básicas** a aquellas que se emplean para medir precisamente estos fenómenos. Dentro de las que hemos visto en esta unidad destacaríamos como básicas, el metro, el segundo y el kilogramo.

Las **unidades derivadas** miden magnitudes físicas que son resultado de combinar algunas magnitudes básicas. Por ejemplo, el metro cúbico es resultado de combinar tres veces la longitud, una de las magnitudes básicas.

Pensemos en la velocidad, resultado de combinar la longitud y el tiempo. ¿Cómo seríamos capaces de pasar de km/h a m/s?

Supongamos que vamos a 72 km/h en nuestro coche, ¿cuántos metros por segundo recorremos?

Recorremos: $72 \cdot 1000 = 72\,000$ metros cada hora

es decir, $72\,000 : 3\,600 = 20$ metros cada segundo

Esto es, vamos a 20 m/s.

### EJERCICIOS

**33.** ●●○ @ **CCT** Busca en Internet cuáles son las unidades básicas del Sistema Internacional y asócialas a los fenómenos físicos correspondientes.

**34.** ●●● Realiza las transformaciones que se indican:

*a)* Velocidad: 30 km/h = □ m/h = □ m/s

*b)* Velocidad: 10 m/s = □ km/s = □ m/h

*c)* Aceleración: 3 m/s$^2$ = □ km/s$^2$ = □ km/h$^2$

*d)* Aceleración: 45 km/h$^2$ = □ km/s$^2$ = □ m/s$^2$

# SÍNTESIS

Una magnitud es cualquier cualidad que se pueda medir. Para ello la comparamos con algo conocido y observamos el número de unidades que contiene (unidad de medida).

Es recomendable que las unidades de medida no dependan de la persona que las emplee.

| | Magnitudes | | | | | | | | |
|---|---|---|---|---|---|---|---|---|---|
| | Longitud | Masa | Capacidad | Volumen | Superficie | Agrarias | Tiempo | Amplitud de ángulo | Precio |
| **Unidades de medida** | m | g | L | $m^3$ | $m^2$ | a | h | ° | Divisa del país |
| **Múltiplos** | mam<br>km<br>hm<br>dam | t<br>q<br>mag<br>kg<br>hg<br>dag | maL<br>kL<br>hL<br>daL | | | ha | | | |
| **Submúltiplos** | dm<br>cm<br>mm | dg<br>cg<br>mg | dL<br>cL<br>mL | | | | min<br>s | ′<br>″ | |
| **Cambio de unidad** | Potencias de 10 | Potencias de 10 | Potencias de 10 | Potencias de 1000 | Potencias de 100 | Potencias de 10 | Potencias de 60 | Potencias de 60 | Regla de tres |
| **Equivalencias** | | 1 L = 1 $dm^3$ = 1 kg (de agua destilada) | | | 1 $hm^2$ = 1 ha | | | | |

| Escritura | | |
|---|---|---|
| Forma incompleja | Forma compleja | Paso de una forma a otra |
| Con una única unidad | Con varias unidades | 254 hg = 2 mag 5 kg 4 hg |

| Operaciones | | | | | |
|---|---|---|---|---|---|
| Suma y resta | | Producto | | Cociente | |
| Compleja | Incompleja | Compleja | Incompleja | Compleja | Incompleja |
| Operar unidad por unidad. | Pasar a la misma unidad y operar. | Operar unidad por unidad. | Operar. | Operar unidad por unidad y acumular los restos. | Operar. |

## Ejercicios iniciales

**35.** ●●○ **@ CCT** La posibilidad de nevadas se suele indicar con los metros sobre el nivel del mar a partir de los cuales nevará. Para utilizar esta información, es práctico saber cuál es la altura sobre el nivel del mar de tu localidad. Busca en Internet cuál es la altitud de las siguientes ciudades:

*a)* Ávila

*b)* Badajoz

*c)* Sevilla

*d)* Zaragoza

## Magnitudes y medidas

**36.** ●○○ **CL** Indica cuáles de los siguientes términos se refieren a magnitudes y cuáles a unidades de medida:

- Temperatura
- Velocidad
- Gramos
- Tiempo
- Metros
- Grados centígrados
- Días
- Longitud
- Masa
- Kilómetros por hora

**37.** ●●○ **CCT** Relaciona cada una de las unidades de medida del ejercicio anterior con la magnitud que mide.

**38.** ●●● **@ CL, CCT** Existen otras magnitudes más complejas, algunas de las cuales estudiarás en cursos futuros. Busca en Internet una unidad de medida adecuada para cada una de las siguientes magnitudes:

*a)* Energía

*b)* Potencia

*c)* Fuerza

*d)* Cantidad de sustancia

*e)* Intensidad luminosa

## Sistema métrico decimal: longitud, masa y capacidad

**39.** ●○○ Copia y completa.

*a)* 250 cm = □ dam

*b)* 35,1 g = □ dg

*c)* 36,1 daL = □ kL

*d)* 0,028 hm = □ cm

*e)* 6 918 mg = □ hg

*f)* 1,08 cL = □ mL

**40.** ●○○ Relaciona cada uno de los siguientes objetos con la longitud que estimes que tiene:

| | |
|---|---|
| *a)* Televisor | *a)* 1 cm |
| *b)* Estadio | *b)* 1 m |
| *c)* Teléfono | *c)* 1 hm |
| *d)* Moneda | *d)* 1 dm |

**41.** ●○○ Relaciona cada objeto siguiente con su masa:

| | |
|---|---|
| *a)* Manzana | *a)* 2 kg |
| *b)* Ordenador | *b)* 2 hg |
| *c)* Bicicleta | *c)* 2 mag |
| *d)* Furgoneta | *d)* 2 t |

**42.** ●○○ Relaciona los recipientes siguientes con su capacidad aproximada:

| | |
|---|---|
| *a)* Vaso | *a)* 3 cL |
| *b)* Bañera | *b)* 3 hL |
| *c)* Jeringuilla | *c)* 3 dL |
| *d)* Cubo | *d)* 3 daL |

**43.** ●●○ Copia y completa las unidades que faltan.

*a)* 23,1 m = 2,31 □

*b)* 4,2 dg = 0,42 □

*c)* 0,029 hL = 29 □

*d)* 380 mm = 0,0038 □

*e)* 1,02 kg = 102 □

*f)* 9 020 cL = 0,00902 □

**44.** ●●○ @ **CC** Averigua en Internet cuántos kilómetros mide la Gran Muralla China. Cuidado, porque la longitud exacta se ha calculado hace pocos años, siendo bastante inexactas las mediciones un poco más antiguas.

**45.** ●●○ @ ¿Cuántos gramos pesa cada una de las siguientes monedas? Utiliza Internet para averiguarlo.

*a)* 2 euros
*b)* 1 euro
*c)* 50 céntimos
*d)* 20 céntimos
*e)* 10 céntimos
*f)* 5 céntimos
*g)* 2 céntimos
*h)* 1 céntimo

**46.** ●●○ @ **CCT** Busca en Internet entre qué valores está la capacidad pulmonar media de una persona. Expresa dicha capacidad en litros y en mililitros.

## Superficie. Volumen

**47.** ●○○ Copia y completa.

*a)* $251{,}3\ m^2 = \square\ dm^2$
*b)* $0{,}48\ hm^2 = \square\ m^2$
*c)* $4{,}187\ dam^2 = \square\ cm^2$
*d)* $36\,100\ cm^2 = \square\ km^2$

**48.** ●●○ Copia y completa las unidades que faltan.

*a)* $0{,}36\ dam^2 = 3\,600\ \square$
*b)* $0{,}0152\ km^2 = 15\,200\ \square$
*c)* $3\,810\ dm^2 = 0{,}0000381\ \square$
*d)* $513\,000\ mm^2 = 0{,}513\ \square$

**49.** ●●○ @ Averigua cuáles son las dimensiones de una tarjeta de crédito o del DNI. Multiplicándolas obtendrás su área. Expresa esta superficie en centímetros cuadrados.

**50.** ●●○ Expresa las siguientes superficies en hectáreas:

*a)* $54{,}7\ dam^2$
*b)* $2\,800\ m^2$
*c)* $36\,420\ dm^2$
*d)* $0{,}015\ km^2$

**51.** ●●○ ¿Cuántos metros cuadrados son cada una de estas medidas agrarias?

*a)* 250 ha
*b)* 38 a
*c)* 14 270 ca
*d)* 4 257 daa

**52.** ●●○ @ **CS** Averigua en Internet cuál es la superficie del país más pequeño del mundo, la Ciudad-Estado del Vaticano. Expresa dicha superficie en kilómetros cuadrados y en hectáreas.

**53.** ●○○ Pasa los siguientes volúmenes a las unidades indicadas:

*a)* $801{,}2\ cm^3$ a $m^3$
*b)* $0{,}0027\ km^3$ a $dam^3$
*c)* $6\,301\,000\ dm^3$ a $hm^3$
*d)* $0{,}00067\ dam^3$ a $mm^3$

**54.** ●●○ Copia y completa con las unidades necesarias.

*a)* $1{,}205\ dam^3 = 1\,205\ \square$
*b)* $26{,}3\ cm^3 = 0{,}0000263\ \square$
*c)* $0{,}0014\ hm^3 = 1\,400\ \square$
*d)* $0{,}09851\ km^3 = 98\,510\,000\,000\,000\ \square$

**55.** ●●○ @ **CC** Averigua cuál es el volumen en metros cúbicos de la pirámide de Keops. ¿Te parece una unidad de medida cómoda en este caso? ¿Qué múltiplo o submúltiplo del metro cúbico te parece más apropiado?

**56.** ●●○ Pasa a litros las siguientes cantidades:

*a)* $3\,618\ cm^3$
*b)* $27\,400\ mm^3$
*c)* $0{,}000068\ dam^3$
*d)* $1{,}26\ m^3$

**57.** ●●○ Copia y completa los tres recuadros de cada apartado.

*a)* $28{,}3\ kL = \square\ L = \square\ dm^3 = \square\ m^3$
*b)* $3\,710\ daL = \square\ L = \square\ dm^3 = \square\ dam^3$
*c)* $0{,}041\ m^3 = \square\ dm^3 = \square\ L = \square\ hL$
*d)* $31\,247\ mm^3 = \square\ dm^3 = \square\ L = \square\ cL$

**58.** ●●● Pasa las siguientes medidas de capacidad a medidas de volumen:

*a)* 254 dL = □ $cm^3$

*b)* 36,1 cL = □ $dm^3$

*c)* 26 300 kL = □ $hm^3$

*d)* 428 100 hL = □ $m^3$

**59.** ●●● Pasa las siguientes medidas de volumen a medidas de capacidad:

*a)* 54,92 $hm^3$ = □ kL

*b)* 38,7 $m^3$ = □ daL

*c)* 205 $dam^3$ = □ hL

*d)* 9,472 $cm^3$ = □ mL

**60.** ●●○ Indica cuántos kilogramos pesan las siguientes cantidades de agua destilada:

*a)* 2,8 dL

*b)* 38,05 $cm^3$

*c)* 2,901 kL

*d)* 0,39 $dam^3$

**61.** ●●○ **@ CCT** Busca en Internet información sobre la presa más grande del mundo, la de las Tres Gargantas, en China. ¿Cuántos hectómetros cúbicos de agua puede almacenar? ¿Cuántos litros es esta cantidad? Si dicha agua fuera destilada, ¿cuántos kilogramos pesaría?

## Sistema sexagesimal

**62.** ●○○ Copia y completa con los tiempos correspondientes.

*a)* 42 min = □ s

*b)* 8 h = □ min = □ s

*c)* 360 min = □ h

*d)* 14 400 s = □ min = □ h

**63.** ●○○ Copia y completa con los ángulos correspondientes.

*a)* 31′ = □″

*b)* 12° = □′ = □″

*c)* 420′ = □°

*d)* 39 600″ = □′ = □°

**64.** ●○○ **CL** Averigua cuánto tiempo indica cada uno de los siguientes términos:

*a)* 1 día = □ h

*b)* 1 semana = □ días

*c)* 1 trimestre = □ meses

*d)* 1 semestre = □ meses

*e)* 1 año (no bisiesto) = □ días

*f)* 1 bienio = □ años

*g)* 1 trienio = □ años

*h)* 1 lustro o quinquenio = □ años

*i)* 1 década = □ años

*j)* 1 siglo = □ años

*k)* 1 milenio = □ años

**65.** ●●○ Calcula a cuántos segundos equivale cada una de las cantidades de tiempo del ejercicio anterior.

**66.** ●●○ Calcula cuántos segundos hay en un ángulo recto.

**67.** ●●○ **@ CCT** Averigua en Internet cuál es la edad de la Tierra y la del Universo en años.

## Unidades monetarias

**68.** ●○○ **CS** Cierto día, el valor de 1 euro respecto a otras monedas era de:

| Moneda | Dólar | Libra | Peso | Yen |
|---|---|---|---|---|
| País | Estados Unidos | Reino Unido | Argentina | Japón |
| Valor de 1 euro | 1,3266 | 0,8419 | 5,2707 | 111,0165 |

Realiza las siguientes conversiones:

*a)* ¿Cuántos dólares son 5 euros?

*b)* ¿Cuántas libras son 7,5 euros?

*c)* ¿Cuántos pesos argentinos son 50 céntimos?

*d)* ¿Cuántos yenes es 1 céntimo?

**69.** ●●○ **CS** Calcula cuántos euros son las siguientes cantidades utilizando la tabla de equivalencias del ejercicio anterior.

*a)* 10 dólares
*b)* 5 libras
*c)* 100 pesos argentinos
*d)* 20 000 yenes

**70.** ●●● **CS** Sabiendo que 1 dólar equivale a 0,9878 francos suizos y utilizando la tabla de conversiones monetarias anterior, ¿cuántos francos suizos equivalen a 1 euro? ¿Cuántos euros equivalen a 1 franco suizo?

## Forma compleja e incompleja

**71.** ●○○ **CI** Explica por qué las siguientes cantidades no están expresadas correctamente en forma compleja:

*a)* 5 kg 36 hg 7 dag 28 g
*b)* 15 $dm^2$ 3 $cm^2$ 137 $mm^2$
*c)* 781 $dam^3$ 17 $m^3$ 7 800 $dm^3$ 31 $cm^3$
*d)* 7 h 26 min 62 s

**72.** ●○○ Pasa a forma compleja las siguientes medidas expresadas en incompleja:

*a)* 256 398 cm
*b)* 25 769 g
*c)* 105 873 mL

**73.** ●○○ Pasa a forma incompleja las siguientes medidas en compleja, expresándolas en las unidades que se indica:

*a)* 2 mam 4 km 2 hm 8 m 7 dm 3 mm en m
*b)* 8 t 7 q 1 mag 5 kg 7 hg 2 dag 9 g 3 dg 1 cg 7 mg en dag
*c)* 3 hL 9 dL 8 cL en L

**74.** ●●○ Las siguientes superficies y volúmenes están expresados en forma compleja. Pásalos a forma incompleja en las unidades que se indican.

*a)* 3 $km^2$ 15 $hm^2$ 29 $dam^2$ 17 $m^2$ 72 $dm^2$ 10 $cm^2$ en $m^2$
*b)* 72 $dam^2$ 5 $m^2$ 90 $cm^2$ 7 $mm^2$ en $dm^2$
*c)* 1 $hm^3$ 978 $dam^3$ 108 $m^3$ 27 $dm^3$ 837 $cm^3$ 103 $mm^3$ en $cm^3$
*d)* 74 $m^3$ 39 $cm^3$ 8 $mm^3$ en $dam^3$

**75.** ●●○ Escribe en forma compleja las siguientes superficies y volúmenes:

*a)* 851 269,8401 $dm^2$
*b)* 236,01019 $hm^2$
*c)* 800 126,7 $dam^3$
*d)* 0,00039658 $m^3$

**76.** ●●○ Pasa a segundos los siguientes ángulos y tiempos que vienen dados en forma compleja.

*a)* 7° 28′ 56″
*b)* 38° 21′ 43″
*c)* 12 h 39 min 47 s
*d)* 8 h 59 min 13 s

**77.** ●●○ **CD** Expresa en forma compleja los siguientes tiempos y ángulos dados en forma incompleja. Comprueba los resultados con tu calculadora.

*a)* 127 600 s
*b)* 8,36 h
*c)* 4 539,25′
*d)* 162 020″

**78.** ●●● Expresa en las unidades que se indican cada uno de los siguientes tiempos y ángulos dados en forma compleja:

*a)* 7 h 37 min 12 s en s
*b)* 45° 6′ 18″ en °
*c)* 15 h 25 min 30 s en min
*d)* 108° 48′ 36″ en ″

## Operaciones

**79.** ●○○ Realiza las siguientes sumas y restas:

*a)* 2 456 hm + 389 km − 24 183 dam
*b)* 0,0561 g + 1,28 mg
*c)* 85,09 dL − 261,08 cL + 0,0025 hL

**80.** ●○○ Calcula las siguientes sumas y restas de superficies y volúmenes:

*a)* 325 014 $cm^2$ + 98 521 $dm^2$
*b)* 0,000501 $dam^2$ − 3,819 $dm^2$ + 8 436 $mm^2$
*c)* 78 156 $m^3$ + 0,008402 $hm^3$
*d)* 0,000089 $km^3$ + 1,0369 $hm^3$ − 17,25 $dam^3$ + + 6 378 $m^3$

**81.** ●●○ Efectúa las siguientes sumas y restas de ángulos y tiempos expresando el resultado en la unidad más pequeña que aparezca:

*a)* $7° + 286' - 38\,062''$

*b)* $25° + 741' - 5° + 91\,253'' + 16° - 2\,586'$

*c)* 24 h − 245 min + 367 102 s

*d)* 4,5 h + 947,4 min − 512 s

**82.** ●●○ Calcula las siguientes sumas y restas en forma compleja:

*a)* (5 dam 3 m 7 cm) + (6 dam 8 m 1 dm)

*b)* (5 g 9 dg 3 cg 7 mg) − (6 dg 7 cg 7 mg) + + (7 g 3 dg 1 mg)

*c)* (8 kL 3 daL 8 dL) + (9 hL 6 daL 1 dL) − − (7 daL 1 L 6 dL) + (8 hL 3 daL 1 L)

**83.** ●●● Obtén el resultado de las siguientes operaciones con superficies y volúmenes en forma compleja:

*a)* (8 km$^2$ 61 hm$^2$) − (32 hm$^2$ 11 dam$^2$)

*b)* (36 dam$^3$ 410 m$^3$ 26 dm$^3$) + (7 dam$^3$ 225 dm$^3$)

**84.** ●●● **CD** Realiza las siguientes sumas y restas de tiempos y amplitudes de ángulos expresando el resultado en forma compleja. Verifica los resultados con tu calculadora.

*a)* (8 h 24 min 38 s) + (13 h 48 min 26 s)

*b)* (17 h 41 min 13 s) − (14 h 58 min 29 s)

*c)* $(47°\ 38'\ 6'') + (41°\ 49'\ 57'')$

*d)* $(113°\ 26'\ 57'') - (90°\ 51'\ 15'')$

**85.** ●●○ A las 15:00 comienzan las noticias, que duran 28 min 13 s, después viene un bloque de anuncios de 5 min 6 s, y por último comienza el documental de 1 h 15 min 34 s de duración. ¿A qué hora acaba el documental exactamente?

**86.** ●●○ Roberto ha concluido una prueba de maratón en 2 h 52 min 38 s a las 14 h 28 min 45 s de la tarde. ¿A qué hora comenzó la prueba?

**87.** ●●○ Efectúa las multiplicaciones siguientes:

*a)* (5 dm 3 cm 7 mm) · 13

*b)* (8 dag 6 dg 8 cg) · 42

*c)* (6 L 3 dL 8 mL) · 125

**88.** ●●● Calcula el resultado de cada una de las multiplicaciones siguientes:

*a)* (1 km$^2$ 53 hm$^2$) · 7

*b)* (3 dam$^2$ 72 m$^2$ 6 dm$^2$) · 15

*c)* (81 hm$^3$ 241 dam$^3$ 6 m$^3$) · 36

*d)* (7 dam$^3$ 810 m$^3$ 903 cm$^3$) · 213

**89.** ●●● **CD** Halla el resultado de las multiplicaciones siguientes de tiempos y ángulos. Comprueba con tu calculadora estos resultados.

*a)* (7 h 25 min 30 s) · 6

*b)* (12 min 37 s) · 134

*c)* $(14°\ 28'\ 39'') \cdot 7$

*d)* $(1°\ 38'\ 49'') \cdot 29$

**90.** ●●○ Calcula los siguientes cocientes:

*a)* (7 km 3 hm 6 dam 8 m) : 4

*b)* (1 t 3 q 8 kg 7 dag 5 g) : 25

*c)* (2 hL 3 daL 8 L 5 dL) : 12

**91.** ●●● Efectúa las siguientes divisiones en forma compleja:

*a)* (8 m$^2$ 25 dm$^2$) : 5

*b)* (32 dam$^2$ 17 m$^2$ 5 dm$^2$) : 6

*c)* (412 km$^3$ 72 hm$^3$ 256 dam$^3$) : 32

**92.** ●●● **CD** Halla el resultado de las siguientes divisiones. Verifícalos con tu calculadora.

*a)* (18 h 39 min 15 s) : 5

*b)* $(327°\ 18'\ 45'') : 15$

**93.** ●●○ **CS** En una manifestación hay 5 ha ocupadas por los manifestantes y sabemos que en cada m$^2$ había 4 personas de media. ¿Cuántos manifestantes acudieron a la marcha?

**94.** ●●○ Mi reloj de pulsera se adelanta 1 s cada 2 h 25 min 39 s. ¿Cuánto tiempo habrá pasado desde que estaba puesto correctamente en hora hasta que estaba adelantado 1 min?

**95.** ●●○ El examen teórico para obtener el permiso de conducir consta de 30 preguntas. Si Margarita tardó exactamente 56 minutos en contestar a todas las preguntas, ¿cuánto tardó de media en responder a cada cuestión?

# Prepárate para las pruebas

**1.** En un rally automovilístico dos puntos de control están a 160 km de distancia entre sí. Los conductores deben conducir de un punto de control a otro en exactamente 2,5 horas para ganar el máximo de puntos.

Al inicio del recorrido, un conductor se demoró 1 hora en viajar a través de un terreno montañoso de 40 km. ¿Cuál debería ser la velocidad media, en kilómetros por hora, para los 120 km que faltan, si el tiempo total entre los puntos de control debe ser 2,5 horas?

TIMMS

**2. Distancias**

*a)* La luz que procede del Sol tarda en llegar a la Tierra 8 minutos. Halla cuál es la distancia en metros entre el Sol y la Tierra, sabiendo que, en un segundo, la luz recorre 300 000 kilómetros.

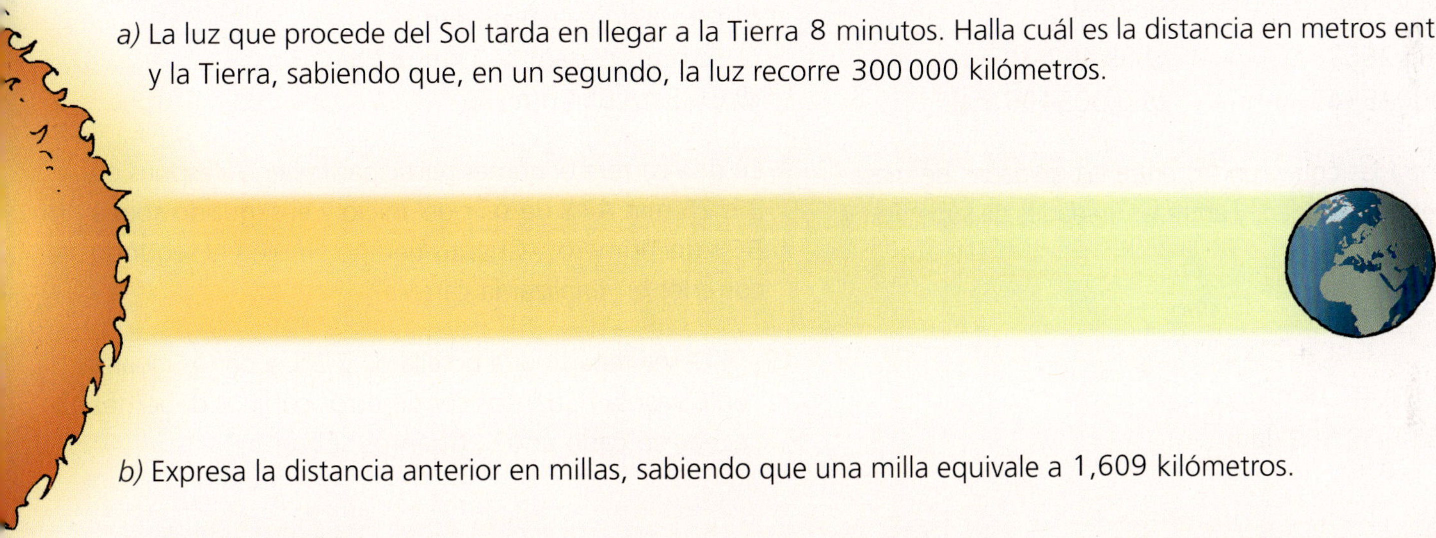

*b)* Expresa la distancia anterior en millas, sabiendo que una milla equivale a 1,609 kilómetros.

**3. El tipo de cambio**

Mei-Ling, ciudadana de Singapur, estaba realizando los preparativos para ir a Sudáfrica como estudiante de intercambio durante 3 meses. Necesitaba cambiar algunos dólares de Singapur (SGD) en rands sudafricanos (ZAR).

*a)* Mei-Ling se enteró de que el tipo de cambio entre el dólar de Singapur y el rand sudafricano era de:

1 SGD = 4,2 ZAR

Mei-Ling cambió 3 000 dólares de Singapur en rands sudafricanos con este tipo de cambio.

¿Cuánto dinero recibió Mei-Ling en rands sudafricanos?

PISA

*b)* Al volver a Singapur, tres meses después, a Mei-Ling le quedaban 3 900 ZAR. Los cambió en dólares de Singapur, dándose cuenta de que el tipo de cambio había cambiado a:

1 SGD = 4,0 ZAR

¿Cuánto dinero recibió en dólares de Singapur?

# EVALÚATE

**1.** Escribe tres magnitudes y una unidad de medida para cada una de ellas.

**2.** Realiza las siguientes conversiones de unidades de medida en forma incompleja:

*a)* $6\,842° = \square'$
*b)* $9{,}875\ hm^2 = \square\ m^2$
*c)* $0{,}00089\ maL = \square\ L$
*d)* $0{,}001245\ dm^3 = \square\ mm^3$

**3.** Pasa de forma compleja a incompleja.

*a)* $3\ q\ 5\ kg\ 6\ dag = \square\ hg$
*b)* $6\ h\ 34\ min = \square\ s$
*c)* $95\ dam^2\ 65\ m^2 = \square\ m^2$
*d)* $987\ dam^3\ 65\ dm^3 = \square\ m^3$

**4.** Pasa de forma incompleja a compleja.

*a)* $6\,585\,265''$
*b)* $0{,}00025545\ km^3$
*c)* $59\,452{,}365\ dam^2$
*d)* $0{,}005496\ maL$

**5.** Encuentra las equivalencias entre las unidades de masa, volumen y capacidad, y entre las unidades de superficie y medidas agrarias.

*a)* $5\ dam^3 = \square\ dL = \square\ dag$
*b)* $\square\ m^3 = 6\ hL = \square\ kg$
*c)* $7\,590\ a = \square\ km^2$
*d)* $\square\ ha = 32\,599\ dam^2$

**6.** Conociendo los siguientes cambios de divisas,

$1\ € = 1{,}3399\ \$$ $\qquad$ $1\ € = 0{,}8494\ £$

copia y completa la tabla siguiente:

| € | $ | £ |
|---|---|---|
| 5 | | |
| | 5 | |
| | | 5 |

**7.** Realiza las siguientes operaciones en forma incompleja y expresa el resultado en la unidad indicada:

*a)* $32\,585\ km + 9\,842\,521\ hm = \square\ mam$
*b)* $985\ min - 32\,456\ s = \square\ min$
*c)* $8\,987\ hm^2 \cdot 3 = \square\ mam^2$
*d)* $0{,}000056\ m^3 : 15 = \square\ cm^3$

**8.** Opera en forma compleja.

*a)* $(5°\ 36'\ 47''):8$
*b)* $4\ kg\ 3\ dag - 8\ hg\ 7\ dag$
*c)* $32\ hm^2\ 25\ dam^2 + 2\ km^2\ 87\ hm^2\ 3\ m^2$
*d)* $(985\ m^3\ 654\ dm^3)\cdot 6$

**9.** En una carrera el primer participante llegó después de 3 h 25 min 47 s de salir del inicio y el segundo solo a 56 s del primero. ¿Cuánto tiempo empleó el segundo corredor en finalizar la carrera?

**10.** Se desea repartir una botella de 2,5 L a partes iguales en 6 vasos. ¿Cuántos centímetros cúbicos debemos echar en cada uno? ¿Cuántos sobrarán?

# MATEMÁTICAS RECREATIVAS

**1.** Resuelve el siguiente *sudoku* de unidades de masa. Las normas son las de cualquier *sudoku*: cada uno de los múltiplos y submúltiplos del gramo (t, q, mag, kg, hg, dag, dg, cg, mg) solo pueden aparecer una vez en cada fila, una vez en cada columna y una vez en cada cuadrado interior.

| | | | | | | | | |
|---|---|---|---|---|---|---|---|---|
| | cg | dg | dag | | kg | | | |
| mag | | | | cg | | kg | mg | |
| | dag | kg | | | mg | mag | | |
| cg | hg | | | kg | | dag | | |
| | | | | dg | hg | cg | | |
| kg | | mg | | q | | | | |
| hg | | q | | | cg | | | |
| dg | | | mag | dag | | hg | | kg |
| | kg | | | | q | | mag | |

**2.** Una persona está dando un paseo. Supón que dividimos el trayecto que hace en infinitas partes de las siguientes longitudes:

1 km – 5 hm – 25 dam – 125 m – 625 dm – 3 125 cm – 15 625 mm – ...

*a)* ¿Cómo continúa la serie? *b)* ¿Cuánto recorrerá en total?

# 1 ESO

I II III

# Matemáticas

M. Á. Ingelmo, Y. Á. Zárate

TEIDE

Esta obra ha sido impresa sobre papel ecológico y 100 % reciclable.

**Advertencia**
De acuerdo con la ley, este libro de texto no es un material fungible; por lo tanto, los ejercicios propuestos no deben ser resueltos en él, sino en el cuaderno del alumnado. Si en el libro se dejan espacios en blanco, recuadros vacíos o líneas de puntos, es simplemente para que el alumnado tenga un modelo o una pauta de resolución.

**Cubierta**
La Page

**Diseño de maqueta**
Babel Disseny i Maquetació, S. L.; Kaffa

**Ilustraciones técnicas**
Admagraf

**Ilustraciones artísticas**
Kaffa, S. Campillo

**Fotografías**
AGE Fotostock, Album, Archivo Teide, P. Carrión, M. Clemente, Index, Prisma

**Preimpresión**
Admagraf

Primera edición, 2015
Segunda impresión, 2016


info@editorialteide.com
www.editorialteide.com

ISBN: 978-84-307-8879-8
Depósito legal: B 8522-2015
Impreso en Índice S.L. - Fluviá, 81-87 - 08019 Barcelona

# Índice

1.º ESO

## I


**Unidad 1. Números naturales y potencias** 4

Repasa ... 6
Mapa conceptual ... 7
1. Sistemas de numeración romano y decimal ... 8
2. El número natural ... 10
3. Operaciones con números naturales ... 12
4. Potencias ... 18
5. Cuadrados perfectos y raíz cuadrada ... 21
6. Estimación ... 24
Saber más ... 28
Síntesis ... 29
Ejercicios y problemas ... 30
Prepárate para las pruebas ... 36
Evalúate ... 37
Matemáticas recreativas ... 37

**Unidad 2. Divisibilidad** 38

Repasa ... 40
Mapa conceptual ... 41
1. Múltiplos y divisores ... 42
2. Reglas de divisibilidad ... 46
3. Números primos y compuestos ... 48
4. Máximo común divisor ... 50
5. Mínimo común múltiplo ... 52
Saber más ... 54
Síntesis ... 55
Ejercicios y problemas ... 56
Prepárate para las pruebas ... 62
Evalúate ... 63
Matemáticas recreativas ... 63

**Unidad 3. Números enteros** 64

Repasa ... 66
Mapa conceptual ... 67
1. Números enteros: definiciones y comparación ... 68
2. Operaciones con números enteros ... 72
Saber más ... 82
Síntesis ... 83
Ejercicios y problemas ... 84
Prepárate para las pruebas ... 88
Evalúate ... 89
Matemáticas recreativas ... 89

**Unidad 4. Fracciones** 90

Repasa ... 92
Mapa conceptual ... 93
1. Fracciones: definiciones y elementos básicos ... 94
2. Fracciones propias e impropias. Números mixtos ... 97
3. Representación de una fracción en la recta numérica ... 98
4. Comparación de fracciones ... 100
5. Operaciones elementales con fracciones ... 104
6. Operaciones combinadas ... 107
7. Problemas ... 107
Saber más ... 110
Síntesis ... 111
Ejercicios y problemas ... 112
Prepárate para las pruebas ... 118
Evalúate ... 119
Matemáticas recreativas ... 119


## II


**Unidad 5.** Números decimales
**Unidad 6.** Proporcionalidad
TIC Wiris
**Unidad 7.** Lenguaje algebraico
TIC Wiris
**Unidad 8.** Unidades de medida


## III


**Unidad 9.** Elementos básicos de la geometría en el plano y en el espacio. Simetrías en el plano
**Unidad 10.** Perímetros y áreas de figuras planas
TIC GeoGebra
**Unidad 11.** Funciones y gráficas
TIC GeoGebra
**Unidad 12.** Estadística y probabilidad
TIC Excel

¿Cómo es el libro?

# NÚMEROS NATURALES Y POTENCIAS

# UNIDAD 1

Un sistema de numeración es el conjunto de símbolos y reglas que nos permiten escribir números. Nuestro sistema de numeración es decimal, pues utilizamos 10 símbolos:

0, 1, 2, 3, 4, 5, 6, 7, 8, 9

Pero estos símbolos son fruto de la invención humana. Podrían haber sido otros 10 símbolos diferentes a estos o ser más o menos dígitos.

¿Sabías que el hecho de que utilicemos 10 cifras es porque tenemos 10 dedos en las manos? ¡Cuánto habrían cambiado las matemáticas si hubiéramos tenido sólo 4 dedos en cada mano!

Debido a esta característica de nuestro cuerpo, muchos pueblos antiguos utilizaban sistemas de numeración decimal, es decir, aunque los símbolos eran distintos de los nuestros, seguían siendo 10. Sin embargo, existieron otras muchas posibilidades.

Por ejemplo, en las tribus de indios que existían en Norteamérica.

- Usaban un sistema con solo 5 signos, debido a que tenían en cuenta únicamente los dedos de una mano y no los de las dos.
- Empleo de 20 símbolos distintos, al contar también con los dedos de los pies.
- Uso de un sistema binario, con solo 2 símbolos, que es el sistema que utilizan los ordenadores para realizar sus procesos internos.

## INTERPRETA Y RESUELVE

Supón que los símbolos que utilizáramos para escribir los números fueran las 10 primeras letras según las siguientes equivalencias:

| 0 | 1 | 2 | 3 | 4 | 5 | 6 | 7 | 8 | 9 |
|---|---|---|---|---|---|---|---|---|---|
| A | B | C | D | E | F | G | H | I | J |

*a)* ¿Cómo se escribiría el número 3 491?

*b)* ¿Qué número sería el CG JAD?

# REPASA

## Suma

Colocaremos los números alineados a la derecha, y sumaremos columna a columna cuidando las llevadas.

$$\begin{array}{r} 15\,274 \\ +\;\;3\,816 \\ \hline 19\,090 \end{array}$$

Es recomendable practicar la realización de sumas en línea.

$$15\,274 + 3\,816 = 19\,090$$

## Resta

Colocaremos el mayor arriba y el menor debajo, alineados a la derecha, y restaremos columna a columna cuidando las llevadas.

$$\begin{array}{r} 35\,428 \\ -\;\;8\,367 \\ \hline 27\,061 \end{array}$$

La resta en línea se procede de manera análoga.

$$35\,428 - 8\,367 = 27\,061$$

## Multiplicación

Colocaremos los números en columnas, no necesariamente alineados, y aplicaremos las tablas de multiplicar y las llevadas con cada una de las cifras del número colocado abajo comenzando por la de la derecha. Sumaremos las filas de números obtenidas.

$$\begin{array}{r} 4\,651 \\ \times\;\;\;82 \\ \hline 9\,302 \\ 372\,08\;\; \\ \hline 381\,382 \end{array}$$

**RECUERDA**

Los ceros finales de los números no es necesario multiplicarlos, y se pondrán directamente al final del resultado.

## División

Colocaremos los números en forma de caja y tomaremos únicamente la primera cifra del divisor para ver a cuánto cabe el dividendo. Multiplicaremos ese resultado por todo el divisor, pondremos bajo el dividendo la diferencia hasta el mismo y bajaremos la cifra siguiente del dividendo. Repetiremos el proceso hasta que no queden más cifras que bajar.

$$\begin{array}{l|l} 3\,562 & 13 \\ \cline{2-2} 096 & 274 \\ \;\;052 & \\ \;\;\;\;00 & \end{array}$$

### EJERCICIOS

**1.** Calcula las siguientes sumas y restas:

*a)* 4 897 − 325 + 10 098 *b)* 98 003 − 75 987 *c)* 45 361 + 253 − 15 326

**2.** Calcula las siguientes multiplicaciones:

*a)* 256 × 24 *b)* 1 274 × 310 *c)* 41 037 × 908

**3.** Calcula las siguientes divisiones:

*a)* 4 136 : 8 *b)* 41 692 : 43 *c)* 910 374 : 302

# MAPA CONCEPTUAL

- **SISTEMAS DE NUMERACIÓN**
  - Aditivo — Romano
    - Si se suman los valores de cada signo.
  - Posicional — Decimal
    - Si la posición de cada signo determina su valor.
    - Unidades
    - Decenas
    - Centenas
    - Unidades de millar
    - Decenas de millar
    - Centenas de millar
- **EL NÚMERO NATURAL**
  - Lectura — 23 → veintitrés
  - Escritura — veintitrés → 23
  - Orden
  - Representación
- **OPERACIONES**
  - Suma, Resta, Multiplicación — Propiedad distributiva $a \cdot (b + c) = a \cdot b + a \cdot c$; $a \cdot (b - c) = a \cdot b - a \cdot c$
  - División
  - Potencias
    - Producto de potencias de la misma base $a^n \cdot a^m = a^{n+m}$
    - Cociente de potencias de la misma base $a^n : a^m = a^{n-m}$
    - Potencia de una potencia $(a^n)^m = a^{nm}$
    - Producto de potencias del mismo exponente $a^n \cdot b^n = (a \cdot b)^n$
    - Cociente de potencias del mismo exponente $a^n : b^n = (a : b)^n$
  - Raíces cuadradas
    - Cálculo por tanteo
    - Prueba $\sqrt{a} = b$ Resto $= r$ $b^2 + r = a$
- **ESTIMACIÓN**
  - Truncamiento
  - Redondeo
  - Errores
    - Absoluto $E_a = |\text{valor real} - \text{valor aproximado}|$
    - Relativo $E_r = \dfrac{E_a}{\text{valor real}}$

# 1. Sistemas de numeración romano y decimal

Los sistemas de numeración actuales resultan de la evolución de los símbolos (como muescas en paredes o piedras que empleaban las culturas más primitivas) y de la necesidad de escribir números cada vez más grandes al comenzar intercambios de mercancías más complejos.

Dentro de los sistemas de numeración podemos distinguir dos tipos: **aditivo** y **posicional**.

## 1.1. Sistema de numeración aditivo

El valor del número se obtiene añadiendo los valores de cada uno de los signos que lo forman. Tal es el caso del sistema de numeración **jeroglífico egipcio** y del **romano**.

El romano utiliza los siguientes signos:

I → 1
V → 5
X → 10
L → 50
C → 100
D → 500
M → 1 000

Normas de escritura:

1) No se puede escribir más de tres veces el mismo signo.
2) Los símbolos se escribirán de mayor a menor, de manera que, si nos encontramos una letra de valor inferior a la izquierda de otra de valor superior, deberemos restar el valor más pequeño al mayor.
3) Una barra horizontal sobre un símbolo multiplica por 1 000 el valor de dicho símbolo.

$\overline{V}$ → 5 000
$\overline{X}$ → 10 000
$\overline{D}$ → 500 000

**OBSERVA**

En un sistema de numeración aditivo, el 0 carece de sentido, pues no añade ninguna cantidad al número final.

**EJERCICIOS RESUELTOS**

1. Escribe en el sistema romano los siguientes números:

*a)* 438 *b)* 2 699 *c)* 15 543

*a)* CDXXXVIII *b)* MMDCXCIX *c)* $\overline{XV}$DXLIII

Solución

2. Escribe el valor de los siguientes números en el sistema romano:

*a)* MCCXLVII *b)* MMMCCLVII *c)* $\overline{D}$V

*a)* 1 247 *b)* 3 257 *c)* 500 005

Solución

## 1.2. Sistema de numeración posicional

Cada símbolo toma distinto valor atendiendo a la posición que ocupe dentro del número. En este caso, se requiere un símbolo para rellenar posiciones vacías, el 0.

En este grupo de sistemas de numeración se encuentra el **sistema decimal**, es decir, 10 unidades de un mismo orden forman 1 unidad de un orden superior, o lo que es lo mismo, de una posición más a la izquierda.

**RECUERDA**

Nuestro sistema de numeración, al ser decimal, necesita 10 símbolos:

0, 1, 2, 3, 4, 5, 6, 7, 8 y 9

| Centenas de millar | Decenas de millar | Unidades de millar | Centenas | Decenas | Unidades | |
|---|---|---|---|---|---|---|
| CM | DM | UM | C | D | U | |
| | | | | 1 | 0 | 1 D = 10 U |
| 1 | 0 | 0 | | | | 1 CM = 100 UM |

Cuando escribimos 1 021, estamos dando valores diferentes al mismo símbolo 1: en la primera posición tiene un valor de 1 000 y en la última un valor de 1.

### EJERCICIOS RESUELTOS

**1.** Escribe la descomposición decimal de los siguientes números:

*a)* 5 347
*b)* 10 023
*c)* 300

*a)* $5 \cdot 1000 + 3 \cdot 100 + 4 \cdot 10 + 7 = 5\,\text{UM} + 3\text{C} + 4\text{D} + 7\text{U}$
*b)* $1 \cdot 10\,000 + 2 \cdot 10 + 3 = 1\,\text{DM} + 2\text{D} + 3\text{U}$
*c)* $3 \cdot 100 = 3\,\text{C}$

Solución

**2.** Escribe el número al que corresponden las siguientes descomposiciones:

*a)* 5 DM + 4 C + 3 D + 1 U
*b)* 37 C + 5 D
*c)* 45 UM + 28 C + 3 U

Podemos emplear una tabla:

| | DM | UM | C | D | U | Número |
|---|---|---|---|---|---|---|
| 5 DM + 4 C + 3 D + 1 U | 5 | | 4 | 3 | 1 | 50 431 |
| 37 C + 5 D | | 3 | 7 | 5 | | 3 750 |
| 45 UM + 28 C + 3 U | 4 | 5 + 2 | 8 | | 3 | 47 803 |

Solución

### EJERCICIOS

**1.** ●○○ **CC** Escribe las siguientes cantidades en números romanos:

*a)* 641   *b)* 1 394   *c)* 749

**2.** ●●○ **CC** ¿Qué valores representan los siguientes números romanos?

*a)* DXCVIII   *b)* MMDCCLII   *c)* $\overline{\text{LXII}}$CCCXLV

**3.** ●○○ **CC** Copia y completa la siguiente tabla:

| Número | CM | DM | UM | C | D | U |
|---|---|---|---|---|---|---|
| 142 326 | | | | | | |
| | | 3 | 1 | 9 | 1 | 2 |
| 25 036 | | | | | | |
| | 7 | | 2 | 3 | 1 | |

# 2. El número natural

Los números naturales son fundamentales para contar de manera exacta o aproximada, para poder medir, y para organizar u ordenar diferentes objetos.

La lectura y escritura de números se puede hacer a través de sus cifras y también por medio de palabras, que difieren en cada idioma.

345 201 = trescientos cuarenta y cinco mil doscientos uno

1 259 340 = un millón doscientos cincuenta y nueve mil trescientos cuarenta

Siempre se pueden encontrar números naturales que superen a otro dado, de modo que debemos ser capaces también de leer y escribir números naturales muy grandes.

1 000 unidades de millar = 1 unidad de millón = 1 000 000 U
1 000 unidades de millón = 1 unidad de millardo = 1 000 000 000 U
1 000 unidades de millardo = 1 unidad de billón = 1 000 000 000 000 U

| Unidad de billón | | | Unidad de millardo | | | Unidad de millón | Centenas de millar | Decenas de millar | Unidades de millar | Centenas | Decenas | Unidades |
|---|---|---|---|---|---|---|---|---|---|---|---|---|

**OBSERVA**

La expresión más habitual para una unidad de millardo es **mil millones.**

## EJERCICIOS RESUELTOS

1. Escribe cómo se leen los siguientes números:

   *a)* 23 452 026 001

   *b)* 3 000 200 598 745

   *a)* Veintitrés mil cuatrocientos cincuenta y dos millones veintiséis mil uno.
   *b)* Tres billones doscientos millones quinientos noventa y ocho mil setecientos cuarenta y cinco.

   Solución

2. Escribe qué números son los siguientes:

   *a)* Nueve billones doscientos mil trescientos cuarenta millones treinta y tres.

   *b)* Veinte billones dos millones doscientos mil veintidós.

   *a)* 9 200 340 000 033 *b)* 20 000 002 200 022

   Solución

- **Representación de los números naturales en la recta**

Basta con graduar la recta desde el 0 en adelante, escogiendo la escala adecuada.

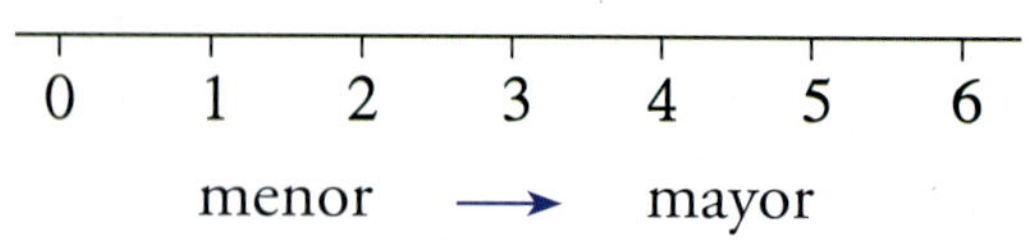


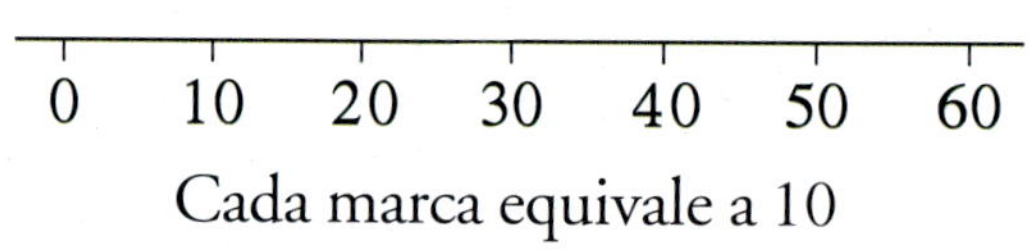


Los números se incrementan según avanzamos hacia la derecha.

**CUIDADO**

Las marcas de la recta deben ser equidistantes, es decir, las unidades tienen que estar separadas entre sí la misma distancia unas de otras.

Los números naturales son un **conjunto ordenado**, es decir, siempre tenemos que ser capaces de determinar si un número es menor, igual o mayor que otro.

Además, es un **conjunto infinito**, esto es, siempre existe el número natural siguiente a otro.

Para denotar el orden:

| | |
|---|---|
| $>$ | mayor que |
| $=$ | igual que |
| $<$ | menor que |
| $\leq$ | menor o igual que |
| $\geq$ | mayor o igual que |

## EJERCICIOS RESUELTOS

**3.** Representa en la recta numérica los siguientes números, valorando en cada caso un posible cambio de escala:

*a)* 15, 3, 0 y 8

*b)* 155, 200, 175 y 60

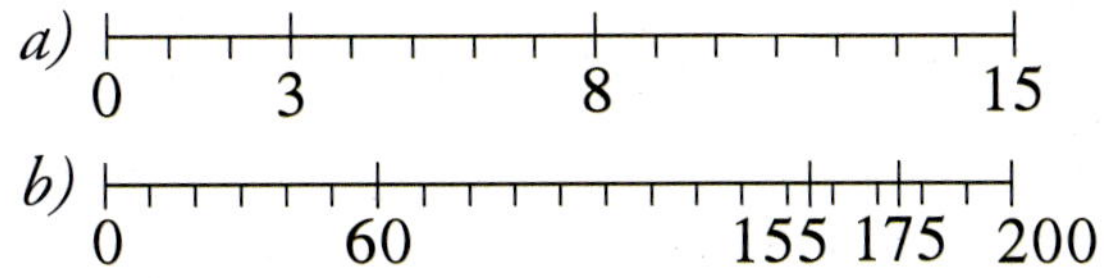


Solución

**4.** Encuentra el número siguiente y anterior de los que se presentan a continuación y ordénalos empleando los símbolos adecuados:

*a)* 123 459
*b)* 16 599
*c)* 9 999

*a)* $123\,458 < 123\,459 < 123\,460$
*b)* $16\,598 < 16\,599 < 16\,600$
*c)* $9\,998 < 9\,999 < 10\,000$

Solución

**5.** Coloca el símbolo $<$, $=$ o $>$ según corresponda.

*a)* 399 □ 401
*b)* 723 456 □ 723 465
*c)* 9 989 □ 9 899

*a)* $399 < 401$
*b)* $723\,456 < 723\,465$
*c)* $9\,989 > 9\,899$

Solución

## EJERCICIOS

**4.** ●●○ Escribe cómo se leen los siguientes números:

*a)* 385 426
*b)* 1 840 023
*c)* 360 512 001 052

**5.** ●●○ Escribe, con números, las siguientes cantidades:

*a)* Seiscientos veintitrés mil cuatrocientos dieciocho.
*b)* Doce millones quinientos tres mil dos.
*c)* Un billón seiscientos ocho mil trescientos cuarenta millones ochenta y tres.

**6.** ●○○ Representa en la recta los números 7, 5, 9, 3, 11, 2 y 4. Utiliza esta representación para ordenar dichos números de menor a mayor.

**7.** ●○○ ¿Cuántos números naturales hay comprendidos entre 643 y 652? Escribe 4 de ellos.

**8.** ●○○ **CL** Relaciona cada frase con alguno o algunos de los usos de los números.

*a)* Mi número de teléfono es 683542341.
*b)* En la carrera quedé el 7.º.
*c)* Vivo en un piso de 90 m$^2$.
*d)* Mi código postal es 23501.
*e)* En mi clase somos 26 alumnos.
*f)* De mi casa a la tuya hay 2 km.

*1)* Medir   *2)* Ordenar
*3)* Contar   *4)* Códigos

# 3. Operaciones con números naturales

De poco nos valen los números si no sabemos operar con ellos. En nuestro día a día necesitamos agrupar cantidades cuando compramos algo en una tienda, repartir importes si compramos algo entre nuestro grupo de amigos para pagarlo a medias, o quitar un valor a otro, por ejemplo, cuando en un videojuego nos van quitando puntos a medida que cometemos errores.

## 3.1. Suma

Sumar significa añadir.

Si nosotros queremos sumar, $3+5$, lo que debemos hacer es añadir 5 unidades a las 3 que ya teníamos, desplazándonos hacia la derecha en la recta.

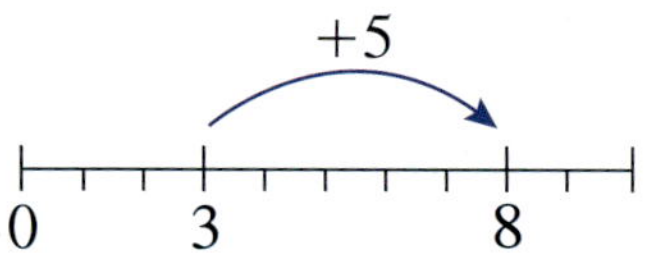


$3+5=8$

sumandos — suma

Esta operación verifica dos **propiedades**:

- **Propiedad conmutativa**: podemos cambiar el orden de los sumandos y la suma no se altera.

$$4+7=7+4$$

- **Propiedad asociativa**: podemos agrupar los sumandos en el orden que deseemos porque la suma no cambia.

Esta propiedad, en combinación con la anterior, es muy útil a la hora de realizar cálculos mentales, pues nos permite escoger las sumas más sencillas en primer lugar. Para indicar la suma que vamos a realizar al principio, la colocaremos entre paréntesis.

$$\mathbf{50}+35+\mathbf{50}=\underbrace{(50+50)}+35=100+35=135$$

$$\mathbf{50}+\mathbf{35}+50=\underbrace{(50+35)}+50=85+50=135$$

## 3.2. Resta

Restar significa quitar.

Si queremos hacer $5-3$, deberemos desplazarnos hacia la izquierda en la recta 3 unidades a partir del 5.

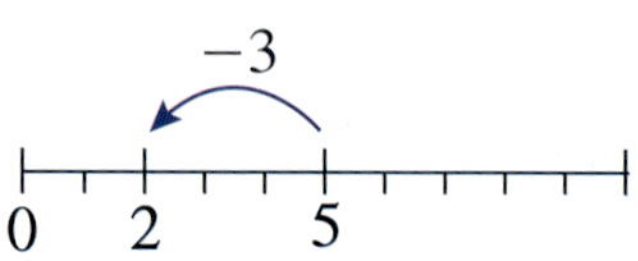


$5-3=2$

minuendo — sustraendo — diferencia o resta

## 3.3. Multiplicación

Multiplicar consiste en sumar repetidas veces un mismo número y nos facilita notablemente este trabajo. A partir de ahora, para multiplicar no usaremos el signo × sino el símbolo · .

Es más sencillo realizar $3 \cdot 6$ que $3+3+3+3+3+3$.

$$3 \cdot 6 = 18$$

factores (3 y 6) — producto (18)

**RECUERDA**

Para multiplicar un número por 10, 100, 1 000, ... lo único que debes hacer es añadirle tantos ceros como tenga el factor que lleva la unidad seguida de ceros.

La multiplicación verifica, al igual que la suma, las **propiedades** conmutativa y asociativa.

- **Propiedad conmutativa:** el orden de los factores no altera el producto.

$$2 \cdot 3 = 3 \cdot 2$$

- **Propiedad asociativa:** se pueden agrupar los factores de distintas maneras y se conserva el producto. En este caso también podemos escoger parejas que nos faciliten los cálculos.

$$\mathbf{15} \cdot 7 \cdot \mathbf{2} = (15 \cdot 2) \cdot 7 = 30 \cdot 7 = 210$$

$$\mathbf{15} \cdot \mathbf{7} \cdot 2 = (15 \cdot 7) \cdot 2 = 105 \cdot 2 = 210$$

### EJERCICIOS

**9.** ●○○ Realiza las siguientes operaciones:

*a)* 17 428 + 398 418

*b)* 417 239 − 48 937

*c)* 17 428 · 36

**10.** ●●○ Calcula, sin multiplicar los ceros.

*a)* 145 · 1 500

*b)* 358 · 102

*c)* 745 000 · 6 200

**11.** ●○○ Calcula mentalmente.

*a)* 45 · 1 000

*b)* 384 · 100 000

*c)* 347 · 1 000 000

**12.** ●○○ Indica qué propiedad se está aplicando en cada caso.

*a)* $35 + 78 = 78 + 35$

*b)* $14 \cdot (10 - 9) = 14 \cdot 10 - 14 \cdot 9$

*c)* $5 \cdot (4 \cdot 7) = (5 \cdot 4) \cdot 7$

*d)* $(12 + 13) + 6 = 12 + (13 + 6)$

*e)* $15 \cdot 7 = 7 \cdot 15$

## 3.4 Propiedad distributiva de la multiplicación respecto a la suma

El producto de un número por una suma (o resta) es igual a la suma (o resta) de los productos de dicho número por cada uno de los términos de la suma (o resta).

$$4 \cdot (5+7) = 4 \cdot 5 + 4 \cdot 7 \qquad 5 \cdot (8-2) = 5 \cdot 8 - 5 \cdot 2$$
$$4 \cdot 12 \quad 20+28 \qquad 5 \cdot 6 \quad 40-10$$
$$48 \quad 48 \qquad 30 \quad 30$$

Podemos escoger cuál de las dos maneras de realizar la operación nos conviene más.

$$35 \cdot 102 = 35 \cdot (100+2) = 35 \cdot 100 + 35 \cdot 2 = 3\,500 + 70 = 3\,570$$

**OBSERVA**

El proceso contrario a la propiedad distributiva se llama **extracción de factor común**, y consiste en hallar el factor que se repite en una suma (o resta) de productos y convertir esa suma (o resta) en un producto de dicho factor por una suma (o resta).

$$3 \cdot 4 + 3 \cdot 8 = 3 \cdot (4+8)$$
$$6 \cdot 7 - 2 \cdot 7 = (6-2) \cdot 7$$

### EJERCICIOS RESUELTOS

**1.** Aplica la propiedad asociativa para resolver mentalmente las siguientes operaciones:

*a)* $375 + 189 + 125$

*b)* $15 \cdot 125 \cdot 4$

*a)* $(375+125) + 189 = 500 + 189 = 689$

*b)* $15 \cdot (125 \cdot 4) = 15 \cdot 500 = 7\,500$

Solución

**2.** Emplea la propiedad distributiva para realizar los siguientes cálculos de manera sencilla:

*a)* $99 \cdot 48$

*b)* $12 \cdot 1101$

*a)* $(100-1) \cdot 48 = 4\,800 - 48 = 4\,752$

*b)* $12 \cdot (1\,000 + 100 + 1) = 12\,000 + 1\,200 + 12 = 13\,212$

Solución

**3.** Calcula extrayendo el factor común.

*a)* $2 \cdot 12 + 2 \cdot 3 - 2 \cdot 7$

*b)* $6 \cdot 4 - 4 \cdot 5 + 7 \cdot 4$

*a)* $2 \cdot (12+3-7) = 2 \cdot 8 = 16$

*b)* $4 \cdot (6-5+7) = 4 \cdot 8 = 32$

Solución

### EJERCICIOS

**13.** ●●○ **CI** Realiza las siguientes operaciones de dos formas y comprueba que se obtiene el mismo resultado:

*a)* $10 \cdot (5+6)$

*b)* $5 \cdot (13-9)$

*c)* $(17+21) \cdot 4$

**CUIDADO**

La suma o resta puede ser el primer o el segundo factor.

$$4 \cdot (3+5) = (3+5) \cdot 4$$
$$= 3 \cdot 4 + 5 \cdot 4$$
$$= 12 + 20$$
$$= 32$$

## 3.5. División

Dividir significa repartir una cantidad en tantas partes como indique otra cantidad, siendo estas partes de igual tamaño.

Los términos de una división se llaman **dividendo** ($D$) y **divisor** ($d$), y el resultado recibe el nombre de **cociente** ($C$).

Si la división es **exacta**, es decir, no sobra nada en el reparto, diremos que el resto ($R$) es $0$, y en caso contrario, la división se llama **entera**.

Se verifica con la **prueba de la división**: $D = d \cdot C + R$

**RECUERDA**

Para que la división sea correcta, el resto debe ser siempre menor que el divisor.

| Dividendo | Divisor |
|---|---|
| Resto | Cociente |

### EJERCICIOS RESUELTOS

**1.** Si en una división exacta, el dividendo es 498 y el cociente es 6, ¿cuál es el divisor?

Como $D = d \cdot C$, tenemos que $d = D : C = 498 : 6 = 83$ es el divisor.

Solución

**2.** Conocemos los siguientes datos de una división: $D = 1\,243$, $d = 32$, $C = 38$, ¿podrías determinar, sin realizar ninguna división, si es entera o exacta y el resto correspondiente?

$D = d \cdot C + R$, luego $d \cdot C = 32 \cdot 38 = 1\,216 \neq 1\,243$.
Por tanto, la división es entera de resto: $1\,243 - 1\,216 = 27$

Solución

**3.** Sin realizar la división, ¿es correcta una división en la que el dividendo es $3\,485$, el divisor $44$, el cociente $78$ y el resto $53$?

Aunque la prueba de la división dé un resultado válido, la división no es correcta porque el resto es mayor que el divisor.

Solución

**4.** Considera una división cualquiera y multiplica el dividendo y el divisor por el mismo número. ¿Qué cociente obtenemos ahora? ¿Y qué resto?

Consideremos $25 : 4$, que tiene como cociente $6$ y resto $1$. Si multiplicamos dividendo y divisor por $3$, la división es $75 : 12$, que tiene el mismo cociente que la inicial y su resto es el triple del inicial.

Solución

**5.** Considera ahora otra división cualquiera y realiza el mismo proceso anterior, pero dividiendo el dividendo y el divisor por un mismo número.

Consideremos $125 : 15$, que tiene como cociente $8$ y resto $5$. Si dividimos dividendo y divisor por $5$, la división es $25 : 3$, que tiene el mismo cociente que la original y su resto es la quinta parte del inicial.

Solución

**6.** Obtén divisiones exactas a partir de las siguientes, incrementando los dividendos de tal manera que el cociente aumente solo en una unidad.

*a)* $87 : 9 = 9$ y resto $6$ *b)* $168 : 11 = 15$ y resto $3$ *c)* $255 : 43 = 5$ y resto $40$

*a)* $90 : 9 = 10$ *b)* $176 : 11 = 16$ *c)* $258 : 43 = 6$

Solución

## 3.6. Operaciones combinadas

Una vez estudiadas las operaciones por separado, debemos ahora practicarlas todas juntas.

En las operaciones combinadas tenemos que cuidar el **orden de realización**, porque hacerlo de un modo distinto nos llevará a resultados incorrectos.

~~$3 + 4 \cdot 5 = 7 \cdot 5$~~

$$3 + \underbrace{4 \cdot 5}_{20} = 3 + 20 = 23$$

Así, la **prioridad de las operaciones** en las expresiones combinadas es la siguiente:

1) Los **paréntesis**, comenzando por los más internos si hubiera varios encajados.
2) Las **multiplicaciones** y las **divisiones**. En caso de haber varias multiplicaciones y divisiones seguidas, se realizarán de izquierda a derecha.
3) Las **sumas** y las **restas**.

Es muy importante escribir las operaciones combinadas correctamente en línea, es decir, escribir todos los números en cada uno de los pasos, no solo aquellas operaciones que realizamos según la prioridad.

~~$3 + 4 \cdot 5 - (7 - 3 \cdot 2) = 20 - 7 - 6$~~

$$3 + \overset{20}{\overbrace{4 \cdot 5}} - (7 - \underbrace{3 \cdot 2}_{6}) = 3 + 20 - (\overset{1}{\overbrace{7 - 6}}) = \underbrace{3 + 20} - 1 = 23 - 1 = 22$$

**RECUERDA**

Cuando hagas una operación combinada y solo queden por realizar las sumas y las restas, es recomendable agrupar todos los números que están sumando por un lado y los que están restando por el otro.

Comprueba si tu calculadora es o no científica realizando, por ejemplo, la operación $3 + 4 \cdot 2$.

Pulsa seguidamente las siguientes teclas: [3] [+] [4] [×] [2] [=]

y observa el resultado: si es 14, tu calculadora no es científica, pero si da 11, sí lo es.

### USA TU CALCULADORA

Las **calculadoras científicas** conservan la prioridad de las operaciones, pero las que no lo son operan simplemente de izquierda a derecha, ignorando la jerarquía.

### USA TU CALCULADORA

Puedes emplear una calculadora científica para comprobar las operaciones con números naturales. Para introducir los paréntesis solo tienes que pulsar las teclas [(] y [)] en el mismo orden en que aparecen en la operación, sin pulsar la tecla [=] hasta finalizar toda la cuenta.

## EJERCICIOS RESUELTOS

**1.** Calcula, prestando atención a la escritura en línea y al orden que se debe seguir en las operaciones.

*a)* $5 \cdot 4 - 3 + 10 : 2 + 6$

*b)* $2 \cdot (1 + 3 \cdot 6) - (7 + 3 - 4 \cdot 2)$

*c)* $9 - 6 : 2 - (12 - (10 - 8 : 4))$

*a)* $20 - 3 + 5 + 6 = 31 - 3 = 28$

*b)* $2 \cdot 19 - (7 + 3 - 8) = 38 - (10 - 8) = 38 - 2 = 36$

*c)* $9 - 3 - (12 - (10 - 2)) = 9 - 3 - (12 - 8) = 9 - 3 - 4 = 2$

Solución

## EJERCICIOS

**14.** ●○○ Calcula el cociente y el resto de las siguientes divisiones e indica si son exactas o enteras:

*a)* $3\,256 : 7$

*b)* $48\,252 : 6$

*c)* $25\,641 : 12$

*d)* $3\,225 : 75$

**15.** ●●○ Calcula el dividendo de una división, sabiendo que el divisor es 13, el cociente es 7 y el resto, 5.

**16.** ●○○ Realiza las siguientes operaciones combinadas, escribiendo todo el proceso paso a paso:

*a)* $12 + (13 - 2 \cdot 4) \cdot 6$

*b)* $1 + (6 \cdot 8 - 13 \cdot 2) : 2$

**17.** ●○○ **CD** Calcula, escribiendo todos los pasos detalladamente. Comprueba el resultado utilizando una calculadora científica.

*a)* $2 \cdot (13 + 16 : 4) - 40 : 8 + (12 : 2) : 3$

*b)* $57 - (2 + 6 \cdot 3) \cdot 2 + 9 \cdot 5 : (4 \cdot 5 - 5)$

*c)* $18 \cdot 5 : 6 + 4 : 2 \cdot 3 - 15 \cdot 7 : 5$

*d)* $25 : (9 + 2 \cdot 3 - 10) + 3 \cdot (2 + 4 \cdot 2)$

# 4. Potencias

Igual que en la vida cotidiana, a veces es preferible buscar métodos que nos permitan hacer las cosas rápidamente y por supuesto igual de bien.

Una **potencia** es una manera abreviada de representar una multiplicación cuyos factores son siempre el mismo número.

El factor se llama **base** y el número de veces que aparece, **exponente**.

$$3^5 = 3 \cdot 3 \cdot 3 \cdot 3 \cdot 3$$

(5 → exponente; 3 → base)

$3^5$ se leerá «3 elevado a 5» o «3 a la quinta».

**OBSERVA**

Todo número se puede considerar multiplicado por sí mismo una única vez. Por tanto, todo número natural se puede poner como potencia de exponente 1.

$$6 = 6^1$$

**OBSERVA**

En el caso particular de las potencias de base 10, el exponente coincide con el número de ceros del resultado.

$$10^4 = 10 \cdot 10 \cdot 10 \cdot 10 = 10\,000$$

Tenemos además dos casos especiales, que reciben una notación extra: son aquellas potencias de exponente 2 y 3.

$3^2$ se leerá «3 al cuadrado».

$3^3$ se leerá «3 al cubo».

Ahora que conocemos las potencias, podemos operar también con ellas. Existen algunas propiedades que nos facilitan las operaciones y que se deducen simplemente de la definición de potencia.

## 4.1. Producto de potencias de la misma base

El resultado de multiplicar potencias de la misma base es una potencia de la misma base y de exponente, la suma de los exponentes.

$$4^3 \cdot 4^4 = 4^{3+4} = 4^7$$

(3+4 → suma de exponentes; 4 → misma base)

$$4^3 \cdot 4^4 = \overbrace{(4 \cdot 4 \cdot 4)}^{3} \cdot \overbrace{(4 \cdot 4 \cdot 4 \cdot 4)}^{4} = 4^7$$

**CUIDADO**

Si el exponente de la potencia es 0, el resultado es siempre 1 para cualquier base.

$$5^0 = 1$$

## 4.2. Cociente de potencias de la misma base

El resultado de dividir potencias de la misma base, es una potencia de la misma base y de exponente, la resta de los exponentes.

$$4^7 : 4^3 = 4^{7-3} = 4^4$$

(exponente: resta de exponentes; base: misma base)

$$4^7 : 4^3 = \overbrace{(4\cdot4\cdot4\cdot4\cdot4\cdot4\cdot4)}^{7} : \overbrace{(4\cdot4\cdot4)}^{3} = 4^4$$

## 4.3. Potencia de una potencia

El resultado de elevar una potencia a otra potencia, es una potencia de la misma base y de exponente, el producto de los exponentes.

$$(4^3)^2 = 4^6$$

(exponente: producto de exponentes; base: misma base)

$$\overset{6}{(4^3)^2} = 4^3\cdot4^3 = 4^{3+3} = 4^6$$

### USA TU CALCULADORA

En las calculadoras científicas existe una tecla especial para no introducir uno a uno los factores de una potencia, lo cual es muy útil si el exponente es muy elevado. Esta tecla es $x^y$ y se emplea pulsándola entre la base y el exponente.

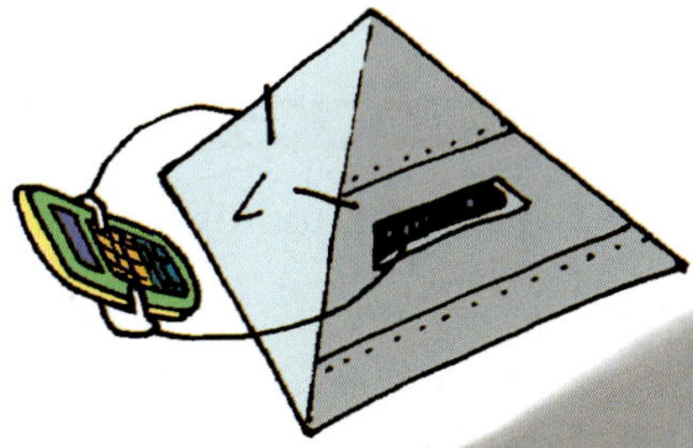

## EJERCICIOS RESUELTOS

**1.** La descomposición polinómica de un número es la expresión de dicha cantidad como suma de cada una de sus cifras por la potencia de 10 que corresponda según su valor posicional. Realiza la descomposición polinómica de los siguientes números:

*a)* 3 456
*b)* 45 000 001

*a)* $3\cdot10^3 + 4\cdot10^2 + 5\cdot10 + 6$
*b)* $4\cdot10^7 + 5\cdot10^6 + 1$

Solución

**2.** Calcula las siguientes potencias:

*a)* $5^4$
*b)* $73\,456^0$
*c)* $10^9$

*a)* $5\cdot5\cdot5\cdot5 = 625$
*b)* 1
*c)* 1 000 000 000

Solución

**3.** Expresa en forma de potencia.

*a)* $21\cdot21\cdot21\cdot21\cdot21\cdot21$
*b)* 1
*c)* 1 000

*a)* $21^6$
*b)* Hay dos posibilidades, o cualquier número elevado a 0, como por ejemplo $3^0$, o 1 elevado a cualquier número, como $1^6$.
*c)* $10^3$

Solución

**4.** Aplica las propiedades de las potencias y expresa el resultado de las siguientes operaciones como una única potencia:

*a)* $(7^2\cdot7)\cdot7^5$
*b)* $11^{10} : (11^5 : 11^0)$
*c)* $((3^{21})^{378})^0$
*d)* $(37^3)^6$

*a)* $7^3\cdot7^5 = 7^8$
*b)* $11^{10} : 11^5 = 11^5$
*c)* $3^0 = 1$
*d)* $37^{18}$

Solución

## 4.4. Producto de potencias del mismo exponente

El resultado de multiplicar potencias del mismo exponente es una potencia de ese exponente y de base, el producto de las bases.

$2^3 \cdot 3^3 = (2 \cdot 3)^3 = 6^3$

$2^3 \cdot 3^3 = 2 \cdot 2 \cdot 2 \cdot 3 \cdot 3 \cdot 3 = (2 \cdot 3) \cdot (2 \cdot 3) \cdot (2 \cdot 3) = (2 \cdot 3)^3 = 6^3$

→ mismo exponente
→ producto de las bases

## 4.5. Cociente de potencias del mismo exponente

El resultado de dividir potencias del mismo exponente es una potencia de ese exponente y de base, el cociente de las bases.

$6^3 : 3^3 = (6:3)^3 = 2^3$

$6^3 : 3^3 = (6 \cdot 6 \cdot 6) : (3 \cdot 3 \cdot 3) = (6:3) \cdot (6:3) \cdot (6:3) = (6:3)^3 = 2^3$

→ mismo exponente
→ cociente de las bases

**CUIDADO**

¡No inventes otras propiedades!

~~$2^3 + 3^3 = 5^3$~~

~~$(5-3)^3 = 5^3 - 3^3$~~

### EJERCICIOS RESUELTOS

**1.** Compara los resultados de los apartados *a* y *b*. ¿Qué conclusión extraes?

*a)* $5^2 + 6^2$

*b)* $(5+6)^2$

*a)* $25 + 36 = 61$

*b)* $11^2 = 121$

Son resultados distintos. No se verifica que la potencia de una suma sea la suma de las potencias de los sumandos.

Solución

**2.** Aplica las propiedades para escribir el resultado en forma de una única potencia.

*a)* $64^5 : 4^5$

*b)* $6^8 \cdot (3^5 \cdot 2^5)$

*a)* $16^5$

*b)* $6^8 \cdot 6^5 = 6^{13}$

Solución

### EJERCICIOS

**18.** ●○○ Escribe los siguientes productos en forma de potencia. Indica cuál es la base y el exponente en cada caso.

*a)* $9 \cdot 9 \cdot 9$

*b)* $4 \cdot 4 \cdot 4 \cdot 4 \cdot 4$

*c)* $10$

*d)* $3 \cdot 3$

**19.** ●○○ Calcula las siguientes potencias, expresándolas primero en forma de productos:

*a)* $3^5$

*b)* $2^8$

*c)* $10^4$

*d)* $13^1$

*e)* $21^0$

**20.** ●○○ Escribe la descomposición polinómica de los siguientes números:

*a)* 28 312 *b)* 428 *c)* 361 009

**21.** ●●○ **CD** Aplica las propiedades de las potencias para escribir las siguientes expresiones en forma de una única potencia. Después calcula el resultado empleando una calculadora científica.

*a)* $3^4 \cdot 3^8$

*b)* $4^5 : 4^3$

*c)* $(2^3)^4$

*d)* $2^7 \cdot 3^7$

*e)* $6^2 : 2^2$

*f)* $2^9 : (2^4 \cdot 2^2)$

*g)* $(2^4 \cdot 2^3)^5$

*h)* $(10^2)^3 : (2^3 \cdot 5^3)$

# 5. Cuadrados perfectos y raíz cuadrada

## 5.1. Raíz cuadrada exacta

La **raíz cuadrada exacta** de un número (que llamaremos **radicando**) es otro número (que llamaremos **raíz**) tal que elevándolo al cuadrado resulte el radicando.

La raíz cuadrada de 49 es 7 porque $7^2 = 49$.

$$\sqrt{49} = 7$$

Los números de los que podemos calcular su raíz cuadrada exacta, se llaman **cuadrados perfectos**.

Hallemos a continuación las raíces cuadradas exactas de los cinco primeros cuadrados perfectos:

$$\sqrt{1} = 1 \text{ porque } 1^2 = 1$$
$$\sqrt{4} = 2 \text{ porque } 2^2 = 4$$
$$\sqrt{9} = 3 \text{ porque } 3^2 = 9$$
$$\sqrt{16} = 4 \text{ porque } 4^2 = 16$$
$$\sqrt{25} = 5 \text{ porque } 5^2 = 25$$

Para calcular raíces cuadradas procederemos por tanteo, elevando al cuadrado números de manera que las potencias sean próximas al radicando deseado, hasta que coincidan con él.

**OBSERVA**

Para tantear acota el radicando primero entre dos decenas consecutivas como 10, 20, 30, 40... o centenas 100, 200, 300..., que son números de los que es más sencillo hallar su cuadrado, y luego ya tantea dentro de dicha decena o centena.

**USA TU CALCULADORA**

La calculadora tiene una tecla específica para el cálculo de raíces cuadradas, se trata de √. Su uso es muy sencillo: debes introducir el radicando y posteriormente pulsarla (en algunas calculadoras el proceso es al revés).

**OBSERVA**

Elevar al cuadrado y tomar raíz cuadrada son procesos inversos, esto quiere decir que si hacemos primero uno y luego el otro, obtenemos el número inicial, como si no hubiéramos operado con él.

$$\sqrt{4^2} = \sqrt{4}$$

## EJERCICIOS RESUELTOS

**1.** ¿Son correctas estas raíces exactas?

*a)* $\sqrt{1\,296} = 36$

*b)* $\sqrt{730} = 27$

*a)* Sí, porque: $36^2 = 1\,296$

*b)* No, porque: $27^2 = 729 \neq 730$

Solución

**2.** Calcula por tanteo $\sqrt{2\,209}$.

Como $40^2 = 1\,600$ y $50^2 = 2\,500$, tenemos que la raíz buscada debe estar entre 40 y 50 porque $1\,600 < 2\,209 < 2\,500$. Tanteando de nuevo $45^2 = 2\,025$, luego la raíz se encuentra entre 45 y 50. Probamos con $47^2 = 2\,209$, luego $\sqrt{2\,209} = 47$.

Solución

## 5.2. Raíz cuadrada entera

La mayor parte de las raíces cuadradas que podemos encontrarnos no son exactas, son **raíces cuadradas enteras**, pues el radicando no es cuadrado perfecto y, por tanto, la raíz no coincide con un número exacto de unidades.

El cálculo de **raíces cuadradas enteras** por tanteo es similar al de las raíces cuadradas exactas, a diferencia de que se debe determinar el resto, que siempre tiene que ser menor o igual que el doble de la raíz.

$$\text{Resto} \leq 2 \cdot \text{raíz}$$

**OBSERVA**

En el cálculo de la raíz cuadrada entera existe resto y se verifica que:

$$\text{radicando} = \text{raíz}^2 + \text{resto}$$

Vamos a calcular por tanteo la raíz cuadrada entera $\sqrt{3\,500}$:

$$50^2 = 2\,500 \qquad 60^2 = 3\,600$$

$$2\,500 < 3\,500 < 3\,600$$

La raíz buscada estará entre 50 y 60 y más cerca de 60.

$$58^2 = 3\,364 \qquad 59^2 = \underbrace{3\,481}_{\text{más próximo a } 3\,500}$$

3 500 está entre $59^2$ y $60^2$.

$$59^2 = 3\,481$$

$$60^2 = 3\,600$$

La raíz entera es 59, pues su cuadrado es el que más se aproxima al radicando sin sobrepasarlo.

El resto es: $3\,500 - 3\,481 = 19$

Comprobamos que se verifica: $3\,500 = 59^2 + 19$

## 5.3. Operaciones combinadas

La **prioridad de las operaciones** con números naturales, ahora que conocemos dos operaciones más, quedaría como sigue:

1) Los **paréntesis**, comenzando por los más internos si hubiera varios encajados.
2) Las **potencias** y las **raíces**.
3) Las **multiplicaciones** y las **divisiones**.
4) Las **sumas** y las **restas**.

## EJERCICIOS RESUELTOS

**1.** Sabemos que en una raíz cuadrada el radicando es 1 300, la raíz es 35 y el resto 75. ¿Es correcta esta afirmación?

No, porque aunque se verifica que $1\,300 = 35^2 + 75$, el resto 75 es mayor que el doble de la raíz (70). Esto quiere decir que $\sqrt{1\,300}$ cabe a más de 35.

Solución

**2.** Realiza las siguientes operaciones combinadas con números naturales:

*a)* $11 - \sqrt{144} : 2 + 3 \cdot (2 + 3^2 \cdot 2)$

*b)* $(23 - 2^4 : \sqrt{64}) : (2 + 15 : 3)$

*a)* $11 - 12 : 2 + 3 \cdot (2 + 9 \cdot 2) = 11 - 6 + 3 \cdot (2 + 18) = 11 - 6 + 3 \cdot 20 = 65$

*b)* $(23 - 16 : 8) : (2 + 5) = (23 - 2) : 7 = 21 : 7 = 3$

Solución

## EJERCICIOS

**22.** ●●○ Calcula la raíz cuadrada de los siguientes números por tanteo y señala si son exactas o enteras, indicando el resto:

*a)* $\sqrt{78}$

*b)* $\sqrt{357}$

*c)* $\sqrt{3\,721}$

*d)* $\sqrt{9\,876}$

**23.** ●●○ ¿Cuántos números tienen como raíz entera 4? ¿Cuáles son?

**24.** ●●○ **CI** Observa las siguientes raíces de potencias de 10 y calcula únicamente las que sean exactas. Intenta extraer una norma sobre cuándo son exactas y cuándo enteras, así como un método rápido de cálculo.

*a)* $\sqrt{10}$

*b)* $\sqrt{100}$

*c)* $\sqrt{1\,000}$

*d)* $\sqrt{10\,000}$

*e)* $\sqrt{100\,000}$

*f)* $\sqrt{1\,000\,000}$

**25.** ●●● **CD, CI** Existe una propiedad de las raíces que consiste en que la raíz de un producto es el producto de las raíces, es decir, por ejemplo $\sqrt{4 \cdot 9} = \sqrt{4} \cdot \sqrt{9}$, lo cual es cierto porque $\sqrt{36} = 2 \cdot 3$.

Con esta propiedad, y aplicando la descomposición decimal, calcula las siguientes raíces exactas de números muy grandes. Después comprueba los resultados empleando tu calculadora.

*a)* $\sqrt{9\,000\,000}$

*b)* $\sqrt{1\,440\,000}$

*c)* $\sqrt{12\,100\,000\,000}$

**26.** ●●● Realiza las siguientes operaciones combinadas que incluyen potencias y raíces:

*a)* $10 \cdot (12 - 3^2) - 2 \cdot (\sqrt{25} - 3) : (2^5 : 2^3)$

*b)* $45 : (\sqrt{9} \cdot \sqrt{9}) + 2 \cdot (36 : 9 - 2)$

*c)* $19 \cdot 5 - [3 + 2 \cdot (\sqrt{100} : 2 - 1)]$

*d)* $2^2 \cdot 3^2 : (6^8 : 6^7) + 4 \cdot (17 - 2 \cdot 4) - 19$

# 6. Estimación

## 6.1. Aproximaciones: truncamiento y redondeo

En ocasiones no es necesario recordar con exactitud todas las cifras de un número.

Si queremos averiguar cuánto costarán en total dos ruedas de coche a 99 € cada una, probablemente pensemos en que cada rueda vale 100 € y, por tanto, ambas costarán unos 200 €.

Lo que estamos haciendo es **aproximar** los números para operar más fácilmente.

- **Aproximaciones por truncamiento**

Las aproximaciones por **truncamiento** son siempre por defecto, es decir, se aproxima por números siempre inferiores al original, y dichas estimaciones se obtienen sustituyendo por ceros todas las cifras de órdenes inferiores al orden al que estamos truncando.

| | **56 239** |
|---|---|
| truncado a las unidades de millar: | 56 000 |
| truncado a las decenas: | 56 230 |

- **Aproximaciones por redondeo**

Las aproximaciones por **redondeo** pueden ser por **defecto** o por **exceso**, es decir, se aproxima por números que en algunos casos serán inferiores y en otros superiores al original.

Hay que seguir dos pasos:

1) Hacer 0 todas las cifras de orden inferior al deseado.

2) Después nos fijaremos en la cifra del orden considerado: si la siguiente era 0, 1, 2, 3 o 4, se dejará como estaba (en este caso la aproximación es por defecto), y si era 5, 6, 7, 8 o 9, se incrementará en 1 unidad (en este caso la aproximación es por exceso).

| | **56 239** |
|---|---|
| redondeado a las unidades de millar: | 56 000 |
| redondeado a las decenas: | 56 240 |

Redondear es más exacto que truncar, pues se acerca más al número original.

**CUIDADO**

Presta atención cuando al redondear la cifra del orden considerado sea un 9, porque en este caso, y si la aproximación se realiza por exceso, se debe cambiar también la cifra del orden superior al afectado.

Al redondear 399 a las decenas, obtendremos:

400

## EJERCICIOS RESUELTOS

**1.** Encuentra varios números cuyas aproximaciones a las unidades de millar puedan ser las siguientes e indica si lo son por truncamiento o redondeo:

*a)* 48 000

*b)* 30 000

*a)* 48 642 (por truncamiento), 48 321 (por redondeo).

*b)* 29 876 (por redondeo), 30 001 (por truncamiento).

Solución

**2.** Trunca y redondea los siguientes valores a las centenas:

*a)* 32 876

*b)* 98 247

*c)* 5 555

*d)* 198

*a)* Truncamiento: 32 800. Redondeo: 32 900.

*b)* Truncamiento: 98 200. Redondeo: 98 200.

*c)* Truncamiento: 5 500. Redondeo: 5 600.

*d)* Truncamiento: 100. Redondeo: 200.

Solución

**3.** Calcula mentalmente, de forma aproximada, el resultado de las siguientes operaciones:

*a)* $3\,987 + 5\,010$

*b)* $998 \cdot 5$

*c)* $49 : 5$

*d)* $16\,032 - 7\,986$

*a)* $\approx 4\,000 + 5\,000 = 9\,000$

*b)* $\approx 1\,000 \cdot 5 = 5\,000$

*c)* $\approx 50 : 5 = 10$

*d)* $\approx 16\,000 - 8\,000 = 8\,000$

Solución

## EJERCICIOS

**27.** ●●○ **CI** Aproxima de la manera más adecuada los siguientes valores e indica si lo has hecho por truncamiento o redondeo y si la aproximación ha resultado por defecto o exceso:

*a)* La población mundial es de 6 887 913 600 habitantes.

*b)* El valor de una casa asciende a 238 995 €.

*c)* El número de glóbulos rojos en toda la sangre de una persona concreta es: 26 187 524 125 300 células.

**28.** ●○○ Decide si los números siguientes se aproximan más a 5 000 o a 6 000 e indica el tipo de aproximación realizada:

*a)* 5 005

*b)* 4 987

*c)* 5 678

*d)* 6 321

*e)* 5 123

## 6.2. Errores: absoluto y relativo

Cuando aproximamos números, ganamos comodidad al tener que recordar menos cifras, pero perdemos exactitud. Esa pérdida de exactitud se puede medir, y recibe el nombre de **error**.

Existen dos tipos de errores, el **absoluto** y el **relativo**.

**OBSERVA**

Para calcular el **error absoluto**, restamos el mayor menos el menor, según cuál lo sea en cada caso.

### • Error absoluto

El **error absoluto** es la diferencia entre el número original y el aproximado, realizando siempre la resta del mayor menos el menor.

El error absoluto cometido al aproximar el valor de una casa de 238 640 € por 240 000 € es:

$$E_a = 240\,000 - 238\,640 = 1\,360 \text{ €}$$

(240 000: aproximación; 238 640: valor original; 1 360 €: error absoluto)

El error absoluto cometido al aproximar 13 por 10, es:

$$E_a = 13 - 10 = 3$$

(13: valor original; 10: aproximación; 3: error absoluto)

El error absoluto no valora realmente la precisión de la aproximación.

### • Error relativo

Aproximamos el peso de una vaca de 419 kg a 420 kg, es decir, cometemos un $E_a = 1$ kg, y aproximamos también el peso de un caniche de 9 kg a 10 kg, de modo que cometemos el mismo error absoluto que con la vaca.

¿Te parece que ambas aproximaciones son igual de precisas? ¿Te parece que las hemos estimado igual de bien, al fallar en 1 kg respecto a los 419 kg de la vaca, que al fallar en 1 kg sobre los 9 kg del caniche?

Para evaluar precisamente esto, tenemos el **error relativo**.

El **error relativo** es el cociente entre el error absoluto y el valor original, y cuanto más pequeño es, indica que mejor es la aproximación.

Retomando el ejemplo anterior, el error relativo de la estimación de los pesos son:

Vaca: $E_r = 1 : 419 = 0{,}0024$

Caniche: $E_r = 1 : 9 = 0{,}11$

Luego, es mejor la estimación del peso de la vaca.

## EJERCICIOS RESUELTOS

**1.** Halla el error absoluto y relativo al redondear y truncar 56 983 a las unidades de millar. ¿Con cuál de las dos aproximaciones te quedas?

El redondeo de 56 983 es 57 000.
El $E_a = 57\,000 - 56\,983 = 17$ y el $E_r = 17 : 56\,983 = 0{,}0003$.

El truncamiento de 56 983 es 56 000.
El $E_a = 56\,983 - 56\,000 = 983$ y el $E_r = 983 : 56\,983 = 0{,}017$.

Es más exacta la aproximación por redondeo, pues su error relativo es menor.

Solución

**2.** Repite el ejercicio anterior pero realizando las aproximaciones a las decenas.

El redondeo de 56 983 es 56 980.
El $E_a = 56\,983 - 56\,980 = 3$ y el $E_r = 3 : 56\,983 = 0{,}00005$.

El truncamiento de 56 983 es 56 980.
El $E_a = 56\,983 - 56\,980 = 3$ y el $E_r = 3 : 56\,983 = 0{,}00005$.

Ambas aproximaciones son igual de fiables pues sus errores relativos coinciden.

Solución

## EJERCICIOS

**29.** ●○○ Calcula el error absoluto y relativo cometidos al estimar el número de alumnos de tu aula como 30.

**30.** ●●● Si el error absoluto en una aproximación es de 123 unidades y la estimación por redondeo ha sido 40 000, ¿cuál es el valor real? ¿Hay varias opciones? ¿Y si la estimación se ha realizado por truncamiento?

## Raíces diferentes a las raíces cuadradas

$\sqrt{9} = 3$ porque $3^2 = 9$, pero ¿qué pasaría si en lugar de elevar al cuadrado en este proceso, eleváramos a cualquier otra potencia?

Existen infinitos tipos de raíces, en función de la potencia con la que estén relacionadas:

raíces cúbicas: $\sqrt[3]{\ }$ (índice) raíces cuartas: $\sqrt[4]{\ }$ (índice) ...

El número que se coloca sobre el símbolo de la raíz recibe el nombre de **índice** y puede ser cualquier número natural, salvo el 0 y el 1.

Raíz cúbica de un número:

$\sqrt[3]{8} = 2$ porque $2^3 = 8$ $\sqrt[3]{27} = 3$ porque $3^3 = 27$

Raíz cuarta de un número:

$\sqrt[4]{16} = 2$ porque $2^4 = 16$ $\sqrt[4]{81} = 3$ porque $3^4 = 81$

Podríamos calcular raíces de cualquier índice, simplemente cuidando que en la comprobación utilicemos la misma potencia que en el índice de la raíz.

### OBSERVA

En la raíz cuadrada se omite el 2.

$\sqrt{9} = \sqrt[2]{9}$

### USA TU CALCULADORA

Al igual que para las raíces cuadradas, las calculadoras poseen herramientas para calcular raíces de cualquier índice.

La tecla  nos facilita esta función simplemente pulsándola entre el índice y el radicando.

### EJERCICIOS RESUELTOS

**1.** Escribe los cinco primeros cubos perfectos.

$1^3 = 1$ $2^3 = 8$ $3^3 = 27$ $4^3 = 64$ $5^3 = 125$

Solución

**2.** ¿Son correctas las siguientes raíces?:

*a)* $\sqrt[5]{32} = 2$
*b)* $\sqrt[4]{625} = 5$
*c)* $\sqrt[6]{243} = 3$

*a)* Sí, porque $2^5 = 32$.
*b)* Sí, porque $5^4 = 625$.
*c)* No, porque $3^6 = 729 \neq 243$.

Solución

**3.** Calcula las siguientes raíces por tanteo:

*a)* $\sqrt[3]{216}$ *b)* $\sqrt[8]{256}$

*a)* 6 *b)* 2

Solución

### EJERCICIOS

**31.** ●○○ Selecciona entre los siguientes números aquellos que son potencias perfectas e indica si son cuadrados, cubos, potencias cuartas, etc.:

*a)* 343 *b)* 512 *c)* 1 296 *d)* 36

**32.** ●●○ Sustituye el símbolo ? por un número para que sean raíces exactas.

*a)* $\sqrt[3]{?} = 11$ *b)* $\sqrt[?]{64} = 4$ *c)* $\sqrt[3]{729} = ?$

**33.** ●●● CD De los siguientes números se pueden calcular raíces exactas de distinto índice, ¿puedes encontrar de cuáles? Puedes ayudarte de la calculadora.

*a)* 16 *b)* 81 *c)* 64 *d)* 729

| **Sistemas de numeración:** conjunto de símbolos para representar cantidades | |
|---|---|
| **Aditivos:** se acumulan los valores de los símbolos. | **Posicionales:** el valor de los símbolos depende de su posición. |
| **Sistema romano:**<br>Símbolos: I, V, X, L, C, D, M<br>Valores de los símbolos: 1, 5, 10, 50, 100, 500, 1 000 | **Sistema decimal:**<br>Símbolos: 0, 1, 2, 3, 4, 5, 6, 7, 8, 9<br>Posiciones de los símbolos: CM DM UM C D U |

| **El número natural** | | | |
|---|---|---|---|
| **Usos** | **Lectura, escritura y representación en recta** | **Operaciones básicas y propiedades** | |
| Contar<br>Medir<br>Codificar<br>Ordenar | Son un conjunto ordenado e infinito. | Conmutativa y asociativa de la suma y del producto.<br>Distributiva y extracción de factor común. | Prioridad de las operaciones:<br>• Paréntesis<br>• Multiplicaciones y divisiones<br>• Suma y resta |

| **Potencias** | | | | | |
|---|---|---|---|---|---|
| **Definición y propiedades** | **Operaciones** | | | | |
| $a^n = \overbrace{a \cdot a \cdot a \cdot \ldots \cdot a}^{n \text{ veces}}$<br>$a^0 = 1$<br>$a^1 = a$ | $a^n \cdot a^m = a^{n+m}$ | $a^n : a^m = a^{n-m}$ | $(a^n)^m = a^{n \cdot m}$ | $(a \cdot b)^n = a^n \cdot b^n$ | $(a : b)^n = a^n : b^n$ |

| **Raíces** (calculadas por tanteo) | |
|---|---|
| **Exactas** | **Enteras** |
| Radicando = raíz$^2$ | Radicando = raíz$^2$ + resto  Resto $\leq 2 \cdot$ raíz |

| **Estimaciones** | | | |
|---|---|---|---|
| **Aproximaciones** | | **Errores** | |
| **Truncamiento** | **Redondeo** | **Absoluto** | **Relativo** |
| Se hacen ceros todas las cifras por debajo de la posición indicada. | Se hacen ceros todas las cifras por debajo de la posición indicada y además la posición marcada se mantiene si la siguiente es menor que 5 o se incrementa una unidad si es mayor o igual que 5. | Diferencia entre el valor real y el aproximado (mayor menos menor). | Cociente entre el error absoluto y el valor real. |

## Ejercicios iniciales

**34.** ●●○ **CCT** Los ordenadores utilizan solo dos símbolos, que son el 0 y el 1. La siguiente tabla nos muestra los primeros números de este sistema:

| Decimal | Binario |
|---|---|
| 1 | 1 |
| 2 | 10 |
| 3 | 11 |
| 4 | 100 |
| 5 | 101 |
| 6 | 110 |
| 7 | 111 |
| 8 | 1 000 |

Continúa esta sucesión para contestar a las siguientes preguntas:

*a)* ¿Cómo se escribe en binario el número 11? ¿Y el 18?

*b)* ¿Qué número decimal se escribe en binario como 10 101?

**35.** ●●● **CCT** En algunos procesos informáticos se utiliza un sistema de numeración *hexadecimal*, es decir, con 16 símbolos, que son:

0, 1, 2, 3, 4, 5, 6, 7, 8, 9, A, B, C, D, E y F.

La A representa al 10, la B al 11, y así sucesivamente hasta la F, que representa al 15. ¿Cómo crees que se representa en hexadecimal al número 16?

**36.** ●○○ **CC. @** Los egipcios tenían varios símbolos en su sistema de numeración, ¿podrías averiguar cuáles eran? Búscalo en Internet.

## Sistemas de numeración romano y decimal

**37.** ●●○ **CC** Escribe con números romanos las siguientes cantidades:

*a)* 56 *c)* 443 *e)* 11 378

*b)* 348 *d)* 2 416

**38.** ●●● **CC** Escribe, en notación decimal, las cantidades representadas por los siguientes números romanos:

*a)* XCIII *c)* DCCLXII *e)* $\overline{XXI}$CMII

*b)* CDXC *d)* MMMCXCVII

**39.** ●○○ **CC** El número romano más largo escrito en una construcción se encuentra en la fachada del edificio del Tribunal Supremo de Nueva Gales del Sur.

¿A qué año hace referencia? ¿Qué crees que nos indica?

**40.** ●○○ **CC** Los números romanos se usan actualmente en muchas situaciones. Pon un ejemplo de cada uno de los siguientes usos del sistema de numeración romano en la actualidad:

*a)* Reyes *b)* Papas *c)* Siglos

*d)* Orden de hechos históricos

**41.** ●●● **CC** Los números siguientes del sistema de numeración romano son incorrectos. ¿Podrías explicar dónde está su error?

*a)* CCDII *c)* DMLXI

*b)* XXXXV *d)* LCXI

**42.** ●○○ Escribe la descomposición decimal de los números siguientes:

*a)* 41 236 *c)* 40 209

*b)* 801 325 *d)* 100 030

**43.** ●●○ Escribe los números correspondientes a las siguientes descomposiciones decimales:

*a)* 3 DM + 2 UM + 9 C + 2 D + 1 U

*b)* 6 CM + 2 UM + 4 C + 7 U

*c)* 3 UM + 8 C + 7 D

*d)* 7 CM + 9 C + 2 U

**44.** ●●○ Ayúdate de una tabla para escribir los números correspondientes a las siguientes descomposiciones:

*a)* 45 UM + 32 D + 7 U

*b)* 127 UM + 23 U

*c)* 6 CM + 72 D

**45.** ●●● Elabora una tabla para calcular el número cuya descomposición decimal es: 72 UM + 361 C + 421 U
Observa el ejemplo.

| Descomposición | 325 UM + 74 C + 2 341 U | | | | | |
|---|---|---|---|---|---|---|
| Posiciones | CM | DM | UM | C | D | U |
| 325 UM | 3 | 2 | 5 | | | |
| 74 C | | | 7 | 4 | | |
| 2 341 U | | | 2 | 3 | 4 | 1 |
| Suma | 3 | 3 | 4 | 7 | 4 | 1 |
| Número | 334 741 | | | | | |

## El número natural

**46.** ●○○ **CL** Escribe cómo se leen los siguientes números:

*a)* 52 184

*b)* 391 801

*c)* 62 128 706

*d)* 184 000 027 002

**47.** ●●○ **CL** Escribe con cifras los números que se leen de la siguiente forma:

*a)* Seiscientos dos mil cuatrocientos ochenta.

*b)* Cuatrocientos cincuenta y un mil cien.

*c)* Nueve mil ochocientos cuarenta y dos millones trescientos sesenta mil setenta.

*d)* Ocho billones diez mil millones diecinueve mil.

**48.** ●○○ Ordena de menor a mayor los siguientes números:

15, 3, 19, 16, 7, 10, 8, 1, 14

**49.** ●●○ Ordena de mayor a menor los números siguientes:

4 275, 843, 1 328, 65 234, 972, 1 742, 3 926

**50.** ●●○ **CA** Copia la recta graduada que hay a continuación para representar los siguientes números.

Recuerda que se pueden emplear diferentes escalas: de 1 en 1, de 2 en 2, de 3 en 3, etc.

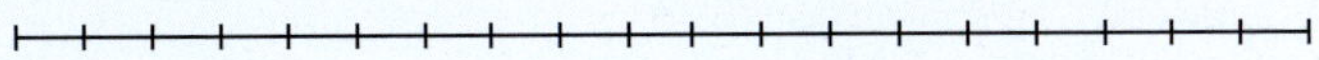

*a)* 12, 6, 8, 3, 5, 10, 1, 9

*b)* 40, 35, 50, 20, 15, 45, 5

**51.** ●●○ **CI** Explica qué errores se han cometido en las siguientes representaciones de números naturales:

*a)*
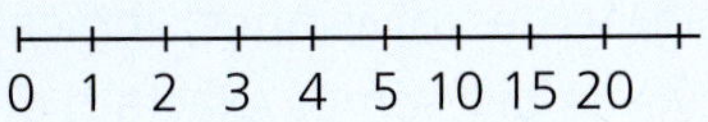


*b)*
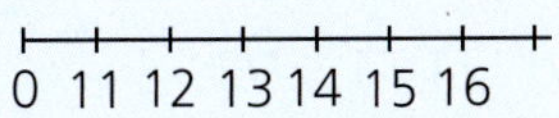


*c)*
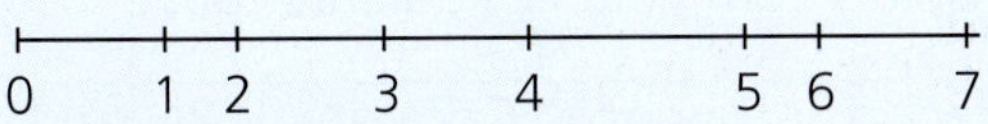


## Operaciones con números naturales

**52.** ●○○ Realiza las siguientes operaciones:

*a)* 174 526 + 39 701 + 125 637

*b)* 148 906 − 96 023

*c)* 38 697 − 42 360 + 47 384

*d)* 35 709 + 428 036 − 41 573

**53.** ●●○ Calcula.

*a)* $4\,236 \cdot 7$

*b)* $36\,743 \cdot 38$

*c)* $1\,340 \cdot 1\,004$

*d)* $361\,025 \cdot 420$

**54.** ●○○ **CI** Copia y completa, aplicando las propiedades de las operaciones:

*a)* $13 \cdot \square = 12 \cdot \square$

*b)* $(15+6)+\square = \square+(6+9)$

*c)* $7 \cdot (\square+6) = \square \cdot 8 + \square \cdot 6$

*d)* $(\square \cdot \square) \cdot 8 = 13 \cdot (4 \cdot \square)$

*e)* $16+\square = 25+16$

**55.** ●○○ **CA** Utiliza las propiedades asociativa y conmutativa para realizar mentalmente de una forma sencilla las operaciones siguientes:

*a)* $2 \cdot 13 \cdot 5$ *b)* $97+78+3$ *c)* $15 \cdot 3+15 \cdot 7$

**56.** ●●○ **CI** En las siguientes operaciones se han cometido varios errores al aplicar las propiedades. Explícalos.

*a)* $4 \cdot (5 \cdot 3) = (4 \cdot 5) \cdot (4 \cdot 3)$

*b)* $17-13 = 13-17$

*c)* $15+(10 \cdot 2) = (15+10) \cdot (15+2)$

**57.** ●●○ Realiza las siguientes divisiones, indicando el cociente, el resto y si la división es exacta o entera:

*a)* $4\,512:8$

*b)* $36\,025:26$

*c)* $48\,630:52$

*d)* $21\,712:92$

**58.** ●●● Copia y completa la siguiente tabla:

| Dividendo | Divisor | Cociente | Resto |
|---|---|---|---|
| 38 409 | 13 | | |
| | 42 | 361 | 28 |
| 4 578 | | 25 | 3 |

**59.** ●●○ **CD** Realiza las siguientes operaciones combinadas, escribiendo todos los pasos necesarios. Comprueba tus resultados con la calculadora.

*a)* $25 \cdot 3:5+2 \cdot (11-2 \cdot 3)$

*b)* $7+32:8-15:(17-3 \cdot 4)$

*c)* $25:(7-2)+(3+2 \cdot 5) \cdot (2 \cdot 3-4)$

*d)* $(12-20:2) \cdot 3+5 \cdot 4-13$

*e)* $(1+5-3+7) \cdot (2-1+11-6)$

*f)* $1+(7 \cdot 2-3 \cdot 3) \cdot 5-(17-10)$

*g)* $3 \cdot 8+5 \cdot 6-4 \cdot 6:12$

*h)* $(4 \cdot 3-5 \cdot 4:2) \cdot 9:6+15:5 \cdot 3$

**60.** ●●○ **CI** Busca los errores, si los hay, y corrige la operación en caso necesario.

*a)* $8+3 \cdot 5-4 \cdot 2 = 11 \cdot 5-8 = 55-8 = 47$

*b)* $16-(13-2) = 16-13-2 = 1$

*c)* $(4:2 \cdot 6+3) \cdot (6-2 \cdot 3) = (2 \cdot 6+3) \cdot (4 \cdot 3) =$
$= (12+3) \cdot 12 = 15 \cdot 12 = 180$

*d)* $(53-3:1)-4 \cdot 5:2 = (53-3)-20:2 =$
$= 50-10 = 40$

**61.** ●●○ **CI** ¿Son correctos los siguientes desarrollos? En caso contrario, encuentra los errores y corrígelos.

*a)* $27:(17-2 \cdot 4)-1 = 27:(17-8)-1 =$
$= 27:9-1 = 3-1 = 2$

*b)* $32-10 \cdot 3+16:(10-2) =$
$= 22 \cdot 3+16:8 = 66+2 = 68$

*c)* $5 \cdot (7-3+14-10)+(5+3):2 =$
$= 5 \cdot 8+8:2 = 40+4 = 44$

*d)* $43-36:6 \cdot 2-25:(72:8-4) =$
$= 43-36:12-25:(9-4) =$
$= 43-3-25:5 = 40-5 = 35$

**62.** ●●○ Elimina los paréntesis que no son necesarios de estas expresiones:

*a)* $(5+3)-(4 \cdot 2)+3 \cdot (5+7)-(3+4)$

*b)* $3+(4+7)-(9-4)+5 \cdot (7+5 \cdot 3)+(7+1)$

**63.** ●●● Copia y coloca los paréntesis para que las igualdades sean ciertas.

*a)* $9+3 \cdot 6-2:2+1 = 16$

*b)* $2+4 \cdot 3-8 \cdot 2 = 2$

**64.** ●●● **CD** Calcula, escribiendo el proceso completo. Comprueba tus resultados con la calculadora.

*a)* $34:(6 \cdot 4-14:2)+15:3+7 \cdot (10-3)$

*b)* $2+3 \cdot (8+(6+3 \cdot 4):3)$

**65.** ●●● **CI** Encuentra los errores en el cálculo o en la escritura de las siguientes operaciones combinadas. Explícalos y corrígelos.

*a)* $13+(2+7 \cdot 4) = 13+(9 \cdot 4) = 13+36 = 49$

*b)* $(12 \cdot 6+24):3 = 12 \cdot 6 = 72+24 = 96:3 = 32$

**66.** ●○○ **CC @** La torre Eiffel de París tiene tres niveles que se pueden visitar. Busca en Internet a qué altura desde el suelo está cada uno de los tres niveles y cuál es la altura total de la torre para contestar a las siguientes cuestiones:

*a)* ¿Qué distancia separa el primer nivel del segundo?

*b)* ¿Y el segundo del tercero?

*c)* ¿Cuántos metros hay desde el tercer nivel hasta el punto más alto de la torre?

**67.** ●○○ Los ahorros de Marcos ascienden a 54 euros. Por su cumpleaños, sus padres le dan 20 euros, y sus tíos, 15. Después se gasta 12 euros en un libro y 18 en un disco. ¿Cuánto dinero tiene después de estos gastos?

**68.** ●●○ Alejandra tiene una colección de 72 monedas distintas, de las cuales, la mitad son del siglo XX y el resto son anteriores. Decide comprar varias monedas que no tenía. Sabemos que del siglo XX ha comprado 12, y que ahora tiene 92.

*a)* ¿Cuántas monedas anteriores al siglo XX ha comprado?

*b)* ¿Cuántas monedas del siglo XX tiene después de la compra?

**69.** ●●○ **CC @** Newton y Leibniz fueron dos importantes matemáticos que vivieron en la misma época. Busca en Internet sus años de nacimiento y defunción, y calcula cuántos años vivió Newton más que Leibniz.

**70.** ●●○ **CCT** ¿Cuántos cubos llenaremos con el agua de un depósito de 451 litros, sabiendo que cada cubo tiene una capacidad de 12 litros? ¿Cuántos litros habrá en el último cubo?

**71.** ●●● Una empresa manda cada día 125 cartas. Cada sobre les cuesta 10 céntimos, y cada sello, 38 céntimos. Calcula el dinero que gastan en sobres y sellos en una semana, sabiendo que no trabajan en sábado y domingo. Expresa el dinero resultante en céntimos y en euros.

**72.** ●●● Un rascacielos tiene 35 plantas, la planta baja, y una cúpula en lo más alto. Calcula la altura total, sabiendo que cada planta mide 4 metros, la planta baja, 5 metros, y la cúpula, 10 metros. Expresa el cálculo necesario en una sola operación combinada.

## Potencias

**73.** ●○○ **CL** Escribe cómo se leen las siguientes potencias:

*a)* $2^9$ *b)* $3^4$ *c)* $4^2$ *d)* $5^3$

**74.** ●○○ Expresa los siguientes productos en forma de potencia:

*a)* $3\cdot3\cdot3\cdot3\cdot3\cdot3$ *b)* $7\cdot7\cdot7$ *c)* $5$

**75.** ●○○ Expresa las siguientes potencias en forma de productos y calcúlalas:

*a)* $8^3$ *b)* $16^0$ *c)* $3^3$ *d)* $11^1$ *e)* $2^7$

**76.** ●○○ Copia y completa la siguiente tabla:

| Número | Descomposición polinómica |
|---|---|
| 23 408 | |
| | $2\cdot10^4+3\cdot10^3+9\cdot10^2+7\cdot10+3$ |
| 401 930 | |
| | $7\cdot10^6+3\cdot10^4+4\cdot10^3$ |

**77.** ●○○ Escribe los siguientes números como producto de un número por una potencia de 10:

*a)* 48 000 *c)* 61 200 000

*b)* 3 000 000 *d)* 30 800

**78.** ●●○ Escribe en forma de potencia de exponente distinto de 1 las siguientes cantidades:

*a)* 125 *b)* 36 *c)* 10 000 *d)* 32 *e)* 1

**79.** ●●○ **CD** Expresa en forma de una única potencia. Calcula el resultado final empleando calculadora:

*a)* $6^2\cdot2^2$ *d)* $3^4\cdot3^2$ *g)* $6^2\cdot(3^4\cdot2^4)$

*b)* $3^5:3^2$ *e)* $10^3:5^3$ *h)* $(5^7\cdot5^3):(5^2)^4$

*c)* $(4^3)^8$ *f)* $(3^2)^4:(3^3)^2$

**80.** ●●○ **CA** Copia y completa los huecos con los números adecuados para que se cumplan las igualdades.

*a)* $3^{\square} \cdot 3^2 = 3^7$ *c)* $(2^{\square})^3 = 2^{15}$ *e)* $8^3 : \square^3 = 4^3$

*b)* $5^7 : 5^{\square} = 5^3$ *d)* $10^2 : 2^{\square} = \square^2$

**81.** ●●● **CA** Copia y escribe en cada recuadro el número necesario para que se verifiquen las siguientes igualdades:

*a)* $4^2 \cdot (4^{\square})^3 = 4^{11}$ *c)* $(5^2)^4 \cdot (5^{\square})^2 = 5^{14}$

*b)* $12^3 : (\square^3 \cdot 3^3) = 2^3$ *d)* $(\square^2)^3 = 4^3$

**82.** ●●○ **CCT** Cierta bacteria se duplica cada minuto. Por cada bacteria que tengamos al principio, ¿cuántas bacterias resultan al cabo de un cuarto de hora? ¿Y al cabo de una hora?

**83.** ●●● Cierta especie animal se reproduce de tal manera que cada hembra tiene 5 crías cuando llega su periodo de fertilidad. ¿Cuántas generaciones habrán pasado si se han contabilizado 625 crías en las últimas camadas?

**84.** ●●● Javier manda un e-mail en cadena a 10 amigos, y cada uno de estos lo manda a otros 10 amigos. Los que lo reciben ahora lo mandan, por última vez, a otras 10 personas cada uno. ¿Cuánta gente ha recibido finalmente el mensaje en total?

**85.** ●●● **CC** En la película *Cadena de favores*, basada en la novela homónima, cada persona que recibe ayuda de alguien, debe realizar un favor a tres personas distintas, y estas deben hacer lo mismo con otras tres, continuando la cadena de forma indefinida. ¿Cuántas personas en total han recibido un favor al cabo de 5 pasos? ¿Y al cabo de 10?

## Cuadrados perfectos y raíz cuadrada

**86.** ●○○ ¿Cuántos cuadrados perfectos hay entre 200 y 300? Di cuáles son.

**87.** ●○○ Indica si los siguientes números son o no cuadrados perfectos y si lo son especifica de qué número.

*a)* 1 444 *b)* 3 578 *c)* 729 *d)* 529

**88.** ●○○ **CI** Sin realizar la raíz cuadrada, ¿son posibles las siguientes ternas? Justifica tu respuesta.

*a)* Radicando = 32, raíz = 4, resto = 16.

*b)* Radicando = 50, raíz = 2 500, resto = 0.

*c)* Radicando = 654, raíz = 25, resto = 29.

**89.** ●○○ Calcula el radicando en cada caso conocidos los siguientes datos:

*a)* Raíz entera = 45, resto = 30.

*b)* Raíz exacta = 26.

*c)* Raíz entera = 21, resto = 36.

*d)* Raíz exacta = 82.

**90.** ●●○ **CD** Indica si las siguientes raíces son o no exactas y resuélvelas. Compruébalo con tu calculadora.

*a)* $\sqrt{689}$ *b)* $\sqrt{3\,249}$ *c)* $\sqrt{841}$ *d)* $\sqrt{1\,235}$

**91.** ●●○ **CA** Calcula por tanteo las siguientes raíces cuadradas y escribe la relación existente entre el radicando, la raíz y el resto en cada caso:

*a)* $\sqrt{2\,304}$ *c)* $\sqrt{3\,844}$

*b)* $\sqrt{988}$ *d)* $\sqrt{4\,875}$

**92.** ●●● Calcula el resultado de las siguientes operaciones combinadas:

*a)* $2^5 \cdot 3 : 24 + \sqrt{25} \cdot 3^2 : 15$

*b)* $\sqrt{10 + 15} + 3^4 \cdot 2 + 6 \cdot 5^2$

*c)* $(\sqrt{16} + \sqrt{9} - \sqrt{16 + 9})^2$

*d)* $18 \cdot 6 : 3^3 + (5^3 - 10^2) \cdot \sqrt{9}$

*e)* $(4^3 - 5^2) \cdot 2 - \sqrt{196} : \sqrt{49}$

*f)* $\sqrt{7 \cdot 4 + 2^3} - \sqrt{7 \cdot 5 - 5 \cdot 2}$

**93.** ●●● Queremos pintar las paredes de un local y tenemos pintura suficiente para decorar 16 m² de superficie. Si queremos pintar 4 cuadrados del mismo tamaño, ¿qué dimensiones deben tener dichos cuadrados?

Recuerda que el área de un cuadrado es su lado al cuadrado.

**94.** Tenemos 92 cromos cuadrados y queremos colocarlos formando un cuadrado. ¿Es posible? ¿Cuántos cromos tiene el cuadrado más grande que podemos formar? ¿Cuántos sobran?

**95.** Queremos formar un cuadrado lo más grande posible utilizando baldosas cuadradas. Si tenemos 231 baldosas, ¿cuántas colocaremos en cada lado del cuadrado? ¿Cuántas sobran?

## Estimación

**96.** Realiza las aproximaciones por redondeo a las unidades que se indican:

*a)* 5 589 a las centenas.

*b)* 9 821 a las decenas.

*c)* 4 562 103 a las decenas de millar.

*d)* 155 689 a las unidades de millar.

**97.** Realiza las aproximaciones por truncamiento que se indican a las unidades correspondientes:

*a)* 9 876 a las unidades de millar.

*b)* 546 321 a las centenas.

*c)* 44 899 a las decenas.

*d)* 335 700 a las decenas de millar.

**98.** Calcula los errores absolutos y relativos de las siguientes estimaciones e indica si se han realizado por redondeo o truncamiento y si son por exceso o defecto.

*a)* 4 567 321 aproximado por 4 500 000.

*b)* 365 aproximado por 370.

*c)* 123 aproximado por 120.

*d)* 99 999 999 aproximado por 100 000 000.

**99.** **CI** Realiza la operación $56+35-24:12+12$ de manera exacta, después redondea el resultado a las decenas y finalmente repite las operaciones, pero realizando redondeos en cada número antes de operar. ¿En cuál de los dos casos obtienes errores menores?

**100.** **CA, CI** Repite el ejercicio anterior, pero truncando a las decenas. ¿Qué conclusiones extraes?

**101.** **CL** Indica si las siguientes afirmaciones son verdaderas o falsas y en caso de que sean incorrectas, señala el error:

*a)* Una aproximación por exceso de 689 es 700, y está realizada por truncamiento.

*b)* Siempre es más exacta una aproximación por redondeo que una por truncamiento.

*c)* El redondeo de 999 a las decenas y las centenas es el mismo.

*d)* El truncamiento de 999 a las decenas y las centenas es el mismo.

*e)* Una aproximación por redondeo de 356 es 370.

*f)* 123 redondeado a las decenas es 130.

## SABER MÁS

**102.** **CD** Calcula por tanteo las siguientes raíces enteras de índice superior a 2, e indica a su vez el resto de la raíz. Compruébalo con la calculadora.

*a)* $\sqrt[3]{57}$

*b)* $\sqrt[4]{245}$

*c)* $\sqrt[3]{654}$

*d)* $\sqrt[4]{82}$

**103.** Indica cuántos números tienen como raíz cúbica 2. ¿Y como raíz cuarta?

**104.** **CI** La propiedad que viste sobre cuándo las raíces cuadradas de potencias de 10 son exactas, se verifica de manera análoga para raíces de cualquier índice. ¿Podrías deducir cuál es la norma? Pon algunos ejemplos para orientarte.

**1.** **Cubos**

En esta fotografía puedes ver seis dados, etiquetados desde la (a) a la (f). Hay una regla que es válida para todos los dados:

La suma de los puntos de dos caras opuestas de cada dado es siempre siete.

Escribe en cada casilla de la tabla siguiente el número de puntos que tiene la cara inferior del dado correspondiente que aparece en la foto.

| (*a*) | (*b*) | (*c*) |
|---|---|---|
| | | |
| | | |
| (*d*) | (*e*) | (*f*) |

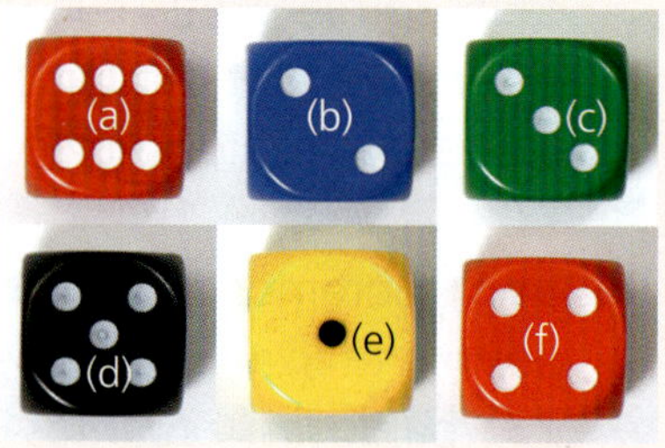


PISA

**2.** Los profesores del Colegio El Parque tiene planeado mandar 6 boletines informativos al año a cada una de las 620 familias con niños en el colegio. Cada uno de los boletines informativos necesita 2 hojas de papel. El papel se vende en paquetes de 500 hojas.

¿Cuál es el número mínimo de paquetes de papel necesarios para imprimir el boletín del colegio durante un año?

TIMSS

**3.** **Monopatín**

Marcos es un gran fan del monopatín. Entra en una tienda denominada PATINADORES para mirar algunos precios.

En esta tienda puedes comprar un monopatín completo, o puedes comprar una tabla, un juego de 4 ruedas, un juego de 2 ejes y un conjunto de piezas para montar, y montar tu propio monopatín.

Los precios de estos productos de la tienda son:

| Producto | Precio en *zeds* | |
|---|---|---|
| Monopatín completo | 82 o 84 |  |
| Tabla | 40, 60 o 65 |  |
| Un juego de 4 ruedas | 14 o 36 |  |
| Un juego de 2 ejes | 16 |  |
| Un juego de piezas para montar (cojines, almohadillas de goma, tornillos y tuercas) | 10 o 20 |  |

*a)* Marcos quiere montar su propio monopatín. ¿Cuál es el precio mínimo y el precio máximo de los monopatines montados por uno mismo en esta tienda?

*b)* Marcos tiene 120 *zeds* para gastar y quiere comprar el monopatín más caro que pueda.

¿Cuánto dinero puede gastar Marcos en cada uno de los 4 componentes? Escribe tu respuesta en una tabla.

| Componente | Cantidad (*zeds*) |
|---|---|
| Tabla | |
| Ruedas | |
| Ejes | |
| Piezas para montar | |

PISA

# EVALÚATE



**1.** Traduce los siguientes números del sistema de numeración romano al decimal o viceversa, según cada caso:

*a)* MMCDLXXXIX *c)* 9 876
*b)* CDXLIV *d)* 857

**2.** Escribe cómo se leerían los siguientes números:

*a)* 9 009 009 *b)* 38 456 321

**3.** Ordena los números de menor a mayor y colócalos en la recta.

25, 13, 87, 103, 75, 64, 44

**4.** Descompón los números que se presentan a continuación según sus posiciones:

*a)* 654 021 *b)* 3 007

**5.** Escribe de qué números se trata si se dan las siguientes descomposiciones decimales:

*a)* 3 CM + 47 UM + 23 D
*b)* 57 DM + 13 UM + 5 U

**6.** Realiza las siguientes operaciones combinadas:

*a)* $1+4\cdot(18:6\cdot4-5\cdot(4-2))$
*b)* $36:(9-12:4)\cdot3-10-(5-4)$

**7.** Realiza las siguientes operaciones de dos maneras distintas:

*a)* $(13+25)\cdot11$
*b)* $(5\cdot13)\cdot4$

**8.** Opera y expresa el resultado en forma de una única potencia:

*a)* $3^3\cdot(3^2\cdot3)^4$
*b)* $(18:3)^4:6$

**9.** Resuelve por tanteo las siguientes raíces cuadradas:

*a)* $\sqrt{523}$
*b)* $\sqrt{1\,225}$

**10.** Redondea y trunca a las centenas el número 1 555 y calcula el error absoluto cometido en cada caso.

# MATEMÁTICAS RECREATIVAS

**1.** Coloca los números del 1 al 9 en los siguientes huecos, los pares en los cuadrados y los impares en los círculos, de modo que la suma sea correcta.

```
    ○ □ □
  + ○ ○ □
  -------
    ○ ○ □
```

**2.** Coloca los números del 1 al 9 en los huecos, de forma que la multiplicación sea correcta.

```
  □ □ □ □
    ×     □
  -------
  □ □ □ □
```

**3.** Piensa un número de dos cifras entre el 10 y el 29. Por otro lado, suma sus dos cifras, y resta este resultado al número que pensaste. Busca en la tabla el símbolo que corresponde al resultado que has obtenido.

¿A que ha salido ☺? Prueba con varios números y comprueba que siempre sale el mismo resultado. Intenta descubrir cómo es posible averiguar el resultado sin saber el número que se ha pensado al principio.

| 1 | 2 | 3 | 4 | 5 | 6 | 7 | 8 | 9 | 10 | 11 | 12 | 13 | 14 | 15 | 16 | 17 | 18 | 19 | 20 |
|---|---|---|---|---|---|---|---|---|---|---|---|---|---|---|---|---|---|---|---|
| ☻ | ☼ | ♀ | ♪ | ♠ | ■ | ╥ | ♦ | ☺ | ◊ | ◙ | ▲ | ♥ | □ | ◘ | ♣ | ♫ | ☺ | ▼ | ♂ |

**4.** Obtén los números del 1 al 9 utilizando 4 cuatros y las cuatro operaciones básicas. Ten en cuenta la prioridad de las operaciones y añade paréntesis si es necesario. Por ejemplo: $4+4+4:4=9$

4 4 4 4 = 1 4 4 4 4 = 3 4 4 4 4 = 5 4 4 4 4 = 7
4 4 4 4 = 2 4 4 4 4 = 4 4 4 4 4 = 6 4 4 4 4 = 8

# DIVISIBILIDAD

# UNIDAD 2

¿Has observado alguna vez que los barrios de origen antiguo tienen los edificios más bien descolocados y que las calles son cortas y con curvas, mientras que en las zonas nuevas las construcciones están muy bien ordenadas y las calles son rectas y largas? Este es un simple ejemplo de lo importante que es el orden en la sociedad actual.

Si tenemos que agrupar un conjunto de objetos, no lo hacemos de forma aleatoria o casual, sino que buscamos una disposición concreta.

Si plantamos un terreno con árboles, los colocaremos en forma de cuadrícula; si tenemos cierta cantidad de fichas, las colocaremos en montones de igual número o agrupadas por valores.

En todas estas ordenaciones está presente la divisibilidad, pues, sabiendo el número total de árboles que vamos a plantar o de fichas que tenemos, podremos calcular las diferentes formas de colocarlos en filas y columnas en el primer caso y en montones en el segundo.

## INTERPRETA Y RESUELVE

Si tenemos 54 fichas iguales, ¿cuántos montones podemos hacer y de cuántas fichas cada uno?

*Nota*: no podemos considerar montón a un grupo de una sola ficha.

## Producto de potencias de la misma base

Dejar la misma base y sumar los exponentes.

$2^1$ → Un número natural sin exponente, se considera una potencia de exponente 1.

$$2^5 \cdot 2^7 \cdot 2 = 2^{\overbrace{5+7+1}^{13}} = 2^{13}$$

## Cociente de potencias de la misma base

Dejar la misma base y restar los exponentes.

$$2^{25} : 2^{13} = 2^{\overbrace{25-13}^{12}} = 2^{12}$$

## Producto de potencias de bases y exponentes distintos

Calcular las potencias y luego operar.

$$\overbrace{3^2}^{9} \cdot \overbrace{5^3}^{125} = 9 \cdot 125 = 1125$$

**CUIDADO**

No se pueden multiplicar o dividir potencias de distinta base y exponente aplicando ninguna propiedad. El resultado no se puede expresar en forma de una única potencia.

## Operaciones de potencias variadas

Agrupar las potencias de la misma base, calcular cada potencia y operar.

$$3^2 \cdot 5 \cdot 7 \cdot 3 \cdot 5^2 \cdot 7 = 3^2 \cdot 3 \cdot 5 \cdot 5^2 \cdot 7 \cdot 7 = 3^3 \cdot 5^3 \cdot 7^2 = 27 \cdot 125 \cdot 49$$

Agrupamos y operamos por un lado las potencias de base 3, por otro las de base 5 y por otro las de base 7 aplicando la propiedad del producto de potencias de la misma base.

### EJERCICIOS

**1.** Opera y calcula.

*a)* $3^0 \cdot 3 \cdot 3^3$ *b)* $5 \cdot 5^2$ *c)* $2^3 \cdot 2^2 \cdot 2 \cdot 2^2$ *d)* $7 \cdot 7 \cdot 7$

**2.** Calcula expresando previamente el resultado en forma de una sola potencia.

*a)* $7^5 : 7^3$ *b)* $2^7 : 2^0$ *c)* $3^4 : 3$ *d)* $5^5 : 5^3$

**3.** Realiza las siguientes operaciones con potencias:

*a)* $2^2 \cdot 3^3 \cdot 5 \cdot 2 \cdot 5^4 \cdot 7$ *b)* $3^{13} \cdot 2^5 \cdot 5^2 \cdot 7 \cdot 2 \cdot 3^5$ *c)* $11^0 \cdot 3^7 \cdot 2^6 \cdot 2 \cdot 11 \cdot 5 \cdot 3$ *d)* $5^5 \cdot 3^3 \cdot 7 \cdot 5^0 \cdot 3^2 \cdot 7^2 \cdot 2$

# MAPA CONCEPTUAL

- MÚLTIPLOS
  - $a$ es múltiplo de $b$ si la división $a : b$ es exacta
  - Cálculo de los primeros múltiplos de un número — Múltiplos de 15: 0, 15, 30, ...
- DIVISORES
  - $a$ es divisor de $b$ si la división $b : a$ es exacta
  - Cálculo de todos los divisores de un número — Divisores de 36: 1, 2, 3, 4, 6, 9, 12, 18, 36
- REGLAS DE DIVISIBILIDAD
  - 2 — Es par.
  - 3 — La suma de sus cifras es múltiplo de 3.
  - 4 — Las dos últimas cifras forman un múltiplo de 4.
  - 5 — Acaba en 0 o en 5.
  - 6 — Es divisible por 2 y 3 a la vez.
  - 8 — Las tres últimas cifras forman un múltiplo de 8.
  - 9 — La suma de sus cifras es múltiplo de 9.
  - 10 — Acaba en 0.
  - 11 — La diferencia entre las sumas de cifras de posición par e impar es múltiplo de 11.
- NÚMEROS PRIMOS Y COMPUESTOS
  - Criba de Eratóstenes
  - Factorización
- MÁXIMO COMÚN DIVISOR — mcd
  - A partir del cálculo de todos los divisores
  - A partir de la factorización
- MÍNIMO COMÚN MÚLTIPLO — mcm
  - A partir del cálculo de los primeros múltiplos
  - A partir de la factorización

# 1. Múltiplos y divisores

## 1.1. Múltiplo

Un número es **múltiplo** de otro si se obtiene multiplicando este último por cualquier número natural.

36 es múltiplo de 4 porque:

$$36 = 4 \cdot 9$$

por tanto, 36 también es múltiplo de 9.

Como podemos realizar infinitos productos, tantos como números naturales, nos sería imposible calcular todos los múltiplos de un número.

Del mismo modo, también podemos decir que un número es múltiplo de otro si la división entre ambos es exacta.

36 será **múltiplo** de 4 y de 9 porque la división de 36 entre cualquiera de ellos es exacta.

$36 : 4 = 9$ (exacta)

$36 : 9 = 4$ (exacta)

Si la división es exacta, el dividendo resulta siempre tanto múltiplo del cociente como del divisor.

**RECUERDA**

Los términos de una división son dividendo (*D*), divisor (*d*), cociente (*C*) y resto (*R*).

| Dividendo | Divisor |
|---|---|
| Resto | Cociente |

**RECUERDA**

Una división es exacta si su resto es cero.

$$D = d \cdot C$$

**OBSERVA**

- El primer múltiplo de un número es siempre el 0, pues cualquier número multiplicado por 0 da 0.
- El propio número también es múltiplo suyo, al ser resultado de multiplicarlo por 1.

### EJERCICIOS RESUELTOS

1. Calcula los diez primeros múltiplos de:

*a)* 13

*b)* 22

*a)* 0, 13, 26, 39, 52, 65, 78, 91, 104, 117
*b)* 0, 22, 44, 66, 88, 110, 132, 154, 176, 198

Solución

2. Dadas las siguientes parejas de números, determina si uno de ellos es múltiplo del otro y explica cuál:

*a)* 405 y 27

*b)* 1 508 y 57

*a)* Sí, porque $405 : 27 = 15$ es una división exacta, luego 405 es múltiplo de 27.
$405 = 27 \cdot 15$

*b)* No, porque $1\,508 : 57$ no es exacta.

Solución

3. Encuentra los múltiplos de 11 entre 90 y 150.

*a)* 99, 110, 121, 132 y 143

Solución

## 1.2. Divisor

Un número es **divisor** de otro si lo divide de forma exacta.

4 y 9 son divisores de 36.

$$36:4=9$$
$$36:9=4$$

Por tanto, en una división exacta, tanto el divisor como el cociente son divisores del dividendo.

Si la división entre dos números es exacta, la relación entre ambos es estrecha y hablamos de múltiplos y divisores. Esa relación se llama de **divisibilidad** y también diremos que un número es **divisible por** otro si la división entre ambos es exacta.

Por ejemplo, 36 es **divisible** por 4 o por 9.

**CUIDADO**

El múltiplo siempre es un número mayor que el número del que lo es, salvo el 0 y el propio número.

El divisor siempre es un número igual o más pequeño que el número del que lo es.

### EJERCICIOS RESUELTOS

1. Dadas las siguientes divisiones exactas, encuentra las parejas de divisores y múltiplos y escribe las relaciones correspondientes:

*a)* $946:22=43$

*b)* $2\,232:24=93$

*a)* 946 es divisible por 22.
946 es divisible por 43.
22 es un divisor de 946.
43 es un divisor de 946.
946 es un múltiplo de 22.
946 es un múltiplo de 43.

*b)* 2 232 es divisible por 24.
2 232 es divisible por 93.
24 es un divisor de 2 232.
93 es un divisor de 2 232.
2 232 es un múltiplo de 24.
2 232 es un múltiplo de 93.

Solución

2. Comprueba si los siguientes números son divisores de 27 000:

*a)* 24
*b)* 125
*c)* 16
*d)* 54 000

*a)* $27\,000:24$ es exacta, luego sí es divisor.

*b)* $27\,000:125$ es exacta, luego sí es divisor.

*c)* $27\,000:16$ no es exacta, luego no es un divisor.

*d)* $27\,000:54\,000$ no es exacta, luego no es un divisor.

Solución

## 1.3. Método de cálculo de todos los divisores de un número

Saber, por ejemplo, de cuántos en cuántos paquetes y de qué tamaño tenemos que organizar ciertos objetos es sencillo si sabemos calcular divisores.

Ahora bien, si los números a los que nos enfrentamos son pequeños, no es muy difícil encontrar todos sus divisores. Si el número ya es un poco grande, corremos el riesgo de olvidarnos de algunos divisores si no hacemos un proceso ordenado y claro.

Los **divisores de 6** son 1, 2, 3 y 6.

Son los únicos que dividen 6 de forma exacta.

Para calcular todos los divisores de un número:

1) Comenzaremos a realizar divisiones, buscando únicamente las exactas, empezando por el divisor más pequeño, el 1, y aumentándolo uno a uno.
2) Iremos formando la lista de divisores con los términos divisor y cociente de las divisiones exactas.
3) Acabaremos cuando haya que dividir entre un número que ya esté en la lista de divisores.

**OBSERVA**

Para no olvidar ningún divisor empareja en cada división exacta el divisor y el cociente y márcalos como divisores del número.

Calculamos todos los divisores del 48:

| | |
|---|---|
| 48 : 1 = 48 | Los primeros divisores del 48 son el 1 y el 48. |
| 48 : 2 = 24 | También lo son 2 y 24. |
| 48 : 3 = 16 | Añadimos el 3 y el 16 a la lista. |
| 48 : 4 = 12 | Continuamos con el 4 y el 12. |
| 48 : 5 / | No es exacta, así que seguimos sin añadir el 5 a la lista. |
| 48 : 6 = 8 | Por tanto 6 y 8 también son divisores del 48. |
| 48 : 7 / | No es exacta. |
| 48 : 8 / | Ya no es necesario hacerla porque el 8 ya era uno de nuestros divisores, aunque si la realizamos nos encontraremos otra vez con el 8 y el 6 que ya estaban. |

**OBSERVA**

Entre los divisores de un número están siempre el 1 y el propio número.

Los **divisores del 48** son 1, 2, 3, 4, 6, 8, 12, 16, 24 y 48.

## EJERCICIOS RESUELTOS

**1.** Encuentra todos los divisores de los siguientes números:

*a)* 405

*b)* 210

*a)* 1, 3, 5, 9, 15, 27, 45, 81, 135, 405

*b)* 1, 2, 3, 5, 6, 7, 10, 14, 15, 21, 30, 35, 42, 70, 105, 210

Solución

**2.** Señala cuáles de estos números tienen exactamente cuatro divisores:

*a)* 81
*b)* 45
*c)* 121
*d)* 77

*a)* Sus divisores son 1, 3, 9, 27, 81. No tiene cuatro divisores.

*b)* Sus divisores son 1, 3, 5, 9, 15, 45. No tiene cuatro divisores.

*c)* Sus divisores son 1, 11, 121. No tiene cuatro divisores.

*d)* Sus divisores son 1, 7, 11, 77. Sí tiene exactamente cuatro divisores.

Solución

## EJERCICIOS

**1.** ●○○ Calcula los siete primeros múltiplos de:

*a)* 25
*b)* 8
*c)* 14
*d)* 39

**2.** ●●○ Encuentra los múltiplos de 15 que verifiquen, en cada caso, la condición que se expresa.

*a)* Son menores de 70.
*b)* Son mayores de 50 y menores de 100.
*c)* Son impares menores de 60.
*d)* Son pares menores de 100.

**3.** ●●○ Calcula todos los divisores de:

*a)* 42
*b)* 495
*c)* 225
*d)* 54

**4.** ●●○ ¿Cuántos divisores tienen los siguientes números?

*a)* 72
*b)* 48
*c)* 17
*d)* 49

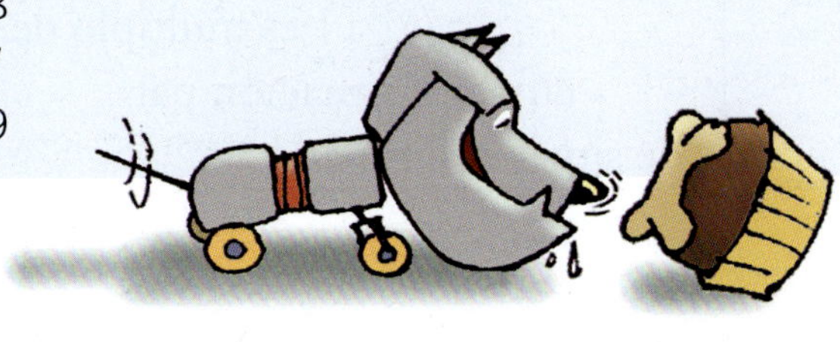

**5.** ●●○ **CL** ¿Son correctas las siguientes afirmaciones? En caso contrario, reescríbelas para que sean verdaderas.

*a)* 56 es divisor de 8.
*b)* 1 es múltiplo de cualquier número.
*c)* 32 es divisible por 4.
*d)* 12 es divisor de 3.

**6.** ●●○ ¿De cuántas maneras diferentes se pueden distribuir 18 bombones para que formen un rectángulo? ¿Cuáles son?

**7.** ●●○ En el parque cerca de mi casa hay 24 niños. Quieren hacer equipos con el mismo número de personas. ¿Cuántos equipos se pueden hacer?

**8.** ●●○ Queremos meter cromos en paquetes iguales para guardarlos. Si la colección completa consta de 112 cromos, ¿de cuántas maneras diferentes se pueden guardar? ¿Cuáles son?

# 2. Reglas de divisibilidad

Las reglas de divisibilidad nos permiten estudiar la relación de divisibilidad entre dos números, es decir, si uno es divisible por el otro o bien si la división de ambos es exacta, y también se pueden utilizar para determinar múltiplos o divisores con mayor rapidez.

**CUIDADO**

La regla de divisibilidad del 7 no la presentamos aquí porque resulta algo más compleja, así que no olvides comprobar la divisibilidad por esta cifra en los casos necesarios cuando, por ejemplo, busques todos los divisores de un número.

| Número | Regla de divisibilidad | Ejemplo |
|---|---|---|
| 2 | Un número es **divisible por 2** si acaba en cifra par, es decir, 0, 2, 4, 6 u 8. | 3 56**8** ↓ 8 es cifra par. |
| 3 | Un número es **divisible por 3** si la suma de sus cifras es múltiplo de 3. | **654**<br>6 + 5 + 4 = **15** → 15 es múltiplo de 3. |
| 4 | Un número es **divisible por 4** si sus dos últimas cifras forman un número múltiplo de 4. | 45 6**24** ↓ 24 es múltiplo de 4. |
| 5 | Un número es **divisible por 5** si acaba en 0 o en 5. | 98 50**0**<br>98 50**5** |
| 6 | Un número es **divisible por 6** si lo es por 2 y 3 a la vez. | 1 50**0**<br>• es divisible por 2 (acaba en 0)<br>• y también es divisible por 3. Suma de cifras: 1 + 5 + 0 + 0 = 6 |
| 8 | Un número es **divisible por 8** si sus tres últimas cifras forman un número múltiplo de 8. | 1 698 **000** ↓ 000, es decir, 0, es múltiplo de 8. |
| 9 | Un número es **divisible por 9** si la suma de sus cifras es múltiplo de 9. | **65 403**<br>6 + 5 + 4 + 0 + 3 = **18** → 18 es múltiplo de 9. |
| 10 | Un número es **divisible por 10** si acaba en 0. | 188 46**0** → acaba en 0. |
| 11 | Un número es **divisible por 11** si la diferencia de la suma de las cifras de situación impar y la suma de las cifras de situación par es múltiplo de 11. | **95 612**<br>(9 + 6 + 2) − (5 + 1) = 17 − 6 = **11** ↓ 11 es múltiplo de 11.<br>(5 + 1): cifras de situación par<br>(9 + 6 + 2): cifras de situación impar |

## EJERCICIOS RESUELTOS

1. ¿6 786 es múltiplo de 6?

Aplicamos la regla de divisibilidad del 6, y comprobaremos que en efecto, es divisible por 2 y por 3, por lo que la división sería exacta y por tanto 6 786 es un múltiplo de 6.

Solución

2. ¿Podemos buscar los divisores del 88 de una manera cómoda y evitar tener que hacer todas las divisiones?

Además de tener como divisores el 1 y el 88, aplicando las reglas de divisibilidad, obtenemos que no es divisible por 3, 5, 6, 9 ni 10 (con lo que no realizaremos ninguna de estas divisiones), pero que sí lo es por 2, 4, 8 y 11. Para obtener todos los divisores emparejaremos los que ya hemos encontrado con los cocientes correspondientes, y tendremos 1, 2, 4, 8, 11, 22, 44, 88.

Solución

3. Selecciona entre estos números cuáles son múltiplos de 6:

330 663 28 4 398 1 234 568 33 695 010

Son múltiplos de 6 los números divisibles por 6, es decir, 330, 4 398 y 33 695 010.

Solución

4. Aplica las reglas de divisibilidad del 3 y del 11 a los siguientes números y señala si son o no divisibles por dichos valores:

*a)* 726
*b)* 111
*c)* 3 340

*a)* Regla del 3: $7+2+6=15$, es divisible por 3.
Regla del 11: $(7+6)-2=11$, es divisible por 11.
*b)* Regla del 3: $1+1+1=3$, es divisible por 3.
Regla del 11: $(1+1)-1=1$, no es divisible por 11.
*c)* Regla del 3: $3+3+4+0=10$, no es divisible por 3.
Regla del 11: $(3+4)-(3+0)=4$, no es divisible por 11.

Solución

## EJERCICIOS

**9.** ●○○ Aplica todas las reglas de divisibilidad que has visto al número 1 188 y decide por qué números es divisible.

**10.** ●●○ **CI** Copia y completa los siguientes números para que sean divisibles por 3. Determina todas las posibles soluciones.

*a)* 1□35
*b)* □345 310
*c)* 4 000 0□1
*d)* 8□

**11.** ●●○ **CI** Hemos olvidado la última cifra del número de teléfono de Sara y solo recordamos que comienza con 695 354 78□. Si sabemos que era divisible por 6, ¿sabrías determinar el último dígito?

**12.** ●●● **CL, CA** ¿Un número divisible por 3 lo es por 9? ¿Y al revés? Justifica tus respuestas.

# 3. Números primos y compuestos

Un número es **primo** si tiene únicamente dos divisores distintos, el 1 y él mismo, y es **compuesto** si tiene más de dos.

Número primo: 3 — Divisores de 3: 1 y 3

Número compuesto: 6 — Divisores de 6: además del 1 y el 6 también tiene el 2 y el 3.

El número 1 tiene únicamente un divisor, el propio 1, con lo que no puede considerarse primo.

Divisor de 1: 1

**OBSERVA**

Para comprobar si un número es primo, basta con asegurarse de que no es divisible por los primos menores o iguales a su raíz cuadrada.

## 3.1. Criba de Eratóstenes

Es un método que nos permite ir eliminando todos los números compuestos y quedarnos únicamente con los primos.

| | | | | | | | | | |
|---|---|---|---|---|---|---|---|---|---|
| 1 | 2 | 3 | 4 | 5 | 6 | 7 | 8 | 9 | 10 |
| 11 | 12 | 13 | 14 | 15 | 16 | 17 | 18 | 19 | 20 |
| 21 | 22 | 23 | 24 | 25 | 26 | 27 | 28 | 29 | 30 |
| 31 | 32 | 33 | 34 | 35 | 36 | 37 | 38 | 39 | 40 |
| 41 | 42 | 43 | 44 | 45 | 46 | 47 | 48 | 49 | 50 |
| 51 | 52 | 53 | 54 | 55 | 56 | 57 | 58 | 59 | 60 |
| 61 | 62 | 63 | 64 | 65 | 66 | 67 | 68 | 69 | 70 |
| 71 | 72 | 73 | 74 | 75 | 76 | 77 | 78 | 79 | 80 |
| 81 | 82 | 83 | 84 | 85 | 86 | 87 | 88 | 89 | 90 |
| 91 | 92 | 93 | 94 | 95 | 96 | 97 | 98 | 99 | 100 |

Marcamos con – los múltiplos de 2 (menos el 2), con – los múltiplos de 3 (menos el 3), con – los múltiplos de 5 (menos el 5) y con – los múltiplos de 7 (menos el 7). Los números que quedan sin marcar son los **primos** que buscamos.

Podemos definir **números primos entre sí**, como aquellos que tienen solo el 1 como divisor común. Por ejemplo: 35 y 8 son primos entre sí.

**OBSERVA**

Los números primos entre sí no tienen por qué ser primos.

## EJERCICIOS RESUELTOS

1. Determina cuáles de los siguientes números son primos o compuestos:

   111 107 129 153 167 295

   Son primos: 107 y 167.
   El resto son compuestos: 111, 129 y 153 son divisibles por 3, y 295 es divisible por 5.

   Solución

2. Decide si los números de las siguientes parejas son primos entre sí:

   *a)* 25 y 60 *b)* 36 y 45 *c)* 18 y 35

   Solo en la *c* son primos entre sí. La *a* tiene por ejemplo el 5 de divisor común, y la *b*, el 3.

   Solución

## 3.2. Factorización de números

Todos los números compuestos se pueden expresar como producto de factores primos.

$$6 = 2 \cdot 3 \qquad 50 = 2 \cdot 5^2$$

Para factorizar un número:

1) Dividiremos de forma exacta y sucesivamente el número por números primos hasta llegar al 1.

2) Agruparemos los números primos en potencias de la misma base y obtendremos que su producto es el número buscado.

| | | |
|---|---|---|
| 360 | 2 | $2^3$ |
| 180 | 2 | |
| 90 | 2 | |
| 45 | 3 | $3^2$ |
| 15 | 3 | |
| 5 | 5 | 5 |
| 1 | | |

Descomponemos en factores primos: $\mathbf{360} = 2 \cdot 2 \cdot 2 \cdot 3 \cdot 3 \cdot 5 = \mathbf{2^3 \cdot 3^2 \cdot 5}$

Podemos emplear otros compuestos más sencillos.

$$\mathbf{360} = 36 \cdot 10 = 36 \cdot 2 \cdot 5 = 6 \cdot 6 \cdot 2 \cdot 5 = 2 \cdot 3 \cdot 2 \cdot 3 \cdot 2 \cdot 5 = \mathbf{2^3 \cdot 3^2 \cdot 5}$$

**CUIDADO**

Un número compuesto tiene una única factorización.

### EJERCICIOS RESUELTOS

**1.** Realiza las descomposiciones en factores primos de los siguientes números:

*a)* 4 158

*b)* 11 700

*a)*

| | |
|---|---|
| 4 158 | 2 |
| 2 079 | 3 |
| 693 | 3 |
| 231 | 3 |
| 77 | 7 |
| 11 | 11 |
| 1 | |

$2 \cdot 3^3 \cdot 7 \cdot 11$

*b)*

| | | | |
|---|---|---|---|
| 117 | 3 | 100 | 2 |
| 39 | 3 | 50 | 2 |
| 13 | 13 | 25 | 5 |
| 1 | | 5 | 1 |

$117 \cdot 100 =$
$= 117 \cdot 2^2 \cdot 5^2 = 3^2 \cdot 13 \cdot 2^2 \cdot 5^2$

Solución

**2.** Di a qué número pertenecen las siguientes descomposiciones:

*a)* $2^4 \cdot 5 \cdot 13$ *b)* $3^2 \cdot 7 \cdot 11$

*a)* $16 \cdot 5 \cdot 13 = 1\,040$ *b)* $9 \cdot 7 \cdot 11 = 693$

Solución

### EJERCICIOS

**13.** ●○○ Extrae de la siguiente lista los números compuestos y realiza su descomposición en factores:
240 311 509 649 751 847

**14.** ●○○ **CI** ¿Cuál es la descomposición en factores primos de un número primo?

**15.** ●○○ **CI** Observa la criba de Eratóstenes y contesta: además del 2, ¿existen números primos pares? ¿Por qué?

**16.** ●●○ Encuentra todos los números primos entre el 100 y el 200.

**17.** ●○○ **@** ¿Cuántos primos crees que hay entre los 1 000 primeros números? Busca en Internet y comprueba si te has acercado.

**18.** ●●● El 28 y otro número son primos entre sí. Encuentra cuál es, sabiendo que en su factorización no aparecen el 3 ni el 5 y que dicho número es compuesto y menor que 150.

**19.** ●●○ Algunas de las siguientes descomposiciones en factores primos tienen errores o están escritas incorrectamente. Encuentra las incorrecciones y corrígelas.

*a)* $720 = 2^3 \cdot 3^2 \cdot 10$

*b)* $540 = 3^3 \cdot 5 \cdot 2^2$

*c)* $1\,400 = 2^2 \cdot 5^2 \cdot 2 \cdot 7$

*d)* $175 = 3 \cdot 5 \cdot 11$

# 4. Máximo común divisor

¿De cuántas maneras diferentes se puede embaldosar una habitación con baldosas cuadradas? ¿Cuántas necesitaré comprar y de qué tamaño? En lugar de ir probando, verás que puedes emplear la herramienta que te presentamos a continuación.

El **máximo común divisor** de varios números, **mcd**, es el mayor de sus divisores comunes.

Para calcularlo podemos emplear dos métodos:

## 4.1. Método 1: cálculo explícito de los divisores

1) Calcularemos todos los divisores de los números.
2) Marcaremos los divisores que sean comunes a todos ellos. El mcd será el mayor dentro de los marcados.

Calculemos el **mcd (72, 80)**:

Divisores de 72: 1, 2, 3, 4, 6, 8, 9, 12, 18, 24, 36, 72

Divisores de 80: 1, 2, 4, 5, 8, 10, 16, 20, 40, 80

divisores comunes

Nos quedamos con el **divisor mayor** de los marcados, el 8.

$$\text{mcd}\,(72, 80) = \mathbf{8}$$

Este método es útil si los números no son muy grandes y no tienen una cantidad excesiva de divisores. Si esto ocurriera sería un proceso muy largo, y deberíamos emplear mejor el método que explicamos a continuación.

## 4.2. Método 2: factorización

1) Descompondremos en factores primos los números de los que queramos calcular el mcd.
2) Marcaremos los factores comunes. El mcd será el producto de estos factores elevados al menor exponente.

Calculemos el **mcd (72, 80)** empleando la factorización:

$$\begin{array}{r|l} 72 & 2 \\ 36 & 2 \\ 18 & 2 \\ 9 & 3 \\ 3 & 3 \\ 1 & \end{array} \qquad 72 = 2^3 \cdot 3^2 \qquad \begin{array}{r|l} 80 & 2 \\ 40 & 2 \\ 20 & 2 \\ 10 & 2 \\ 5 & 5 \\ 1 & \end{array} \qquad 80 = 2^4 \cdot 5$$

$$\text{mcd}\,(72, 80) = 2^3 = \mathbf{8}$$

**OBSERVA**

Si dos números son primos entre sí, su mcd es 1.

**CUIDADO**

El mcd siempre existe.

En caso de que al escribir la descomposición no veas factores comunes, recuerda que el 1 siempre es un divisor de todos los números, pero que no lo ponemos en la descomposición pues multiplicar por 1 no aporta ninguna información.

**CUIDADO**

Una vez seleccionados los factores comunes con menor exponente recuerda que si hubiera varios, se deben multiplicar entre sí para hallar el mcd.

## EJERCICIOS RESUELTOS

**1.** Calcula el mcd (324, 990) por el método que consideres más adecuado.

Como los números son algo grandes, los descompondremos en factores:

$324 = 2^2 \cdot 3^4$ y $990 = 2 \cdot 3^2 \cdot 5 \cdot 11$

$\text{mcd}\ (324, 990) = 2 \cdot 3^2 = 18$

Solución

**2.** Calcula el máximo común divisor de 36, 45 y 54 descomponiendo en factores y mediante el cálculo de divisores comunes.

- Mediante la descomposición en factores:

| | | | | | |
|---|---|---|---|---|---|
| 36 | 2 | 45 | 3 | 54 | 2 |
| 18 | 2 | 15 | 3 | 27 | 3 |
| 9 | 3 | 5 | 5 | 9 | 3 |
| 3 | 3 | 1 | | 3 | 3 |
| 1 | | | | 1 | |

$36 = 2^2 \cdot 3^2$

$45 = 3^2 \cdot 5$

$54 = 2 \cdot 3^3$

$\text{mcd}\ (36, 45, 54) = 3^2 = 9$

- Mediante el cálculo de divisores:

Divisores de 36: 1, 2, 3, 4, 6, 9, 12, 18, 36

Divisores de 45: 1, 3, 5, 9, 15, 45

Divisores de 54: 1, 2, 3, 6, 9, 18, 27, 54

Divisores comunes a todos: 1, 3, 9

mcd (36, 45, 54) = 9

Solución

## EJERCICIOS

**20.** ●○○ Calcula los divisores comunes de los siguientes grupos de números:

*a)* 6 y 7 *b)* 6, 8 y 12 *c)* 30, 60 y 300

**21.** ●●○ Calcula dos grupos de números diferentes que tengan como divisores comunes por lo menos los siguientes números: $2^2 \cdot 5$, $2 \cdot 3 \cdot 5^2$ y $2^3$.

**22.** ●●○ Encuentra el máximo común divisor en cada caso, empleando el método que consideres más oportuno.

*a)* 36 y 60
*b)* 140 y 3 200
*c)* 89 y 64
*d)* 15, 24 y 44
*e)* 900 y 420
*f)* 1 380 y 2 790

**23.** ●●● **CD** Dados los siguientes grupos de números, averigua su máximo común divisor:

*a)* 126, 396 y 1 080
*b)* 506, 750 y 170
*c)* 504, 5 292 y 1 520

**24.** ●●● **CD** Sabiendo que 6 es el máximo común divisor de dos números, y que uno de los números es 36, ¿podrías encontrar el otro?

*Nota:* Hay muchas soluciones.

# 5. Mínimo común múltiplo

¿A qué hora pasarán dos autobuses al mismo tiempo? ¿Cada cuánto me coincidirán dos exámenes de materias que los programan periódicamente? Este tipo de preguntas las puedes resolver calculando el mínimo común múltiplo.

El **mínimo común múltiplo** de varios números, **mcm**, es el menor de sus múltiplos comunes.

Para calcularlo podemos emplear dos métodos:

## 5.1. Método 1: cálculo explícito de algunos de los múltiplos

1) Calcularemos algunos de los primeros múltiplos de los números, comenzando por el propio número.

2) Marcaremos los múltiplos que sean comunes a todos ellos. El mcm será el múltiplo menor dentro de los marcados. Si no hubiera ninguno común, deberemos seguir calculando múltiplos hasta que encontremos alguno.

Calculemos el **mcm (15, 20)**:

Múltiplos de 15: 15, 30, 45, 60, 75, 90, 105, 120...

Múltiplos de 20: 20, 40, 60, 80, 100, 120, 140, 160...

Nos quedamos con el **menor marcado**, el 60.

mcm (15, 20) = **60**

Este método es útil si los números no son muy grandes. Si no ocurriera así, deberíamos emplear mejor el método que se explica a continuación.

**OBSERVA**

Aunque el 0 es un múltiplo común a todos los números, no lo tenemos en cuenta a la hora de calcular el mcm.

## 5.2. Método 2: factorización

1) Descompondremos en factores primos los números de los que queramos calcular el mcm.

2) Nos quedaremos con todos los factores, comunes y no comunes, pero de mayor exponente. El mcm será el **producto de estos factores** con sus correspondientes exponentes.

Calculemos el **mcm (15, 20)**:

| | |
|---|---|
| 15 | 3 |
| 5 | 5 |
| 1 | |

| | |
|---|---|
| 20 | 2 |
| 10 | 2 |
| 5 | 5 |
| 1 | |

$15 = 3 \cdot 5$ $\qquad$ $20 = 2^2 \cdot 5$

$$\text{mcm}\ (15, 20) = 2^2 \cdot 3 \cdot 5 = \mathbf{60}$$

**CUIDADO**

Una vez seleccionados los factores comunes y no comunes con mayor exponente, recuerda que si hubiera varios, se deben multiplicar entre sí para hallar el mcm.

## EJERCICIOS RESUELTOS

**1.** Calcula el mcm (420, 3366) por el método que consideres más adecuado.

Como los números son grandes, los descompondremos en factores.

$420 = 2^2 \cdot 3 \cdot 5 \cdot 7$

$3366 = 2 \cdot 3^2 \cdot 11 \cdot 17$

mcm (420, 3366) $= 2^2 \cdot 3^2 \cdot 5 \cdot 7 \cdot 11 \cdot 17 = 235\,620$

Solución

**2.** Calcula el mínimo común múltiplo de 18, 20 y 45 descomponiendo en factores y mediante el cálculo de múltiplos comunes.

- Mediante la descomposición en factores:

  $18 = 2 \cdot 3^2$

  $20 = 2^2 \cdot 5$

  $45 = 3^2 \cdot 5$

  mcm (18, 20, 45) $= 2^2 \cdot 3^2 \cdot 5 = 180$

- Mediante el cálculo de múltiplos:

  Múltiplos de 18 (descartamos el 0): 18, 36, 54, 72, 90, 108, 126, 144, 162, 180, 198...

  Múltiplos de 20 (descartamos el 0): 20, 40, 60, 80, 100, 120, 140, 160, 180, 200...

  Múltiplos de 45 (descartamos el 0): 45, 90, 135, 180, 225...

  Múltiplos comunes: 180 (descartando el 0) ⟶ mcm (18, 20, 45) = 180

Solución

## EJERCICIOS

**25.** ●○○ Calcula los cinco primeros múltiplos comunes de los siguientes grupos de números:

*a)* 6 y 15

*b)* 12 y 13

*c)* 40 y 54

**26.** ●●○ Encuentra el mínimo común múltiplo en cada caso, empleando el método que consideres más oportuno.

*a)* 345 y 180

*b)* 1 260 y 75

*c)* 15, 24 y 44

*d)* 45 y 36

*e)* 90 y 42

*f)* 630 y 54

**27.** ●●● Dados los siguientes grupos de números, averigua su mínimo común múltiplo:

*a)* 60, 71 y 90

*b)* 45, 252 y 175

*c)* 70, 130 y 190

**28.** ●●● Sabiendo que 24 es el mínimo común múltiplo de dos números, y que uno de los números es 12, ¿podrías encontrar el otro?
*Nota*: Hay varias soluciones.

**29.** ●●● **CI** Halla el menor número que al dividirlo por 5 y 7 tenga de resto 2.

## Regla de divisibilidad del 7

| Número | Regla de divisibilidad | Ejemplo |
|---|---|---|
| 7 | Un número es **divisible por 7** cuando la diferencia entre el número sin la cifra de las unidades y el doble de la cifra de las unidades es múltiplo de 7. | 721<br>↑ doble de la cifra de las unidades<br>$72-2\cdot 1=70$<br>→ 70 es múltiplo de 7. |

## Números primos gemelos

Los números primos gemelos son números primos que están separados por una distancia de 2, es decir, su diferencia es 2.

Como todos los números primos, excepto el 2, son impares, el buscar primos que difieran en 2 unidades equivale a buscar primos **impares consecutivos**, que son precisamente los **primos gemelos**.

$$(3,5) \rightarrow 5-3=2$$
$$(5,7) \rightarrow 7-5=2$$
$$(11,13) \rightarrow 13-11=2$$
$$(17,19) \rightarrow 19-17=2$$
$$(29,31) \rightarrow 31-29=2$$
$$(41,43) \rightarrow 43-41=2$$
$$(59,61) \rightarrow 61-59=2$$
$$\ldots$$

## Números amigos

Dos números son amigos si la suma de los divisores del **primero** es el **segundo** y la suma de los divisores del **segundo** es el **primero**. En este caso utilizaremos los divisores propios del número, es decir, todos salvo el propio número.

220 y **284** son amigos, ya que:

Suma de divisores de 220 (exceptuando el 220): $1+2+4+5+10+11+20+22+44+55+110=$ **284**

Suma de divisores de **284** (exceptuando el 284): $1+2+4+71+142=$ 220

### EJERCICIOS

**30.** ●●○ Verifica la divisibilidad de los siguientes números por 7:

*a)* 98 *b)* 156 *c)* 287 *d)* 542 *e)* 901 *f)* 1386

**31.** ●●○ **CL, @** Existen otros tipos de números: investiga sobre los *números sociables* en Internet.

**32.** ●●● Averigua las dos siguientes parejas de números primos gemelos después de (59, 61).

| Divisibilidad | |
|---|---|
| **Múltiplo** | **Divisor** |
| Un número es **múltiplo** de otro si se obtiene multiplicándolo por cualquier cantidad.<br><br>8 es múltiplo de 4.<br><br>$4 \cdot 2 = 8$ | Un número es divisor de otro si lo divide de forma exacta.<br><br>4 es divisor de 8.<br><br>$8 : 4 = 2$ |

| | Reglas de divisibilidad | Ej. |
|---|---|---|
| **2** | Es par. | 326 |
| **3** | La suma de sus cifras es múltiplo de 3. | 651 |
| **4** | Las dos últimas cifras forman un múltiplo de 4. | 524 |
| **5** | Acaba en 0 o 5. | 655 |
| **6** | Es divisible por 2 y 3 a la vez. | 882 |
| **8** | Las tres últimas cifras forman un múltiplo de 8. | 9 000 |
| **9** | La suma de sus cifras es múltiplo de 9. | 396 |
| **10** | Acaba en 0. | 850 |
| **11** | La diferencia entre las sumas de cifras de colocación par e impar es múltiplo de 11. | 605 |

| Tipos de números | | |
|---|---|---|
| **Primos** | **Compuestos** | **Primos entre sí** |
| Si tiene dos divisores: el 1 y él mismo. | Si tiene más de dos divisores. | Si su único divisor en común es el 1. |

| Descomposición en factores primos | |
|---|---|
| **Caso compuesto** | **Caso primo** |
| 504 \| 7<br>72 \| 2<br>36 \| 2<br>18 \| 2<br>9 \| 3<br>3 \| 3<br>1 \| | 13 \| 13<br>1 \| |
| $504 = 2^3 \cdot 3^2 \cdot 7$ | $13 = 13$ |

| mcd | |
|---|---|
| El **máximo común divisor** de varios números es el **mayor** de sus divisores comunes. | |
| **Método 1**: cálculo explícito de los divisores | **Método 2**: factorización |
| mcd (72, 80)<br>Divisores de 72: 1, 2, 3, 4, 6, 8, 9, 12, 18, 24, 36, 72<br>Divisores de 80: 1, 2, 4, 5, 8, 10, 16, 20, 40, 80<br>mcd (72, 80) = 8 | mcd (72, 80)<br>$72 = 2^3 \cdot 3^2$ $80 = 2^4 \cdot 5$<br>Cogemos los factores comunes de menor exponente.<br>mcd (72, 80) $= 2^3 = 8$ |

| mcm | |
|---|---|
| El **mínimo común múltiplo** de varios números es el **menor** de sus múltiplos comunes. | |
| **Método 1**: cálculo explícito de los múltiplos | **Método 2**: factorización |
| mcm (15, 20)<br>Múltiplos de 15: 15, 30, 45, 60, 75, 90, 105, 120 ...<br>Múltiplos de 20: 20, 40, 60, 80, 100, 120, 140, 160 ...<br>mcm (15, 20) = 60 | mcm (15, 20)<br>$15 = 3 \cdot 5$ $20 = 2^2 \cdot 5$<br>Cogemos todos los factores, comunes y no comunes, y de mayor exponente.<br>mcm (15, 20) $= 2^2 \cdot 3 \cdot 5 = 60$ |

## Ejercicios iniciales

**33.** ●○○ Tenemos que plantar 24 olivos en forma de cuadrícula. ¿De qué formas se pueden colocar si no puede haber una sola fila ni una sola columna?

**34.** ●●● Se va a construir una urbanización nueva en una ciudad. Los bloques de edificios estarán colocados en forma de cuadrícula, formando filas y columnas. Sabiendo que van a construirse 1 000 viviendas, copia y completa la siguiente tabla con las diferentes posibilidades, sabiendo que:

*a)* En cada bloque debe haber un mínimo de 50 viviendas.

*b)* No puede haber una sola fila o una sola columna de edificios.

*c)* El número de filas no es mayor que el número de columnas.

*d)* Solo hay 5 posibilidades cumpliendo las condiciones anteriores.

| Filas de edificios | Columnas de edificios | Viviendas por edificio |
|---|---|---|
| | | |
| | | |
| | | |
| | | |
| | | |

## Múltiplos y divisores

**35.** ●○○ **CL** Completa cada frase con los números 6 y 30 en el orden que corresponda para que sea correcta.

*a)* □ es múltiplo de □.

*b)* □ divide a □.

*c)* □ es divisor de □.

*d)* □ es divisible por □.

**36.** ●○○ Escribe los diez primeros múltiplos de los siguientes números:

*a)* 7 *b)* 9 *c)* 11 *d)* 24

**37.** ●○○ Relaciona cada número de la izquierda con los números de la derecha que sean múltiplos suyos.

*a)* 4 *1)* 12
*b)* 25 *2)* 0
*c)* 15 *3)* 60
*d)* 6 *4)* 75

**38.** ●●○ **CD** Comprueba con calculadora cuáles de los siguientes números son divisores de 45 360:

81, 144, 175, 180, 256, 560, 648, 2 880, 5 436, 9 072

**39.** ●○○ Calcula todos los divisores de los siguientes números:

*a)* 24 *b)* 36 *c)* 75

**40.** ●●○ Calcula todos los divisores de:

*a)* 120 *b)* 144 *c)* 250

**41.** ●●○ Escribe todas las parejas de números cuyo producto sea:

*a)* 100 *b)* 84 *c)* 108

**42.** ●●○ **CI** Nos dicen que un número que desconocemos es múltiplo de 7. Contesta razonadamente a las siguientes preguntas:

*a)* ¿El doble de dicho número es también múltiplo de 7?

*b)* ¿Dicho número es también múltiplo del doble de 7?

**43.** ●●○ Una colección de 20 libros puede comprarse de una sola vez o por meses, con la única condición de que cada mes se compre el mismo número de libros. ¿De cuántas formas se puede hacer esta distribución? Es decir, enumera las diferentes posibilidades de número de libros al mes y de número de meses.

## Reglas de divisibilidad

**44.** ●○○ Escribe un número divisible por 2, 3, 5 y 11.

**45.** ●○○ **CA** En cada apartado, escribe un número que cumpla el enunciado.

*a)* Tiene 5 cifras, es divisible por 6 y no contiene ni la cifra 0 ni la 6.

*b)* Tiene 4 cifras, es divisible por 11 y no tiene dos cifras iguales.

*c)* Tiene 4 cifras, es divisible por 8 y no tiene ni ceros ni ochos.

*d)* Tiene 6 cifras, es divisible por 9 y su cifras están entre 1 y 5.

**46.** ●●○ **CA** Escribe un número de cuatro cifras que cumpla:

*a)* Es múltiplo de 2 y de 9 y no es múltiplo de 5.

*b)* Es múltiplo de 3 y de 5 y no es múltiplo de 6.

*c)* Es múltiplo de 9 y de 5 y no es múltiplo de 10.

**47.** ●●○ Copia y completa la siguiente tabla con SÍ o NO en función de si el número de la izquierda es divisible o no por cada uno de los números que se indican arriba:

| | 2 | 3 | 4 | 5 | 6 | 8 | 9 | 10 | 11 |
|---|---|---|---|---|---|---|---|---|---|
| 180 | | | | | | | | | |
| 495 | | | | | | | | | |
| 637 | | | | | | | | | |
| 3 960 | | | | | | | | | |

**48.** ●●○ **CI** Encuentra las cifras que faltan para que los siguientes números sean divisibles por 3. En caso de que haya varias posibilidades, escríbelas todas.

*a)* 25□ 328　　*b)* □1 237　　*c)* 40 93□

**49.** ●●○ **CI** Encuentra la cifra que falta en cada caso para que todos los números sean divisibles por 6. Si hay varias posibilidades, indícalas todas.

*a)* 4 21□　　*b)* 903 27□　　*c)* 31 2□7

**50.** ●●○ **CI** Los siguientes números son todos divisibles por 9. Encuentra la cifra que falta en cada uno de ellos. Indica todas las posibilidades en cada caso.

*a)* 41 □38

*b)* 71 7□3

*c)* 417 12□

**51.** ●●○ **CI** Encuentra la cifra que falta en cada número para que sea divisible por 11.

*a)* 49 □18

*b)* 213 1□7

*c)* 9□2 309

**52.** ●●○ **CA** Calcula el menor número que hay que sumarle a 2 317 para que sea divisible por:

*a)* 3　　*b)* 5　　*c)* 6　　*d)* 11

**53.** ●●● **CA, CI** Sabemos que como $6 = 2 \cdot 3$, un número es divisible entre 6 si cumple simultáneamente las reglas de divisibilidad del 2 y del 3. Utiliza este mismo argumento para determinar si las siguientes afirmaciones son verdaderas o falsas, justificando tu respuesta.

*a)* 1 155 es divisible por 15.

*b)* 5 460 es divisible por 12.

*c)* 13 167 es divisible por 99.

**54.** ●●● **CA, CI** Contesta a las siguientes preguntas justificadamente:

*a)* ¿Puede un número ser divisible por 9 y no por 6?

*b)* ¿Puede un número ser divisible por 10 y no por 5?

*c)* Si un número par es divisible por 9, ¿lo es también por 6?

## Números primos y compuestos

**55.** ●○○ Determina cuáles de los siguientes números son primos y cuáles compuestos:

*a)* 29　　*d)* 87

*b)* 47　　*e)* 91

*c)* 49　　*f)* 127

**56.** ●○○ @ En Internet puedes encontrar muchas páginas que incluyen test de primalidad, es decir, nos dicen si el número que introducimos es primo o compuesto. Esto es muy útil cuando manejamos números muy grandes. Utiliza un test de primalidad con los siguientes números:

*a)* 3 589 077

*b)* 15 485 863

*c)* 179 424 673

*d)* 2 038 074 743

**57.** ●●○ De entre los siguientes números, busca los números primos:

*a)* 229 *c)* 691 *e)* 1 039

*b)* 541 *d)* 863 *f)* 1 223

**58.** ●○○ Determina, en cada apartado, si los números que aparecen son primos entre sí o no:

*a)* 14 y 35 *c)* 72 y 90

*b)* 28 y 75 *d)* 189 y 550

**59.** ●●○ Entre los siguientes números hay varias parejas de primos entre sí. Encuéntralas.

28, 40, 45, 63, 90, 154

**60.** ●○○ Descompón en factores primos los siguientes números:

*a)* 54 *b)* 72 *c)* 120 *d)* 135

**61.** ●○○ Indica a qué números corresponden las siguientes descomposiciones en factores primos:

*a)* $2^3 \cdot 3 \cdot 5^2$ *c)* $3^2 \cdot 5^2$

*b)* $2 \cdot 3 \cdot 5 \cdot 7$ *d)* $2 \cdot 5^2 \cdot 11$

**62.** ●○○ La descomposición en factores primos de un número es $2^3 \cdot 3^4 \cdot 5$. Obtén la descomposición del producto de dicho número por:

*a)* 8 *b)* 27 *c)* 12 *d)* 30

**63.** ●●○ Escribe la descomposición en factores de tres números cuyos factores primos sean solo 2, 5 y 7, y que sean múltiplos de $2^3 \cdot 5 \cdot 7$.

**64.** ●●○ Realiza la descomposición en factores primos de los números siguientes:

*a)* 840 *c)* 4 914

*b)* 2 475 *d)* 14 399

**65.** ●●○ Todas las descomposiciones en factores primos siguientes tienen un error. Indica cuál es en cada caso.

*a)* $396 = 2^2 \cdot 9 \cdot 11$

*b)* $1640 = 2^2 \cdot 3^4 \cdot 5$

*c)* $1800 = 2 \cdot 3^2 \cdot 2^2 \cdot 5^2$

**66.** ●●○ **CA, CI** Contesta razonadamente, basándote en las descomposiciones en factores primos de los números, a las siguientes preguntas:

*a)* Si un número es múltiplo de 2 y 5, ¿lo es también de 10?

*b)* Si un número es múltiplo de 3 y 6, ¿es también múltiplo de 18?

*c)* Si un número es divisible por 4 y 6, ¿lo es también por 24?

**67.** ●●● **CI** En la descomposición de un número nos faltan algunas cifras. Averigua cuáles son.

$5\square\square = 2^{\square} \cdot 3^{\square} \cdot 5$

**68.** ●●● **CI** Escribe todas las ternas de números cuyo producto sea 36.

## Máximo común divisor

**69.** ●○○ **CI** Calcula el máximo común divisor de 30 y 36 mediante los dos procedimientos estudiados.

**70.** ●○○ Calcula el máximo común divisor de los siguientes pares de números:

*a)* 25 y 30 *c)* 64 y 81

*b)* 24 y 32 *d)* 54 y 72

**71.** ●○○ **CA** Calcula el máximo común divisor de los siguientes pares de números y di qué observas:

*a)* 15 y 30 *c)* 13 y 39

*b)* 8 y 24 *d)* 16 y 80

**72.** ●●○ Calcula el máximo común divisor de las siguientes parejas de números:

*a)* 128 y 256 *c)* 140 y 245
*b)* 192 y 288 *d)* 2 772 y 2 940

**73.** ●●○ Calcula el máximo común divisor de los siguientes conjuntos de números:

*a)* 108, 256 y 560
*b)* 35, 84 y 90
*c)* 120, 144, 360 y 420

**74.** ●●● Calcula el máximo común divisor de 17 424, 22 176 y 77 616.

**75.** ●●○ **CA** El máximo común divisor de 60 y 90 es 30.

*a)* Calcula todos los divisores de 30, 60 y 90.
*b)* Marca los divisores comunes de 60 y 90.
*c)* Compara los divisores comunes de 60 y 90 con los divisores de 30. ¿Qué observas?

**76.** ●●○ **CI** La descomposición en factores primos de dos números es $2^3 \cdot 3^{\square}$ y $2^{\square} \cdot 3^3$. Completa los huecos con los números necesarios para que el máximo común divisor de ambos números sea 12.

**77.** ●●○ **CI** Arturo y Arantxa han calculado el máximo común divisor de $2^2 \cdot 3^2 \cdot 5$ y $2^3 \cdot 3 \cdot 7^2$ y han obtenido $2^2 \cdot 3 \cdot 5 \cdot 7^2$ y $2^3 \cdot 3^2$, respectivamente. Los dos han cometido algún error. Explícalos.

**78.** ●●● **CA** Encuentra todos los números menores de 300 que harían correcta la siguiente igualdad:

mcd (252, □) = 18

**79.** ●●○ Berta quiere empaquetar sus 108 discos compactos y 60 DVD en grupos iguales del mayor tamaño posible sin que sobren ni falten discos o DVD. Calcula el número de elementos de cada paquete.

**80.** ●○○ **CCT** En un terreno rectangular de 75 metros de ancho y 120 metros de largo se está realizando una excavación arqueológica. Los científicos se reparten el terreno a estudiar dividiéndolo en parcelas cuadradas iguales del mayor tamaño posible. Calcula la longitud del lado de cada parcela, y el número de parcelas en las que ha quedado dividido el terreno.

**81.** ●●○ Un electricista tiene tres rollos de cable, de 98, 110 y 140 metros, respectivamente. Quiere cortar los tres rollos en trozos de cable iguales y lo más grandes que sea posible, sin desperdiciar nada de cable. ¿Cuánto debe medir cada trozo? ¿Cuántos trozos se obtendrán de cada rollo?

**82.** ●●○ Queremos embaldosar nuestra cocina con baldosas cuadradas sin recortar ninguna. Sabemos que la cocina mide 630 × 675 centímetros. ¿Qué medida tendrán las baldosas si queremos usar el menor número posible de ellas? ¿Cuántas necesitaremos?

**83.** ●●● **CI** Los alumnos de un instituto van a vender pañoletas con la insignia del centro para sacar dinero para el viaje de fin de curso, a 2 euros cada una. Para ello, compran 10 piezas de tela de 140 centímetros de ancho y 245 centímetros de largo, a 5 euros cada una. Deben recortar la tela para formar la pañoletas en cuadrados lo más grandes posibles.

*a)* ¿Cuánto medirá el lado de cada pañoleta (sin doblarla)?
*b)* ¿Cuántas pañoletas obtendrán?
*c)* Si venden todas, ¿cuánto dinero obtendrán de beneficio?

## Mínimo común múltiplo

**84.** ●○○ **CI** Calcula el mínimo común múltiplo de 12 y 15 por los dos procedimientos explicados en el tema.

**85.** ●○○ Calcula el mínimo común múltiplo de las siguientes parejas de números:

*a)* 6 y 8 *c)* 56 y 154
*b)* 18 y 24 *d)* 28 y 75

**86.** ●○○ **CA** Calcula el mínimo común múltiplo de los siguientes números y explica qué se observa:

*a)* 16 y 48
*b)* 18 y 90
*c)* 25 y 75
*d)* 32 y 96

**87.** ●●○ Calcula el mínimo común múltiplo de los números de cada apartado.

*a)* 305 y 415
*b)* 126 y 147
*c)* 180 y 378
*d)* 1 320 y 1 573

**88.** ●●○ Calcula el mínimo común múltiplo de los siguientes grupos de números:

*a)* 24, 36 y 40
*b)* 28, 42, 56 y 98
*c)* 275, 330 y 495

**89.** ●●● Obtén el mínimo común múltiplo de 28 080, 43 200 y 178 200.

**90.** ●●○ **CA** El mínimo común múltiplo de 20 y 25 es 100.

*a)* Calcula los veinte primeros múltiplos no nulos de 20 y 25.
*b)* Marca los múltiplos comunes de 20 y 25.
*c)* Obtén los 4 primeros múltiplos no nulos de 100 y compáralos con los múltiplos comunes de 20 y 25. ¿Son los mismos?

**91.** ●●○ **CI** El mínimo común múltiplo de 24 y un número desconocido es 72. ¿Cuál es dicho número? Si hay varias posibilidades, indícalas todas.

**92.** ●●○ **CI** La descomposición en factores primos de dos números es $2^4 \cdot \square^2 \cdot 7$ y $2^{\square} \cdot 3^3 \cdot \square$, respectivamente. Averigua los números que faltan para que el mínimo común múltiplo de ambos números sea $2^6 \cdot 3^3 \cdot 5 \cdot 7$.

**93.** ●●○ **CI** En clase han pedido calcular el mínimo común múltiplo de 42 y 63 a partir de sus descomposiciones, que son $2 \cdot 3 \cdot 7$ y $3^2 \cdot 7$, respectivamente. Lucía ha obtenido $2 \cdot 3 \cdot 7$ y Josué $3^2 \cdot 7$. Los dos resultados son incorrectos. ¿Cuáles son los errores que han cometido?

**94.** ●●○ Busca el número más pequeño que tenga por divisores 20, 45 y 72.

**95.** ●●○ **CI** Comprueba que 112 y 135 son primos entre sí y calcula su mínimo común múltiplo. ¿Qué observas? ¿Podrías enunciar una regla general a partir del caso anterior?

**96.** ●●○ Queremos formar cuadrados con baldosas de 30 × 45 centímetros. ¿De qué medidas pueden ser dichos cuadrados?

**97.** ●●○ Gabriel, Rebeca y Tomás dan vueltas con sus bicicletas en un velódromo. Gabriel tarda 36 segundos en completar una vuelta, Rebeca, 40, y Tomás, 45. Calcula cada cuánto tiempo se encuentran en la línea de meta si salen a la vez.

**98.** ●●○ Las baldosas de una acera tienen forma de cuadrado de lado 48 centímetros, y los bordillos están formados por piezas alargadas de granito de 128 centímetros de largo. Si al comienzo de la calle coincide una baldosa con una pieza de bordillo, ¿a qué distancia volverán a coincidir?

**99.** ●●○ Tenemos tres relojes de arena: uno grande de 15 minutos, uno mediano de 12, y uno pequeño de 9. Si los volteamos a la vez, y cada vez que uno acaba lo volvemos a voltear, ¿dentro de cuánto tiempo volverán a estar los tres relojes con toda la arena abajo?

**100.** ●●○ Tamara tiene una colección de sellos, y quiere colocarla en un álbum. Se ha dado cuenta de que puede colocar 10 sellos en cada página sin que sobre ni falte ninguno, y que lo mismo ocurre con 12 y 15 sellos por página. Calcula cuántos sellos tiene, sabiendo que tiene más de 150 sellos y menos de 200.

**101.** ●●● **CA** Halla el producto del máximo común divisor y el mínimo común múltiplo de 63 y 90. ¿Qué observas?

## SABER MÁS

**102.** ●●○ Escoge entre los números siguientes aquellos que son múltiplos de 7:

588   247   1092   6286   8798

**103.** ●●○ **@** Busca en Internet la regla de divisibilidad del 13 y aplícala para decidir si alguno de los siguientes números es múltiplo de 13.

*a)* 364

*b)* 568

*c)* 432 549

*d)* 1 234 578

**104.** ●●○ **@ CL** Existen también *números abundantes* y *números deficientes*. Busca información en Internet sobre ellos y escribe algunos ejemplos de cada uno.

**105.** ●●● **CL** El caso intermedio entre *número abundante* y *número deficiente* se llama *número perfecto*: es decir, un número que es igual a la suma de sus divisores propios. Por ejemplo, el 6 es perfecto, porque sus divisores propios son 1, 2 y 3, que sumados dan 6.

Existe otro número perfecto menor que 30, encuéntralo.

**1. Escalera**

El esquema siguiente ilustra una escalera con 14 peldaños y una altura total de 252 centímetros:

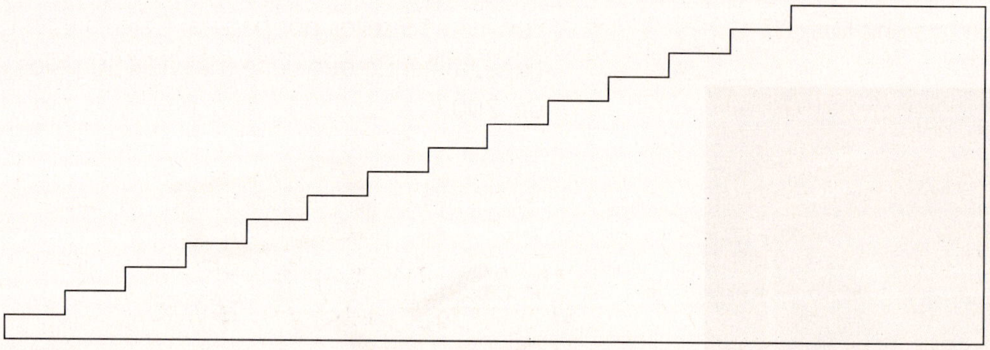


*a)* ¿Cuál es la altura de cada uno de los 14 peldaños?

PISA

*b)* Si el tramo superior tiene una profundidad de 75 centímetros, ¿cuál es la profundidad de cada uno de los peldaños restantes?

**2. Estanterías**

Para construir una estantería un carpintero necesita lo siguiente:

- 4 tablas largas de madera
- 6 tablas cortas de madera
- 12 ganchos pequeños
- 2 ganchos grandes
- 14 tornillos

El carpintero tiene en el almacén 26 tablas largas de madera, 33 tablas cortas de madera, 200 ganchos pequeños, 20 ganchos grandes y 510 tornillos.

¿Cuántas estanterías completas puede construir este carpintero?

PISA

**3.** Los números en la secuencia 7, 11, 15, 19, 23... aumentan de cuatro en cuatro. Los números en la secuencia 1, 10, 19, 28, 37... aumentan de nueve en nueve. El número 19 aparece en ambas secuencias. Si se continúan las dos secuencias, ¿cuál es el siguiente número que aparecerá tanto en la primera como en la segunda secuencia?

TIMSS

# EVALÚATE

**1.** Calcula los múltiplos comprendidos entre 100 y 150 de los siguientes números:

*a)* 32 *b)* 69

**2.** Averigua todos los divisores de:

*a)* 275 *b)* 162

**3.** Decide si el número 1 485 es divisible por 2, 3, 4, 5, 6, 8, 9, 10 y 11.

**4.** Sabiendo que 1 058 : 23 = 46 es exacta, señala cuáles de las siguientes afirmaciones son ciertas:

*a)* 23 y 46 son divisores de 1 058.

*b)* 1 058 es múltiplo de 23, pero no de 46.

*c)* 1 058 no es divisible por 46.

**5.** Señala los números primos de entre los que se presentan a continuación:

98 87 127 83 39 91 111 101 97

**6.** Realiza la descomposición en factores primos de:

*a)* 270 *b)* 616

**7.** Calcula el máximo común divisor de:

*a)* 88 y 231 *b)* 84 y 126

**8.** Obtén el mínimo común múltiplo de:

*a)* 245 y 75 *b)* 1 155 y 72

**9.** Tenemos tablones de 288 y 252 cm. Queremos cortarlos en trozos iguales de la mayor longitud posible. ¿Cuántos trozos salen de cada tablón? ¿De qué longitud son?

**10.** En una biblioteca hay un tipo de estanterías cuyos estantes distan 32 centímetros entre sí y otro tipo en las que los estantes están separados 48 centímetros. Si el estante inferior en ambos casos está a 20 centímetros del suelo, ¿a qué altura desde el suelo volverá a haber dos estantes alineados?

# MATEMÁTICAS RECREATIVAS

**1.** En el resultado de la siguiente operación se nos han borrado dos números:

$2 \cdot 3 \cdot 4 \cdot 5 \cdot 6 \cdot 7 \cdot 8 \cdot 9 \cdot 10 \cdot 11 \cdot 12 \cdot 13 \cdot 14 \cdot 15 = 1\,307\,674\,3\square 8\,0\square 0$

¿Podrías averiguar mentalmente cuáles son?

**2.** Averigua el número de 10 cifras *abcdefghij* en el que aparezcan los 10 dígitos posibles y tal que *ab* es divisible por 2, *abc*, por 3, *abcd*, por 4, y así hasta el número completo, que es múltiplo de 10.

**3.** Un mago te dice que pienses un número de dos cifras y que él será capaz de adivinarlo. Solo tienes que hacer dos operaciones con dicho número:

- Multiplica el número por 10.
- Réstale un múltiplo cualquiera de 9 menor que 90. No debes decirle al mago qué múltiplo de 9 has elegido.

El mago te pide ahora que le indiques el resultado de esta resta y, automáticamente, adivina el número que pensaste.

¿Cómo es posible? Prueba con varios números iniciales y múltiplos de 9 para intentar averiguar dónde está el truco. ¿Influye el múltiplo de 9 elegido?

# NÚMEROS ENTEROS

# UNIDAD 3

En la gran mayoría de los deportes existe un sistema de puntos. En muchos de ellos, los puntos conseguidos simplemente se van sumando en función del reglamento del juego, pero en algunos, unas veces se suma y otras se resta. Esto hace que, si hay demasiadas restas, se consigan menos de cero puntos, haciéndose necesario el uso de números negativos.

En el golf, cada hoyo tiene un número de golpes estipulado en función de la dificultad. A ese número se le llama *par*, y hace las veces del 0. Cuando se consigue hacer hoyo en un golpe menos de lo estipulado, se llama *birdie*, y puntúa $-1$; si son dos golpes menos, sería un *eagle*, que vale $-2$; tres golpes menos, un *albatros*, por $-3$ puntos. Si se hace hoyo en un golpe más del par, es *bogey*, contando $+1$; *doble bogey* si son dos golpes más, es decir, $+2$; y *triple bogey* si se hace hoyo en tres golpes más, puntuando $+3$.

Además, cada jugador tiene un número asociado llamado *hándicap*, que se obtiene a partir de las puntuaciones de los últimos torneos, y que se resta al resultado de sumar las puntuaciones de todos los hoyos. Por tanto, el resultado final puede ser positivo, negativo o cero, ganando quien tenga menor puntuación.

Los números enteros, que agrupan estas tres categorías de números, dan respuesta a múltiples situaciones, tanto matemáticas como de cualquier otro ámbito, como el deporte.

## INTERPRETA Y RESUELVE

Un jugador de golf con hándicap 9 ha obtenido los siguientes resultados durante un torneo:

| Hoyo | 1 | 2 | 3 | 4 | 5 | 6 | 7 | 8 | 9 | 10 | 11 | 12 | 13 | 14 | 15 | 16 | 17 | 18 |
|---|---|---|---|---|---|---|---|---|---|---|---|---|---|---|---|---|---|---|
| Albatros | | | | | | | | | | | | | | | | | | |
| *Eagle* | | | | | | | | | | | × | | | | | | | |
| *Birdie* | | | | | × | | | | | | | | × | | | | | |
| Par | × | | × | | | | × | | × | × | | × | | | | | × | × |
| *Bogey* | | × | | × | | | | × | | | | | | × | | × | | |
| Doble *bogey* | | | | | | × | | | | | | | | | × | | | |
| Triple *bogey* | | | | | | | | | | | | | | | | | | |

Calcula la puntuación final que ha conseguido.

# REPASA

## Representación en la recta numérica y ordenación de números naturales

Los números naturales se representan ordenados de izquierda a derecha y comenzando por el cero de manera que cuanto más a la derecha se avance mayor es el número.

Vamos a representar y ordenar los números 1, 9, 6, 13 y 5.

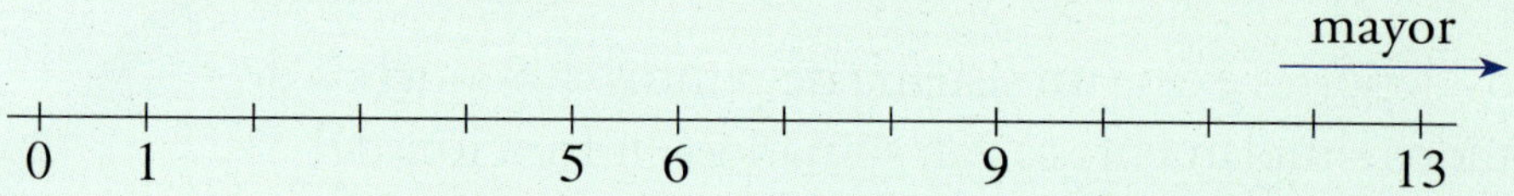


Atendiendo a su colocación en la recta, podemos ordenarlos de menor a mayor:

$$1 < 5 < 6 < 9 < 13$$

## Escritura en línea de operaciones

Es importante que te esfuerces en escribir correctamente en línea: cuanto más complejas son las operaciones, más riesgo de equivocarse si no se escriben con corrección.

$$35 + 9 + 2 = 44 + 2 = 46$$

**RECUERDA**

La **prioridad de las operaciones** en las expresiones combinadas es la siguiente:

1) Los **paréntesis**, comenzando por los más internos si hubiera varios encajados.
2) Las **multiplicaciones** y las **divisiones**. En caso de haber varias multiplicaciones y divisiones seguidas, se realizarán de izquierda a derecha.
3) Las **sumas** y las **restas**.

## Jerarquía de las operaciones

Aplica la jerarquía de las operaciones y sigue el consejo de agrupar en las sumas y las restas, todos los que se sumen por un lado y los que se resten por otro, porque se utilizará en las operaciones con enteros.

$$15 + 5 \cdot 4 - 6 \cdot (2 + 1) + 10 : 2 - 18 : (4 + 5) = 15 + 20 - 6 \cdot 3 + 5 - 18 : 9 =$$
$$= 15 + 20 - 18 + 5 - 2 = (15 + 20 + 5) - (18 + 2) = 40 - 20 = 20$$

### EJERCICIOS

**1.** Representa en la recta real y ordena de mayor a menor los siguientes números naturales:

15, 43, 21, 8, 67

**2.** Realiza las siguientes operaciones combinadas escribiendo el proceso paso a paso:

*a)* $45 : 9 + 51 : (6 \cdot 2 \cdot 2 - 14 : 2) + 7 \cdot (10 - 3 \cdot 2)$

*b)* $[(6 + 3 \cdot 4) : 3 + 8] \cdot 3 - 2$

*c)* $18 + (9 + 7 \cdot 4 - 25)$

*d)* $(24 \cdot 3 + 12) : 3$

# MAPA CONCEPTUAL

- DEFINICIONES Y COMPARACIÓN
  - Necesidad de los números enteros
    - Positivos
    - Negativos
    - 0
  - Valor absoluto
  - Opuesto
  - Representación en la recta numérica
  - Comparación
- OPERACIONES
  - Suma
  - Resta
  - Multiplicación
  - División
  - Operaciones combinadas

Suma, Resta, Multiplicación → $a \cdot (b \pm c) = a \cdot b \pm a \cdot c$

*Propiedad distributiva* (→) / *Extracción de factor común* (←)

# 1. Números enteros: definiciones y comparación

## 1.1. Necesidad de los números enteros

Los números naturales no son suficientes para describir algunas situaciones de la vida real.

En un edificio, confundiríamos las diferentes plantas con los sótanos si no los denotásemos de manera diferente, en un banco no se distinguirían los clientes que poseen dinero en la cuenta de los que lo deben y tampoco podríamos diferenciar el recorrido que hace un escalador del que hace un buzo.

Por ello existen los **números enteros**.

- En un edificio, los sótanos por debajo de la planta baja: $-1, -2, -3...$
- En un banco, las deudas: $-20$ €, $-65$ €, $-1\,256$ €...
- Un buzo puede descender hasta los $-40$ m.
- La temperatura en un día de invierno, puede llegar a los $-10$ °C.

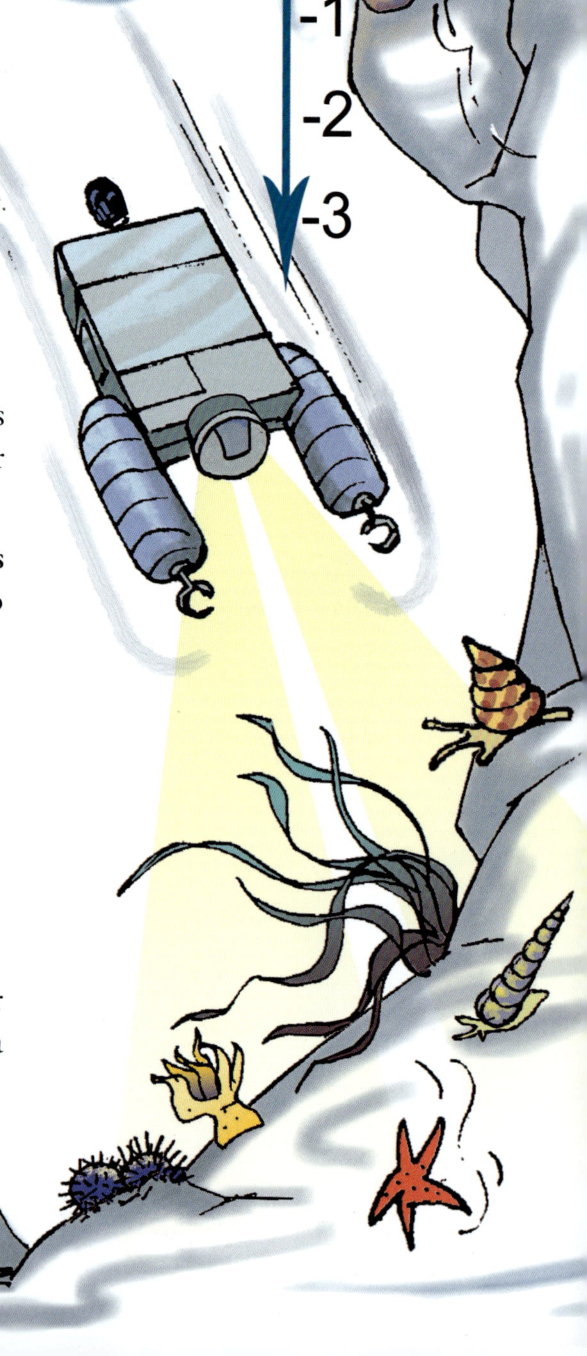


Los números enteros engloban a los naturales y además a los que llamaremos **números negativos**, por llevar un signo negativo delante, que están por debajo del 0.

Los números naturales que conocíamos hasta ahora, pasarán a ser **números positivos**, porque se podrán escribir como ya sabíamos o con un signo positivo delante.

$$7 = +7$$

El cero es la frontera entre los positivos y los negativos y no tiene signo.

~~0 = +0~~ $\quad 0 = 0$

−5 −4 −3 −2 −1 0 1 2 3 4 5

En un edificio, el 0 representa la planta baja, en un banco implica no tener ni deber dinero, en la altitud terrestre, la altura a nivel del mar, y en la temperatura, aquella en la que el agua pasa de estado sólido a líquido.

## 1.2. Valor absoluto

El valor absoluto de un número entero es el número que resulta de quitar su signo.

$|-2| = 2$ El valor absoluto de $-2$ es 2.

$|+6| = 6$ El valor absoluto de $+6$ es 6.

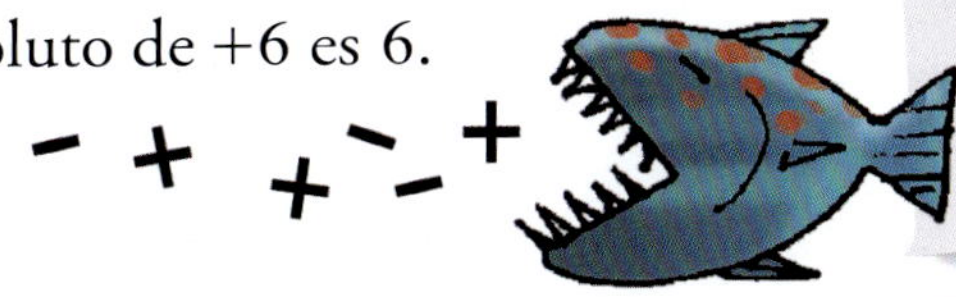

**OBSERVA**

El valor absoluto de 0 es 0.

$|0| = 0$

## 1.3. Opuesto de un número

El opuesto de un número entero es dicho número cambiado de signo.

$\text{op}(+3) = -3$ El opuesto de $+3$ es $-3$.

$\text{op}(-5) = +5$ El opuesto de $-5$ es $+5$.

**OBSERVA**

El valor absoluto de un número también se puede considerar como la distancia de ese número al 0.

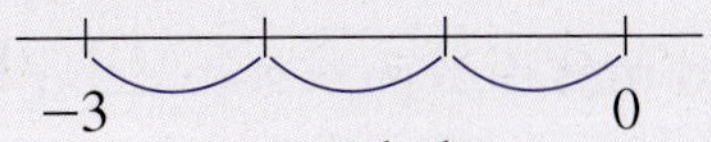


3 unidades

$|-3| = 3$

## 1.4. Representación en la recta numérica

Los números naturales, que son los enteros positivos, ya los habíamos colocado a la derecha del 0, en orden creciente, según nos movemos a la derecha. Ahora colocaremos los enteros negativos, a la izquierda del 0, comenzando con el $-1$, luego el $-2$, y así sucesivamente.

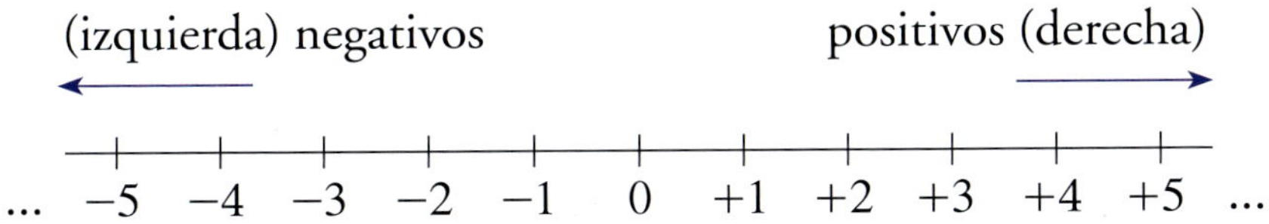


Para representar $-3$ y $+2$ nos valdrá una recta en la que cada señal equivalga a una unidad.

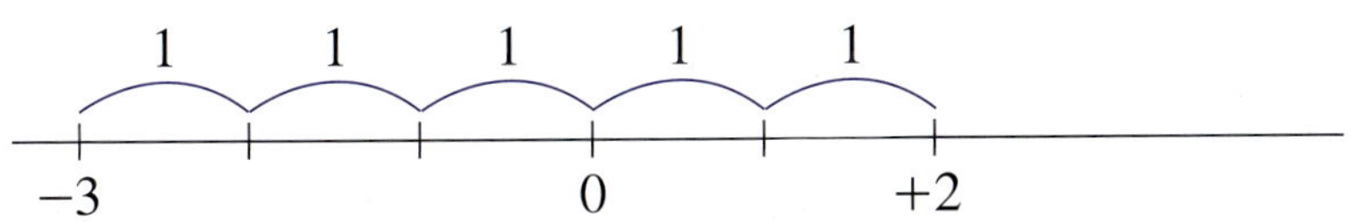


**OBSERVA**

El opuesto del 0, al carecer de signo, es él mismo.

$\text{op}(0) = 0$

Sin embargo, si queremos marcar el $+20$ y el $-15$, es probable que nos convenga una escala en la que cada señal equivalga a cinco unidades.

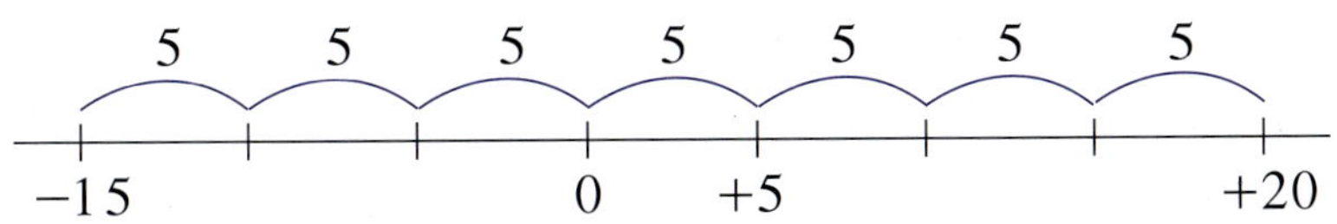

## 1.5. Comparación de números enteros

Como ya sabemos, los números naturales se ordenan de forma creciente según se alejan del 0 en la recta numérica, de forma que un número es más grande que otro si está colocado más a la derecha.

El orden es igual cuando consideramos todos los números enteros, positivos y negativos: cuanto más a la derecha estén colocados, más grandes son.

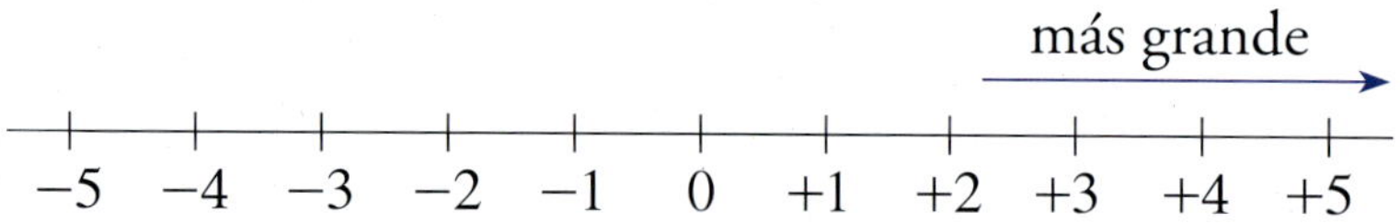


+2 es mayor que −8.

Tengo más dinero si tengo 2 € que si debo 8 €.

$$+2 > -8$$

Si comparamos dos números negativos ocurre lo mismo:

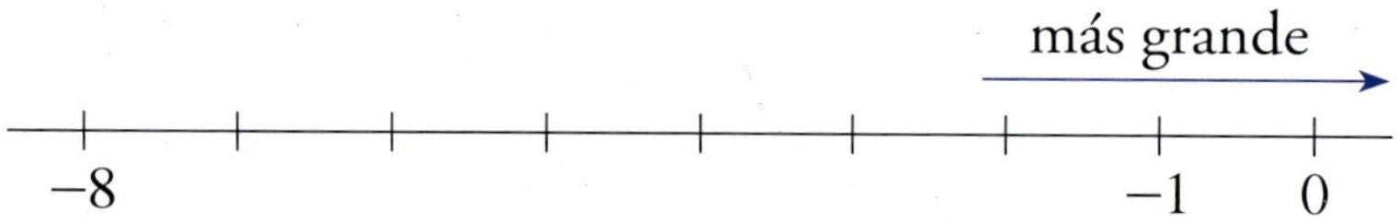


−1 es mayor que −8.

Tengo más dinero si solo debo 1 € que si debo 8 €.

$$-1 > -8$$

### RECUERDA

Los símbolos que implican orden son:

- $>$ mayor que
- $<$ menor que
- $=$ igual
- $\leq$ menor o igual que
- $\geq$ mayor o igual que

### EJERCICIOS RESUELTOS

**1.** Asocia cada expresión con un número entero.

*a)* Bajar tres plantas.
*b)* Hoy hace frío: hemos llegado a 5 grados bajo cero.
*c)* ¡He ganado la Lotería! Me han tocado 100 000 €.
*d)* Nos hemos comprado un piso de 200 000 €.

*a)* −3
*b)* −5
*c)* +100 000
*d)* −200 000

Solución

**2.** Sitúa sobre la recta numérica los siguientes números:

0 +3 −2 5 −6 +1 −3 −1

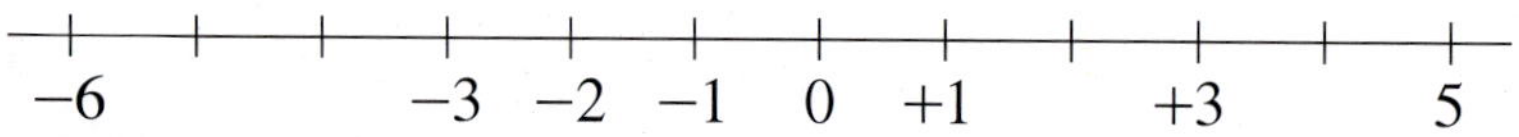


Solución

**3.** Compara los siguientes números enteros colocando el signo que corresponda entre ellos:

*a)* +6 □ +4 *b)* +2 □ −1 *c)* 0 □ −3 *d)* +2 □ 0 *e)* −8 □ −3 *f)* −5 □ −10

*a)* > *b)* > *c)* > *d)* > *e)* < *f)* >

Solución

**4.** Decide si son ciertas las siguientes igualdades:

*a)* $|-2| = \text{op}(-2)$ *b)* $|+6| = \text{op}(+6)$ *c)* $|5| = \text{op}(5)$ *d)* $|0| = \text{op}(0)$

*a)* Cierta: ambos valen 2.
*b)* Falsa: $6 \neq -6$
*c)* Falsa: $5 \neq -5$
*d)* Cierta: ambos valen 0.

Solución

## EJERCICIOS

**1.** ●○○ **CL, CCT, CS** Escribe un número entero que represente las siguientes afirmaciones:

*a)* El volcán más alto del mundo mide 6 891 metros y es Ojos del Salado, en la frontera entre Argentina y Chile.

*b)* La profundidad mayor alcanzada por un buzo es de algo más de 100 metros.

*c)* El edificio más alto del planeta tiene en total 160 plantas y se encuentra en Dubai.

*d)* La mina más profunda llega a 4 kilómetros de la superficie y se encuentra en Sudáfrica.

*e)* El país más poblado de la Tierra es China, con 1 306 313 800 habitantes.

*f)* La tasa de mortalidad en España es de unas 8 personas por cada 1 000.

Hong Kong, China

Ojos del Salado, Chile

Torre de Khalifa, Dubai

**2.** ●●○ Calcula.

*a)* $|op(-2)|$

*b)* $op(|+2|)$

*c)* $op(op(-6))$

*d)* $||+3||$

**3.** ●○○ Sitúa en la recta numérica los siguientes valores: $-2$, $0$, $+1$, $-6$, $+3$, $+5$, $-4$.

**4.** ●○○ ¿Qué números enteros tienen valor absoluto 32? ¿Y $-32$?

**5.** ●○○ ¿Cuántos números enteros hay entre $-3$ y $+8$? ¿Y entre $|-5|$ y $op(-10)$?

**6.** ●●○ Representa los números $-10$, $+5$, $-20$, $+30$, $-60$, $-25$, $+45$, $0$ en la recta. Recuerda que es posible realizar un cambio de escala para que sea cómoda su situación.

**7.** ●●○ Ordena de menor a mayor las siguientes listas de números enteros:

*a)* $-45$, $+23$, $-40$, $+20$, $-15$, $12$, $-3$, $+5$

*b)* $-1524$, $-1622$, $+3$, $-125$, $0$, $-425$, $1$, $-1000$

**8.** ●●○ Compara los siguientes números enteros y coloca el signo que corresponda:

*a)* $-7 \square +2$

*b)* $-8 \square -9$

*c)* $0 \square -3$

*d)* $op(-2) \square -3$

*e)* $|-5| \square 4$

*f)* $-3 \square op(+3)$

*g)* $+6 \square |-6|$

**9.** ●●○ Intercala dos números enteros entre los que se dan a continuación. Sepáralos con el símbolo de orden adecuado.

*a)* $-8$ y $-5$

*b)* $0$ y $-4$

*c)* $+5$ y $1$

*d)* $+1$ y $-5$

*e)* $-2$ y $3$

# 2. Operaciones con números enteros

Las temperaturas varían, las cuentas bancarias multiplican o dividen su capital… Los números enteros se mueven, necesitamos operar con ellos para comprender el mundo que nos rodea.

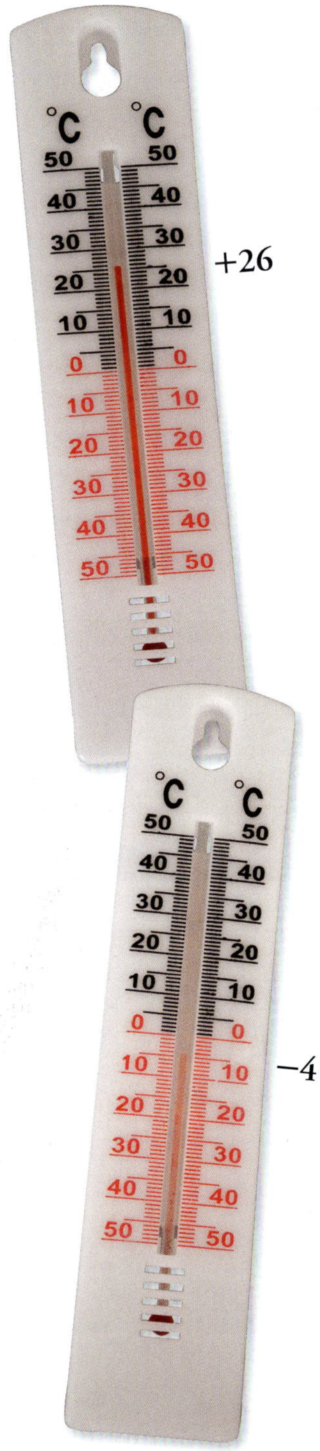


## 2.1. Suma y resta de números enteros

Vamos a explicar en primer lugar cómo eliminar los paréntesis en sumas y restas. A continuación, calcularemos sumas y restas de parejas de números enteros y, finalmente, añadiremos más cantidad de números y paréntesis.

Para comprender bien los cambios que realizaremos, pensemos en un ejemplo concreto:

1) Un número entero positivo significa una ganancia y uno entero negativo, una pérdida.

2) Sumar lo interpretaremos como añadir y restar como quitar.

- **Sumar un entero positivo**

Si tenemos $+(+5)$ lo que hacemos es añadir una ganancia, lo que nos proporciona ganancia, es decir, un entero positivo.

$$+(+5)=+5$$

- **Sumar un entero negativo**

Si sumamos $+(-5)$ añadimos una deuda, es decir, nos quedamos debiendo dinero.

$$+(-5)=-5$$

- **Restar un entero positivo**

En el caso $-(+5)$ estamos quitando una ganancia, esto es, originando una deuda.

$$-(+5)=-5$$

- **Restar un entero negativo**

Finalmente, $-(-5)$ equivale a quitar una deuda, por tanto, a obtener una ganancia.

$$-(-5)=+5$$

Una vez que hemos eliminado los paréntesis, nos queda realizar las operaciones. Las separaremos en sumas y restas de números del mismo o de distinto signo.

• **Sumas y restas con números del mismo signo**

Para sumar o restar números enteros del mismo signo se suman sus valores absolutos y se deja el signo que tenían.

Si queremos realizar $+5+3$, lo que debemos pensar es que estamos acumulando ganancias.

$$+5+3=+8$$

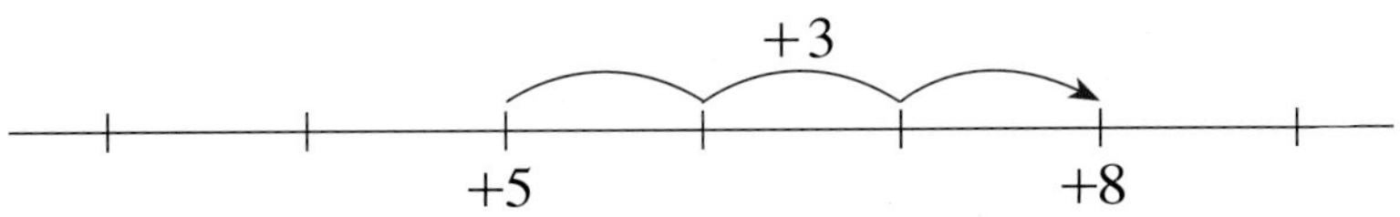


Por otro lado, si tenemos $-5-3$, lo que tenemos es una acumulación de deudas, es decir, en total, debemos:

$$-5-3=-8$$

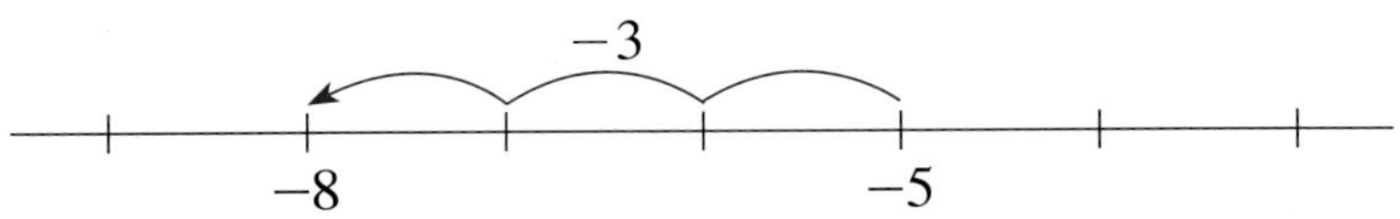


• **Sumas y restas con números de distinto signo**

Para sumar o restar números enteros de distinto signo, restaremos sus valores absolutos y dejaremos el signo del mayor.

$+8-3$ equivale a decir que tenemos unas ganancias de 8 unidades y unas deudas de 3 unidades, lo que resulta, después de pagar la deuda, una ganancia de 5 unidades.

$$+8-3=+5$$

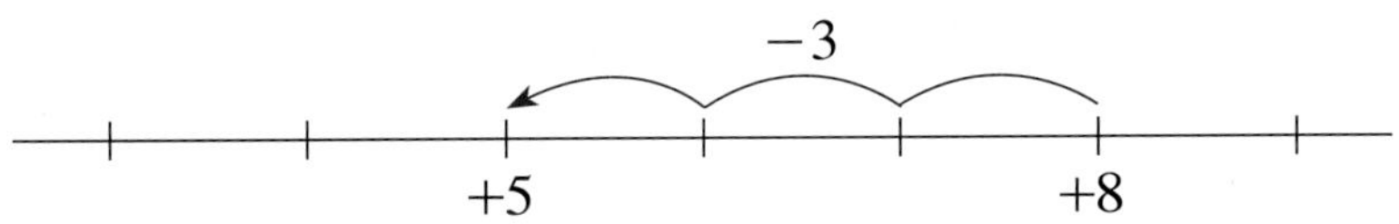


$-8+3$ significa que tenemos una deuda de 8 unidades y una ganancia de 3 unidades, lo que nos deja debiendo aún 5 unidades.

$$-8+3=-5$$

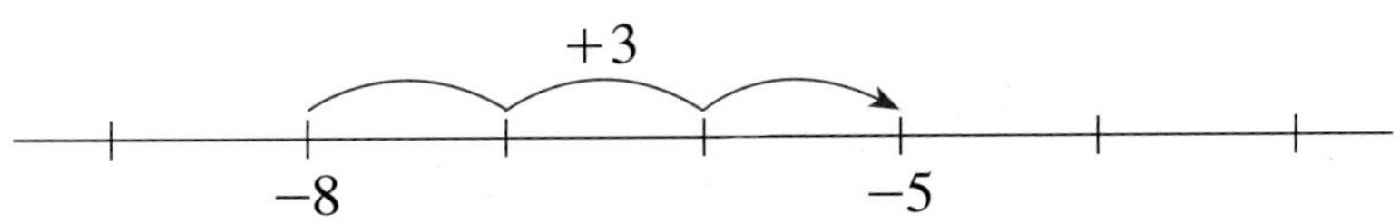


**RECUERDA**

Los números positivos se pueden poner con o sin signo.

$$+7=7$$

Se acostumbra a no poner el signo + si es positivo.

**OBSERVA**

Restar un número entero es igual que sumar su opuesto.

$$(+3)-(+8)=(+3)+(-8)$$

## EJERCICIOS RESUELTOS

1. Calcula paso a paso las siguientes sumas y restas de enteros:

*a)* $(+3)-(-5)$

*b)* $(-8)-(-3)$

*c)* $(+2)+(-3)$

*d)* $(+7)+(+5)$

*e)* $(-2)-(-9)$

Primero eliminaremos los paréntesis y después operaremos.

*a)* $+3+5=8$

*b)* $-8+3=-5$

*c)* $+2-3=-1$

*d)* $+7+5=12$

*e)* $-2+9=7$

Solución

2. Calcula, mediante una representación en la recta, las siguientes operaciones de números enteros. Comprueba el resultado numéricamente.

*a)* $(+2)+(+5)$

*b)* $(+3)-(+6)$

*c)* $(+4)-(-2)$

*d)* $(+1)+(-3)$

*e)* $(-2)+(+4)$

*f)* $(-3)-(+5)$

*g)* $(-4)-(-9)$

*h)* $(-1)+(-4)$

*a)* $+2+5=7$

*b)* $+3-6=-3$

*c)* $+4+2=6$

*d)* $+1-3=-2$

*e)* $-2+4=2$

*f)* $-3-5=-8$

*g)* $-4+9=5$

*h)* $-1-4=-5$

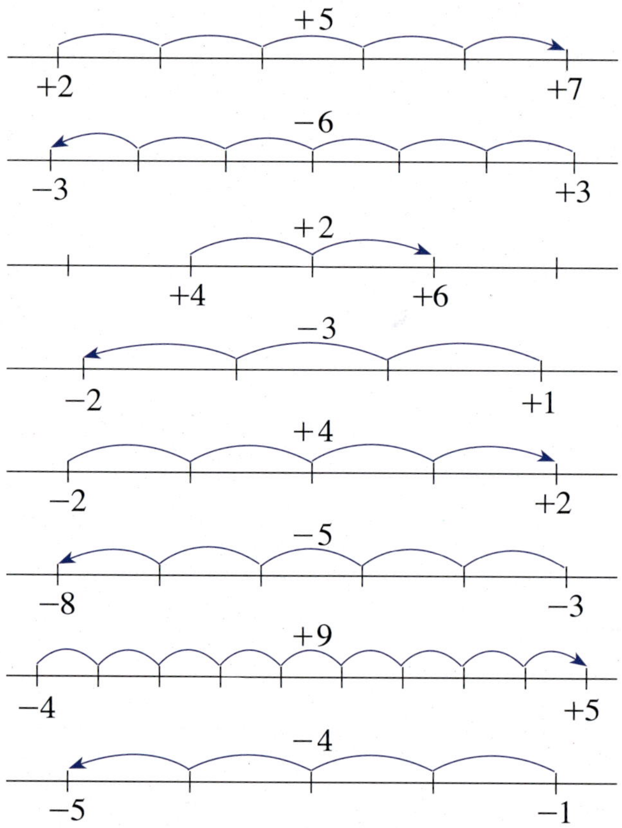


Solución

### RECUERDA

- Para **eliminar los paréntesis en sumas**, los suprimiremos dejando los sumandos con sus signos correspondientes.
- Para **eliminar los paréntesis en restas**, los suprimiremos y cambiaremos el signo de los sumandos por su opuesto.
- Para **sumar o restar números enteros del mismo signo**, dejaremos ese signo y sumaremos los valores absolutos.
- Para **sumar o restar números enteros de distinto signo**, nos quedaremos con el signo del mayor, y restaremos los valores absolutos.

## EJERCICIOS

**10.** ●○○ Opera mediante representación gráfica.

*a)* $5-(-3)$

*b)* $-8+(+6)$

*c)* $-4-(+2)$

**11.** ●○○ Quita paréntesis y calcula.

*a)* $(-3)+(-8)$

*b)* $(+5)+(+7)$

*c)* $(-9)-(+3)$

*d)* $(-5)-(+6)$

*e)* $(+8)+(-9)$

*f)* $(+11)+(-3)$

*g)* $6-(-3)$

*h)* $15-(+8)$

*i)* $+6-(+9)$

*j)* $(-5)+(+9)$

*k)* $(-2)+(+2)$

**12.** ●●○ Opera.

*a)* $(-326)+(-214)$

*b)* $(-124)-(+254)$

*c)* $(+986)+(-1032)$

*d)* $1123-(+934)$

*e)* $-235+(+654)$

**13.** ●●○ Averigua el número entero que falta en las siguientes operaciones:

*a)* $(-3)+\square=-9$

*b)* $(-5)-\square=2$

*c)* $(+9)+\square=-3$

*d)* $(-6)-\square=-11$

*e)* $(+1)-\square=6$

*f)* $(-12)+\square=-1$

*g)* $\square-(-3)=0$

*h)* $\square+(-5)=6$

*i)* $\square+(+2)=-6$

*j)* $\square-(+5)=-16$

*k)* $\square-(+3)=5$

**14.** ●○○ **CA** Realiza las siguientes operaciones y responde: ¿Qué resultado obtenemos al sumar un número entero con su opuesto?

*a)* $0+\text{op}(0)$

*b)* $-3+\text{op}(-3)$

*c)* $+5+\text{op}(+5)$

**15.** ●●○ **CA** Copia y completa la siguiente tabla tal como muestra el ejemplo:

| $x$ | $y$ | $x-y$ | $y-x$ | $x+y$ | $y+x$ |
|---|---|---|---|---|---|
| +3 | +5 | $(+3)-(+5)=$<br>$=3-5=-2$ | $(+5)-(+3)=$<br>$=5-3=+2$ | $(+3)+(+5)=$<br>$=3+5=+8$ | $(+5)+(+3)=$<br>$=5+3=+8$ |
| −8 | −2 | | | | |
| +2 | −3 | | | | |
| +5 | −4 | | | | |
| −4 | +1 | | | | |
| −2 | +8 | | | | |

*a)* ¿Es la suma de números enteros conmutativa?

*b)* ¿Cumple la resta de enteros la propiedad conmutativa?

**16.** ●●○ Corrige los errores en las siguientes sumas y restas de números enteros:

*a)* $-15+5=-20$

*b)* $-15+20=-5$

*c)* $(-5)+(-3)=-5+3=-2$

*d)* $(+6)-(-9)=+6-9=-3$

**17.** ●●● ¿Cuántos números enteros hay entre −8 546 y 325? ¿Y entre −625 y −36?

## 2.2. Combinación de sumas y restas de enteros. Paréntesis.

- **Suma o resta de más de dos enteros**

Para evitar errores en las operaciones:

1) Eliminaremos los paréntesis y agruparemos (sumaremos) los números del mismo signo entre sí, es decir, los positivos por un lado y los negativos por otro.

2) Realizaremos la suma o resta final, prestando atención al signo del resultado.

$$(-3)+(+2)-(-8)+(-5)-(+4)=-3+2+8-5-4=10-12=-2$$

**CUIDADO**

¡Recuerda bien cómo se debe escribir en línea!

¡No olvides escribir ningún término!

### EJERCICIOS RESUELTOS

**1.** Elimina paréntesis y calcula el resultado.

*a)* $(+6)-(-3)+(-9)+(-8)-(+2)-(-1)$

*b)* $+5-(-2)+(+8)-(-3)$

*c)* $-21+(-3)-(+6)-5$

*d)* $(-3)+(-6)-(-8)+(+1)-(+5)+(+4)-(-1)$

*a)* $+6+3-9-8-2+1=10-19=-9$

*b)* $+5+2+8+3=18$

*c)* $-21-3-6-5=-35$

*d)* $-3-6+8+1-5+4+1=-14+14=0$

Solución

- **Sumas o restas con paréntesis**

1) Realizaremos los cálculos que aparecen en el interior de los paréntesis.

2) Cuando hayamos reducido los paréntesis a un solo número, aplicamos las reglas de eliminación de paréntesis.

  - Con un signo + antes del paréntesis:

$$-3+(-2+5-7)=-3+(5-9)=-3+(-4)=-3-4=-7$$

  - Con un signo – antes del paréntesis:

$$-7-(1+5-4)=-7-(6-4)=-7-(+2)=-7-2=-9$$

**CUIDADO**

Si delante del paréntesis hay un signo +, los signos de los sumandos interiores permanecen igual, mientras que si hay un signo –, se cambian por su opuesto.

Existe otra manera de realizar este tipo de ejercicios: aplicamos el signo que precede al paréntesis a cada uno de los términos que hay en su interior, eliminando de esta forma el paréntesis exterior.

$$-3+(-2+5-7)=-3+(-2)+(+5)+(-7)=-3-2+5-7=-12+5=-7$$

$$-7-(+1+5-4)=-7-(+1)-(+5)-(-4)=-7-1-5+4=-13+4=-9$$

- **Sumas o restas con paréntesis y corchetes encajados**

Podremos proceder también de dos formas diferentes:

1) Resolviendo los paréntesis desde los más interiores hasta los más exteriores.

$3-[-2+(-7)]+[5-3-(8-9+2)]=3-(-2-7)+[5-3-(10-9)]=$
$=3-(-9)+[5-3-(+1)]=3+9+(5-3-1)=3+9+(5-4)=$
$=3+9+(+1)=3+9+1=13$

2) Eliminando paréntesis aplicando el signo correspondiente en su interior, comenzando por los interiores y luego por los más externos.

$3-[-2+(-7)]+[5-3-(8-9+2)]=3-(-2-7)+(5-3-8+9-2)=$
$=3+2+7+5-3-8+9-2=26-13=13$

## EJERCICIOS RESUELTOS

**2.** Realiza cada una de las siguientes operaciones de dos maneras diferentes:

*a)* $-5-(3-6+2-8)$

*b)* $-[-(8-9+5-1)]$

*c)* $2-[3-8+5-(4-9)]-(3-5)$

*a)* $-5-(5-14)=-5-(-9)=-5+9=4$
$-5-3+6-2+8=-10+14=4$

*b)* $-[-(13-10)]=-(-3)=3$
$8-9+5-1=13-10=3$

*c)* $2-[3-8+5-(-5)]-(-2)=2-(3-8+5+5)+2=$
$=2-(13-8)+2=2-5+2=4-5=-1$
$2-(3-8+5-4+9)-3+5=$
$=2-3+8-5+4-9-3+5=19-20=-1$

Solución

**3.** Elimina los paréntesis que no sean necesarios.

*a)* $(+8)-(-3)+(3+5-4)$ *b)* $(-5+6)-(-5+7)+[3-5-(4+2)+(5+7)]$

*a)* $+8-(-3)+3+5-4$ *b)* $-5+6-(-5+7)+3-5-(4+2)+5+7$

Solución

## EJERCICIOS

**18.** ●○○ Opera.

*a)* $(+11)-(-35)+(-27)-(+14)$
*b)* $-36+(+2)-(-15)+(-12)$
*c)* $25-46+(-21)-(-10)$
*d)* $45-(-13)+52-14-(+32)$

**19.** ●●○ Calcula, eliminando los paréntesis de dos maneras diferentes. Comprueba que ambas dan el mismo resultado.

*a)* $-3-(4+6-2-7)+(-3+5)$
*b)* $(-1+3-6-8)-(9-7)$
*c)* $4-(3-5+8)-(4+8-3)$

**20.** ●●○ Del ejercicio anterior, ¿qué paréntesis eran redundantes?

**21.** ●●● Encuentra el resultado de:

*a)* $-[-3-(5-8+7-9)]+(3-8-9)-(-5)$
*b)* $-5+(-3)-[4+8-10-(3-5)-(8-4)]$
*c)* $18-[36+25-(58+69)]-(-31+22)$

## 2.3. Multiplicación de números enteros

Como ya sabemos, multiplicar es una forma abreviada de sumar varias veces el mismo número. En los números enteros ocurre lo mismo.

$$(-3)+(-3)+(-3)+(-3)=4\cdot(-3)=(+4)\cdot(-3)=-12$$

Si te das cuenta, el valor absoluto del producto coincide con el resultado que esperaríamos si los números fueran naturales. Lo único que necesitamos averiguar de una forma rápida es su signo.

- **Regla de los signos**

Si los dos factores tienen el **mismo signo**, el resultado es **positivo**.

$$+\cdot+=+ \qquad -\cdot-=+$$

$$(+4)\cdot(+3)=+12 \qquad (-4)\cdot(-3)=+12$$

Si los dos factores tienen **signos distintos**, el resultado es **negativo**.

$$-\cdot+=- \qquad +\cdot-=-$$

$$(-4)\cdot(+3)=-12 \qquad (+4)\cdot(-3)=-12$$

**USA TU CALCULADORA**

Para introducir el signo – que precede a un número entero negativo debes pulsar la tecla +/- de tu calculadora.

### EJERCICIOS RESUELTOS

**1.** Calcula los siguientes productos de números enteros:

*a)* $(-5)\cdot(-12)$

*b)* $(+3)\cdot(-32)$

*c)* $(-2)\cdot(+5)\cdot(-78)$

*d)* $(-15)\cdot(-4)\cdot(-2)$

*e)* $(-136)\cdot(+325)$

*f)* $127\cdot(-98)$

Solución

*a)* 60

*b)* −96

*c)* 780

*d)* −120

*e)* −44 200

*f)* −12 446

## 2.4. División de números enteros

Lo mismo que ocurre en la multiplicación pasa en la división: el valor absoluto del cociente coincide con el resultado que obtendríamos si los números fueran naturales y su signo es el que nos indica la regla de los signos.

Si los dos factores tienen el **mismo signo**, el resultado es **positivo**.

$+ : + = +$ $\qquad$ $- : - = +$

$(+12):(+3)=+4$ $\qquad$ $(-12):(-3)=+4$

Si los dos factores tienen **signos distintos**, el resultado es **negativo**.

$- : + = -$ $\qquad$ $+ : - = -$

$(-12):(+3)=-4$ $\qquad$ $(+12):(-3)=-4$

### EJERCICIOS RESUELTOS

**1.** Calcula los siguientes cocientes de números enteros:

*a)* $365:(-73)$

*b)* $(-4\,215):(-15)$

*c)* $(-693):(-11):9$

*d)* $546:(-6):(+7)$

Solución

*a)* $-5$

*b)* $281$

*c)* $7$

*d)* $-13$

### EJERCICIOS

**22.** ●○○ Realiza los siguientes productos:

*a)* $(-8)\cdot(-9)$

*b)* $(-2)\cdot(+4)\cdot(-11)$

*c)* $(-35)\cdot(+3)$

*d)* $(+15)\cdot(+12)$

**23.** ●○○ Calcula los cocientes que se indican a continuación:

*a)* $144:(-16)$

*b)* $-168:(-7)$

*c)* $-48:(-2):(-8)$

*d)* $180:(+5)$

**24.** ●●○ Encuentra el factor que falta en las siguientes multiplicaciones. Indica todas las posibles soluciones si hubiera varias.

*a)* $(-82)\cdot\square = 574$

*b)* $\square\cdot(+5)=-190$

*c)* $\square\cdot\square = 26$

*d)* $\square\cdot\square = -44$

**25.** ●●○ Halla el término desconocido en cada caso:

*a)* $\square:(-5)=47$

*b)* $-425:\square=-17$

*c)* $\square:(+35)=-12$

*d)* $1\,132:\square=-283$

**26.** ●●○ **CI** Verifica si se tiene también en los enteros la propiedad asociativa y conmutativa para el producto, al igual que en los naturales. Pon ejemplos que confirmen tu postura.

**27.** ●●● **CI** Verifica si se tiene también en los enteros la propiedad asociativa y conmutativa para el cociente.

## 2.5. Propiedad distributiva y extracción de factor común

Al igual que en los números naturales, el producto y la suma verifican dos propiedades que los relacionan entre sí, y que son una inversa de la otra:

- **Propiedad distributiva**

El producto de un número entero por una suma (o resta) es igual a la suma (o resta) de los productos de dicho número por cada uno de los términos de la suma (o resta).

**CUIDADO**

La suma o resta puede ser el primer o el segundo factor.

$(-4)\cdot(3-5)=$

$=(3-5)\cdot(-4)=$

$=3\cdot(-4)-5\cdot(-4)=$

$=-12+20=8$

| | |
|---|---|
| $(-4)\cdot[5+(-7)]=-4\cdot 5+(-4)\cdot(-7)$ | $(+5)\cdot[-8-(+2)]=+5\cdot(-8)-(+5)\cdot(+2)$ |
| $-4\cdot(-2)\quad=-20+(+28)$ | $+5\cdot(-10)\quad=-40-(+10)$ |
| $+8\quad=+8$ | $-50\quad=-50$ |

- **Extracción de factor común**

El proceso contrario a la propiedad distributiva se llama **extracción de factor común**, y consiste en encontrar el factor que se repite en una suma (o resta) de productos y convertir esa suma (o resta) en un producto de dicho factor por una suma (o resta).

extracción de factor común →

$$3\cdot(-4)+(-5)\cdot(-4)=[3+(-5)]\cdot(-4)$$

$$6\cdot(-7)-6\cdot(+2)=6\cdot[(-7)-(+2)]$$

← propiedad distributiva

12
5
60

### EJERCICIOS RESUELTOS

**1.** Resuelve aplicando la propiedad distributiva:

*a)* $3\cdot[(-2)-(-7)]$

*b)* $(-5)\cdot(5-3)$

*c)* $[-9+(-8)]\cdot(+4)$

*d)* $[5+(+6)]\cdot(-3)$

Solución

*a)* $-6-(-21)=-6+21=15$

*b)* $-25+15=-10$

*c)* $-36+(-32)=-36-32=-68$

*d)* $-15+(-18)=-15-18=-33$

**2.** Extrae factor común y calcula el resultado.

*a)* $-4\cdot 6+(-4)\cdot(-3)$

*b)* $(-7)\cdot(-5)-2\cdot(-5)$

*c)* $3\cdot 7-7\cdot 6$

*d)* $(+6)\cdot(-2)-9\cdot 6$

Solución

*a)* $-4\cdot(6-3)=-4\cdot 3=-12$

*b)* $(-7-2)\cdot(-5)=-9\cdot(-5)=45$

*c)* $7\cdot(3-6)=7\cdot(-3)=-21$

*d)* $6\cdot(-2-9)=6\cdot(-11)=-66$

## 2.6. Operaciones combinadas

En las operaciones con números enteros, al igual que en las de naturales, debemos seguir un orden en su realización:

1) **Paréntesis** o **corchetes**, comenzando por los más internos si hubiera varios encajados.
2) **Multiplicaciones** y **divisiones**. En caso de haber varias multiplicaciones y divisiones seguidas, se realizarán de izquierda a derecha.
3) **Sumas** y **restas**.

**CUIDADO**

Es incorrecto escribir dos signos juntos.

~~$3\cdot -4$~~   ~~$+-5$~~

En ese caso siempre deben separarse por un paréntesis.

$3\cdot(-4)$   $+(-5)$

### EJERCICIOS RESUELTOS

**1.** Calcula y escribe el proceso paso a paso:

*a)* $(-36):[-2+(-3)\cdot(-5+2)+(-1)]\cdot(-5)$

*b)* $24-2\cdot(-5)+10$

*c)* $-2+(-18):[(-24):4]-(-3)\cdot 5$

*a)* $(-36):[-2+(-3)\cdot(-3)-1]\cdot(-5)=(-36):(-2+9-1)\cdot(-5)=$
$=(-36):6\cdot(-5)=(-6)\cdot(-5)=30$

*b)* $24+10+10=44$

*c)* $-2-18:(-6)+15=-2+3+15=16$

Solución

### EJERCICIOS

**28.** ●●○ Resuelve de dos formas distintas, aplicando o no la propiedad distributiva.

*a)* $[(-3)+(+2)-(-5)+(-1)]\cdot(-2)$

*b)* $(2-3+5)\cdot(2-5)$

*c)* $-(-5)\cdot[(-8)-(-4)]$

**29.** ●●○ Comprueba el resultado realizando las operaciones de dos formas distintas, mediante la extracción de factor común y sin ella.

*a)* $(+3)\cdot(+7)+(+3)\cdot(-12)+(+3)\cdot(-5)$

*b)* $(-5)\cdot(-23)-(-5)\cdot 12$

*c)* $3\cdot(-6)-6\cdot 2$

**30.** ●●○ **CD** Opera y comprueba tu resultado con la calculadora.

*a)* $(-60-28):22-(19-2)-17\cdot(-3)$

*b)* $-3\cdot(9-5):(-2)+(-6)$

*c)* $(-1)\cdot(-2)\cdot(-3):(-6)+(-4)$

*d)* $81:(-3)\cdot(-2)+(-6)$

**31.** ●●○ **CD** Efectúa y realiza los mismos cálculos con la calculadora.

*a)* $(-8-4):(+2)\cdot(-3)\cdot(-1+5)$

*b)* $3-2\cdot(7+3\cdot 4)$

*c)* $12-(-3)\cdot(-5)+(-10):(-2)$

*d)* $-5+(-33):(-1)-(32-5\cdot 6)$

**32.** ●●● Calcula.

*a)* $-4-[((-10)-2)+18:(-2)+(5-3)\cdot(-3)]\cdot 2$

*b)* $(-6)\cdot[5-(-3)]+[-8+(-5)\cdot 2]$

*c)* $[(2-3)+(-3)]\cdot(-4)+9:(-3)\cdot(-7)$

*d)* $(-3)\cdot 2-[(-5)+(-7)-(-3)]-(-2)\cdot(+6)$

**33.** ●●● En las siguientes operaciones hay errores. Encuéntralos.

*a)* $5\cdot(-6+1)=5\cdot(-7)=-35$

*b)* $16:[4+(-2)]=16:4+16:(-2)=4-8=-4$

*c)* $[(-32)-(+64)]:(-4)=$
$=(-32):(-4)-(+64):(-4)=8-16=-8$

## Potencias de base negativa

Si multiplicamos repetidas veces un número negativo por sí mismo, observamos que el signo del resultando va alternándose en función del número de veces que se multiplique.

Las potencias son negativas cuando los exponentes son 1, 3 y 5, y son positivas en caso de exponentes 2 y 4.

En las potencias de base negativa, el resultado será positivo si el exponente es par y negativo si el exponente es impar.

| | |
|---|---|
| $(-3)^1 = -3$ | $-$ |
| $(-3)^2 = (-3)\cdot(-3) = +9$ | $+$ |
| $(-3)^3 = (-3)\cdot(-3)\cdot(-3) = -27$ | $-$ |
| $(-3)^4 = (-3)\cdot(-3)\cdot(-3)\cdot(-3) = +81$ | $+$ |
| $(-3)^5 = (-3)\cdot(-3)\cdot(-3)\cdot(-3)\cdot(-3) = -243$ | $-$ |
| … | |

exponente **par** → $(-3)^2 = +9$ → base negativa

exponente **impar** → $(-3)^3 = -27$ → base negativa

**RECUERDA**

Si la base es positiva, cualquier potencia suya será positiva.

## Raíces de radicando negativo

La operación inversa a la potencia es la raíz.

$\sqrt{4} = 2$ porque $2^2 = 4$

¿Sería posible calcular $\sqrt{-4}$?

¿Existe un número que elevado al cuadrado dé $-4$?

Si la base es positiva cualquier potencia será positiva y si la base fuera negativa, al ser el exponente par, también sería positiva, así que es imposible obtener $-4$ elevando al cuadrado un número.

~~$(-2)^2 = -4$~~

La raíz cuadrada de un número negativo no existe.

**USA TU CALCULADORA**

Para calcular potencias de números negativos recuerda utilizar la tecla +/- para introducir la base antes de pulsar la correspondiente al exponente.

### EJERCICIOS

**34.** ●●○ **CD** Calcula las siguientes potencias de base negativa. Comprueba tus cálculos con la calculadora.

*a)* $(-9)^0$ *b)* $(-4)^3$ *c)* $(-3)^4$ *d)* $(-2)^8$ *e)* $(-1)^{25}$ *f)* $(-1)^{126}$

**35.** ●●● Si la base de una potencia es $-5$, ¿existe un exponente para que el resultado de la potencia sea 625? ¿Y 125?

**36.** ●●● Indica si las siguientes igualdades son ciertas o falsas:

*a)* $-3^2 = (-3)^2$ *b)* $-3^2 = 3^2$ *c)* $(-3)^2 = 3^2$ *d)* $-3^3 = (-3)^3$ *e)* $-3^3 = 3^3$ *f)* $(-3)^3 = 3^3$

**37.** ●●● **CA** ¿Existe $\sqrt[3]{-8}$? ¿Y $\sqrt[4]{-16}$? ¿Puedes extraer alguna regla de existencia de raíces de radicando negativo?

| Números enteros. Elementos básicos | | | | |
|---|---|---|---|---|
| **Necesidad y elementos** | **Valor absoluto** | **Opuesto** | **Representación** | **Orden** |
| Expresar variaciones por debajo del 0. | Es el número sin su signo. | Es el número con el signo contrario. | A la derecha del 0 los positivos y a la izquierda, los negativos. | Mayores cuanto más a la derecha se representen en la recta. |
| Formados por números positivos, negativos y el 0. | $\lvert -4 \rvert = 4$<br>$\lvert +2 \rvert = 2$ | $op(-2) = +2$<br>$op(+3) = -3$ | 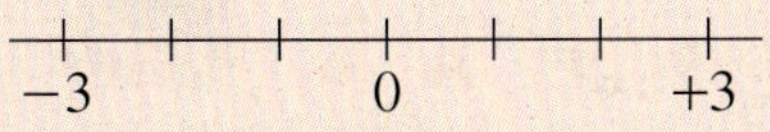  | $-8 < -3 < 0 < +2$ |

| Suma y resta. Procedimiento a seguir | |
|---|---|
| Eliminación de paréntesis. | $+(+5) = +5 \quad +(-5) = -5$<br>$-(+5) = -5 \quad -(-5) = +5$ |
| Agrupar números del mismo signo para conseguir una única pareja. | $6 - 9 + 2 - 8 = 8 - 17$ |
| Si la pareja tiene el mismo signo, se suman los valores absolutos y se deja el signo. | $+6 + 9 = +17 \quad -3 - 5 = -8$ |
| Si la pareja tiene distinto signo, se restan los valores absolutos y se pone el signo del mayor. | $+6 - 8 = -2 \quad -3 + 9 = +6$ |

| Multiplicación. Procedimiento a seguir | | División. Procedimiento a seguir | |
|---|---|---|---|
| Regla de los signos: | $+ \cdot + = +$   $- \cdot - = +$<br>$- \cdot + = -$   $+ \cdot - = -$ | Regla de los signos: | $+ : + = +$   $- : - = +$<br>$- : + = -$   $+ : - = -$ |
| Se multiplican los valores absolutos. | | Se dividen los valores absolutos. | |
| $(-3) \cdot (-8) = +24$ | | $(-36) : (+12) = -3$ | |
| Propiedad distributiva: $(-2) \cdot (4 - 5) = (-2) \cdot 4 + (-2) \cdot (-5) = -8 + 10 = 2$ | | | |
| Extracción de factor común: $-3 \cdot (+4) - (-3) \cdot (-2) = (-3) \cdot (+4 - (-2)) = (-3) \cdot (+4 + 2) = -3 \cdot 6 = -18$ | | | |

| Operaciones combinadas. Jerarquía de las operaciones |
|---|
| Paréntesis y corchetes (primero los interiores si fueran encajados) |
| Multiplicaciones y divisiones (de izquierda a derecha) |
| Sumas y restas |
| $-2 + 3 \cdot [4 - (-18 : (-9) + 5)] = -2 + 3 \cdot [4 - (+2 + 5)] = -2 + 3 \cdot (4 - 7) = -2 + 3 \cdot (-3) = -2 - 9 = -11$ |

## Ejercicios iniciales

**38.** ●○○ @ En el juego de naipes de la *canasta*, cada carta tiene un valor. Investiga en Internet las reglas de este juego y calcula cuántos puntos tendría un jugador que se quedase en la mano con las siguientes cartas:

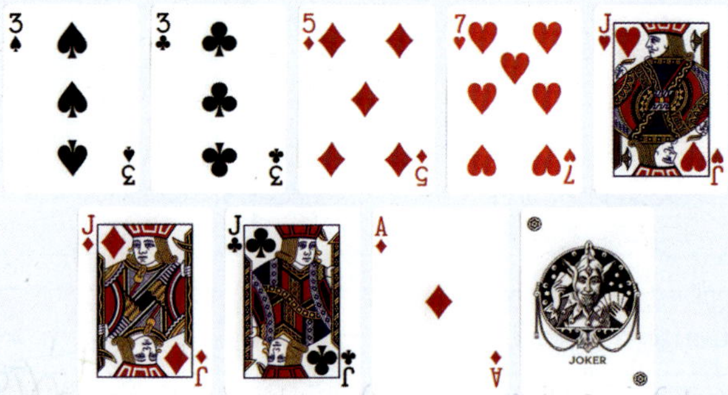

**39.** ●○○ @ En muchos otros juegos de naipes existe un sistema de puntuación en el que intervienen los números negativos. Busca en Internet las reglas del juego del *chinchón* y explica cómo puede obtenerse una puntuación negativa en una mano.

## Números enteros: definiciones y comparación

**40.** ●○○ Escribe, para cada situación, el número entero que corresponda.

*a)* El submarino está a 5 000 pies de profundidad.
*b)* Mi sueldo es de 1 200 euros.
*c)* El bebé toma 210 ml de leche en cada biberón.
*d)* El aparcamiento tiene 3 sótanos.
*e)* El temporal ha hecho que se pierdan 16 500 kilogramos de cosecha.

**41.** ●○○ Escribe los enteros que hay entre los siguientes números:

*a)* $-8$ y $-5$ *c)* $-2$ y $|-1|$
*b)* $\text{op}(+6)$ y $+1$ *d)* $\text{op}(\text{op}(-2))$ y $|0|$

**42.** ●○○ ¿Cuáles de estos números son enteros?

$-3 \quad 0 \quad +2{,}5 \quad 2^2 \quad 7 \quad -1{,}7 \quad \sqrt{4}$

**43.** ●○○ Calcula los siguientes valores absolutos:

*a)* $|-13|$ *c)* $|-10|$ *e)* $|-2\,910|$
*b)* $|8|$ *d)* $|0|$ *f)* $|804|$

**44.** ●○○ Indica los opuestos de los siguientes números enteros:

*a)* $\text{op}(17)$ *c)* $\text{op}(-108)$ *e)* $\text{op}(39)$
*b)* $\text{op}(-23)$ *d)* $\text{op}(0)$ *f)* $\text{op}(-235)$

**45.** ●●○ Calcula.

*a)* $|\text{op}(-7)|$ *c)* $\text{op}(\text{op}(2))$ *e)* $||-8||$
*b)* $\text{op}(|-5|)$ *d)* $|\text{op}(1)|$

**46.** ●○○ Representa en la recta numérica los siguientes enteros: $-2, 5, 4, -1, -7, 0, 3, 2$

**47.** ●○○ Indica qué números están representados en la siguiente recta:

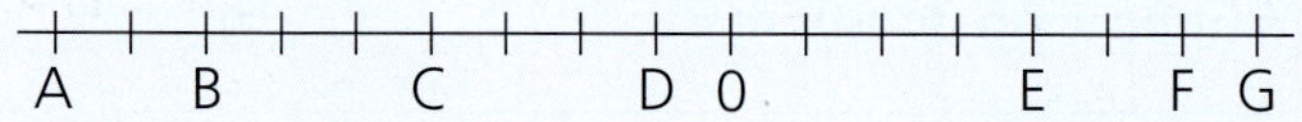


**48.** ●●○ **CA** Representa los siguientes conjuntos de números enteros de forma aproximada, eligiendo previamente la escala adecuada:

*a)* $-309, 405, 381, -253, -81$
*b)* $-25, 39, 14, 34, -41$
*c)* $12\,308, -14\,608, 20\,054, -38\,957, -8\,461$

**49.** ●○○ Ordena los siguientes números enteros de menor a mayor:

$567, 328, -624, 173, -89, -459, 601, -69$

**50.** ●○○ Escribe el signo $<$ o $>$ en cada caso.

*a)* $19\,781 \square 19\,871$ *d)* $-16 \square 27$
*b)* $-35 \square 35$ *e)* $36 \square -78$
*c)* $45 \square -18$ *f)* $-81 \square 45$

**51.** ●●○ Escribe $<$, $>$ o $=$ según corresponda.

*a)* $\text{op}(45) \square |45|$ *c)* $\text{op}(-18) \square \text{op}(18)$
*b)* $|-16| \square \text{op}(-16)$ *d)* $|-52| \square |52|$

**52.** ●●○ Indica cuáles son los números enteros que verifican las condiciones que se dan en cada caso.

*a)* Su valor absoluto es menor o igual que 3.
*b)* Su valor absoluto es mayor que 0.
*c)* Su valor absoluto es menor que 0.
*d)* Su valor absoluto es mayor que 50.
*e)* Su valor absoluto es $-21$.

## Operaciones con números enteros

**53.** ●○○ Realiza las siguientes sumas y restas:

*a)* $(+5)+(+6)$
*b)* $(+7)+(-3)$
*c)* $(-8)+(+13)$
*d)* $(-14)+(-5)$
*e)* $(+3)-(+6)$
*f)* $(+9)-(-3)$
*g)* $(-5)-(+7)$
*h)* $(-6)-(-11)$

**54.** ●○○ Realiza gráficamente las siguientes sumas y restas, quitando primero los paréntesis:

*a)* $(+7)+(-4)$
*b)* $(+4)-(-1)$
*c)* $(-3)+(-6)$
*d)* $(-8)-(+2)$

**55.** ●●○ **CI** Completa los recuadros en las siguientes sumas y restas:

*a)* $(+5)-\square=7$
*b)* $(-8)+\square=-3$
*c)* $\square-(-15)=9$
*d)* $\square+(-2)=-6$

**56.** ●●● Calcula paso a paso.

*a)* $|(-5)+(-2)|$
*b)* $\text{op}(-2)+|-1|$
*c)* $|5-(+3)|+|(-8)-1|$
*d)* $\text{op}(|-3|+(-5))$

**57.** ●●● **CA** ¿Se verifica que $|a+b|=|a|+|b|$? En caso afirmativo, pon ejemplos y explícalo. En caso negativo, encuentra un ejemplo que no lo cumpla.

**58.** ●●● **CA** ¿Es cierto que $|a\cdot b|=|a|\cdot|b|$? Pon ejemplos que justifiquen tu respuesta.

**59.** ●●● **CA** ¿Es verdad que $\text{op}(a+b)=\text{op}(a)+\text{op}(b)$? ¿Y que $\text{op}(a\cdot b)=\text{op}(a)\cdot\text{op}(b)$?

**60.** ●●○ **CCT** En cierto mes de invierno, se registraron las siguientes temperaturas:

| Ciudad | Mínima | Máxima |
|---|---|---|
| Madrid | 2 °C | 12 °C |
| París | −5 °C | 7 °C |
| Berlín | −15 °C | 1 °C |
| Estocolmo | −18 °C | −6 °C |

Calcula la diferencia entre la temperatura mínima y la máxima en estas cuatro ciudades.

**61.** ●●○ **CC** Buda murió en el año 478 a.C., a los 88 años de edad. ¿En qué año nació?

**62.** ●●● **CC** Julio César nació el 13 de julio del 100 a.C. y fue asesinado el 15 de marzo del 44 a.C. Calcula la edad a la que falleció.

**63.** ●●● **@ CC** Busca en Internet en qué siglo fue fundada la ciudad de Roma y el siglo en que cayó el Imperio Romano de Oriente. Con estos datos, calcula cuántos siglos pasaron entre ambas fechas. Réstale al resultado el siglo 0, que no existió.

**64.** ●●○ **CCT** El martín pescador es un pájaro que se alimenta principalmente de pequeños peces. Para ello muchas veces sobrevuela el agua y cuando avista una presa se zambulle rápidamente para atraparla. Si el ave vuela a una altura de 250 centímetros desde la superficie del agua, y el pez que va a capturar está a 35 centímetros de profundidad, ¿qué distancia recorrerá el martín pescador para apresarlo? Expresa la operación utilizando números enteros.

**65.** ●●○ **CCT** Algunos submarinos tienen la capacidad de disparar misiles mar-aire. Supón que el submarino se encuentra a 540 metros de profundidad y que el blanco que pretende alcanzar está en su vertical a 1 325 metros sobre el nivel del mar. ¿Qué distancia recorrerá el misil? Exprésalo con números enteros.

**66.** ●●● **CI** Esta mañana Julián ha ido al cajero automático a por un extracto de los últimos movimientos de su cuenta. Sin embargo, el cajero tenía ya poca tinta y parte de la información se ha borrado. ¿Podrías ayudarle a completarla?

| Concepto | Importe | Saldo final |
|---|---|---|
| Saldo anterior | | 3 598 |
| Recibo comunidad | | 3 533 |
| Nómina | | |
| Recibo agua | −24 | 4 834 |
| Transferencia | | 5 121 |
| Tarjeta de crédito | −97 | |

**67.** ●○○ Realiza las siguientes operaciones, agrupando primero los números con el mismo signo:

*a)* $-8+6-3-8+11$
*b)* $-3+14+23-16-52+15$
*c)* $32+26-45+10-34+6$

**68.** ●●○ Calcula paso a paso.

*a)* $(-5)+(-6)-(-3)+(-7)-(+8)$
*b)* $(+1)-(-7)+(-9)-(+13)-(-4)$
*c)* $(-12)+(-2)+(+5)-(+10)+(-14)-(-16)$

**69.** ●●○ Calcula las siguientes operaciones:

*a)* $(-3+5-7)-(-2+6-1-9)$
*b)* $9-[1-(5-7)]+(-8+3)$
*c)* $-(-6+3)-[(12-3+8)-(-5+1)]$

**70.** ●●● **CA** Las operaciones siguientes tienen un error. Indica cuál es en cada caso.

*a)* $-8+6-15+3=-14-18=-32$
*b)* $19-[(-6)+8]=19+6+8=33$

**71.** ●●○ Un ascensor se encuentra en la primera planta. Primero sube 6 plantas, luego baja 2, después baja 5, sube 8, y por último, baja 9. ¿En qué planta se encuentra? ¿Cómo podemos interpretar este resultado?

**72.** ●●● **CCT** Un iceberg flota en una zona marítima donde la profundidad máxima es de 157 metros y sobresale del agua 17 metros. La distancia entre el punto más profundo del iceberg y el fondo del mar es de 26 metros. ¿Cuál es la altura total del iceberg? Resuélvelo en una sola operación combinada con números enteros.

**73.** ●○○ **CD** Opera. Después, comprueba los resultados con la calculadora. Recuerda qué tecla se usa para indicar que un número es negativo.

*a)* $(-14)\cdot(+5)$
*b)* $(-32)\cdot(-12)$
*c)* $(+128):(-16)$
*d)* $216:(-18)$
*e)* $(-287)\cdot 26$
*f)* $(-675):(-75)$

**74.** ●●○ **CI** Completa para que las siguientes multiplicaciones y divisiones sean correctas:

*a)* $(-12)\cdot\square=-60$
*b)* $\square:(-8)=51$
*c)* $\square\cdot 13=-78$
*d)* $(-92):\square=4$

**75.** ●●○ Calcula.

*a)* $[(-28):(+7)]\cdot(-21)$
*b)* $[(-72):(+12)]\cdot[(-30):5\cdot(-3)]$
*c)* $15:[(-45):(-9)]$

**76.** ●●○ **CI** Primero, realiza las operaciones directamente, y después, calcúlalas aplicando la propiedad distributiva. Comprueba que se obtienen los mismos resultados.

*a)* $15\cdot[-4+(-8)]$
*b)* $(-6)\cdot[(-8)-(-11)]$
*c)* $[7-(-6)]\cdot(-12)$

**77.** ●●● **CA** Completa los recuadros con los números necesarios para que esté correctamente aplicada la propiedad distributiva.

*a)* $(-3)\cdot[\square-(-6)]=\square\cdot 5-(-3)\cdot\square$
*b)* $\square\cdot[-2+\square]=6\cdot\square+6\cdot(-8)$

**78.** ●●○ Saca factor común y, después, calcula:

*a)* $5\cdot(-3)-5\cdot(-8)$
*b)* $(-3)\cdot 7+(-3)\cdot(-6)$
*c)* $-14\cdot 6+(-8)\cdot 6$

**79.** ●●● **CI** En los siguientes apartados se ha sacado factor común, pero faltan algunos números. Averígualos.

*a)* $\square\cdot 3+(-2)\cdot(-4)=(-2)\cdot[\square+(-4)]$
*b)* $7\cdot\square-\square\cdot 5=7\cdot[(-6)-\square]$

**80.** ●●○ **CD** Efectúa las siguientes operaciones combinadas paso a paso. Después, comprueba los resultados utilizando la calculadora.

*a)* $5\cdot(-3)+(-6):(-2)-3\cdot(-7)$
*b)* $-6+[3+(-8)]\cdot(-2)$
*c)* $[(-17)\cdot 2+15:(-3)]\cdot(-1)$
*d)* $-16:(-8)+2\cdot[-3+(-5)\cdot 4]$

**81.** ●●○ **CD** Realiza las siguientes operaciones paso a paso y comprueba los resultados con la calculadora.

*a)* $[16+(-7)]\cdot(-3)+(-12)\cdot 3$
*b)* $-14+(-5):(-1)+(-8)\cdot(-2)$
*c)* $(-1+9)\cdot[-3+(-18):(-6)]$
*d)* $13\cdot(-25:5+7)+48:[(-3)\cdot 4]$

**82.** ●●○ **CD** Efectúa las siguientes operaciones combinadas, primero escribiendo todos los pasos y luego con calculadora:

*a)* $-8\cdot[-3+5\cdot(-6)-32:(-4)]$
*b)* $60:[10-(-2)]+(-5)-3\cdot(5-9)$
*c)* $-(17-11)+(6+7)\cdot(-14+31)$
*d)* $6-[1+(-2)\cdot 9]\cdot[-3+(-70):14]$

**83.** ●●● Calcula expresando el procedimiento detalladamente.

*a)* $-1-[(-3)\cdot 7+11\cdot(-2)]\cdot(-1+3)$
*b)* $-28:(3-10)+15\cdot[(-10):(-5)+(-7)]$

**84.** ●●● Calcula paso a paso.

*a)* $\text{op}(-5)\cdot\text{op}(3)+|-6-(-5)|\cdot\text{op}(1)$
*b)* $\text{op}(16)-\text{op}(-5)-\text{op}[16-(-5)]$

**85.** ●●○ Elvira gasta 2 euros cada día, de lunes a viernes, el sábado, 5 euros, y el domingo, 6. Si cada semana recibe 25 euros, ¿cuánto ahorra al cabo de un año? Ten en cuenta que un año tiene 52 semanas. Utiliza una expresión combinada para calcularlo.

**86.** ●●○ Jaime, Teresa, Lorenzo y Julia realizan un test de 10 preguntas, en el que cada cuestión tiene 4 opciones. Por cada pregunta contestada correctamente, reciben 4 puntos, por cada fallo, se les descuenta 1 punto, y si la dejan en blanco, no se recibe ni descuenta puntuación.

La siguiente tabla muestra los resultados de cada uno:

| | Aciertos | Fallos | En blanco |
|---|---|---|---|
| Jaime | 6 | 3 | 1 |
| Teresa | 4 | 4 | 2 |
| Lorenzo | 2 | 3 | 5 |
| Julia | 5 | 5 | 0 |

Calcula la puntuación obtenida. ¿Cuál es la máxima y mínima puntuación que se puede conseguir?

**87.** ●●● Una piscina tiene 300 000 litros de agua. Debido a unas fisuras que tiene, pierde líquido a razón de 5 litros por hora. Al cabo de una semana, deciden rellenarla utilizando un grifo que vierte agua a 12 litros por minuto durante una hora. ¿Qué volumen de agua tendrá ahora la piscina? Utiliza una expresión combinada para calcularlo.

**88.** ●●● **CI** Un empresario vende dos tipos de productos, el *A* y el *B*, a 15 y 12 euros, respectivamente, y el coste de cada uno es de 5 y 4 euros, respectivamente. Del *A* ha vendido 250 unidades, y del *B*, 300. ¿Cuál es el beneficio de la venta? Exprésalo en una sola operación combinada y, después, calcúlalo.

**89.** ●○○ **CS** Según el Instituto Nacional de Estadística, el importe medio de una hipoteca es de 114 990 euros. Si una persona que tenga una hipoteca por este importe, paga una mensualidad de 950 euros, de los cuales una mitad se destina a intereses y la otra mitad a amortizar deuda, ¿cuánto dinero deberá al cabo de un año? Para calcularlo, utiliza una única operación combinada.

## SABER MÁS

**90.** ●●○ **CA** Calcula algunas potencias de base $(-1)$ y saca conclusiones sobre el cálculo de las mismas.

**91.** ●●● **CI** Calcula.

*a)* $(-2)^5$
*b)* $-2^5$
*c)* $(-2)^4$
*d)* $-2^4$

¿Podrías deducir alguna norma?

**92.** ●●● **CA** Opera y compara. ¿Qué conclusiones extraes?

*a)* $2^2-6^2$ *c)* $2^2+6^2$
*b)* $(2-6)^2$ *d)* $(2+6)^2$

**93.** ●●● **CI** Calcula, si es posible, y observa los resultados. ¿Qué deduces?

*a)* $\sqrt{100-36}$ *d)* $\sqrt{64}-\sqrt{121}$
*b)* $\sqrt{100}-\sqrt{36}$ *e)* $\sqrt{9+16}$
*c)* $\sqrt{64-121}$ *f)* $\sqrt{9}+\sqrt{16}$

**1.** **Chatear**

Mark (de Sydney, Australia) y Hans (de Berlín, Alemania) se comunican a menudo a través de Internet mediante el chat. Tienen que conectarse a Internet a la vez para poder chatear.

Para encontrar una hora apropiada para chatear, Mark buscó un mapa horario mundial y halló lo siguiente:

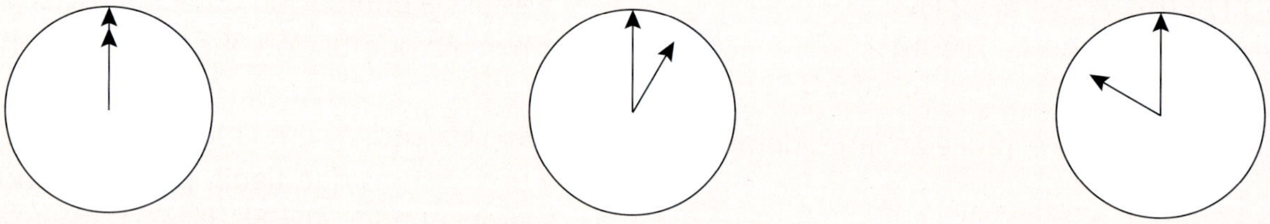

Greenwich 12 de la noche — Berlín 1:00 de la noche — Sydney 10:00 de la mañana

Cuando son las 7:00 de la tarde en Sydney, ¿qué hora es en Berlín?

PISA

**2.** Un globo aerostático despega desde la cima de una montaña que está a 1 200 metros de altitud respecto al nivel del mar. Primero se eleva 300 metros y cuando avanza hasta sobrevolar el valle, desciende 500 metros. Continúa a esa altitud hasta que se aproxima a una nueva montaña, por lo que decide elevarse 600 metros.

*a)* ¿A qué altura sobre el nivel del mar se encuentra finalmente el globo aerostático?

*b)* Si la segunda montaña tiene una altitud de 1 400 metros sobre el nivel del mar, ¿a qué altura se encuentra el globo respecto a la cima de la montaña?

**3.** Diofanto fue un célebre matemático de la antigüedad. Sin embargo, pese a su fama, los historiadores aún no saben exactamente entre qué años vivió. Para hacer una estimación, se basan en los siguientes hechos:

– Diofanto escribió sobre la obra de Hipsicles, que murió en el año 170 a.C.

– Téon de Alejandría, que nació en el 335 d.C., escribió sobre Diofanto.

¿Cuántos años transcurrieron entre el 170 a.C. y el 335 d.C.? Halla esta cantidad a partir de operaciones con números enteros. Ten en cuenta que no existió el año 0.

# EVALÚATE

**1.** Escribe un número entero o una expresión formada por enteros que responda a las siguientes situaciones:

*a)* El Ibex 35 ha bajado 2 puntos.
*b)* La variación de personas en el interior de un autobús desde su salida ha sido: suben 26, bajan 5, suben 13 y bajan 4.
*c)* En el polo Norte pueden llegar fácilmente a los 20 °C bajo cero.

**2.** Opera.

*a)* $|-3|$ *b)* $\text{op}(-2)$ *c)* $|\text{op}(+5)|$ *d)* $\text{op}(|6|)$

**3.** Representa en la recta numérica los siguientes números enteros:

$-7, 0, -1, +5, 3, -2, +4$

**4.** Compara los siguientes números y coloca el signo $<$ o $>$ según corresponda:

*a)* $-4 \,\square\, 5$ *c)* $+6 \,\square\, +9$ *e)* $-4 \,\square\, 0$
*b)* $-1 \,\square\, -8$ *d)* $+1 \,\square\, -4$

**5.** Efectúa.

*a)* $(+6)-(-5)-(+3)$
*b)* $4-(-2+9-8+7)$
*c)* $5+(-3)\cdot(4-7)$

**6.** Calcula.

*a)* $(-4)\cdot(-21)$ *c)* $(-7)\cdot(+9):(-3)$
*b)* $(+88):(-11)$

**7.** Realiza las siguientes operaciones combinadas:

*a)* $4-5\cdot[6-8:(9+(-6+1))]$
*b)* $(-2)\cdot[(-5+6-3):(-1)+8]+(-7)\cdot(-10):(-5)$

**8.** Estas son las temperaturas registradas, durante una semana, en una localidad a cierta hora del día:

$-1 \quad 0 \quad +2 \quad -3 \quad +1 \quad -2 \quad +5$

*a)* Ordénalas de mayor a menor.
*b)* Calcula la diferencia entre la temperatura máxima y la mínima esa semana según estos datos.

**9.** Iker tiene 903 euros en su cuenta. A final de mes le pasan varios recibos: la hipoteca, 563 euros, el coche, 279 euros y el teléfono, 37 euros. Además, tiene pensado salir el fin de semana a una casa rural, para lo que necesita un presupuesto de unos 280 euros. ¿Crees que puede permitirse irse a la casa rural? Responde realizando una única operación combinada.

**10.** El producto de tres números enteros consecutivos es $-6$. ¿Podrías averiguarlos?

# MATEMÁTICAS RECREATIVAS

**1.** La cuadrícula siguiente se llama **cuadrado mágico**, pues todas sus filas, columnas y diagonales suman lo mismo. Copia y completa el cuadrado mágico siguiente con los números $-4, -3, -2, -1, 0, 1, 2, 3, 4$ sabiendo que la suma constante es 0.

| | | |
|---|---|---|
| 1 | | |
| | | |
| | −2 | −1 |

**2.** En una bolsa hay 4 bolas numeradas con los números $-2$, $-1$, 1 y 2. Se sacan dos bolas al azar y se multiplican los números que aparecen en ellas. ¿Qué es más probable: que el resultado sea positivo o negativo?

**3.** Observa cómo podemos intercalar signos $+$ y $-$ entre las cifras 1234567 para obtener el número 40.

$$12+34-5+6-7=40$$

Intenta hacer lo mismo para obtener como resultado el número 55.

FRACCIONES

# UNIDAD 4

*Alberto se dio prisa en acabar sus compras. Solo llevaba un cuarto de hora y ya había recorrido medio mercado. Repasó la lista que llevaba. Le faltaba por comprar cuarto y mitad de carne picada, medio kilo de boquerones, una botella de zumo de naranja de tres cuartos, seis refrescos de tercio y seis de quinto. Ya casi estaba todo.*

*Tenía prisa porque dentro de tres cuartos de hora había quedado con Gabriela para ver el partido de baloncesto en su nuevo televisor con pantalla panorámica de dieciséis novenos. Miró su reloj y, asombrado, vio que ya eran las siete menos cuarto. Se apresuró en terminar de comprar y salió hacia la casa de su amiga, pero cuando llegó, el partido ya iba por el segundo cuarto.*

Como se puede ver en el texto anterior, las fracciones se utilizan con mucha frecuencia en nuestro lenguaje cotidiano: medio, tercio, cuarto, quinto, noveno, décimo...

Muchas otras expresiones que utilizamos a diario reflejan la gran presencia de las fracciones en nuestras vidas, aunque no seamos conscientes de ello.

## INTERPRETA Y RESUELVE

En el texto de esta página, podemos encontrar varias expresiones en las que aparecen fracciones. Explica el significado o el valor de las siguientes:

*a)* Un cuarto de hora.

*b)* Tres cuartos de hora.

*c)* Botella de tres cuartos.

*d)* Refrescos de tercio.

*e)* Refrescos de quinto.

*f)* El partido iba por el segundo cuarto.

Encuentra también:

*a)* Una suma de fracciones.

*b)* Una resta de fracciones o una fracción negativa.

*c)* Una fracción impropia.

# REPASA

## Cálculo del máximo común divisor

- Descomposición en producto de factores primos.
- Tomar los factores comunes con el menor exponente.
- Realizar el producto de esa selección de factores.

mcd(72, 80) = 8

$$\begin{array}{r|l} 72 & 2 \\ 36 & 2 \\ 18 & 2 \\ 9 & 3 \\ 3 & 3 \\ 1 & \end{array} \quad 72 = 2^3 \cdot 3^2 \qquad \begin{array}{r|l} 80 & 2 \\ 40 & 2 \\ 20 & 2 \\ 10 & 2 \\ 5 & 5 \\ 1 & \end{array} \quad 80 = 2^4 \cdot 5$$

Luego el $\text{mcd}(72, 80) = 2^3 = 8$

## Cálculo del mínimo común múltiplo

- Descomposición en producto de factores primos.
- Tomar los factores comunes y los no comunes con el mayor exponente.
- Realizar el producto de esa selección de factores.

mcm(15, 20) = 60

$$\begin{array}{r|l} 15 & 3 \\ 5 & 5 \\ 1 & \end{array} \quad 15 = 3 \cdot 5 \qquad \begin{array}{r|l} 20 & 2 \\ 10 & 2 \\ 5 & 5 \\ 1 & \end{array} \quad 20 = 2^2 \cdot 5$$

Luego el $\text{mcm}(15, 20) = 2^2 \cdot 3 \cdot 5 = 60$

## Operaciones con números enteros

- Realización de operaciones en línea.
- Eliminación de paréntesis: $+(+) = +$ $\quad +(-) = -$ $\quad -(+) = -$ $\quad -(-) = +$
- Regla de los signos en productos y cocientes.
- Agrupación de términos según su signo en sumas y restas.
- Suma o resta de números enteros del mismo signo: se suman sus valores absolutos y se deja el signo que tenían.
- Suma o resta de números enteros de distinto signo: se restan sus valores absolutos y se deja el signo del mayor.

### EJERCICIOS

**1.** Calcula el máximo común divisor de los siguientes grupos de números:

*a)* 252 y 396 *b)* 336, 72 y 216

**2.** Averigua el mínimo común múltiplo en cada caso.

*a)* 540 y 504 *b)* 75, 45 y 36

**3.** Opera.

*a)* $-(3-5+2-7)\cdot(-2)+[(-5)-(-6)]$ *b)* $-5+(-3)\cdot(-2)-(-4+8):(-2)$

# MAPA CONCEPTUAL

- DEFINICIONES Y ELEMENTOS BÁSICOS
  - $\frac{a}{b}$: $a$ → Numerador; $b$ → Denominador
  - Interpretación gráfica
  - Valor numérico de una fracción
  - La fracción como operador
  - Fracciones propias e impropias
    - Números mixtos
  - Representación en la recta numérica
- COMPARACIÓN DE FRACCIONES
  - Fracciones equivalentes
    - Amplificación
    - Simplificación
      - Fracción irreducible
  - Comparación y ordenación
    - Reducción a común denominador
- OPERACIONES
  - Suma
    - Reducción a común denominador
  - Resta
    - Reducción a común denominador
  - Multiplicación
  - División
  - Combinadas
- PROBLEMAS

# 1. Fracciones: definiciones y elementos básicos

En la vida cotidiana no todo se mide por «enteros»: no siempre nos comemos todas las porciones de la pizza, o llegamos a las horas en punto, o gastamos un número exacto de euros... Necesitamos algo que nos permita representar precisamente eso, es decir, porciones de una unidad.

Una **fracción** es un número que nos permite expresar una parte de un todo.

$\frac{a}{b}$ → $a$: **numerador**; $b$: **denominador**

$a$ y $b$ números enteros.

Una fracción está formada por dos números enteros, por lo que podemos encontrar fracciones con enteros negativos. Por ejemplo, $\frac{-3}{4}$.

Para leer una fracción tendremos en cuenta:

- El **numerador** se lee como **número entero**.
- El **denominador** se lee según sea 2, 3, 4, 5, 6, 7, 8, 9, 10 como medios, tercios, cuartos, quintos, sextos, séptimos, octavos, novenos y décimos, respectivamente, y a partir de ahí, el número acabado en **-avos**.

$\frac{3}{4}$ → tres cuartos $\qquad$ $\frac{-6}{13}$ → menos seis treceavos

## OBSERVA

Las fracciones de denominador 1 coinciden con los números enteros pues se trata de coger tantas unidades enteras como diga el numerador.

$\frac{2}{1} = 2$ 

## 1.1. Representación gráfica de una fracción positiva

La fracción nos permite seleccionar partes de un todo.

2 partes del todo

$\frac{2}{3}$ 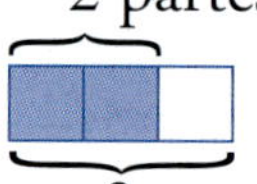

3 partes iguales que dividimos el todo

Si intentamos representar $\frac{5}{4}$ con un solo rectángulo, vemos que es imposible: lo dividimos en 4 partes iguales, pero debemos quedarnos con 5.

Por tanto, debemos dibujar tantos rectángulos iguales como sean necesarios para poder coger esas 5 partes, y dividirlos a su vez todos en 4 partes iguales.

$4 + 1 = 5$

$\frac{5}{4}$ 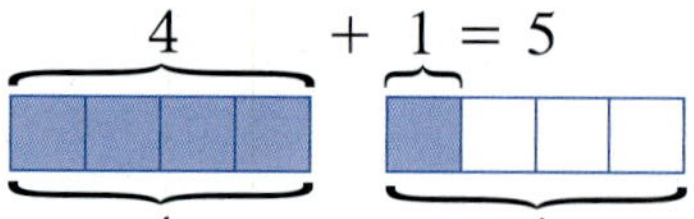

4 $\qquad$ 4

## RECUERDA

Las partes en que dividas una unidad deben ser iguales.

Puede ser la figura geométrica que se desee y que facilite precisamente la igualdad de partes:

cuadrados, rectángulos, círculos...

## EJERCICIOS RESUELTOS

**1.** Representa gráficamente en la figura que se indica las siguientes fracciones:

*a)* $\frac{3}{8}$ en un círculo.

*b)* $\frac{13}{4}$ en rectángulos.

*c)* $\frac{3}{1}$ en triángulos.

*a)* 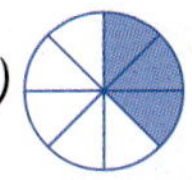

*b)* 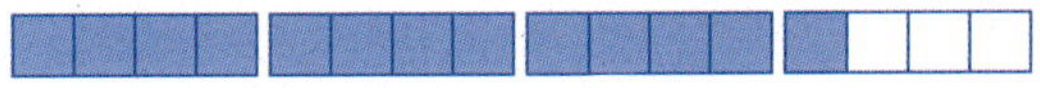

*c)* 

Solución

**2.** Indica la fracción que corresponde a cada dibujo.

*a)* 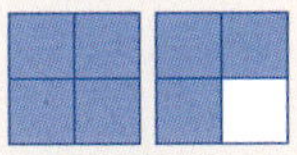

*b)* 

*c)* 

*a)* $\frac{7}{4}$

*b)* 2

*c)* $\frac{1}{5}$

Solución

## 1.2. Valor numérico de una fracción

Además de hablar de partes de un todo empleando fracciones, también lo hacemos empleando números decimales.

Céntimos de euro, botellas de 0,5 litros...

Las fracciones y los decimales están íntimamente relacionados ya que toda fracción se corresponde con el número resultante de dividir su numerador entre su denominador.

$$\frac{4}{2} = 4:2 = 2 \qquad \frac{-3}{4} = -3:4 = -0{,}75$$

Por tanto, toda fracción se puede encuadrar entre dos números enteros consecutivos.

$$\frac{5}{6} = 5:6 = 0{,}833 \qquad 0 < \frac{5}{6} < 1$$

$$\frac{-3}{2} = -3:2 = -1{,}5 \qquad -2 < \frac{-3}{2} < -1$$

Al tener toda fracción su valor numérico y ser el cociente de sus términos, será lo mismo $\frac{-2}{3}$ que $\frac{2}{-3}$, pues por la regla de los signos ambas tienen el mismo valor numérico, y también coincidirán $\frac{7}{9}$ con $\frac{-7}{-9}$ por el mismo motivo.

Por norma general, escribiremos si es necesario los números negativos en el numerador.

$$\frac{-2}{3} \text{ o } -\frac{2}{3} \text{ en lugar de } \frac{2}{-3} \qquad \frac{7}{9} \text{ en lugar de } \frac{-7}{-9}$$

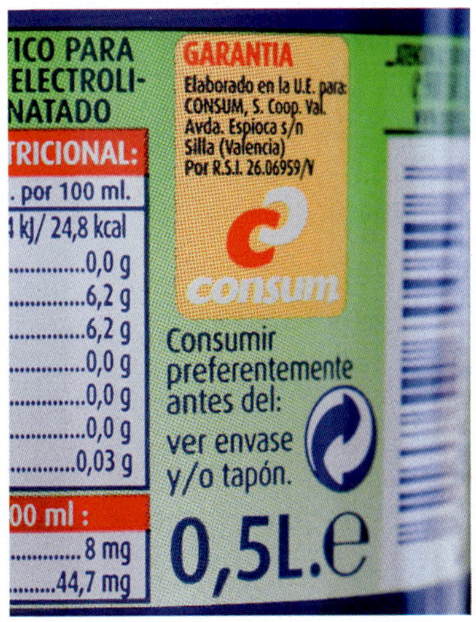

## 1.3. La fracción como operador

Las fracciones, además de representar la parte de un todo y de corresponderse con números, también pueden actuar como operadores.

$$\frac{-2}{5} \text{ de } 15$$

La expresión $\frac{-2}{5}$ de 15 se puede calcular de tres formas:

1) Multiplicando el número por el numerador y dividiéndolo por el denominador.

$$15 \cdot (-2) : 5 = -6$$

2) Dividiendo primero el número entre el denominador y multiplicando el resultado por el numerador.

$$15 : 5 = 3 \qquad 3 \cdot (-2) = -6$$

3) Hallando el valor numérico de la fracción y multiplicándolo por el número.

$$\frac{-2}{5} = -2 : 5 = -0{,}4 \qquad -0{,}4 \cdot 15 = -6$$

## EJERCICIOS

**1.** ●○○ Señala el numerador y el denominador e indica cómo se leen las siguientes fracciones:

*a)* $\frac{-3}{6}$

*b)* $\frac{45}{13}$

*c)* $\frac{-7}{11}$

**2.** ●○○ Escribe y representa gráficamente las siguientes fracciones:

*a)* Nueve tercios.

*b)* Doce quintos.

*c)* Tres décimos.

**3.** ●○○ Dadas las siguientes representaciones, escribe la fracción que corresponda y cómo se leería:

*a)* 

*b)* 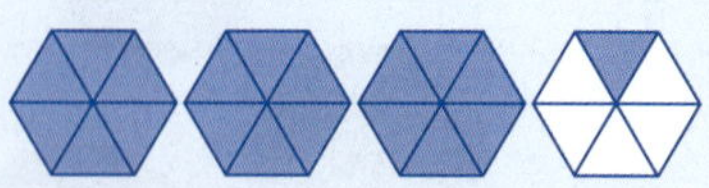

*c)* 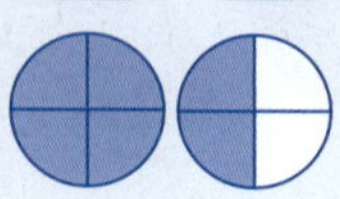

**4.** ●○○ María y Luis han hecho las siguientes representaciones de fracciones. ¿Son correctas? En caso contrario, razónalo.

*a)* $\frac{5}{8} \longrightarrow$ 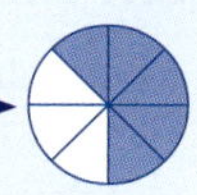

*b)* $\frac{4}{3} \longrightarrow$ 

**5.** ●○○ **CD** Calcula con una calculadora los valores numéricos de las fracciones que se muestran a continuación:

*a)* $\frac{19}{4}$

*b)* $\frac{-7}{3}$

*c)* $\frac{13}{90}$

**6.** ●○○ Opera.

*a)* $\frac{-4}{9}$ de 81

*b)* $\frac{13}{5}$ de $-105$

*c)* $\frac{29}{15}$ de 165

# 2. Fracciones propias e impropias. Números mixtos

## 2.1. Fracciones propias

Las **fracciones propias** son aquellas en las que el valor absoluto del numerador es menor que el denominador. Por tanto, su valor numérico será un número de valor absoluto menor que la unidad.

$\frac{3}{5} = 3:5 = 0{,}6$ — menor que 1: $|0{,}6| < 1$ — una única figura

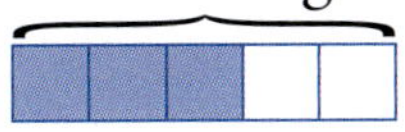

## 2.2. Fracciones impropias

Las **fracciones impropias** tienen un numerador de valor absoluto superior al denominador, con lo que su valor numérico es de valor absoluto mayor que 1.

$\frac{9}{4} = 9:4 = 2{,}25$ — mayor que 1: $|2{,}25| > 1$ — varias figuras

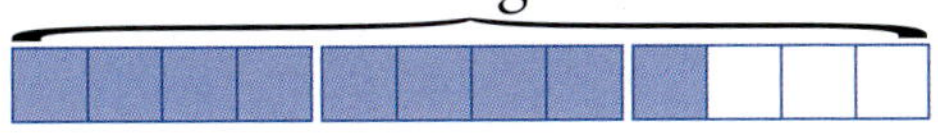

Toda fracción impropia se puede representar como un **número mixto**, es decir como un número entero y una fracción propia.

Para ello, dividiremos el numerador entre el denominador:

$$\begin{array}{r|l} 9 & 4 \\ \hline 1 & 2 \end{array}$$

- 4 → Será el denominador.
- 2 → Será el número en cuestión.
- 1 → Será el numerador.

$\frac{9}{4} = 2 + \frac{1}{4}$ → Número mixto: $\frac{9}{4} = 2\frac{1}{4}$

Se suele escribir omitiendo el signo +.

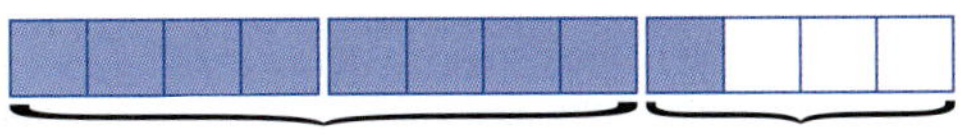

2 ↑ número de unidades completas — $\frac{1}{4}$

En el caso de una fracción negativa, procedemos igual.

$$\frac{-8}{5} = -1 - \frac{3}{5} = -1\frac{3}{5} \qquad \begin{array}{r|l} 8 & 5 \\ \hline 3 & 1 \end{array}$$

↑ Ambos números serán negativos.

### OBSERVA

Gracias al número mixto puedes ver de manera rápida entre qué valores está una fracción.

$$\frac{9}{4} = 2\frac{1}{4}$$

Será mayor que 2, pero no llega a 3.

### USA TU CALCULADORA

La calculadora científica nos permite introducir fracciones y operar con ellas.

Para ello, utiliza la tecla a b/c, pulsándola entre el numerador y el denominador.

Si es una fracción impropia y a continuación das al = te aparecerá en forma de número mixto.

Si quieres introducir un número mixto, hazlo con la misma tecla intercalada entre el número entero y la fracción.

Para averiguar ahora de qué fracción impropia se trata, pulsa d/c.

## EJERCICIOS

**7.** ●○○ Decide si las fracciones siguientes son propias o impropias:

*a)* $\frac{2}{3}$ *b)* $-2$ *c)* $\frac{13}{3}$ *d)* $\frac{-9}{4}$ *e)* $-\frac{2}{5}$ *f)* $\frac{27}{7}$

**8.** ●●○ **CD** Escribe en forma de número mixto las fracciones impropias del ejercicio anterior. Emplea tu calculadora para comprobarlo.

# 3. Representación de una fracción en la recta numérica

En la vida real solemos graduar algunas de las rectas que utilizamos: la regla, las carreteras, una cinta métrica, un termómetro...

Necesitamos, por tanto, saber situar no solo los números enteros, sino también las fracciones, para poder hablar de puntos intermedios entre valores exactos.

## 3.1. Fracciones propias

Se divide la unidad en tantas partes como diga el denominador y se tomarán tantas como diga el numerador, comenzando por el 0. Esa marca será la situación de la fracción propia.

Unidad:
segmento que une el 0 con el 1

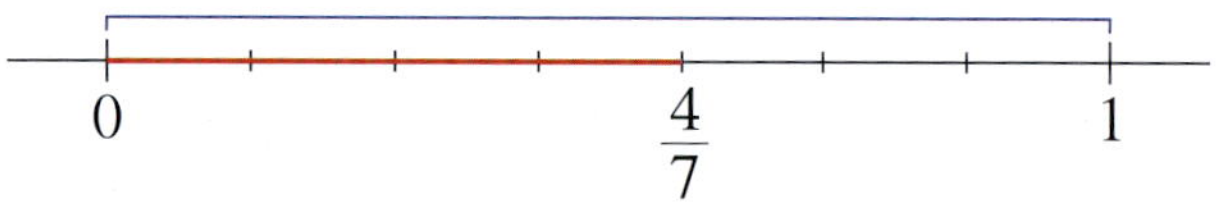


segmento que une el 0 con el −1

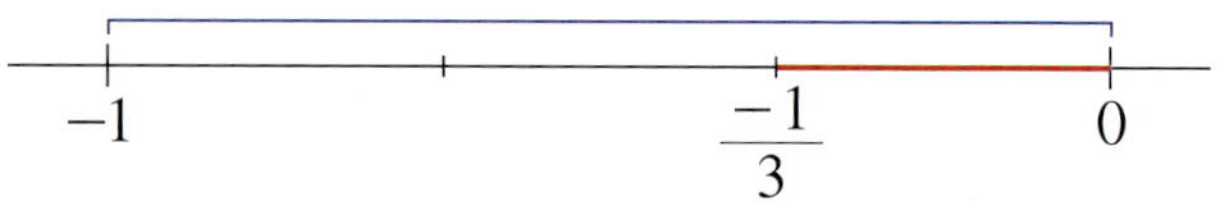

## 3.2. Fracciones impropias

Expresamos la fracción en forma de número mixto y repetimos el proceso anterior con la fracción propia correspondiente, pero en la unidad siguiente a la que indique el número entero del número mixto.

Para representar $\frac{7}{2}$, primero encontramos la expresión equivalente en número mixto.

$$7 \,|\, \underline{2} \quad \text{resto } 1, \text{ cociente } 3 \longrightarrow \frac{7}{2} = 3\frac{1}{2}$$

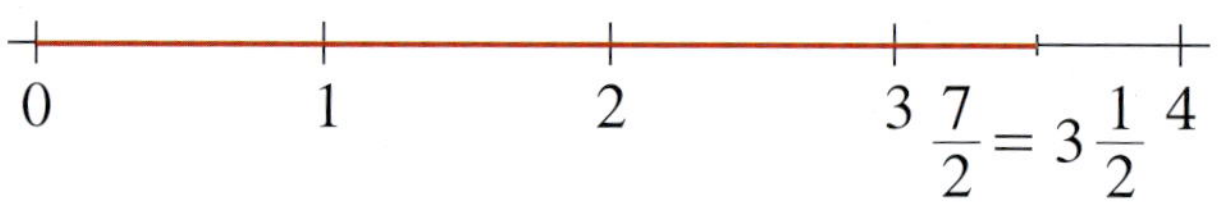


Para representar $\frac{-13}{5}$:

$$13 \,|\, \underline{5} \quad \text{resto } 3, \text{ cociente } 2 \longrightarrow \frac{-13}{5} = -2\frac{3}{5}$$

## EJERCICIOS RESUELTOS

**1.** Pon en forma de número mixto las siguientes fracciones impropias:

*a)* $\frac{98}{15}$ *b)* $\frac{-115}{34}$ *c)* $-\frac{56}{13}$

*a)* El cociente de la división es 6 y el resto es 8, luego el número mixto es $6\frac{8}{15}$.

*b)* El cociente de la división es 3 y el resto es 13. Como la fracción es negativa, el número mixto es $-3\frac{13}{34}$.

*c)* El cociente de la división es 4 y el resto es 4. Como la fracción es negativa, el número mixto es $-4\frac{4}{13}$.

Solución

**2.** Representa en la recta numérica las fracciones siguientes:

*a)* $\frac{11}{3}$ *b)* $\frac{-21}{4}$

*a)* El número mixto asociado es $3\frac{2}{3}$ por lo que tomamos 3 unidades y dividimos en 3 la que va del 3 al 4, cogiendo dos de las partes.

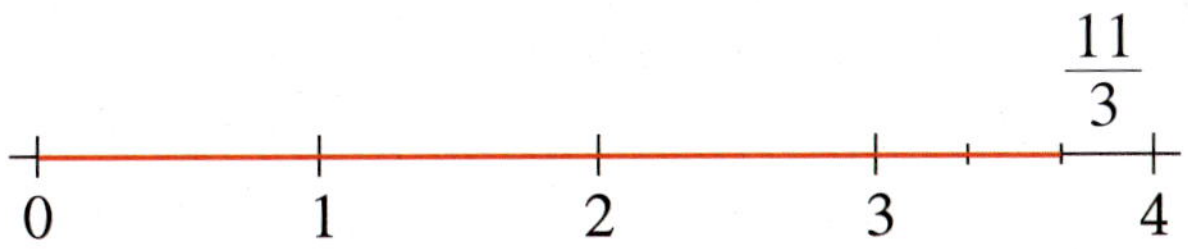


*b)* El número mixto asociado es $-5\frac{1}{4}$ por lo que tomamos $-5$ unidades y dividimos en 4 la que va del $-5$ al $-6$, cogiendo una de las partes.

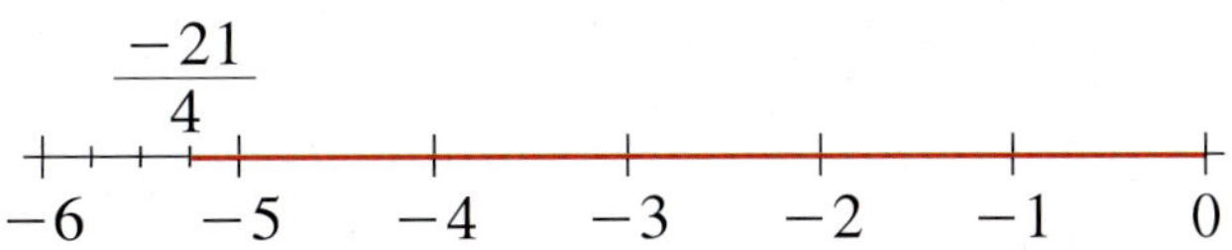


Solución

## EJERCICIOS

**9.** ●●○ Representa en la recta numérica las siguientes fracciones:

a) $\frac{-17}{4}$

b) $\frac{16}{5}$

c) $\frac{5}{8}$

d) $\frac{-4}{3}$

**10.** ●●● Dadas las siguientes representaciones, indica de qué fracción se trata, si es propia o impropia, y halla su valor numérico y su representación gráfica (si es positiva):

a) 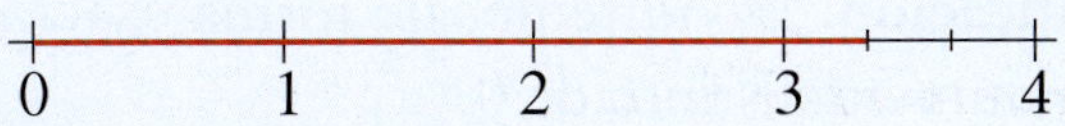


b) 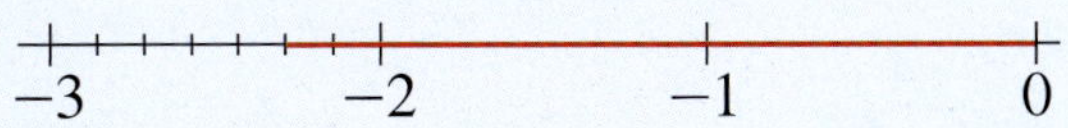


c) 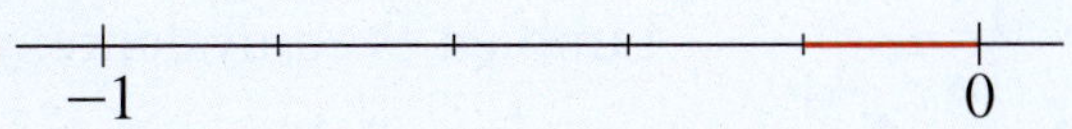


d) 

# 4. Comparación de fracciones

## 4.1. Fracciones equivalentes

### • Definiciones

Dos **fracciones son equivalentes** si representan la **misma parte de un todo.**

$$\frac{a}{b} = \frac{c}{d}$$

$\frac{1}{2}$ y $\frac{3}{6}$ son fracciones equivalentes porque si las representamos gráficamente en rectángulos iguales, ambas abarcan la misma región.

$\frac{1}{2}$

$\frac{3}{6}$

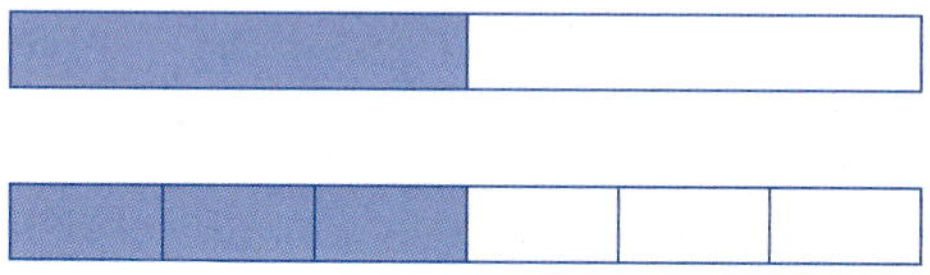

$$\frac{1}{2} = \frac{3}{6}$$

**CUIDADO**

No todas las fracciones equivalentes se obtienen por un único proceso de simplificación o amplificación.

$$\frac{10}{6} = \frac{25}{15}$$

1) Dos fracciones son equivalentes si tienen el mismo valor numérico:

$$\frac{1}{2} = \frac{3}{6} = 0{,}5$$

2) Dos fracciones $\frac{a}{b}$ y $\frac{c}{d}$ son equivalentes si el producto de extremos es igual al producto de medios, es decir, que los productos cruzados son iguales.

$$\frac{a}{b} = \frac{c}{d} \qquad a \cdot d = b \cdot c \qquad 1 \cdot 6 = 2 \cdot 3$$

### • Obtención de fracciones equivalentes

**Amplificación**: Multiplicaremos sus dos términos (numerador y denominador) por un mismo número distinto de 0.

$$\frac{16}{24} \xrightarrow{\cdot 2} \frac{32}{48}$$

Es equivalente, ya que: $16 \cdot 48 = 24 \cdot 32$

Podemos conseguir infinitas fracciones equivalentes entre sí.

**Simplificación**: Dividiremos de forma exacta sus dos términos por un mismo número distinto de 0.

$$\frac{12}{16} \xrightarrow{:4} \frac{3}{4}$$

También es equivalente, ya que: $4 \cdot 12 = 3 \cdot 16$

**OBSERVA**

Cuando obtenemos fracciones equivalentes a una dada, también son todas ellas equivalentes entre sí.

Por el método de simplificación solo podemos obtener unas cuantas fracciones equivalentes entre sí. La que ya no se pueda simplificar más recibe el nombre de **fracción irreducible**.

La fracción irreducible de $\frac{16}{24}$ es $\frac{2}{3}$.

$$\frac{16}{24} \overset{:8}{=} \frac{2}{3}$$

No se puede simplificar más.

**OBSERVA**

La fracción irreducible se puede obtener dividiendo los dos términos de la fracción entre su mcd.

## EJERCICIOS RESUELTOS

**1.** Encuentra la fracción irreducible.

*a)* $\frac{130}{208}$

*b)* $\frac{5\,280}{3\,360}$

*c)* $\frac{-168}{112}$

Solución

*a)* Dividiendo entre 26 tenemos $\frac{5}{8}$.

*b)* Simplificando entre 480 da $\frac{11}{7}$.

*c)* El mcd (168, 112)= 56, luego simplificando entre ese número obtenemos $\frac{-3}{2}$.

**OBSERVA**

Una fracción es irreducible si el numerador y el denominador son primos entre sí.

**USA TU CALCULADORA**

La calculadora científica también permite simplificar fracciones hasta la fracción irreducible. Para ello, utiliza la tecla a b/c, pulsándola entre el numerador y el denominador y después da al =.

Recuerda que si aparece en forma de número mixto debes pulsar a continuación d/c para verla en forma de una sola fracción.

## EJERCICIOS

**11.** ●○○ Determina si las siguientes fracciones son o no equivalentes. Utiliza el método que te parezca más adecuado en cada caso.

*a)* $\frac{57}{95}$ y $\frac{18}{30}$

*b)* $\frac{6}{2}$ y 3

*c)* $\frac{17}{8}$ y $\frac{200}{425}$

**12.** ●○○ Obtén cinco fracciones equivalentes a cada una de las siguientes indicando el procedimiento seguido:

*a)* $\frac{1}{4}$ *b)* $\frac{-25}{15}$ *c)* $\frac{116}{112}$ *d)* $-1$

**13.** ●●○ **CD** Indica qué fracciones son irreducibles y en caso de que no lo sean, calcúlalas. Compruébalo con la calculadora.

$\frac{97}{48}, \frac{48}{22}, \frac{63}{72}, \frac{121}{22}, \frac{343}{49}, \frac{21}{9}, \frac{29}{3}$

## 4.2. Comparación y ordenación de fracciones

### • Reducción de fracciones a común denominador

El proceso de **reducción a común denominador** consiste en **encontrar fracciones equivalentes** a otras dadas, pero que tengan el mismo denominador.

Para reducir fracciones a mínimo común denominador:

1) Calcularemos el mcm de los denominadores. Ese será el denominador común buscado.

$$\frac{3}{4}, \frac{5}{6}, \frac{1}{3} \text{ y } \frac{7}{2}$$

$$\text{mcm } (4, 6, 3, 2) = 12$$

**OBSERVA**

Cualquier múltiplo común puede ser un denominador común; por ejemplo, el producto de los denominadores sería válido, aunque es aconsejable trabajar siempre con el mcm.

2) Para calcular los numeradores de las fracciones equivalentes, procederemos por amplificación, es decir, multiplicaremos el numerador de cada fracción por el cociente entre el denominador común y el de cada fracción.

   Las fracciones equivalentes serán:

$$\frac{9}{12}, \frac{10}{12}, \frac{4}{12} \text{ y } \frac{42}{12}$$

**RECUERDA**

¡Cuando hagas denominador común no olvides cambiar también los numeradores!

### • Comparación y ordenación de fracciones

Si dos fracciones tienen el **mismo denominador** es sencillo compararlas: es mayor la que tiene mayor numerador. Basta observar lo que representa cada fracción gráficamente.

Comparemos: $\frac{1}{4}$ 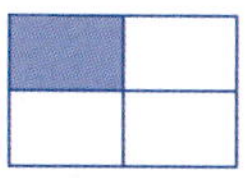 $\frac{3}{4}$ 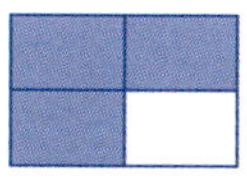

$$\frac{1}{4} < \frac{3}{4}$$

Si las fracciones tienen **distintos denominadores**, la comparación visual no tiene por qué ser tan evidente o ni siquiera tiene por qué ser viable.

$\frac{5}{16}$ 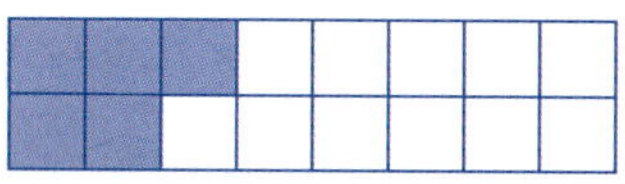 $\frac{1}{4}$ 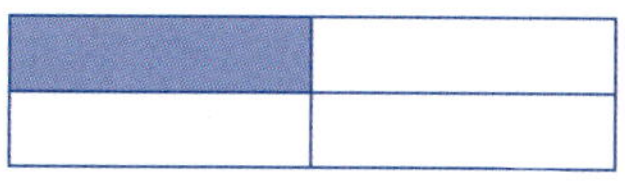

Compararemos otras fracciones equivalentes a las dadas, pero que tengan el mismo denominador, de manera que solo tendremos que fijarnos en sus numeradores.

$$\frac{5}{16} > \frac{4}{16} \longrightarrow \frac{5}{16} > \frac{1}{4}$$

## EJERCICIOS RESUELTOS

**1.** Ordena de mayor a menor las fracciones $\frac{3}{4}$, $\frac{5}{6}$, $\frac{1}{3}$ y $\frac{7}{2}$.

Fracciones reducidas a común denominador: $\frac{9}{12}$, $\frac{10}{12}$, $\frac{4}{12}$ y $\frac{42}{12}$.

El orden con estas últimas sería $\frac{42}{12} > \frac{10}{12} > \frac{9}{12} > \frac{4}{12}$ y escrito con las fracciones que nos daban en el enunciado quedará $\frac{7}{2} > \frac{5}{6} > \frac{3}{4} > \frac{1}{3}$.

Solución

### RECUERDA

En la comparación de fracciones recuerda dejar ordenadas al final las que se daban en el enunciado y no solo las equivalentes que hayas necesitado.

### OBSERVA

Para comparar fracciones de igual numerador lo que importa es el tamaño de la partición, por tanto, cuanto mayor sea el denominador, menor será la fracción.

$\frac{1}{2} > \frac{1}{4}$

## EJERCICIOS

**14.** ●●○ Reduce cada uno de los grupos de fracciones a denominador común de dos formas diferentes: una empleando el mínimo común múltiplo y otra con cualquier otro múltiplo común.

*a)* $\frac{-14}{3}$, 4, $\frac{12}{5}$, $\frac{8}{3}$, $\frac{-25}{6}$

*b)* $\frac{2}{3}$, $\frac{5}{12}$, $\frac{1}{9}$, $\frac{3}{3}$, $\frac{7}{18}$

*c)* $-\frac{5}{6}$, $\frac{-3}{8}$, $\frac{-4}{4}$, $\frac{-1}{2}$, $\frac{3}{2}$

**15.** ●●○ Ordena las fracciones del ejercicio anterior de menor a mayor.

**16.** ●●○ Ordena las siguientes fracciones de mayor a menor:

*a)* $\frac{1}{2}$, $\frac{1}{3}$, $\frac{1}{4}$, $\frac{1}{5}$, $\frac{1}{6}$

*b)* $\frac{-1}{7}$, $\frac{2}{7}$, $\frac{4}{7}$, $\frac{-3}{7}$, $\frac{5}{7}$, 0

*c)* $\frac{3}{7}$, $\frac{4}{8}$, $\frac{2}{3}$, $\frac{3}{5}$, $\frac{3}{4}$, $\frac{1}{3}$

**17.** ●●○ Intercala cuatro fracciones entre $\frac{1}{3}$ y $\frac{2}{3}$. ¿Cuántas serías capaz de intercalar?

**18.** ●●● **CA, CI** Repasando las definiciones de fracción, ¿se te ocurre otra forma de ordenar las fracciones sin reducir a común denominador?

**19.** ●●● **CA, CI** Aprovecha el ejercicio anterior para ordenar los siguientes conjuntos numéricos formados por fracciones y decimales:

*a)* $\frac{1}{2}$; 0,7; $\frac{2}{3}$; 0,35

*b)* $\frac{7}{5}$; 1; 1,5; $\frac{4}{9}$

# 5. Operaciones elementales con fracciones

## 5.1. Suma y resta

### • Suma y resta de fracciones con el mismo denominador

Si observamos gráficamente los ejemplos siguientes, es fácil concluir que el resultado de sumar o restar fracciones con el mismo denominador es otra fracción del mismo denominador y cuyo numerador es la suma o resta de los numeradores.

$$\frac{1}{4} + \frac{2}{4} = \frac{3}{4} \qquad \frac{3}{4} - \frac{2}{4} = \frac{1}{4}$$

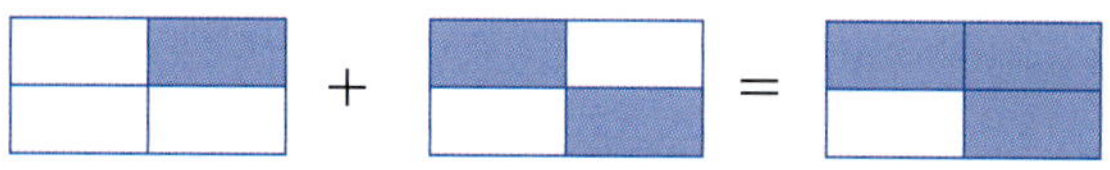

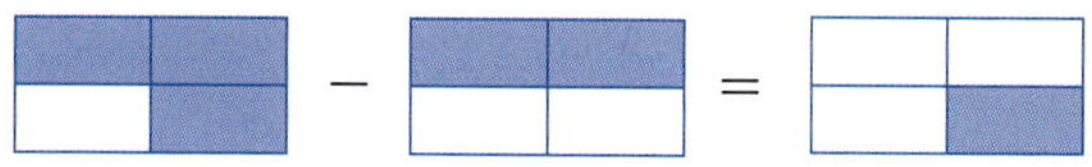

### • Suma y resta de fracciones de distinto denominador

1) Encontrar fracciones equivalentes a las dadas con el mismo denominador.

$$\frac{4}{5}+\frac{2}{3}=\frac{12}{15}+\frac{10}{15} \qquad \frac{5}{2}-\frac{15}{8}=\frac{20}{8}-\frac{15}{8}$$

2) Operar como en el apartado anterior.

$$\frac{4}{5}+\frac{2}{3}=\frac{12}{15}+\frac{10}{15}=\frac{22}{15} \quad \text{y} \quad \frac{5}{2}-\frac{15}{8}=\frac{20}{8}-\frac{15}{8}=\frac{5}{8}$$

## EJERCICIOS RESUELTOS

**1.** Realiza las siguientes sumas y restas de enteros y fracciones:

*a)* $\frac{3}{7}-\frac{4}{7}+\frac{5}{7}$

*b)* $\frac{3}{5}-\frac{3}{2}-\frac{3}{10}$

*c)* $\frac{4}{5}+\frac{1}{2}-\frac{2}{3}$

*d)* $\frac{2}{7}-\frac{1}{5}+\frac{8}{3}$

*e)* $2+\frac{1}{3}-\frac{5}{6}$

*f)* $\frac{6}{7}-1+\frac{1}{2}$

*a)* $\frac{3-4+5}{7}=\frac{4}{7}$

*b)* $\frac{6}{10}-\frac{15}{10}-\frac{3}{10}=\frac{6-15-3}{10}=\frac{-12}{10}=\frac{-6}{5}$

*c)* $\frac{24}{30}+\frac{15}{30}-\frac{20}{30}=\frac{24+15-20}{30}=\frac{19}{30}$

*d)* $\frac{30}{105}-\frac{21}{105}+\frac{280}{105}=\frac{289}{105}$

*e)* $\frac{12}{6}+\frac{2}{6}-\frac{5}{6}=\frac{9}{6}=\frac{3}{2}$

*f)* $\frac{12}{14}-\frac{14}{14}+\frac{7}{14}=\frac{5}{14}$

Solución

## 5.2. Multiplicación y división

El producto de dos fracciones es otra fracción de numerador el producto de los numeradores y de denominador el producto de los denominadores.

$$\frac{a}{b}\cdot\frac{c}{d}=\frac{a\cdot c}{b\cdot d} \qquad \frac{2}{3}\cdot\frac{5}{12}=\frac{10}{36}=\frac{5}{18}$$

El cociente de dos fracciones es otra fracción cuyos términos se obtienen multiplicando los numeradores y denominadores de las originales en cruz:

$$\frac{a}{b}:\frac{c}{d}=\frac{a\cdot d}{b\cdot c} \qquad \frac{2}{3}:\frac{5}{12}=\frac{24}{15}=\frac{8}{5}$$

Si nos encontramos las fracciones formando una «torre» en lugar de en línea, la división es otra fracción de numerador el producto de los extremos de la torre y de denominador el producto de los medios.

$$\frac{\frac{a}{b}}{\frac{c}{d}}=\frac{a\cdot d}{b\cdot c} \qquad 24\ \ 15\ \frac{\frac{2}{3}}{\frac{5}{12}}=\frac{24}{15}=\frac{8}{5}$$

**RECUERDA**

Aunque estemos dividiendo fracciones, la operación que realizamos para obtener el resultado es una multiplicación.

## 5.3. Fracción inversa

Llamaremos **fracción inversa** de una fracción a aquella que tiene por denominador, el numerador de la otra, y por numerador, el denominador.

La inversa de $\frac{a}{b}$ es $\frac{b}{a}$.

La fracción inversa verifica que multiplicada por la original da 1:

$$\frac{a}{b}\cdot\frac{b}{a}=1$$

Y además se puede obtener también como cociente de 1 entre la fracción original:

$$1:\frac{a}{b}=\frac{b}{a}$$

**OBSERVA**

Dividir también se puede definir como multiplicar por el inverso de la segunda fracción:

$$\frac{a}{b}:\frac{c}{d}=\frac{a}{b}\cdot\frac{d}{c}=\frac{a\cdot d}{b\cdot c}$$

**USA TU CALCULADORA**

Todas estas operaciones se pueden realizar con tu calculadora. Simplemente recuerda todas las funciones que ya conocías para las operaciones con enteros y aplícalas junto con el uso de las teclas [d/c a b/c] de tu calculadora.

## EJERCICIOS RESUELTOS

**1.** Calcula los siguientes productos:

*a)* $\frac{2}{3}\cdot\frac{7}{5}$

*b)* $\frac{5}{3}\cdot(-6)$

*c)* $3\cdot\left(\frac{-5}{9}\right)\cdot\frac{1}{10}$

*a)* $\frac{14}{15}$

*b)* $\frac{5}{3}\cdot\left(\frac{-6}{1}\right)=\frac{-30}{3}=-10$

*c)* $\frac{-15}{90}=\frac{-1}{6}$

Solución

**2.** Realiza los cocientes de dos formas diferentes (empleando el inverso o con la definición de producto en cruz) y comprueba que dan lo mismo.

*a)* $\frac{4}{3}:\frac{8}{9}$ *b)* $\frac{5}{2}:(-10)$ *c)* $35:\left(\frac{-5}{8}\right)$

*a)* Por productos cruzados: $\frac{36}{24}=\frac{3}{2}$; utilizando el inverso: $\frac{4}{3}\cdot\frac{9}{8}=\frac{36}{24}=\frac{3}{2}$

*b)* Por productos cruzados: $\frac{5}{-20}=\frac{-1}{4}$; utilizando el inverso: $\frac{5}{2}\cdot\left(\frac{-1}{10}\right)=\frac{-5}{20}=\frac{-1}{4}$

*c)* Por productos cruzados: $\frac{280}{-5}=-56$; utilizando el inverso: $35\cdot\left(\frac{-8}{5}\right)=\frac{-280}{5}=\frac{-56}{1}=-56$

Solución

## EJERCICIOS

**20.** ●○○ Opera.

*a)* $\frac{1}{2}-\frac{3}{2}-\left(\frac{7}{2}+\frac{9}{2}\right)$

*b)* $\frac{8}{5}-\frac{9}{5}-\frac{11}{5}+\frac{1}{5}$

*c)* $\frac{8}{7}-\frac{1}{7}+\frac{5}{7}+\frac{2}{7}$

**21.** ●●○ **CD** Calcula y comprueba el resultado con la calculadora.

*a)* $\left(\frac{5}{3}-\frac{2}{10}\right)-\left(\frac{1}{5}-\frac{7}{6}\right)$

*b)* $\frac{5}{8}-\frac{11}{2}+\frac{3}{10}-\left(\frac{1}{5}+\frac{7}{10}\right)$

*c)* $\frac{2}{3}+\frac{1}{8}-\frac{7}{12}+\frac{1}{24}$

*d)* $\frac{41}{3}+\frac{11}{6}-\frac{102}{8}+\frac{5}{2}$

**22.** ●●○ **CD** Realiza las siguientes operaciones en tu cuaderno y después con la calculadora:

*a)* $2-\frac{2}{3}+\frac{5}{12}+1$

*b)* $\frac{13}{6}-2+\frac{4}{5}+3$

*c)* $\left(5-\frac{1}{8}\right)-\left(\frac{2}{7}+3\right)$

*d)* $5-\frac{9}{2}+\frac{1}{6}-\left(\frac{3}{4}+1\right)$

**23.** ●○○ Efectúa.

*a)* $\frac{2}{5}\cdot\frac{6}{5}$

*b)* $\frac{-12}{7}:\frac{6}{7}$

*c)* $\frac{2}{9}\cdot\frac{3}{5}:\frac{4}{7}$

*d)* $\frac{12}{8}:3\cdot\frac{6}{5}\cdot(-4)$

**24.** ●○○ Calcula la inversa de las siguientes fracciones:

*a)* $\frac{-8}{41}$ *b)* 9 *c)* $\frac{1}{5}$

**25.** ●●○ Opera.

*a)* $\dfrac{\frac{-3}{8}}{\frac{2}{3}}$ *b)* $\dfrac{\frac{-1}{5}}{\frac{-6}{5}}$ *c)* $\dfrac{\frac{2}{3}}{\frac{9}{8}}$

# 6. Operaciones combinadas

La prioridad de las operaciones es:

1) Primero los paréntesis o corchetes, empezando por los más interiores si los hubiera.

2) Después, las multiplicaciones y divisiones de izquierda a derecha.

3) Finalmente las sumas y las restas.

**RECUERDA**

Las fracciones están formadas por números enteros y, por tanto, debemos cuidar si fuera necesario la regla de los signos y la correcta eliminación de paréntesis.

# 7. Problemas

A continuación se muestran algunos de los problemas típicos en los que intervienen fracciones. Es recomendable hacer esquemas o dibujos de los problemas y comprender cada paso, para ser capaz de resolver luego otros enunciados.

## 7.1. Cálculo de la fracción conocidos la parte y el todo. Fracción como operador

### EJERCICIOS RESUELTOS

**1.** En mi clase hay 28 alumnos, de los cuales 12 tienen el pelo castaño. ¿Qué fracción representan? ¿Qué fracción ocupan los que no lo tienen castaño? ¿Cuántos son?

La fracción que representan los alumnos de pelo castaño serán 12 de los 28.

$$\frac{12}{28} = \frac{3}{7}$$

El resto, equivaldrán a $\frac{4}{7}$ del total, es decir, a $\frac{4}{7}$ de 28.

$$28 \cdot 4 : 7 = 16$$

Son 16 alumnos.

Solución

## 7.2. Cálculo de la fracción, conocidas otras

### EJERCICIOS RESUELTOS

**1.** En mi comunidad, las $\frac{2}{3}$ partes tienen perro, y la cuarta parte de los que no lo tienen, viven con un gato. ¿Qué fracción de mi comunidad vive con gato? ¿Cuántos están sin perro ni gato?

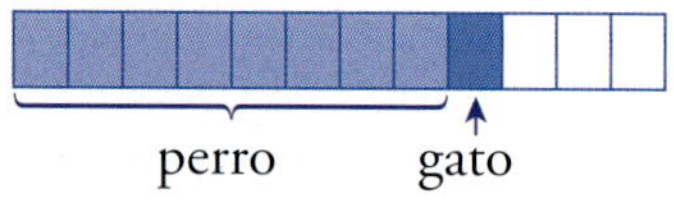

Los que no tienen perro representan $\frac{1}{3}$ de mi comunidad.

Por tanto, los que viven con un gato serán $\frac{1}{4}$ de $\frac{1}{3}$ del total:

$$\frac{1}{4} \cdot \frac{1}{3} = \frac{1}{12}$$

Si sumamos los dueños de perros y gatos obtenemos:

$$\frac{2}{3} + \frac{1}{12} = \frac{8}{12} + \frac{1}{12} = \frac{9}{12} = \frac{3}{4}$$

Es decir, sin perro ni gato viven $\frac{1}{4}$ de mi comunidad.

Solución

**CUIDADO**

Fíjate bien si preguntan una fracción o una cantidad y observa que según el contexto no puede ser válida cualquier solución.

Por ejemplo, no puede haber 2,5 personas.

## 7.3. Cálculo del total dados una fracción y su equivalente en cantidad

### EJERCICIOS RESUELTOS

**1.** Se ha vaciado un depósito de gasolina en 2 días. El primero se vertieron $\frac{4}{7}$ del total, que resultaron ser 52 litros. ¿Cuántos litros tiene el depósito en total?

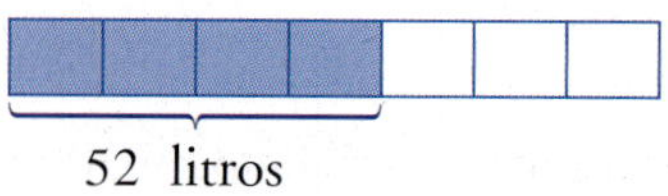


Calculamos la cantidad que equivale a $\frac{1}{7}$ del total: $52 : 4 = 13$ litros

Por tanto, el depósito completo tendrá: $13 \cdot 7 = 91$ litros

Solución

## 7.4. Cálculo del total dados una fracción y el equivalente del resto en cantidad

### EJERCICIOS RESUELTOS

**1.** En el cumpleaños de Iván se repartieron caramelos. Por la mañana se dieron $\frac{4}{9}$ de los que tenía y por la tarde, el resto, que fueron 55 caramelos. ¿Cuántos caramelos tenía en total Iván?

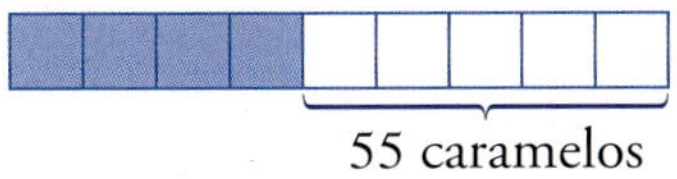


Por la tarde dio 55 caramelos, que equivalen a $\frac{5}{9}$ del total.

Calculemos la cantidad correspondiente a $\frac{1}{9}$ que será $55 : 5 = 11$, luego en total Iván tenía $11 \cdot 9 = 99$ caramelos.

Solución

### EJERCICIOS

**26.** ●●○ Opera.

a) $\frac{8}{9} - \frac{1}{9} : \frac{5}{18}$

b) $\frac{2}{7} - 2 \cdot \frac{3}{5} + \frac{1}{6}$

c) $\frac{-2}{5} : \frac{1}{3} \cdot \frac{10}{9} - \frac{1}{2} \cdot (-3)$

d) $-\frac{5}{8} + 1 + \frac{5}{34} : \frac{8}{17}$

**27.** ●●○ **CD** Calcula y comprueba el resultado con la calculadora.

a) $\frac{3}{4} : \left(\frac{2}{5} - 3\right) + \frac{1}{4} : \left(\frac{-2}{9}\right)$

b) $-\left(1 - \frac{9}{5}\right) : \frac{5}{6} + \frac{1}{4}$

c) $\frac{9}{7} - \frac{2}{5} : \left(\frac{1}{7} + \frac{6}{35}\right)$

d) $\left(\frac{9}{7} - \frac{2}{5}\right) : \left(\frac{1}{7} + \frac{6}{35}\right)$

**28.** ●●○ Hay estudios que revelan la fracción de la población de 12 años que padece miopía. En tu instituto de los 125 alumnos de 1.° ESO, 100 no son miopes. ¿Qué fracción representan los miopes? Si en tu clase hay 20 alumnos, ¿cuántos tendrán miopía según este estudio?

**29.** ●●○ Hoy nos vamos a recorrer un camino forestal de 15 km. Por la mañana hemos hecho $\frac{1}{3}$ de la distancia. Luego hemos descansado y después de comer algo, hemos conseguido llegar a un refugio recorriendo $\frac{3}{5}$ de lo que nos quedaba. ¿Qué fracción nos queda por recorrer? ¿Cuántos kilómetros son?

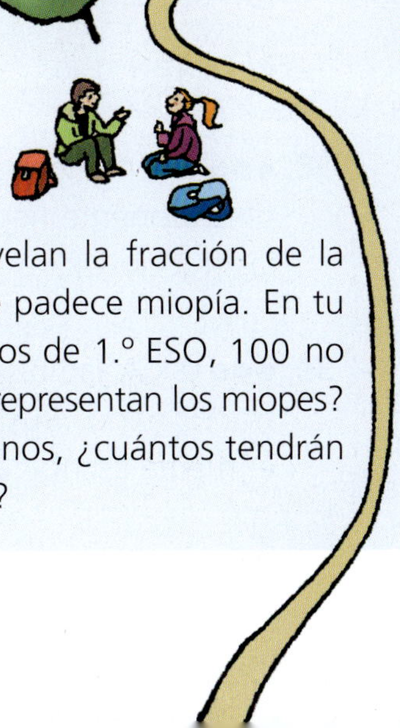

**30.** ●●○ En mi bolsillo tengo unas pocas monedas. Si te doy 6, te estoy entregando $\frac{3}{10}$ de las que tengo. ¿Podrás averiguar con estos datos cuántas monedas hay en mi bolsillo?

**31.** ●●○ En una empresa, $\frac{5}{9}$ de la plantilla son hombres. Si hay 76 mujeres, ¿cuántos hombres tiene la empresa? Si se despide a $\frac{1}{3}$ de la plantilla en un ERE, ¿cuántos trabajadores quedan?

## Potencia de una fracción

Para elevar una fracción a una potencia, se elevan el numerador y el denominador a dicha potencia.

$$\left(\frac{2}{3}\right)^3 = \frac{2^3}{3^3} = \frac{8}{27}$$

**RECUERDA**

Todas las propiedades sobre las operaciones con potencias o las potencias de base negativa siguen vigentes cuando trabajamos con fracciones.

## Raíz de una fracción

La raíz de una fracción es otra fracción cuyos términos son las raíces de los términos originales.

$$\sqrt{\frac{16}{81}} = \frac{\sqrt{16}}{\sqrt{81}} = \frac{4}{9}$$

**RECUERDA**

Todo lo que conocíamos sobre las raíces cuadradas o de otros índices es válido también para operar con fracciones.

### EJERCICIOS

**32.** ●●○ Calcula las siguientes potencias de fracciones:

a) $\left(\frac{47}{108}\right)^0$ c) $\left(\frac{3}{5}\right)^4$

b) $\left(\frac{1}{10}\right)^6$ d) $\left(\frac{7}{4}\right)^3$

**33.** ●●● Decide cuáles de las siguientes expresiones son correctas:

a) $\left(\frac{-3}{2}\right)^2 = \frac{9}{4}$ d) $\left(\frac{-3}{2}\right)^3 = -\frac{27}{8}$

b) $\left(\frac{-3}{-2}\right)^2 = \frac{9}{4}$ e) $\left(\frac{-3}{-2}\right)^3 = -\frac{27}{8}$

c) $-\left(\frac{-3}{2}\right)^2 = \frac{9}{4}$ f) $-\left(\frac{-3}{2}\right)^3 = -\frac{27}{8}$

**34.** ●●● Opera y expresa el resultado en forma de una única potencia.

a) $\left(\frac{1}{2}\right)^3 \cdot \left(\frac{1}{2}\right)^4$ d) $\left(\frac{2}{3}\right)^3 \cdot \left(\frac{9}{4}\right)^3$

b) $\left(\frac{5}{7}\right)^6 : \left(\frac{5}{7}\right)^2$ e) $\left(\frac{5}{8}\right)^7 : \left(\frac{5}{2}\right)^7$

c) $\left[\left(\frac{8}{3}\right)^3\right]^4$

**35.** ●●○ Calcula las siguientes raíces cuadradas de fracciones:

a) $\sqrt{\frac{1}{100\,000\,000}}$ c) $\sqrt{\frac{169}{196}}$

b) $\sqrt{\frac{49}{144}}$

**36.** ●●● Calcula las siguientes raíces de índice mayor que 2:

a) $\sqrt[3]{\frac{-8}{125}}$ b) $\sqrt[4]{\frac{16}{81}}$ c) $\sqrt[3]{\frac{729}{1\,000}}$

**37.** ●●● Calcula utilizando las propiedades de las raíces.

a) $\sqrt{\frac{25}{100} \cdot \frac{16}{625}}$ b) $\sqrt{\frac{324}{484} : \frac{400}{900}}$

**38.** ●●● **@ CA** Infórmate en Internet sobre las potencias de exponente negativo. ¿Qué tienen que ver con las fracciones?

**39.** ●●● **@ CA** También existen potencias de exponente fraccionario. Busca en Internet qué representan e intenta escribir algunos ejemplos.

| Fracciones: elementos e interpretaciones | | | | | |
|---|---|---|---|---|---|
| **Elementos** | **Interpretaciones** | | | **Tipos** | |
| Numerador y denominador (números enteros) | Parte de un todo | Valor numérico | Operador | Propias<br>num < den<br>$\frac{45}{63}$ $45 < 63$ | Impropias<br>num > den<br>$\frac{5}{2}$ $5 > 2$ |
| $\frac{5}{3}$ ← numerador, ← denominador | Representación gráfica<br>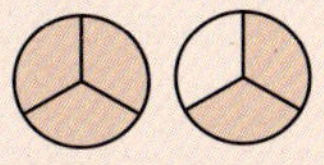 | Cociente de sus términos<br>$\frac{1}{2} = 1:2 = 0{,}5$ | $\frac{5}{6}$ de $12 =$<br>$= 12 \cdot 5 : 6 = 10$ | | Número mixto<br>$\frac{5}{2} = 2\frac{1}{2}$ |

## Representación en la recta numérica

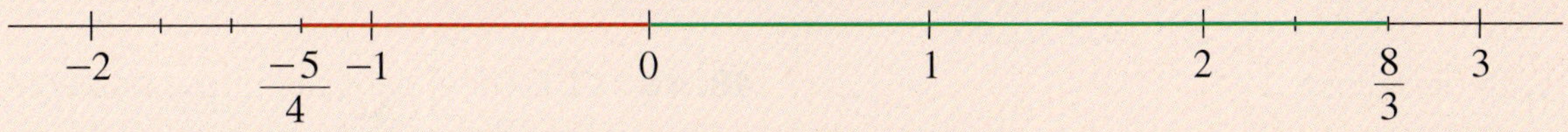


| Comparación de fracciones | | | |
|---|---|---|---|
| **Fracciones equivalentes** | | **Reducción a común denominador** | **Ordenación de fracciones** |
| **Definiciones** | **Obtención** | Encontrar fracciones equivalentes con el mismo denominador. | Una vez reducidas a común denominador, se ordenan según sus numeradores. |
| Representan la misma parte de un todo.<br>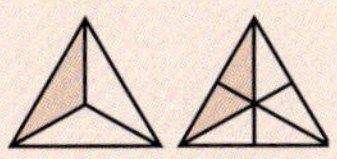<br>$\frac{1}{3} = \frac{2}{6}$ | Amplificación:<br>$\frac{2}{3} = \frac{8}{12}$ (·4, ·4) | Procedimiento: se busca el mcm de los denominadores y se amplifican las fracciones. | $\frac{3}{4}, \frac{5}{6}, \frac{1}{3}$ y $\frac{7}{2}$<br>Reducidas a común denominador: $\frac{9}{12}, \frac{10}{12}, \frac{4}{12}$ y $\frac{42}{12}$<br>luego: $\frac{1}{3} < \frac{3}{4} < \frac{5}{6} < \frac{7}{2}$ |
| Tienen el mismo valor numérico.<br>$\frac{1}{3} = 1:3 = 0{,}33...$<br>$\frac{2}{6} = 2:6 = 0{,}33...$ | Simplificación: fracción irreducible<br>$\frac{12}{16} = \frac{3}{4}$ (:4, :4) | $\frac{3}{4}, \frac{5}{6}, \frac{1}{3}$ y $\frac{7}{2}$<br>mcm $(4, 6, 3, 2) = 12$<br>$\frac{9}{12}, \frac{10}{12}, \frac{4}{12}$ y $\frac{42}{12}$ | |
| Los productos cruzados coinciden: $\frac{1}{3} = \frac{2}{6}$<br>$1 \cdot 6 = 2 \cdot 3$ | | | |

| Operaciones | | | |
|---|---|---|---|
| **Suma y resta** | **Multiplicación** | **División** | |
| Reducir a común denominador y operar los numeradores, dejando el mismo denominador. | Fracción de términos: los productos en línea. | Fracción de términos: los productos cruzados. | Fracción obtenida al multiplicar el primer factor por el inverso del segundo. |
| $\frac{2}{3} + \frac{5}{9} = \frac{6}{9} + \frac{5}{9} = \frac{11}{9}$ | $\frac{2}{3} \cdot \frac{5}{9} = \frac{10}{27}$ | $\frac{2}{3} : \frac{5}{9} = \frac{18}{15} = \frac{6}{5}$ | $\frac{2}{3} : \frac{5}{9} = \frac{2}{3} \cdot \frac{9}{5} = \frac{18}{15} = \frac{6}{5}$ |

## Ejercicios iniciales

**40.** ●●○ **CL** Muchas expresiones que utilizamos a menudo tienen relación con las fracciones. Indica dos de ellas y explica su relación con las fracciones.

## Fracciones: definiciones y elementos básicos

**41.** ●○○ **CL** Indica, en cada caso, si la lectura de la fracción es correcta o no, y en caso de no serlo, corrígela.

*a)* $\frac{2}{3}$ = dos terceros

*b)* $\frac{7}{10}$ = siete diezavos

*c)* $\frac{-3}{20}$ = menos tres veinteavos

*d)* $\frac{4}{11}$ = cuatro undécimos

**42.** ●○○ Escribe a qué fracción corresponde cada uno de los siguientes dibujos:

*a)*  *b)*  *c)*  *d)* 

**43.** ●○○ Realiza la representación de las siguientes fracciones utilizando los dibujos que se indican:

*a)* $\frac{3}{4}$ utilizando un rectángulo.

*b)* $\frac{6}{5}$ utilizando pentágonos.

*c)* $\frac{3}{8}$ utilizando un círculo.

**44.** ●●○ **CL** Indica qué fracción representa cada una de las siguientes cantidades:

*a)* 10 minutos respecto a 1 hora.

*b)* 1 día respecto a 1 semana.

*c)* 1 semana respecto a 1 año no bisiesto.

*d)* 1 año respecto a 1 siglo.

**45.** ●○○ Halla el valor numérico de las siguientes fracciones:

*a)* $\frac{7}{5}$ *c)* $\frac{3}{7}$

*b)* $\frac{-5}{4}$ *d)* $\frac{8}{-3}$

**46.** ●○○ Halla, sin calculadora, entre qué dos números enteros consecutivos se encuentra cada una de las siguientes fracciones:

*a)* $\frac{15}{4}$ *b)* $\frac{-7}{2}$ *c)* $\frac{27}{5}$ *d)* $-\frac{2}{7}$

**47.** ●○○ Calcula el resultado de:

*a)* $\frac{1}{7}$ de 84 *d)* $\frac{16}{27}$ de 54

*b)* $\frac{10}{9}$ de 162 *e)* $\frac{7}{4}$ de 192

*c)* $\frac{-5}{8}$ de 72 *f)* $-\frac{25}{42}$ de 546

**48.** ●●○ **CL** Escribe, para cada frase siguiente, la expresión correspondiente con una o varias fracciones:

*a)* La mitad.

*b)* La tercera parte.

*c)* La mitad de la mitad.

*d)* El doble de la quinta parte.

*e)* La décima parte de la mitad.

**49.** ●●○ Completa.

*a)* $\frac{\square}{5}$ de $35 = 21$ *c)* $\frac{5}{6}$ de $\square = 25$

*b)* $\frac{7}{\square}$ de $72 = -63$ *d)* $\frac{3}{4}$ de $120 = \square$

**50.** ●○○ Determina cuáles de las siguientes fracciones son propias y cuáles impropias:

*a)* $\frac{7}{2}$ *d)* $\frac{3}{10}$

*b)* $-\frac{2}{3}$ *e)* $\frac{1}{9}$

*c)* $\frac{-6}{5}$ *f)* $-\frac{14}{15}$

**51.** ●●○ **CD** Expresa las siguientes fracciones como números mixtos, cuando sea posible. Después, utiliza la calculadora para comprobar los resultados.

*a)* $\frac{4}{3}$ *c)* $\frac{20}{7}$ *e)* $\frac{4}{9}$

*b)* $-\frac{19}{6}$ *d)* $\frac{72}{11}$

**52.** ●●○ **CD** Escribe en forma de fracción los siguientes números mixtos. Utiliza tu calculadora después de obtener las fracciones para comprobar los resultados.

*a)* $2\frac{1}{3}$ *c)* $3\frac{2}{4}$

*b)* $-6\frac{8}{9}$ *d)* $8\frac{4}{7}$

**53.** ●●○ Representa en la recta numérica las siguientes fracciones:

*a)* $\frac{17}{5}$ *c)* $\frac{7}{8}$

*b)* $-\frac{3}{4}$ *d)* $-\frac{2}{3}$

**54.** ●●○ Indica qué fracciones están representadas en la siguiente recta numérica:

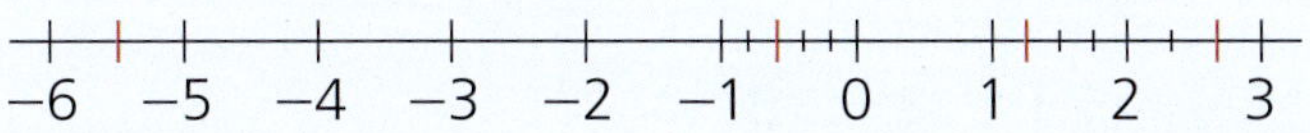


**55.** ●●○ **@ CC** En el antiguo Egipto, las fracciones tenían una extraña peculiaridad. Todas tenían numerador igual a 1, excepto $\frac{2}{3}$ y $\frac{3}{4}$. Por tanto, salvo para estas excepciones, bastaba con indicar el denominador.

Busca en Internet qué símbolo escribían los egipcios encima de un número para indicar que era una fracción con numerador 1 y ese denominador. Busca también cuál era el símbolo para $\frac{2}{3}$ y $\frac{3}{4}$.

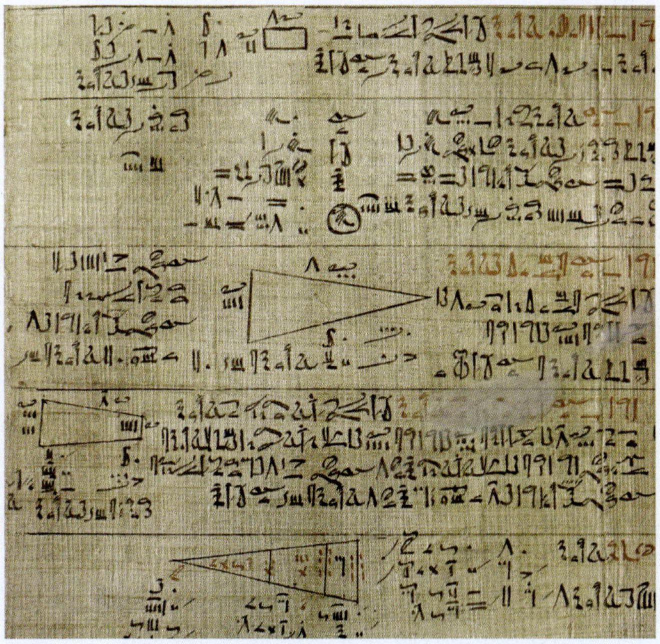

## Comparación de fracciones

**56.** ●○○ Indica cuáles de las siguientes parejas de fracciones son equivalentes entre sí:

*a)* $\frac{24}{36}$ y $\frac{30}{45}$ *c)* $\frac{45}{24}$ y $\frac{60}{32}$

*b)* $\frac{-6}{14}$ y $\frac{9}{-21}$ *d)* $\frac{12}{54}$ y $\frac{26}{108}$

**57.** ●●○ Busca entre las siguientes fracciones, todas las que sean equivalentes:

$\frac{12}{10}, \frac{12}{32}, \frac{16}{36}, \frac{20}{45}, \frac{36}{30}, \frac{24}{54}, \frac{15}{40}, \frac{42}{35}$

**58.** ●●● Copia y completa los recuadros para que las fracciones sean equivalentes.

*a)* $\frac{6}{8} = \frac{\square}{12}$ *c)* $\frac{\square}{27} = \frac{16}{36}$

*b)* $\frac{21}{6} = \frac{14}{\square}$ *d)* $\frac{18}{\square} = \frac{54}{45}$

**59.** ●○○ Obtén, por amplificación, cinco fracciones equivalentes a cada una de las siguientes:

*a)* $\frac{7}{3}$ *b)* $-\frac{4}{5}$ *c)* $\frac{-3}{7}$ *d)* $\frac{11}{7}$

**60.** ●○○ **CD** Simplifica al máximo las siguientes fracciones. Después, utiliza tu calculadora para comprobar el resultado.

*a)* $-\frac{84}{72}$ *c)* $\frac{168}{70}$

*b)* $\frac{480}{660}$ *d)* $\frac{13\,500}{3\,600}$

**61.** ●●○ Copia y completa los huecos, sabiendo que las siguientes fracciones se han obtenido por amplificación:

*a)* $\frac{2}{3} = \frac{\square}{6} = \frac{8}{\square} = \frac{\square}{9} = \frac{\square}{15}$

*b)* $\frac{12}{7} = \frac{36}{\square} = \frac{\square}{14} = \frac{84}{\square} = \frac{\square}{28}$

**62.** ●●○ Copia y completa los huecos, sabiendo que las siguientes fracciones se han obtenido por simplificación:

*a)* $\frac{112}{392} = \frac{56}{\square} = \frac{\square}{98} = \frac{16}{\square} = \frac{\square}{49}$

*b)* $\frac{144}{180} = \frac{48}{\square} = \frac{\square}{45} = \frac{\square}{30} = \frac{12}{\square}$

**63.** ●●○ **CI** Escribe, en cada apartado, una función que cumpla las características indicadas.

*a)* Fracción mayor que $\frac{5}{6}$ con ese mismo denominador.

*b)* Fracción menor que $\frac{3}{17}$ con ese mismo denominador.

*c)* Fracción mayor que $\frac{4}{9}$ con ese mismo numerador.

*d)* Fracción menor que $\frac{11}{13}$ con ese mismo numerador.

**64.** ●●○ Ordena de menor a mayor las siguientes fracciones, reduciéndolas previamente a mínimo común denominador:

*a)* $\frac{3}{4}, \frac{5}{6}, \frac{7}{8}, \frac{1}{2}, \frac{5}{3}$ *b)* $\frac{7}{12}, \frac{12}{25}, \frac{7}{10}, \frac{11}{6}, \frac{8}{15}, \frac{1}{4}$

**65.** ●●● Ordena las siguientes fracciones de mayor a menor, reduciéndolas a mínimo común denominador:

*a)* $\frac{5}{6}, -\frac{11}{15}, \frac{-4}{3}, \frac{3}{5}, -\frac{5}{9}$

*b)* $\frac{-16}{25}, \frac{1}{2}, -\frac{3}{10}, -\frac{3}{4}, \frac{4}{5}, \frac{13}{20}$

**66.** ●●● **CA** Completa los recuadros con los números naturales adecuados para que se cumplan las siguientes desigualdades. Podría haber más de una solución en cada caso.

*a)* $\frac{4}{7} > \frac{\square}{4}$ *c)* $\frac{7}{10} < \frac{\square}{8}$

*b)* $\frac{5}{3} < \frac{5}{\square}$ *d)* $\frac{3}{5} > \frac{5}{\square}$

**67.** ●●● Encuentra tres fracciones que estén comprendidas entre:

*a)* $\frac{4}{11}$ y $\frac{9}{11}$ *c)* $\frac{3}{5}$ y $\frac{5}{6}$

*b)* $\frac{1}{2}$ y $\frac{13}{16}$ *d)* $\frac{1}{3}$ y $\frac{1}{2}$

## Operaciones elementales con fracciones

**68.** ●○○ Calcula las siguientes sumas y restas de fracciones con el mismo numerador y simplifica los resultados:

*a)* $\frac{1}{8} + \frac{3}{8} - \frac{5}{8} + \frac{7}{8}$

*b)* $\frac{7}{6} + \frac{1}{6} + \frac{5}{6} - \frac{11}{6}$

*c)* $\frac{7}{12} - \frac{11}{12} - \frac{5}{12} + \frac{13}{12} + \frac{1}{12}$

*d)* $-\frac{3}{50} + \frac{9}{50} - \frac{7}{50} - \frac{21}{50} + \frac{17}{50}$

**69.** ●○○ Calcula las siguientes sumas y restas de fracciones y números enteros:

*a)* $3 - \frac{6}{5}$ *c)* $\frac{108}{7} - 14$

*b)* $-8 + \frac{26}{3}$ *d)* $-\frac{25}{4} + 5$

**70.** ●●○ **CD** Calcula las siguientes sumas y restas de fracciones con distintos numeradores y simplifica los resultados cuando sea posible. Comprueba los resultados obtenidos con tu calculadora.

*a)* $\frac{3}{4} + \frac{5}{6}$

*b)* $-\frac{23}{12} + \frac{8}{15} - \frac{3}{10}$

*c)* $\frac{5}{6} + \frac{5}{9} - \frac{3}{4} + \frac{1}{3}$

*d)* $\frac{5}{14} - \frac{9}{7} + \frac{7}{6} - \frac{4}{21} + \frac{3}{2}$

*e)* $\frac{9}{22} - \frac{7}{3} - \frac{2}{11} + \frac{1}{2} - \frac{5}{6}$

*f)* $-\frac{3}{4} + \frac{7}{18} - \frac{7}{12} + \frac{2}{5} + \frac{4}{9} + \frac{5}{6}$

**71.** ●●○ Copia y completa los recuadros con la fracción correspondiente.

*a)* $\frac{5}{3} + \square = \frac{17}{6}$ *c)* $\frac{5}{9} - \square = \frac{7}{18}$

*b)* $\square + \frac{4}{15} = \frac{7}{12}$ *d)* $\square - \frac{3}{10} = \frac{7}{30}$

**72.** ●●● Copia y completa los numeradores o denominadores que faltan en las siguientes operaciones:

*a)* $\frac{4}{15} + \frac{\square}{12} = \frac{17}{20}$

*b)* $\frac{3}{8} + \frac{5}{\square} = \frac{29}{24}$

*c)* $\frac{\square}{15} - \frac{6}{25} = \frac{32}{75}$

*d)* $\frac{7}{12} - \frac{3}{\square} = \frac{5}{12}$

**73.** ●●○ Calcula las siguientes sumas y restas con paréntesis. Simplifica los resultados si es posible.

a) $\left(\frac{7}{15}+\frac{3}{10}\right)-\left(\frac{5}{6}+\frac{1}{4}\right)$

b) $\frac{11}{12}-\left(\frac{5}{8}-\frac{1}{6}\right)$

c) $\frac{1}{3}-\left[\frac{4}{5}-\left(\frac{3}{10}+\frac{1}{6}\right)\right]$

d) $\frac{13}{15}+\frac{5}{9}-\left(\frac{1}{4}+\frac{7}{8}\right)$

**74.** ●○○ **CD** Calcula las siguientes multiplicaciones y divisiones de fracciones y expresa los resultados en forma de fracción irreducible. Comprueba los resultados con tu calculadora.

a) $\frac{10}{14}\cdot\frac{21}{25}$

b) $\frac{12}{16}\cdot\frac{36}{27}$

c) $\frac{42}{15}:\frac{63}{25}$

d) $\frac{75}{27}:\frac{100}{18}$

**75.** ●○○ Calcula los siguientes productos y cocientes de fracciones y números enteros:

a) $\frac{-5}{16}\cdot 20$

b) $\frac{28}{3}:21$

c) $-6\cdot\frac{-11}{27}$

d) $28:\frac{-42}{12}$

**76.** ●●○ Realiza las siguientes operaciones y simplifica si es posible:

a) $\dfrac{\frac{3}{8}}{\frac{18}{20}}$

b) $\dfrac{\frac{2}{15}}{24}$

c) $\dfrac{42}{\frac{84}{15}}$

d) $\dfrac{\frac{3}{28}\cdot\frac{14}{9}}{5}$

**77.** ●●○ **CI** Realiza la multiplicación $\frac{180}{288}\cdot\frac{216}{1296}$ por los dos métodos siguientes:

a) Realiza la multiplicación directamente y, después, simplifica.

b) Primero, simplifica ambas fracciones, después, multiplica, y, por último, vuelve a simplificar si es necesario.

¿Qué método te parece más eficaz?

**78.** ●●○ **CI** Copia y completa los recuadros con las fracciones adecuadas en cada caso.

a) $\frac{5}{8}\cdot\square=\frac{3}{4}$

b) $\square\cdot\frac{6}{25}=\frac{3}{10}$

c) $\frac{13}{18}:\square=\frac{26}{9}$

d) $\square:\frac{16}{15}=\frac{25}{12}$

**79.** ●●● Copia y completa los siguientes numeradores y denominadores en las siguientes operaciones:

a) $\frac{5}{6}\cdot\frac{\square}{10}=\frac{5}{12}$

b) $\frac{3}{\square}\cdot\frac{4}{9}=\frac{1}{6}$

c) $\frac{18}{49}:\frac{24}{\square}=\frac{3}{14}$

d) $\frac{\square}{15}:\frac{39}{10}=\frac{4}{9}$

## Operaciones combinadas

**80.** ●●○ Realiza las siguientes operaciones con fracciones y simplifica el resultado:

a) $\frac{1}{6}\cdot\frac{3}{5}-\frac{2}{5}:\frac{3}{4}$

b) $\frac{19}{25}-\frac{2}{5}\cdot\frac{3}{4}$

c) $\left(-\frac{1}{6}+\frac{3}{4}\right):\frac{5}{2}$

d) $\frac{7}{12}\cdot\left(\frac{2}{3}-\frac{5}{8}\right)$

**81.** ●●● Calcula las siguientes operaciones combinadas con fracciones y expresa el resultado en forma de fracción irreducible:

a) $\frac{1}{5}-\frac{6}{3}\cdot\left(\frac{4}{3}-2\right)$

b) $\frac{6}{7}\cdot\frac{3}{4}-\left(\frac{5}{21}-\frac{3}{14}\right)\cdot 6$

c) $\frac{2}{3}\cdot\left[\left(\frac{1}{2}-\frac{1}{3}\right):\frac{5}{3}-1\right]$

d) $-2+\frac{1}{3}:\left(3-\frac{1}{5}:\frac{2}{27}\right)$

**82.** ●●● Efectúa las siguientes operaciones con fracciones atendiendo a la prioridad de las operaciones. Simplifica los resultados al máximo.

a) $\left(\frac{2}{3}+\frac{1}{2}\cdot\frac{4}{9}\right):\left(1-\frac{2}{5}\right)$

b) $\frac{2}{9}+2\cdot\left(\frac{38}{27}-5\cdot\frac{5}{18}\right)$

c) $\frac{20}{7}-\frac{3}{5}:\left(\frac{3}{10}+2\cdot\frac{4}{15}\right)$

d) $\frac{9}{4}+\frac{2}{3}\cdot\left[1-\left(\frac{2}{9}+\frac{1}{6}\right)\right]$

**83.** ●●● Realiza las siguientes operaciones, simplificando los resultados cuando sea posible:

a) $\dfrac{\dfrac{1}{5}+\dfrac{3}{10}}{\dfrac{3}{4}-\dfrac{1}{6}}$

b) $1-\dfrac{\dfrac{1}{3}}{\dfrac{2}{3}+\dfrac{5}{6}}$

c) $\dfrac{\dfrac{2}{5}\cdot\dfrac{10}{3}}{1+\dfrac{1}{6}}$

d) $\dfrac{\dfrac{2}{5}+\dfrac{3}{4}}{2}$

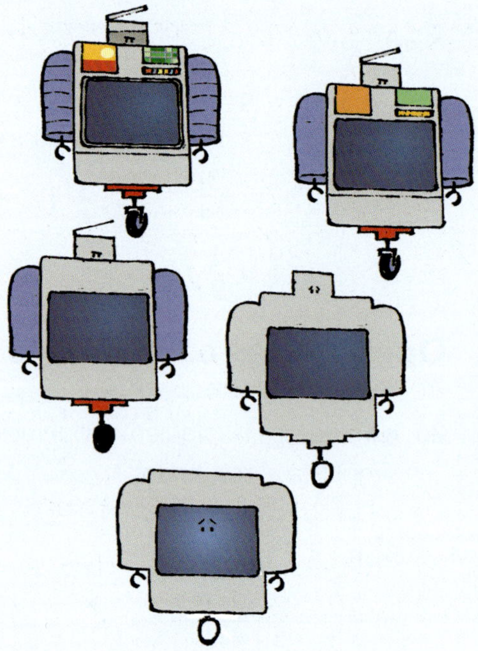

## Problemas

**84.** ●○○ La distancia entre Murcia y Castellón de la Plana es $\frac{34}{39}$ veces la distancia entre Vitoria y Salamanca Sabiendo que esta última es de 351 kilómetros, ¿cuál es la primera distancia?

**85.** ●○○ **CCT** La cantidad de agua que hay en el cuerpo humano de un adolescente representa los $\frac{37}{50}$ del total, aproximadamente.

Calcula cuántos kilogramos de agua hay en tu cuerpo a partir de tu propio peso.

**86.** ●○○ Valentín tiene 216 euros. El lunes se gastó $\frac{1}{3}$ del dinero, el martes, $\frac{5}{12}$ de lo que le quedaba, y el miércoles, $\frac{3}{7}$ de lo que aún tenía. Calcula cuánto gastó cada día y cuánto le quedó al final. ¿Qué fracción respecto al dinero inicial representa el dinero sobrante?

**87.** ●○○ **@ CS** Busca en Internet de cuántos escaños consta el Congreso de los Diputados y contesta a las siguientes preguntas:

*a)* El partido *A* ha obtenido 84 escaños en las últimas elecciones. ¿Qué fracción irreducible representa este número de escaños?

*b)* El partido *B* tiene $\frac{2}{5}$ de los escaños. ¿Cuántos tiene?

**88.** ●●○ **@ CS** Los partidos *P*, *Q* y *R* han hecho coalición para conseguir la mayoría absoluta en el Congreso, con 133, 35 y 14 escaños, respectivamente.

Utilizando el dato obtenido en el ejercicio anterior sobre el número total de escaños del Congreso de los Diputados, contesta:

*a)* Calcula la fracción del total que representa cada uno de los partidos.

*b)* Calcula la fracción que representa cada uno respecto al grupo que han formado.

**89.** ●●○ Los $\frac{12}{35}$ del sueldo de Azucena corresponden al pago de la hipoteca de su vivienda. ¿Cuánto cobra Azucena si sabemos que paga 480 euros de hipoteca?

**90.** ●●○ **@ CCT** Los océanos cubren $\frac{18}{25}$ de la superficie total de nuestro planeta. Busca en Internet cuál es la superficie total de la Tierra y, usando este dato, calcula cuál es la superficie sumergida y cuál la emergida.

*Nota:* no es necesario utilizar los números decimales.

**91.** ●●○ Rebeca participa en una marcha de largo recorrido en dos etapas: una por la mañana y otra por la tarde. Por la mañana recorrió $\frac{4}{7}$ de la distancia total, y por la tarde, 18 kilómetros. ¿De cuántos kilómetros era el recorrido total?

**92.** ●●○ **CCT** Los $\frac{17}{20}$ de la sangre humana son agua. Sabiendo que tenemos unos 425 centilitros de agua en nuestro sistema circulatorio, ¿cuánta sangre tenemos en total?

**93.** ●●● Mi casa dispone de salón, cocina, baño, dos dormitorios y un pasillo. La superficie de la cocina es $\frac{1}{8}$ del total, el baño, $\frac{3}{32}$, un dormitorio es $\frac{1}{6}$ y el otro, $\frac{7}{32}$, y el pasillo representa $\frac{1}{12}$ del total de la vivienda.

Sabemos que la superficie del salón es de 30 metros cuadrados. ¿Cuál es la superficie de cada espacio y la superficie total de la casa?

**94.** ●●○ **CCT** Sabemos que:

- El radio de Mercurio es $\frac{19}{50}$ del de la Tierra.
- El radio de Venus es $\frac{19}{20}$ del de la Tierra.
- El radio de la Tierra es de 6 378 km.
- El radio de Marte es $\frac{133}{250}$ del de la Tierra.
- El radio de Júpiter es $\frac{56}{5}$ del de la Tierra.
- El radio de Saturno es $\frac{189}{20}$ del de la Tierra.
- El radio de Urano es 4 veces el de la Tierra.
- El radio de Neptuno es $\frac{97}{25}$ del de la Tierra.

*a)* Observando las fracciones y sin calcular los radios de cada planeta, ¿cuál es el planeta más grande del Sistema Solar? Justifica tu respuesta.

*b)* Calcula el radio de cada planeta y comprueba tu respuesta a la pregunta anterior.

**95.** ●●○ Para que se pueda realizar una actividad extraescolar en mi instituto, deben inscribirse, al menos, los $\frac{5}{6}$ de los alumnos de la clase.

*a)* Si mi clase tiene 30 alumnos, ¿cuántos alumnos como mínimo deben inscribirse para poder realizar la actividad?

*b)* Si en una clase de 28 alumnos se inscriben 23, ¿podría realizarse la actividad?

**96.** ●●● En una tienda de electrónica nos ofrecen comprar un ordenador portátil a plazos con las siguientes condiciones:

- En el primer plazo, pagaremos $\frac{5}{13}$ del precio total.
- En el segundo plazo, hay que pagar $\frac{3}{4}$ del dinero que falte por pagar.
- En el tercer y último plazo, pagaremos el resto, que son 100 euros.

¿Cuánto dinero pagaremos en total por el portátil y cuánto en cada plazo?

## SABER MÁS

**97.** ●●● Calcula las siguientes potencias y raíces:

*a)* $\left(\frac{-3}{8}\right)^3$

*b)* $-\left(\frac{5}{4}\right)^4$

*c)* $\left(-\frac{45}{2}\right)^0$

*d)* $\left(\sqrt{\frac{325}{452}}\right)^2$

*e)* $\sqrt{\frac{14\,400}{16}}$

*f)* $\sqrt[3]{-\frac{64\,000}{3\,375}}$

**98.** ●●● Opera y expresa el resultado en forma de única potencia:

*a)* $\left(\frac{2}{4}\right)^{33}\cdot\left(\frac{32}{64}\right)^{16}$

*b)* $\sqrt{\left(\frac{9}{4}\right)^{10}:\left(\frac{9}{4}\right)^{9}}$

*c)* $\left[\left(\sqrt{\frac{64}{121}}\right)^2\right]^5$

*d)* $\left[\left(\frac{1}{2}\right)^3\right]^4\cdot\left(\frac{3}{2}\right)^{12}$

*e)* $\left[\left(\frac{5}{6}\right)^{10}\cdot\left(\frac{3}{4}\right)^{10}\right]:\left(\frac{5}{8}\right)$

*f)* $\sqrt{\frac{16}{81}}\cdot\frac{4}{9}$

**99.** ●●● Expresa en forma de fracción el lado de una finca cuadrada de $\frac{900}{121}$ ha (hectáreas).
*Nota*: 1 ha = 1 $hm^2$

**100.** ●●● Se desea calcular el número de sellos que caben en un pliego de dimensiones $\frac{15}{2}\times\frac{15}{2}$ unidades, sabiendo que cada sello es cuadrado y su lado mide $\frac{3}{4}$ unidades.

# PREPÁRATE PARA LAS PRUEBAS

**1.** Observa la siguiente figura:

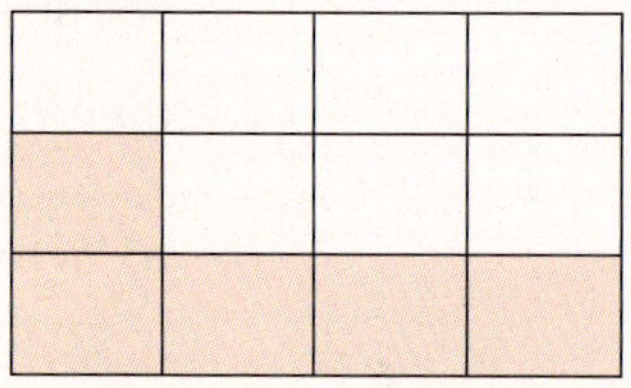

¿Qué círculo tiene sombreada aproximadamente la misma fracción de área que el rectángulo de arriba?

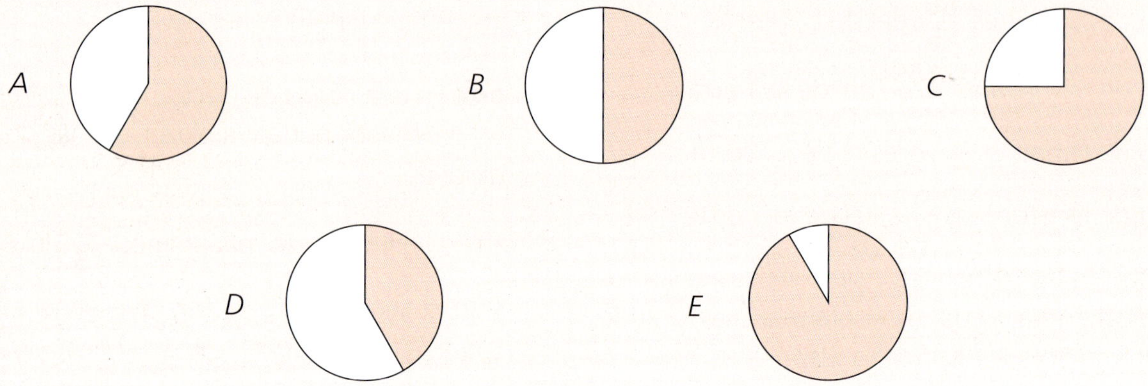


TIMMS

**2.** A una cuchara le cabe $\frac{1}{5}$ kg de harina. ¿Cuántas cucharadas de harina son necesarias para llenar una bolsa con 6 kg de harina?

TIMSS

**3.** En un grupo de niños, 16 cumplen años durante la primera mitad del año y 14 durante la segunda mitad del año. ¿Qué fracción del grupo cumple años durante la primera mitad del año?

*a)* $\frac{14}{30}$ *b)* $\frac{14}{16}$ *c)* $\frac{16}{14}$ *d)* $\frac{16}{30}$ *e)* $\frac{30}{16}$

TIMSS

**4.** Una fotocopiadora permite hacer copias reducidas o ampliadas de un documento utilizando los siguientes botones:

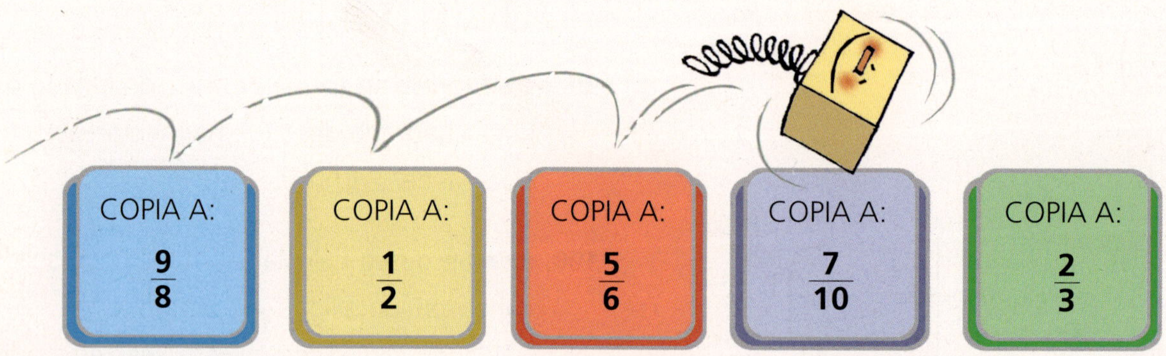


Ordena los botones de menor a mayor tamaño de la copia del documento que resultaría al pulsarlo.

# Evalúate

**1.** Di cómo se lee cada fracción, calcula su valor numérico y represéntalas gráficamente en círculos.

*a)* $\frac{8}{5}$ *b)* $\frac{13}{6}$

**2.** Clasifica las siguientes fracciones en propias e impropias. A continuación represéntalas en la recta real y convierte en número mixto las que sean impropias.

*a)* $\frac{2}{7}$ *b)* $\frac{-8}{3}$ *c)* $\frac{14}{5}$

**3.** Decide si son o no equivalentes las siguientes fracciones:

*a)* $\frac{-9}{7}$ y $-\frac{108}{84}$ *b)* $\frac{20}{3}$ y $\frac{-3}{20}$

**4.** Consigue cuatro fracciones equivalentes a $\frac{65}{52}$ y determina la fracción irreducible.

**5.** Ordena de menor a mayor.

$\frac{-7}{2}, -3, 0, \frac{4}{3}, \frac{45}{12}, \frac{7}{8}, \frac{-13}{10}$

**6.** Opera.

*a)* $\frac{2}{5}+\frac{9}{4}-\frac{13}{2}$ *b)* $\frac{4}{3}-2+\frac{1}{2}$ *c)* $\frac{3}{5}-\frac{7}{10}+\frac{7}{4}$

**7.** Calcula.

*a)* $\frac{-3}{5}\cdot 2$ *b)* $5:\frac{10}{3}$ *c)* $\frac{1}{3}\cdot\frac{2}{9}:\frac{12}{27}$

**8.** Resuelve las siguientes operaciones combinadas:

*a)* $\frac{3}{4}-\frac{1}{4}\cdot\frac{8}{5}+\frac{1}{3}$

*b)* $\frac{2}{9}:\left(\frac{4}{5}-\frac{2}{3}\right)$

**9.** Un electricista tiene 36 m de cable. El primer día gasta $\frac{1}{4}$ de lo que tiene, el segundo $\frac{2}{3}$ de lo que le quedaba. El tercero emplea 5 m. Ahora se encuentra que necesita 5 m de cable. ¿Le llegará? ¿Qué fracción de cable le falta o le sobra?

**10.** Mi carnicero tiene el mostrador de su negocio dividido en dos partes. Una para carnes y otra para charcutería. La parte de carnes ocupa $\frac{5}{7}$ del mostrador y la de charcutería abarca 1 m del escaparate del mostrador. ¿Qué longitud tiene el mostrador? ¿Y la parte reservada a la carne?

# Matemáticas recreativas

**1.** Averigua la cantidad de personas que hay en un estadio sabiendo que:

*a)* Cada equipo tiene exactamente el mismo número de seguidores.

*b)* $\frac{23}{33}$ de las personas son hombres.

*c)* Tienen gafas $\frac{12}{35}$ de los asistentes.

*d)* Los $\frac{3}{13}$ de las personas son menores de edad.

*e)* Hay menos de 50 000 personas.

**2.** Observa las siguientes fracciones: $\frac{19}{95}, \frac{26}{65}, \frac{16}{64}$.

Las tres cumplen una curiosa propiedad. ¿Cuál?

**3.** Averigua cuál es el camino de salida del siguiente laberinto, sabiendo que todas las casillas del camino correcto están ocupadas por fracciones irreducibles y que solo nos podemos mover en horizontal y en vertical.

| | | | | | | |
|---|---|---|---|---|---|---|
| → | $\frac{1}{2}$ | $\frac{2}{5}$ | $\frac{3}{7}$ | $\frac{6}{4}$ | $\frac{3}{6}$ | $\frac{10}{8}$ |
| | $\frac{10}{15}$ | $\frac{14}{16}$ | $\frac{4}{3}$ | $\frac{10}{25}$ | $\frac{12}{9}$ | $\frac{14}{21}$ |
| | $\frac{22}{33}$ | $\frac{7}{10}$ | $\frac{3}{4}$ | $\frac{9}{12}$ | $\frac{18}{20}$ | $\frac{35}{28}$ |
| | $\frac{4}{6}$ | $\frac{2}{3}$ | $\frac{6}{27}$ | $\frac{6}{13}$ | $\frac{11}{2}$ | $\frac{6}{17}$ |
| | $\frac{8}{6}$ | $\frac{6}{11}$ | $\frac{4}{5}$ | $\frac{5}{6}$ | $\frac{15}{21}$ | $\frac{9}{8}$ |
| | $\frac{20}{15}$ | $\frac{14}{8}$ | $\frac{26}{39}$ | $\frac{14}{7}$ | $\frac{24}{40}$ | $\frac{1}{3}$ → |